Der Experimentator: Immunologie

Werner Luttmann, Kai Bratke,
Michael Küpper, Daniel Myrtek

Der Experimentator:
Immunologie

3. Auflage

Wichtiger Hinweis für den Benutzer
Der Verlag, der Herausgeber und die Autoren haben alle Sorgfalt walten lassen, um vollständige und akkurate Informationen in diesem Buch zu publizieren. Der Verlag übernimmt weder Garantie noch die juristische Verantwortung oder irgendeine Haftung für die Nutzung dieser Informationen, für deren Wirtschaftlichkeit oder fehlerfreie Funktion für einen bestimmten Zweck. Der Verlag übernimmt keine Gewähr dafür, dass die beschriebenen Verfahren, Programme usw. frei von Schutzrechten Dritter sind. Die Wiedergabe von Gebrauchsnamen, Handelsnamen, Warenbezeichnungen usw. in diesem Buch berechtigt auch ohne besondere Kennzeichnung nicht zu der Annahme, dass solche Namen im Sinne der Warenzeichen- und Markenschutz-Gesetzgebung als frei zu betrachten wären und daher von jedermann benutzt werden dürften. Der Verlag hat sich bemüht, sämtliche Rechteinhaber von Abbildungen zu ermitteln. Sollte dem Verlag gegenüber dennoch der Nachweis der Rechtsinhaberschaft geführt werden, wird das branchenübliche Honorar gezahlt.

Bibliografische Information der Deutschen Nationalbibliothek
Die Deutsche Nationalbibliothek verzeichnet diese Publikation in der Deutschen Nationalbibliografie; detaillierte bibliografische Daten sind im Internet über http://dnb.d-nb.de abrufbar.

Springer ist ein Unternehmen von Springer Science+Business Media
springer.de

3. Auflage 2009

Spektrum Akademischer Verlag ist ein Imprint von Springer

09 10 11 12 13 5 4 3 2 1

Planung und Lektorat: Dr. Ulrich G. Moltmann, Martina Mechler
Herstellung: Ute Kreutzer
Umschlaggestaltung: SpieszDesign, Neu-Ulm
Titelbild: Das Gemälde wurde von Prof. Dr. Diethard Gemsa gemalt
Kontakt: Im Köhlersgrund 10, 35041 Marburg, E-Mail: gemsa@staff.uni-marburg.de
Satz: Crest Premedia Solutions [P] Ltd., Pune, Maharashtra, India
Druck und Bindung: Krips b.v., Meppel

Printed in The Netherlands

ISBN 978-3-8274-2026-8

Vorwort 3. Auflage

Nun – nach nicht einmal zwei Jahren – ist es soweit: Die erste Auflage des Immuno-Experimentators ist fast vergriffen, so dass wir gefordert waren, das Nachfolgewerk zu gebären.

Getreu unserem Bestreben nach einem „wirklich" praktikablen Immunologiewerk haben wir die zweite Auflage nicht nur dazu genutzt, den unvermeidbaren Rechtschreibfehler-Teufel auszutreiben, sondern die Qualität als immunologisches Nachschlagewerk wurde weiter verbessert, indem wir übersichtliche Tabellen über die gängigen Cytokine und Chemokine aufgenommen haben. Selbsverständlich wurde auch die CD-Tabelle auf den neuesten Stand des letztjährigen 8. HLDA-Workshops gebracht.

Um der schnelllebigen wissenschaftlichen Welt Rechnung zu tragen, wurden die Methodenkapitel um die Immuno-PCR erweitert. Weiterhin haben wir verschiedene Kapitel zusätzlich bebildert und das Firmenverzeichnis aktualisiert.

Auch in Zukunft gilt natürlich: Jede Anregung, die zur Verbesserung des Immuno-Experimentators beiträgt, ist uns sehr willkommen!

Immuno-Experimentator@gmx.de

Die Autoren

Vorwort

Nach zwei erfolgreichen Ausgaben vom „Experimentator" war es an der Zeit, die Lücke zur „Immunologie" zu schließen. Aus dieser Wissenschaft wurde ein schon lange nicht mehr wegzudenkendes „Tool" geboren: der Antikörper. Zusammen mit seinem jeweils spezifischen Antigen spielt er im vorliegenden Werk die Hauptrolle.

Entstanden ist: **Der Experimentator: Immunologie**; in neuem Design, weil … neue Konzern-Mutter (Elsevier). Der ursprüngliche Auftrag des Experimentators, Methodik untypisch feucht, statt konventionell trocken zu vermitteln ist hingegen der gleiche geblieben. Begonnen mit dem proteinbiochemischen Rehm und fortgeführt mit dem molekularbiologischen Mülhardt deckt der nun vorliegende „Immuno-Experimentator" einen weiteren großen Bereich der Biologie ab.

Dem erprobten und offensichtlich erfolgreichen Experimentator-Konzept folgend, wurden hier möglichst viele bereits etabliertere wie auch neuere Methoden berücksichtigt sowie deren Vorteile, Nachteile und erfahrungsgemäß nützliche Tipps genannt.

Das Autorenteam freut sich auf ein Feedback vom konstruktiven Leser. Schreiben Sie uns, was Ihnen gefällt bzw. missfällt, was Ihrer Meinung nach zu Unrecht unerwähnt geblieben ist sowie Unverständlichkeiten oder schlicht falsche Darstellungen. Jede Art von negativen und positiven Anmerkungen sind erwünscht … aber bitte bedenken Sie – auch Autoren haben Gefühle!

Kommentare jeglicher Art können gerichtet werden an:

Immuno-Experimentator@gmx.de

Die Autoren

Anschrift der Autoren:
PD Dr. Werner Luttmann, Dr. Kai Bratke, Dr. Michael Küpper
Universität Rostock
Medizinische Fakultät
Klinik und Poliklinik für Innere Medizin
Abteilung Pneumologie
Postfach 10 08 88
18055 Rostock

Dr. Daniel Myrtek
Universitätsklinikum Freiburg
Medizinische Klinik
Abteilung Pneumologie
Killianstraße 5
79106 Freiburg

Inhaltsverzeichnis

Exkurse

Abkürzungen

ABC	Avidin-Biotin-Komplex
AEC	3-Amino-9-Ethylcarbazol
AET	2-Aminoethylisothiouroniumbromid
AMCA	Aminomethylcumarinacetat
AP	Alkalische Phosphatase
APAAP	Alkalische Phosphatase anti-Alkalische Phosphatase
APC	Antigen-präsentierende Zelle
BAL	Bronchoalveoläre Lavage
BCIP	5-Brom-4-chlor-3-indolylphosphat
BrdU	Brom-2'-desoxyuridin-5'-monophosphat
BSA	bovine serum albumin (Rinderserumalbumin)
CBMC	cord blood mononuclear cells (Nabelschnur-Blut)
CN	4-Chlor-1-Naphtol
DAB	3,3-Diaminobenzidin
DAPI	4'6-Diamidino-2-phenylindol
DTT	Dithiothreitol
ECM	extrazelluläre Matrix
EDTA	Ethylenediaminetetraacetic acid
FACS	Fluorescence activated cell sorter
FCS	fetal calf serum
FITC	Fluoresceinisothiocyanat
FSC	forward scatter
HLA	human leucocyte antigen
HRP	horseradish peroxidase
i.d.	intradermal
IEM	Immunelektronenmikroskopie
ILM	Immunlichtmikroskopie
i.p.	intraperitoneal
i.v.	intravenös
LSAB	Labelled Streptavidin-Biotin
mAK	monoklonaler Antikörper

ME	Mercaptoethanol
MNC	mononuclear cells
NBT	Nitro(blau)tetrazoliumchlorid
PAGE	Polyacrylamid Gelelektrophorese
pAK	polyklonaler Antikörper
PAP	Peroxidase anti-Peroxidase
PBL	uneinheitliche Nutzung:
	peripheral blood lymphocytes
	peripheral blood leucocytes
PBMC	peripheral blood mononuclear cells
PBS	phosphate buffered saline
PEG	Polyethylenglycol
PHA	Phytohämagglutinin
PLP	Periodat-Lysin-Paraformaldehyd
PMNC	polymorphkernige und polynukleäre Granulocyten
PMS	Phenazinmethosulfat
PVP	Polyvinylpyrrolidon
RCF	relative centrifugal force
R-PE	R-Phycoerythrin
RPMI	Roswell Park Memorial Institute
RZB	relative Zentrifugalbeschleunigung
SAQ	Summe der Abweichungsquadrate
TBS	Tris-buffered saline
TCR	T cell receptor
TRITC	Tetramethylrhodaminisothiocyanat
s.c.	subcutan
SSC	side scatter
SDS	sodium dodecyl sulfate
TMB	3,3,5,5-Trimethylbenzidin

1 Antikörper

Der Titel des Buches „Der Experimentator – Immunologie" lässt keinen Zweifel offen: Es dreht sich auf den folgenden Seiten grob um's EXPERIMENTIEREN mit immunologischen Tools. Unerträglich schwammig – derartige Formulierungen! Aber nach Lektüre des folgenden, rekordverdächtig kurzen „Immunotelegramms" wird deutlich, was unter einem immunologischen Tool zu verstehen ist. Sinn und Zweck des Gesamtwerkes ist es darzustellen, wann, wie und wo derartige Tools einzusetzen sind.

Immuno-Basics

Immunologie, die Lehre von der Immunität und ihren Erscheinungsformen. Immunität, im weitesten Sinne die Identifizierung und anschließende Neutralisierung sowie Beseitigung von körperfremden – bedauerlicherweise häufig auch körpereigenen (Autoimmunität) – Materialien. Die „Realisierung der Immunität" wird vom Immunsystem eines Organismus übernommen – quasi der „immunologischen Exekutive" eines jeden und zu verstehen als die Gesamtheit der immunitätsvermittelnden Organe, Zellen, Moleküle etc. Man unterscheidet formell angeborene (natürliche) Immunität von erworbener (adaptiver) Immunität. Zu den Mechanismen der angeborenen Immunität zählen zelluläre Faktoren, wie z. B. unspezifisch terminierende Makrophagen, humorale Faktoren wie Lysozym in der Tränenflüssigkeit und Komplement im Blut oder auch mechanische Barrieren wie Haut und Schleimhäute. Die formal unterschiedene, tatsächlich aber mit den Mechanismen der angeborenen Immunität eng verzahnte erworbene Immunität muss ihre Effektivität – wie der Name vermuten lässt – erst erlernen. Ihre Krönung ist die ebenfalls, sowohl auf humoraler als auch auf zellulärer Ebene wirkende adaptive Immunantwort. Dabei handelt es sich um einen amplifizierten Abwehrmechanismus (sekundäre Immunantwort) als Reaktion auf einen früheren spezifischen Reiz (primäre Immunantwort). Aber wie kommt die Amplifikation zustande? Der Schlüssel besteht in der Ausbildung eines immunologischen Gedächtnisses, das durch so genannte Memoryzellen repräsentiert wird. Diese kann man als Überbleibsel der primären Abwehrreaktion, im Anschluss an einen ersten Kontakt mit dem betreffenden Antigen, betrachten. Solche vor sich hin schlummernden Memoryzellen verfügen über einen spezifischen Antigenrezeptor. Findet das betreffende Antigen ein zweites Mal Zugang zum Organismus, trifft es mit einiger Wahrscheinlichkeit sofort auf Memoryzellen mit passender Antigenspezifität. Nach Erkennung und Bindung des Antigens an den korrespondierenden Rezeptor kommt die Zelle in Wallungen – die sekundäre Immunantwort wird eingeleitet. Es kommt zur Bildung spezifischer Antikörper durch Plasmazellen (humorale Ebene) sowie zur Aktivierung regulatorischer und cytotoxischer T-Lymphocyten, die den spezifischen Antikörper in stationärer Form, nämlich als Antigenrezeptor auf ihrer Oberfläche tragen (zelluläre Ebene). Mit dieser facettenreichen Kooperation aus angeborener und erworbener Immunität, jeweils auf humoraler und zellulärer Ebene ihren Dienst verrichtend, bildet das Immunsystem einen wirksamen Schutz vor allerlei Pathogenen. Der menschlichen Natur nicht unähnlich, zeigt es sich allerdings weit entfernt von dem, was man Perfektion nennt – es neigt zu Übertreibungen, was sich z. B. regelmäßig in allergischen Triefnasen äußert und gelegentlich lässt es sich von – äußerst cleveren – Pseudoorganismen wie z. B. HIV übertölpeln.

Der Schlüsselmechanismus der erworbenen Immunität ist die Antigen-Antikörper-Bindung. Deren Nutzung zum qualitativen und quantitativen Nachweis von Antigenen unterschiedlichster Natur ist der zentrale Punkt dieses Buches – allen voran der Antikörper als „Schlüssel zum immunomethodischen Paradies".

1.1 Des Antikörpers Eigenheiten

Antikörper sind **lösliche** Immunglobuline (Ig) des Blutplasmas – im Gegensatz zu den **membranständigen** Ig, den transmembranen Antigenrezeptoren (z. B. T-Zell-Rezeptor TCR). „Globulär" bedeutet im Reich der Proteine, dass es sich im weitesten Sinne um „kugelförmige" Moleküle handelt, in Abgrenzung zu den eher gestreckten Skleroproteinen. Zur Gruppe der globulären Proteine zählen häufig funktionelle Proteine, wie z. B. Enzyme oder eben auch Immunglobuline, während die Gruppe der Skleroproteine insbesondere „Gerüstproteine" enthält, wie z. B. Kollagen. Unter den Immunglobulinen in Wirbeltieren werden fünf Hauptklassen mit den Kürzeln IgG, IgA, IgM, IgD und IgE aufgrund ihrer schweren Ketten unterschieden (Kap. 1.1.1; Abb. 1-1; Tab. 1-1). Diese Hauptklassen werden weiter differenziert in Subklassen (IgG1, IgG2a usw.). Subklassen von IgG unterscheiden sich z. B. in der Zahl der Disulfid-Brücken, die die beiden schweren Ketten im C-terminalen Bereich miteinander verbinden. Grob unterschieden werden monoklonale von polyklonalen Antikörpern. Erstere werden von identischen Plasmazellklonen produziert - Letztere hingegen von unterschiedlichen. Konsequenz: Monoklonale sind monospezifisch, erkennen und binden also (optimalerweise) lediglich ein Epitop des Antigens, während Polyklonale mehrere unterschiedliche Epitope eines Antigens mögen (auch Kap. 1.2.4; Kap. 1.2.5).

Tab. 1-1: Humane Immunglobuline und ihre Eigenschaften (aus Janeway, Travers et al., Immunologie 2. Aufl. 1997, Spektrum Akademischer Verlag GmbH, Heidelberg)

Immunglobulin	Serumspiegel [mg/ml]	schwere Kette	Molekularmasse [kD]
IgG1	9,0	γ_1	146
IgG2	3,0	γ_2	146
IgG3	1,0	γ_3	165
IgG4	0,5	γ_4	146
IgM	1,5	μ	970*
IgA1	3,0	α_1	160
IgA2	0,5	α_2	160
IgD	0,03	δ	184
IgE	5×10^{-5}	ε	188

*Pentamer

1.1.1 Molekülstruktur von Antikörpern

Werden in Abbildungen Antikörper dargestellt, muss praktisch immer das gute alte „Y" herhalten (Abb. 1-2). Diese stark schematisierte Präsentation erfüllt in der Tat ihren Zweck, weil sie sich im Laufe der Jahre in den Köpfen als Symbol für Antikörper etabliert hat und der tatsächlichen molekularen Struktur, zumindest von IgG, ausreichend gerecht wird. Daher soll diese Tradition hier fortgeführt werden, auch deshalb, weil IgG neben IgM in der immunologischen Methodik die Hauptrolle spielt. IgG aufgedröselt, ergibt zunächst einmal 4 Untereinheiten, von denen jeweils zwei identisch sind: die beiden „heavy chains" und die beiden „light chains" oder einfach H- und L-Ketten. Während die leichten L-Ketten bei sämtlichen Hauptklassen entweder zum κ- oder zum λ-Typus gehören, unterscheiden sich die so genannten konstanten Regionen der schweren H-Ketten je nach Hauptklassen-Zugehörigkeit (α, γ, μ, δ und ε). Die 4 Tertiärstrukturen bilden zusammen die Quartärstruktur des IgG. Die dafür erforderlichen

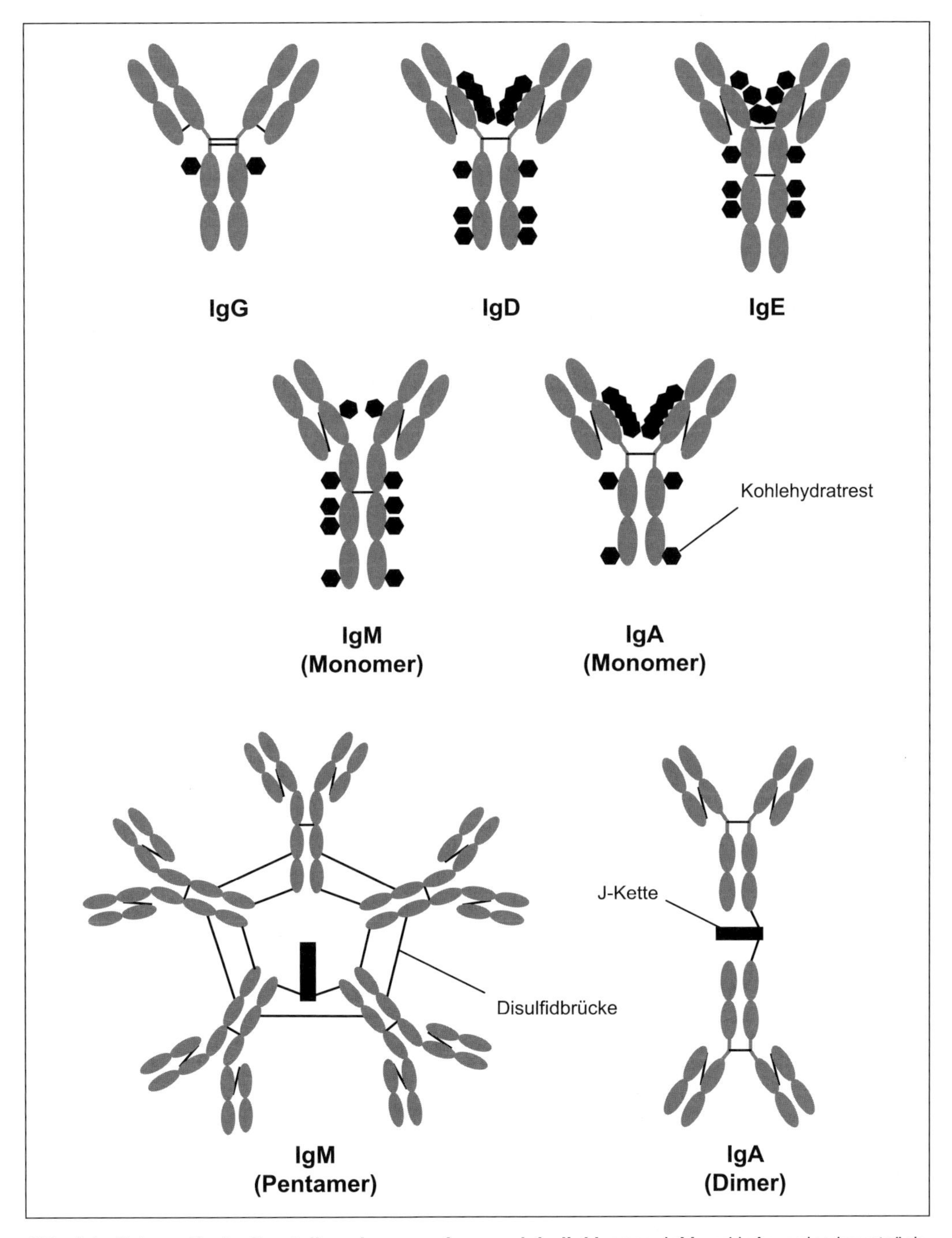

Abb. 1-1: Schematische Darstellung humaner Immunglobulinklassen. IgM und IgA werden hauptsächlich als Multimere synthetisiert, die mit der J-Kette assoziiert sind.

Verbindungselemente zwischen allen 4 Polypeptidketten sind im Wesentlichen kovalente Disulfidbrücken, die sich bekanntlich zwischen zwei Cystein-Resten ausbilden und auch schon an der Bildung der Tertiärstrukturen beteiligt sind. Rekombinatorische Besonderheiten in der Immunogenetik bedingen die erforderliche hohe Strukturvariabilität in bestimmten Bereichen des Moleküls, den Antigenbindestellen oder Paratopen, was die Einsatzfähigkeit dieser Moleküle in der Immunabwehr gegen unterschiedlichste Pathogene gewährleistet. Manche Domänen der Polypeptidketten bleiben immer konstant, während andere von Molekül zu Molekül variieren. Man unterscheidet daher **konstante** von **variablen Regionen** der Antikörper, genauer der einzelnen Polypeptidketten: z.B. V_H = variable Domäne einer schweren Kette, C_L = konstante Domäne einer leichten Kette. Die spezifische enzymatische Spaltung ermöglicht eine weitere Charakterisierung in verschiedene Fragmente. Eine Behandlung mit Pepsin ergibt ein bivalentes F(ab')$_2$-Fragment sowie ein mehr oder weniger verdautes Fc-Fragment. Wird dagegen Papain eingesetzt, entstehen zwei monovalente Fab-Fragmente und ein Fc-Fragment (Abb. 1-2 und Abb. 1-3). Die Fab-Fragmente vermitteln die spezifische Antigenbindung, während Fc-Fragmente die Effektorfunktionen, wie z.B. Komplement-Aktivierung erfüllen. Fab- bzw. F(ab')$_2$-Fragmente besitzen

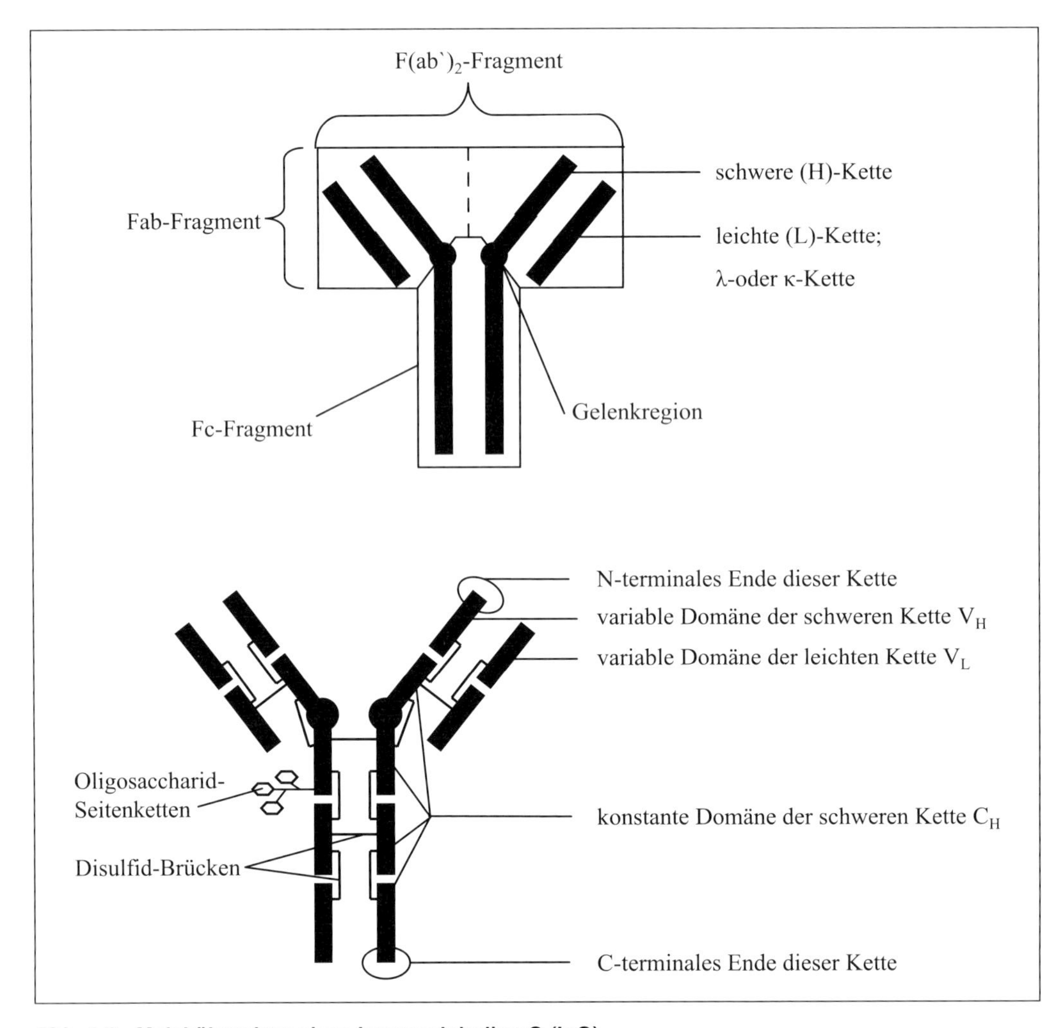

Abb. 1-2: Molekülstruktur eines Immunglobulins G (IgG).

in der praktischen Anwendung einen entscheidenden Vorteil gegenüber den kompletten Antikörpern: Viele Zellspezies exprimieren auf ihren Oberflächen Fc-Rezeptoren, die logischerweise Antikörper an ihren Fc-Teilen binden und häufig ein erhebliches Hintergrundsignal verursachen. Die Möglichkeit zur Verwendung von Fab- bzw. $F(ab')_2$-Fragmenten schließt diese Fehlerquelle von vornherein aus. Eine Gelenkregion zwischen zwei konstanten Domänen der schweren Ketten gewährleistet eine gewisse Flexibilität der beiden Antikörper-Arme zueinander, sodass trotz variierender Abstände zweier identischer Antigene diese vom Antikörper gebunden werden können. Teilweise tragen konstante Domänen der schweren Polypeptidketten Oligosaccharidketten.

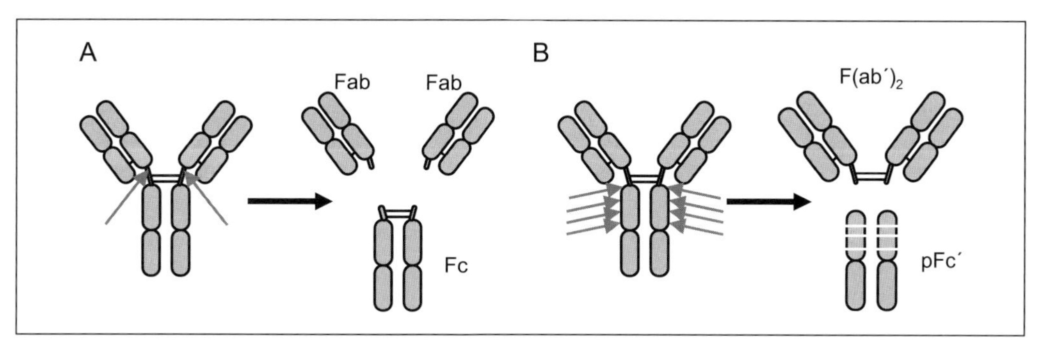

Abb. 1-3: Enzymatische Spaltung eines Immunglobulin (Ig)-Moleküls durch Papain bzw. Pepsin. Ein Ig-Molekül kann durch proteolytische Spaltung durch die Proteasen (A) Papain bzw. (B) Pepsin in spezifische Fragmente zerlegt werden. Durch die Spaltung mit Papain entstehen dabei zwei monovalente Fab-Fragmente und ein Fc-Fragment. Die Spaltung mit Pepsin ergibt ein bivalentes $F(ab')_2$-Fragment, wohingegen der Fc-Teil in mehrere verschieden große Komponenten verdaut wird (pFc').

Exkurs 1

Handhabung und Lagerung von Antikörpern

Der sehnlichst erwartete Antikörper bzw. dessen Konjugat wurde geliefert. Was tun, damit er sich möglichst wohl fühlt und – falls nötig – über Jahre hinweg einen guten Job machen kann. Denn nichts ist ärgerlicher als ein misslungenes Experiment, dessen Verderb in einem fehlerhaften Gerät bzw. Reagenz begründet liegt. Um dem Antikörper ein angenehmes Fluidum zu bereiten, orientiert man sich selbstverständlich zunächst an dem Beipackzettel des Lieferanten. Ist jener – aus welchen Gründen auch immer – nicht mehr aufzutreiben gilt es, einige Grundregeln zu beachten, die seiner langfristigen Stabilität und Funktionalität förderlich sind. Im Folgenden sollen Sie mit den üblichen gut gemeinten, aber selbstverständlichen, Ratschlägen, wie z. B. *„Benutzen Sie bitte ausschließlich saubere Pipettenspitzen, zur Vermeidung von Kontaminationen" usw.*, verschont werden.

- Ohne den Teufel an die Wand malen zu wollen – sollte sich die Lieferung als fehlerhaft entpuppen und eine Reklamation notwendig werden, sollten bei Anlieferung der Ware zunächst möglichst viele Daten dokumentiert sein:
  → Artikel-Nr., Bezeichnung, Spezifität, Quelle usw.
  → Chargen-Nr. (lot no.)
  → Mindesthaltbarkeitsdatum (expiry date)
- Erhältlich sind konzentrierte Stammlösungen oder vorverdünnte Ready-to-use-Lösungen. Gelegentlich bekommt man Lyophilisate geliefert, die vor Erstgebrauch gelöst werden müssen. Die Mengenangaben von Stammlösungen erfolgen normalerweise als Konzen-

trationsangaben. Dem dazugehörigen Datenblatt sollten Angaben zur Gebrauchskonzentration oder Verdünnung zu entnehmen sein. Bei neutralisierenden Antikörpern beispielsweise finden sie eine Titrationskurve, aus der Sie die effektivste Konzentration der Antikörper-Gebrauchslösung ablesen können. Ready-to-use-Lösungen können direkt verwendet werden – aber verdünnt eingesetzt sind sie meist auch noch hinreichend effizient. Im Falle von Ready-to-use-Lösungen finden Sie häufig keine Konzentrationsangaben. Der Hersteller titriert die Lösung aus und gibt dann an, dass mit einer Ampulle z. B. 100 Tests möglich sind. Derartige Angaben finden Sie häufig bei Antikörper-Konjugaten, z. B. fluorochrommarkierten Antikörpern für cytometrische Anwendungen.

- Insbesondere bei seltenem Einsatz eines Antikörpers, werden konzentrierte Stammlösungen, aber auch Ready-to-use-Lösungen vor der ersten Verwendung aliquotiert. Aliquotieren beugt Kontaminationen sowie Beschädigungen der Reagenzien durch wiederholtes Einfrieren/Auftauen vor.
  →Als Gefäße sollten solche eingesetzt werden, an deren Oberfläche in möglichst geringem Grade Proteine adsorbieren. Bewährt haben sich Materialien wie Polypropylen, Polycarbonat sowie Glas. Aus dem oben genannten Grunde ist Polystyrol kontraindiziert.
  →Als Verdünnungslösung kommt meist PBS oder TBS zum Einsatz. Insbesondere wenn mit niedrigen Protein-Konzentrationen (<100 µg/ml) gearbeitet wird, empfiehlt es sich, dem Puffer zur Stabilisierung ein Trägerprotein (z. B. 1 % BSA) beizufügen. Zu diesem Zweck wird immer häufiger auch das Disaccharid Trehalose eingesetzt.

- Der kritischste Punkt: die Temperatur
  →Ready-to-use-Lösungen, insbesondere von Antikörper-Konjugaten, werden in der Regel bei 2–8 °C °C gelagert. Falls Sie aus unterschiedlichen Komponenten bestehende Kits vor sich haben, sehen Sie genau hin. Oft müssen einzelne Reagenzien unterschiedlich temperiert gelagert werden, sodass das Kit gleich nach Anlieferung auseinander gefriemelt werden muss.
  →Konzentrierte Proteinlösungen können bei –20 °C °C, langfristig bei –80 °C °C gelagert werden. Beim Auftauen auf gemächliche Temperaturerhöhung achten, also nach Möglichkeit das allseits beliebte Blitz-Auftauen im 50 °C °C-Wasserbad o.ä. vermeiden. Während des Arbeitens sollte weiterhin auf moderate Raumtemperatur geachtet werden – nicht nur der Antikörper wegen. Bei <25 °C fühlen sich gewöhnlich alle Beteiligten am wohlsten!

- Konservierung und Strahlungsschäden
  →Es ist üblich, zum Zwecke der Konservierung allen möglichen Verdünnungspuffern, Waschlösungen usw. Natriumazid zuzusetzen (meist 0,1 % Endkonzentration). Insbesondere wenn Sie mittels Peroxidase detektieren wollen, sollten Sie Azid vermeiden– ansonsten müssen sie mit Problemen inhibitorischer Art rechnen. Natriumazid wird jedoch von vielen Herstellern den Stammlösungen zugefügt. Da diese im Laufe der Versuchsprozedur einen starken Verdünnungseffekt erfahren, verursacht dieser Azid-Zusatz erfahrungsgemäß keine Probleme. Positiver Nebeneffekt für den Anwender: Wesentlich geringere Transportkosten, da auf den Versand mit Trockeneis verzichtet werden kann. Nebenbei … Antikörper, die in der Zellkultur eingesetzt werden, sollten auch nicht mit NaN_3 versetzt sein – ihre Zellen werden es Ihnen danken!
  →Schäden durch übermäßige Lichteinwirkung werden häufig bei der Verwendung von fluorochrommarkierten Antikörpern als mögliche Ursache für Ineffektivität genannt. Klingt auch irgendwie logisch – wird aber meist überschätzt. Nichtsdestotrotz – ein bisschen Alufolie über dem entsprechenden Ansatz kann auch nicht schaden.

1.1.2 Die Antigen-Antikörper-Bindung

Die variablen Domänen der Polypeptidketten beinhalten die jeweils epitopspezifischen Paratope des Antikörpers. Hierbei handelt es sich um hypervariable Bereiche der V-Regionen, die sich bei Bindung an das Antigen dem entsprechenden Epitop bis in den Nanometer-Bereich nähern und es – plakativ ausgedrückt – umschließen (gemäß dem oft zitierten „Schlüssel-Schloss-Prinzip"). Die auftretenden Kräfte zwischen Paratop und Epitop entsprechen der Natur elektrostatischer Wechselwirkungen, van-der-Waals-Kräfte und Wasserstoffbrückenbindungen. Kovalente Bindungen werden hierbei nicht geknüpft. Die Bindungsstärke einer monovalenten, also einer Paratop-Epitop-Bindung drückt sich in ihrer **Affinität** aus. Bei multivalenten Bindungen – also multivalenten Antikörpern – wird häufig die Gesamtaffinität oder **Avidität** angegeben. Die Maßangabe erfolgt als Assoziationskonstante (auch Affinitätskonstante) in der Dimension L/mol. Je höher die Affinität eines Antikörpers, desto geringer die erforderliche Konzentration an Antigen zur Einstellung des „Gleichgewichtes" zwischen Antikörper und Antigen – Gleichgewicht ist in diesem Fall gleichbedeutend mit der Absättigung aller Antigene durch Antikörper. Praktische Bedeutung hat die Affinität z. B. insofern, dass man eher hochaffine, „stark bindende" Antikörper verwendet, weil diese fester an das Antigen binden und so bei den ewigen Waschschritten nicht so schnell hinfort gespült werden. Außerdem sparen hochaffine Antikörper Zeit und Geld, weil kürzere Inkubationszeiten und geringere Arbeitskonzentrationen erforderlich sind. Letztendlich basieren sämtliche immunologische Methoden auf der Ausnutzung der spezifischen Antigen-Antikörper-Bindung. Die Vielfalt der Immuno-Methodik ergibt sich aus der multiplen Einsatzfähigkeit von Antikörpern – manchmal auch der Antigene – sowie aus der Kombinationsfähigkeit von Antikörpern mit weiteren Substanzen aller möglichen Naturen, wie z. B. fluoreszierenden, enzymatischen, metallischen Markierungen, magnetischen Beads und, und, und …

1.2 Herstellung von Antikörpern

Die meisten immunologischen Methoden erfordern als zentrales Tool einen oder mehrere spezifische Antikörper. Falls der gewünschte Antikörper nicht kommerziell erhältlich ist, können Sie ihren Antikörper in Eigenregie herstellen oder nach einer geeigneten Ersatzmethode suchen. Wenn Sie mit der ersten Variante liebäugeln, sollte Ihnen klar sein, dass die Herstellung und Charakterisierung eines neuen Antikörpers, insbesondere eines Monoklonalen, ein langer und beschwerlicher Weg sein kann – aber natürlich nicht zwingend sein muss. Der Experimentator kann sich viel Zeit, Geld und – wichtiger noch – Nerven sparen, wenn eine geeignete Strategie zur Herstellung des gewünschten Antikörpers gewählt wird. Jeder Experimentator sollte sich dennoch genau überlegen, ob das Ziel des Projektes die eigene Herstellung eines Antikörpers ist oder vielmehr die Beantwortung einer wissenschaftlichen Fragestellung und der gewünschte Antikörper lediglich ein notwendiges Hilfsmittel dafür darstellt. Falls der Antikörper nicht kommerziell verfügbar ist, lohnt es sich die Frage zu stellen, ob man den gewünschten Antikörper auch von einer anderen wissenschaftlichen Institution/Arbeitsgruppe beziehen kann. Dies erfordert erfahrungsgemäß etwas diplomatisches Geschick in Form von Überzeugungsarbeit. So sollte das Forschungsprojekt vorgestellt werden, denn der edle Antikörper-Donor möchte mit an Sicherheit grenzender Wahrscheinlichkeit in Erfahrung bringen, ob er einen direkten Konkurrenten unterstützen soll oder ob es sich um eine wissenschaftliche Fragestellung abseits des eigenen Forschungsgebietes handelt.

Wenn Überschneidungen in der Thematik vorliegen, sollte überlegt werden, inwieweit das Projekt in einer Kooperation bearbeitet werden kann, d.h. später auch gemeinsam publiziert wird. Sollte der Wunsch-Antikörper einfach noch nicht existent sein oder die entsprechende Arbeitsgruppe sich unkooperativ zeigen, gibt es noch die Möglichkeit, die Antikörper-Herstellung bei einem Serviceanbieter in Auftrag zu geben. Dies ist allerdings eine kostenintensive Angelegenheit. Ist das Arbeitsgruppenkonto mächtig abgegrast oder der Experimentator auf der Suche nach neuen Herausforderungen, wird die Strategie der eigenen Herstellung immer attraktiver. Es stellt sich dann die grundsätzliche Frage, ob der Antikörper einfach oder kompliziert, billig oder teuer bzw. schnell oder zeitaufwändig hergestellt werden sollte.

Dies hängt u. a. von folgenden Faktoren ab, die abzuklären sind:

- Liegt das entsprechende Antigen überhaupt vor?
- Wie liegt das Antigen vor (Menge, Reinheit, native Faltung, an Trägersubstanz gebunden)?
- Ist das Antigen eine hochmolekulare Verbindung oder ein niedrigmolekulares Hapten?
- Welche Antikörpermengen werden benötigt?
- Muss es ein monoklonaler Antikörper sein, oder tut's auch ein polyklonaler?
- Wie spezifisch muss der Antikörper sein? Monospezifität → Gruppenspezifität
- Aus welcher Spezies sollte der Antikörper gewonnen werden?
- Für welche Assays sollte der Antikörper tauglich sein?
- Sollte der Antikörper funktionale Eigenschaften (z. B. das aktive Zentrum eines Enzyms inhibieren oder Rezeptoraggregationen unterbinden etc.) besitzen?

Generell sollte auch folgender Auszug aus der Tierschutz-Richtlinie 3.04 „Fachgerechte und tierschutzkonforme Antikörperproduktion in Kaninchen, Hühnern und Labornagetieren" des Bundesamtes für Veterinärwesen berücksichtigt werden:

Die Gewinnung von Antikörpern ist ein bewilligungspflichtiger Tierversuch, bei dessen Durchführung einem Tier Schmerzen, Leiden oder Schäden nur zugefügt werden dürfen, soweit dies für den verfolgten Zweck unvermeidlich ist ... Alternativmethoden ist Beachtung zu schenken.

Halten Sie am Ende des Herstellungsprozesses ihren spezifischen Wunsch-Antikörper in den Händen, muss er noch charakterisiert werden. Zunächst wird eine Phänotypisierung zur Klassen- und Subklassenzugehörigkeit – z. B. mittels ELISA und diverser Schnelltests – vorgenommen. Zudem wird untersucht, in welchen Methoden der Antikörper angewendet werden kann und wie man ihn am besten handhabt. Dazu zählt, in welchem Puffer er sich wohl fühlt, in welcher Verdünnung er am besten arbeitet, welches seine Nachweisgrenzen bei welchen Anwendungen sind und ob mit irgendwelchen Kreuzreaktionen zu rechnen ist.

Anmerkung: An diesem Punkt sei die Lektüre von Fachliteratur empfohlen, die auf Antikörperherstellung spezialisiert ist. In sämtlichen Phasen der Herstellung gilt es, Details zu beachten, die in ihrer Vielzahl hier nicht berücksichtigt werden können.

1.2.1 Das Antigen

Wenn von Antigenen die Rede ist, dreht es sich meist um Proteine, Proteide und Peptide. Aber auch andere Stoffgruppen haben ihre antigenen Vertreter, insbesondere Polysaccharide und Polynucleotide, aber ebenso zählen Lipide zu den immunreaktiven Molekülen, die von Antikörpern erkannt und gebunden werden können. Unzweifelhaft ist aber, dass man es in der immunologischen Realität tatsächlich meist mit Peptiden/Proteinen zu tun hat, was den immerwährenden Bezug zu dieser Stoffgruppe rechtfertigt. Die jeweils methodischen Details haben aber prinzipiell auch bei andersartigen Antigenen ihre Gültigkeit.

Um eine Antikörperbildung im Tier zu induzieren, wird das Antigen in ausreichender Menge benötigt. Liegt das natürliche Antigen in gereinigter Form vor, bieten sich zahlreiche Optionen. Falls das Antigen nicht vorliegt, können Sie zur Immunisierung synthetische Peptide verwenden. Ebenso kann mit ganzen Zellen oder Zellfragmenten immunisiert werden. Seit einiger Zeit steht auch die Technik der **genetischen Immunisierung** zur Antikörper-Herstellung zur Verfügung.

1.2.1.1 Immunisierung mit natürlichen Antigenen

Für viele Fragestellungen wird ein Antikörper benötigt, der an das native Antigen bindet. Liegt das natürliche Antigen weitestgehend ohne Verunreinigungen vor, hat der Experimentator einige Probleme weniger. Wenn das Antigen verunreinigt, denaturiert oder anderweitig modifiziert ist, wird der Experimentator auch Antikörper gegen die Verunreinigungen und Modifikationen erhalten. Dies kann insbesondere bei der Anwendung von polyklonalen Antikörpern zur Erhöhung des Grades an unspezifischen Bindungen führen. Schlimmstenfalls sind Bestandteile der Verunreinigungen immunogener als das Antigen selbst. Häufig werden rekombinante Antigene verwendet. Dabei gilt es zu klären, inwieweit Unterschiede in der Antigenität zwischen dem rekombinanten Protein und dem natürlichen Antigen zu erwarten sind. Manchmal sind die gereinigten Antigene noch an Trägersubstanzen, wie z. B. Sepharose gebunden, wenn z. B. keine Elution ohne Modifizierung der Antigenstruktur möglich ist. Solche Komplexe können zur Immunisierung genutzt werden, wobei dann selbstverständlich mit dem Auftreten entsprechender Antikörper gegen diese Trägersubstanzen zu rechnen ist.

Tipp: Die Wahrscheinlichkeit, spezifische Antikörper gegen native Antigene zu erhalten, steigt mit Zunahme des phylogenetischen Abstandes zwischen Antigenproduzent und Antikörperproduzent.

Ein kritischer Punkt ist die verfügbare Menge an natürlichem Antigen. Das Antigen wird zur Immunisierung als auch für die Evaluierung des Antikörpers benötigt. Ist die Antigenmenge begrenzt, müssen evtl. alternative Strategien angegangen werden.

1.2.1.2 Immunisierung mit synthetischen Peptiden

Wenn kein natürliches oder rekombinantes Protein vorliegt oder z. B. für die Anwendung beim Western-Blot Antikörper gegen denaturiertes Antigen gewünscht sind, ist die Immunisierung mit synthetischen Peptiden eine Alternative. Mit der Peptidsynthese können größere Mengen an Antigenen schnell produziert werden. Somit bietet sich auch nachträglich die Möglichkeit, die generierten Antikörper mittels Affinitätschromatographie aufzureinigen, wenn die Peptide an eine Matrix gebunden werden können. Mit einem Peptidcocktail, indem mehrere Peptide gemixt werden, kann man die Zahl der Antikörper noch beträchtlich erhöhen. Es muss dem Experimentator aber klar sein, dass die Wahrscheinlichkeit, kreuzreagierende Antikörper zu erhalten, mit der Immunisierung mittels Peptidcocktails größer wird. Da solch kleine Peptidfragmente nur aus einigen Aminosäuren bestehen, kann es, ähnlich wie bei Haptenen, erforderlich sein, sie an Carrier zu koppeln, um ausreichende Immunogenität zu gewährleisten (Kap. 1.2.1.3).

Es ist der Spezifität des späteren Antiserums förderlich, wenn Peptidsequenzen verwendet werden, die hochspezifisch für das relevante Antigen sind. Solche Peptide repräsentieren bestenfalls Epitope, die ausschließlich auf dem relevanten Antigen vorkommen. Je ubiquitärer das Epitop existiert, desto höher ist voraussichtlich auch die spätere „immunglobuläre" Neigung zur Kreuzreaktivität. Bei der Wahl des Peptides ist auch darauf zu achten, ob der spätere Antikörper das native oder in irgendeiner Form modifizierte Antigen erkennen soll. Dementsprechend muss auch das für die Immunisierung verwendete Peptid behandelt werden – Gleiches gilt auch, wenn das natürliche Antigen eingesetzt wird. Hier liegt auch das größte Problem bei der Immunisierung mit synthetischen Peptiden. Das, was das Epitop nämlich zum Epitop macht, ist neben der spezifischen Primärstruktur vor allem die höhere räumliche Struktur. Diese jedoch synthetisch hinzubekommen ist problematisch, wenn man nur ein „Peptidfitzelchen" von einigen Aminosäuren vorliegen hat, die räumlichen Strukturen des entsprechenden nativen Proteinbereiches aber von dem Gesamtprotein gebildet und beeinflusst werden. Leider ist es immer noch so, dass auf diese Weise produzierte Antikörper nicht immer auch das native Epitop erkennen können. Abgesehen davon erkennt ein Antikörper zusätzlich benachbarte Bereiche des eigentlichen Epitops, die bei einem solch kurzen Peptid oft gar nicht existent sind. Aber nichtsdestotrotz ... die Methode funktioniert oft genug!

1.2.1.3 Immunisierung mit Haptenen

Als Sonderfall gelten immer besonders kleine Moleküle, so genannte Haptene (Molekularmasse < ca. 1 500). Handelt es sich bei dem relevanten Antigen um ein Hapten, stößt man auf das Problem, dass Haptene aufgrund ihrer „Winzigkeit" ungenügende Antigenität/Immunogenität aufweisen. Als Ausweg aus dem Schlamassel werden Haptene kovalent an Carriermoleküle gekoppelt, womit in der Regel ausreichende Immunogenität erreicht wird. Als Carrier kommen z. B. Albumine (z. B. BSA, Ovalbumin, Keyhole Limpet Hemocyanin), Polyaminosäuren (z. B. Polyglutamin und Polylysin), inerte Träger wie Agarose, Sepharose, Mikropartikel und Membranen zum Einsatz (Kap. 1.4). Vor einer eigentlichen Immunisierung mit einem solchen Hapten-Carrier-Komplex kann zusätzlich ein „priming" des Tieres mit dem (immunogenen) Carrier allein versucht werden, sodass das Tier bei der Immunisierung schon „aktiviert" ist.

1.2.1.4 Immunisierung mit Zellen, Zellfragmenten und Viren

Selbstverständlich bietet sich auch die Möglichkeit, mit ganzen, abgetöteten Zellen, Zellfragmenten sowie mit Bakterien und Viren zu immunisieren. Auf ihren Oberflächen wie auch in deren Lumen befinden sich genug antigene Substanzen/Strukturen, die groß genug sind, um hochgradig immunogen zu wirken – gewöhnlich so hoch, dass kein zusätzliches Adjuvans erforderlich ist. Ebenso kann man die Zellen vorher homogenisieren, daraus die relevanten Fraktionen, z. B. bestimmte Organellen separieren und damit immunisieren. Man erhält auf diese Weise spezifische Antikörper gegen die verwendete Zellspezies oder eben gegen die Komponenten der eingesetzten Zellfraktion. Hier steht man allerdings anschließend vor dem Problem zu ermitteln, welches der vielen applizierten Antigene, die eine Zelle ja aufweist, der Antikörper erkennt.

1.2.1.5 Immunisierung mit DNA

Die Methode der genetischen Immunisierung wird immer beliebter. Der große Vorteil dieser Methode liegt darin, dass sie kein Antigen erfordert, weil direkt mit dem entsprechenden Antigen-Gen immunisiert wird. Insbesondere zur Herstellung von Antikörpern gegen Problemantigene, die sich rekombinant nicht in der Form herstellen lassen, wie sie als Antigen zur Immunisierung benötigt werden, hat sich diese Technik als effizient erwiesen. Bei der DNA-Immunisierung wird die genetische Information für das Antigen mit einem geeigneten Immunisierungsvektor in das Tier eingebracht. Infolgedessen produzieren einige transfizierte Zellen des Tieres das gewünschte Antigen. In der Konsequenz bildet derselbe Organismus die korrespondierenden Antikörper gegen dieses Antigen. Die so generierten Antikörper erkennen das nativ gefaltete und glykosylierte Protein. Sie sind damit insbesondere für funktionelle Untersuchungen, in Methoden der *in situ*-Immunlokalisation, Durchflusscytometrie und Immunpräzipitation geeignet. Die genetische Immunisierung mit Plasmiden wird auch gern mit der konventionellen Antigen-Immunisierung kombiniert.

1.2.2 Die Wahl der Spezies

Welche der zahlreichen möglichen Tierspezies die besten Antikörper gegen ein konkretes Antigen liefert, lässt sich nicht pauschal sagen. Es gibt die Klassiker unter den Spezies. Für die Gewinnung von polyklonalen Antikörpern werden i. d. R. Kaninchen verwendet, seltener Ratten, Mäuse, Schafe, Ziegen, Schweine, Pferde, Hühner, armenische Hamster, Rinder, Affen etc. Für die Herstellung monoklonaler Antikörper werden meist Mäuse, manchmal auch Ratten oder Hamster verwendet. Die unterschiedlichen Rassen der Tiere sowie die Geschlechter spielen offenbar keine entscheidende Rolle. Lediglich bei Mäusen und Ratten eignen sich jedoch bestimmte Stämme zur Immunisierung besser als andere. Ein entscheidendes Kriterium für die Wahl der Spezies ist die Frage: Wie homolog ist das vorliegende Antigen zu dem korrespondierenden Protein vom Tier? Ist der Grad an Homologie hoch, kann sich die Antigenität im Tier als zu gering erweisen und entsprechend schlechtes Antiserum liefern.

Wenn nur wenig polyklonales Antiserum benötigt wird, kann die Immunisierung von einigen Mäusen schon zum Erfolg führen. Somit sollte die Auswahl der Spezies bzw. die Anzahl der Individuen pro Immunisierung davon abhängen, wie viel Antiserum benötigt wird. Folgende Reihung kann dem Experimentator zur Orientierung dienen:

Maus, Ratte, Kaninchen, Ziege, Schaf, Pferd, Hühnchen

Die ersten 4 Spezies sind geläufig, die beiden letzteren werden nicht so häufig eingesetzt, sind aber sehr interessant, denn unter Emil von Behring war das Pferd der ideale Spender z. B. für die berühmten Antiseren gegen Diphterie-Toxine, und das Huhn kann noch größere Mengen produzieren wenn der Experimentator nicht das Serum vom Huhn gewinnt, sondern die Antikörper aus dem Eigelb isoliert, die als IgY bezeichnet werden (Y von yolk = Eidotter). Ebenso entscheidend ist die Menge an verfügbarem Antigen. Größere Tiere erfordern zur Immunisierung größere Antigenmengen, denn man rechnet gewöhnlich die einzusetzende Antigenmenge in Einheiten pro kg Körpergewicht. Je größer das Tier, desto mehr Antigen ist erforderlich – leider korrelieren diese beiden Parameter aber nicht proportional miteinander.

Tipp: Im Vorfeld ist keine Vorhersage darüber zu treffen, ob das Immunsystem eines Tieres das relevante Antigen erkennt. Ebenso wenig ist dieses Phänomen regulierbar. Wer es sich leisten kann, sollte daher eine gleichzeitige Immunisierung mehrerer Tiere – besser noch verschiedener Tierspezies – ins Auge fassen.

Exotisch orientierte Experimentatoren können auch Antikörper in Kameliden (Lamas, Kamele, Alpakas etc.) produzieren lassen. Kameliden bilden nach Immunisierung u. a. Einzelketten-Antikörper, die für die Forschung sehr interessant sein können, weil sie rekombinant einfach herzustellen sind und als lange, fingerförmige Antikörper leichter in das aktive Zentrum von Enzymen and anderen Molekülen hineinragen und somit inhibierende Eigenschaften ausüben können. Antikörper mit inhibierenden Eigenschaften gehören zu den funktionalen Antikörpern, weil sie zusätzlich zur Bindung an das spezifische Antigen eine weitere Funktion ausüben, z. B. inhibieren, blockieren oder ein Toxin transportieren.

Es ist weiterhin darauf zu achten, dass gesunde, ungestresste Tiere ausgesucht werden. Das optimale Alter ist speziesabhängig. Generell nicht zu jung, aber auch nicht zu alt. Zu junge Tiere bilden häufig Immuntoleranzen aus, mit der Folge, dass es zu keiner ausreichenden Immunantwort kommt. Kaninchen z. B. sollten frühestens drei Monate nach ihrer Geburt immunisiert werden. Zu alte Tiere hingegen weisen häufig eine verlangsamte Immunantwort und damit eine langsame Antikörperproduktion sowie zu niedrige Antikörpertiter auf.

Hühner, Meerschweinchen, Kaninchen und Ziegen lassen sich am besten in den ersten 3 Lebensjahren immunisieren, frühestens jedoch nach 3 Monaten. Maus und Ratte sind bereits nach 6 Wochen vollständig immunkompetent. Bei Hühnern muss die Legetätigkeit berücksichtigt werden, denn die Antikörper werden i. d. R. aus dem Eidotter gewonnen. Am besten verwendet man Hühner, die im September/Oktober des Vorjahres geschlüpft sind, sodass sie im anschließenden März/April mit dem Eierlegen beginnen.

1.2.3 Antigenapplikation

1.2.3.1 Puffer

Wie kann das Antigen dem Tier appliziert werden, in welchem Puffer und in welcher Menge?

Über die erforderliche Menge an Antigen ist keine pauschalisierte Aussage zu treffen. Es sollte gerade so viel Antigen appliziert werden, dass es reicht, eine starke Immunantwort auszulösen. Vor Überdosierungen sollte man sich auch hüten, denn dadurch werden Immuntoleranzen provoziert. Folge: Trotz hoher Gabe von Antigen, ist keine Immunantwort zu beobachten. Ansonsten ist der Grad an Immunogenität des Antigens sowie die Tierspezies entscheidend (Kap. 1.2.2; Kap. 1.2.4.3).

Um eine Größenordnung, z. B. für eine Immunisierung eines Kaninchens zu liefern: Mengen zwischen 10 und 1 000 µg pro Primärimmunisierung, also exklusive evtl. Booster-Immunisierungen, sind nicht ungewöhnlich. Viele Anwender immunisieren erfolgreich mit 50–150 µg Antigen pro Injektion, wobei die Booster-Injektionen meist wesentlich weniger Antigen enthalten können. Die Konzentration sollte nicht zu niedrig gewählt werden, damit man dem Tier kein zu großes Volumen injizieren muss – mit Konzentrationen von ca. 0,5–1,5 mg/ml liegt man nie falsch.

Was die Wahl des Puffers betrifft: Er sollte logischerweise nicht gewebeschädigend wirken, denn in nekrotischem Gewebe kann kein Antigen resorbiert werden. Sterilfiltrierte PBS und 0,1 M Phosphatpuffer (pH 6–8) haben sich hier vielfach bewährt – selbstverständlich ohne konservierende Zusätze wie z. B. Natriumazid.

Die zu injizierende Antigenlösung muss möglichst rein sein. Aus diesem Grund sollte die Antigenlösung vor Gebrauch gegen den gewählten Puffer dialysiert oder per Ultrafiltration aufgereinigt werden (Kap. 1.2.4.3).

1.2.3.2 Adjuvanzien

Das zentrale Anliegen einer Immunisierung ist die Provokation einer Immunantwort. Gewünschter Bestandteil dieser Antwort ist die Produktion und Sezernierung von spezifischen Antikörpern gegen das applizierte Antigen. Man kann das Antigen allein applizieren, sofern es ausreichend stark immunogen ist. Doch ist es erfahrungsgemäß einer starken Immunantwort und damit einer schnellen und erfolgreichen Immunisierung – im Sinne eines hohen Titers an hochspezifischen Antikörpern im Serum – förderlich, wenn das Antigen in Begleitung einer „Hilfssubstanz“, dem Adjuvans, dem Tier appliziert wird. Das Adjuvans bewirkt eine Verstärkung und Verlängerung der Immunantwort, z. B. durch Anlocken diverser Immunzellen zum Antigen und verzögerter Freisetzung durch Depotbildung. Durch Zusatz eines geeigneten Adjuvans kann die einzusetzende Menge an Antigen und/oder die Zahl an Applikationen reduziert werden. Im Laufe der Zeit wurden eine ganze Reihe unterschiedlicher Adjuvanzien beschrieben und die richtige Auswahl ist einer der Faktoren, die über Erfolg oder Misserfolg einer Immunisierung mitentscheiden (Tab. 1-2).

Der – nach wie vor beliebte – Klassiker für die Primärimmunisierung ist das **Komplette Freundsche Adjuvans (FCA)**. Es wurde von Jules Freund in New York 1948 beschrieben und enthält in abgewandelter Form Paraffinöl, Mannose-Monooleat als Emulgator sowie abgetötete *Mycobacterium tuberculosis* oder *M. butyricum*.

Neben dem kompletten (FCA) kommt das **inkomplette Freundsche Adjuvans (FIA)** zur Anwendung. FIA enthält lediglich keine Mycobakterien und wirkt dadurch weniger stark stimulierend als FCA. Der Zusatz von abgetöteten Bakterien oder deren Fragmente wirkt ganz allgemein stark stimulierend auf das Immunsystem. Weil FCA eine extreme Wirkung besitzt und dem Tier wahrscheinlich Qualen bereitet, werden in der Tierschutz-Richtlinie 3.04 „Fachgerechte und tierschutzkonforme Antikörperproduktion in Kaninchen, Hühnern und Labornagetieren" des Bundesamtes für Veterinärwesen bestimmte einschränkende Bedingungen bzgl. dessen Anwendung ausgewiesen.

Sinngemäß heißt es dort z. B., dass FCA erst angewendet werden darf, wenn mit gemäßigteren Alternativ-Adjuvanzien keine Immunisierungserfolge bzgl. des relevanten Antigens zu verzeichnen sind. Weiterhin sollte es, mit Ausnahme von Hühnern, ausschließlich subcutan und in minimalen Volumina appliziert werden. Andere Arten von Inokulation sind unzulässig (Kap. 1.2.3.3).

In der Praxis emulgiert man das Antigen in dem Adjuvans 1:1, sodass eine (Wasser in Öl-) Emulsion entsteht, die dem Tier appliziert wird.

Alternative Adjuvanzien werden in Tab. 1-2 dargestellt. Sie sind in den meisten Fällen besser verträglich und praktikabler als FCA, haben aber einen Kostennachteil, welcher der Grund für FCAs immerwährende Aktualität sein dürfte.

Ein ausschlaggebendes Charakteristikum der Adjuvanzien ist ihre unterschiedlich ausgeprägte „Depotwirkung". Diese gewährleistet eine lang anhaltende Stimulierung des Wirtsorganismus, weil die Substanzen so eine gewisse Zeit am Orte des Geschehens verbleiben und die Antigene zeitverzögert, nach und nach freigesetzt werden. Außerdem wird dadurch deren Abbau verzögert. Bei Boosterimmunisierungen ist die Depotwirkung nicht so bedeutend, sodass beim Boostern häufig auf Adjuvanzien verzichtet werden kann (Kap. 1.2.3.3). Bei den ebenfalls häufig eingesetzten Aluminiumsalzen, z. B. Aluminiumhydroxid-Gel ist diese Depotwirkung weniger stark ausge-

Tab. 1-2: Auswahl von Adjuvanzien, ihre Inhaltsstoffe und deren Entzündungspotenzial. Die Alternativ-Adjuvanzien sind meist verträglicher als FCA. Die Wirkungsspektren der unterschiedlichen Vertreter unterscheiden sich von Spezies zu Spezies stark. Detaillierte Vorabinformationen der jeweiligen Hersteller müssen daher bei der Auswahl berücksichtigt werden.

Inhaltsstoff	Entzündungspotenzial	Adjuvanzien, die die aufgeführten Substanzen u. a. enthalten
(Myco)Bakterien	hoch	FCA
Mineralöl	mittel	FCA, FIA, Montanide, Specol
Squalen, Squalan	gering	Hunter's TiterMax, Montanide, Syntex Adjuvant Formulation, RIBI
Aluminiumsalze	gering	Alhydrogel
Muramyl-Dipeptid	mittel	Gerbu, Syntex Adjuvant Formulation
Monophosphoryl Lipid A	kein	RIBI
Trehalose-Dimycolat	gering	RIBI
Saponin	stark	Immunestimulating complexes

prägt. Daher müssen derartige Adjuvans-Antigen-Gemische wiederholt, in kleineren Intervallen appliziert, werden.

Im Bemühen darum, die Verzögerung der Antigenfreisetzung und damit die Dauer der Immunantwort zu optimieren, wurden „Behältnisse" entwickelt, in denen die Antigene eingeschlossen/eingewoben werden können. Hierbei handelt es sich z. B. um Liposomen, Dextranpartikel oder auch Protein-Cellulose-Komplexe. Bei Immunisierungen mit solch „verpackten" Antigenen wurden in der Tat relativ höhere Antikörpertiter erreicht. Trotzdem ist diese Art der Immunisierung eher die Ausnahme, weil man eben auch mit einfacheren Methoden zum Ziel kommt.

Das Thema „Adjuvanzien" ist ein umfangreiches. Einige gängige Adjuvanzien wurden genannt (Tab. 1-2). Daneben existiert aber eine Vielfalt an Einzelsubstanzen, die ebenfalls – einzeln oder auch in Kombination – zur Verstärkung der Immunantwort eingesetzt werden. Da wären z. B. LPS, Lysolecithin, Retinoide, Dextransulfat, Bestatin, diverse Algenextrakte, Polyadenyl-Polyuridylsäure und Oligonucleotide (ODN) mit speziellen CpG-Motiven.

Tipps, wann welches Adjuvans am geeignetsten ist, kämen Wahrsagerei gleich. Informieren Sie sich im Bedarfsfall bei den verschiedenen Herstellern oder dem Labornachbarn, der gegenwärtig erfolgreich Antikörper herstellt und mit seinem Wissen nicht zu sparsam umgeht.

Letztlich sollte man sich auch immer der Tatsache bewusst sein, dass das immunisierte Tier aller Wahrscheinlichkeit nach den Prozess der Immunisierung alles andere als angenehm empfindet. Insbesondere bei den Freundschen Adjuvanzien und seinen Abkömmlingen sind regelmäßig Entzündungen, Fiber, Abszesse, Reaktionen an den Einstichstellen sowie die Bildung von Granulomen und Myelomen zu beobachten. Die Tiere müssen deshalb ständig daraufhin kontrolliert und bei Bedarf adäquat behandelt werden.

Tipp: Was dem Tier schadet, kann der humanen Gesundheit nicht förderlich sein – also äußerste Vorsicht bei der Verwendung von Cocktails aus der „Freundschen Liga". In Großbritannien gab es zwischen 1989 und 1994 immerhin elf Fälle, von „versehentlicher Selbstimmunisierung" mit anschließender chirurgischer Behandlung. Übrigens: Jules T. Freund, der Erfinder des gleichnamigen Adjuvans, starb verdächtigerweise 1960 an multiplem Myelom!

1.2.3.3 Applikation des Antigens

Die Applikationsmethode der Antigenlösung ist ebenfalls ein entscheidender Faktor und stellt einen Kompromiss zwischen Tierschutzaspekten und Effektivität dar. Die Applikation erfolgt nach wie vor meist mittels Injektion. Dabei ist unbedingt darauf zu achten, dass dem Tier so wenig Schmerzen wie möglich zugefügt werden. Folgende variable Parameter sind dabei zu bedenken (auch Kap. 1.2.4.3 und 1.2.5.3):

- Art der Inokulation
  Die noch „angenehmste" und trotzdem effektive Inokulationsmethode für sämtliche Spezies, und deshalb die Methode der Wahl ist die subcutane Injektion. Daher ist diese – soweit möglich – den anderen Arten vorzuziehen. Weitere Möglichkeiten sind die intramuskuläre, intraperitoneale, intradermale, intravenöse, intraspenale und intranodale Injektion sowie Injektionen in die Pfote. Neben der subcutanen Injektion kommt insbesondere bei der Immunisierung von Hühnern noch die intramuskuläre Injektion in Frage. Alle weiteren oben genannten Varianten sollten nur noch in begründeten Einzelfällen zum Einsatz kommen.
  Die Einstichstellen pro Tier müssen unterschiedlich lokalisiert sein und sollten vom Maul bzw. Schnabel nicht erreichbar sein. Ansonsten besteht die Gefahr, dass der Bereich der Einstichstelle verbissen wird. Injektionen in die Pfoten sind schon daher inadäquat, weil das Tier anschließend auf der Einstichstelle stehen würde. Infektionen und sonstige Irritationen in diesem Bereich

sind so vorprogrammiert. Insbesondere Booster-Injektionen werden aus Gründen der Effektivität gerne intramuskulär gegeben. Der immunologische Grund dafür ist folgender: Bei Primärinjektionen ist die Depotwirkung vorrangig. Das Antigen soll also möglichst lange im Körper verbleiben und nach und nach freigesetzt werden, sodass die B-Zellen lang anhaltend beschäftigt sind. Daher werden für Primärinjektionen schlechter durchblutete Regionen gewählt. Meist erfolgt die Injektion subcutan. Der Sinn und Zweck von Boosterimmunisierungen ist es, die bereits bestehenden antigenspezifischen Memoryzellen zu aktivieren, das Immunsystem quasi zu erinnern. Die Depotwirkung ist beim Boostern also eher sekundär. Deshalb macht es Sinn, in gut durchblutete Bereiche zu injizieren, z. B. intramuskulär, damit das Antigen zügig möglichst viele Memoryzellen erreicht. Werden Adjuvanzien verwendet, die nur geringe oder keine Depotwirkung haben – z. B. Aluminiumsalze und CpG-ODNs – kann es erforderlich sein, das Antigen in wiederholten, kleineren Intervallen zu injizieren. Insbesondere die finale Immunisierung, die gewöhnlich 1-2 Tage vor der Zellfusion erfolgt, wird gern intravenös (bitte ohne Adjuvanz!) verabreicht.

- Kanüle
  Zu verwenden sind ausschließlich sterile Einmalkanülen mit Luer-lock-Anschluss. Die Kanülendurchmesser sind so klein wie möglich zu wählen – mit Durchmessern von 0,4 bis 0,9 mm kann man alle Arten von Inokulation durchführen. Die Injektion durch sehr feine Kanülen ist insbesondere bei Primärimmunisierungen mit hohem ölhaltigen Adjuvanzanteil aufgrund der hohen Viskosität der Probe schwierig.

- Volumen
  Das zu injizierende Volumen muss der Größe des Tieres angepasst werden und variiert mit der Art der Inokulation. Während Ziegen erfahrungsgemäß mit 5 ml subcutan gut klarkommen, ist eine zarte Maus mit 200 µl s.c. pro Einstichstelle bzw. 500 µl Gesamtvolumen schon mehr als gut bedient. Öl- und bakterienhaltige Adjuvanzien, insbesondere FCA werden in weitaus geringerer Konzentration eingesetzt, sodass bei deren Verwendung auch das Gesamtvolumen reduziert werden kann.

1.2.3.4 Blutentnahme

Je nach Antikörpertiter wird dem Tier ca. 2–4 mal pro Monat venöses oder arterielles Blut entnommen. Zum Vergleich der Titer wird dem Tier vor der Primärimmunisierung Blut entnommen – daraus wird ersichtlich welches Tier die stärkste Immunantwort entwickelt. Nicht nur aus Aspekten des Tierschutzes, sondern auch aus praktischen Gründen sollte das Tier dabei nicht unnötig gestresst werden. Grund: Stress hat bekanntlich – nicht nur bei Experimentatoren – verstärkte Adrenalinsezernierung zur Folge. Konsequenz: Gefäßverengung – einer entspannten Blutentnahme nicht gerade förderlich. Praktikable Strategien zur Stressvermeidung sind abhängig von der Spezies. Insbesondere bei Maus, Ratte und Hamster wird das Blut gewöhnlich retrobulbär unter Narkose entnommen. Hierbei wird mittels Kapillare der retrobulbäre Venenplexus hinter dem Auge punktiert. Das sieht barbarisch aus – ist es jedoch nicht, vorausgesetzt die Durchführung obliegt einer geübten, routinierten Hand. Weiteres zum Thema Blutentnahme bei Versuchstieren ist www.tierschutz-tvt.de/merkblatt74.pdf zu entnehmen.

1.2.4 Polyklonale Antikörper

Das gemeine Antigen weist gewöhnlich mehrere unterschiedliche Epitope auf. Wird ein Tier mit einem Antigen immunisiert, so wird eine Mischpopulation von Antikörpern gebildet, die sich in ihren Epitopspezifitäten unterscheiden. Sämtliche Vertreter besitzen die gleiche Antigenspezifität – sie sind aber gegen verschiedene Epitope dieses Antigens gerichtet. Zusammenfassend wird eine solche Mischpopulation als polyklonaler Antikörper bezeichnet – sofern er in aufgereinigter Form vorliegt (unaufgereinigte Variante: polyklonales Antiserum). Manchmal sind so genannte **gruppenspezifische Antikörper** gewünscht, mit deren Hilfe z. B. Substanzgruppen nachgewiesen, jedoch nicht ihre einzelnen Vertreter unterschieden werden können. Die Kunst liegt dabei darin, die gewünschte Unspezifität zu treffen – nicht zu spezifisch, aber auch nicht zu unspezifisch.

1.2.4.1 Polyklonale Vorteile...

... in Herstellung und Gebrauch:

- Schnelle und oft unkomplizierte Immunisierung und Gewinnung.
- Relativ große Serummenge.
- Relativ preisgünstig.
- Während man das polyklonale Antiserum so einsetzen kann, wie man es bekommen hat, kann die Selektion nach dem geeigneten monoklonalen Antikörper sehr zeitaufwändig sein.
- Im Kaninchen lassen sich Antikörper sowohl gegen humane, als auch gegen murine Antigene erzeugen.
- Polyklonale Antikörper erkennen ihr spezifisches Antigen aufgrund vieler unterschiedlicher Epitope desselben. Dieser Gesamtpool kompensiert eventuelle Klone, die ein Epitop des Antigens erkennen, das auch auf vielen anderen Strukturen vorkommt und so störende Kreuzreaktionen verursachen würde. Die Gesamtspezifität eines polyklonalen Antiserums kann daher trotz einiger unspezifisch bindender Klone sehr hoch sein.
- Die Fähigkeit polyklonaler Antikörper viele Epitope eines Antigens zu erkennen, ist insbesondere für den Nachweis sehr kleiner Moleküle, die nur wenige Epitope aufweisen, praktisch. Je mehr unterschiedliche Epitope von einem Antiserum erkannt werden können, desto höher die Wahrscheinlichkeit, dass ein Antigen mit nur wenigen Epitopen erkannt wird. Ein weiterer Vorteil dieser „vielschichtigen" Art der Antigenerkennung ist die Kompensation evtl. Fixierungsschäden bestimmter Epitope eines Antigens, sodass trotz derartiger Antigen-Modifikationen noch ein positives Signal generiert werden kann.
- Spezielle Vorteile von IgY aus dem Eidotter im Vergleich zu Serum-IgG: Die produzierbare Menge an Antikörper pro Zeiteinheit ist wesentlich höher. Aufgrund des phylogenetischen Unterschiedes ist die Neigung zu Kreuzreaktionen beim Einsatz von IgY in Proben aus Säugetieren geringer. Für entsprechende Anwendungen kann es von Vorteil sein, dass IgY säurebeständiger ist als IgG.

1.2.4.2 Polyklonale Nachteile...

... in Herstellung und Gebrauch:

- Polyklonales Antiserum enthält erfahrungsgemäß eine Vielzahl von Antikörpern, die, unabhängig von der Immunisierung, entweder schon bereits im Serum des Tieres vorhanden waren oder während der Immunisierungsphase durch weitere ungewollte Immunisierungen z. B. infolge von Infektionen generiert wurden. Mit der Entnahme eines so genannten Prä-Immunserums vor der Immunisierung verfügt man über eine relative Kontrolle, mit der zumindest diejenigen Antikörper, die vor der Immunisierung schon im Serum des Tieres enthalten waren, als kreuzreagierende Antikörper im eigentlichen Testserum ausgeschlossen werden können. So kann der Anteil an gewünschten Antikörpern im Serum außerordentlich gering sein. Er liegt maximal bei ca. 10 %, oft auch nur im Bereich von 1 % des Gesamt-Antikörperpools. Dies gilt für Serum, als auch für Dotter aus Hühnereiern.
- Es ist mit chargenabhängigen Schwankungen zu rechnen.

- Die Antikörperproduktion neigt sich früher oder später dem Ende zu. Entweder weil das Tier das Zeitliche segnet, die Synthese abebbt oder weil das produzierte Antiserum den Qualitätsanforderungen nicht mehr gerecht wird. Verglichen mit seinen monoklonalen Kollegen ist also jeder polyklonale Antikörper „sterblich".
- Unspezifität durch Kreuzreaktionen ist in polyklonalen Kreisen recht verbreitet, insbesondere dann, wenn besonders immunogene Strukturen des Antigens, mit dem immunisiert worden ist, auch auf vielen anderen Antigenen vorkommen.
- Gewonnene Antiseren müssen ständig kontrolliert werden, da sich die Qualität permanent ändern kann.
- Spezielle Nachteile von IgY aus dem Eidotter im Vergleich zu Serum-IgG: Hier ist der Aufreinigungsprozess aufwändiger, als bei der Aufreinigung aus Serum (Kap. 1.3.4). Ursache ist insbesondere der wesentlich höhere Lipid- und Lipoproteidanteil im Dotter. Weiterhin bindet IgY nicht an Protein A und Protein G, sodass diese Art der Aufreinigung entfällt.

1.2.4.3 Herstellung polyklonaler Antikörper in der Praxis:

Polyklonale Antiseren werden häufig aus Mäusen, Ratten, Hühnern, Schafen, Ziegen, Pferden und anderen Spezies gewonnen (Kap. 1.2.2). Möchte der Experimentator selbst die Immunisierung vornehmen, so stellt sich die Frage, inwieweit diese Tiere zur Verfügung stehen. Allgemein lässt sich sagen: Je größer das Tier, umso mehr Serum lässt sich gewinnen – entscheidend für denjenigen, der große Mengen an Antikörpern benötigt. Nachteil: Zur Immunisierung muss i.d. R. auch entsprechend mehr Antigen eingesetzt werden. Entscheidend ist hierbei auch die Frage nach dem Grad der Immunogenität des Antigens. Je höher dieser ist, desto geringer die erforderliche Antigenmenge. Die Immunogenität eines Antigens ist abhängig von dessen Beschaffenheit. So sind kleine Antigene, z. B. Peptide i.d. R. weniger stark immunogen als große Antigene, wie z. B. Proteine. Die Wahl der Spezies spielt eine gewichtige Rolle. So eignen sich einige Antigene aus der Maus hervorragend zur Immunisierung von Ratten, andere überhaupt nicht, weil die Verwandtschaft von Maus und Ratte relativ eng ist.

Eine intensive Diskussion bezüglich der Wahl einer geeigneten Immunisierungsstrategie kann viel Zeit und Geld sparen helfen. Es ist durchaus sinnvoll, mit einem Serviceanbieter, sei es intern im Institut oder extern im Bereich der Biotechnologie, über die richtige Strategie zu diskutieren.

Technisch kann die Antikörperherstellung mit wenigen Worten beschrieben werden: Die Primärimmunisierung des gewählten Tieres geschieht, indem das spezifische Antigen in möglichst reiner Form, meist zusammen mit einem geeigneten Adjuvans (Kap. 1.2.3.2), dem Tier mittels steriler Einmalkanüle appliziert wird (Kap. 1.2.3.3). Nach einer gewissen Zeitspanne inklusive 2–3 Booster-Immunisierungen, mittels derer die im Zuge der Primärimmunisierung generierten Memoryzellen aktiviert werden, wird dem Tier Blut entnommen. Die Antikörper befinden sich in der Serumphase. Zur Trennung des Serums von den festen Blutbestandteilen lässt man es zur Gerinnung einige Stunden bei Raumtemperatur oder über Nacht im Kühlschrank stehen. Nach Zentrifugation kann das Serum abgenommen werden. Danach wird es entweder weiter aufgereinigt oder in dieser Form als polyklonales Antiserum verwendet. In den meisten Fällen wird das Serum weiter aufgereinigt. Zum einen, um ein „halbwegs" standardisiertes Produkt (reine IgG- bzw. IgY-Fraktion, wenn Hühner verwendet wurden) zu erhalten, und zum anderen, um evtl. störende Begleitsubstanzen zu entfernen. Für nachfolgende Modifikationen, z. B. für Kopplungen mit diversen Labels, müssen die Antikörper zwingend in aufgereinigtem Zustand vorliegen (Kap. 1.3).

Mit welchem Zeitaufwand ist zur Herstellung eines polyklonalen Antiserums zu rechnen? Als Richtwert findet man oft 4–6 Wochen. Diese Angabe ist allerdings als absolutes Minimum zu betrachten – zu erreichen allenfalls mit erheblicher Erfahrung auf diesem Gebiet, Top-Laborausstattung, Top-Rahmenbedingungen und viel, viel Glück. Sind Sie mit den genannten Faktoren eher moderat ausgestattet, legen Sie lieber noch ein paar Wochen bis Monate drauf. Wenn Sie nach ca. 4 Monaten noch immer keinen Hauch von Antikörpertiter haben, sollten Sie mit neuem Elan von vorn beginnen.

Zur groben Orientierung sei folgendes Beispielprotokoll gedacht. Es sei ausdrücklich angemerkt, dass zur Optimierung an zahlreichen Parametern geschraubt werden kann. Begonnen, bei der Wahl der Spezies, den Konzentrationen aller Reagenzien sowie die Reagenzien an sich, deren applizierte Volumina bis hin zur Wahl der Inokulationsart. Verschiedene Immunisierungsschemata liefert die entsprechende Fachliteratur.

Beispielhafte Strategie zur Herstellung polyklonalen Antiserums mittels Immunisierung mit rekombinantem Protein in zwei Kaninchen:

Primärimmunisierung:

300 µg aufgereinigtes Protein werden in einem möglichst kleinen Volumen PBS gelöst. Die Proteinlösung wird gegen PBS dialysiert und schließlich mit PBS auf 250 µl Endvolumen gebracht und anschließend sterilfiltriert (evtl. Bindekapazität Membran/Protein beachten!).

250 µl Proteinlösung [1,2 mg/ml] werden in 250 µl Adjuvans (FIA) mittels mehrfachen Auf- und Abziehens durch eine sterile Einmalkanüle (∅ 0,9 mm) emulgiert. Bereitet die Emulgierung Probleme, kann zusätzlich mittels Ultraschall nachgeholfen werden. Es werden pro Kaninchen 250 µl der Emulsion s.c. injiziert.

Booster-Immunisierungen:

In Abhängigkeit von den sich entwickelnden Antikörpertitern in den Tieren wird die Prozedur in modifizierter Form nach ca. 4 und 6 Wochen wiederholt. Man sollte erst Nachboostern, wenn der Antikörpertiter deutlich auf dem absteigenden Ast ist. Hierbei werden nur noch 150 µl Proteinlösung [1,2 mg/ml] mit demselben Volumen FIA emulgiert. Den Tieren werden also jeweils nur noch 150 µl (= 90 µg Protein) subcutan oder intramuskulär injiziert. Sämtliche Injektionsstellen sollten unterschiedlich lokalisiert sein. Normalerweise kann man bei den Booster-Injektionen auf ein „schwächeres" Adjuvans ausweichen oder sogar ganz darauf verzichten. Wenn der Titer aber unbefriedigend ausfällt, kann ein Umstieg von FIA auf ein „stärkeres" Adjuvans erforderlich sein (Kap. 1.2.3.2).

Gewinnung der Antiseren:

Zwei Wochen nach der letzten Immunisierung werden den Kaninchen 10–20 ml Blut entnommen, das anschließend für vier Stunden bei 37 °C und danach über Nacht bei 4 °C inkubiert wird. Nach Zentrifugation (400 g; 10 min) wird die Serumphase steril abgenommen und aliquotiert.

Über die Konzentration an guten Antikörpern im gewonnenen polyklonalen Antiserum lässt sich im Vorfeld nur spekulieren. Wichtiger ist die Klärung der Frage, was eigentlich einen „guten" Antikörper auszeichnet. Im Wesentlichen sollte er folgende Eigenschaften aufweisen:

- möglichst hohe Antigenspezifität
- möglichst niedrige Unspezifität (Sonderfall: Gruppenspezifität)
- möglichst hohe Avidität zum spezifischen Antigen
- je nach Anwendung:
  Erkennung des Antigens, auch wenn es modifiziert oder maskiert vorliegt.

Unterscheidungsfähigkeit von nativen und modifizierten Antigenen.
- möglichst unproblematische Handhabung, z. B. durch hohe Eigenstabilität

1.2.5 Monoklonale Antikörper

Was unterscheidet monoklonale Antikörper von polyklonalen? Die Bezeichnungen sagen es schon exakt aus. Monoklonale werden von ein und demselben B-Zell-Klon gebildet, während Polyklonale von unterschiedlichen B-Zell-Klonen produziert werden. Daraus ergeben sich die für polyklonale Antikörper typischen unterschiedlichen Epitopspezifitäten bei gleicher Antigenspezifität. Die entscheidende Frage, ob's ein Monoklonaler sein muss oder auch ein Polyklonaler reicht, ist von der Methode/Anwendung abhängig, in der der Antikörper seinen Einsatz finden soll.

Die Herstellung monoklonaler Antikörper ist bedeutend aufwändiger als die Herstellung eines polyklonalen Antiserums. Dafür haben Sie dann aber einen Klon der – zumindest theoretisch – unsterblich ist. Voraussetzung ist, dass er seine produktiven Eigenschaften in Kultur nicht verliert und genetisch stabil ist.

Für die bahnbrechende Entwicklung der Methode zur Herstellung monoklonaler Antikörper bekamen Georges Köhler und Cesar Milstein 1984 den Nobelpreis für Medizin. Ihnen gelang es, Zellen gleicher Differenzierung miteinander zu verschmelzen – ohne Verlust ihrer „speziellen Aufgabe“. Die Aufgabe hieß „Antikörperproduktion“. Dazu wurden zwei B-Zell-Abkömmlinge, genauer gesunde **B-Lymphoblasten** (bzw. Plasmazellen) und neoplastische **Myelomazellen**, zu den so genannten **Hybridomazellen** fusioniert. Eine Hybridomazelle vereinigt in sich somit die Fähigkeit einer Plasmazelle zur Produktion eines spezifischen Antikörpers und die Eigenschaft einer Tumorzelle, sich unbegrenzt zu teilen – die Immortalität. Der ausschließliche Beitrag der Myelomazelle ist die Unsterblichkeit, da hier besondere Myelomazelllinien verwendet werden, die die Fähigkeit zur Expression des Merkmals „Antikörperproduktion“ verloren haben. Abgesehen davon, dass sich die, für die Hybridoma-Technik prädestinierten, Myeloma-Zelllinien durch beste Fusionsfähigkeit und Antikörper-Syntheserate hervortun sollten, sollten sie, zum Zwecke der späteren Selektionsfähigkeit, auch einen mutationsbedingten Enzymdefekt aufweisen (Kap. 1.2.5.3).

Ausgehend von einer einzelnen Hybridomazelle entstehen durch Teilung identische Zellklone, die die Fähigkeit zur Bildung identischer spezifischer Antikörper besitzen, die dann als monoklonale Antikörper bezeichnet werden.

Pasqualini und Arap (2004) berichten von der Herstellung monoklonaler Antikörper ohne Anwendung der Hybridoma-Technik, durch die Gewinnung von „bedingt-immortalen“, Antikörper-produzierenden Maus-Splenocyten. Sollte sich eine derartige Technik langfristig behaupten können, bedeutete dies eine wahre Erleichterung für jeden Antikörperproduzenten.

1.2.5.1 Monoklonale Vorteile...

... in Herstellung und Gebrauch:

- Stabile Hybridomazellen lassen sich in Kultur i. d. R. unproblematisch vermehren. Bei Bedarf lassen sich so monoklonale Antikörper in großen Mengen herstellen.
- Hybridomazellen sind potenziell „unsterblich“. Die Antikörperproduktion ist daher zeitlich praktisch unbegrenzt.
- Die Aufreinigung von Immunglobulinen aus Kulturmedium ist unproblematischer als aus Serum, weil das Medium wesentlich weniger Begleitsubstanzen aufweist.

- Die Qualität der Antikörper bleibt – optimalerweise – immer gleich, selbst wenn man eingefrorene Klone wieder in Kultur nimmt. So gewährleistet der monoklonale Antikörper einen hohen Grad an methodischer Reproduzierbarkeit.
- Ein monoklonaler Antikörper erkennt nur ein einziges Epitop auf dem Antigen. Diese Monospezifität gewährleistet ein minimales Maß an zu erwartenden Kreuzreaktivitäten und damit unspezifischer Bindungen im Vergleich zu polyklonalen Antiseren.

1.2.5.2 Monoklonale Nachteile...

... in Herstellung und Gebrauch:

- Die Herstellung ist insgesamt gegenüber polyklonalen Antiseren erheblich aufwändiger. Selbst wenn es gelungen ist, erfolgreich Hybridomazellen zu gewinnen, muss unter den Zellklonen derjenige herausgesucht werden, der gerne und viel Antikörper produziert und dessen Antikörper die geforderten Eigenschaften aufweisen. Gerade die erstgenannten Eigenschaften haben schon so manchen Experimentator verzweifeln lassen.
- Auch Hybridomazellen verlieren ab und an ihre Fähigkeit, Antikörper zu produzieren. Man muss ständig die produktivsten Klone reklonieren, damit die Kultur nicht von instabilen Klonen überwuchert wird.
- Monoklonale Antikörper sind monospezifisch, weil sie nur ein einziges Epitop des Antigens erkennen. Dieser Vorteil kann sich für einige methodische Anwendungen als nachteilig erweisen, denn die Zahl der potenziellen Bindungsstellen pro Antigen in dem Assay (seien es Zellen, Kulturüberstände, Proteinauftrennungen etc.) ist entsprechend reduziert, im Vergleich zu den vielen potenziellen Bindungsstellen, die für die polyklonalen Antikörper zur Verfügung stehen. Für den Experimentator kann dies bedeuten, dass nur unzureichend wenige Antikörpermoleküle in dem Assay binden und damit die Grenze der Nachweisbarkeit nicht erreicht wird. Es gibt aber auch hier Auswege, indem die Nachweisgrenze durch bessere Technologie wie z. B. Signalverstärker positiv verlegt werden kann. Dies bedeutet selbstverständlich wieder mehr Arbeit, Aufwand und Geld.

1.2.5.3 Herstellung monoklonaler Antikörper in der Praxis

Wie bei der Herstellung von polyklonalen Antiseren auch müssen zunächst B-Lymphocyten dazu gebracht werden, Antikörper zu erzeugen – es muss also immunisiert werden (auch Kap. 1.2.4.3). Man hat die Wahl zwischen der (gängigen) *in vivo*- und einer *in vitro*-Immunisierung. Bei der *in vivo*-Variante wird dem Tier – z. B. einer Balb/c-Maus – das betreffende Antigen/Adjuvans injiziert und nach 4–8 (meist Nachboostern erforderlich!) Wochen aus der Milz und/oder Lymphknoten eine Einzellzellsuspension bereitet, die zum größten Teil B-Zellen enthält. B-Zellen können – müssen aber nicht extra isoliert werden. Es funktioniert auch so! Zur Kontrolle, ob es zu einer Immunantwort kommt, muss Blut direkt vor der Immunisierung und in verschiedenen Abständen nach den Injektionen z. B. per ELISA untersucht werden. Bei der *in vitro*-Variante erfolgt die Immunisierung nicht im Tier, sondern in Kultur. Dazu werden einem unbehandelten Tier die Milz/Lymphknoten entnommen und daraus die B-Zellen isoliert. Diese werden in Kultur genommen und mit Antigen versetzt. Nach ungefähr 4–5 Tagen werden Antikörper produziert. Die *in vitro*-Immunisierung hat den Vorteil der Zeitersparnis auf seiner Seite. Außerdem sind hier wesentlich geringere Mengen an Antigen zur Immunisierung erforderlich, als bei der *in vivo*-Immunisierung. Nichtsdestotrotz ist die *in vivo*-Technik immer noch mit weitem Vorsprung die gebräuchlichere und die hier dargestellte ist nur eine von zahlreichen Varianten. Verschiedene Immunisierungsschemata liefert die entsprechende Fachliteratur.

Wenn die Milz- und/oder Lymphknotenzellen bereitliegen, kann die Fusion erfolgen. Sie werden dazu mit den vorbereiteten Myelomazellen im Verhältnis 3xB-Zellen : 1xMyelomazellen fusioniert. Das Mischungverhältnis variiert unter den Experimentatoren stark: Von 1:10 bis 10:1 ist in der Literatur zu lesen. Die beliebtesten Myelomazellen dürften SP2/0-AG14 und X63AG8.653 sein. Die Fusion erfolgt gewöhnlich durch 1-minütige Inkubation bei 37 °C in serumfreiem (!) Medium, unter Zusatz von Polyethylenglykol (PEG, M_r = 1 000–6 000) und anschließender Verdünnung des PEG durch schrittweise Zugabe von Medium. Das PEG bewirkt die Zerstörung der Zellmembranen, sodass einzelne Zellen fusionieren können – während der Rückverdünnung des PEG bauen sich die Zellmembranen wieder auf. So entstehen – statistisch betrachtet – ewig wenige stabile Fusionsprodukte. Wenn aber Fusionspartner im Bereich 10^6 bis 10^8 Zellen eingesetzt werden reichen die Wenigen – absolut betrachtet – völlig aus. Weitere Fusionsmethoden sind die Technik der Elektrofusion sowie die Fusion mittels Viren. Da die Wahrscheinlichkeit einer erfolgreichen Fusion statistisch überaus gering ist, gilt es die wenigen Fusionszellen – Hybridome genannt - aus dem riesigen Pool verbliebener Einzelzellen herauszufischen. Diese Selektion erfolgt über das Kulturmedium, dem **HAT-Medium**. In diesem wachsen ausschließlich Hybridome, die die Eigenschaften beider Fusionspartner in sich vereinen.

Woraus ergeben sich die selektiven Eigenschaften des HAT (**H**ypoxanthin-Aminopterin-Thymidin)-Mediums? Der Faktor **Aminopterin** inhibiert die „normale“ *de novo*-Biosynthese der beiden Nucleotide GTP und TTP. B-Zellen sind in der Lage, über einen Alternativ-Syntheseweg (Enzym: HGPRT) GTP aus dem zugesetzten **Hypoxanthin** zu synthetisieren, während die eingesetzten Myelomazellen aufgrund einer künstlichen Mutation nicht über diese Möglichkeit verfügen. TTP wird aus dem zugesetzten **Thymidin** synthetisiert. Einzelne B-Zellen sowie B-Zell/B-Zell-Hybride überleben in Kultur naturgemäß nicht länger als 10 Tage. Einzelne Myelomazellen und Myeloma/Myeloma-Hybride können zwar grundsätzlich langfristig kultiviert werden, sind aber in HAT-Medium wegen ihres Mangels an HGPRT nicht überlebensfähig. Ausschließlich die B-Zell/Myelomazell-Hybride verfügen nun einerseits über das erforderliche Enzym HGPRT zur GTP-Synthese und anderseits über die Eigenschaften „Kultivierbarkeit“ und „Unsterblichkeit“. Daher bleiben nach Inkubation in HAT-Medium ausschließlich Hybridomazellen übrig. Neben der klassischen HAT-Selektion werden in der Literatur weitere Varianten der Klonselektion beschrieben, z. B. die HAz-Variante, bei der Aminopterin durch Azaserin ausgetauscht ist. Azaserin blockiert bei niedriger Dosierung die Purinsynthese, nicht aber die Pyrimidinsynthese, sodass die Zugabe von Thymidin zum Medium nicht mehr erforderlich ist. Zudem ist Azaserin insgesamt stabiler als Aminopterin. Da Aminopterin und Azaserin unterschiedliche Wirkungsorte haben, können sie auch im Selektionsmedium kombiniert werden – mit dem Vorteil, dass man die Wahrscheinlichkeit des Auftretens, durch spontane Rückmutation entstehender, resistenter Myelomazellen erniedrigt.

Tipp: Sollte im Zuge der Antikörperherstellung Serum als Zusatz zum Medium verwendet werden, ist fetales Serum einem adulten Serum vorzuziehen, weil es erfahrungsgemäß wesentlich weniger Immunglobuline aufweist und so dieses Kontaminationspotenzial eingeschränkt wird.

Zur Erhöhung der Klonierungseffizienz setzt man dem Medium noch häufig so genannte Feeder-Zellen, z. B. Endothelzellen oder besser noch Peritoneal-Makrophagen zu. Letztere entsorgen einerseits tote Zellen aus der Kultur – andererseits verbessern sie das Medium durch Freisetzung diverser Faktoren. Praktischerweise werden heute zahlreiche Medienzusätze angeboten, die der Optimierung der Hybridoma-Technik dienen, z. B. solche, die den Einsatz von Feeder-Zellen überflüssig machen sollen, daneben auch diverse andere Supplemente und Serumalternativen.

Mittels einer geeigneten Nachweis-Methode, z. B. ELISA, können diejenigen Zellklone detektiert werden, die die gewünschten Antikörper synthetisieren. Diese Klone werden dann mindestens zweimal subkloniert (rekloniert), um sicherzustellen, dass es sich wirklich nur um einen einzigen Klon handelt und nicht vielleicht doch um zwei aneinander klebende Zellen. Die Subklonierung entspricht quasi einer „Vereinzelung“ der positiven Zellen durch „limiting dilution“, sodass sich am Ende einer Subklonierung in einer Kavität der Mikrotiterplatte statistisch gesehen weniger als eine Zelle befindet. Praktisch wird zu diesem Zweck eine konventionelle Verdünnungsreihe der positiven Kulturen angelegt: z. B. 4 x 1:10 in Medium, sodass die höchste Verdünnung eine 1:10 000 ist. Von allen Verdünnungen werden anschließend z. B. 24 x 100 µl pro Verdünnung in einer 96-well-Platte einige Tage kultiviert und dann getestet. Noch einfacher: In jedes well einer 96er Kulturplatte 100 µl Medium geben. In well A1 100 µl der Ausgangzellsuspension (10^4 – 10^6 Zellen/ml) geben. Dann 1:2-Verdünnungen aus dem well A1 über B1, C1... bis runter ins well H1 anfertigen, indem mit der gleichen Pipettenspitze jedes Mal 100 µl der verdünnten Suspension in das nächste well verschleppt werden. In die wells A1 bis H1 nochmalig 100 µl Medium geben und anschließend mit einer 8er-Multipipette 1:2-Verdünnungen von der Spalte A1/H1 über A2/B2...bis A12/B12 machen. Erfahrungsgemäß sind nach maximal 10 Tagen im rechten unteren Bereich der Platte – je nachdem wie „dick" die Ausgangszellsuspension war – Kolonien von Einzelklonen zu sehen.

Neben dieser gängigen limiting-dilution-Methode kann man die Einzelzell-Klonierung mittels Durchflusscytometrie oder durch Wachstum in Weich-Agar durchführen. Die Klone müssen ständig kontrolliert werden. Zur Charakterisierung der produzierten Antikörper bzgl. Hauptklassen, Subklassen usw. werden verschiedene Schnelltests angeboten.

Wurden erfolgreich Klone generiert, sollten selbstverständlich genügend Zellen kryokonserviert werden.

Der oder die schließlich auserwählten Klone werden in der Folge in Zellkultur *in vitro* weitervermehrt, wobei die Hybridomazellen ständig Antikörper produzieren und in das Kulturmedium sezernieren. Der Hybridomaüberstand enthält den gewünschten Antikörper, der in ungereinigter – besser noch – in aufgereinigter Form verwendet werden kann (Kap. 1.3). Eine weitere Methode zur Massenherstellung von Monoklonalen ist die Ascites-Technik. Hierbei werden Hybridomazellen in die Bauchhöhle einer Maus injiziert, wo die Antikörperproduktion *in vivo* stattfindet – die Bauchhöhle einer Maus ersetzt quasi die Kulturschale. Die Bauchhöhle bietet offensichtlich optimales Milieu zum Wachstum und zur Produktivität der Hybridomas, denn die Methode ist sehr effektiv. Letztlich macht man aber nichts anderes, als Mäuse mit Krebszellen zu „infizieren", weshalb die Ausführung der Ascites-Technik in Deutschland vom Gesetzgeber untersagt ist – der Vertrieb in dieser Form hergestellter Antikörper allerdings nicht!

1.2.6 Rekombinante Antikörper

Rekombinante Antikörper sind gentechnisch hergestellte Antikörperfragmente und stellen eine Alternative zu den klassischen poly- und monoklonalen Antikörpern dar. Gewonnen werden rekombinante Antikörper überwiegend durch genetische Selektion aus Antikörpergenbibliotheken, die eine entsprechend große Vielfalt von Antikörpergenen repräsentieren müssen. Eine Antikörperbibliothek kann aus einem natürlichen Spender gewonnen werden, z. B. durch Isolation von B-Zellen, oder synthetisch hergestellt werden, z. B. durch Einführung von zufälligen Oligonucleotidsequenzen in den codierenden Bereichen der hypervariablen Regionen des Antikörpers. Die praktischen Vorteile bei der Gewinnung liegen u. a. darin begründet, dass die Proteinsynthese in Bakterien erfolgen kann. Und diese sind bekanntlich recht praktikabel und preisgünstig in ihrer Kultivierung.

Die häufigsten rekombinanten Antikörper sind die so genannten „single chain"-Antikörper, die nur noch aus einem Fv-Fragment bestehen. Da das Fv-Fragment aus den beiden Ketten VH und VL gebildet wird, müssen bei der rekombinanten Technologie diese beiden Ketten miteinander über

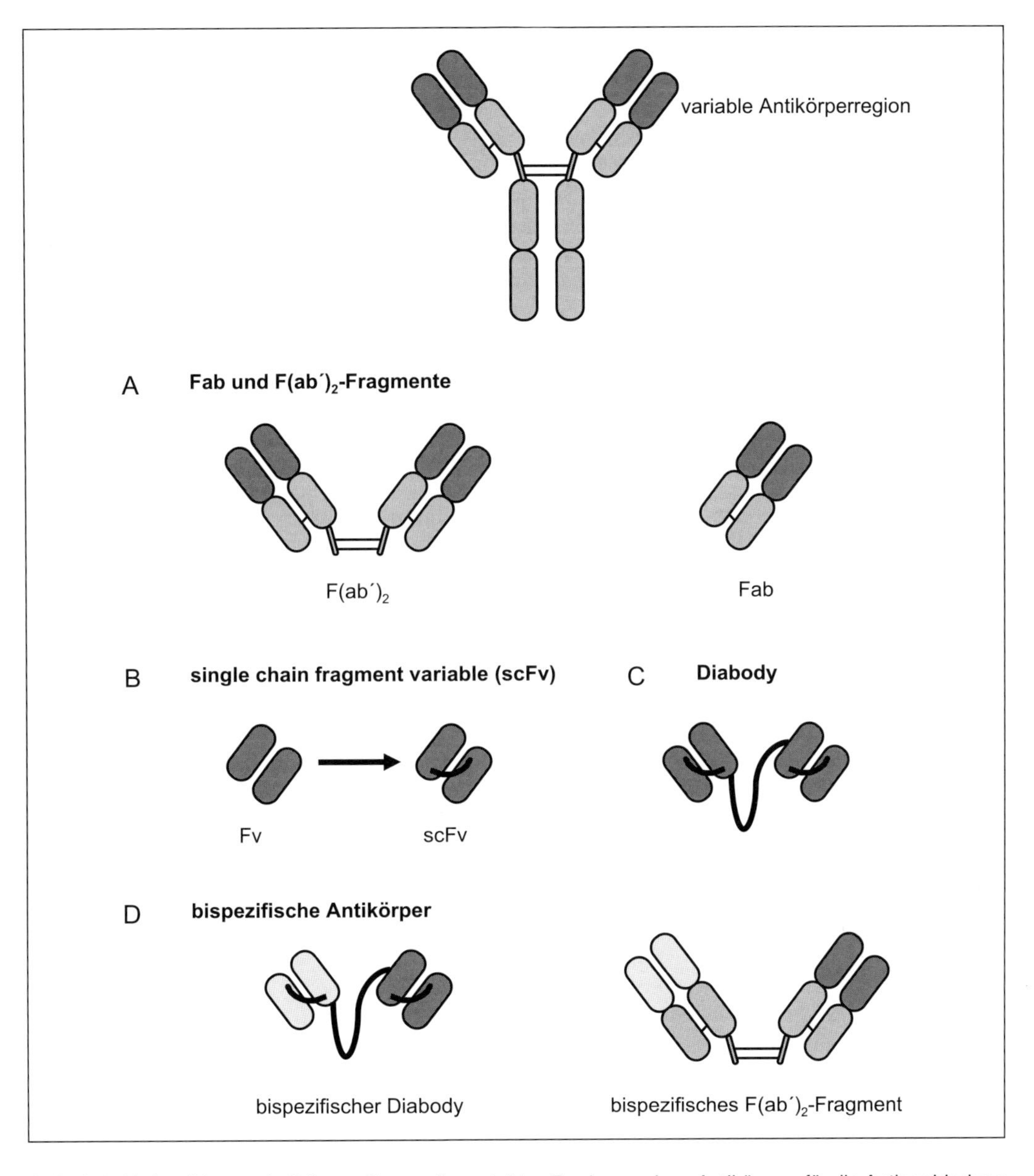

Abb. 1-4: Rekombinante Antikörper. Da nur die variablen Regionen eines Antikörpers für die Antigenbindung notwendig sind, ergeben sich verschiedene Möglichkeiten, gentechnisch Antikörperfragmente herzustellen und zu nutzen: (A) Durch proteolytische Spaltung mit Pepsin oder Papain lässt sich ein Immunglobulin-Molekül seines Fc-Teils berauben, sodass nur noch ein bivalentes F(ab')2-Fragment bzw. ein monovalentes Fab-Fragment übrig bleibt. (B) Der kleinste Antikörper besteht nur noch aus einer variablen leichten (VL) und einer variablen schweren Kette (VH). Man bezeichnet ihn auch als „fragment variable" (Fv). Um diesen Miniantikörper therapeutisch einsetzen zu können, müssen die variablen Fragmente über einen Linker miteinander verbunden werden. Man erhält einen „single chain fragment variable" (scFv) Antikörper. (C) Durch die Kopplung zweier scFv entsteht ein „Diabody". (D) Bispezifische Antikörper können zwei verschiedene Antigene gleichzeitig erkennen. Beispielsweise lassen sich bispezifische Diabodies oder bispezifische F(ab')2-Fragmente herstellen.

Abb. 1-5: Therapeutische Einsatzmöglichkeit eines bispezifischen Antikörpers. Durch die Fähigkeit eines bispezifischen Antikörpers, zwei verschiedene Antigene gleichzeitig zu erkennen, ist er therapeutisch einsetzbar. Beispielsweise kann solch ein Antikörper, wie der hier dargestellte Diabody, eine Zielzelle (z. B. Tumorzelle) erkennen und über seine zweite Spezifität den Kontakt zu einer Effektorzelle des Immunsystems (z. B. NK-Zelle) herstellen. So schafft er evtl. eine räumliche Nähe dieser beiden Zelltypen.

eine Peptidbrücke verbunden werden. So entsteht eine einzelne Kette, also eine „single chain". Die Struktur eines single chain-Antikörpers sowie weiterer, rekombinant herstellbarer Antikörper ist in Abbildung 1-4 dargestellt.

Die rekombinante Technologie hat aber auch noch weitere Vorteile. So können mehrere unterschiedliche Spezifitäten in einem Antikörpermolekül vereint werden. Auf diese Art entsteht ein rekombinanter Antikörper mit zwei oder mehreren Spezifitäten (ein bi- oder tri- usw. spezifischer rekombinanter Antikörper), z. B. für die Quervernetzung einer Zielzelle (Tumorzelle) mit einer Effektorzelle (NK-Zelle) (Abb. 1-5). Darüber hinaus ermöglicht die rekombinante Antikörpertechnologie die Herstellung von Antikörper-Fusionsproteinen, z. B. ein rekombinanter Antikörper, der ein Pseudomonas-Exotoxin enthält.

Wie wird eine natürliche Antikörperbibliothek aufgebaut?

Neben der synthetisch hergestellten Antikörperbibliothek, die durch Oligonucleotidsynthese von Zufallssequenzen aufgebaut wird, werden häufig Antikörperbibliotheken aus einem natürlichen Spender gewonnen. Der Aufbau der Bibliothek erfolgt durch Subklonierung von V^H- und V^L-codierenden cDNAs in geeignete Phagenvektoren. Während das natürliche Repertoire des Immunsystems aus vorarrangierten V^H- und V^L-Kombinationen besteht, wird durch die unabhängige Klonierung von V^H- und V^L-Ketten eine zusätzliche Diversität in die Bibliothek eingeführt. Die Selektion auf das gewünschte Antigen erfolgt über die Präsentation der im Vektor codierten V^H- und V^L-Kombination auf der Phagenoberfläche. In der Regel werden filamentöse Bakteriophagen (M13-Phagen) verwendet. Die Vermehrung in Bakterien ist die häufigste Methode, um Antikörperbibliotheken aufzubauen bzw. später den gewünschten Antikörper zu selektieren. Die Herstellungsprozedur ist eine komplexe – vor allem aber ist sie molekularbiologischer Natur – daher im Folgenden nur diese minimale Darstellung. Weiterführend sei dazu empfohlen: „Der Experimentator – Molekularbiologie" von Cornel Mülhardt und „Rekombinante Antikörper" von Stefan Dübel und Frank Breitling, beide Bücher erschienen im Spektrum Akademischer Verlag Heidelberg.

Die Prozedur gliedert sich in folgende Abschnitte:

- Isolation von B-Lymphocyten
- mRNA-Isolierung aus B-Lymphocyten
- cDNA-Herstellung durch reverse Transkription
- Amplifikation relevanter, codierender Genabschnitte durch PCR
- Klonierung dieser Sequenzen in einen geeigneten Phagenexpressionsvektor (Phagemid)
- Transformation des Vektors in einen geeigneten Bakterienstamm

- Expression der Antikörperdiversität (10^8 bis 10^{10} Moleküle) auf der Oberfläche von Phagen
- Selektion geeigneter Binder gegen das gewünschte Antigen (bio-panning)
- Identifizierung des Binders
- Aufreinigung, Charakterisierung und Produktion

Wer sich Gedanken über eine Massenherstellung von Antikörpern macht, stößt bei der Planung, diese in tierischen Zellen zu produzieren, schnell an die Grenzen, die uns tierische Zellen setzen. Dazu kommen der hohe Arbeitsaufwand und die hohen Kosten. Aber auch bei der Herstellung von komplexen Proteinstrukturen in Bakterien werden schnell die Grenzen des Systems deutlich. Die fehlende Glykosylierung und die häufig inkorrekte räumliche Faltung des Moleküls, dessen Konsequenz oft dessen Funktionslosigkeit bedeutet.

Wer noch größere Mengen an Antikörpern produzieren möchte, kann sich Gedanken über die Herstellung der rekombinanten Antikörper in Pflanzen machen. So entspricht der Proteinsyntheseapparat der Pflanzen weitgehend dem der Säugetiere. Auch die Kultivierung von Pflanzen ist problemlos, außerdem weit kostengünstiger. Diese „Plantibodies" lassen sich z. B. in Tabakpflanzen, Mais und Kartoffeln produzieren. Bevor Sie aber als Experimentator einen Silo voller Maiskörner ernten, um den gewünschten Antikörper in Kilomengen zu produzieren, sollten Sie sich noch einmal die Frage stellen:

Was ist oder war das Ziel? Einen Antikörper selbst herzustellen oder mit einem Antikörper eine wissenschaftliche Fragestellung zu lösen?

Literatur:

Dübel S, Breitling F (1997) Rekombinante Antikörper. Spektrum Akademischer Verlag, Heidelberg

Harlow E, Lane D (1998) Antibodies: A Laboratory Manual. Cold Spring Harbor Lab. Press, Plainview, NY

Herbert WJ, Kristensen F (1986) Laboratory animal techniques for immunology. In: Weir DM, Herzenberg LA, Blackwell C Handbook of Experimental Immunology: Applications of Immunological Methods in Biomedical Sciences. Blackwell Scientific Publications, Oxford: 133.1–133.36

Larrick JW, Yu L, Naftzger C, Jaiswal S, Wycoff K (2001) Production of secretory IgA antibodies in plants. Biomol Eng 18: 87–94

Mülhardt C (2006) Der Experimentator – Molekularbiologie/Genomics. 5. Auflage, Spektrum Akademischer Verlag, Heidelberg

Nolke G, Fischer R, Schillberg S (2003) Production of therapeutic antibodies in plants. *Expert Opin Biol Ther* 3: 1153–62

Pasqualini R, Arap W (2004) Hybridoma-free generation of monoclonal antibodies. *Proc Natl Acad Sci* 101: 257-259

1.3 Reinigung von Antikörpern

Verlangen Ihre Versuche von Ihnen die Aufreinigung bestimmter Antikörper oder sind Sie aus reinem Interesse an diesem Kapitel hängen geblieben? Wie dem auch sei, seien Sie willkommen in der spannenden Welt der Proteinbiochemie.

Zunächst einmal sei ein großes Dankeschön an die Schar von Molekularbiologen gerichtet. Tag für Tag befassen sie sich mit der Konstruktion von innovativen Expressionssystemen, die die Produktion und Aufreinigung von Proteinen erleichtern. Bedauernswerterweise können sie uns jedoch noch keine Zellklone zur Verfügung stellen, die Antikörper produzieren, selber aufreinigen und in definierter Menge aliquotieren. Aber wer weiß, was uns in den nächsten Jahren noch alles erwartet. Bis dahin sind wir Experimentatoren aufgefordert, selbst die Pipette in die Hand zu nehmen und uns an der Aufreinigung unserer ach so wertvollen Antikörper zu versuchen. Bei der Planung einer geeigneten Reinigungsstrategie kann dieses Kapitel sehr hilfreich sein, wobei jedoch immer

Tab. 1-3: Typische Quellen für Antikörper und die jeweils zu erwartenden Verunreinigungen.

Quelle	Antikörper-Typ	Verunreinigung
Serum	polyklonal, alle Isotypen	Albumin, Transferrin, α_2-Makroglobulin, andere Serumproteine
Hybridoma-Überstand mit FCS	monoklonal	Phenolrot, Albumin, Transferrin, Rinder IgG, α_2-Makroglobulin, andere Serumproteine, Viren
Eigelb	polyklonal, IgY	Lipide, Lipoproteine, Vitellin
Überstand einer Expressionskultur	rekombinant,Tag-markierte Antikörper, Fab bzw. $F(ab')_2$-Fragmente	geringe Kontamination, Wirtszellproteine
Zellen einer Expressionskultur	rekombinant, Tag-markierte Antikörper, Fab bzw. $F(ab')_2$-Fragmente	Wirtszellproteine, DNA, Membranfragmente, bei Expression in *E. coli* evtl. Phagen

zu bedenken ist, dass kein Antikörper dem anderen gleicht, weshalb es sein kann, dass sich ein Antikörper bei Anwendung der einen oder anderen Methode unerwartet verhält.

Tipp! Vernichten Sie niemals Proteinfraktionen, wenn Sie sich nicht 100 %ig sicher sind, in welchen Fraktionen sich der Großteil Ihrer Antikörper befindet!

Die **Quellen für Antikörper** können unterschiedlichster Art sein. Monoklonale Antikörper müssen aus dem Überstand der entsprechenden Hybridoma-Kulturen, polyklonale Antikörper zumeist aus Serum aufgereinigt werden. IgY-Moleküle lassen sich in großer Menge aus dem Eigelb von Vogeleiern, aber auch aus dem Serum von Vögeln gewinnen. Rekombinante Antikörper werden mittels verschiedener prokaryotischer oder eukaryotischer Expressionssysteme produziert. Dabei hängt es vom Expressionssystem ab, ob die rekombinanten Antikörper in den Kulturüberstand sezerniert oder intrazellulär gespeichert werden. Häufig erfolgt die intrazelluläre Speicherung von überexprimierten Proteinen in Form von „inclusion bodies“. Dies sind aggregierte, falsch gefaltete Proteinstränge, die nach der Aufreinigung in ihre aktive Form überführt werden müssen.

So vielfältig die Arten von Antikörpern sind, so vielfältig sind auch die Methoden, die für ihre Aufreinigung eingesetzt werden. Dabei richtet sich die Methode häufig nach der Art der Quelle, aus der ein Antikörper isoliert werden soll, sowie nach der Art der zu erwartenden Verunreinigung (Tab. 1-3). Die Aufreinigung von Proteinen ist immer ein Kompromiss aus Ausbeute und Reinheit. Viele Reinigungsschritte bedeuten saubere Antikörper, aber auch geringere Ausbeute und andersherum. Die Kunst besteht also darin, mit wenigen **Reinigungsschritten** einen möglichst reinen Antikörper zu gewinnen. Bei Anwendung konventioneller Reinigungsmethoden wählt man üblicherweise eine Reinigungsstrategie, die mehrere Schritte umfassen kann. Diese sollten so miteinander kombiniert werden, dass keine Umpufferung oder Aufkonzentrierung der Proben notwendig wird. Der antikörperreinigende Experimentator muss sich allerdings nicht immer auf den Einsatz konventioneller Reinigungsmethoden beschränken, da sich ihm viele Möglichkeiten bieten, seine Antikörper affinitätschromatographisch zu reinigen. Durch den gezielten Einsatz einer Affinitätschromatographie lässt sich die Anzahl der Reinigungsschritte im Idealfall bis auf einen reduzieren – hohe Ausbeute und hohe Reinheit inklusive.

Bevor Sie sich Gedanken über die Planung der richtigen Reinigungsstrategie machen, müssen sie eine **Nachweisstrategie** für ihre Antikörper entwickeln. Nichts wäre ärgerlicher, als den heiß ersehnten Antikörper in den vielen Fraktionen eines Chromatographielaufs nicht mehr wieder zu finden. Bei Anwendung einer Affinitätschromatographie genügt oft die schnelle und einfache photometrische Bestimmung der Proteinkonzentration bei 280 nm. Der spezifische Nachweis von Antikörpern kann z. B. mittels ELISA (Kap. 4.3), SDS-PAGE (Kap. 5.2) oder Western Blot (Kap.

5) erfolgen. Bietet sich Ihnen eine schnellere und weniger aufwändige Möglichkeit zum Nachweis Ihrer Antikörper, sollten Sie sie auf jeden Fall nutzen.

Literatur:
Deutscher MP (1990) Guide to protein purification. *Methods Enzymol* 182
Gagnon P (1996) Purification Tools for Monoclonal Antibodies. Validated Biosystems, Inc., Tucson
Scopes RK (1994) Protein Purification. 3th ed. Springer-Verlag, New York

1.3.1 „Quick and dirty" – Präzipitationsmethoden

Das Präzipitieren von Proteinen dient dem Entfernen grober Verunreinigungen aus einer Proteinlösung und steht somit oft am Anfang einer Reinigungsprozedur. Es lassen sich beispielsweise Lipide, Kohlenhydrate, Nucleinsäuren, niedermolekulare Substanzen, aber auch Proteine mit einem anderen Lösungsverhalten als das der Antikörper abtrennen. Präzipitiert wird z. B. durch hohe Salzkonzentrationen, aber auch mittels gelöster Polymere und organischer Lösungsmittel.

1.3.1.1 Ammoniumsulfatfällung

Als bekannteste Methode dürfte die Ammoniumsulfatfällung gelten. Das Prinzip beruht auf einer Konkurrenz zwischen den Ionen und den Proteinen um freie Wassermoleküle. Bei Zugabe vieler Ionen – hier NH_4^+ und SO_4^{2-} – bleiben für die Proteine nicht mehr genügend Wassermoleküle zur Ausbildung einer intakten Hydrathülle übrig. Da die Hydrathülle maßgeblich die kolloidale Löslichkeit von Proteinen gewährleistet, ist die Folge einer unzureichend ausgebildeten Hydrathülle, die verminderte Löslichkeit des betreffenden Proteinmoleküls, bis hin zum Ausfallen desselben. Die Salzkonzentration, bei der ein bestimmtes Protein präzipitiert, ist abhängig von seinem Lösungsverhalten. Hydrophobe Proteine fallen bei deutlich niedrigeren Salzkonzentrationen aus als hydrophile Proteine.

Zum Präzipitieren von Antikörpern sollte Ammoniumsulfat langsam und unter ständigem Rühren bis zu einer Sättigung von 50 % (313 g/l) zugegeben werden. Lassen Sie sich nicht beunruhigen, wenn die Proteinlösung ab ca. 20 % Sättigung mit Ammoniumsulfat milchig wird. Nach dem Einstellen der gewünschten Salzkonzentration sollte die Lösung 1 h gerührt werden, bevor die ausgefallenen Proteine durch Zentrifugation (20 min, 10000 g) pelletiert werden. Sie können die Ammoniumsulfatpräzipitation nutzen, um die Antikörper aufzukonzentrieren und zu lagern. Ammoniumsulfat stabilisiert die meisten Proteine, sodass diese über mehrere Monate bei 4 °C haltbar sind. Vor Weiterverwendung der Antikörper muss das Ammoniumsulfat allerdings mittels Dialyse oder chromatographisch entfernt werden. Eine Ausnahme gibt es auch hier: Folgt als nächster Reinigungsschritt eine hydrophobe Interaktionschromatographie (Kap. 1.3.3.1), muss das Ammoniumsulfat in der Probe verbleiben. Eventuell muss aber noch die erforderliche Konzentration eingestellt werden.

Für ein erfolgreiches Gelingen dieser Methode sollte der Experimentator Folgendes beachten: Die Proteinkonzentration der Ausgangslösung sollte größer als 1 mg/ml sein. Ist dies nicht der Fall, kann die Proteinlösung z. B. durch Ultrafiltration aufkonzentriert werden. Auch ist diese Methode nur bei pH-Werten bis 8,0 geeignet. Um den entsprechenden pH-Wert zu gewährleisten, kann man der Proteinlösung vor der Fällung einen entsprechenden Puffer (z. B. 1/10 Vol. 1 M Tris pH 8,0) zugeben. Dies ist jedoch nicht zwingend notwendig, da Ammoniumsulfat den pH-Wert der Lösung nicht verändert.

Tipp! Um lokal höhere Ammoniumsulfatkonzentrationen zu vermeiden und damit das Ausfallen unerwünschter Proteine zu minimieren, kann das Salz besser in Form einer gesättigten Lösung zugegeben werden.

1.3.1.2 Alternativen

Erweisen sich die Antikörper untypischerweise in Gegenwart von Ammoniumsulfat als instabil, können sie Caprylsäure zum Präzipitieren vieler Proteinkontaminationen benutzen. Bei Verwendung von Caprylsäure bleiben die Antikörper in Lösung. 2 Vol. 50 mM Acetat-Puffer (pH 4,0) werden zu 1 Vol. Probe gegeben. Der pH-Wert dieser Lösung wird anschließend auf 4,5 eingestellt. Langsam und unter ständigem Rühren erfolgt die Zugabe der entsprechenden Menge Caprylsäure (Ausgangsvolumen der Probe in ml/15 = Caprylsäure in g). Nach 30 min Rühren werden die ausgefällten Proteine 10 min mit 1 000 g abzentrifugiert. Der pH-Wert des antikörperhaltigen Überstandes sollte sofort auf 6,0 eingestellt werden. Überschüssige Caprylsäure lässt sich säulenchromatographisch unter Verwendung von Sephadex G-25 entfernen. Auf Proben, die eine geringe Antikörperkonzentration aufweisen (z. B. Kulturüberstände), ist diese Methode nur bedingt anwendbar, da die Zugabe des Acetat-Puffers einen zusätzlichen Verdünnungseffekt zur Folge hat. Eine ganze Reihe weiterer Substanzen kann zum Präzipitieren von Antikörpern oder von kontaminierenden Substanzen eingesetzt werden. **Polyethylenglykol** (PEG) wird häufig zum Ausfällen von monoklonalem IgM und polyklonalen Antikörpern verwendet. Es wirkt stabilisierend auf die Antikörper und kann anschließend mittels Gelfiltration (Kap. 1.3.3.4) leicht von IgM-Molekülen (ca. 900 kDa) getrennt werden, da PEG-600 das Laufverhalten eines globulären Proteins mit einer Molekularmasse von 50–100 kDa zeigt. Das toxische **Ethacridin** dient dem Ausfällen von DNA, viralen Partikeln und Lipiden. Die Antikörper bleiben bei dieser Methode in Lösung.

Stören Lipoproteine die weitere Aufreinigung der Antikörper, indem sie z. B. Chromatographiematerialien verstopfen, lassen sich diese Kontaminationen durch **Dextransulfat** in Gegenwart von Ca^{2+}-Ionen präzipitieren. **Polyvinylpyrrolidon** eignet sich ebenfalls, wobei der pH-Wert des entsprechenden Reaktionsmilieus über 4,0 liegen sollte.

1.3.2 Affinitätschromatographie

Der Einsatz einer Affinitätschromatographie ist ein eleganter, häufig zur Antikörperaufreinigung eingesetzter Schritt. Das Prinzip beruht auf einer spezifischen, reversiblen Bindung der Antikörper an einen Liganden der Gelmatrix. Im Idealfall lassen sich mit einer Affinitätschromatographie als einzigem Reinigungsschritt Reinheiten von bis zu 99 % und Ausbeuten von 10–50 % erzielen. Selbst bei einer Ausbeute von 10 % ist das noch deutlich mehr sauberes Protein, als man üblicherweise bei Anwendung einer klassischen Reinigungsstrategie bekommt.

Protein A (42 kDa) und **Protein G** (30–35 kDa) sind bakterielle Proteine aus *Staphylococcus aureus* bzw. *Streptococcus*, die als Liganden zur spezifischen **Aufreinigung von IgG** z. B. aus Serum und Kulturüberständen verwendet werden. Die reversible Bindung von IgG erfolgt über den Fc-Teil der Antikörper. Dabei ist es von der Spezies und der IgG-Unterklasse abhängig, wie stark die Bindung ist und ob überhaupt eine Bindung erfolgt. Prinzipiell ist die Bindung von IgG an Protein A schwächer als die Bindung an Protein G. In Tabelle 1-4 ist eine Übersicht über die Bindungsstärke verschiedener Antikörperisotypen an Protein A und Protein G dargestellt. Eine rekombinante und veränderte Variante von Protein A besitzt am carboxyterminalen Ende einen Cysteinrest, durch den eine spezifische chemische Kopplung dieses Proteins an die Gelmatrix ermöglicht wird. So gekoppeltes rekombinantes Protein A besitzt eine deutlich erhöhte Affinität zu IgG verglichen mit konventionell gekoppeltem Protein A. Natives Protein G bindet neben IgG auch Albumin, eine typische Verunreinigung in Serum und Hybridoma-Kulturüberständen. Eine gleichzeitige Aufreinigung von Albumin bei Verwendung von Protein G kann durch den Einsatz einer rekombinanten Variante dieses Proteins, der die Albuminbindestelle gentechnisch deletiert wurde, vermieden werden.

Tab. 1-4: Bindungsvermögen verschiedener Antikörper an Protein A und Protein G.

Spezies	AK-Isotyp	Protein A	Protein G
Mensch	IgA	+/–	–
	IgD	–	–
	IgE	–	–
	IgG_1	+ +	+ +
	IgG_2	+ +	+ +
	IgG_3	–	+ +
	IgG_4	+ +	+ +
	IgM	+/–	–
Maus	IgG_1	+	+ +
	IgG_{2a}	+ +	+ +
	IgG_{2b}	+ +	+ +
	IgG_3	+	+ +
	IgM	+/–	–
Ratte	IgG_1	–	+
	IgG_{2a}	–	+ +
	IgG_{2b}	–	+
	IgG_3	+	+
Meerschweinchen	IgG_1	+ +	+
	IgG_2	+ +	+
Kaninchen	IgG	+ +	+ +
Huhn	IgY	–	–
Ziege	IgG	+/–	+ +
Affe	IgG	+ +	+ +
Kuh	IgG	+	+ +

Ein detailliertes Protokoll zur Aufreinigung von IgG mittels Protein A und Protein G zu erstellen ist problematisch, da verschiedene Antikörper in ihrem Binde- und Elutionsverhalten stark variieren können. Betrachten Sie das folgende Protokoll als variable Grundlage und lassen Sie Ihrem Optimierungswillen freien Lauf:

Die Affinitätssäule wird für Protein G mit 10 Bettvolumen 0,1 M Na-Acetat (pH 5,0) bzw. 20 mM Tris (pH 8,0) für Protein A äquilibriert. Dann wird die vorher auf den jeweiligen pH-Wert eingestellte IgG-haltige Probe auf die Säule geladen. Es wird mit 6 Bettvolumen 20 mM Tris (pH 8,0) gewaschen (nur Protein A). Ein Waschschritt mit 10 Bettvolumen 20 mM Glycin (pH 5,0) für Protein A bzw. 0,1 M Na-Acetat (pH 5,0) für Protein G schließt sich an. Eluiert werden die Antikörper mit 3–5 Bettvolumen 0,1 M Glycin (pH 2,5). Um die Antikörper nicht länger als nötig dem niedrigen pH-Wert von 2,5 auszusetzen, sollte 1/10 Vol. 1 M Tris (pH 8,0) in den Fraktionsröhrchen vorgelegt werden.

Binden die Antikörper bei den angegebenen Bedingungen lediglich schwach an die Affinitätssäule, können Sie die Molarität des Bindungspuffers bis auf 50 mM erhöhen. Auch die Zugabe von NaCl bis zu 0,5 M kann der Bindung förderlich sein. Letztendlich kann auch der pH-Wert verändert werden. Bei Verwendung einer Protein-A-Säule kann man es durchaus mal mit pH 9,0 versuchen.

Sind die extremen Elutionsbedingungen den Antikörpern nicht bekömmlich, kann man die Elution mit höheren pH-Werten probieren, denn auch das Elutionsverhalten der Antikörper variiert je nach Spezies und IgG-Unterklasse. Versichern Sie sich aber unbedingt, dass wirklich alle IgG-Moleküle bei dem höheren pH-Wert eluieren und nicht ein Großteil des kostbaren Antikörpers auf der Säule hängen bleibt.

Wichtig! Mit Protein A und Protein G werden alle IgG-Moleküle einer Probe, unabhängig von ihrer Antigenspezifität, aufgereinigt. FCS, ein häufig verwendeter Kulturzusatz, enthält als „natürliche Kontamination" IgG-Moleküle, die ebenfalls von Protein A und Protein G gebunden werden.

Wollen Sie Antikörper eines anderen Isotyps, z. B. **IgA**, **IgD** oder **IgE** aufreinigen, müssen Sie nicht zwangsweise auf den Luxus einer Affinitätschromatographie verzichten. Es gibt eine ganze Reihe von Antikörpern, die spezifisch gegen den Fc-Teil der einzelnen Antikörperklassen bzw. -unterklassen gerichtet sind. Diese Antikörper können über unterschiedliche chemische Reaktionen an eine Gelmatrix gekoppelt werden und so die Funktion des Affinitätsliganden ausüben. Beispiele für geeignete Kopplungsreaktionen finden sich in Kapitel 1.4.1. Das Etablieren einer solchen Affinitätschromatographie bedeutet einen nicht unerheblichen Aufwand an Zeit und Geld. Bis man die erforderlichen Bedingungen für die Bindung des zu reinigenden Antikörpers und die optimalen Elutionsbedingungen herausgefunden hat, können durchaus einige Monate vergehen. Die isotypspezifischen Antikörper, die als Liganden fungieren, werden in großer Menge benötigt – keine preisgünstige Angelegenheit!

Zur Aufreinigung antigenspezifischer Antikörper aus einer polyklonalen Antikörperlösung bietet sich die **Antigen-Affinitätschromatographie** an. Bei dieser Methode übernimmt das Antigen die Rolle des Affinitätsliganden, indem es über chemische Kopplung an der Gelmatrix immobilisiert wird (Kap. 1.4.1). Um diese Art der Affinitätschromatographie etablieren zu können, benötigt der Experimentator eine erhebliche Menge (einige Milligramm) des aufgereinigten Antigens. Da Antigene häufig sehr speziell und darum selten käuflich zu erwerben sind, heißt es also selbst die Aufreinigung oder Synthese in die Hand zu nehmen. Bei der chemischen Kopplung des Antigens an die Matrix ist darauf zu achten, dass die Antigenität erhalten bleibt. Diese darf allerdings auch nicht zu ausgeprägt sein, da man sonst seine Antikörper nicht mehr von der Säule eluiert bekommt. Das Austesten der optimalen Bindungs- und Elutionsbedingungen erfordert viel Geduld seitens des Experimentators. Das Etablieren einer solchen Methode lohnt sich dementsprechend nur, wenn viel Antikörper gereinigt werden soll.

1.3.3 Klassische Methoden der Proteinreinigung

Wenn es nicht möglich ist, die Antikörper affinitätschromatographisch zu reinigen, muss eine konventionelle Reinigungsstrategie angewendet werden. Dabei kommen Methoden zum Einsatz, die eine Auftrennung der Proteine nach Hydrophobizität, Löslichkeit, Ladung und Molekularmasse ermöglichen. Natürlich können diese Methoden auch mit einer Affinitätschromatographie kombiniert werden, um z. B. die Reinheit affinitätschromatographisch aufgereinigter Antikörper weiter zu erhöhen. Das Austüfteln einer solchen Reinigungsstrategie und vor allem das Optimieren ist ein zeitintensiver Prozess. Bevor man sich voller Elan an die Arbeit macht, sollte man eine möglichst einfache und schnelle Nachweisstrategie für seine Antikörper entwickeln. Dies ist essenziell für das Wiederfinden in den unzähligen Fraktionen der Chromatographieläufe. Dabei kommt es weniger auf das Bestimmen genauer Konzentrationen und Aktivitäten an als vielmehr auf Schnelligkeit.

1.3.3.1 Hydrophobe Interaktionschromatographie

Die Hydrophobe Interaktionschromatographie (HIC) eignet sich besonders zum Abtrennen grober Verunreinigungen und sollte deshalb am Anfang einer Reinigungsprozedur angewendet werden. Die Bindung der Proteine an die Säule erfolgt über hydrophobe Wechselwirkungen, indem hydrophobe Aminosäurereste mit aliphatischen Kohlenwasserstoffketten an der Oberfläche der Säulenmatrix interagieren. Um die hydrophoben Kräfte auf ein Maß zu verstärken, sodass die Proteine an die Säule binden, ist eine hohe Salzkonzentration des Bindungspuffers notwendig. Da bevorzugt Ammoniumsulfat eingesetzt wird, bietet sich die HIC besonders im Anschluss an eine Ammoniumsulfatpräzipitation (Kap. 1.3.1.1) an. Eluiert werden die gebundenen Proteine schließlich mit einem Gradienten absteigender Salzkonzentration. Hydrophobe Proteine binden bei niedrigeren Salzkonzentrationen als hydrophile Proteine. Dies kann man sich bei der Aufreinigung von Antikörpern aus dem Überstand einer Hybridomakultur zu Nutze machen. Aufgrund ihrer Hydrophobizität binden Antikörper schon bei verhältnismäßig geringen Ammoniumsulfatkonzentrationen (z. B. 0,5 M) an das hydrophobe Säulenmaterial (z. B. Phenyl-Sepharose). Enthält der Hybridoma-Überstand FCS, besteht ein Großteil der Proteinverunreinigungen aus Kälberserum-Proteinen, die unter diesen Bedingungen aufgrund ihrer niedrigen Hydrophobizität nicht an das Säulenmaterial binden. Sie eluieren bereits im Durchlauf.

1.3.3.2 Hydroxyapatit-Chromatographie

Für die Aufreinigung von Antikörpern wird häufig die Hydroxyapatit-Chromatographie verwendet. Die Antikörper lassen sich mittels dieser Technik direkt aus dem Serum oder aus Kulturüberständen reinigen und aufkonzentrieren. Ist die Probe mit Albumin verunreinigt (z. B. FCS-haltiger Kulturüberstand), ist damit zu rechnen, dass dieses nicht vollständig von den Antikörpern abgetrennt wird. Der Adsorption von Proteinen an Hydroxyapatit (HAP), einem Calciumphosphat-Mineral, liegt ein komplizierter Mechanismus zugrunde. An den Oberflächen der Proteine exponierte freie Carboxylgruppen können mit den Calciumionen des Minerals interagieren, während freie basische Aminosäurereste an die Phosphationen binden können. Die Bindung basischer Proteine an HAP erfolgt häufig in Gegenwart eines niedrigmolaren Phosphatpuffers (10–25 mM). Zur Bindung saurer Proteine kann es notwendig sein, ganz auf Phosphat im Bindungspuffer zu verzichten. Eluiert wird üblicherweise mit einem Gradienten ansteigender Phosphatkonzentration, wobei saure Proteine bei niedrigeren Phosphatkonzentrationen von der Säule gespült werden als basische Proteine. Eine Erhöhung des pH-Wertes senkt die zur Desorption eines Proteins erforderliche Phosphatkonzentration. Mittels Chromatographie an HAP ist es oft möglich, Verunreinigungen abzutrennen, die dem Antikörper z. B. in ihrem isoelektrischen Punkt, der Molekularmasse oder auch der Hydrophobizität sehr ähnlich sind. Dadurch eignet sich diese Methode ebenfalls als finaler Schritt einer Reinigungsprozedur, um letzte Verunreinigungen abzutrennen.

Literatur:

Bukovsky J, Kennett RH (1987) Simple and rapid purification of monoclonal antibodies from cell culture supernatants and ascites fluids by hydroxylapatite chromatography on analytical and preparative scales. *Hybridoma* 6: 219–228.

1.3.3.3 Ionenaustauscher-Chromatographie

Eine effektive Methode für die Antikörperaufreinigung stellt die Ionenaustauscher-Chromatographie (IC) dar. Diese Technik zur Proteinaufreinigung ermöglicht Ausbeuten von 50–80 %. Die Bindung der Proteine erfolgt aufgrund elektrostatischer Wechselwirkungen und ist von ihrem isoelektrischen Punkt (pI) sowie von dem pH-Wert und der Ionenstärke des Puffers abhängig. Es gibt Kationenaustauscher mit negativ geladener Matrixoberfläche sowie Anionenaustauscher mit positiv geladener Matrixoberfläche. Ist der pI des Antikörpers bekannt, sollte der pH-Wert des Bindungspuffers 0,5 pH Einheiten darüber (Bindung an Anionenaustauscher) bzw. 0,5 pH Einheiten darunter (Bindung an Kationenaustauscher) liegen. Ist der pI des Antikörpers nicht bekannt, kann man bei Verwendung eines Anionenaustauschers mit einem Puffer pH von 7,0 beginnen. Bindet der Antikörper unter diesen Bedingungen nicht, muss der pH-Wert erhöht werden. Ist die Wahl auf einen Kationenaustauscher gefallen, kann man bei pH 4,0 beginnen, wobei bei Nichtbindung des Antikörpers der pH-Wert weiter erniedrigt werden muss. Eluiert wird üblicherweise durch Änderung des pH-Wertes oder durch Erhöhung der Ionenstärke mit NaCl. Letzteres ist in vielen Fällen zu präferieren, da Proteine oft nur in einem geringen pH-Bereich biologisch aktiv sind. Bei einer Erhöhung der NaCl-Konzentration auf 1 M sollte auch das letzte Proteinmolekül von der Säule gewaschen werden. Ist dies nicht der Fall, muss der pH-Wert erniedrigt (Anionenaustauscher) bzw. erhöht (Kationenaustauscher) werden.

Verglichen mit dem pI vieler als Verunreinigung auftretender Proteine, ist der pI von Antikörpern relativ hoch. Der pI von Albumin liegt bei 4,9, der von Transferrin bei 5,2–6,1 und der von α2-Makroglobulin bei 4,1–4,9. Sind derartige Kontaminationen zu erwarten (z. B. FCS-haltiger Hybridoma-Überstand), bietet sich der Einsatz eines Kationenaustauschers unter Verwendung eines pH-Wertes unterhalb des pI des Antikörpers und über dem pI der Proteinverunreinigungen an.

Exkurs 2

Wie gewährleiste ich ein langes Leben meiner wertvollen Chromatographiesäulen?

Probenvorbereitung:
Partikuläre Verunreinigungen verstopfen gern einmal die teuren Säulen. Darum sollte man die Probe vor dem Auftragen filtrieren. Adsorbiert der Antikörper an das Filtermaterial, kann die Probe alternativ zentrifugiert werden (10000 g, 15 min). Lipide und Lipoproteine können ebenfalls die Säule verstopfen. Ist die Probe erheblich mit derartigen Substanzen kontaminiert, hilft deren Eliminierung mittels Präzipitation (Kap. 1.3.1, Kap. 1.3.4).

Puffer:
Alle Chromatographiepuffer müssen vor ihrer Verwendung filtriert und entgast (z. B. im Ultraschallbad) werden.

Regeneration:
Auch wenn man nach Beendigung des Chromatographielaufs nicht länger als nötig im Labor verbleiben möchte, sollte man der Regeneration des Säulenmaterials unbedingt noch die entsprechende Zeit widmen. Durch die Regeneration werden letzte Kontaminationen von der Säule gewaschen. Einige Chromatographiematerialien müssen abschließend wieder mit reaktiven Gruppen beladen werden. Bei der Regeneration ist dem jeweiligen Herstellerprotokoll Beachtung zu schenken.

Lagerung:
Sollen die Chromatographiematerialien länger gelagert werden, kann man durch Zugabe von Ethanol, NaOH oder Natriumazid das Wachstum von Bakterien und Pilzen unterdrücken. Den Herstellerangaben ist zu entnehmen, mit welchen Agenzien sich das jeweilige Chromatographiematerial verträgt. Da Natriumazid sehr giftig ist, sollte bei dessen Verwendung das Material entsprechend gekennzeichnet werden, damit sich der nächste Experimentator das Zeug nicht über die Hände kippt.

Aufgrund ihrer Vielseitigkeit kann die IC am Anfang einer Reinigungsprozedur zum Entfernen grober Verunreinigungen und zum Aufkonzentrieren der Antikörper dienen. Sie kann jedoch ebenso im letzten Schritt zum Abtrennen letzter Kontaminationen verwendet werden. Unter Verwendung unterschiedlich geladener Ionenaustauscher und durch Variation des pH-Wertes macht ein Einsatz der IC sogar an verschiedenen Stellen einer Reinigungsprozedur Sinn.

1.3.3.4 Gelfiltration

Mittels Gelfiltration (GF) lassen sich verschiedene Moleküle nach Größe und Form auftrennen. Das Trennmedium besteht aus Partikeln, die Poren unterschiedlicher Größe enthalten. Kleine Moleküle können in die Poren und somit in die Partikel eindringen, während große Moleküle den Weg an den Partikeln vorbei nehmen. Das führt dazu, dass kleine Moleküle einen längeren Weg zurücklegen müssen als große Moleküle. Sie eluieren daher später. Die Auftrennung von Proteinen über die GF ist pufferunabhängig. Es sollte jedoch eine Salzkonzentration von 50–100 mM gewählt werden, um elektrostatische Wechselwirkungen zwischen Protein und Gelmatrix zu verhindern. Um scharfe Banden zu erhalten, ist es äußerst wichtig, die Säule gleichmäßig zu gießen und genau auszurichten (Wasserwaage!). Die Aufnahmekapazität von GF-Säulen ist stark begrenzt. Das Probenvolumen darf 5 % des Säulenvolumens nicht überschreiten. Nach Beendigung des Chromatographielaufs findet man seinen Antikörper dann mindestens um den Faktor 3 verdünnt wieder. Die GF sollte lediglich im abschließenden Schritt einer Reinigungsprozedur zur Anwendung kommen. Allerdings nur, wenn die letzten Verunreinigungen eine deutlich andere Größe als der Antikörper aufweisen. Zum Abtrennen von Antikörperdimeren ist diese Methode beispielsweise ausgezeichnet geeignet.

1.3.4 Aufreinigung von IgY aus Eigelb

Die Herstellung polyklonaler Antikörper in Hühnern bringt einige Vorteile mit sich. Benötigt man z. B. Antikörper gegen ein in Säugetieren stark konserviertes Antigen, kann es sein, dass dieses Antigen in Kaninchen, Mäusen und Ratten keine Immunantwort auslöst. Spätestens dann sollte man sein Augenmerk auf das Federvieh richten. Aufgrund ihres phylogenetisch großen Abstandes zu den Säugetieren ist es wahrscheinlich, dass besagtes Antigen in Vögeln sehr wohl eine Immunantwort auslöst. IgY ist der dominierende Antikörperisotyp in Vögeln und kann aus dem Serum oder aus dem Eigelb gereinigt werden. Die Aufreinigung aus Eigelb sollte unbedingt bevorzugt werden, da sie deutlich schonender für die Tiere ist. Ein ebenfalls nicht zu verachtender Aspekt ist die große Menge IgY (50–100 mg/Ei), die aus einem Ei (Hühnerei) gewonnen werden kann. Bei 5–7 Eiern in der Woche macht das durchschnittlich 1 500 mg/Monat – das sind doch Dimensionen!

Für die Aufreinigung von IgY aus Eigelb gibt es kein Standardprotokoll. Problematisch ist die starke Kontamination mit Lipiden. Eine häufig angewandte Methode sieht zwei Präzipitationsschritte mit PEG vor. Im ersten Schritt werden die Lipide mit 3,5 % PEG ausgefällt. Alternativ kann die Extraktion der Lipide mit Chloroform erfolgen, indem 1 Vol. Chloroform zu 1 Vol. Eigelb gegeben wird. Nach Entfernung der Lipide können die IgY-Moleküle mit 12 % PEG präzipitiert werden. Alternativ kann man in diesem Schritt Dextransulfat bzw. Ammoniumsulfat verwenden. Eine weitere Möglichkeit, die Lipide zu präzipitieren, bietet die Zugabe von 9/10 Vol. Wasser zu 1/10 Vol. Eigelb. Nach 6-stündigem, langsamen Rühren bei 4 °C können die ausgefallenen Lipide abzentrifugiert werden (10 000 g, 4 °C, 25 min).

Nachteilig bei dieser Präzipitationsmethode ist die erhebliche Volumenvergrößerung der Probe. Soll im Anschluss an die Lipidpräzipitation eine säulenchromatographische Aufreinigung und Konzentrierung der IgY-Moleküle erfolgen, eignet sich die „Wasser-Methode" aber ausgezeichnet. Häufig wird zur weiteren Aufreinigung von IgY eine IC oder Affinitätschromatographie eingesetzt. Als Ligand für die Affinitätschromatographie benutzt man oft spezifische Antikörper gegen IgY. Viele Hersteller bieten spezielle Säulen oder Kits zur Aufreinigung von IgY an… das sind dann so Köstlichkeiten wie z. B. EGGstract™ (Promega) oder Eggcellent™ (Pierce).

Literatur:

Akita EM, Nakai S (1993) Comparison of four purification methods for the production of immunglobulins from eggs laid by hens immunized with an enterotoxigenic E. coli strain. *J Immunol Methods* 160: 207–214

Fischer M, Hlinak A, Montag T, Claros M, Schade R, Ebner D (1996) Comparison of standard methods for the preparation of egg yolk antibodies. *Tierärztl Prax* 24: 411–418

Hansen P, Scoble JA, Hanson B, Hoogenraad NJ (1998) Isolation and purification of immunglobulins from chicken eggs using thiophilic interaction chromatography. *J Immunol Methods* 215: 1–7

Polson A (1990) Isolation of IgY from the yolks of eggs by a chloroform polyethylene glycol procedure. *Immunol Invest* 19: 253–258

1.3.5 Aufreinigung rekombinanter Antikörper

Die Produktion rekombinanter Antikörper oder Antikörperfragmente gewinnt immer mehr an Bedeutung. Sollen Antikörper z. B. für therapeutische Zwecke eingesetzt werden, ist es sinnvoll, ihre Immunogenität herabzusetzen. Dies kann man auf gentechnischem Wege erreichen, indem man die für das Paratop codierenden Genabschnitte beispielsweise der Maus mit Genabschnitten des Menschen, die für den Fc-Teil eines IgG-Moleküls codieren, kombiniert. Auch lassen sich mit dieser Technologie Effektormoleküle mit einem Antikörper bzw. Antikörperfragment koppeln. Durch Kopplung eines Therapeutikums mit einem bestimmten Fc-Teil kann die Wirkung dieses Therapeutikums auf Zellen begrenzt werden, die den entsprechenden Fc-Rezeptor exprimieren.

Um die Aufreinigung und Detektion solcher rekombinanten Proteine zu erleichtern, werden sie auf gentechnischem Wege häufig mit einem „Tag" (eine Art Anhängeschildchen) markiert. Häufig verwendete „Tags" sind z. B. ein Schwanz aus sechs Histidinresten (**His$_6$**) oder die **Glutathion-**

Tab. 1-5: Zusätze für Zellaufschlusspuffer, die zur Stabilisierung von Proteinen beitragen. Angegeben sind typische Konzentrationen, in denen diese Agenzien eingesetzt werden.

Agenz	typische Konzentration	Funktion
PMSF	0,5–1,0 mM	hemmt Serin-Proteasen
APMSF	0,4–4 mM	hemmt Serin-Proteasen
Benzamidin-HCl	0,2 mM	hemmt Serin-Proteasen
Pepstatin	1 µM	hemmt Aspartat-Proteasen
Leupeptin	10–100 µM	hemmt Cystein- und Serin-Proteasen
Chymostatin	10– 100 µM	hemmt Chymotrypsin, Papain, Cystein-Proteasen
EDTA	2–10 mM	bindet Metall-Ionen, hemmt Metallo-Proteasen
Mercaptoethanol	0,05%	verhindert die Oxidation reduzierter Cysteinreste
1,4-Dithiothreitol (DTT)	1–10 mM	verhindert die Oxidation reduzierter Cysteinreste
DNase	1 µg/ml	degradiert DNA, reduziert Viskosität der Probe
RNase	1 µg/ml	degradiert RNA, reduziert Viskosität der Probe

S-Transferase (GST). Diese „Tags" können aminoterminal oder carboxyterminal lokalisiert sein und ermöglichen die affinitätschromatographische Aufreinigung entsprechend markierter Proteine. His_6-markierte Proteine binden über die Histidinreste spezifisch an Metallchelat-Matrices und lassen sich über einen ansteigenden Imidazolgradienten, Absenkung des pH-Wertes oder Zugabe von EDTA eluieren. GST-markierte Proteine können mittels Glutathion-Sepharose spezifisch aufgereinigt werden.

Häufig werden rekombinante Proteine intrazellulär in Bakterien oder eukaryotischen Zellen exprimiert. Um an die Proteine zu gelangen, müssen die Zellen zunächst einmal „aufgeschlossen" werden. Dies kann beispielsweise durch Ultraschall, osmotischen Schock oder die French Press sowie bei Bakterien durch enzymatischen Verdau der Zellwand (0,2 mg/ml Lysozym, 37 °C, 15 min) geschehen. Zur Stabilisierung der rekombinanten Proteine und zum Schutz vor Proteasen, die ebenfalls freigesetzt werden, kann die Zugabe verschiedener Agenzien zum **Aufschlusspuffer** notwendig sein (Tab. 1-5). Werden die rekombinanten Proteine als „inclusion bodies" exprimiert, lassen sie sich durch Zugabe von 6 M Guanidin Hydrochlorid (GuHCl) bzw. 8 M Harnstoff solubilisieren.

Die anschließende **Renaturierung** der rekombinanten Proteine ist diffizil und muss für jedes Protein empirisch ausgetestet werden. Für eine erfolgreiche Renaturierung muss die GuHCl- bzw. die Harnstoff-Konzentration langsam durch Dialyse oder durch Verdünnen reduziert werden. Verdünnen bietet sich eher an, da für eine korrekte Proteinfaltung und zur Vermeidung einer Aggregatbildung die Konzentration des aufgereinigten Proteins lediglich bei 10–50 µg/ml liegen sollte. Die Zugabe von Glucose, Sucrose, Ethylenglycol bzw. Glycerol kann sich stabilisierend auf die Proteine auswirken. Diverse Anionen (z. B. Phosphat, Sulfat) und Kationen (z. B. MES, HEPES) können sich ebenfalls positiv auf die Renaturierung auswirken, indem sie hydrophobe Wechselwirkungen stabilisieren. Bei zu hohen Konzentrationen wirken sie allerdings ebenfalls stabilisierend auf Proteinaggregate. Falls erforderlich kann durch Zugabe von Protease-Inhibitoren einem proteolytischen Verdau der Proteine während der Renaturierung vorgebeugt werden.

Die Ausbildung von Disulfidbrücken ist ein Wechselspiel aus Oxidation und Reduktion der verschiedenen Cysteinreste während des Faltungsvorganges eines Proteins, wobei die korrekten Disulfidbrücken häufig den energetisch günstigsten Zustand widerspiegeln. Um die Oxidation der Cysteinreste, aber ebenfalls die Reduktion falsch gebildeter Disulfidbrücken zu ermöglichen, sind optimale Oxidationsbedingungen erforderlich. Dies kann man erreichen, indem man ein entsprechendes Redox-Paar (z. B. reduziertes und oxidiertes Glutathion) zugibt. Ein für viele Proteine erprobtes Verhältnis von reduziertem zu oxidiertem Glutathion ist 10:1, bei einer Konzentration von 2–5 mM an reduziertem Glutathion.

Literatur:

Coligan JE, Dunn BM, Ploegh HL, Speicher DW, Wingfield PT (1995) Current protocols in protein science, vol. 1. John Wiley and Sons, New York

Schrimpf G et al. (2002) Gentechnische Methoden, 3. Aufl., Spektrum Akademischer Verlag, Heidelberg

1.3.6 Wichtige analytische Techniken

Bevor Sie nun die neu entwickelte Reinigungsstrategie voller Enthusiasmus in die Tat umsetzen, sollten Sie sich mit einigen grundlegenden proteinbiochemischen Methoden vertraut machen. Vor allem eine Technik zur Bestimmung der Proteinkonzentration und eine Technik für die Reinheitskontrolle müssen vorhanden sein. Zur Aufreinigung von monoklonalen Antikörpern mittels isotypspezifischer Affinitätschromatographie ist es vorher erforderlich, den Isotyp der Antikörper zu bestimmen.

1.3.6.1 Proteinbestimmung

Bradford oder Lowry? Das ist hier die Frage. Man möchte fast meinen, die Fraktion der Proteinbiochemiker sei in zwei Lager gespalten. Die einen bevorzugen den Proteinnachweis nach Lowry, die anderen den nach Bradford. Und versuchen Sie bloß nicht einen eingefleischten Proteinforscher umzupolen! Das wäre verschwendete Energie, die Sie anderweitig besser nutzen können.

Im **Lowry-Test** bilden die Proteine zunächst mit einem alkalischen Cu^{2+}-Reagenz eine, dem Biuret-Komplex ähnliche, Verbindung. Dabei – so nimmt man an – wird Cu^{2+} zu Cu^{+} reduziert. Gibt man anschließend sechswertiges Molybdän (Folin-Ciocalteus-Phenol-Reagenz) zu, wird dieses durch die Kupfer-Protein-Komplexe sowie durch Tyrosin-, Tryptophan-, Cystein- und Histidinreste der Proteine zu einem kolloidal gelösten Mischoxid aus sechswertigem und fünfwertigem Molybdän reduziert. Diese Reaktion führt zu einem Farbumschlag von gelb zu blau. Der blaue Farbstoff kann photometrisch bei 595 nm gemessen werden.

Der **Bradford-Test** beruht auf der Bindung des Farbstoffes Coomassie Brilliantblau G-250 an Proteine. Dabei verschiebt sich das Absorptionsmaximum des Farbstoffes von 465 nm (freier Farbstoff) nach 595 nm (gebundener Farbstoff). Photometrisch gemessen wird üblicherweise die Absorption bei 595 nm. Zor und Selinger (1996) messen die Absorption des gebundenen Farbstoffes bei 590 nm und ebenfalls den restlichen freien Farbstoff bei 450 nm. Anschließend wird der Quotient A_{590nm}/A_{450nm} gebildet und mit dessen Hilfe die Proteinkonzentration in der Probe ermittelt. Durch die Bildung dieses Quotienten erhöht sich der lineare Messbereich und die Sensitivität.

Die Vorteile des Bradford-Tests gegenüber dem Lowry-Assay liegen klar auf der Hand. Da wäre zum einen die erhebliche Zeitersparnis aufgrund weniger Pipettierarbeit und deutlich kürzeren Inkubationszeiten (5 min vs. 60 min). Zum anderen wird der Lowry-Test von vielen häufig verwendeten Puffersubstanzen (z. B. Tris, EDTA, Ammoniumsulfat, Glycin, Mercaptoethanol usw.) gestört, während der Bradford-Assay lediglich von hohen Konzentrationen an Detergenzien (z. B. SDS) negativ beeinflusst wird. Anhand dieses Abschnitts ahnen Sie es bestimmt bereits – der Autor zählt sich selber zu der Bradford-Fraktion. Allerdings darf nicht unerwähnt bleiben, dass man mit dem Bradford-Test für verschiedene Proteine oft auch verschiedene Ergebnisse erhält. Die Vergleichbarkeit unterschiedlicher Proteine ist bei Anwendung des Lowry-Assay besser.

Für alle Bradford-interessierten Proteinbestimmer gibt es jetzt noch ein kurzes praktisches Protokoll. Zur Herstellung des Farbreagenz werden 100 mg Coomassie Brilliantblau G-250 in 50 ml Ethanol (96 %) gelöst, mit 100 ml Phosphorsäure (85 %) versetzt und dann mit entionisiertem Wasser auf 1 000 ml aufgefüllt. Die Lösung wird filtriert und kann dunkel bei 4 °C monatelang gelagert werden. Vor der ersten Verwendung sollte das Bradford-Reagenz ca. 2 Wochen stehen. Zum Messen der Proben in 1 ml Standard-Küvetten können direkt in der Küvette 0,2 ml der entsprechend verdünnten Probe vorgelegt werden. Anschließend gibt man 0,8 ml Bradford-Reagenz hinzu. Nach 5 min ist die Reaktion beendet und die Absorption bei 590 nm und 450 nm kann gemessen werden. Die Proteinkonzentration der Probe wird mittels Eichkurve, für die BSA in Konzentrationen von 10 µg/ml–100 µg/ml eingesetzt werden kann, ermittelt.

Tipp! Der Farbstoff bindet sehr stark an Glasküvetten. Diese können mit Ethanol gereinigt werden. Verwenden Sie aber besser Einmal-Kunstoffküvetten.

Alternativ kann die Proteinkonzentration über die Absorption bei 280 nm bestimmt werden. Allerdings ist diese Methode fehlerbehaftet, da das Absorptionsmaximum von Proteinen bei dieser Wellenlänge nur auf die Absorption durch die aromatischen Aminosäuren (vor allem

Tryptophan) zurückzuführen ist. Die Absorption eines Proteins bei 280 nm hängt demnach von der Anzahl und räumlichen Anordnung seiner aromatischen Aminosäurereste ab. In Tabelle 1-6 ist die Absorption einer 0,1 %igen Lösung verschiedener Antikörperisotypen bei 280 nm aufgeführt.

Wichtig! Auch andere Substanzen absorbieren bei 280 nm (z.B Natriumazid). Daher darf die Probe mit derartigen Substanzen nicht kontaminiert sein.

Literatur:

Bradford MM (1976) A rapid and sensitive method for the quantitation of microgramm quantities of protein utilizing the principle of protein-dye binding. *Anal Biochem* 72: 248–254

Lowry OH, Rosebrough NJ, Farr AL, Randall RJ (1951) Protein measurement with the Folin phenol reagent. *J Biol Chem* 19: 265–275

Zor T, Selinger Z (1996) Linearization of the Bradford protein assay increases its sensitivity: theoretical and experimental studies. *Anal Biochem* 236: 302–308

1.3.6.2 Reinheitskontrolle

Die Reinheit und Homogenität der Antikörperlösung zu prüfen, ist äußerst wichtig. Schließlich will man wissen, ob sich die Durchführung einer bestimmten Chromatographie hinsichtlich der Antikörperaufreinigung lohnt. Am häufigsten wird für die Reinheitskontrolle die SDS-PAGE (Kap. 5.2) eingesetzt. Mittels dieser Methode lassen sich die Proteine anhand ihrer Molekularmasse in einem Polyacrylamidgel auftrennen. Durch Mitführen eines entsprechenden Standards kann man die Molekularmasse der einzelnen Proteinbanden bestimmen. Da bei der Probenvorbereitung für die SDS-PAGE alle Disulfidbrückenbindungen reduziert werden, erhält man je eine Bande für die schweren und die leichten Ketten eines Antikörpers. Die Molekularmassen der schweren Ketten ausgewählter Antikörperisotypen sind in Tab. 1-6 aufgeführt. Um zu überprüfen, ob die gereinigten Antikörper als Monomere oder aber auch als Dimere bzw. Multimere vorliegen, kann man die PAGE auch unter nativen Bedingungen durchführen. Das heißt, die Antikörper werden nicht durch Zugabe von SDS denaturiert, und die Disulfidbrückenbindungen werden nicht reduziert. Aufgetrennt wird dann nach Größe, Form und Ladung. Visualisiert werden die Proteinbanden im Gel mittels Silber- oder Coomassie-Färbung, wobei die Silberfärbung deutlich sensitiver ist. Weitere jedoch apparativ aufwändigere Methoden zur Überprüfung der Reinheit von Antikörperlösungen sind die isoelektrische Fokussierung und die Massenspektrometrie.

Tab. 1-6: Molekularmasse und Absorptionsverhalten für die Reinheitskontrolle und Proteinbestimmung verschiedener Antikörperisotypen. Die Absorption bei 280 nm (A280 nm) bezieht sich auf eine 0,1 %ige Antikörperlösung und 1 cm Schichtdicke.

Spezies	Antikörperisotyp	Molekularmasse schwere Kette [Da]	A_{280nm}
Mensch	IgA_1	56 000	1,3
	IgA_2	52 000	1,3
	IgD	68 000	1,7
	IgE	72 000	1,5
	IgG_1	50 000	1,4
	IgG_2	50 000	1,4
	IgG_3	60 000	1,4
	IgG_4	50 000	1,4
	IgM	68 000	1,4
Maus	IgG	50 000	1,4

1.3.6.3 Antikörperisotypisierung

Der Isotyp von Antikörpern wird in den meisten Fällen über isotypspezifische Antikörper bestimmt. Verwendet werden vielfach Teststreifen, auf denen Fängerantikörper immobilisiert sind, die gegen alle Isotypen einer Spezies gerichtet sind. Nach dem Auftragen der Probe und Bindung der zu typisierenden Antikörper erfolgt die Bestimmung der Isotypen mittels enzymgekoppelter bzw. kolloidgekoppelter isotypspezifischer Detektionsantikörper. Die kolloidgekoppelten Detektionsantikörper verursachen als positives Signal eine Schwarzfärbung. Die Bindung von enzymgekoppelten Detektionsantikörpern wird durch den Umsatz eines farbigen Substrats nachgewiesen. Viele Anbieter vertreiben solche Teststreifen, teilweise werden Antikörperisotypisierungs-Kits auch im ELISA-Format angeboten.

1.4 Chemische Kopplung und Markierung von Antikörpern

Viele in der Forschung eingesetzte Techniken basieren auf Antigen-Antikörper-Interaktionen. Einige davon – wie die Aufreinigung von Antigenen mittels Affinitätschromatographie, Magnetseparierung von Zellen und der Partikel Immunoassay – erfordern die chemische Kopplung von Antikörpern an eine feste Matrix. Für weitere Methoden wie beispielsweise ELISA und Durchflusscytometrie ist es notwendig, die Antikörper mit einem Marker zu versehen, der die Detektion und möglichst auch die Quantifizierung der Antigen-Antikörper-Bindung erlaubt. Zur Markierung von Antikörpern werden häufig Enzyme, Fluoreszenzfarbstoffe, Gold-Partikel und radioaktive Isotope eingesetzt. Die Bindung erfolgt in den meisten Fällen kovalent, um ein möglichst stabiles Marker-Antikörper-Konjugat zu erhalten.

Einige Firmen bieten den Service der Kopplung und Markierung von Antikörpern gegen ein entsprechendes Entgelt an. Ist der Experimentator gezwungen, seinen Antikörper selbst zu koppeln, ist es für ihn unabdingbar, sich mit einigen chemischen Grundlagen vertraut zu machen bzw. diese aufzufrischen. Die wichtigsten zur **Derivatisierung** geeigneten funktionellen Gruppen in Antikörpern sind freie Aminogruppen sowie Tyrosinreste. Weitere freie reaktive Gruppen sind die Carboxyl-Gruppen der sauren Aminosäuren Asparagin- und Glutaminsäure. Bei glykosylierten Antikörpern können Aldehydgruppen durch Oxidation mit Periodat erzeugt werden. Freie Thiolgruppen sind in Antikörpern nicht enthalten, können aber mittels bifunktioneller Reagenzien eingeführt bzw. durch reduktive Spaltung von Disulfidbrücken generiert werden. Weitere reaktive Gruppen, wie z. B. Maleinimid-Gruppen, lassen sich ebenfalls über geeignete Reagenzien in das Antikörper-Molekül einbringen. Da die Immunreaktivität des Antikörpers möglichst unverändert bleiben soll, ist es notwendig, die kovalente Bindung unter milden Reaktionsbedingungen zu knüpfen. Um Funktionsverluste durch sterische Beeinträchtigungen zu vermeiden kann es in einigen Fällen sinnvoll sein, Abstandshaltermoleküle (Spacer) zwischen Antikörper und Marker bzw. Antikörper und Festphase zu koppeln. Das Gebiet der Kopplungschemie ist eine riesige Spielwiese. Eine detaillierte Auseinandersetzung mit diesem Thema würde den Umfang dieses Werkes sprengen, sodass in den folgenden Abschnitten lediglich ein kleiner Ausschnitt der Kopplungschemie dargestellt ist. Die „Vollblutchemiker" unter den Lesern sollten sich mittels der angegebenen Fachliteratur Befriedigung verschaffen können.

1.4.1 Chemische Kopplung von Antikörpern an feste Phasen

Bei der festen Phase kann es sich um Kohlenhydrate handeln, die in vielen chromatographischen Verfahren als Gel-Matrix dienen. Gerne wird hier Agarose in unterschiedlicher Körnung genommen. Weiterhin können Antikörper an Glas und an unterschiedliche Kunststoffe, wie z. B. Polystyrol, gekoppelt werden. Aktueller Trend ist der Einsatz kleiner Partikel mit definierter Größe. Sie finden unter anderem Anwendung in Techniken der Zellseparation und in verschiedenen Immunoassays. Es gibt sie magnetisch, mit Eigenfluoreszenz oder als einfache Silica- oder Latexpartikel. Die grenzenlos erscheinende Palette an Möglichkeiten lädt jeden Experimentator zum ungebremsten Ausleben seiner Kreativität ein.

Materialien, die für eine kovalente Kopplung von Antikörpern geeignet sind, gibt es mit unterschiedlichen funktionellen Gruppen auf der Oberfläche. Dazu gehören beispielsweise Carboxyl-, Amino-, Chlormethyl-, Hydrazid-, Hydroxyl-, Aldehyd-, Thiol- und Epoxygruppen. Die Kopplung der Antikörper kann über ihre freien Aminogruppen erfolgen. Nachteilig an dieser Methode ist jedoch die unspezifische Bindung des Antikörpers an die feste Phase, da freie Aminogruppen auf der gesamten Antikörperoberfläche exponiert sein können. Ein gewisser Prozentsatz der Antikörper wird so gekoppelt, dass nicht beide Antigenerkennungssequenzen funktionsfähig auf der Partikeloberfläche präsentiert werden (Abb. 1-6). Dadurch wird die Antigenbindekapazität des einzelnen Partikels herabgesetzt. Dies kann durch die Kopplung der Antikörper über die Kohlenhydratreste umgangen werden, die bei IgG-Molekülen ausschließlich am Fc-Teil lokalisiert sind. Durch die Bindung des Antikörpers über den Fc-Teil werden die Antigenbindestellen frei auf der Oberfläche präsentiert. Für diese Art der Kopplung ist eine vorherige Generierung von Aldehydgruppen durch Oxidation der Kohlenhydratreste notwendig. Eine weitere Möglichkeit zur spezifischen Kopplung eines Antikörpers ergibt sich über die Cysteinreste der Antikörpergelenkregion. Durch reduktive Spaltung der Disulfidbrücken können freie Thiolgruppen erzeugt werden, über die der Antikörper kovalent an die feste Phase gekoppelt werden kann.

In vielen Fällen ist es jedoch nicht möglich oder sinnvoll, den Antikörper direkt zu koppeln, sondern es bietet sich an, so genannte Crosslinking-Reagenzien zwischenzuschalten. Durch diese können funktionelle Gruppen aktiviert werden, die in wässrigem Milieu relativ reaktionsschwach

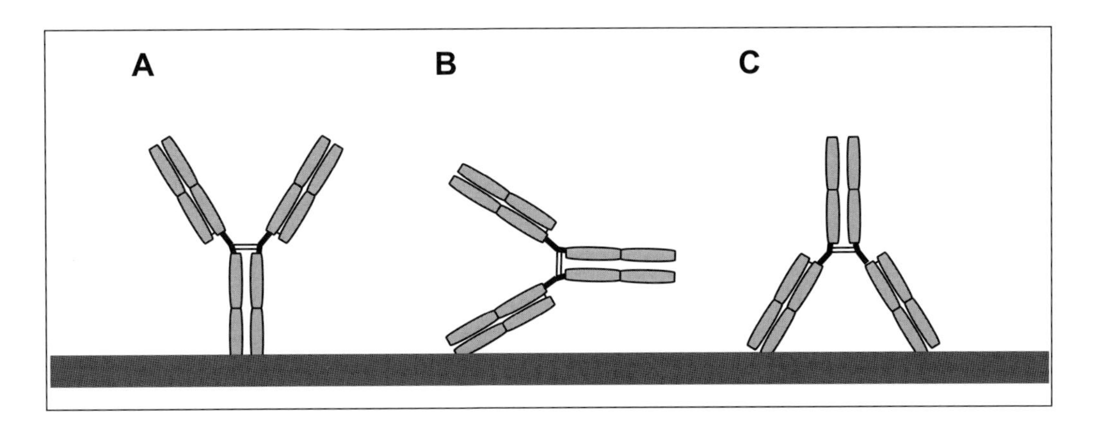

Abb. 1-6: Bindungsmöglichkeiten von Antikörpern an feste Oberflächen bei unspezifischer Kopplung über Amino- oder Carboxylgruppen sowie Adsorption. A) optimale Kopplung, beide Antigenbindestellen sind frei zugänglich. B) nur eine funktionsfähige Antigenbindestelle. C) schlechte Kopplung, beide Antigenbindestellen sind funktionsunfähig.

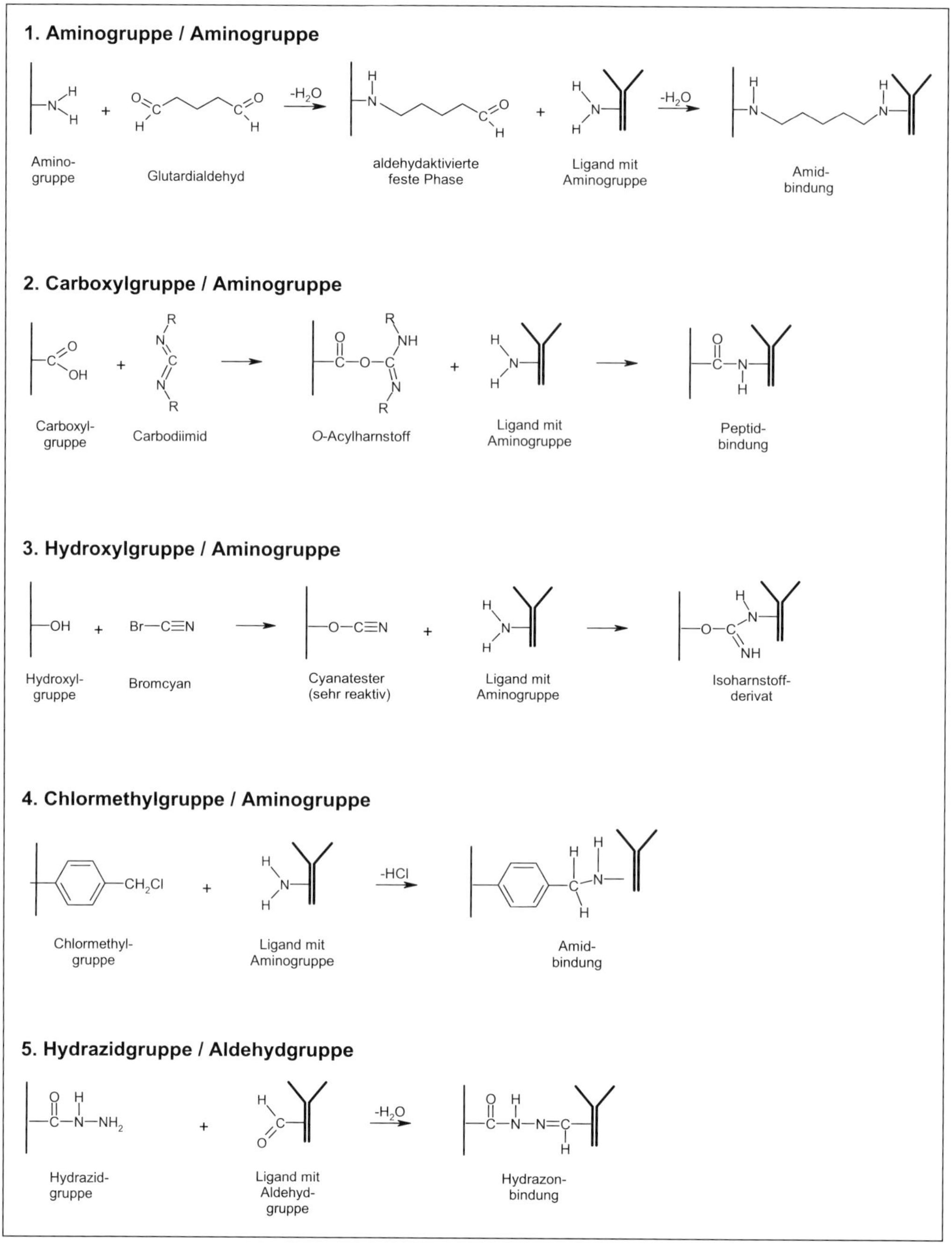

1. Aminogruppe / Aminogruppe

$-H_2O$ $-H_2O$

Amino-gruppe + Glutardialdehyd → aldehydaktivierte feste Phase + Ligand mit Aminogruppe → Amid-bindung

2. Carboxylgruppe / Aminogruppe

Carboxyl-gruppe + Carbodiimid → *O*-Acylharnstoff + Ligand mit Aminogruppe → Peptid-bindung

3. Hydroxylgruppe / Aminogruppe

Hydroxyl-gruppe + Bromcyan → Cyanatester (sehr reaktiv) + Ligand mit Aminogruppe → Isoharnstoff-derivat

4. Chlormethylgruppe / Aminogruppe

$-HCl$

Chlormethyl-gruppe + Ligand mit Aminogruppe → Amid-bindung

5. Hydrazidgruppe / Aldehydgruppe

$-H_2O$

Hydrazid-gruppe + Ligand mit Aldehyd-gruppe → Hydrazon-bindung

Abb. 1-7: Wichtige Kopplungsreaktionen für die Bindung von Antikörpern an feste Phasen. 1) Verknüpfung von zwei Aminogruppen mittels Glutardialdehyd. 2) Verknüpfung einer Carbodiimid-aktivierten Carboxylgruppe mit einer Aminogruppe. 3) Verknüpfung einer Bromcyan-aktivierten Hydroxylgruppe mit einer Aminogruppe. 4) Verknüpfung einer Chlormethylgruppe mit einer Aminogruppe. 5) Verknüpfung einer Hydrazidgruppe mit einer Aldehydgruppe.

sind (z. B. Carboxylgruppen). Weiterhin dienen sie der Einführung neuer funktioneller Gruppen oder können als Spacer-Molekül fungieren. Häufige Verwendung finden z. B. Carbodiimid-Verbindungen zur Aktivierung von Carboxylgruppen sowie Glutardialdehyd und N-Hydroxysuccinimidester zur Verbindung zweier Aminogruppen. Hydroxylgruppen können mittels Bromcyan aktiviert werden. Einige wichtige Kopplungsreaktionen sind in Abb. 1-7 dargestellt.

Als Puffer für die beschriebenen Kopplungsreaktionen werden je nach benötigtem pH-Wert vor allem PBS, Borat-, Acetat-, Citrat-, Carbonat- und MES-Puffer verwendet. Natürlich sollte der Experimentator bei der Pufferwahl auch die spezifischen Eigenheiten der jeweiligen Reaktion bzw. das nötige Reaktionsmilieu berücksichtigen. So setzen Acetat- und Phosphat-Puffer die Reaktivität von Carbodiimid-Verbindungen herab und sollten für die entsprechenden Kopplungsreaktionen nicht verwendet werden. Hier hat sich MES als gute Alternative bewährt. Bei der Kopplung von Aminogruppen sollten Puffersubstanzen die freie Amine enthalten vermieden werden. Darunter fallen z. B. Tris und Glycin. Nach erfolgreicher Kopplung sollten die letzten freien reaktiven Gruppen abgeblockt werden. Ist der Antikörper über freie Aminogruppen gekoppelt worden, können zur Absättigung freie Amine (z. B. Hydroxylamin, Ethanolamin, Glycin) verwendet werden. Weiterhin ist es in den meisten Fällen sinnvoll, unspezifische Bindestellen auf der Oberfläche der festen Matrix abzusättigen. Als Block-Reagenzien können beispielsweise Polyethylenglycol, Proteine wie BSA oder Casein sowie Detergenzien wie Tween 20 oder Triton X-100 verwendet werden. Erprobte Konzentrationen sind beispielsweise 1,0 % für BSA, 0,1 % für Casein und 0,01–0,05 % für Tween und Triton. Proteine und Detergenzien können auch kombiniert eingesetzt werden.

Kann der Leser nun an nichts anderes mehr denken als an Kopplungschemie, sollte er es sich nicht nehmen lassen, auf den folgenden Web-Seiten vorbeizuschauen:

http://www.bangslabs.com
http://www.piercenet.com

Dort gibt es ausführliche Kopplungsprotokolle, viele Reagenzien und jede Menge Tipps und Tricks sowie Hinweise zur Originalliteratur.

1.4.2 Kopplung von Markerenzymen an Antikörper

Enzyme werden häufig zum Nachweis von Antigen-Antikörper-Interaktionen, z. B. in ELISA-, Western Blot- und immunhistochemischen Anwendungen eingesetzt. Die Detektion und Quantifizierung der Bindungen erfolgt in diesen Fällen indirekt über die Enzymaktivität, die sich durch den Umsatz farbiger oder fluoreszierender Substrate recht unkompliziert bestimmen lässt. Um sich als Marker zu eignen, sollte ein Enzym folgende Eigenschaften besitzen: Es sollte aufgereinigt in großen Mengen verfügbar sein, über eine hohe spezifische Aktivität für gut nachweisbare Substrate verfügen, möglichst leicht und ohne Aktivitätsverlust konjugierbar sein und die Antikörper-Enzym-Konjugate sollten sich möglichst lange ohne Aktivitätsverlust lagern lassen. In immunologischen Verfahren häufig verwendete Enzyme, die diese Kriterien erfüllen, sind die Meerrettich-Peroxidase, die Alkalische Phosphatase aus dem Kälberdarm und die β-Galaktosidase aus *Escherichia coli*. Häufig erprobte und etablierte Kopplungsverfahren für diese Enzyme sollen im Folgenden näher beschrieben werden.

1.4.2.1 Meerrettich-Peroxidase

Die Peroxidase aus Meerrettich wird häufig als Markerenzym in immunologischen Anwendungen eingesetzt. Für die Konjugation wird meistens eine Mischung aus Isoenzymen verwendet, in der die Peroxidase C dominiert. Dieses Enzym besitzt eine relativ geringe Molekularmasse von ca. 44 kDa. Es präsentiert nur wenige freie Amino- und keine freien Thiolgruppen, die für eine kovalente Konjugation infrage kommen. Aufgrund des hohen Kohlenhydratanteils von über 20 % und der geringen Größe hat sich die Periodat-Methode als sehr effektiv für die Kopplung dieses Enzyms an diverse Antikörper erwiesen. Dabei erfolgt zuerst die Aktivierung der Peroxidase, indem durch Zugabe von Periodat die Kohlenhydratreste oxidiert und dadurch Aldehydgruppen generiert werden. Diese Aldehydgruppen reagieren in leicht alkalischem Milieu (pH 9,5) mit den Aminogruppen des Antikörpers zu Schiff'schen Basen. Da die Peroxidase nur wenige freie Aminogruppen besitzt ist eine Eigenvernetzung des Enzyms unwahrscheinlich. Die labilen Schiff'schen Basen werden mit Natriumborhydrid reduziert und so in stabile sekundäre Amine überführt. Die Enzym-Antikörper-Konjugate werden dann chromatographisch aufgereinigt und können in Kaliumphosphatpuffer mit BSA bei 4 °C bzw. –70 °C gelagert werden.

Die Verwendung von Meerrettich-Peroxidase als Marker ist nur sinnvoll in Zellen und Geweben, die keine oder nur eine schwache endogene Peroxidaseaktivität besitzen. Kritische Zellen sind zum Beispiel Granulocyten und Monocyten bzw. Makrophagen.

Achtung! Azide hemmen die Aktivität der Peroxidase und können die Kopplung stören. Die Antikörperlösung sollte daher vor der Kopplungsreaktion von Aziden gereinigt werden. Auch bei der Lagerung der Enzym-Antikörper-Konjugate sollten keine Azide verwendet werden. Alternativ kann Thymol als antibakterielles Agens zugegeben werden.

Literatur:

Tresca JP, Ricoux R, Pontet M, Engler R (1995) Comparative activity of peroxidase-antibody conjugates with periodate and glutaraldehyde coupling according to an enzyme immunoassay. *Ann Biol Clin* 53: 227–231

Welinder KG (1979) Amino acid sequence studies of horseradish peroxidase. Amino and carboxyl termini, cyanogen bromide and tryptic fragments, the complete sequence, and some structural characteristics of horseradish peroxidase C. *Eur J Biochem* 96: 483–502

1.4.2.2 Alkalische Phosphatase

Die aus Kälberdarm gewonnene Alkalische Phosphatase ist ein homodimeres Enzym mit einer Molekularmasse von ca. 140 kDa. Zur kovalenten Kopplung dieses Enzyms an Antikörper oder andere Proteine wird häufig Glutardialdehyd verwendet. Hierbei handelt es sich um ein homobifunktionelles Reagenz, das mit den freien Aminogruppen der Proteine reagiert. Im so genannten Einschrittverfahren geschieht die Kopplung, indem das Enzym zusammen mit dem Antikörper und Glutardialdehyd in leicht saurem Milieu (pH 6,8) inkubiert wird. Da die Reaktion des Glutardialdehyds mit den Aminogruppen der Proteine nur schwer kontrollierbar und somit die Effizienz der Konjugation in jedem Ansatz unterschiedlich ist, kann zur besseren Kontrolle der Reaktion das Zweischrittverfahren angewendet werden. Nach der Derivatisierung erst eines der zu koppelnden Proteine wird überschüssiges Glutardialdehyd entfernt, woraufhin die Kopplung an das zweite Protein erfolgt. Abschließend wird das Enzym-Antikörper-Konjugat säulenchromatographisch gereinigt und kann bei 4 °C in Tris/HCl-Puffer gelagert werden.

Achtung! Für die Aktivität der alkalischen Phosphatase aus dem Kälberdarm sind Zink und Magnesium essenziell. Chelatoren, wie z. B. EDTA beeinflussen in hohen Konzentrationen die Aktivität dieses Enzyms und sollten deshalb in entsprechenden Pufferlösungen nicht verwendet werden.

Literatur:

Avrameas S, Ternynck T (1969) The cross-linking of proteins with glutaraldehyde and its use for the preparation of immunoadsorbents. *Immunochemistry* 6: 53–66

Beyzavi K, Hampton S, Kwasowski P, Fickling S, Marks V, Clift R (1987) Comparison of horseradish peroxidase and alkaline phosphatase-labelled antibodies in enzyme immunoassays. *Ann Clin Biochem* 24: 145–152

1.4.2.3 β-Galaktosidase

Die β-Galaktosidase aus *E. coli* besteht aus vier identischen Untereinheiten mit einer Molekularmasse von jeweils 116,3 kDa. Das Holoenzym enthält ca. 12 freie Thiolgruppen, über die es sich an diverse Antikörper koppeln lässt. Die Konjugation erfolgt über Maleinimidgruppen, die zuvor in das zu markierende Protein eingeführt werden müssen. Dies kann z. B. über aktivierte Esterverbindungen (N-Hydroxysuccinimidester), die mit den freien Aminogruppen des Zielproteins reagieren, geschehen. Aufgrund der erheblichen Größe der β-Galaktosidase ist es sinnvoll, über diesen Weg ein Spacer-Molekül einzufügen. Ist die Einführung von Maleinimidgruppen über ein Spacer-Molekül gelungen, erfolgt in einem zweiten Schritt die Kopplung der β-Galaktosidase an das aktivierte Zielprotein. Da bei pH-Werten im leicht sauren bis neutralen Bereich Thiolgruppen sehr spezifisch mit Maleinimidgruppen zu stabilen Thioethern reagieren, lässt sich mit diesem Verfahren die Effizienz der Konjugation sehr gut steuern. Abschließend wird das Enzym-Zielprotein-Konjugat säulenchromatographisch aufgereinigt und in Natriumphosphatpuffer mit BSA und Natriumazid bei –20 °C gelagert.

Achtung! Freie Maleinimidgruppen sind bei pH-Werten > 7,0 instabil und werden durch Azide inaktiviert. Während der Kopplungsreaktion sollte der pH-Wert 7,0 nicht übersteigen, und alle Proteinlösungen sollten vorher, z. B. durch Dialyse, von Aziden befreit werden. Möchte der Experimentator die Kopplungsreaktion kontrolliert stoppen, kann dies über die Inaktivierung der freien Maleinimidgruppen durch Zugabe von Natriumazid geschehen.

Literatur:

Fowler AV, Zabin I (1978) Amino acid sequence of beta-galactosidase. XI. Peptide ordering procedures and the complete sequence. *J Biol Chem* 253: 5521–5525

Ishikawa E, Imagawa M, Hashida S, Yoshitake S, Hamaguchi Y, Ueno T (1983) Enzyme-labeling of antibodies and their fragments for enzyme immunoassay and immunohistochemical staining. *J Immunoassay* 4: 209–327

1.4.3 Kopplung von Fluorochromen an Antikörper

Mittels **Fluorochrom**-Markierung von Antikörpern ist eine direkte Detektion der Antigen-Antikörper-Bindung möglich. Nach Anregung mit Licht einer bestimmten Wellenlänge (Excitation), emittiert der Fluoreszenzfarbstoff Licht in einem für ihn charakteristischen Wellenlängenbereich. Durch den Einsatz bestimmter Filter und Photodetektoren kann das emittierte Licht gemessen und quantifiziert werden. Eingesetzt werden Fluoreszenzfarbstoffe hauptsächlich in der Fluoreszenzmikroskopie und der Durchflusscytometrie. Heutzutage werden von unterschiedlichen Firmen eine ganze Reihe von Fluorochromen, wie z. B. Fluoresceinisothiocyanat (FITC), Phycoerythrin (PE), Cyan-Farbstoffe und Allophycocyanin (APC) sowie einige Kombinationen dieser Fluoreszenzfarbstoffe an Antikörper gekoppelt. Die Kopplung von kleinen Farbstoffmolekülen wie z. B. FITC, ist für jeden Experimentator in einem Standardlabor relativ einfach durchzuführen. Die Konjugation der Proteine PE und APC stellt sich schon etwas diffiziler dar. Die Produktion von Tandem-Konjugaten hingegen fordert vom Experimentator schon einen vertrauten Umgang mit den Methoden der Kopplungschemie und ist deutlich zeitaufwändiger.

1.4.3.1 Fluoresceinisothiocyanat (FITC)

FITC ist ein vergleichsweise kleines Molekül mit einer Molekularmasse von 389,4 Da, dessen Absorptions- und Emissionsverhalten pH-abhängig ist. In 0,1 M Phosphatpuffer (pH 8,0) liegt das Absorptionsmaximum bei 492 nm und das Emissionsmaximum bei 518 nm.

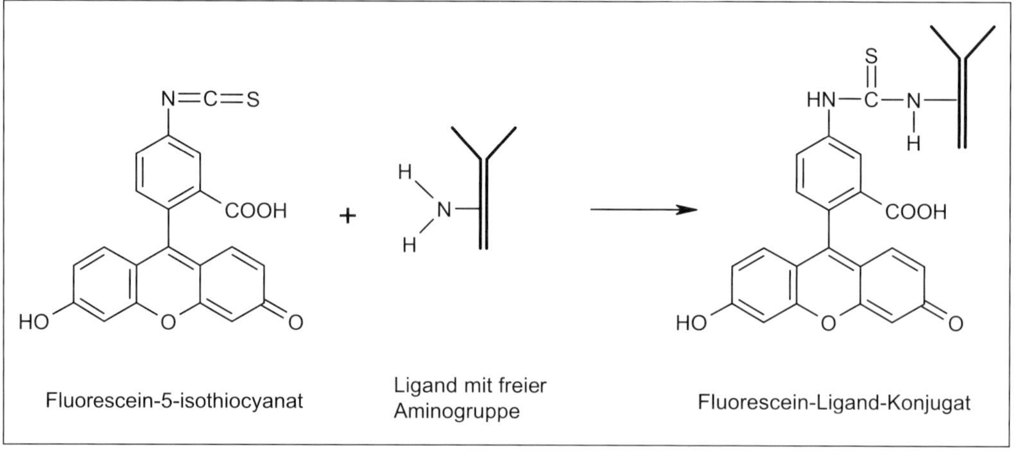

Fluorescein-5-isothiocyanat + Ligand mit freier Aminogruppe → Fluorescein-Ligand-Konjugat

Abb. 1-8: Kopplungsreaktion von FITC mit einer freien Aminogruppe eines Liganden.

Die Kopplungsreaktion findet bei pH 9,2 sofort nach Zugabe des auf Kieselgur adsorbierten FITC zu dem aufgereinigten Antikörper statt (Abb. 1-8). FITC bindet hauptsächlich an die ε-Aminogruppe von Lysinresten des Antikörpers. Gestoppt wird die Reaktion durch simples Abzentrifugieren des Kieselgur. Im Überstand gelöstes FITC kann säulenchromatographisch oder mittels Ultrafiltration von dem Fluorescein-Antikörper-Konjugat abgetrennt werden. Fluorescein-Konjugate sollten in PBS mit BSA und Natriumazid bei 4 °C gelagert werden.

Zur Charakterisierung des Fluorescein-Antikörper-Konjugates können die Proteinkonzentration und die Kopplungseffizienz über den molaren Fluorescein/Protein-Quotienten (F/P-Quotient) mittels photometrischer Messung bei 280 nm und 495 nm bestimmt werden. Die Formeln zur Berechnung dieser Größen sind im Folgenden dargestellt (Abb. 1-9). Ein idealer F/P-Quotient für die Markierung eines direkten Antikörpers liegt zwischen 4 und 6.

Anmerkung: Häufig ist in der Literatur von FITC-Protein-Konjugaten die Rede. Da nach der Kopplungsreaktion (Abb. 1-8) keine Isothiocyanatgruppe mehr vorhanden ist, ist diese Bezeichnung chemisch nicht korrekt. In diesem Buch wird daher der Begriff Fluorescein-Protein-Konjugat verwendet.

Literatur:

Goding JW (1976) Conjugation of antibodies with fluorochromes: modifications to the standard methods. *J Immunol Methods* 13: 215–226

The TH, Feltkamp TE (1970) Conjugation of fluorescein isothiocyanate to antibodies. I. Experiments on the conditions of conjugation. *Immunology* 18: 865–873

The TH, Feltkamp TE (1970) Conjugation of fluorescein isothiocyanate to antibodies. II. A reproducible method. *Immunology* 18: 875–881

1.4.3.2 Phycoerythrin (PE) und Allophycocyanin (APC)

PE und APC sind Proteine mit einer Molekularmasse von 240 kDa bzw. 80 kDa. Aufgrund ihrer Größe wird im Durchschnitt nur eines dieser Moleküle an jeweils einen Antikörper gekoppelt. PE und APC enthalten viele Fluorophore, die für ein starkes Emissionssignal sorgen. Deshalb werden sie häufig für durchflusscytometrische Analysen verwendet, wobei sich PE über einen Argon-Laser bei 488 nm anregen lässt und ein Emissionsmaximum bei ca. 575 nm besitzt. APC kann über einen Helium-Neon-Laser bei 633 nm angeregt werden und emittiert Licht im Bereich um 660 nm. Wer im Sommer nach Abkühlung lechzt, der

Formel zur Berechnung der Proteinkonzentration eines Fluorescein-Protein-Konjugates:

$$\text{Proteinkonzentration [mg/ml]} = \frac{A_{280} - (0{,}35 \times A_{495})}{^{280\,nm}E^{0,1\%}_{1cm}}$$

Formel zur Berechnung des molaren F/P-Quotienten:

$$\text{F/P (molar)} = \frac{MW_{Protein}}{389{,}4} \times \frac{A_{495}}{195 \times \text{Proteinkonz. [mg/ml]}}$$

A_{280}	= Absorption bei 280 nm
A_{495}	= Absorption bei 495 nm
$0{,}35 \times A_{495}$	= Korrekturfaktor für die Fluorescein-Absorption bei 280 nm
$^{280\,nm}E^{0,1\%}_{1cm}$	= Absorption einer 0,1 %igen Lösung des Proteins bei 280 nm und 1 cm Schichtdicke, z.B. IgG ca. 1,4 bei pH 7,0
$MW_{Protein}$	= Molekularmasse des Proteins, z.B. IgG ca. 150.000
389,4	= Molekularmasse von FITC
195	= Absorption von 0,1 % gebundenem Fluorescein bei 490 nm und pH 1

Abb. 1-9: Formeln zur Charakterisierung eines Fluorescein-Protein-Konjugates. Mittels photometrischer Messung bei 280 nm und 495 nm können die Proteinkonzentration und das molare Fluorescein/Protein-Verhältnis (F/P-Quotient) errechnet werden.

kann sich durchaus zwei Wochen im Kühlraum mit der Aufreinigung dieser Proteine aus den entsprechenden Algen vergnügen. Da viele Hersteller diese Proteine auch in aufgereinigter Form vertreiben, ist in den kälteren Monaten die Katalogrecherche im wohlgeheizten Büro vorzuziehen.

Die Konjugation dieser Fluorochrome an Antikörper benötigt drei Schritte und kann innerhalb eines Tages erfolgen, vorausgesetzt PE bzw. APC liegen in reiner Form vor. Dies lässt sich photometrisch überprüfen, indem man die Absorption bei 280 nm, 565 nm (nur PE), 620 nm und 655 nm (nur APC) bestimmt. Eine reine PE-Lösung weist folgende Absorptionsquotienten auf: $A_{565}/A_{620} > 50$ und $A_{565}/A_{280} > 5$. Für eine reine APC-Lösung gilt: $A_{655}/A_{620} > 1{,}4$ und $A_{655}/A_{280} > 4$. Notfalls muss vorher gegen Puffer dialysiert werden, wofür der Experimentator einen Zeitverlust von bis zu zwei Tagen einkalkulieren sollte.

Im ersten Reaktionsschritt werden in das PE- bzw. APC-Molekül reaktive Gruppen wie zum Beispiel Maleinimidgruppen eingeführt. Anschließend wird der Antikörper reduziert, um freie Thiolgruppen zu erzeugen. Nach diesem Schritt ist es wichtig, ohne Zeitverlust die Konjugation durchzuführen, damit eine Reoxidation der freien SH-Gruppen verhindert wird. Die Kopplungsreaktion, bei der die Maleinimidgruppen der aktivierten Fluorochrome mit den freien SH-Gruppen reagieren, sollte bei pH 6,0 und Raumtemperatur stattfinden. Nach Abschluss der Reaktion müssen die übrigen freien Thiolgruppen der Antikörper geblockt und die Fluorochrom-Antikörper-Konjugate säulenchromatographisch aufgereinigt werden. Die Lagerung der Konjugate kann bei 4 °C in Tris-Puffer mit antimikrobiellem Agens über Monate erfolgen.

Literatur:

Hardy RR (1986) Purification and coupling of fluorescent proteins for use in flow cytometry. In: Weir DM, Herzenberg LA, Blackwell C, Handbook of experimental immunology, 4th ed. Blackwell Scientific Publications, Boston

Kronick MN (1986) The use of phycobiliproteins as fluorescent labels in immunoassay. *J Immunol Methods* 92: 1–13

1.4.3.3 Tandem-Konjugate

Mit Tandem-Konjugaten markierte Antikörper werden hauptsächlich in der Durchflusscytometrie eingesetzt, da sie das Spektrum der detektierbaren Lichtemissionen nach Anregung mit Licht einer bestimmten Wellenlänge vergrößern. Zur Herstellung von Tandem-Konjugaten wird häufig ein synthetischer Cyan-Farbstoff (z. B. Cy5, Cy7) mit einem Protein wie PE oder APC gekoppelt. Zwischen diesen beiden Fluorochromen findet nach Anregung des Donor-Fluorochroms (niedriges Absorptionsmaximum, niedriges Emissionsmaximum) über eine externe Lichtquelle ein Resonanz-Energie-Transfer statt. Das heißt, das angeregte Donor-Fluorochrom emittiert Licht mit einer Wellenlänge, die von einem nahegelegenen (30–50 nm) Akzeptor-Fluorochrom (hohes Absorptionsmaximum, hohes Emissionsmaximum) absorbiert wird. Als Voraussetzung für einen

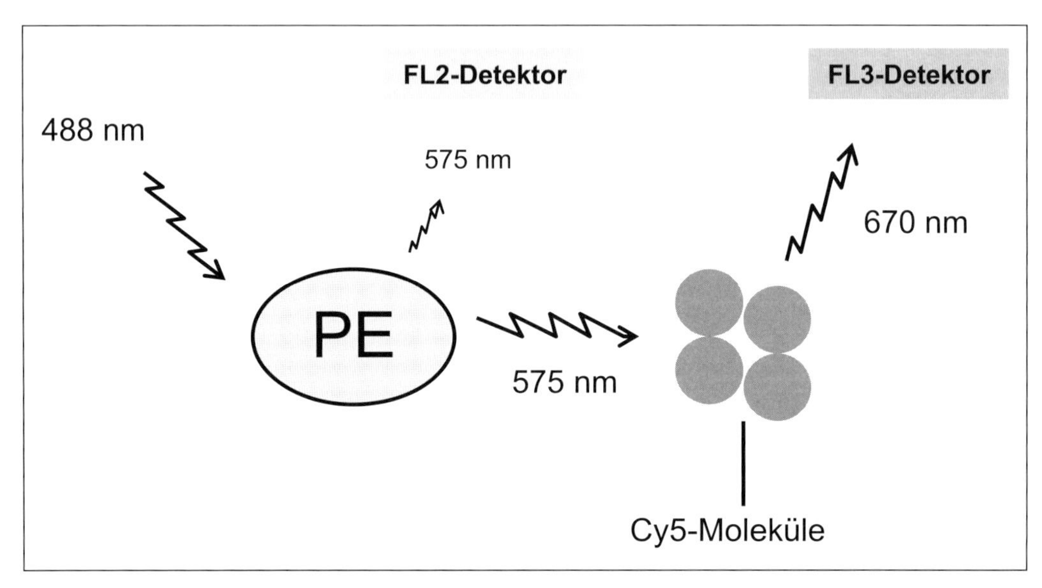

Abb. 1-10: Funktionsprinzip von Tandem-Konjugaten. Schematische Darstellung des Absorptions- und Emissionsverhaltens des in der Durchflusscytometrie häufig eingesetzten Tandem-Konjugates PE-Cy5.

solchen Resonanz-Energie-Transfer muss das Absorptionsspektrum des Akzeptor-Fluorochroms mit dem Emissionsspektrum des Donor-Fluorochroms überlappen.

Als Beispiel zur Erläuterung des Funktionsprinzips soll hier das häufig eingesetzte Tandem-Konjugat PE-Cy5 dienen (Abb. 1-10). PE erfüllt bei diesem Fluorochrom-Paar die Rolle des Donors. Es kann über einen Argon-Laser mit Licht der Wellenlänge 488 nm angeregt werden, während Cy5 Licht dieser Wellenlänge nicht absorbieren kann. Cy5 fungiert dagegen als Akzeptor-Fluorochrom, da es das von PE emittierte Licht (Emissionsmaximum: 575 nm) zu einem Großteil absorbiert. Cy5 wird demnach durch das von PE emittierte Licht angeregt und emittiert seinerseits daraufhin Licht mit einer größeren Wellenlänge (Emissionsmaximum: 670 nm).

Diese Methode bietet den Vorteil, dass bestimmte Anregungswellenlängen mit verschiedenen Emissionswellenlängen kombiniert werden können. Da der Donor aber nicht die komplette frei werdende Energie auf den Akzeptor überträgt, emittiert das Tandem-Konjugat ebenfalls Licht im Emissionsbereich des Donors. Dies kann zu Problemen bei der Kompensation im Durchflusscytometer führen, wenn z. B. PE mit PE-Cy5 zusammen eingesetzt wird. Um dieses Problem möglichst klein zu gestalten, ist es notwendig, in Vorversuchen das optimale molare Verhältnis zwischen Donor und Akzeptor für ein Tandem-Konjugat herauszufinden. Dieser Aufwand lohnt sich allerdings nur, wenn der Experimentator große Antikörpermengen mit einem Resonanz-Energie-Transfer-Fluorochrom koppeln will. Wer sich für dieses Thema interessiert, findet weitere Informationen in der unten aufgeführten Literatur.

Literatur:

Roederer M, Kantor AB, Parks DR, Herzenberg LA (1996) Cy7PE and Cy7APC: bright new probes for immunfluorescence. *Cytometry* 24: 191–197

Tjioe I, Legerton T, Wegstein J, Herzenberg LA, Roederer M (2001) Phycoerythrin-allophycocyanin: a resonance energy transfer fluorochrome for immunofluorescence. *Cytometry* 44: 24–29

Waggoner AS, Ernst LA, Chen CH, Rechtenwald DJ (1993) PE-Cy5. A new fluorescent antibody label for three-color flow cytometry with a single laser. *Ann N Y Acad Sci* 677: 185–193

Achtung! Fluorochrome können unter Lichteinfluss ausbleichen. Deshalb sollte auch während der Konjugation direkte Lichteinstrahlung über einen längeren Zeitraum vermieden werden.

1.4.4 Kopplung von Biotin

Biotin ist ein sehr kleines Molekül mit einer Molekularmasse von 0,24 kDa, das sehr spezifisch von den Proteinen Avidin aus Hühnereiweiß und Streptavidin aus *Streptomyces avidinii* gebunden wird. Diese beiden Proteine haben eine Molekularmasse von 68 bzw. 60 kDa und besitzen jeweils vier Bindestellen für das Biotin-Molekül. Sie sind mit allen gängigen Enzymen, Fluorochromen, Goldpartikeln und radioaktiven Isotopen markiert kommerziell erhältlich und können so zur indirekten Detektion von Antigen-Antikörper-Interaktionen in vielen Anwendungen eingesetzt werden. Biotin-markierte Antikörper bieten den Vorteil, dass sie sehr universell einsetzbar sind. Da mehrere Biotin-Moleküle an einen Antikörper gekoppelt werden können, führt die Verwendung eines Biotin-(Strept-)Avidin-Detektionssystems zu einer Amplifikation des Signals. Für schwach exprimierte Antigene ist dieses Nachweissystem demnach besonders geeignet. Aufgrund des Kohlenhydratanteils und des hohen **isoelektrischen Punktes**, neigt Avidin zur Assoziation mit biologischen Strukturen und ist daher nicht optimal für den Antigennachweis in Zellen und Geweben geeignet. Hier sollte Streptavidin eingesetzt werden, das aufgrund seiner bakteriellen Herkunft keine Kohlenhydratreste enthält und einen niedrigeren isoelektrischen Punkt aufweist.
Biotin kann leicht über die reaktive Carboxylgruppe kovalent an Antikörper gebunden werden. Da Avidin bzw. Streptavidin das Biotin-Molekül mit ihren Bindungsstellen fast umschließen, ist es

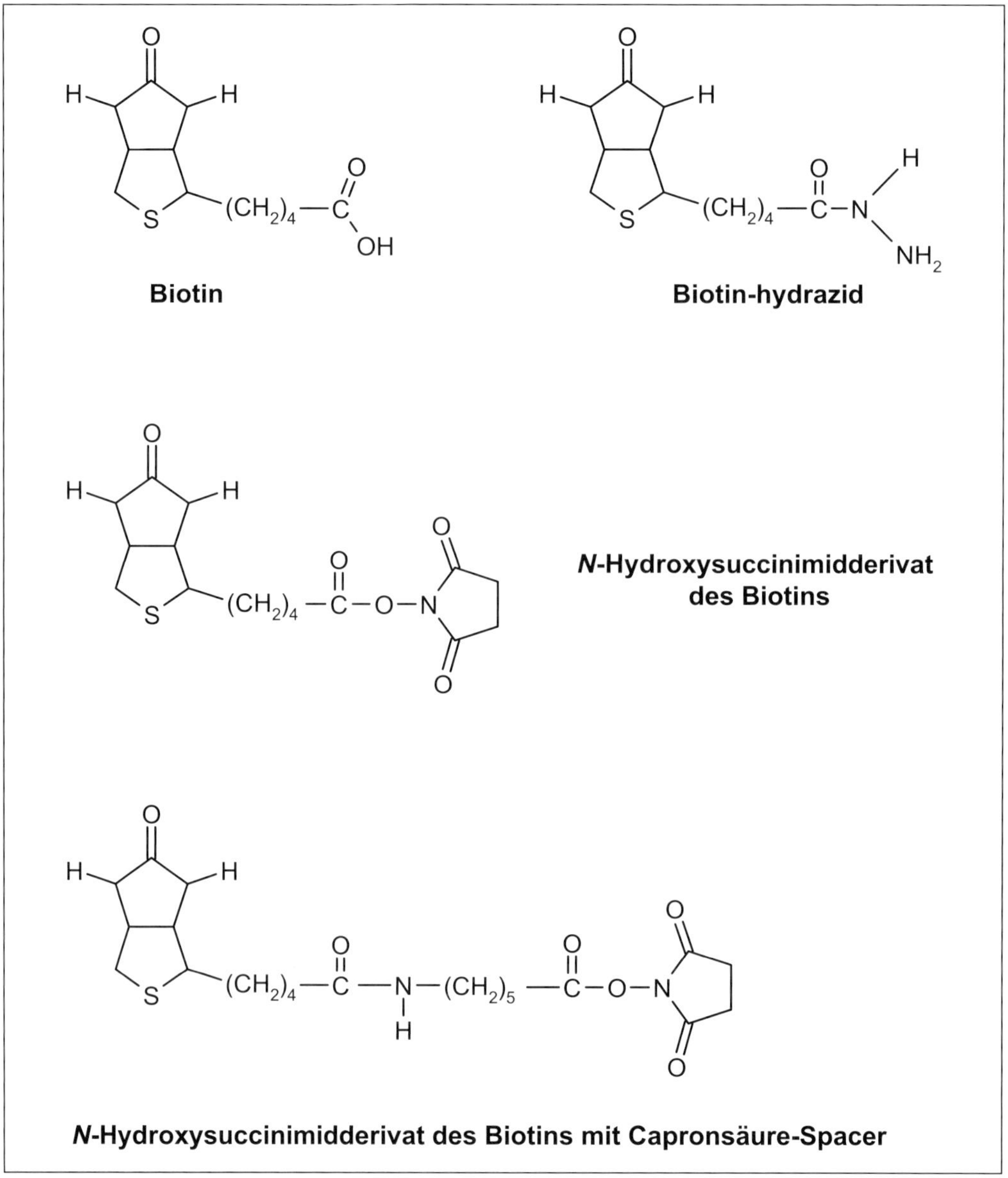

Biotin

Biotin-hydrazid

***N*-Hydroxysuccinimidderivat des Biotins**

***N*-Hydroxysuccinimidderivat des Biotins mit Capronsäure-Spacer**

Abb. 1-11: Strukturformeln von Biotin und aktivierten Biotinderivaten.

sinnvoll, ein Spacer-Molekül wie z. B. ε-Aminocapronsäure zwischen Antikörper und Biotin-Molekül zu koppeln, um die optimale Bindung zwischen (Strept-)Avidin und Biotin zu gewährleisten. Dieser Spacer wird anschließend mit einer aktivierten Esterverbindung kovalent verknüpft und über diese an die ε-Aminogruppe der Lysinreste des Antikörpers konjugiert (pH 7,7). Gestoppt werden kann die Reaktion durch Abtrennung des aktivierten Biotins mittels Ultrafiltration oder Säulenchromatographie. Bei –20 °C sind die Biotin-Antikörper-Konjugate „ewig" haltbar. Eine Auflistung der Strukturformeln von Biotin und einigen für die Kopplung gebräuchlichen Biotinderivaten finden Sie in Abb. 1-11.

Achtung! Biotin ist Co-Faktor für viele Enzyme und deswegen in vielen Zellen und Geweben vorhanden. Vor Verwendung des Biotin-(Strept-)Avidin-Detektionssystems kann es erforderlich sein, das natürlich vorhandene Biotin abzublocken, damit keine falsch-positiven Signale detektiert werden.

Literatur:

Bayer EA, Wilchek M (1990) Protein biotinylation. *Methods Enzymol* 184: 138–160

Guesdon JL, Ternynck T, Avrameas S (1979) The use of avidin-biotin interaction in immunoenzymatic techniques. *J Histochem Cytochem* 27: 1131–1139

Ternynck T, Avrameas S (1990) Avidin-biotin system in enzyme immunoassays. *Methods Enzymol* 184: 469–481

1.4.5 Markierung mit Gold

Mit Gold markierte Antikörper werden in unterschiedlichen immunologischen Techniken zur Detektion von Antigenen eingesetzt. Aufgrund der Elektronendichte eignet sich Gold besonders für die Elektronenmikroskopie, kann aber auch in lichtmikroskopischen Techniken und Blotting-Verfahren verwendet werden. Bei den letzteren Techniken ist es allerdings notwendig, das Signal mittels Silber-Reagenzien zu verstärken. Der Vorteil von Gold liegt in seiner langen Haltbarkeit. Sorgfältig angefertigte, mit Gold markierte Präparate können über einen langen Zeitraum eingefroren werden.

1.4.5.1 Kolloidales Gold

Die klassische Methode nutzt kolloidales Gold zur Antikörpermarkierung. Für die Elektronenmikroskopie sind vor allem Goldpartikel in den Größen zwischen 2 und 20 nm interessant. Durch die Markierung von Antikörpern unterschiedlicher Epitopspezifität mit verschieden großen Goldpartikeln ist es möglich, in einem Präparat mehrere Antigene gleichzeitig nachzuweisen. Die Markierung der Antikörper mit kolloidalem Gold erfolgt über die Adsorption des Proteins an die Oberfläche der Goldpartikel. Stabilisiert wird die Bindung durch Interaktionen zwischen der negativ geladenen Oberfläche der Goldpartikel mit positiv geladenen Aminosäureresten (z. B. Lysin) des Proteins sowie durch hydrophobe Wechselwirkungen zwischen der Partikeloberfläche und aromatischen Aminosäureresten (z. B. Tryptophan). Sind die schwefelhaltigen Aminosäuren Cystein und Methionin auf der Proteinoberfläche vorhanden, können ebenfalls dative Bindungen zwischen Schwefelatomen und Goldpartikel zur Stabilität des Goldpartikel-Protein-Konjugates beitragen.

Die Markierung von Antikörpern mit kolloidalem Gold ist für jeden Experimentator relativ einfach zu bewerkstelligen, wenn er einige wesentliche Dinge beherzigt. Da das Gold-**Kolloid** sehr empfindlich auf Verunreinigung mit Ionen reagiert, muss die Kopplungsreaktion in entionisiertem Wasser stattfinden. Auch dem Material des Reaktionsgefäßes sollte Beachtung geschenkt werden. Polystyrol ist ungeeignet, da Antikörper an diesen Kunststoff stark adsorbieren. Polycarbonat bzw. Polyethylen sind hier die Materialien der Wahl. Die Antikörperlösung sollte für die Kopplungsreaktion auf eine Konzentration von 10–100 µg/ml und der pH-Wert der Gold-Suspension etwas höher als der isoelektrische Punkt des Antikörpers eingestellt werden. Über Titrationsreihen sollten in Vorversuchen der optimale pH-Wert und die optimale Proteinkonzentration, die für ein stabiles Gold-Protein-Konjugat notwendig sind, ermittelt werden. Die Bestimmung der optimalen Proteinkonzentration kann durch Zugabe gesättigter Natriumchlorid-Lösung erfolgen.

Ist die Proteinkonzentration zu gering, verursacht das Salz die Aggregation der übrigen Goldpartikel, was zu einer Blaufärbung führt. Suspensionen ohne überschüssige Goldpartikel erscheinen rot. Die Proteinkonzentration der Lösung, die nach Salzzugabe gerade noch rot erscheint, sollte für die Konjugation verwendet werden. Zur Lagerung können dem Goldpartikel-Protein-Konjugat BSA, Polyethylenglykol oder Casein sowie Natriumazid als antimikrobielles Agens zugesetzt werden.

Literatur:

Faulk WP, Taylor GM (1971) An immunocolloid method for the electron microscope. *Immunochemistry* 8: 1081–1083

1.4.5.2 Gold-Cluster

In jüngerer Zeit werden vermehrt Gold-Cluster zur Markierung von Proteinen eingesetzt. Diese Cluster bestehen aus einer definierten Anzahl von Goldatomen. An deren Oberfläche können verschiedene organische Gruppen gekoppelt werden, die die Wasserlöslichkeit der Gold-Cluster gewährleisten. Diese organischen Gruppen können mit reaktiven Gruppen, wie z. B. Maleinimidgruppen oder aktivierten Esterverbindungen derivatisiert werden. Derartig modifizierte Gold-Cluster ermöglichen eine kovalente Kopplung an Thiolgruppen bzw. Aminogruppen von Proteinen. Die so erzeugten Goldpartikel-Protein-Konjugate haben einige Vorteile gegenüber klassisch erzeugten Konjugaten. Durch die kovalente Bindung zwischen Goldpartikel und Protein sind die Konjugate deutlich stabiler und können über einen längeren Zeitraum gelagert werden. Ein Gold-Cluster kann an eine definierte Position eines Proteins, wie z. B. die Thiolgruppe eines Fab'-Fragments gekoppelt werden. Damit befindet sich der Goldpartikel genau gegenüber der Antigenbindestelle und kann nicht die Affinität des Fab'-Fragments zum Antigen herabsetzen. Es gibt Gold-Cluster mit einem Durchmesser von z. B. 0,8 nm (Undecagold) und 1,4 nm (Nanogold). Damit sind sie deutlich kleiner als stabiles kolloidales Gold und können somit besser in Gewebe eindringen. Weiterhin unterliegen sie einer erhöhten Diffusion im Gewebe, was zu einer gesteigerten Sensitivität und Antigen-Markierungsdichte führt. Die geringe Größe der Gold-Cluster hat allerdings auch den Nachteil, dass eine nachträgliche Silber-Verstärkung des Signals notwendig wird. Lediglich neuere Transferelektronenmikroskope sind in der Lage, solch kleine Goldpartikel aufzulösen.

Literatur:

Gregori L, Hainfeld JF, Simon MN, Goldgaber D (1997) Binding of amyloid beta protein to the 20 S proteasome. *J Biol Chem* 272: 58–62

Hainfeld JF, Powell RD (2000) New frontiers in gold labeling. *J Histochem Cytochem* 48: 471–480

1.4.6 Markierung mit radioaktiven Isotopen

Radioaktive Isotope werden als Marker in einigen immunologischen Techniken wie z. B. dem Radioimmunoassay verwendet. Über die Messung der radioaktiven Strahlung in einem Szintillationszähler kann die Antigen-Antikörper-Bindung detektiert und quantifiziert werden. Eines der am häufigsten verwendeten Isotope in der immunologischen Forschung ist das ^{125}I (γ-Strahler). Durch die mittlere Halbwertszeit von ca. 60 Tagen und die entsprechend hohe spezifische Radioaktivität von 2191 Ci/mmol eignet sich dieses Isotop besonders gut für Forschungsanwendungen. Im Folgenden sollen kurz einige Methoden vorgestellt werden, mit denen Antikörper und Peptide mit ^{125}I markiert werden können. Eine ausführlichere Übersicht über Iodierungs-Methoden von Proteinen findet der Interessierte im „Experimentator – Proteinbiochemie/Proteomics" von Hubert Rehm.

^{125}I kann direkt an die Tyrosinreste von Proteinen addiert werden. Für diese Reaktion müssen die Tyrosinreste für das ^{125}I frei zugänglich sein. Auch ist das Vorhandensein eines Oxida-

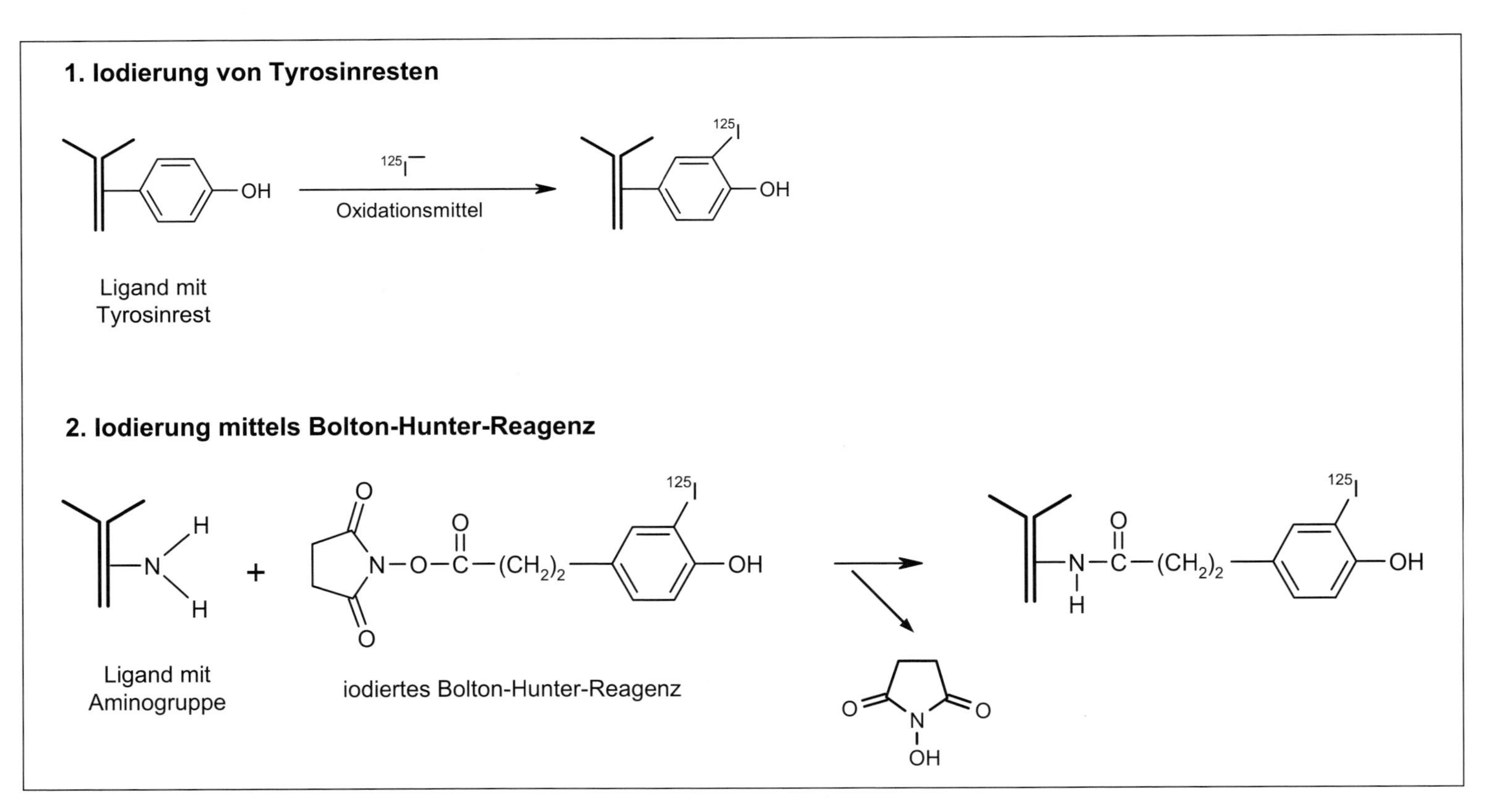

Abb. 1-12: Iodierungsreaktionen für Antikörper.

tionsmittels erforderlich. Für eine schnelle, dafür aber schlecht kontrollierbare und aggressive Iodierungsreaktion kann Chloramin T als Oxidationsmittel verwendet werden. Eine etwas schonendere Reaktion ist durch die Verwendung von Iodogen oder Iodobeads möglich (Abb. 1-12). Eine elegante biochemische Methode stellt die Verwendung einer enzymkatalysierten Reaktionskette dar. Es werden die Enzyme Glucoseoxidase und Lactoperoxidase zugegeben, woraufhin die Reaktion mit Glucose gestartet wird. Der Einbau von ^{125}I in das Protein erfolgt mit dieser Methode sehr schonend und die Reaktion kann über die Enzym- und Substratmenge gesteuert werden. Es werden allerdings ebenfalls geringe Mengen der Enzyme iodiert, und die Antikörperlösung darf keine Azide enthalten, da sonst die Aktivität der Lactoperoxidase gehemmt wird.

Enthält ein Protein keine Tyrosinreste oder wird seine Aktivität durch die direkte Markierung mit ^{125}I verändert, kann das radioaktive Isotop auch indirekt über aktivierte chemische Verbindungen, wie z. B. N-Hydroxysuccinimidester, an das Protein gekoppelt werden. Weit verbreitet und vielfach erprobt ist in diesem Zusammenhang die Iodierung mittels Bolton-Hunter-Reagenz (Abb. 1-12).

Literatur:

Bolton AE, Hunter WM (1973) The labelling of proteins to high specific radioactivities by conjugation to a ^{125}I-containing acylating agent. *Biochem J* 133: 529–539

Fraker PJ, Speck JC Jr. (1978) Protein and cell membrane iodinations with a sparingly soluble chloroamide, 1,3,4,6-tetrachloro-3a,6a-diphrenylglycoluril. *Biochem Biophys Res Commun* 80: 849–857

Marchalonis JJ (1969) An enzymic method for the trace iodination of immunglobulins and other proteins. *Biochem J* 113: 299–305

Markwell MA (1982) A new solid-state reagent to iodinate proteins I. Conditions for the efficient labeling of antiserum. *Anal Biochem* 125: 427–432

Rehm H (2002) Der Experimentator: Proteinbiochemie/Proteomics, 4. Aufl., Spektrum, Akad. Verlag, Heidelberg

Thorell JI, Johansson BG (1971) Enzymatic iodination of polypeptides with ^{125}I to high specific activity. *Biochim Biophys Acta* 251: 363–369

2 Zellseparation

Ein Ansatz, immunologische Fragestellungen experimentell zu bearbeiten, ist die Betrachtung einzelner, möglichst reiner und funktionstüchtiger Zellpopulationen. Der Organismus stellt jedoch ein Potpourri aus unterschiedlichsten Zellen dar und selbst wenn man aus definiertem Gewebe eine Probe entnimmt, besteht diese niemals aus nur einer einzigen Zellpopulation. Um die verschiedenen Ingredienzien eines solchen „Zelleintopfes" studieren zu können, ist oftmals die Separation der verschiedenen Bestandteile erforderlich. Zu diesem Zweck bieten sich die im Folgenden beschriebenen Methoden an. Sie nutzen allesamt die unterschiedlichen Eigenschaften verschiedener Zellpopulationen. Solche Eigenschaften können physikalisch-chemischer Natur sein, wie z. B. Dichte, Größe und Oberflächenladung, oder biochemisch-biologischer Natur, beispielsweise zellspezifische Antigenexpression, Adhärenzverhalten und Phagocytoseverhalten. Bei der Auswahl des Verfahrens muss bedacht werden, dass unterschiedliche Zellpopulationen mit den gleichen Eigenschaften ausgestattet sein können. Durch Kombination verschiedener Methoden bietet sich die Möglichkeit, fast jeden beliebigen Zelltyp – mehr oder weniger rein – zu isolieren. Obwohl sich in den letzten Jahren auf den Gebieten der Isolierung, Anreicherung, Separation und Reinigung von Zellen einige wenige Methoden durchgesetzt haben, sollen hier auch weniger etablierte Methoden beschrieben werden, um Ihnen als Experimentator ein möglichst breites Methodenspektrum anbieten zu können. Das am Ende stehende Zellisolat kann anhand verschiedener Parameter (Ausbeute, Reinheit und Viabilität der Zellen) bewertet werden, wobei das Ergebnis meist einen Kompromiss darstellt; so ist z. B. eine hohe Reinheit des Zellisolates oftmals mit einer niedrigen Ausbeute verbunden – oder eben andersherum.

2.1 Trennung nach Zellgröße und Zelldichte – Zentrifugationstechniken

Die Tatsache, dass die Zentrifugation nach wie vor ein wesentlicher Bestandteil der Zellseparation ist, berechtigt zu einem begrenzten Ausflug in die unendlichen Weiten der Zentrifugationstechniken. Ohne tiefer in die damit verbundenen physikalischen Sphären eindringen zu wollen, sollen hier einige Techniken erwähnt werden, über die man bei der Auseinandersetzung mit diesem Thema fast zwangsweise stolpert – oder besser – elegant hinüber springt, indem man sie geschickt für die Bearbeitung seiner Fragestellung ausnutzt.

Sämtliche Zentrifugationstechniken basieren auf der Tatsache, dass Partikel in dem Kraftfeld eines rotierenden Zentrifugenrotors sedimentieren, wenn folgende Bedingungen erfüllt sind: Die Dichte der Partikel muss größer als die Dichte des umgebenden Mediums sein und die einwirkende Zentrifugalkraft muss die Kraft ungeordneter Partikelbewegungen übersteigen. Bei der Zentrifugation von Zellen ist aufgrund deren Empfindlichkeit Folgendes zu beachten: Gelöste Moleküle, auch Makromoleküle, sind homogen vom Medium umgeben. Folglich wirkt an jedem Punkt ihrer Oberfläche der gleiche hydrostatische Druck. Anders verhält es sich bei lebenden Zellen. Hier handelt es sich bekanntlich um geschlossene Systeme (natürlich nicht wirklich geschlossen!), die einem eingeschränkten Gas- und Flüssigkeitsaustausch mit ihrer Umgebung unterliegen. Dieser Umstand führt zu einer gewissen morphologischen Unflexibilität des Zellkörpers. Bei Einwirkung der auftretenden Zentrifugalkräfte kann sich die Zelle infolgedessen als mechanisch instabil erweisen und platzen bzw. zerquetscht werden.

Wichtig! Um der Zellviabilität willen sollten Zellen immer so schonend wie möglich zentrifugiert werden, d. h. mit der minimalen Zentrifugalkraft, die gerade noch notwendig ist, um eine effiziente Trennung zu erreichen. Für simple Waschvorgänge von Zellsuspensionen beispielsweise reichen 200 g zur Sedimentation gewöhnlich vollkommen aus.

2.1.1 Differenzialzentrifugation

Die Differenzialzentrifugation nutzt unterschiedliche Sedimentationsgeschwindigkeiten einzelner Komponenten einer Partikelmischung aus, die sich in einem homogenen Medium „gelöst" befindet (Abb. 2-3). Für eine erfolgreiche Trennung ist es hier essenziell, dass sich die einzelnen Partikel der Mischung in ihren Sedimentationsgeschwindigkeiten stark genug voneinander unterscheiden. Die Sedimentationsgeschwindigkeit eines Partikels ist abhängig von seinem Durchmesser (korrekterweise auch von seiner Form), der Differenz zwischen der Partikeldichte und der Dichte des ihn umgebenden Mediums sowie der Viskosität des Mediums, wobei Dichte und Viskosität temperaturabhängig sind. Diese Beziehung wird durch die Svedberg-Gleichung beschrieben (Abb. 2-1).

$$v = \frac{d^2\left((\rho)_p - (\rho)_m\right)g}{18\eta}$$

Abb. 2-1: Svedberg-Gleichung. v = Sedimentationsgeschwindigkeit; d = Durchmesser des Partikels; g = relative Zentrifugalbeschleunigung; η = Viskosität des Mediums; ρ_p = Dichte des Partikels; ρ_m = Dichte des Mediums.

Sind die Bedingungen des Zentrifugalfeldes klar definiert, kann man den Sedimentationskoeffizienten **s** eines Partikels in Svedberg-Einheiten **[S]** angeben (1 S entspricht 10^{-13} Sekunden). Der Sedimentationskoeffizient entspricht der Sedimentationsgeschwindigkeit in eben diesem definierten Zentrifugalfeld, wobei S gewöhnlich auf das Medium Wasser bei 20°C (Dichte und Viskosität) bezogen wird (Abb. 2-2).

$$s = \frac{v}{r\omega^2}$$

Abb. 2-2: Berechnung des Sedimentationskoeffizienten. v = Sedimentationsgeschwindigkeit; r = Rotorradius; ω = Winkelgeschwindigkeit.

Anwendung findet die Differenzialzentrifugation z. B. bei der Trennung von Zellorganellen eines Zellhomogenates, da die einzelnen Komponenten ausreichend unterschiedliche Sedimentationskoeffizienten besitzen (Tab. 2-1). Zur Auftrennung eines solchen Partikelgemisches wird dieses im Festwinkelrotor stufenweise höheren Zentrifugalbeschleunigungen sowie längeren Zentrifugationszeiten ausgesetzt. Dabei werden Partikel mit relativ höheren Sedimentationskoeffizienten schneller sedimentieren, während man die langsamer sedimentierenden Partikel eher im Überstand finden wird. Verglichen mit einer Zellkernfraktion wird die ER-Fraktion aufgrund des niedrigeren Sedimentationskoeffizienten daher erst bei größerer Zentrifugalkraft und nach längerer Zeit sedimentieren. In der Praxis werden dabei die Werte der genannten Zentrifugationsparameter von Zentrifugtionslauf zu Zentrifugationslauf schrittweise erhöht. Nach einem Lauf wird jeweils das Pellet bzw. der Überstand – je nachdem, worin sich die relevante Fraktion befindet – abgenommen und nochmals zentrifugiert.

Tab. 2-1: Ungefähre Größen- und Dichtebereiche sowie S-Werte subzellulärer Partikel.

Subzelluläre Partikel	Durchmesser [µm]	Dichte [g/cm³]	S-Wert
Zellkerne	3,0 – 12,0	> 1,30	$10^6 – 10^7$
Mitochondrien	0,5 – 4,0	1,17 – 1,21	$10^4 – 5 \times 10^4$
Peroxisomen	0,5 – 0,8	1,19 – 1,40	4×10^3
Endoplasmatisches Retikulum	0,05 – 0,3	1,06 – 1,23	10^3
Lysosomen	0,5 – 0,8	1,17 – 1,21	$4 \times 10^3 – 2 \times 10^4$

Achtung: Die Fraktionen schnell sedimentierender Partikel werden aller Wahrscheinlichkeit nach mit langsam sedimentierenden Partikeln, die sich schon zu Beginn der Zentrifugation im unteren Bereich des Röhrchens befanden, kontaminiert sein (Abb. 2-3). Die Kontaminationen können aber auch durch nachfolgende Waschschritte sukzessiv minimiert werden – es richtet sich daher letztendlich nach den Reinheitsansprüchen des Experimentators, wie oft man die relevanten Partikel wäscht.

Im Gegensatz zu Zellorganellen weisen intakte Zellen Sedimentationskoeffizienten in einem engen Bereich von 10^7–10^8 S auf, weshalb die Trennung unterschiedlicher Zellpopulationen eines Zellgemisches (z. B. Blut) andere Techniken mit höherer Auflösung erfordert – womit wir bei der Dichtegradienten-Zentrifugation angelangt wären.

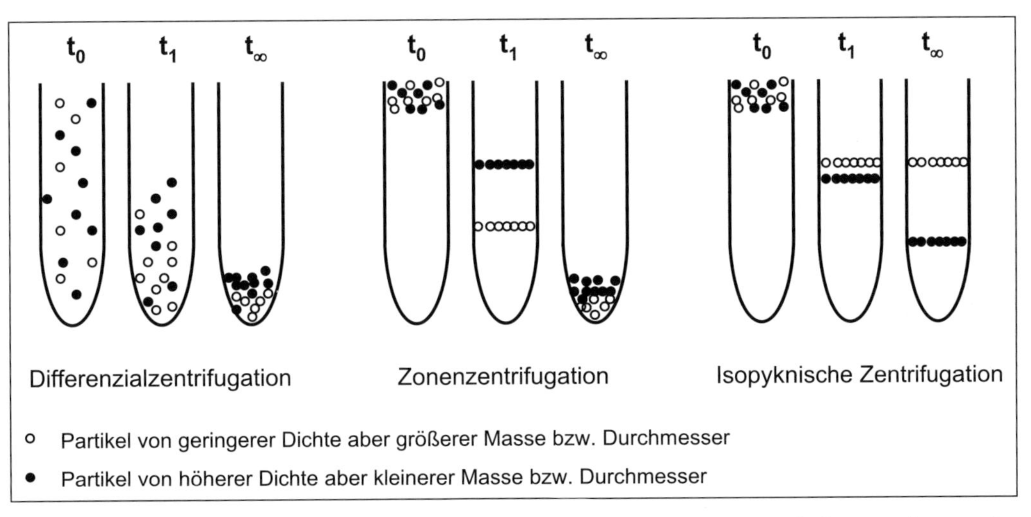

Abb. 2-3: Vergleich der Partikelbewegungen in Abhängigkeit ihrer Eigenschaften sowie von der angewandten Zentrifugationstechnik. t_0, t_1 und t_∞ bezeichnen die verschiedenen Zeitpunkte des Zentrifugationsvorgangs.

2.1.2 Dichtegradienten-Zentrifugation

Was tun, wenn sich die Sedimentationskoeffizienten der zu trennenden Partikel ungenügend unterscheiden und sich damit der Parameter Sedimentationsgeschwindigkeit nicht zur Trennung ausnutzen lässt? Man dreht an einem anderen Parameter. In diesem Fall variiert man die Dichte des umgebenden Mediums und erzeugt so einen Dichtegradienten. Man unterscheidet zwei Techniken der Dichtegradienten-Zentrifugation, die Zonenzentrifugation (Dichtegradienten-Differenzial-

Zentrifugation) und die isopyknische Zentrifugation. Der wesentliche Unterschied liegt in der maximalen Dichte des eingesetzten Mediums in Bezug zur Dichte der zu trennenden Partikel.

Bei der **Zonenzentrifugation** unterschreitet die maximale Dichte des Mediums die minimale Dichte der Partikel – lapidar ausgedrückt: Das dichteste Medium ist hier immer noch weniger dicht als der am wenigsten dichte Partikel. Daraus folgt, dass sämtliche Partikel in das Separationsmedium eindringen, und dort entsprechend ihrer Sedimentationsgeschwindigkeit voneinander getrennt werden. Es handelt sich hierbei um eine „unvollständige" Zentrifugation, die früh genug beendet werden muss, da sonst irgendwann sämtliche Partikel am Boden des Zentrifugenbechers kleben (Abb. 2-3). In der Praxis wird die zu trennende Suspension auf einen kontinuierlichen, meist „flachen" Gradienten (z. B. Sucrosegradient) geschichtet und mit geeigneter g-Zahl zentrifugiert.

Anders verhält es sich bei der **isopyknischen Zentrifugation**. Hier überschreitet die maximale Dichte des Mediums die Dichte des dichtesten Partikels. Hintergrund dieser Technik ist die Tatsache, dass ein Partikel bei der Sedimentation durch einen Dichtegradienten in einem Schwebezustand verharrt, wenn es Medium erreicht, dessen Dichte der Dichte des Partikels entspricht. Daher leitet sich auch die Bezeichnung isopyknisch („gleich-dicht") ab. Partikel gleicher Dichte schwimmen dann gewissermaßen auf einer Unterlage von Medium höherer Dichte, da sie nicht weiter sedimentieren können. Man spricht in diesem Falle von der **Buoyant-Dichte** eines Partikels. Buoyant-Dichten variieren in Abhängigkeit von dem Medium, in dem sie bestimmt werden, da verschiedene Medien die **Hydratation** der Partikel unterschiedlich beeinflussen. Bei der isopyknischen Zentrifugation wird bis zur Gleichgewichtseinstellung zentrifugiert, d. h. so lange bis sämtliche Partikel ihren spezifischen Dichtebereich erreicht haben, und nicht weiter sedimentieren können. Es besteht keine Gefahr, dass man am Ende das Partikelgemisch, mit dem man anfangs den Gradienten überschichtet hat, vollständig am Boden pelletiert wiederfindet.

Während die Differenzialzentrifugation sowie die Zonenzentrifugation zur Trennung von Partikeln geeignet sind, die sich in ihrer Größe (z. B. Zellorganellen) bzw. Masse ausreichend unterscheiden, kommt die isopyknische Zentrifugation zur Anwendung, wenn Partikel ähnlicher Größe bzw. Masse, aber unterschiedlicher Dichte (z. B. Zellen) separiert werden sollen. Bei der Zellisolierung bedient man sich Zentrifugationsmethoden, um zunächst eine grobe Fraktionierung der Ausgangszellpopulation in flüssigen bzw. verflüssigten Proben (z. B. verflüssigtes oder homogenisiertes Gewebe (Exkurs 7) zu erreichen. Mit besonderem apparativen Aufwand (Kap. 2.1.4) respektive mit geeigneten Separationsmedien (Kap. 2.1.3) lassen sich sogar hinreichend „feine" Gradienten zur Trennung zellulärer Subpopulationen einstellen. Im Folgenden ist schematisiert dargestellt, wie sich die Partikel einer Partikelmischung bei unterschiedlichen Zentrifugationstechniken in Abhängigkeit ihrer Eigenschaften auftrennen. Zum Zeitpunkt t_0 beginnt die Zentrifugation und damit die Separation der Partikelmischung (t_1). Angenommen, Sie würden eines Freitagnachmittags ihre Zentrifuge zur Zellseparation anstellen und gedankenverloren den Weg ins Wochenende antreten, könnten Sie des folgenden Montagmorgens mit dem Ergebnis, wie in t_∞ dargestellt rechnen, also entweder mit recht festen Zellpellets oder mit im Gleichgewicht befindlichen Banden von Zellen, die allerdings ein wenig gestresst sein dürften (Abb. 2-3).

2.1.3 Separationsmedien

Abgesehen davon, dass ein Separationsmedium einen diskontinuierlichen (stufig) oder kontinuierlichen (stufenlos) Gradienten spezifischer Dichte ausbildet, sollten Separationsmedien noch einige weitere Kriterien erfüllen. Chemisch-physikalisch sollten sie von möglichst inerter Natur sein, sodass die Integrität der bearbeiteten Zellen erhalten bleibt, d. h. sie sollten möglichst geringe

Exkurs 3

U/min oder g – wie hätten Sie's denn gern?

Zum Thema „Angabe der Zentrifugationsparameter in Arbeitsanweisungen". Auch heute findet man leider noch viel zu häufig die unheilschwangere Einheit U/min bzw. rpm = *revolutions per minute*! zur Angabe der Zentrifugationskonditionen. Das Unheil manifestiert sich augenblicklich, wenn der Experimentator die genannte Angabe in die Tat umsetzen möchte, in der Vorschrift jedoch keinerlei Rotormaße angegeben sind. Daher sollte man beim Erstellen des Protokolls die relative Zentrifugalbeschleunigung RZB (bzw. rcf = *relative centrifugal force*) als Vielfaches der Erdbeschleunigung g angeben. Auf diese Weise kann jeder Nutzer, unabhängig von der Art der zentrifugalen Ausstattung seines Labors, etwas mit der Vorschrift anfangen. Für die Umrechnungswilligen gilt folgende Formel:

$$RZB = 1{,}118 \cdot 10^{-5} \cdot r \cdot v^2$$

Abb. 2-4: Formel zur Berechnung der relativen Zentrifugalbeschleunigung. RZB = relative Zentrifugalbeschleunigung in g; r = Rotorradius in cm; v = Rotorgeschwindigkeit in U/min.

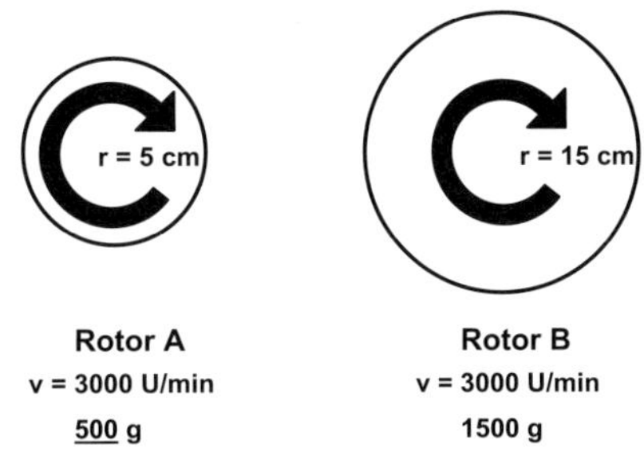

Gleiche Rotationsgeschwindigkeit führt bei unterschiedlichen Rotorradien zu unterschiedlichen g-Werten!

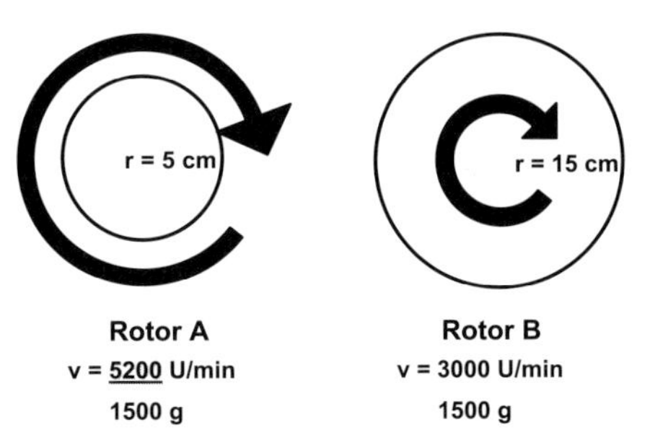

Um gleiche g-Werte zu erreichen, muss bei Verwendung des kleinen Rotors A eine höhere Geschwindigkeit gewählt werden!

Abb. 2-5: Zusammenhang von Rotorradius, Rotationsgeschwindigkeit und dem sich daraus ergebenden g-Wert. Aus unterschiedlichen Rotorradien r ergeben sich bei gleicher Rotationsgeschwindigkeit unterschiedliche g-Werte – ebenso bei Verwendung gleicher Rotoren, aber unterschiedlicher Rotationsgeschwindigkeiten. Beispiel: Bei einer hypothetischen Rotationsgeschwindigkeit von 3000 U/min würde unter Verwendung von Rotor A mit 500 g zentrifugiert werden – durchaus für Zellen verträglich –, während man im Rotor B bei 3000 U/min die Zellen mit 1500 g zentrifugieren würde, was für manch empfindsame Zelle einer Hinrichtung gleichkäme.

Cytotoxizität besitzen. Weiterhin sollten pH und Osmolalität im jeweils physiologischen Bereich liegen, um die Zellen nicht allzu sehr zu stressen. Speziell bei der Bearbeitung von Zellen bzw. subzellulärer Organellen ist es von Vorteil, Materialien zu verwenden, die einen nicht-ionischen Charakter aufweisen, da anderenfalls Interaktionen mit geladenen Teilchen auf der Zelloberfläche auftreten können, die die Zellen in unerwünschter Art und Weise beeinflussen. Einige Makromoleküle wie z. B. DNA lassen sich in ionischen Medien dagegen gut auftrennen. Letztlich sollte das Medium aus praktischen Gründen bei möglichst geringer Viskosität eine möglichst hohe Dichte aufweisen.

Tipp: Im Sinne der Lebenserwartung der Zentrifugenbecher sollte auch das Abhängigkeitsverhältnis Kristallisationsverhalten/Temperatur beachtet werden: Eine konzentrierte Salz- oder Zuckerlösung, die bei Raumtemperatur hergestellt wurde, kann bei deutlich niedrigerer Zentrifugationstemperatur ausfallen und so den Zentrifugenbecher „schrotten". Diese Gefahr besteht allerdings vor allem bei Schwerefeldern, die in Ultrazentrifugen erreicht werden.

2.1.3.1 Ficoll-Separation

Der Klassiker unter den Zellseparationsmedien ist Ficoll-Hypaque. Das synthetische Polysaccharid Ficoll ist ein neutrales, stark verzweigtes Polymer aus Saccharosemonomeren, die über Epichlorhydrin kreuzvernetzt sind. Ficoll wird als Feststoff (Ficoll 400 bzw. Ficoll 70, wobei die Zahlen die Molekularmassen der Polymere wiedergeben) und fertige wässrige Lösung in Konzentrationen bis zu 50 % (w/w) angeboten. Für die Fraktionierung von humanen Blutzellen sind Fertiglösungen erhältlich. Diese bestehen aus 5,7 g Ficoll 400 und 9 g Natriumdiatrizoat auf 100 ml Wasser, woraus sich eine Dichte von 1,077 g/ml ergibt. Natriumdiatrizoat (amerikan.: Hypaque) – ursprünglich als Röntgenkontrastmittel entwickelt – ist ein Derivat der Triiodbenzoesäure. Es dient der Erhöhung der Dichte von Ficoll. Zusätzlich bewirkt Ficoll die Agglutination von Erythrocyten und beschleunigt so deren Sedimentation.

Wer die Herausforderung sucht, kann sich selbstverständlich aus den Einzelkomponenten seine eigene Gebrauchslösung ansetzen. Ist man auf eher ungewöhnliche Dichten der Separationsmedien angewiesen, z. B. beim Arbeiten mit Blut einer anderen Spezies, kann man sogar gezwungen sein, sich seinen spezifischen Gradienten selbst herzustellen.

Achtung: Der Bemerkung wert ist die ficollsche Cytotoxizität. Daher ist darauf zu achten, dass bei der Separation möglichst wenig Kontakt zwischen den relevanten Zellen und der Ficoll-Phase zustande kommt.

Ficoll-Hypaque-Dichtegradientenzentrifugation in der Praxis

Eine der häufigsten Anwendungen dürfte die Fraktionierung von humanem Blut mittels Ficoll-Hypaque-Dichtegradientenzentrifugation sein, weshalb sie es verdient hat, hier kurz skizziert zu werden. Die entsprechenden Prozeduren mit anderen Separationsmedien unterscheiden sich lediglich im Detail.

Zur Fraktionierung von humanem Blut gibt man in ein Tube ein bestimmtes Volumen Separationsmedium. Dieses wird vorsichtig mit einem bestimmten Volumen antikoaguliertem Blut (Exkurs 4) überschichtet. Die Volumina sind abhängig von der Größe der Tubes bzw. davon, wie viele Zellen am Ende herauskommen sollen. Von entscheidender Bedeutung ist, dass sich die beiden Phasen während des Überschichtens nicht vermischen. Meist wird eine „ready-to-use"-Ficoll-Hypaque-Lösung mit einer Dichte von 1,077 g/ml verwendet. Dieses Medium besitzt damit eine größere Dichte als Lymphocyten, Monocyten und Thrombocyten, aber eine geringere als die von Erythrocyten und der meisten Granulocyten (Tab. 2-2). Die Dichten der unterschiedlichen Blutzellen

Exkurs 4

Antikoagulanzien

Antikoagulanzien sind Substanzen, mit denen Blutproben zwecks Verhinderung der Blutgerinnung versetzt werden.
Blutentnahmen zu Analysezwecken erfolgen meist mittels vorgefertigter Entnahmeröhrchen, z.B. **Monovetten** oder **Vacutainer**-Röhrchen, die mit geeigneten Antikoagulanzien bestückt sind. Hierbei ist darauf zu achten, dass die Röhrchen bis zur angegebenen Markierung gefüllt werden, da ansonsten das korrekte Mischungsverhältnis nicht erreicht wird. Die Röhrchen müssen sofort nach der Blutentnahme einige Male geschwenkt werden, um eine korrekte Vermischung mit dem Antikoagulanz, zu gewährleisten.
In Abhängigkeit der Untersuchungsparameter wird ungeronnenes Vollblut oder Blutserum benötigt. Für klinisch-chemische Analysen, z.B. auf Enzyme, Hormone, Metabolite usw. eignet sich am besten Blutserum, da solche Substanzen in diesem gelöst sind. Hämatologische Analysen wie z.B. Blutbilder erfordern ungeronnenes Vollblut. Als Antikoagulanzien kommen am häufigsten Ca^{++}-bindende Salze (z.B. EDTA, Citrat, Fluorid, Oxalat, ACD) sowie Heparin zum Einsatz.

EDTA
Blutbilder, HLA-Typisierung, Blutgruppentest, molekularbiologische Untersuchungen (z.B. PCR-Diagnostik), die meisten serologischen Analysen.

Citrat
Gerinnungsanalysen

Ammoniumheparinat
universell einsetzbar: Serologie, Hämatologie, klinisch-chemische Analysen

Lithiumheparinat
Blutgase

Fluorid
Fluorid inhibiert glykolytische Enzyme, daher notwendig für die Bestimmung von Glucose und Lactat

ACD (2,5% Acidum citricum purum, 2,16% Natrium citricum, 2,34% Dextrose)
Blutkonserven

Korrektes Vorgehen bei Probenentnahme und -verarbeitung ist für die Aussagekraft der Untersuchungsergebnisse unerlässlich. Dazu gehören u.a. auch die Vorbereitung des Probanden/Patienten sowie eine sachgemäße Ausführung der Blutentnahme. Die genannten Punkte werden in der sog. **Präanalytik** zusammengefasst und bearbeitet. Einige Universitätskliniken und Privatlabore bieten auf ihren entsprechenden Webseiten umfangreiche Informationen zu diesem Thema.

überschneiden sich teilweise. Daher muss man z.B. davon ausgehen, dass die MNC-Fraktion (mononucleäre Zellen) stets mit basophilen Granulocyten und Thrombocyten kontaminiert ist.

Hier wird deutlich, dass es sich bei Ficoll-Separation um eine modifizierte isopyknische Dichtegradienten-Zentrifugation handelt, da die maximale Dichte des Mediums die maximale Dichte

Tab. 2-2: Dichtebereiche und mittlere Dichten humaner Blutkomponenten.

Zellen + weitere Blutbestandteile	Dichtebereich [g/cm³]	mittlere Dichte [g/cm³]
Plasma/Serum	–	1,026
Thrombocyten	1,040 – 1,060	1,058
Monocyten	1,059 – 1,068	1,065
Lymphocyten	1,066 – 1,077	1,070
Basophile	1,075 – 1,081	1,079
Neutrophile	1,080 – 1,099	1,082
Eosinophile	1,088 – 1,096	1,092
Erythrocyten	1,090 – 1,110	1,100

einiger Zellpopulationen (Erythrocyten, Granulocyten) unterschreitet, sodass diese am Boden pelletieren.

Als vorteilhaft bezüglich der Reinheit der Zellpräparation hat sich in der Praxis weiterhin bewährt, das Blut vor dem Überschichten bis zu einem Verhältnis von 1:4 mit PBS zu verdünnen. Nach dem Überschichten zentrifugiert man ca. 30 min mit 400–800 g. Angemerkt sei hier, dass im Sinne der Schärfe des Gradienten auf die Bremse verzichtet werden sollte, da es beim Bremsvorgang zu einer Vermischung der vorher getrennten Phasen kommen kann. Während der Zentrifugation wandern Erythrocyten und die meisten Granulocyten auf den Boden des Tubes. Die MNCs reichern sich in einer deutlich milchigen Interphase zwischen Medium und Plasma an (Abb. 2-6). Die Thrombocyten verbleiben – bei Anwendung der üblichen Zentrifugationszeiten – zum größten Teil im Plasma, da sie aufgrund ihres geringen Zellvolumens langsamer sedimentieren. Auftretende Thrombocyten-Kontaminationen der MNC-Schicht müssen bei entsprechender Relevanz bezüglich der nachfolgenden Untersuchungen berücksichtigt werden.

Die MNC-Schicht wird vorsichtig abpipettiert – mit „vorsichtig" ist gemeint, dass möglichst kein Ficoll überführt werden sollte, da dieses in gewissem Grade cytotoxisch wirkt. Anschließend werden die isolierten Zellen mindestens einmal mit Nährmedium oder PBS gewaschen. Eventuell störende Erythrocyten-Kontaminationen können zusätzlich durch **hypotone Lyse** minimiert werden. Dies kann mit diversen Salzlösungen erfolgen, z. B. mit 0,2%iger NaCl-Lösung. Die Extremisten unter uns greifen auch gern zu Aqua dest.. Bei beiden Varianten muss darauf geachtet werden, dass

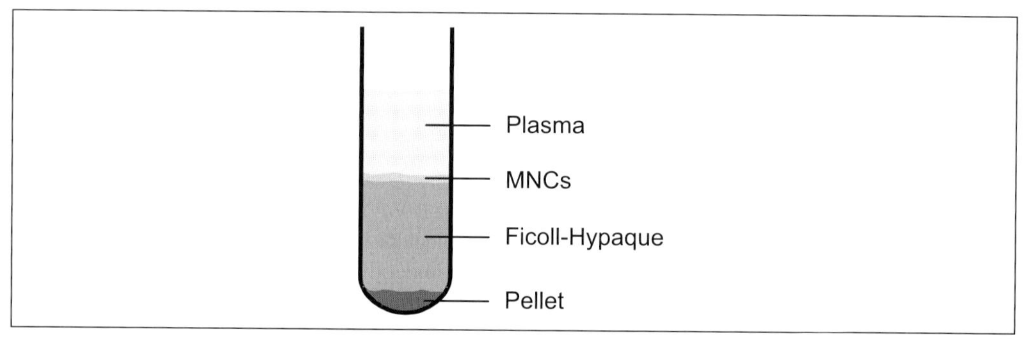

Abb. 2-6: Graphische Darstellung zur Ficoll-Hypaque-Separation. Die MNCs reichern sich nach Zentrifugation aufgrund ihrer Dichte in der Interphase zwischen Ficoll und Plasma an, während die Erythrocyten sowie die meisten Granulocyten das Ficoll durchdringen und ein Sediment bilden. Thrombocyten verbleiben aufgrund ihrer geringeren Größe und Dichte in der Plasmafraktion. Eine evtl. Thrombocytenkontamination der MNCs muss trotzdem vermutet und je nach Untersuchungsziel beachtet werden.

Exkurs 5

Zellzahl-Bestimmung

Immer wieder beliebt und quasi bei jedem Experiment, bei dem Zellen eine Rolle spielen benötigt, ist die Bestimmung der Zellzahl.
Sie wird nach wie vor standardmäßig mittels konventionellem Hämacytometer, meist Neubauer-Zählkammer durchgeführt. Daneben bietet sich die luxuriöse Möglichkeit der Zählung mittels elektronischer Zählgeräte, deren Anwendung sich aus den entsprechenden Bedienungsanleitungen ergibt.
Die Neubauer-Zählkammer besteht aus vier Großquadraten, von denen jedes ein Volumen von 0,1 µl aufweist (Abb. 2-7). Das Volumen ergibt sich aus der Fläche von 1 mm^2 und einer Tiefe von 0,1 mm – vorausgesetzt das Deckglas „klebt" ordnungsgemäß auf der Zählkammer, zu erkennen an den „Newtonschen Ringen".

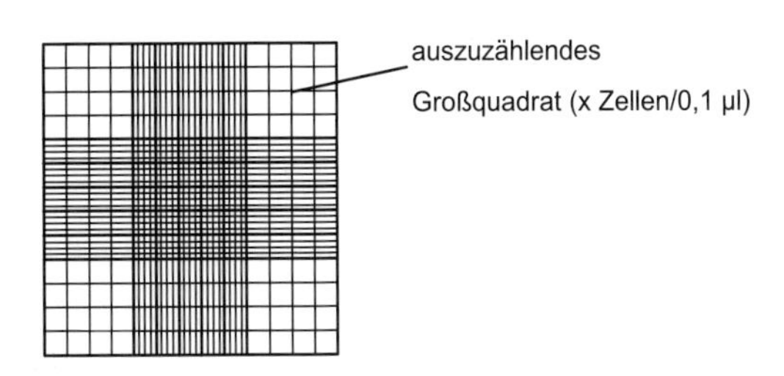

Abb. 2-7: Neubauer-Zählkammer

Die gut durchmischte Zellsuspension wird – oft in einer 1:10 oder 1:100-Verdünnung – mittels Pipette in die Zählkammer gebracht. Unter geeigneter Vergrößerung (z. B. 100-fach) werden wenigstens vier Großquadrate ausgezählt. Meist liegen Zellen auch auf den Rändern der Quadrate – in diesem Falle sind zwei der vier Ränder mitzuzählen, die anderen beiden bleiben unberücksichtigt. Die Zellen können in PBS und/oder Medium suspendiert sein oder aber, z. B. zum Zwecke einer Differenzierung, mit diversen Färbelösungen (z. B. Trypanblau für tot/lebend-Differenzierung) angefärbt werden.

Die Zellzahl pro ml der untersuchten Zellsuspension errechnet sich, indem der Mittelwert aus den vier Großquadraten anschließend mit 10^4 (wegen der 0,1 µl Volumen!) multipliziert wird. Wenn die Zellsuspension verdünnt war, muss der Verdünnungsfaktor einberechnet werden: Bei einer 1:10-Verdünnung hieße das dann $\times 10^5$, bei 1:100 $\times$ 10^6 usw. Neben der wohl geläufigsten Neubauer-Zählkammer zirkulieren auch weitere Varianten, wie Zählkammer nach Bürker, Türk, Schilling, Fuchs-Rosenthal und Thoma.
Mögliche Fehlerquellen:

- Zellsuspension nicht adäquat durchmischt
- Zellsuspension zu niedrig- bzw. zu hoch verdünnt
- Deckglas nicht korrekt auf die Zählkammer gebracht
- Zählkammer unter- bzw. überfüllt (nicht >10 µl einfüllen!)
- Zu wenig Großquadrate ausgezählt (mindestens 4 an der Zahl!)

Exkurs 6

Thrombocyten-Isolation

Obwohl der Dichteunterschied von Thrombocyten und MNCs nicht gerade gigantisch ist, lassen sich die Fraktionen mittels Zentrifugation recht effizient voneinander trennen. Zum Tragen kommt in diesem Falle der beträchtliche Größenunterschied, aufgrund dessen die MNCs schneller sedimentieren.
Hier ein konventionelles Protokoll zur Anreicherung von Thrombocyten:
Antikoaguliertes Blut wird bei Raumtemperatur 15 min mit 150 g zentrifugiert. Optional kann man vorher zur Hemmung der Thrombocytenaktivierung Prostaglandin E_1 (PGE_1) in einer Endkonzentration von 2 µM dazugeben. Der mit Thrombocyten angereicherte Überstand (platelet-rich plasma; PRP) wird in ein neues Tube überführt und mit 1/10 Volumen ACD-Puffer versetzt. Die Blutplättchen werden nun durch 5 min Zentrifugation bei Raumtemperatur mit 800 g pelletiert. Das Pellet wird resuspendiert in 5–10 ml Tyrode-Lösung (inkl. 5 mM HEPES/1% BSA).
Das Jahresende steht kurz bevor und Sie müssen unbedingt noch Ihr Drittmittelkonto abräumen? – Derartige Dilemmata eignen sich großartig dazu, den Erwerb luxuriöser Kits zu rechtfertigen.
In diesem Falle könnte das **Platelet GelSep™**-Kit der Firma Biocytex (Marseille, Frankreich) zur Isolierung von Thrombocyten für Sie von Interesse sein. Das Kit besteht aus zwei Tubes, wovon eines ein Gel enthält, in das die Blutplättchen selektiv aus thrombocytenreichem Plasma bei 1 200 g hineinsedimentiert werden. Mit dem zweiten Tube werden die Thrombocyten dann bei 170 g über einen Filter aus dem Gel befreit, sodass man am Ende – laut Hersteller – eine gewaschene Suspension **unaktivierter** Blutplättchen erhält.

Literatur

Walsh PN, Mills DC, White JG (1977) Metabolism and function of human platelets washed by albumin density gradient separation. *Br J Haematol* Jun; 36(2):287-96

nach kurzer Zeit die physiologische Salzkonzentration wieder eingestellt wird, da sonst die MNCs ebenfalls lysieren.

Anmerkung: Erythrozyten können mit unterschiedlichen Puffern lysiert werden. Neben den genannten Varianten NaCl und Aqua dest. kommen auch häufig NH_4Cl-Puffer und kommerzielle Lyse-Reagenzien (FACS™ Lysing Solution, BD Biosciences, San Jose oder CyLyse®, Partec, Münster) zum Einsatz. Es hat sich gezeigt, dass z. B. durchflusscytometrische Ergebnisse in Abhängigkeit der verwendeten Lyse-Reagenzien stark voneinander abweichen. Im Sinne der Reproduzierbarkeit und Vergleichbarkeit der Ergebnisse sind die kostenintensiveren, kommerziellen Varianten vorzuziehen.

Mögliche **Thrombocyten-Kontaminationen** können durch nachfolgende Waschschritte minimiert werden. Ein weiterer Trick besteht in einer Ansäuerung (z. B. mit ACD) des Verdünnungsmediums (PBS) auf pH 6,5. Als Konsequenz des niedrigeren pH-Wertes runden sich die Thrombocyten ab, was zu einer verminderten „Klebrigkeit" derselben führt. Dadurch, dass die Thrombocyten dann weniger agglomerieren und auch weniger an anderen Zellen haften bleiben, verbleibt ein höherer Anteil in der Serumphase, sodass die MNC-Schicht weniger kontaminiert sein sollte.

Die erwartete Ausbeute an Lymphocyten, also exklusive Monocyten, beträgt bei durchschnittlichem Blutbild ca. 10^6 Zellen/ml Vollblut.

Tab. 2-3: Troubleshooting zur Ficoll-Separation von MNCs.

Fehler	mögliche Ursache	Lösung
1. MNC-Schicht unscharf oder zu dünn	Hyperlipämische Blutprobe	Nüchternblutprobe
	Zentrifugation zu kurz oder zu geringe g-Zahl	Zentrifugation bis 2000 g für 25 min.
	Vermischung der beiden Phasen beim Überschichten	Sorgsamer überschichten
2. MNC-Ausbeute gering	Mit Bremse zentrifugiert	Zentrifuge ohne Bremse auslaufen lassen
	Geringe Ausgangszellzahl	Größere Blutmenge verwenden
	Bei den Waschschritten Pellet ungenügend resuspendiert	Bei den Waschschritten auf vollständige Resuspendierung achten – evtl. Volumen des Waschmediums erhöhen
	Zuviel Ficoll mitpipettiert	Vorsichtiger die MNC-Schicht abpipettieren – möglichst ohne Ficoll
3. Erythrocyten-Kontamination in der MNC-Fraktion	Pathologisch veränderte Dichte der Erythrocyten	Zellsuspension für 3–4 s bei 1000 g zentrifugieren → Erythrocyten sollten sedimentieren, während MNC im Überstand verbleiben; Hypotone Lyse der Erythrocyten mittels geeigneter Salzlösung (z. B. NaCl, NH_4Cl)
4. Kein MNC-Pellet nach dem Waschen	Siehe Punkt 2	Siehe Punkt 2
5. Zell-Vitalität < 90 %	Blutprobe zu alt (> 24 h)	Neuere Blutprobe verwenden
	Waschmedium enthält kein Protein	Waschmedium mit 1–2 % Protein versetzen (z. B. FCS, BSA)
6. Hohe Anzahl an Thrombocyten in der MNC-Fraktion	Blutprobe zu alt (> 24 h)	Neuere Blutprobe verwenden;
	Als Antikoagulanz Heparin verwendet	ACD als Antikoagulanz verwenden oder defibriniertes Blut einsetzen; Alternative: Percoll-Separierung (Modifizierte Zentrifugation: 5 min/1000 g → Plasmafraktion abnehmen → 20 min/1000 g)
7. Granulocyten-Kontamination (> 3 %) in der MNC-Schicht	Pathologisch veränderte Dichte der Granulocyten	Gradienten überprüfen; Separierung wiederholen – evtl. Ausweichen auf Percoll-Separierung
	Dichte des Ficoll-Gradienten zu hoch	

Sollte das Ergebnis ihrer MNC-Separation unbefriedigend ausfallen, könnte sich zwecks Fehlersuche Tabelle 2-3 für Sie als hilfreich herausstellen.

Diejenigen unter Ihnen, die Thrombocyten nicht voller Abscheu als Kontamination betrachten, sondern sich hocherfreut über deren Gegenwart zeigen, mögen sich an Exkurs 6 delektieren.

Innovationen gefällig?

Eine Verfeinerung der Ficoll-Dichtegradientenzentrifugation stellen speziell gefertigte Tubes dar, die als innovative Komponente eine Filterscheibe enthalten, die sich direkt auf dem Trennmedium befindet. Sie soll sicherstellen, dass die Diskontinuität zwischen Trennmedium und Probe während des Beladens vollständig erhalten bleibt. Das weitere Handling unterscheidet sich nicht von den konventionellen Protokollen. Vorteil laut Hersteller: Höhere Ausbeute und Reinheit an Zellen sowie Zeitersparnis, da man beim Überschichten nicht mehr so pingelig arbeiten muss. Durch die Filterscheibe ist der berüchtigten Vermischung von Probe und Trennmedium von vornherein ein Riegel vorgeschoben. Beispiele für solche Tubes sind LeucoSep™ Centrifuge Tubes (GreinerBio-One) bzw. die Accuspin™-Tubes (Sigma-Aldrich).

MNC-Fraktion ohne Monocyten gewünscht?

Ist der Experimentator an einer angereicherten Lymphocyten-Suspension interessiert, so bietet sich ihm die Möglichkeit, die Monocyten-Fraktion mittels Carbonyl-Eisen zu minimieren. Zu diesem Zweck wird die Blutprobe vorbehandelt, indem man sie mit etwas Carbonyl-Eisen versetzt und einige Zeit bei 37°C inkubiert. Phagocytierende Monocyten nehmen die Eisenpartikel auf und erhöhen so ihre Dichte. Dadurch lassen sich diese zusammen mit den anderen, dichteren Zellfraktionen abzentrifugieren. Der Reinheitsgrad der MNC-Fraktion ist selbstverständlich abhängig von der Phagocytoseaktivität der Monocyten – und selbige dürfte sehr variabel sein. Einschränkend muss hier also angemerkt werden, dass die Monocyten nicht entfernt, sondern eher abgereichert werden. Eine solche Abreicherung kann übrigens auch erfolgen, indem man einfach einen sterilen Magneten für eine Weile in die Zellsuspension hängt.

2.1.3.2 Weitere Separationsmedien

Eine laut Hersteller non-cytotoxische Alternative sind Trennmedien bestehend aus kolloidal gelösten, mit Polymeren beschichteten Silicapartikeln. Erhältlich sind Medien, die aus 15–30 nm großen Silicapartikeln bestehen, die mit Polyvinylpyrrolidon (PVP) (z. B. Percoll™, Centricoll™) bzw. Silanen (Redigrad™) beschichtet sind. Diese niedrig-viskosen Medien decken einen Dichtebereich von 1,0–1,3 g/ml ab. Auch wenn es sich um eine etwas kostenintensivere Alternative handelt, sind derartige Trennmedien vorzuziehen, wenn die relevanten Zellen in direkten Kontakt mit dem Separationsmedium kommen. Ein Beispiel dafür ist die Isolation von Granulocyten, da diese während der Zentrifugation durch das Medium sedimentieren. Bei Verwendung dieser Separationsmedien muss unbedingt darauf geachtet werden, dass durch Zugabe von Salzen oder Sucrose Isotonie eingestellt wird. Ein wesentlicher Vorteil dieser Medien ist deren universelle Anwendung. Es existieren zahlreiche Abhandlungen über verschiedenste Zellpopulationen bzw. subzellulärer Partikel, die unter deren Verwendung isoliert wurden.

Sollen Partikel sehr ähnlicher Dichte voneinander getrennt werden, bietet sich die Möglichkeit, einen kontinuierlichen Gradienten zu fahren, der einen bestimmten Dichtebereich abdeckt. So erhält man trotz der ähnlichen Partikeldichte distinkte Banden. Einen kontinuierlichen Dichtegradienten erhält man z. B., indem man Percoll-Lösung einer mittleren Dichte, bezogen auf den erforderlichen Dichtebereich, bei 25 000 g in 0,25 M Sucrose bzw. bei 10 000 g in 0,15 M Saline 15 min zentrifugiert – möglichst in einem Festwinkelrotor. Auf diese Weise erhält man einen kontinuierlichen Gradienten, dessen mittlere Dichte der Dichte der Ausgangslösung entspricht. Die Zellseparation erfolgt nach Einstellung des Gradienten bei 400 g. Solche kontinuierlichen „self-made"-Gradienten sind auch mit Iodixanol (s.u.) möglich.

Tipp: Wer sich seines Gradienten nicht sicher ist, kann diesen mithilfe unterschiedlich gefärbter **„density marker beads"** von bekannter Dichte kontrollieren.

Weitere kommerziell erhältliche Separationsmedien sind **Metrizamid**, **Iohexol** und **Iodixanol** (Iohexol-Dimer). Wie auch bei Natriumdiatrizoat handelt es sich bei diesen Varianten um Derivate der Triiodbenzoesäure. Sie haben gegenüber Natriumdiatrizoat den Vorteil, dass sie eine nicht-ionische Struktur aufweisen und weniger cytotoxisch sind. Aufgrund ihrer hydrophilen Reste sind diese Substanzen gut wasserlöslich, sodass 80 %ige (v/v) Lösungen mit Dichten >1,4 g/ml möglich sind.

Mittels isopyknischer Dichtegradienten-Zentrifugation und unter Verwendung eines der genannten Separationsmedien können diverse Zellgemische fraktionierniert werden. Das Ergebnis ist idealerweise eine hohe Ausbeute an Zellen der relevanten Subpopulationen, die zudem einen möglichst hohen Grad an Reinheit und Viabilität aufweisen. Grundsätzlich ist diese Methode auf sämtliche flüssige bzw. verflüssigte Proben anwendbar, sei es Blut, verflüssigte Gewebe (Exkurs 7), Knochenmark, Lymphe, Synovialflüssigkeit u.s.w.

Eine Zusammenstellung der gebräuchlichsten Zellseparationsmedien inklusive verschiedener Warennamen finden Sie in Tabelle 2-4. Es handelt sich teilweise um Fertiglösungen, deren Rezepturen sich leicht unterscheiden.

Der Erwähnung wert sind schließlich noch einige seltener eingesetzte Separationsmedien, die zumindest in der Zellseparation eine untergeordnete Rolle spielen.

Exkurs 7

Vorbehandlung von Gewebe zur Zellseparation

Um Zellen aus Geweben isolieren zu können, müssen die Gewebe zunächst desintegriert (im weitesten Sinne: verflüssigt) werden – die assoziierten Zellen werden dabei quasi dissoziiert. Zu diesem Zweck müssen Zell/Zell-Verbindungen sowie die extrazelluläre Matrix aufgelöst werden. Zell/Zell-Verbindungen lassen sich durch Entfernung von Ca^{++}-Ionen lösen, da diese Ca^{++}-abhängig sind. Dies bewerkstelligt man üblicherweise mit Chelatbildnern, wie z. B. EDTA (1–2 mM). Die extrazelluläre Matrix lässt sich durch Zugabe von proteolytischen Enzymen, wie z. B. Kollagenase, Dispase, Trypsin, Pronase, Elastase oder Hyaluronidase verdauen. Zusätzlich wird DNase eingesetzt, um freigesetzte DNA zu spalten, da diese die Re-Aggregation von Einzelzellen fördert. Nach Einwirken der Enzyme bzw. Enzymkombinationen lassen sich Gewebestücke durch vorsichtiges Schütteln verflüssigen und sind damit der Zellseparation zugänglich. Die Anwendung der Enzyme (Gebrauchskonzentration, Inkubationsbedingungen, mögliche Inhibition – beispielsweise durch EDTA) ist den jeweiligen Beipackzetteln der Lieferanten zu entnehmen.

Literatur

Clynes M (1998) Animal Cell Culture Techniques (Springer Lab Manuals). Springer-Verlag Berlin; Heidelberg
Doyle A, Griffiths JB (2001) Cell and Tissue Culture for Medical Research. John Wiley & Sons
Jenkins N (1999) Animal Cell Biotechnology: Methods and Protocols. Humana Press USA
Lindl T (2000) Zell- und Gewebekultur. 4. Aufl. Spektrum, Akademischer Verlag, Heidelberg; Berlin
Master J (2000) Animal Cell Culture: A Practical Approach, 3. Aufl. Oxford University Press UK

Tab. 2-4: Separationsmedien.

Bestandteile	Warennamen
Polysaccharid + dichteerhöhendes Additiv	z. B. Ficoll, Biocoll, Histopaque, Lympholyte, Lymphoprep, LymphoSep, LSM, Nycograde, NIM, PolymorphPrep
Iohexol	z. B. Nycodenz, NycoPrep, Histodenz, Exypaque, Omnipaque
Iodixanol	z. B. OptiPrep
kolloidale Silica-Partikel	z. B. Percoll, Centricoll, Redigrad

Zellorganellen können beispielsweise mittels Sucrose-(Saccharose)-Gradienten und Zonenzentrifugation separiert werden. Für die Separation von Zellen eignet sich Sucrose nicht, da isotonische Sucroselösungen zu geringe Dichten aufweisen. Wegen ihrer niedrigeren Osmolalität im Vergleich zur niedrigmolekularen Sucrose kommen weiterhin hochmolekulare Polysaccharide wie Glykogen, Dextran und Arabinogalactan, Polyether wie Polyethylenglykol (PEG) sowie Glycerin zum Einsatz. Deren Einsatzspektren sind jeweils unterschiedlich und teilweise eng gefasst. Je nach Produkt können Organellen, Viren und Makromoleküle wie z.B. Proteine fraktioniert werden – teilweise aber auch Zellen. Glycerin eignet sich z.B. zur Fraktionierung von Enzymgemischen, da es deren Aktivität nicht beeinflusst. Zur Zellseparation ist Glycerin hingegen ungeeignet, da es Zellmembranen durchdringen kann.

Wer mit den „etablierten" Medien zu keinem Ergebnis gekommen ist oder dem uns Experimentatoren eigenen Spieltrieb folgen möchte, kann es mit diesen „Exoten" versuchen.

Eine weitere große Gruppe bilden Alkalimetallsalze bzw. deren Lösungen.

Ein Klassiker stellen Cäsiumchloridlösungen dar. Solche Lösungen weisen Dichten von bis zu 1,9 g/ml bei sehr niedriger Viskosität auf. Weitere Alkalimetallsalze, die zum Einsatz kommen, sind Cäsiumsulfat, Cäsiumacetat, Kaliumbromid, Natriumbromid, Natriumiodid und Kaliumtartrat. Für die Separation von Zellen sind solche ionischen Salzlösungen ungeeignet. Sie dienen vor allem der Separation von Makromolekülen, insbesondere von Nucleinsäuren.

Literatur

Boyum A (1964) Separation of white blood cells. *Nature* 204: 793–794

Boyum A (1966) Separation of leukocytes from blood and bone marrow. Scand *J Clin Lab Invest* Suppl 97

Boyum A (1968) Isolation of mononuclear cells and granulocytes from human blood. *Scand J Clin Lab Invest* 21(S97):77–89

Boyum A (1983) Isolation of human blood monocytes with Nycodenz, a new non-ionic iodinated gradient medium. *Scand J Immunol* 17(5): 429–436

Boyum A, Lovhaug D, Tresland L, Nordlie EM (1991) Separation of leucocytes: improved cell purity by fine adfustments of gradient medium density and osmolality. *Scand J Immunol* 34(6): 697–712

Corash LM, Piomelli S, Chen HC, Seaman C, Gross E (1974) Separation of erythrocytes according to age on a simplified density gradient. *J Lab Clin Med* 84(1):147–151

Corash LM (1986) Density Dependent Red Cell Separation. In Methods in Hematology, Vol 16, Chp 8. E. Beutler, Editor, Churchill-Livingstone Press,New York

Ferrante A, Thong YH (1980) Optimal conditions for simultaneous purification of mononuclear and polymorphonuclear leukocytes from human blood by the Hypaque-Ficoll method. *J Immunol Methods* 36: 109–177

Graham J, Ford T, Rickwood D (1994) The preparation of subcellular organelles from mouse liver in self-generated gradients of iodixanol. *Anal Biochem* 1; 220(2): 367–373

Graham JM, Rickwood D (1997) Subcellular Fractionation - A Practical Approach. Oxford University Press

Graham JM (2002) Biological Centrifugation. Springer-Verlag Telos

Hovius R, Lambrechts H, Nicolay K, de Kruijff B (1990) Improved methods to isolate and subfractionate rat liver mitochondria. Lipid composition of the inner and outer membrane. *Biochim Biophys Acta* 29;1021(2):217-226

Pertoft H, Johnsson A, Warmegard B, Seljelid R (1980) Separation of human monocytes on density gradients of Percoll. *J Immunol Methods* 33(3): 221–229

Rickwood D, Ford T, Graham J (1982) Nycodenz: a new nonionic iodinated gradient medium. *Anal Biochem* 123(1): 23–31

Stewart CC (1989) A comparison of leukocyte separation gradients. *Biological Luminescence* 1: 9–10

Widnell CC, Tata JR (1964) A procedure for the isolation of enzymically active rat-liver nuclei. *Biochem J* 92(2) :313–317

2.1.4 Gegenstromzentrifugation

Die in den vorangegangenen Kapiteln beschriebenen Zentrifugationstechniken dienen entsprechend ihrem Auflösungsvermögen vor allem der Anreicherung und Trennung unterschiedlicher Zellfraktionen, die sich aus Zellpopulationen ähnlicher Dichten und/oder Größen zusammensetzen. Die Gegenstromzentrifugation oder zentrifugale Elutriation (engl.: counterflow centrifugation) bietet aufgrund ihres höheren Auflösungsvermögens die Möglichkeit, einzelne Zellfraktionen weiter zu trennen. Beispielsweise lässt sich auf diese Weise eine MNC-Fraktion in Lymphocyten und Monocyten auftrennen. Die Separationsparameter sind Dichte, Form und vor allem die Größe der Zellen. Zur Trennung wird außer der Zentrifugalkraft auch die entgegengesetzt wirkende, also zur Rotorachse gerichtete, Zentripetalkraft genutzt. Dies erreicht man mittels einer speziellen Trennkammer, die sich innerhalb des Rotors befindet. Die Trennkammer ist eigentlich ein trapezoidartig modifiziertes U-Rohr, das horizontal zur Rotorachse ausgerichtet ist, sodass beide Enden des U-Rohres zur Rotorachse zeigen (Abb. 2-8). In eines dieser Enden wird die Zellsuspension hineingepumpt, während am anderen Ende die separierten Fraktionen nach und nach ausgespült und aufgefangen werden. Die Zentrifugalkraft wird wie gehabt durch die Rotationsgeschwindigkeit des Rotors geregelt, während die Zentripetalkraft mittels einer Pumpe durch die Flussgeschwindigkeit des Partikel- bzw. Zellen-enthaltenden Mediums beeinflusst wird. In der Trennkammer ordnen sich während der Zentrifugation die Zellen in Abhängigkeit ihrer Dichte und Größe an, wenn beide auftretenden Kräfte im Gleichgewicht zueinander stehen. Im Gleichgewichtszustand ist die Sedimentationsgeschwindigkeit v der Partikel gleich 0. Die unterschiedlichen Zellschichten können daraufhin durch Erhöhung der Flussgeschwindigkeit oder Reduktion der Rotationsgeschwindigkeit selektiv elutriiert werden. Die notwendige Laborausstattung besteht aus einer Elutriationszentrifuge mit entsprechendem Rotor und Trennkammer sowie einem System, das dem Handling der Flüssigkeiten dient. Dazu gehören ein Vorratsbehälter mit Elutriationsmedium, eine Pumpe, ein Manometer, eine Blasenfalle sowie ein Hahn, über den die Zellsuspension in das Elutriationsmedium eingeleitet wird. Schließlich sollte man am anderen Ende des U-Rohres nicht die Auffangbehälter für die separierten Fraktionen vergessen. Wenn Notwendigkeit besteht, können die Komponenten, die mit den Zellen in direkten Kontakt kommen, autoklaviert werden – soweit der Hersteller damit einverstanden ist. Hat man alles soweit vorbereitet und sich überlegt, mit welcher Rotationsgeschwindigkeit und Flussrate elutriiert werden soll, muss die Trennkammer nur noch mit Elutriationsmedium und der zu trennenden Zellsuspension luftblasenfrei (!) beschickt werden. Nach einigen Minuten können die entsprechenden Fraktionen aufgefangen werden.

Der Vorteil dieser Methode besteht darin, dass sich Zellen separieren lassen, ohne dass sie aktiviert werden, wie es bei der Separation über Beads sowie bei Methoden, die auf der Adhärenz von Zellen beruhen, der Fall sein kann.

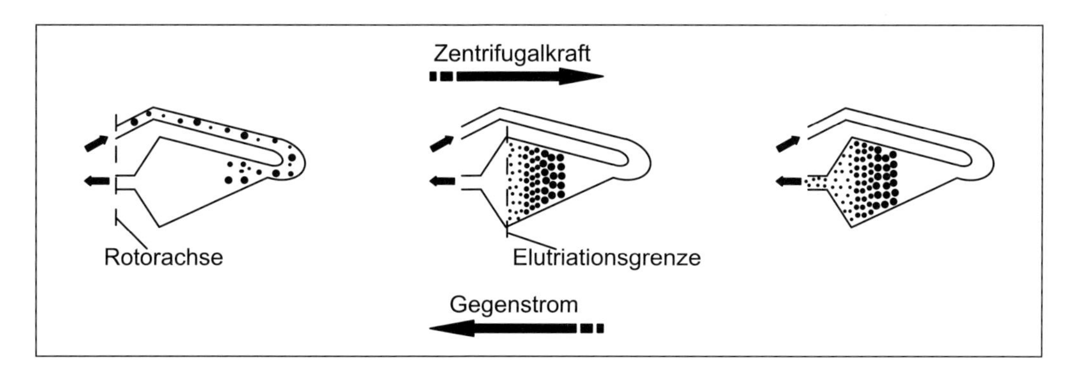

Abb. 2-8: Elutriationsprozess in der Gegenstromzentrifugation. 1. Medium inklusive suspendierter Zellen werden in die Trennkammer eingeleitet. 2. In Abhängigkeit ihrer Größe, Form und Dichte gelangen die Zellen an die Position, an der ein Gleichgewicht der Kräfte herrscht. 3. Durch Erhöhung der Flussrate bzw. durch Erniedrigung der Rotorgeschwindigkeit werden die separierten Zellfraktionen aus der Trennkammer gespült und gesammelt.

Literatur

Childs GV, Unabia G (2001) The use of counterflow centrifugation to enrich gonadotropes and somatotropes. *J Histochem Cytochem* 49(5): 663–664

Lutz MP, Gaedicke G, Hartmann W (1992) Large-scale cell separation by centrifugal elutriation. *Anal Biochem* 1; 200(2): 376–380

2.2 Trennung nach zellspezifischen Oberflächenmolekülen

Sämtliche zelluläre und korpuskuläre Blutkomponenten entwickeln und differenzieren sich aus pluripotenten, hämatopoetischen Stammzellen. Während des Reifungsprozesses einer solchen hämatopoetischen Zelllinie nimmt der Grad an Pluripotenz der jeweiligen Tochterzelle ab – am Ende stehen ausdifferenzierte, funktionsfähige Zellen bzw. korpuskuläre Blutbestandteile wie Thrombocyten und Erythrocyten. Zur Phänotypisierung und Separation der einzelnen Blutelemente kann man deren unterschiedliche Ausstattung an Oberflächenmolekülen nutzen. Diese differenzielle Antigenexpression ist abhängig von der Zellspezies, deren Reifegrad sowie deren Aktivierungszustand. Eine aktuelle Zusammenstellung von Phänotypisierungsmarkern (CD-Liste) befindet sich im Anhang.

2.2.1 Adhäsion an Kunststoffoberflächen

Eine weitere Eigenschaft von Zellen, die sich zu deren Separierung ausnutzen lässt, ist ihr **Adhärenzverhalten.** Dies wird durch die unterschiedliche zellspezifische Ausstattung an zellulären Oberflächenadhäsionsmolekülen determiniert. So kann man z. B. die Lymphocyten bzw. die Monocyten einer MNC-Fraktion anreichern, indem man eine entsprechende Suspension einige Zeit in handelsüblichen Kunststoff-Kulturflaschen inkubiert. Monocyten neigen – im Gegensatz zu (nicht-aktivierten) Lymphocyten – verstärkt dazu, an Kunststoffoberflächen zu adhärieren. Falls nötig, kann der Grad an Adhärenz durch Beschichtung der Kunststoffoberflächen mit verschiedenen Substanzen wie z. B. FCS, Gelatine, Kollagen, Fibronectin oder ECM-Gel erhöht werden. Für die Kultivierung strikt adhärenter Zellen ist dies sogar unbedingt nötig. Durch Abnahme des Überstandes erhält man eine angereicherte Lymphocyten-Suspension. Die adhärierten Monocyten gewinnt man durch Spülen mit Medium und evtl. Abschabens mittels sterilem Gummispatel. Vor dem Spülen können die adhärenten Zellen z. B. durch Enzymbehandlung (z. B. Kollagenase, Pronase, Trypsin) abgelöst werden (s.u.). Jeder, der diese Methode bereits angewandt hat, wird in diesem Moment behaupten, der Autor sei ein unerschütterlicher Optimist – nicht ganz zu Unrecht. Denn das mit der Adhärenz ist so eine Sache. Es gibt stark und schwach adhärierende Zellen, sogar innerhalb einer Subpopulation, die diese Eigenschaft aber auch gern mal variieren. Das hängt wiederum von ihrer aktuellen „Stimmungslage", oder besser ihrem Aktivierungsstatus ab. Der klinisch orientierte Experimentator muss zusätzlich mit patientenabhängigen Schwankungen rechnen. Bezüglich der Reinheit der Präparationen kursieren Berichte von 50–90 %. Ebenso wankelmütig erscheinen die Launen der Verfasser entsprechender Protokolle, denn deren Parameter weisen ein weites Spektrum auf: Inkubationszeiten von 10 min bis zu „über Nacht", mit oder ohne Beschichtung der Kunststoffoberfläche, diesen oder jenen Kunststoff, starkes oder sanftes Spülen, kaltes oder warmes Medium, mit oder ohne Gummischaber – alles kann, nichts muss!

Da gerade von Monocyten die Rede ist … wenn Sie diese länger (ca. > 1 d) inkubieren, werden Sie natürlich immer weniger Monocyten ernten können – stattdessen steigt der Anteil an ausdifferenzierten Makrophagen. Falls sie in Präsenz von Interleukin-4 und GM-CSF inkubiert haben, dürfen Sie sich sogar über ausdifferenzierte dendritische Zellen freuen. Auf diese Weise können gezielt

Exkurs 8

Zellsiebe

So wie man Puderzucker auf Mutterns Gugelhupf siebt und dabei gröbere Zuckerklumpen aussiebt, so ist es auch möglich, Zellen unterschiedlicher Größe bzw. Zellfragmente mittels Siebe adäquater Porengröße voneinander zu trennen. Dieses Prinzip wurde in Form der CellMicroSieves der Fa. BioDesign Inc. realisiert. Hierbei handelt es sich um wieder verwendbare, autoklavierbare Nylonsiebe mit Porendurchmessern von 5–200 µm. Da hier lediglich die Zellgröße als Selektionsparameter dient, dürfte die mangelnde Spezifität und Reinheit der erhaltenen Zellsuspension ein Problem darstellen. Als Maßnahme zur Anreicherung und/oder zur Entfernung von grobem Zelldebris sollte diese Methode jedoch gute Dienste leisten.

die benötigten Zellen aus den entsprechenden Vorstadien gezüchtet werden, wobei Monocyten als Vorläuferzellen lediglich ein Beispiel von vielen ist.

Panning-Technik

Eine in puncto Universalität und Spezifität weiterentwickelte Variante dieser Methode ist allgemein unter dem Begriff „panning“, zu deutsch „schwenken“, bekannt. Bei der direkten Methode beschichtet (neudeutsch „coatet“) man die Kunststoffoberfläche mit einem spezifischen Antikörper gegen ein Oberflächenantigen, das die relevante Zellspezies exprimiert, sodass diese Zellen optimalerweise mit hoher Spezifität über die Antikörper an die Kunststoffoberfläche gebunden werden. Nach Inkubation werden auch hier die im Überstand befindlichen non-adhärenten Zellen hinfort gespült. Bei der indirekten Methode werden die relevanten Zellen mit einem geeigneten Antikörper X beladen, während die Plastikoberfläche mit einem anti-X-Antikörper beschichtet wird. Prinzipiell muss bei der Panning-Technik das Plastikmaterial sorgfältig ausgewählt werden. Dieses soll ein möglichst hohes Bindungsvermögen für Antikörper aufweisen, aber in möglichst geringem Maße unspezifisch Zellen binden. Diese Information gewinnt man durch Fragen an diesbezüglich erfahrene Kollegen oder Herstellerfirmen. Im Zweifel heißt es: Selber ausprobieren! Mit der Panning-Technik kann positiv und negativ selektiert werden, wobei die Positiv-Selektion mit den schon erwähnten Problemen behaftet ist. Zur Gewinnung der non-adhärenten Zellen werden die Platten oder sonstige Gefäße leicht geschwenkt und angekantet. Der Überstand mit den darin befindlichen Zellen kann dann mittels Pipette abgenommen werden. Dieser Vorgang kann einige Male wiederholt werden, je nach Anspruch an Reinheit und Ausbeute. Die Gewinnung der adhärenten Zellen ist problematisch. Es gibt dazu verschiedene Strategien, z. B. Abschaben, enzymatischen Behandlung mit Trypsin/Pronase-Gemischen, Inkubation bei 37°C mit Antikörpern, die gegen die „Bindungsantikörper“ gerichtet sind. In allen Fällen sollte man zumindest von funktionellen Untersuchungen solcher positiv selektierten Zellen absehen, es sei denn, es kann – z. B. durch geeignete Vorversuche – sicher gewährleistet werden, dass die gewählte Behandlung keinen Einfluss auf die sonstige Physiologie der Zellen hat.

Der Vorteil dieser Adhärenz-Methoden, inklusive der Panning-Technik liegt in ihrer relativen Einfachheit und Sparsamkeit. Als Nachteil ist in Zeiten von Qualitätssicherung und Standardisierung ihre relativ niedrige Spezifität zu werten. So auch die Tatsache, dass – wie bei allen Positiv-Selektionen – die adhärierenden Zellen, in welcher Weise und mit welcher Folge auch immer, aktiviert werden können. Die Wahl dieser Methode hängt also erheblich vom Untersuchungsziel und der Fragestellung ab. Zum Anreichern bestimmter Zellen leisten die genannten Methoden aber allemal gute Dienste. Als zusätzliches Schmanckerl seien noch die „Zellsiebe" genannt (Exkurs 8).

Literatur

Coudert F, Richard J (1975) The purification of lymphocytes in chicken blood. *Poult Sci* 54(1): 59–63

Koller CA, King GW, Hurtubise PE, Sagone AL, LoBuglio AF (1973) Characterization of glass adherent human mononuclear cells. *J Immunol* 111(5): 1610–1612

Lindl T (2000) Zell- und Gewebekultur. 4. Aufl. Spektrum, Akademischer Verlag, Heidelberg, Berlin

Treves AJ, Yagoda D, Haimovitz A, Ramu N, Rachmilewitz D, Fuks Z (1980) The isolation and purification of human peripheral blood monocytes in cell suspension. *J Immunol Methods* 39(1-2): 71–80

2.2.2 Adhäsion an Nylonwatte

B-Lymphocyten können aufgrund ihres Adhärenzverhaltens an Nylonwatte angereichert werden. Der Grad der Adhärenz ist hierbei von verschiedenen Faktoren abhängig und mittels deren Variation beeinflussbar. Neben dem Einsatz üblicher Pufferzusätze wie EDTA und Natriumazid lässt sich die Adhärenz durch Temperatursenkung herabsetzen, während der Zusatz von Proteinen, wie z. B. fötales Kälberserum (FCS) die Adhärenz erhöhen. Insbesondere die Variation der Parameter Temperatur und FCS-Gehalt ermöglichen die Steuerung, wann welche Zellen an der Adhäsionsmatrix verbleiben bzw. diese wieder verlassen.

Auch ansonsten zeichnet sich diese Art der Separation bzw. Anreicherung durch ihre Einfachheit aus, denn das nötige Equipment ist mit hoher Wahrscheinlichkeit Bestandteil der Basisausstattung eines jeden Zelllabors. So kann man direkt nach dem Frühstück mit der Prozedur beginnen, obwohl einem erst in der vorangegangenen Nacht aufgegangen ist, dass man ja auch mal wieder B-Lymphocyten isolieren könnte. Als Adhäsionsmatrix benötigt man Nylonwatte, die in ein adäquates, säulenförmiges Gehäuse (z. B. Einmalspritze mit Dreiwegehahn) zu stopfen ist. Als „flüssige Phase" dient z. B. proteinhaltige PBS. Die mit Nylonwatte gestopfte Spritze wird zunächst mit 5 %iger FCS-Lösung in PBS aufgefüllt und horizontal 30 min bei 37°C inkubiert. Aus der noch **warmen** Spritze wird der Überstand über der Nylonwatte abgelassen und anschließend die MNC-Suspension auf die Watte gegeben. Mit dem Dreiwegehahn wird so viel Flüssigkeit abgelassen, bis die MNC-Suspension am Boden der Spritze ankommt. Abschließend wird die Spritze wieder mit FCS-Lösung aufgefüllt und so vertikal für 30 min bei 37°C inkubiert. Danach werden die non-adhärenten T-Zellen und Monocyten mit 10–20 ml warmer FCS-Lösung eluiert. Anschließend erntet man die B-Zellen mit 10 ml 10°C kaltem PBS **ohne FCS**. Zwecks Erhöhung der B-Zell-Ausbeute kann die Nylonwatte vorsichtig mit einer Pipette ausgedrückt werden. Dies sollte jedoch behutsam geschehen, da stärkere mechanische Einwirkungen zur Ablösung evtl. adhärenter Monocyten führt. Die gewonnene Zellsuspension wird 2–3 Mal gewaschen. Als Untersuchungsmaterial eignet sich antikoaguliertes Blut, aber auch Milz- und Lymphknoten-Homogenat, wobei Ausbeuten von ca. 90 % erreicht werden sollten.

Wer die Sparsamkeit auf die Spitze treiben möchte, kann auch gewöhnliche Trinkhalme als Gehäuse verwenden, die vorher einseitig zuzuschweißen sind. Das kleinere zu bearbeitende Flüssigkeitsvolumen bzw. die daraus resultierende kleinere Matrixoberfläche bedingt jedoch eine geringere Zellausbeute.

Literatur

Eisen SA, Wedner HJ, Parker CW (1972) Isolation of pure human peripheral blood T-lymphocytes using nylon wool columns. *Immunol Commun* 1(6): 571–577

Trizio D, Cudkowicz G (1974) Separation of T and B lymphocytes by nylon wool columns: evaluation of efficacy by functional assays in vivo. *J Immunol* 113(4): 1093–1097

2.2.3 Erythrocyten-Rosettierung

Ein ähnlich antikes - aber trotzdem wirksames - Verfahren zur Fraktionierung von MNC-Suspensionen ist die Erythrocyten-Rosettierung oder kurz „E-Rosettierung". Hier nutzt man die Tatsache, dass die Adhäsionsmoleküle bestimmter Zellen mit Oberflächenmolekülen anderer Zellen interagieren und sich als Folge davon mit diesen rosettenartig zusammenballen. Solche Zell-Rosetten lassen sich dann mittels Dichtegradienten-Zentrifugation von Zellen, die nicht zur Rosettenbildung neigen, separieren. Auf diese Art und Weise lassen sich z. B. T-Lymphocyten und NK-Zellen vom Rest einer MNC-Fraktion trennen. **T-Lymphocyten** und **NK-Zellen** exprimieren auf ihrer Oberfläche den Marker CD2, der mit CD58 (LFA-3) auf Schaferythrocyten interagiert. Eine vorherige Neuraminidase-Behandlung oder eine Behandlung mit 2-Aminoethylisothiouroniumbromid (AET) der Schaferythrocyten verbessert den Rosettierungseffekt, da so die Interaktion der beiden beteiligten Liganden erleichtert wird. Nach einer Dichtegradienten-Zentrifugation finden sich die rosettierten T-Zell-Erythrocyten-Agglomerate unter dem Separationsmedium wieder, während sämtliche CD2-negative Zellen sich über dem Trennmedium anreichern. Mittels hypotoner Lyse (Kap. 2.1.3.1) der Erythrocyten erhält man eine T-Zell-Fraktion mit einer Reinheit von bis zu 95 %. Da die Zellen über ihre Oberflächenmoleküle mit anderen Liganden interagiert haben, ist bei dieser Methode eine Aktivierung der separierten Zellen nicht auszuschließen.

Praktisch kann die E-Rosettierung wie folgt durchgeführt werden:

Zunächst wird eine gebrauchsfertige Erythrocyten-Suspension hergestellt. Dazu wird ein Volumen Schafblut (z. B. vom örtlichen Schlachthof) 2–3× mit PBS gewaschen, wobei jeweils die lymphocytenreiche Schicht über den Erythrocyten abgenommen wird. Die Aufnahme des Erythrocytenpellets erfolgt in Standardmedium. Nach Zugabe von Neuraminidase wird die Erythrocyten-Suspension für 30 min bei 37°C bzw. gemäß den Angaben des Enzymherstellers inkubiert. Nach 2–3 Waschschritten wird durch Zugabe von Medium eine 10 %ige Schaferythrocyten-Suspension hergestellt (ausgehend vom Volumen des Pellets). Eine solche Zellsuspension ist ca. 2 Wochen verwendbar. Einfacher ist es allerdings, kommerziell erhältliche Schaferythrocyten-Suspensionen einzusetzen.

Zur Gewinnung der T- und NK-Zellen werden aus einer antikoagulierten Vollblutprobe über Dichtegradienten-Zentrifugation die MNCs isoliert, die nachfolgend optional ihrer Monocyten-Fraktion entledigt werden (z. B. mittels Adhäsionsmethode oder Carbonyl-Eisen) können. Die so erhaltene Lymphocyten-Suspension wird anschließend mit der Schaferythrocyten-Suspension versetzt und mindestens 2–3 h bei 4°C inkubiert. Für die Dichtegradienten-Zentrifugation wird die Suspension anschließend auf Separationsmedium geschichtet. Nach Zentrifugation sollten sich die rosettierten T-Zellen und NK-Zellen (E^+-Zellen) unter dem Separationsmedium befinden. Die E^--Zellen (CD2-negative Zellen), z. B. B-Lymphocyten und restliche Monocyten verbleiben in der Interphase über dem Trennmedium. Die relevanten Zellen werden mehrere Male mit Medium oder PBS gewaschen. Die rosettierten T-Zellen werden vorher durch hypotone Lyse (Kap. 2.1.3.1) von den Erythrocyten befreit.

Alternativ – und sicher auch nicht verwerflich – besteht die Möglichkeit, das Ganze mittels eines Kits zu verwirklichen. So bietet Stemcell Inc. für humane Zellen eine elegante Weiterentwicklung des „E-Rosettings" – klangvoll RosetteSep™ genannt – an. Diese Kits sind anwendbar auf peripheres Vollblut und teilweise auf Nabelschnurblut und Knochenmark. Entscheidende Komponenten sind dabei zwei unterschiedliche Arten von Antikörper-Tetrameren (Abb. 2-9). Ein solches Tetramer besteht aus vier einzelnen Antikörpern. Zwei davon sind antigenspezifisch – die anderen zwei haben lediglich die Funktion, die antigenspezifischen Antikörper miteinander zu verknüpfen. Auf diese Weise entsteht ein tetrameres Konstrukt mit zwei Antigenspezifitäten, wobei diese je nach Anwendung variiert werden können. Das oben genannte Kit beinhaltet folgende zwei Varianten von Antikörper-Tetra-

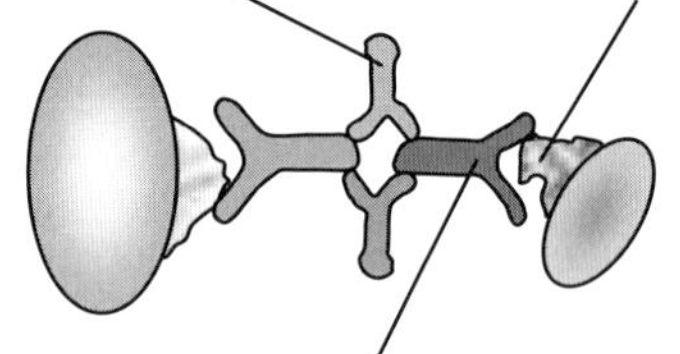

Abb. 2-9: Antikörper-Tetramere. Schematisierte Darstellung eines Antikörper-Tetramers. Ein Tetramer besteht aus zwei antigenspezifischen Antikörpern, die über zwei weitere Brückenantikörper verbunden sind. Die Antigenspezifitäten können variiert werden, d. h. ein solches Tetramer kann doppelt spezifisch gegen ein und dasselbe Antigen sein oder aber es ist jeweils einfach spezifisch gegen zwei unterschiedliche Antigene, wie in der Abbildung dargestellt.

meren. Tetramervariante 1 beinhaltet zwei Antiköper, die gegen humanes Glykophorin A (CD235a, exprimiert auf Erythrocyten) gerichtet sind – also humane Erythrocyten aggregiert. Tetramervariante 2 besteht aus einem Glykophorin A-spezifischen sowie einem weiteren zellspezifischen Antikörper, wobei Letzterer theoretisch gegen jede beliebige humane Blutzelle gerichtet sein kann. Praktisch ist das Angebot noch auf die „umsatzträchtigsten" Zellpopulationen begrenzt, wird aber ständig erweitert. Das jeweilige Kit besteht aus einem Cocktail von Antikörpern gegen sämtliche Zellarten, die für den Experimentator irrelevant sind. Auf diese Weise werden alle unerwünschten Zellen an Erythrocyten gekoppelt, die zusätzlich untereinander aggregieren.

Die so gebildeten Agglomerate lassen sich anschließend mittels Dichtegradienten Zentrifugation von den relevanten Zellen trennen, die sich nach der Zentrifugation über dem Separationsmedium sammeln. Der Vorteil besteht neben der Zeitersparnis in der Negativ-Selektion der erwünschten Zellen, deren Zelloberfläche jungfrauengleich unberührt bleibt. Es erfolgt also keine künstliche, unerwünschte Aktivierung der Zellen. Der finanzielle Nachteil relativiert sich ebenfalls angesichts der Tatsache, dass keine weitere spezielle Laborausrüstung, wie z. B. Säulen und Magnetseparator benötigt wird.

Die Erythrocyten-Komponente ist auch umgehbar, so verwirklicht in den SpinSep™-Kits, die aktuell lediglich auf Zellen muriner Herkunft anwendbar sind. Hier werden die irrelevanten Zellen über Antikörper mit Partikeln hoher Dichte vernetzt. Die weitere Prozedur unterscheidet sich nicht von der oben beschriebenen. Die genannten Methoden eignen sich zur Zellseparation aus Vollblut, verschiedenen Gewebearten und Knochenmark. Die Frage, für welche Zellpopulationen die jeweiligen Kits konstruiert sind, sollte sich jeder Experimentator selbst beantworten, indem er die Webseiten der Anbieter durchforstet. „Gängige" Zelltypen wie z. B. CD4-Zellen, CD8-Zellen und B-Zellen werden sicherlich von jedem Hersteller berücksichtigt. Die Angebotspalette unterliegt permanenten Erweiterungen, sodass auch für seltenste Zelltypen das geeignete Kit aufzutreiben sein sollte. Der jeweils zu erwartende Grad an Ausbeute und Reinheit der Zellisolate variiert stark in Abhängigkeit davon, auf welche Zellspezies es der Experimentator abgesehen hat sowie von der Art des Ausgangsmaterials.

Literatur

Haegert DG (1978) Technical improvements in the mixed antiglobulin rosetting reaction with consequent demonstration of high numbers of immunoglobulin-bearing lymphocytes in viable preparations of human peripheral blood. *J Immunol Methods* 22(1-2): 73–81

Hokland P, Hokland M, Heron I (1976) An improved technique for obtaining E rosettes with human lymphocytes and its use for B cell purification. *J Immunol Methods* 13(2): 175–182

2.2.4 Immunmagnetische Separation

Die im Folgenden beschriebene Methode hat sich im Laufe der letzten Jahre zunehmend durchgesetzt und unterliegt ständiger Weiterentwicklung. Grund dafür ist, dass trotz des geringen zeitlichen und apparativen Aufwands hohe Reinheiten von 95–99,9 % und Ausbeuten über 90 % erzielt werden können. Der Beliebtheitsgrad spiegelt sich auch in der Tatsache wider, dass man als Nutzer bei fast jedem größeren Anbieter fündig wird: RnD-Systems, BD Biosciences, Invitrogen, Miltenyi Biotech, Thermo Fisher Scientific, Stemcell Technologies...Jeder hat's!

Unter „Immunmagnetischer Separation" versteht man eine antikörpervermittelte Zellseparation mittels magnetischer Markierung der relevanten Zellen (Positiv-Selektion) bzw. Markierung sämtlicher irrelevanter Zellen (Negativ-Selektion), sodass lediglich die relevanten übrig bleiben (Abb. 2-10). Eine Strategie, die Antikörper magnetisch zu markieren, ist die Kopplung an **Magnetbeads**. Hierbei handelt es sich um winzige, kolloidal suspendierte, von einer Polystyrol-, Polysaccharid- oder Silanhülle umgebene, superparamagnetische Partikel. Deren Durchmesser liegt bei ca. 50–5000 nm. „Paramagnetisch" bedeutet, dass sie ihre magnetischen Eigenschaften lediglich besitzen, solange sie sich in einem magnetischen Feld befinden. Dadurch wird ein Verklumpen der Partikel verhindert. Die Methode ist mittlerweile sehr verbreitet und dürfte in sämtlichen Labors, die sich in irgendeiner Form mit Untersuchungen von Zellpopulationen beschäftigen, etabliert sein. Der Grund dafür liegt in dem hohen Grad an Universalität, da die Palette an markerspezifischen, magnetbeadgekoppelten Antikörpern mittlerweile sehr umfangreich ist und ständig erweitert wird. Mehr noch–tritt der unangenehme Fall ein, dass kein beadgekoppelter Antikörper mit der verlangten Oberflächenmarker-Spezifität verfügbar ist, somit also keine **direkte** Markierung möglich ist, so kann man **indirekt** markieren. Hierzu wird die Zelle zunächst mit einem markerspezifischen Primärantikörper markiert, der ungelabelt, fluorochromgelabelt oder biotinyliert sein kann. In einem zweiten Schritt wird ein magnetbeadgekoppelter Sekundärantikörper gegen den Isotyp des Primärantikörpers oder gegen das verwendete Fluorochrom eingesetzt. Ist der Primärantikörper biotinyliert, werden streptavidingekoppelte Magnetbeads verwendet – und schon kann separiert werden.

Mit der Magnetseparation lassen sich deutlich höhere Reinheiten erzielen als mit den vorher beschriebenen Techniken. Dies gilt insbesondere für sehr kleine Zellpopulationen. Reinheit und Ausbeute sind abhängig von der Größe der betreffenden Zellpopulation sowie vom Expressionsgrad des Antigens, gegen das der beadgekoppelte Antikörper gerichtet ist. Die Magnetseparation bietet ebenfalls die Wahl zwischen Positiv- und Negativ-Selektion und wie Sie wohl schon richtig vermuten, werden wir auch hier nicht müde, darauf hinzuweisen, dass die Negativ-Selektion, wenn möglich immer vorzuziehen ist, sofern damit ausreichend hohe Reinheiten erzielt werden können.

Das Arbeitsprinzip ist schnell beschrieben. Es nutzt die zellspezifische Ausstattung an Oberflächenmolekülen, indem diese mit magnetbeadgekoppelten Antikörpern markiert werden. Eine derartig behandelte Zellsuspension wird durch eine mit Eisenwolle oder Eisenkügelchen (ferromagnetische Matrix) gepackte Säule geschickt, die sich innerhalb eines starken Magnetfeldes befindet. Die markierten Zellen werden im Magnetfeld zurückgehalten, während die unmarkierten ungehindert durchfließen und aufgefangen werden können. Nach Inaktivierung des Magnetfeldes können die markierten Zellen dann ebenfalls eluiert und gesammelt werden. Bei der **Positiv-Selektion** werden die **relevanten** Zellen markiert, in der Säule angereichert und nachträglich eluiert, während bei der **Negativ-Selektion** die **irrelevanten** Zellen markiert und in der Säule festgehalten werden. Das erste Eluat enthält dann bereits die gewünschten Zellen (Abb. 2-10). Bei Anwendung der Positiv-Selektion werden oft höhere Reinheiten erzielt, doch besteht auch hier die Gefahr der unkontrollierten Zellaktivierung. Außerdem tragen die positiv selektierten Zellen auch nach dem

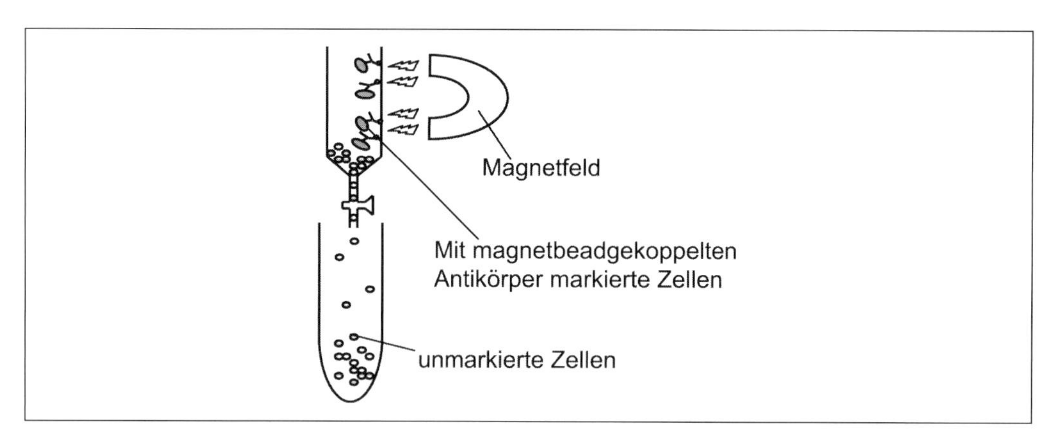

Abb. 2-10: Zellseparation mittels magnetbeadgekoppelter Antikörper. Schematisierte Darstellung der Zellseparation mittels magnetbeadgekoppelter Antikörper. Bei der Negativ-Selektion werden sämtliche **irrelevanten** Zellen magnetisch markiert, sodass bereits das erste Eluat die **relevanten** Zellen enthält. Bei der Positiv-Selektion werden dagegen die relevanten Zellen magnetisch markiert. Das erste Eluat enthält dann alle irrelevanten Zellen. Nach Entfernung des Magnetfeldes werden die relevanten Zellen mit adäquatem Puffer aus der Säule eluiert.

Separationsvorgang die entsprechenden Antikörper auf ihren Oberflächen, was sich in nachfolgenden Experimenten evtl. als störend herausstellen könnte.

Zur Verminderung von phagocytierenden Monocyten-, Granulocyten- und Makrophagen-Kontaminationen aus Lymphocyten-Suspensionen kann man diese vorher mit Eisenpulver (Carbonyl-Eisen, Kap. 2.1.3.1) inkubieren und nachfolgend über eine Magnetsäule schicken. Die erwähnten Zellen nehmen die Eisenpartikel auf und werden daher im Magnetfeld festgehalten.

Auch die Magnetbeadseparation erfährt sukzessive Verfeinerungen. So bietet beispielsweise Miltenyi-Biotech ein „Cytokine Secretion Assay/Detection Kits™“ an, mit dessen Hilfe es möglich ist, Zellen anhand ihrer Sekretionsprodukte, in diesem Falle Cytokine, zu separieren und zu analysieren. Zu diesem Zweck werden spezifische Moleküle an die Oberfläche der relevanten Zellen gebunden, die die Fähigkeit besitzen, sezernierte Cytokine einzufangen. Die so „fixierten“ Cytokine können mittels spezifischer fluorochromgekoppelter Antikörper im Durchflusscytometer detektiert werden. Zusätzlich ist eine Anreicherung der so behandelten Zellen möglich, indem magnetbeadgekoppelte Antikörper gegen das verwendete Fluorochrom hinzugegeben werden. Die weitere Prozedur unterscheidet sich nicht wesentlich von der oben Beschriebenen.

Weiterhin bietet Miltenyi-Biotech die Möglichkeit, gezielt transfizierte Zellen zu selektieren. Hierfür müssen die Zellen vorher mit einem spezifischen Plasmid transfiziert worden sein, das die Codierung für ein bestimmtes Oberflächenmolekül enthält. Das entsprechende Kit beinhaltet magnetbeadgekoppelte Antikörper gegen diesen Oberflächenmarker.

Eine zweite Strategie der Magnetseparation wird von Stemcell verfolgt. In deren StemSep™System kommen die schon im vorangegangenen Kapitel erwähnten Antikörpertetramere zum Einsatz, wobei eine Seite zellspezifisch ist und die entgegengesetzte Seite spezifisch an Dextran bindet. Die magnetische Komponente (kolloidal gelöste, von Dextran umhüllte, 20 nm messende Eisenpartikel) wird nach der Inkubation hinzugegeben. Die bereits an den Zellen haftenden Antikörpertetramere binden mit ihrer anderen Seite die dextranumhüllten Eisenpartikel, sodass die sich bildenden Aggregate in einem angelegten Magnetfeld festgehalten werden. Dieses Sys-

Exkurs 9

Zelllinien

Eine beliebte Möglichkeit an Zellen zu kommen, ist die simple Bestellung derselben bei einem kommerziellen Anbieter. Zellbanken bieten heutzutage ein riesiges Spektrum an „ausgetesteten" Zelllinien – man spart sich Zeit und Geld, da ja die Zellseparation weg fällt. Neben „normalen" oder „primären" Zellen handelt es sich dabei allerdings oftmals um neoplastische Zellen, also z. B. Krebszellen. Daher muss einschränkend angemerkt werden, dass die Aussagekraft von Experimenten mit derartigen Zelllinien immer kritisch hinterfragt werden muss. Grund: Inwiefern Ergebnisse, die mittels derartig entarteter Zellen generiert wurden, auf die gesunde Physiologie zu übertragen sind, ist fraglich.
Trotzdem stellt diese Art der Zellbeschaffung sowie die Arbeit mit derartigen Zellen eine wichtige und legitime Komponente im Forscheralltag dar, was uns zu folgenden Kontaktadressen führt:

American Type Culture Collection: www.lgcpromochem-atcc.com
Dt. Sammlung von Mikroorganismen und Zellkulturen GmbH: www.dsmz.de
European Collection of Cell Cultures (ECACC): www.ecacc.org.uk
Institut für angewandte Zellkultur GmbH: www.I-A-Z-Zellkultur.de
Fa. Promocell: www.promocell.com

tem ist primär auf Negativ-Selektion ausgerichtet. Die gewünschten, unmarkierten Zellen befinden sich also im Eluat. Die oben beschriebene Möglichkeit der indirekten Markierung, mittels Primär- und Sekundärantikörper wird auch für dieses System angeboten.

Literatur

Molday RS, Yen SP, Rembaum A (1977) Application of magnetic microspheres in labelling and separation of cells. *Nature* Aug 4; 268(5619): 437–438
Owen CS, Winger LA, Symington FW, Nowell PC (1979) Rapid magnetic purification of rosette-forming lymphocytes. *J Immunol* 123(4): 1778–1780
Radbruch A, Recktenwald D (1995) Detection and isolation of rare cells. *Curr Opin Immunol* 7(2): 270–273
Stanciu, LA, Shute J, Holgate ST, Djukanovic R (1996) Production of IL-8 and IL-4 by positively and negatively selected CD4+ and CD8+ human T cells following a four-step cell separation method including magnetic cell sorting (MACS). *J Immunol. Methods* 189: 107–115 [419]

2.2.5 Lysierende Antikörper

„Hauptsache effizient" könnte das Motto dieser Methode lauten. One Lambda Inc. bieten mit ihrem Lympho-Kwik™-Reagenz eine etwas radikal anmutende Strategie der Negativ-Selektion an. Das Reagenz besteht aus einem Cocktail lysierender, monoklonaler Antiköper gegen die jeweils unerwünschten Zellpopulationen und einem Dichtegradienten, mit dessen Hilfe man nach dem Gemetzel sämtliche toten Zellen und Zelltrümmer entfernt. Derzeit werden vier Cocktailvariationen angeboten, je nachdem, an welchen Lymphocyten-Populationen der Experimentator gerade interessiert ist. Die Methode ist ausgerichtet auf die Untersuchung von antikoaguliertem Blut, insbesondere für HLA-Typisierungen. Die Durchführung beschränkt sich auf wenige Zentrifugations- und Inkubationsschritte, wobei Lymphocyten-Suspensionen mit Reinheiten über 90 % zu erzielen sind.

3 Durchflusscytometrie

Ist es dem Experimentator gegönnt, sich mal außerhalb seines Labors zu bewegen, so trifft er mit einiger Sicherheit auf Nicht-Laborianer, einem Personenkreis, dem Forschung, analytische Routine und der alltägliche Laborbetrieb fremd sind. Unweigerlich wird das Gespräch auch auf das Thema „Arbeit" kommen, und der Experimentator steht vor der schwierigen Aufgabe zu erklären, was er den ganzen Tag so treibt. Die Antwort „Ich arbeite in einem (Forschungs-)Labor" wird meist noch anerkennende Worte finden. Mit der näheren Erklärung: „Ich untersuche verschiedene Zellen mit einem FACS-Gerät" (wie bestimmte Durchflusscytometermodelle auch genannt werden) wird er dann aber schnell zweifelnde Blicke und verständnisloses Kopfschütteln ernten, denn Ottonormalverbraucher wird höchstwahrscheinlich zunächst an ein Faxgerät denken und fragen, weshalb man Zellen mit einem Kommunikationsgerät untersucht. Im schlimmsten Falle wird sich die Frage anschließen, was denn überhaupt Zellen sind. Auch die Bezeichnung „fluorescence activated cell sorter", wofür der Name FACS eigentlich steht, wird voraussichtlich nicht mehr Licht ins Dunkel bringen. Letztendlich wird man den Fragenden eher mit dem Begriff „Durchflusscytometer" konfrontieren und ihn anhand dessen in die Geheimnisse des zellsortierenden Tagesgeschäfts einweihen …

Bei einem Durchflusscytometer/fluorescence-activated-cell-sorter geht es, wie der Name schon andeutet, um Fluoreszenzen und Zellen. Im Idealfall lässt sich beides vereinen und am Ende steht ein Ergebnis, das dem Experimentator bei der Beantwortung seiner Frage hilft. Das Prinzip dieser Methode beruht darauf, dass verschiedene mikroskopisch kleine Partikel anhand ihrer Größe, Struktur, Oberflächeneigenschaften und auch intrazellulären Zusammensetzung unterschieden werden können. In der Immunologie handelt es sich dabei in der Regel um Zellen oder antikörpergekoppelte Mikropartikel (Beads). Das Anwendungsspektrum der Durchflusscytometrie ist jedoch weitaus größer und reicht von Absolut-Zellzahlbestimmungen über verschiedene funktionelle Untersuchungen und Lymphocytentypisierungen bis hin zu DNA- und Zellzyklusanalysen. Viele Anwendungen setzen für die spätere Messung die Markierung der Zellen mit Antikörpern, die gegen bestimmte zelluläre Strukturen gerichtet sind, voraus. Diese Antikörper sind mit einem Fluoreszenzfarbstoff gekoppelt (direkte Markierung) bzw. werden mit einem fluoreszenzgekoppelten Sekundärantikörper (indirekte Markierung) nachgewiesen (Abb. 6-2).

Die Messung der Zellen im Durchflusscytometer beruht darauf, dass die so markierten Zellen von einem Laserstrahl erfasst werden. Dadurch kommt es zu Lichtstreuungen sowie zu einer Anregung der gekoppelten Fluoreszenzfarbstoffe, die daraufhin Licht einer bestimmten Wellenlänge emittieren. Dieses Licht kann durch ein komplexes System aus Spiegeln und Filtern im Durchflusscytometer gebündelt und zerlegt werden (Kap. 3.1). Für jeden unterschiedlichen Fluoreszenzfarbstoff bekommt man somit ein **spezifisches Signal**. Außerdem lässt sich, unabhängig von den gekoppelten Fluoreszenzfarbstoffen, eine Aussage über die **Größe** der Zelle und deren **Granularität** treffen. Entscheidendes Merkmal dieser Messmethode ist, dass innerhalb kürzester Zeit tausende Zellen in einem laminaren Probenstrom **einzeln (!)** an einem Laser vorbeigeleitet und charakterisiert werden können (Abb. 3-1). Dies bedeutet einen immensen Zeitgewinn gegenüber der klassische n Methode der mikroskopischen Auszählung.

Eine durchflusscytometrische Messung umfasst in der Regel folgende Schritte:
- Probenvorbereitung (Zellmarkierung)
- Inbetriebnahme des Durchflusscytometers
- Kompensation und Messung der Proben
- Auswertung der Messergebnisse

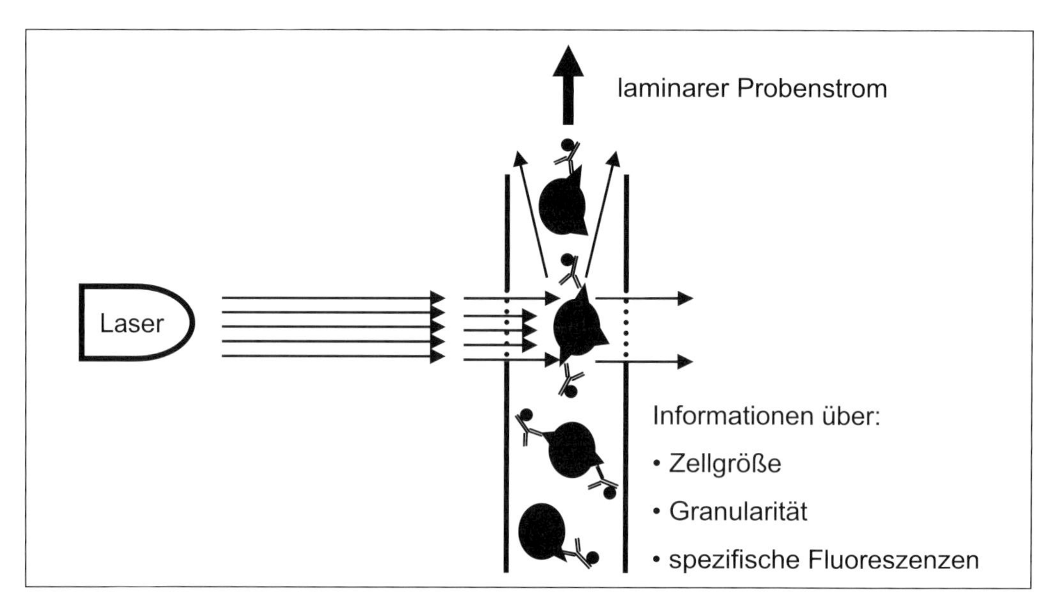

Abb. 3-1: Prinzip einer durchflusscytometrischen Messung. Markierte Zellen werden in einem laminaren Probenstrom einzeln an einem Laser vorbeigeleitet. Die gestreute und reflektierte Strahlung des Lasers sowie das durch fluoreszenzmarkierte Antikörper emittierte Licht lässt Aussagen über die Zellgröße, die Granularität und die Spezifität der gebundenen Antikörper zu.

Da es sich bei einem Durchflusscytometer um ein technisch überaus komplexes und daher auch nicht ganz leicht zu verstehendes Laborgerät handelt, sollen zunächst die wichtigsten technischen Details erläutert werden.

3.1 Wie funktioniert das eigentlich?

Um die „Anatomie" eines Durchflusscytometers kennen zu lernen, folgt man am besten dem Weg, den auch das Licht nimmt:

Grundvoraussetzung einer Messung ist die Detektion von Partikeln und Zellen und deren gegebenenfalls vorhandenen fluoreszenzmarkierten Markern mittels eines **Lasers**. Der Begriff „Laser" steht für „light amplification by stimulated emission of radiation" und bedeutet so viel wie „Lichtverstärkung durch angeregte Emission von Strahlung". Der Laser stellt sozusagen das Herz des Durchflusscytometers dar – ohne ihn geht gar nichts! Das Prinzip eines Lasers beruht darauf, dass ein bestimmter Stoff (Lasermedium), das können z. B. atomare oder molekulare Gase sein, angeregt wird. Dies geschieht durch Energiezufuhr von außen – also: Stecker in die Steckdose. Dabei werden ein oder mehrere Elektronen aus ihrer eigentlichen Umlaufbahn um den Atomkern in eine höhere, energiereichere Umlaufbahn gebracht. Normalerweise fallen sie zufällig zurück und senden dabei Lichtquanten aus. Das „Zurückhüpfen" kann aber auch ausgelöst werden. Dazu wird von einer Lichtquelle Licht in das stark angeregte Lasermedium eingestrahlt. Trifft dieses Licht auf die angeregten Atome, Ionen oder Moleküle des Mediums, werden diese zur Aussendung von Strahlung gezwungen (stimulierte Emission). Diese Strahlung erzwingt bei weiteren angeregten

Atomen, Ionen oder Molekülen eine identische Lichtaussendung, was zu einer Verstärkung führt –ein energiereicher Laserstrahl entsteht. Gekennzeichnet ist ein Laserstrahl dadurch, dass die Laserstrahlwellen einen hohen Grad an Gleichphasigkeit (Kohärenz) besitzen, stark gebündelt sind und für jeden Lasertyp eine charakteristische, nahezu konstante Wellenlänge besitzen. Die Aussendung von Licht einer bestimmten Wellenlänge (**monochromatisches Licht**) ist in der Durchflusscytometrie das A und O.

Ein Durchflusscytometer ist mit mindestens einem Laser ausgestattet. Je nach Anwendung kommen verschiedene Arten von Lasern, wie z. B. Argonionenlaser oder Helium-Neon-Laser, zum Einsatz. Auch die Verwendung von Diodenlasern und UV-Lampen ist nicht unüblich. Der sehr gebräuchliche Argonionenlaser sendet beispielsweise monochromatisches Licht mit einer Wellenlänge von 488 nm aus. Die Laser werden in der Regel mit Luft oder Wasser gekühlt. Eine Übersicht über verschiedene Laser, ihre abgestrahlte Wellenlänge, die Art der Kühlung und welche Fluoreszenzfarbstoffe durch sie angeregt werden, gibt Tabelle 3-1 wieder.

Der Laser ist eine der teuersten Komponenten eines Durchflusscytometers. Hier sollte aber genau überlegt werden, an welcher Stelle man spart. Wichtig ist, dass er eine hohe Lebensdauer und eine gleichförmige Stärke besitzt. Sie sollte bei mindestens 50 mW liegen, da das Fluoreszenzsignal, und damit auch die Sensitivität, mit der Stärke des Lasers ansteigt. An einigen Geräten können die aktuellen Lasereigenschaften regelmäßig abgelesen und so eine nachlassende Stärke rechtzeitig erkannt werden.

Tipp! Laser sind sensibel und brauchen eine gewisse Anlaufzeit, bis sie ihre volle Leistungsstärke erreicht haben und ihre Arbeitsbereitschaft signalisieren. Hier ist etwas Geduld gefragter, als ein überhastetes Aus- und wieder Einschalten des Gerätes. Bei Messpausen, die sich nicht länger als ein paar Stunden hinziehen, haben es die Laser auch gern, wenn das Durchflusscytometer nicht ausgeschaltet wird, sondern im Standby-Zustand verbleibt.

Das **optische System** eines Durchflusscytometers umfasst eine ganze Reihe von Linsen, Spiegeln, Filtern und Detektoren (Abb. 3-2). Es fungiert als eine Art Schaltzentrale, die die Aufteilung und Detektion bestimmter Informationen besorgt – vergleichbar mit der Weiterleitung und Verarbeitung von Reizen durch verschiedene Nervenzellen im Körper. Eine Fokussierungslinse bündelt dabei das vom Laser ausgesandte monochromatische Licht, bevor dieses in der Messküvette auf die (ggf. markierten) Zellen oder Partikel trifft.

Tab. 3-1: Durchflusscytometrie-Laser. Übersicht über typische in Durchflusscytometern eingesetzte Laser und ihre Eigenschaften. Die rechte Spalte zeigt eine Auswahl von Fluoreszenzfarbstoffen, die durch das von den entsprechenden Lasern ausgesandte monochromatische Licht angeregt werden. Tabelle modifiziert nach Baumgarth und Roederer (2000).

Laser	Wellenlänge	Kühlung mit	anregbare Fluoreszenzfarbstoffe
Argonionenlaser	488 nm	Luft	FITC, PE, PE/TR, PerCP, PE/Cy5, PE/Cy5.5, PerCP/Cy5.5, PE/Cy7, A488
Nd:YAG-Laser	532 nm	Luft	PE, PE/TR, PerCP, PE/Cy5, PE/Cy5.5, PerCP/Cy5.5, PE/Cy7
Kryptonlaser	568 nm	Wasser	PE, PE/TR, PerCP, PE/Cy5, PE/Cy5.5, PerCP/Cy5.5, PE/Cy7, A568, TR, A595
Kryptonlaser	647 nm	Wasser	APC, APC/Cy5, APC/Cy5.5, APC/Cy7
Farbstofflaser	595 nm	Wasser	TR, A595, APC, Cy5, APC/Cy5.5, APC/Cy7
HeNe-Laser	633 nm	Luft	APC, Cy5, APC/Cy5.5
Diodenlaser	635 nm	Luft	APC/Cy7

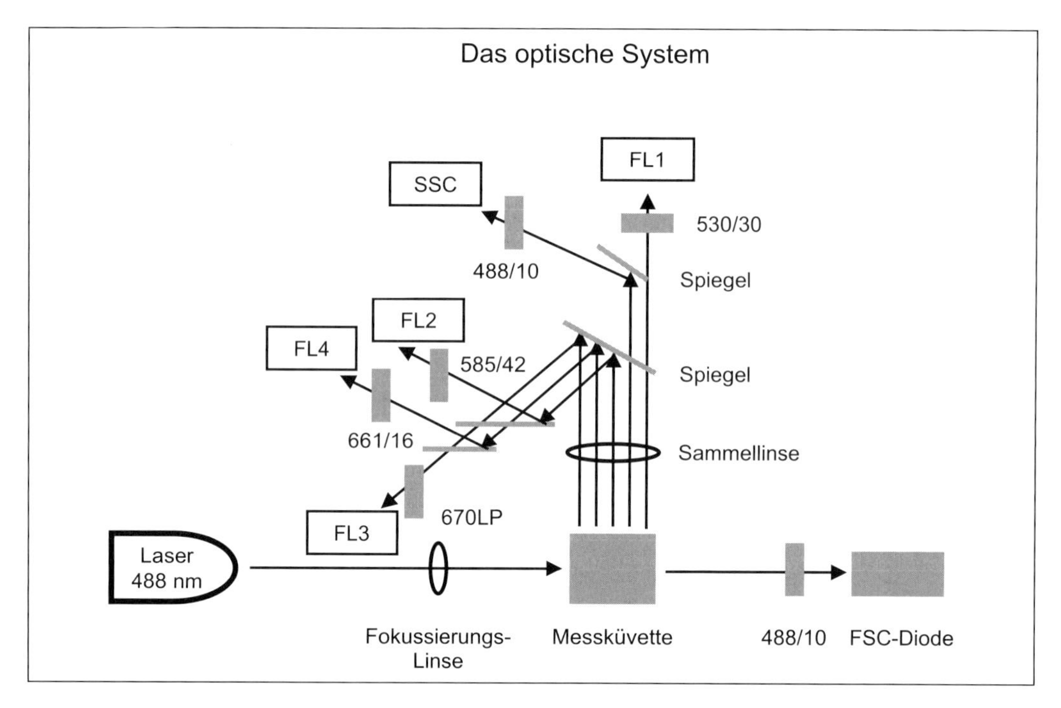

Abb. 3-2: Das optische System eines Durchflusscytometers. Ein Laser sendet Licht einer bestimmten Wellenlänge (z. B. 488 nm) aus. Dieses wird fokussiert und trifft in einer Messküvette auf den Probenstrom. Das Licht wird gestreut und reflektiert. Außerdem emittieren Fluoreszenzfarbstoffe Licht verschiedener Wellenlängen. Ein System aus verschiedenen Spiegeln und Filtern trennt die abgehende Strahlung nach ihren Wellenlängenbereichen. Der jeweilige Anteil wird über Detektoren registriert. Mit dem hier dargestellten Setup kann die Größe der Partikel (FSC-Diode), deren Granularität (SSC) sowie bis zu vier verschiedene Fluoreszenzfarbstoffe (FL1–FL4) bestimmt werden. 488/10, 530/30, 585/42, 661/16: Bandpassfilter; 670LP: Longpassfilter.

Durch die im Probenstrom enthaltenen Bestandteile wird das Licht beim Auftreffen der Strahlen in der Messküvette gestreut. Selbst unmarkierte Zellen liefern dabei bereits verwertbare Ergebnisse. Die nach vorne abgelenkten Strahlen sind ein Maß für die relative Größe der gemessenen Zellen und Partikel. Man spricht auch vom Vorwärtsstreulicht oder **Forwardscatter (FSC)**. Das in einem 90°-Winkel abgestrahlte Seitwärtsstreulicht wird als **Sidescatter (SSC)** bezeichnet und dient als Maß für die Zellgranularität. Die Abbildung 3-3 verdeutlicht diesen Zusammenhang noch einmal.

Aber nicht nur die Größe und Granularität der Zellen lässt sich bestimmen. Sind die Zellen mit bestimmten fluoreszenzgekoppelten Antikörpern oder direkt mit Fluoreszenzfarbstoffen markiert, wird ein Teil der Lichtenergie durch das entsprechende Fluorochrom absorbiert und Fluoreszenzlicht mit höheren Wellenlängen emittiert. Weitere Linsen des optischen Systems sammeln die emittierten Strahlen und verschiedene Spiegel teilen sie auf. Zur spezifischen Detektion der einzelnen Fluoreszenzen sind auch eine ganze Reihe von optischen Filtern von Bedeutung. Die Filter müssen so ausgelegt sein, dass sie – im Hinblick auf eine hohe Sensitivität – möglichst viel emittiertes Licht eines bestimmten Fluorochroms durchlassen, das Fluoreszenzlicht der anderen Fluorochrome aber weitgehend herausfiltern. Dies reduziert die bei vielen Messungen notwendige Kompensation (Kap. 3.5). Zur Anwendung kommen in der Regel sogenannte Bandpass- und Longpassfilter. Bandpassfilter lassen nur Licht eines bestimmten Wellenlängenbereichs durch. So lässt z. B. ein Bandpassfilter 530/30 nur Licht der Wellenlängen zwischen 515 und 545 nm passieren, also ein Wellen-

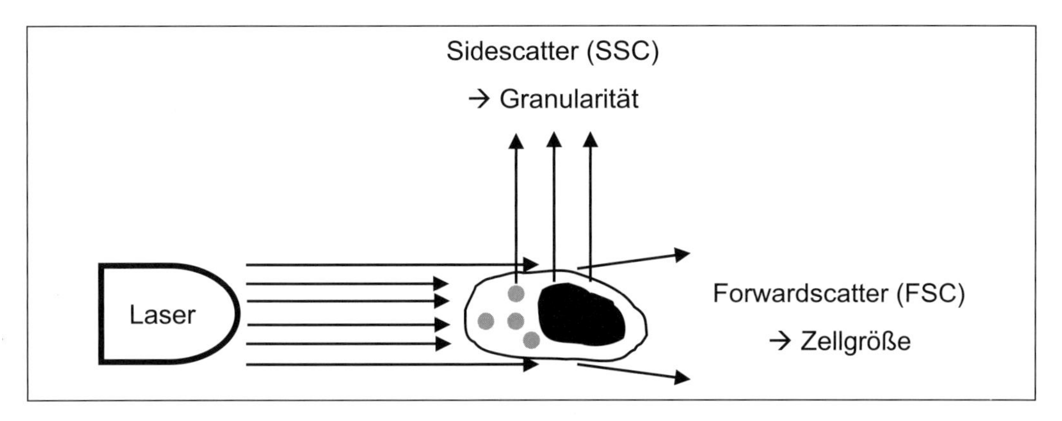

Abb. 3-3: Die Parameter FSC und SSC. Das von einem Laser ausgesandte Licht trifft auf eine Zelle. Durch die Streuung der Lichtstrahlen in Verlängerung der Richtung des Laserstrahls kann die relative Zellgröße bestimmt werden (Vorwärtsstreulicht oder Forwardscatter – FSC). Das an Strukturen innerhalb der Zelle in einem 90°-Winkel reflektierte Licht wird als Seitwärtsstreulicht oder Sidescatter (SSC) bezeichnet und stellt ein Maß für die Zellgranularität dar.

längenband von 30 nm Breite mit einem Mittelwert von 530 nm. Kürzerwelliges und längerwelliges Licht wird dagegen herausgefiltert. Longpassfilter werden beispielsweise als 670LP bezeichnet. Diese lassen nur Licht oberhalb von 670 nm passieren. Das durch das optische System geleitete und entsprechend ihrer Wellenlängen aufgeteilte Licht gelangt so zu den jeweiligen Detektoren, die dann den Anteil der jeweiligen Wellenlänge genau erfassen. Das ankommende Signal wird verstärkt, die Daten verrechnet und der Anwender bekommt die Ergebnisse auf seinem Bildschirm präsentiert.

Achtung: Da die Komponenten eines Durchflusscytometers für den reibungslosen Betrieb genau aufeinander abgestimmt sind, sollte man mit „Do-it-yourself-Reparaturen" zurückhaltend sein – auch bezüglich Garantieansprüchen. Zudem stellt der unsachgemäße Umgang mit dem Laser eine potenzielle Gefahrenquelle dar.

3.2 Fluoreszenzen

Die Vorteile, die ein Durchflusscytometer gegenüber anderen Methoden der Zellcharakterisierung besitzt, sind zum einen der hohe Durchsatz an Zellen innerhalb kürzester Zeit, zum anderen die gleichzeitige Erfassung der verschiedensten Parameter einer jeden Zelle. Richtig interessant wird es, wenn die Zellen mit fluoreszenzgekoppelten Antikörpern markiert sind und so weitere charakteristische Eigenschaften der Zellen bestimmt werden können. Die Verwendung und Messung von Fluoreszenzen birgt aber auch einige Überraschungen in sich, die aber – das nötige Wissen vorausgesetzt – leicht umgangen werden können.

Neben den Größeneigenschaften und der Granularität einer bestimmten Zelle ist es möglich, unabhängig voneinander eine ganze Reihe verschiedener Fluoreszenzen gleichzeitig zu messen – weitere Steigerungen sind zu erwarten. Das Tool der Wahl sind natürlich **fluoreszenzgekoppelte Antikörper**. Derartige Konjugate kann man selber herstellen (Kap. 1.4.3) oder als „Ready-to-use-Lösungen" kommerziell erwerben.

Der Experimentator kann bei einer ganzen Reihe verschiedener Firmen Antikörper für die Durchflusscytometrie beziehen. Diese haben praktisch das ganze Spektrum an bekannten Oberflächenantikörpern für durchflusscytometrische Analysen im Sortiment. Gerade in preislicher Hinsicht lohnt es sich, die vielen bunten Firmenkataloge bzw. deren noch bunteren Internetseiten durchzukämmen.

Viele Antikörper sind mit sämtlichen gebräuchlichen Fluoreszenzfarbstoffen gekoppelt erhältlich. Die Fluoreszenzfarbstoffe werden durch das von den Lasern ausgesandte monochromatische Licht angeregt, emittieren aber, je nach Fluorochrom, Licht unterschiedlicher Wellenlängen. Abbildung 3-4 und Tabelle 3-2 zeigen die Absorptions- und Emissionsspektren einiger in der Durchflusscytometrie gängiger Fluoreszenzfarbstoffe.

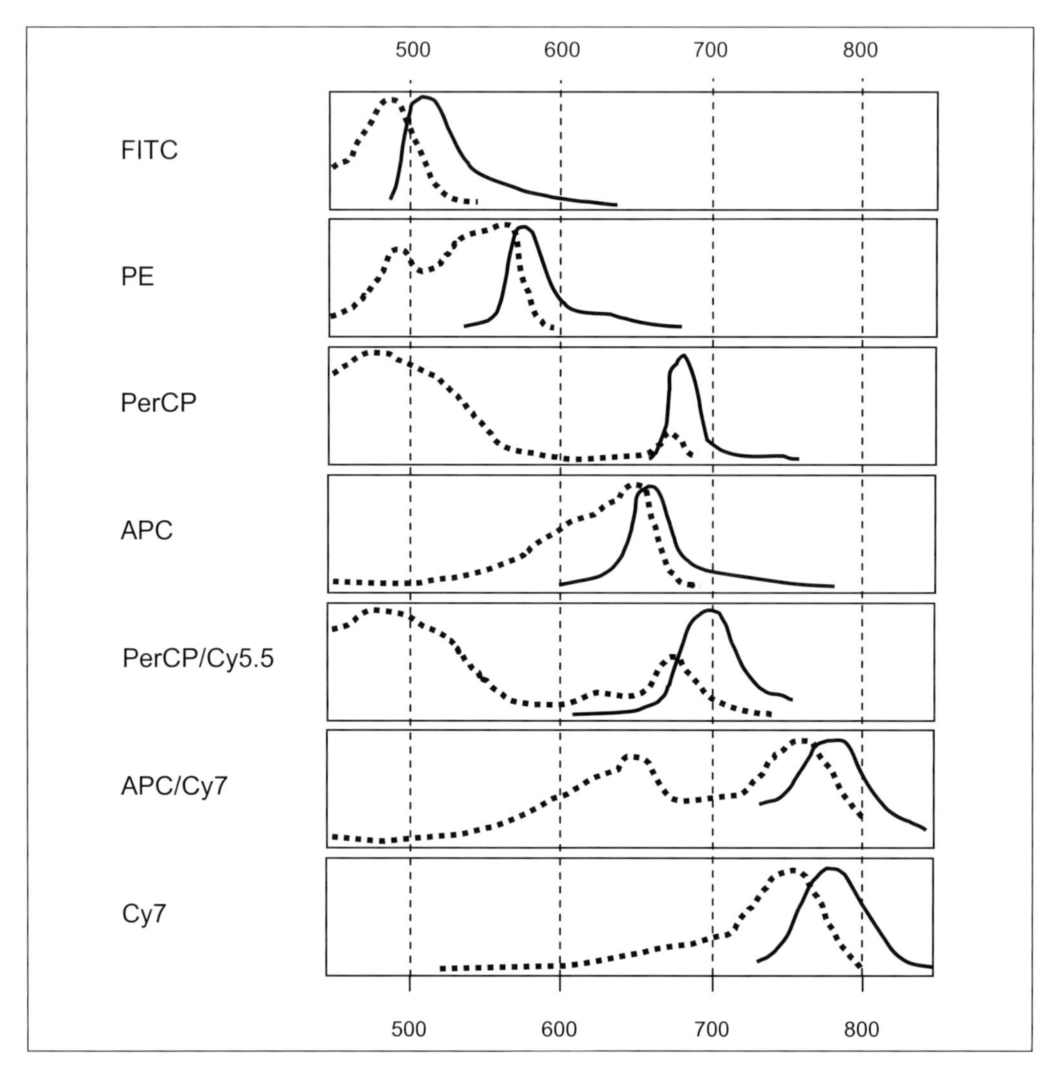

Abb. 3-4: Absorptions- und Emissionsspektren verschiedener Fluorochrome. Gezeigt werden die Absorptions- (gestrichelte Linie) und Emissionsspektren (durchgezogene Linie) von sieben Fluoreszenzfarbstoffen, die häufig durchflusscytometrisch zum Einsatz kommen. Die Skalierung gibt den Wellenlängenbereich in nm wieder.

Tab. 3-2: Fluorochrome in der Immunologie. Auswahl verschiedener Fluorochrome mit ihrer Molekularmasse und ihren ungefähren Absorptions- und Emissionsmaxima sowie die in Durchflusscytometern verwendeten Laser-Anregungswellenlängen, geordnet nach ihren Emissionswellenlängen.

Fluorochrom	M_r	Absorptions-maximum	Emissions-maximum	Anregungswel-lenlänge	Bemerkung
Alexa Fluor 405		401 nm	421 nm	360 nm; 405 nm; 407 nm	Reaktivfarbstoff
AMCA		345 nm	445 nm		Reaktivfarbstoff
Pacific Blue		410 nm	455 nm	360 nm; 405 nm; 407 nm	Reaktivfarbstoff
DAPI		345 nm	455 nm		färbt Nucleinsäuren
GFPuv		385 nm	508 nm		Fluoreszenzprotein
Alexa Fluor 488		495 nm	519 nm	488 nm	Reaktivfarbstoff
FITC	389	495 nm	519 nm	488 nm	Reaktivfarbstoff
Acridinorange (AO)		503 nm	530 nm (DNA); 640 nm (RNA)		färbt Nucleinsäuren
Cy3		512 nm; 552 nm	565 nm; 615 nm		Reaktivfarbstoff
TRITC	444	547 nm	572 nm		Reaktivfarbstoff
B-PE	240 000	546 nm; 565 nm	575 nm	545 nm	Reaktivfarbstoff
(R-)PE	240 000	480 nm; 565 nm	578 nm	488 nm; 532 nm	Reaktivfarbstoff
PE/Texas Red (PE/TR)		480 nm; 565 nm	615 nm	488 nm; 532 nm	Reaktivfarbstoff
Texas Red (TR)	625	595 nm	615 nm	595 nm	Reaktivfarbstoff
Propidiumiodid (PI)	668	536 nm	617 nm		färbt Nucleinsäuren
Ethidiumbromid	394	493 nm	620 nm		färbt Nucleinsäuren
7-AAD		546 nm	647 nm		färbt Nucleinsäuren
APC	104 000	650 nm	660 nm	595 nm; 633 nm; 635 nm; 647 nm	Reaktivfarbstoff
PE/Cy5		480 nm; 565 nm	667 nm	488 nm; 532 nm	Reaktivfarbstoff
Alexa Fluor 647		650 nm	668 nm	595 nm; 633 nm; 635 nm; 647 nm	Reaktivfarbstoff
Cy5		650 nm	670 nm		
PerCP	35 000	482 nm	678 nm	488 nm; 532 nm	Reaktivfarbstoff
PerCP/Cy5.5		482 nm	695 nm	488 nm; 532 nm	Reaktivfarbstoff
PE/Cy7		480 nm; 565 nm	785 nm	488 nm; 532 nm	Reaktivfarbstoff
APC/Cy7		650 nm	785 nm	595 nm; 633 nm; 635 nm; 647 nm	Reaktivfarbstoff

Einer der beliebtesten Farbstoffe ist wohl das „**F**luorescein-**I**so**t**hio**c**yanat" (**FITC**), ein gelbgrüner Farbstoff mit niedriger Molekularmasse. Bei hohen pH-Werten lässt sich FITC über primäre Aminogruppen leicht an Proteine koppeln (Kap. 1.4.3.1). Das Absorptionsmaximum von Fluorescein liegt bei neutralem pH-Wert bei 495 nm. Es kann daher gut mit einem Argonionenlaser der Wellenlänge 488 nm angeregt werden. Dies führt zu einem Fluoreszenzemissionsmaximum um 519 nm. Das emittierte Licht wird im Fluoreszenzkanal 1 gemessen. Weitere gängige Fluoreszenzfarbstoffe sind das „**P**hyco**e**rythrin" (**PE**) mit einem Emissionsmaximum bei etwa 578 nm, dessen emittiertes Licht im Fluoreszenzkanal 2 gemessen wird; **R-PE** (das „R“ leitet sich vom Ursprung dieses Farbstoffes aus Rotalgen ab) mit demselben Emissionsmaximum; **PerCP** (**Per**idinin **C**hlorophyll **P**rotein) mit einem Emissionsmaximum bei 678 nm, das im dritten Fluoreszenzkanal registriert wird und „**A**llo**p**hyco**c**yanin“ (**APC**) dessen Emissionsmaximum bei 660 nm liegt und im Fluoreszenzkanal 4 gemessen wird. APC kann jedoch nicht wie die anderen Farbstoffe durch einen Argonionenlaser mit einer Wellenlänge von 488 nm angeregt werden, sondern hierfür muss das Durchflusscytometer mit einem weiteren Laser, z. B. Helium-Neon-Laser (633 nm) ausgestattet sein. Außerdem gibt es eine Reihe von **Tandemkonjugaten**, bei denen zwei Fluoreszenzfarbstoffe miteinander gekoppelt sind. Der erste Farbstoff wird durch Licht der Wellenlänge 488 nm angeregt. Das emittierte Licht wird dann sofort als Anregungslicht an den gekoppelten zweiten Farbstoff weitergegeben. Erst die daraus entstehende Emission wird über die Detektoren des Durchflusscytometers gemessen. Ein Beispiel dafür ist „PE/Cy5“, ein Tandemkonjugat, bei dem an ein PE-Molekül der synthetische Sulphoindocyanin-Farbstoff Cyanin-5.18 kovalent gekoppelt ist. Das Emissionsmaximum liegt bei etwa 667 nm (Kap. 1.4.3.3).

Bei der **Auswahl der Fluorochrome** müssen einige Punkte in Erwägung gezogen werden. Zunächst einmal dürfen die verwendeten Fluorochrome keinerlei Einfluss auf die zu untersuchenden Zellen haben. Auch sollten sie nicht direkt an zelluläre Elemente binden, da dies zu einer hohen Hintergrundfärbung führen würde. Die meisten der gebräuchlichen Fluorochrome erfüllen diese Eigenschaften. Es gibt jedoch auch Beispiele, bei denen es nicht so ist. So bindet z. B. das häufig verwendete PE/Cy5 gerne an B-Zellen und Monocyten und kann teilweise extrem hohen, unspezifischen Hintergrund verursachen. Die Stärke des Hintergrundsignals spielt auch bei einer weiteren Fluorochromeigenschaft eine Rolle: der Signalstärke. Als Signalstärke kann der Unterschied zwischen ungefärbten und gefärbten Zellen angesehen werden. Ein hoher Hintergrund der Negativkontrolle kann einem somit die hohe Intensität des spezifischen, positiven Signals verhageln. Die Intensität eines Signals hängt aber natürlich auch vom verwendeten Fluorochrom ab. Dieses muss einen hohen Extinktionskoeffizienten aufweisen, sprich, sich gut durch das vom Laser ausgesandte Licht anregen lassen. Gleichzeitig muss natürlich die Zahl der emittierten Photonen im Vergleich zur Anzahl an absorbierten Photonen möglichst hoch sein. Das Fluorochrom sollte also eine hohe Quantenausbeute besitzen. Je größer diese ist, desto leichter kann ein Farbstoff registriert werden. Da biologische Materialien immer eine gewisse Autofluoreszenz aufweisen, hängt die Signalintensität eines Farbstoffs auch immer davon ab, wie groß der spektrale Überlappungsbereich des emittierten Lichts mit dem durch Autofluoreszenz abgestrahlten Licht ist. Es versteht sich von selbst, dass sich die Signale des Fluorochroms auch gut mit den Detektoren, mit denen das Durchflusscytometer ausgestattet ist, messen lassen müssen. Die Intensität eines verwendeten Fluorochroms muss jedoch nicht bei allen Durchflusscytometern gleich sein, da sie auch von der jeweiligen optischen Ausstattung des Gerätes und der Anregungsstärke des verwendeten Lasers abhängt.

Bei Verwendung mehrerer Fluoreszenzfarbstoffe kommt noch eine weitere, entscheidende Eigenschaft des Fluorochroms hinzu: der spektrale Überlappungsbereich mit den anderen verwendeten Farbstoffen. Dieser ist möglichst gering zu halten, was durch die Auswahl geeigneter Fluoreszenzfarbstoffe auch gut möglich ist. Je mehr Farben gleichzeitig gemessen werden, desto schwieriger wird es, Fluoreszenzen zu finden, die nicht oder nur wenig miteinander überlappen. Die Verwendung mehrerer Laser und die richtige Wahl der im Durchflusscytometer verwendeten Filter kann einige dieser Überlappungsprobleme vermeiden oder zumindest minimieren. Sind die Möglichkeiten des Durchflusscytometers und der Fluorochromwahl vollständig ausgereizt, hilft für die Feinjustierung nur noch eine ordentliche Kompensation (Kap. 3.5.1).

Für diejenigen Experimentatoren, die in Verlegenheit kommen, selber Farbstoffe an Antikörper koppeln zu müssen, spielt noch ein weiterer Punkt bei der Wahl des richtigen Fluorochroms eine

Rolle: Die Koppelbarkeit des Fluorochroms an den Antikörper. Interessierte seien hier auf das Kapitel 1.4.3 verwiesen.

Achtung: Da sämtliche Fluoreszenzfarbstoffe durch Licht anregbar sind, bringen sie auch eine gewisse Lichtempfindlichkeit mit sich. Es ist daher ratsam, die Fluoreszenzfarbstoffe im Dunkeln bzw. in geeigneten abgedunkelten Behältnissen zu lagern und sie nicht unnötig lange dem Licht auszusetzen. Die übertriebene Angst mancher Experimentatoren, dass Lichteinstrahlung sofort zur Ausbleichung der Farbstoffe führt, ist aber meist übertrieben. Man macht wahrscheinlich mehr kaputt, wenn man versucht, die fluoreszenzgekoppelten Antikörper im Dunkeln zu pipettieren.

3.3 Probenvorbereitung

Ohne Zellen keine Messung! Da man diese (noch) nicht im Supermarkt um die Ecke kaufen kann und das Betteln bei Kollegen erfahrungsgemäß nur eine begrenzte Zeit lang zum Erfolg führt, wird man wohl nicht drum herumkommen, selber Zellen zu kultivieren und zu isolieren. Verschiedene Methoden, wie man am besten Zellen gewinnt, sind in Kapitel 2 näher beschrieben. Da in der Immunologie oft mit Blutzellen gearbeitet wird, beziehen sich die weiteren Beschreibungen hauptsächlich auf diese Zelltypen, obwohl es mittlerweile möglich ist, praktisch jede zelluläre Struktur durchflusscytometrisch zu erfassen.

3.3.1 Zellmarkierung

Die zu untersuchenden Zellen können auf unterschiedliche Weise markiert – man sagt auch gefärbt – werden. Man unterscheidet dabei vor allem die Zelloberflächenmarkierung von der intrazellulären Markierung. Weiterhin ist es möglich, eine direkte Markierung (mit einem direkt markierten Antikörper) oder eine indirekte Markierung (mit einem unmarkierten Primärantikörper und einem markierten Sekundärantikörper) vorzunehmen. Die verschiedenen Varianten „intrazellulär", „extrazellulär", „direkt" und „indirekt" können theoretisch fröhlich kombiniert werden – ob es klappt, muss man allerdings bei jedem neuen Versuchsansatz empirisch ermitteln – Vorhersagen sind schwierig. Neben der Markierung mit nur einem Antikörper sind auch Mehrfachmarkierungen möglich.

3.3.1.1 Markierung von Oberflächenantigenen

Die direkte Markierung zellulärer Oberflächenantigene ist die einfachste Art, bestimmte Zellsubpopulationen zu detektieren und sich ein Bild über ihren Phänotyp zu verschaffen. Stehen die Zellen erst einmal zur Verfügung, kann man sie mit einem einfachen Protokoll recht schnell identifizieren und charakterisieren – sofern die relevanten Antigene in ausreichendem Maße exprimiert werden. Am geschicktesten ist es, die Zellen direkt in den Röhrchen zu markieren, die auch für die spätere Messung verwendet werden. Je nach Durchflusscytometer-Modell kommen dabei verschiedene Typen von Röhrchen zur Anwendung. Zur Erhaltung des „Status quo" der Zellen ist es meist sinnvoll, sämtliche Schritte auf Eis durchzuführen. Damit minimiert man die Gefahr, dass Oberflächenmoleküle der Zellen nach Bindung der Antikörper proteolytisch abgespalten (Rezeptor-"shedding"; engl.: to shed = abwerfen, loswerden) oder durch Endocytose internalisiert werden. Aus selbigen Gründen kann auch eine Fixierung der Zellen von Vorteil sein. Dabei ist jedoch zu berücksichtigen, dass eine Fixierung der Zellen meist mit Zellverlusten verbunden ist. Chemisch betrachtet handelt es sich bei einer Fixierung um eine Quervernetzung und/oder Koagulation von Proteinen – logisch also, dass dadurch auch die relevanten immunreaktiven Strukturen modifiziert werden können. Folglich kann auch die spezifische Antigenität der Zellen unter der Fixierung leiden (Kap. 6.2.2). Vor der Antikörperzugabe werden die Zellen einmal mit Waschpuffer gewaschen. Meist handelt es sich bei diesem Waschpuffer um PBS, dem typischerweise bestimmte Proteinzusätze wie FCS oder BSA sowie EDTA und Natriumazid zugesetzt werden. Die Proteinzusätze wirken dabei als stabilisierende Schutzkolloide, die wenigstens ein Minimum an zellphysiologischem Milieu im Röhrchen nachahmen sollen. Außerdem reduzieren sie erfahrungsgemäß die Adhärenz der Zellen an das Röhrchen sowie das Ausmaß der unspezifischen Antikörper-Bindung, da sie bereits einen Teil der unspezifischen Proteinbindestellen blockieren. EDTA soll ebenfalls den Zellverlust, der durch divalente Kationen-abhängige Adhärenz an das Probenröhrchen entsteht, verhindern. Es darf allerdings nicht zugesetzt werden, wenn die Antigen-Expression von zweiwertigen Kationen abhängig ist, da diese durch EDTA komplexiert werden. Der Zusatz von Natriumazid soll die Endocytose unterdrücken. Auch das „patching" und „capping" soll dadurch minimiert werden. Unter „patching" versteht man eine passive Verklumpung der Zelloberflächenproteine, die durch Quervernetzung dieser Moleküle zustande kommt. Dem folgt eine metabolismusabhängige Ansammlung dieser vernetzten Proteine an einem Pol der Zelle – dem „capping".

Nach dem Waschen werden der Zellsuspension ein oder auch mehrere, gegen extrazelluläre Strukturen gerichtete Antikörper zugegeben. Diese sind idealerweise direkt fluorochrommarkiert. Nach der Antikörper-Inkubation sollten die Zellen zweimal gewaschen werden, um nicht gebundene Antikörper zu entfernen und so störende Hintergrundemissionen zu minimieren. Für die Messung können die Zellen in Trägerflüssigkeit (z. B. PBS) aufgenommen werden. Es sollte aber darauf geachtet werden, dass die Zellen nur in Lösungen aufgenommen werden, die nicht zum Verstopfen des Systems führen; eventuell hilft es, die Lösung deshalb vor Gebrauch zu filtrieren. Zur gleichzeitigen Betrachtung der Zellviabilität bzw. Apoptoserate, können der Zellsuspension Zusätze, wie z. B. Propidiumiodid, zugegeben werden (Kap. 8.1.1.2 und 8.5.5).

Werden die Zellen nicht sofort gemessen, sollten sie für eine längere Lagerung fixiert werden, um deren aktuellen Zustand zu konservieren. Welche Arten der Fixierung es gibt, und was dabei beachtet werden sollte, ist in Kapitel 6.1 und 6.2.2 näher beschrieben.

Ist man mangels farbstoffgekoppelter Primärantikörper oder aus Gründen der Signalverstärkung zu einer **indirekten Messung** gezwungen, gibt man nach Zugabe des unmarkierten Primärantikörpers und den darauf folgenden Waschschritten den markierten Sekundärantikörper zu. Die Waschschritte sind unbedingt erforderlich, da ungebundener Primärantikörper vor Zugabe des Sekundärantikörpers vollständig entfernt werden muss, um keine falsch positiven Signale zu erhalten. Der Sekundärantikörper erkennt und bindet den konstanten Fc-Teil des unmarkierten Primärantikörpers. Er muss also spezies- und isotypspezifisch für den Primärantikörper sein. In Abbildung 6-2 ist die indirekte Markierung im Vergleich zur direkten Markierung dargestellt. Der routinemäßig halbstündigen Inkubation schließen sich, wie nach Zugabe des Primärantikörpers, wieder zwei Waschschritte an. Die indirekte Markierung ist dann abgeschlossen und die Zellen können für die Messung im gewünschten Puffer aufgenommen werden.

Ihnen steht der Sinn nach Mehrfachmarkierungen? Kein Problem – Sie müssen lediglich eine geeignete Kombination von Antikörpern wählen. Der limitierende Faktor ist meist deren Verfügbarkeit. Wenn Sie Ihre Wunschantikörper aufgetan haben, hoffen Sie am besten noch auf eine Top-Qualität, die sich durch höchste Spezifität, niedrigste Unspezifität und einem blendenden Signal auszeichnet. Zur Kombination: Im einfachsten Fall verfügen Sie für alle relevanten Antigene über unterschiedlich markierte Primärantikörper. Wenn nicht, heißt es: „indirekte Methode". Doch Achtung: Handelt es sich beispielsweise bei den Primärantikörpern um Maus-IgG_1-Antikörper, so würde ein fluoreszenzgekoppelter anti-Maus-IgG_1-Sekundärantikörper sämtliche Primärantikörper gleichermaßen erkennen. Daher müssten die Primärantikörper aus verschiedenen Spezies stammen oder sich bzgl. der Isotypen unterscheiden. Damit sollte gewährleistet sein, dass die entsprechenden Sekundärantikörper die jeweiligen Primärantikörper **spezifisch** erkennen. Es empfiehlt sich aber, die Sekundärantikörper vor ihrer Verwendung auf ihre Spezies- bzw. Isotypspezifität hin auszutesten. Sind die obigen Voraussetzungen erfüllt, können für eine indirekte Mehrfachmarkierung die unmarkierten Primärantikörper gleichzeitig den Zellen zugegeben werden. Nach der Primärantikörper-Inkubation und den Waschschritten werden die spezies- bzw. isotypspezifischen fluoreszenzmarkierten Sekundärantikörper-Konjugate zugegeben. Diese sollten natürlich unterschiedliche Fluoreszenzen tragen, da man sich sonst die ganzen Vorüberlegungen hätte sparen können.

Eine weitere Möglichkeit besteht darin, einen der Antikörper zu biotinylieren (Kap. 1.4.4), und die Zellen mithilfe des Biotin-Avidin-Systems zu markieren. Die Markierung der Zellen erfolgt dann zuerst mit dem nicht-biotinylierten Primärantikörper, daraufhin wird der fluoreszenzgekoppelte Sekundärantikörper zugegeben. Als dritter Schritt folgt die Markierung mit dem vorher biotinylierten Primärantikörper. Dieser kann mithilfe von fluoreszenzgekoppeltem Streptavidin markiert werden.

Hat der Experimentator doch noch irgendwo zumindest einen direkt markierten Antikörper aufgetrieben, so sollte dieser erst nach der Beendigung der indirekten Markierung den Zellen zugegeben werden. Zusammenfassend lässt sich ohne Übertreibung sagen, dass die richtige Kombination und Reihenfolge an Antikörpern der Schlüssel zum Erfolg eines durchflusscytometrischen Experimentes ist.

3.3.1.2 Markierung intrazellulärer Antigene

Mit den Zellen ist es doch im Prinzip wie beim Autokauf. Ein ansprechendes Äußeres ist zwar enorm wichtig, aber wirklich interessant wird's doch erst bei den inneren Werten: Wie viel PS und Drehmoment stecken denn nun unter der Haube? Entpuppt sich die Karre als lahmer Gaul oder ist's der Wolf im Schafspelz? Nicht anders geht's dem Experimentator, der endlich den für seine Fragestellung passenden Zelltyp gefunden hat. Auch er will sich ein Bild von den inneren Werten seiner Zellen machen. Da er in diese aber schlecht einsteigen und losdüsen kann, bleibt ihm hierfür nur die intrazelluläre Messung.

Wie der Name schon vermuten lässt, ist es nötig, durch die Zellmembran in das Innere der Zelle vorzudringen. Dort werden die relevanten Antigene so markiert, dass sie identifiziert und quantifiziert werden können. Das hört sich einfach an, stellt den Experimentator aber vor wesentlich größere Hürden als es z. B. bei der Oberflächenmarkierung der Fall ist. Daher ist es auch unmöglich, ein generelles Protokoll für die Messung aller intrazellulären Antigene in womöglich noch jedem beliebigen Zelltyp zu beschreiben. Dennoch, jede intrazelluläre Markierung besteht aus drei grundlegenden Schritten:

1. Fixierung der Zellen
2. Permeabilisierung der Zellmembran
3. Antikörpermarkierung intrazellulärer Antigene

Bevor man loslegt, müssen für eine erfolgreiche intrazelluläre Messung einige Punkte beachtet bzw. in Erwägung gezogen werden: Wird mein relevantes Antigen auch wirklich intrazellulär exprimiert und wenn ja, in ausreichendem Maße? Wird es dort nur lokal exprimiert oder ist es im gesamten Zelllumen existent? Welchen Einfluss hat der Aktivierungszustand der Zellen auf die Expression? Ist es löslich oder an irgendwelche Strukturen assoziiert? Ändert es gar seine Form? Verfüge ich über einen antigenspezifischen Antikörper? Wie verhält sich dieser in Bezug auf unspezifische Bindungen an intrazelluläre Strukturen? Mit welchem Fluorochrom koppele ich meinen Antikörper? Welches Fixativ und Permeabilisierungsreagenz wähle ich? Fragen über Fragen …

Das hört sich natürlich am Anfang mächtig kompliziert an, und man muss in der Tat gute Vorüberlegungen leisten und auch beim Optimieren Geduld aufbringen. Aber selbst bei kommerziell erhältlichen Präparationskits mit vorgefertigten Protokollen muss einiges an Energie investiert werden, damit man sich hinterher im Erfolg sonnen kann. Das Prinzip der intrazellulären Markierung für die Durchflusscytometrie lässt sich anhand von, aus antikoaguliertem Blut gewonnenen, mononucleären Zellen (MNCs) recht einfach erklären.

Die isolierten MNCs (Kap. 2.1.3.1) können zur Vorbereitung bereits direkt in die zur späteren Messung verwendeten Röhrchen gegeben werden. Aus den oben genannten Gründen ist es auch hier wichtig, auf Eis zu arbeiten. Die Zellen werden mit Waschpuffer gewaschen und anschließend fixiert. Hier bietet sich in vielen Fällen die **Fixierung** mit Paraformaldehyd (0,25–4 %) an, die meist für 2–15 min bei 4–25 °C stattfindet. Tabelle 3-3 enthält einige Beispiele für Reagenzien, die zur Zellfixierung für die intrazelluläre Messung in Frage kommen. Die Fixierung ist Voraussetzung für die nachfolgende Permeabilisierung und soll das exprimierte Antigen über einen längeren Zeitraum stabil und dadurch den Antigenverlust möglichst gering halten. Nach der Inkubation schließen sich zwei Waschschritte an, um restliche Fixationslösung zu entfernen.

Zur **Permeabilisierung** der Zellen erfolgt ein weiterer Inkubationsschritt, wobei der verwendete Puffer z.B. Saponin als Permeabilisierungsreagenz enthält. Bei Saponin handelt es sich um ein häufig zur Permeabilisierung verwendetes pflanzliches Detergens (Exkurs 10). Die Perforation der Zellmembran wird aber auch gerne mit Lysolecithin oder nicht-ionischen Detergenzien wie Triton X-100 oder Tween 20 durchgeführt (Tab. 3-3). Die optimale Detergenzienkonzentration muss, ebenso wie die Inkubationstemperatur und -zeit, sorgfältig bestimmt werden, da es sonst zur Freisetzung bestimmter Zellsubstanzen kommen kann. Saponin wird gewöhnlich in einer Konzentration von 100–500 µg/ml eingesetzt. Die Inkubationszeit liegt zwischen 2 und 20 min, bei 4–25 °C. Wird dagegen Methanol (100 %) zur Permeabilisierung der Zellen verwendet, reichen bereits 5–10 min bei –20 bis –70 °C. Durch die permeabel gewordene Zellmembran wird den Antikörpern der freie Zugang in Richtung Antigen erst ermöglicht.

Tab. 3-3: Reagenzien für die intrazelluläre Messung. Beispiele für Reagenzien, die zur Fixierung und Permeabilisierung von Zellen, in Vorbereitung auf die intrazelluläre Messung, in Frage kommen.

Reagenz	Fixierung	Permeabilisierung	Eigenschaften
Glutaraldehyd	X		kreuzvernetzend
Paraformaldehyd	X		kreuzvernetzend
Ethanol	X	X	schwach kreuzvernetzend, koagulierend
Methanol	X	X	schwach kreuzvernetzend, koagulierend
Digitonin		X	pflanzlich, wirkt als Detergens
Lysolecithin		X	wirkt als Detergens
NP-40		X	nicht-ionisches Detergens
Saponin		X	pflanzlich, wirkt als Detergens
Triton X-100		X	nicht-ionisches Detergens
Tween 20		X	nicht-ionisches Detergens

Für eine von Erfolg gekrönte intrazelluläre Antigen-Detektion sollte sich der Experimentator über einige **Eigenschaften des Antigens** im Klaren sein. Die Antigene im Zellinneren sind nicht unbedingt alle an einem festen Standpunkt lokalisiert, sondern können je nach ihrer Funktion oder dem Aktivierungszustand der Zelle an unterschiedlichen Orten zu finden sein. Aufgrund der „zellulären Dynamik" kann es auch zu Strukturveränderungen des Antigens kommen, oder es kann sich in Lösung begeben. Die Folge: Der gewählte Primärantikörper ist nun nicht mehr in der Lage, sein Epitop zu erkennen, da dieses evtl. verändert oder blockiert ist.

Die richtige **Antikörperwahl** spielt natürlich nicht nur im Hinblick auf die spezifische Antigenerkennung eine wichtige Rolle – mit ihr steht und fällt der ganze Versuch. Das fängt schon mit der Wahl des richtigen Antikörper-Isotyps an. Es ist ratsam, eher auf kleinere Antikörper-Isotypen, wie z. B. IgG, zurückzugreifen, da beispielsweise ein Antikörper vom IgM-Typ aufgrund seiner pentameren Struktur Probleme haben kann, zu den richtigen Zellkompartimenten zu diffundieren oder auch nur unter Schwierigkeiten die richtigen Epitope binden kann. Zur Verdeutlichung des Größenvergleichs zwischen einem IgG- und einem IgM-Antikörper ist Abbildung 1-1 zu betrachten. Für die Sensitivität des Nachweises ist natürlich auch das gebundene Fluorochrom und der Anteil an gebundenem Fluorochrom pro Antikörperprotein entscheidend (F/P-Verhältnis) (Kap. 1.4.3.1). Man sollte „saubere", d. h. keine freien Fluorochrommoleküle enthaltende, Lösungen verwenden. Einige Fluorochrome, auch das häufig verwendete FITC oder PE, können – je nach Zelltyp – zu höheren Hintergrundsignalen im Zellinneren führen. Allerdings hat z. B. FITC den Vorteil der geringen Größe, wodurch die Penetration der Zellmembran, die Diffusion in der Zelle und somit meist auch die Markierungsdichte erhöht ist. Die Intensität des Signals hängt entscheidend vom F/P-Verhältnis ab.

Hat man die richtige Antikörperwahl getroffen, binden diese an ihre spezifischen Antigene, die somit identifiziert und quantifiziert werden können. Nach der Antikörperinkubation schließen sich erneut zwei Waschschritte an, die aber in bestimmten Fällen (z. B. bei Saponinverwendung) unbedingt mit Permeabilisierungsreagenz-haltigem Waschpuffer erfolgen müssen. Die Zellen sind jetzt intrazellulär markiert und können, nach Aufnahme in PBS, durchflusscytometrisch gemessen werden.

3.3.1.3 Intra- und extrazelluläre Markierung

Oft erfordert eine wissenschaftliche Fragestellung nicht nur eine extrazelluläre oder eine intrazelluläre Charakterisierung, sondern die kombinierte Beantwortung beider Fragen.

Der zur intrazellulären Messung zusätzliche Nachweis von extrazellulären Strukturen kann mit direkt markierten Antikörpern relativ einfach erbracht werden. Die frisch gewonnenen Zellen werden nach einem ersten Waschschritt mit einem oder mehreren Oberflächenantikörpern inkubiert, worauf zwei weitere Waschschritte erfolgen. Dann wird wie oben beschrieben mit der Fixierung, Permeabilisierung und intrazellulären Markierung fortgefahren.

3.3.1.4 Zellstimulations- und Permeabilisationskits zur intrazellulären Cytokinmessung

Mittlerweile gibt es Kits auf dem Markt, die einem das Leben etwas erleichtern können, auch wenn sie einem nur die lästige Suche nach irgendwelchen Reagenzien in eiskalten Tiefkühltruhen oder übervollen Kühlschränken abnehmen. Sie enthalten neben verschiedenen Stimulanzien auch Fixative, Permeabilisierungspuffer, Waschpuffer und manchmal auch schon die gängigsten Antikörper zur extra- und intrazellulären Messung – bestenfalls bereits fluorochrommarkiert.

Glücklich kann sich derjenige schätzen, dem die Zellen direkt zur Verfügung stehen (z. B. Vollblut), denn leider nehmen diese Kits einem nicht die Arbeit der Zellisolation (Kap. 2) ab. Die Zellen werden in geeignete Stimulationsgefäße überführt und darin mit den Stimulanzien Ihrer Wahl „gekitzelt". Bei Bedarf versetzt man den Ansatz mit einem sogenannten Akkumulationsreagenz, wie z. B. Monensin und Brefeldin A. Diese blockieren zelluläre „Ausschleusungen", indem der intrazelluläre Transport zwischen endoplasmatischem Reticulum und Golgi-Apparat blockiert wird. In der Folge bleiben frisch exprimierte Proteine intrazellulär akkumuliert und damit nachweisbar. Die Zugabe von Akkumulationsreagenzien ist besonders dann wichtig, wenn man Stimulanzien einsetzt, die eine schnelle Synthese und Sekretion der relevanten Proteine bewirken. Nach der Stimulation werden die Zellen gewaschen und fixiert. Dieser Fixierungsschritt wird durch einen erneuten Waschschritt gestoppt. Das Zellpellet kann nun in Waschpuffer aufgenommen und über Nacht bei 4 °C gelagert werden. Eifrige unter uns machen sicherlich sofort mit der Oberflächenmarkierung weiter. Zur extrazellulären Markierung werden die Zellen in Waschpuffer resuspendiert und die entsprechenden Antikörper zugesetzt. Nach Inkubation erfolgt die Permeabilisierung der Zellen. Die Zugabe der gegen die intrazellulären Antigene gerichteten Antikörper, eine weitere Inkubation und ein letzter Waschschritt mit Permeabilisierungslösung beenden die Vorbereitungen für die intrazelluläre Messung.

Exkurs 10

Saponine

Saponine (lat.: „sapo", „saponis" = „Seife") sind pflanzliche Glykoside, die im Wasser seifenartige kolloidale Lösungen bilden. Saponine lassen sich in vielen Pflanzenfamilien nachweisen. Beispielsweise finden sie sich in Rüben, Sojabohnen, Kastanie, Ahorn, Yucca und Agave. Ein typischer Vertreter ist das Digitonin, ein Glykosid aus Blättern und Samen der Digitalispflanzen. Durch die oberflächenaktive Wirkung der Saponine können diese toxisch wirken. Diese Eigenschaft haben sich einige indigene Völker schon früh zu Nutze gemacht, indem sie Fische mit saponinhaltigen Pflanzenstücken betäubt und dann abgefischt haben.

Die Permeabilisierung der Zellmembranen eukaryotischer Zellen kommt durch die Reaktion des Saponins mit dem Cholesterol der Zellmembran zustande. Dies führt dazu, dass die Antikörper in das Zellinnere eindringen können. Da die permeabilisierende Wirkung reversibler Natur ist, können sich in Abwesenheit des Saponins die Löcher in den Membranen wieder schließen. Eine zu lange Einwirkzeit des Saponins kann dagegen der Membranstruktur der Zellen irreversible Schäden zufügen. Saponin wird vor allem auch deshalb für intrazelluläre Markierungen benutzt, da es keinen Einfluss auf die Effizienz der Antikörperbindung zu haben scheint.

3.4 Inbetriebnahme des Durchflusscytometers

Die Palette an derzeit angebotenen Durchflusscytometern ist überschaubar. Da es sich allesamt um technisch aufwändige Geräte handelt, nimmt die Vorbereitung zur Inbetriebnahme etwas Zeit in Anspruch. Jedes Durchflusscytometer verlangt eine andere Vorbereitung; so soll im Weiteren ein etwas allgemeineres Protokoll skizziert werden. Findet sich keine gute Seele, die einen in die Geheimnisse der Durchflusscytometrie einweiht, sind detailinteressierte Anwender im schlimmsten Falle gezwungen, sich an den jeweils mitgelieferten Handbüchern zu delektieren. Technische Handbücher strotzen erfahrungsgemäß nicht gerade vor Kurzweiligkeit – manchmal besitzen sie sogar ausgeprägtes Potenzial, einen in den Irrsinn zu treiben. Wählen Sie für das Studium eines solchen Werkes also bitte einen möglichst relaxten Tag, an dem sie von Nichts und Niemandem aus der Ruhe zu bringen sind.

Vor dem Start des Durchflusscytometers sollte überprüft werden, ob sich noch genug Trägerflüssigkeit in dem entsprechenden Vorratsbehälter befindet, um die Messung durchführen zu können. Außerdem sollte der Abfalltank, der die verbrauchte Trägerflüssigkeit aufsammelt, leer sein. Denn nichts ist ärgerlicher, als während der Messung plötzlich den Vorratsbehälter neu auffüllen zu müssen – geschweige denn, die Sauerei eines übergelaufenen Abfallbehälters zu entfernen. Als Trägerflüssigkeit wird von einigen Arbeitsgruppen steril filtriertes PBS verwendet. Wer es etwas komfortabler liebt, findet eine ganze Reihe von Firmen, die Trägerflüssigkeiten für die Durchflusscytometrie („Sheath Fluid") in verschiedenen Mengen und teilweise auch verschiedenen Konzentrationen anbieten. Ist soweit alles in Ordnung, wird das ganze **Flüssigkeitsversorgungssystem** unter Druck gesetzt. Dies ist Voraussetzung für den laminaren Probenfluss durch die Messküvette. Durch Druckaufbau im Trägerflüssigkeitsbehälter wird Trägerflüssigkeit in die Messküvette gedrückt. Durch gleichzeitigen Druck auf das Probenröhrchen steigt auch die Probenflüssigkeit in die Messküvette. Sie wird dort von der Trägerflüssigkeit mitgerissen und zu einem feinen laminaren Probenstrom ausgezogen. In Abbildung 3-5 ist der Zusammenhang von Flüssigkeitssystem, Luftsystem und Probenfluss schematisch dargestellt.

Es dauert einige Sekunden, bis sich der Druck richtig aufgebaut hat. Wichtig ist, dass sich keine Luftblasen innerhalb der Schläuche des Flüssigkeitssystems befinden. Diese können eine Messung erheblich beeinflussen und sollten deshalb entfernt werden. Bei einigen Geräten ist es erforderlich, das Gerät zu „primen". Dies bewirkt, dass ein Luftstrom durch die Probennadel (sie sorgt während der Messung dafür, dass die Probe in die Messküvette gelangt) fließt und somit eventuelle Verstopfungen der Proben-

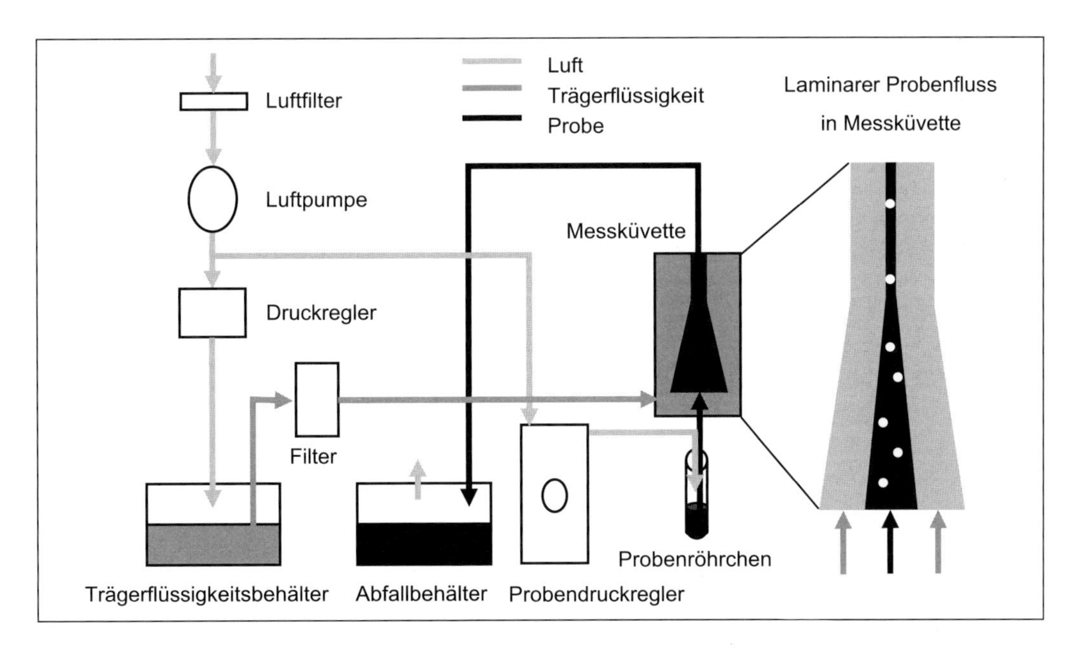

Abb. 3-5: Flüssigkeitssystem, Luftsystem und Probenfluss. Ein System aus Trägerflüssigkeit und Druckluft gewährleistet den Probenfluss durch das Durchflusscytometer. Eingebettet in Trägerflüssigkeit wird die Probenflüssigkeit zu einem dünnen Flüssigkeitsfaden ausgezogen, in dem laminare Strömung herrscht – Grundvoraussetzung für eine einwandfreie durchflusscytometrische Messung.

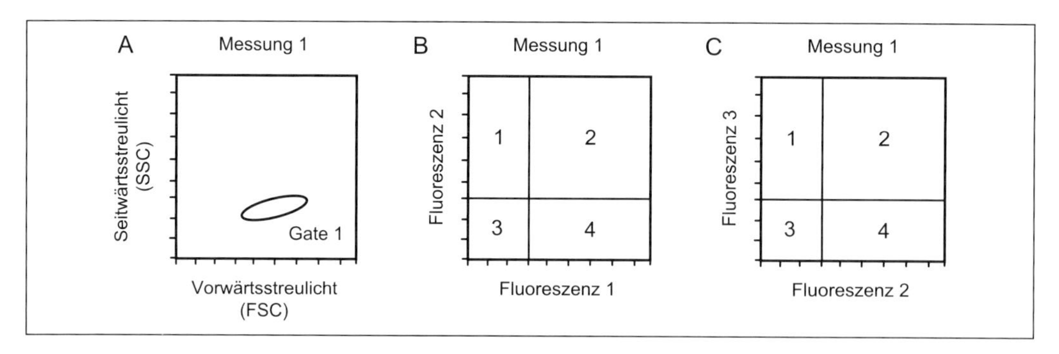

Abb. 3-6: Messoberfläche. Beispiel, wie die Messoberfläche eines Durchflusscytometers aussehen kann. In (A) werden die durchflusscytometrisch erfassten Zellen oder Beads abhängig von ihrer Größe (FSC) und Granularität (SSC) aufgetragen. Mithilfe eines gesetzten Gates lassen sich bestimmte Populationen in Abhängigkeit ihrer Fluoreszenzeigenschaften näher charakterisieren (B, C). Schaubild (B) charakterisiert die gegateten Zellen in Abhängigkeit von der 1. und 2. Fluoreszenz, Schaubild (C) in Abhängigkeit von der 2. und 3. Fluoreszenz. Werden weitere Fluoreszenzen verwendet, müssen zur Auswertung entsprechend mehr Schaubilder erstellt werden. Für die Auswertung lassen sich die Schaubilder in verschiedene Regionen (1–4) unterteilen.

nadel beseitigt werden. Dieser Vorgang kann einige Male wiederholt werden. Sinnvoll ist es auch, das ganze System eine Zeit lang mit H_2O dest. durchzuspülen, um einerseits mögliche noch vorhandene Partikel heraus zu spülen, andererseits den einwandfreien Fluss des Systems zu überprüfen.

Der Umgang mit dem jeweiligen Rechner und dessen Software ist nicht verallgemeinernd zu beschreiben. Lediglich der grundlegende Aufbau der Mess- bzw. Auswertungsoberflächen gleicht sich von Modell zu Modell. Je nach Messansatz werden Schaubilder für das Vorwärts- und das Seitwärtsstreulicht sowie für die verschiedenen Fluoreszenzen, die in den Schaubildern gegeneinander aufgetragen werden, erstellt (Abb. 3-6).

3.5 Kompensation und Messung

Da bei der Ausstattung eines Durchflusscytometers eine ganze Reihe verschiedener Kombinationen an Lasern, Filtern und Detektoren möglich sind, sollte der Experimentator bei der Mehrfarbenanalyse die Fluorochrome so wählen, dass jedes Fluorochrom jeweils nur durch einen Detektor registriert wird. Da es aber immer irgendwelche spektralen Überlappungen zwischen verschiedenen Fluorochromen geben kann, müssen – je nach Modell – für die spätere Messung noch allerlei Messparameter eingestellt werden. Damit wären wir bei dem (Reiz-)Thema „Kompensation“ angelangt – oft zeitintensiv, aber unbedingt notwendig!

3.5.1 Kompensation

Für eine aussagekräftige Datenanalyse der gemessenen Proben ist die Kompensation obligatorisch. Dennoch wird sie oft vernachlässigt – möglicherweise, weil sie nicht richtig verstanden

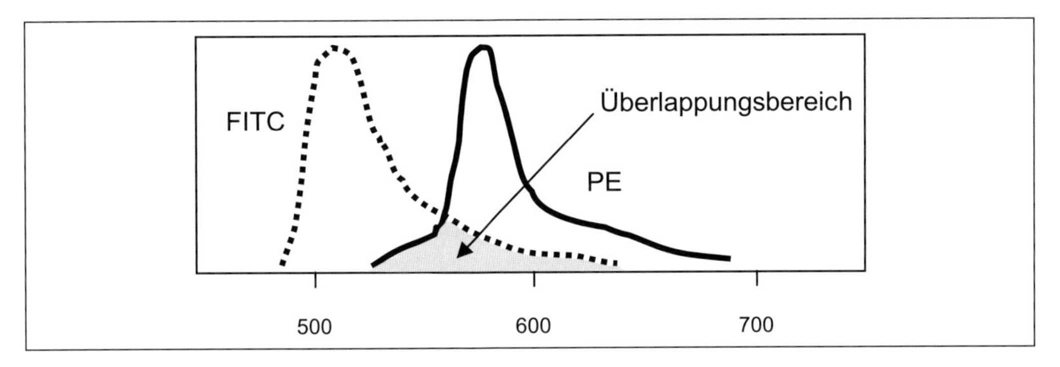

Abb. 3-7: Überlappung von Emissionsspektren. Die Emissionsspektren von FITC und PE erstrecken sich über einen weiten Wellenlängenbereich. Dabei kommt es stellenweise zu Überlappungen, die dann durch das Durchflusscytometer als falsch positive Signale registriert werden.

wird. Warum die Kompensation erforderlich ist, erklärt sich aus den Wellenlängenbereichen des emittierten Lichts der verschiedenen Fluoreszenzfarbstoffe. Die emittierten Wellenlängen können sich über einen weiten Bereich um einen Maximalwert erstrecken. Dabei kommt es vor, dass sich die Emissionswellenlängenbereiche zweier Fluorochrome überlappen. Abbildung 3-7 zeigt beispielsweise den Überlappungsbereich der Emissionsspektren von FITC und PE. Diese Überlappung führt ohne Kompensation zu falsch positiven Signalen. So werden in unserem Beispiel im Fluoreszenzkanal 2 (FL 2), der ja eigentlich nur für die Detektion des PE-Signals auserkoren ist, auch Anteile des von FITC emittierten Lichts registriert. Umgekehrt werden im FITC-Detektor (FL 1) Signale von PE erfasst. Ziel der Kompensation ist es, die falsch positiven Signale von den richtig positiven zu trennen, d. h. der FITC-Detektor soll nur die von FITC ausgehende Emission, der PE-Detektor nur die von PE ausgesandten Strahlen registrieren.

Da ein Kompensationsvorgang – wenn er vor einer Messung erfolgen muss – nicht in fünf Minuten erledigt ist, sondern meist etwas mehr Zeit in Anspruch nimmt, die Zellen aber oft recht flott durch das Messgerät strömen, empfiehlt es sich, bei der **Vorbereitung** eine größere Anzahl von Ansätzen für die Einstellungen bereitzustellen. Dass man dabei den gleichen Zelltyp und die gleichen fluoreszenzgekoppelten Antikörper verwendet, mit denen später auch gemessen werden soll, versteht sich von selbst. Es kann aber auch einen Unterschied machen, ob die Kompensation an frisch isolierten Zellen durchgeführt wird oder an Zellen, die schon etwas älter sind. Im Idealfall werden die für die Kompensation verwendeten Zellen so vorbereitet, wie die Zellen, die für die spätere Messung verwendet werden. Was aber, wenn die Zellen das gesuchte Antigen nicht exprimieren oder nur sehr wenig Zellmaterial zur Verfügung steht? Im ersten Fall lässt sich auf solche Antikörper ausweichen, die Antigene erkennen, die auch mit Sicherheit exprimiert werden. Bei der Verwendung von Tandemkonjugaten stößt man jedoch auch hier an Grenzen. Ist das Zellmaterial rar, kann der Experimentator auf spezielle „Kompensationsbeads" zurückgreifen. Sind diese erst einmal geliefert, können genau die fluoreszenzgekoppelten Antikörper für die Kompensationseinstellungen verwendet werden, die auch im Versuch zum Einsatz kommen. Nachteilig ist, dass dieses System bei der Verwendung von beispielsweise GFP oder PI nicht funktioniert und auch eine 100 % korrekte Einstellung vermutlich nicht zu erreichen ist.

Die Zellen (oder Beads) sollten für die Kompensationseinstellungen möglichst einfach markiert sein, d. h. ein Ansatz sollte z. B. nur FITC-markierte Zellen (zur Einstellung der ersten Fluoreszenz) enthalten, der nächste nur PE-markierte Zellen (für die zweite Fluoreszenz) usw. Eine gleichzeitige Markierung der Zellen mit zwei unterschiedlichen Fluoreszenzen kommt für die Kompensationseinstellungen nur dann in Frage, wenn dadurch nur Teilpopulationen der Zellen angefärbt werden und diese keine Doppelmarkierung zeigen. Optimalerweise werden die Zellen so angefärbt, dass man klar und deutlich negative und positive Populationen voneinander unterscheiden kann (z.B. wäre das FITC-markiertes CD4, das innerhalb der Lymphocytenpopulation nur die T-Helferzellen anfärbt, nicht aber die cytotoxischen T-Zellen, die daher als negative Population zu erkennen sind). Außerdem ist es sinnvoll, unmarkierte Zellen bzw. Zellen, die mit einem irrelevanten Antikörper – der jedoch den gleichen Isotyp wie der spezifische Antikörper besitzt (Isotypkontrolle) – markiert sind, einzusetzen. So kann die unspezifische (Eigen-)Fluoreszenz der Zellen richtig detektiert werden, die je nach Zelltyp und Kultivierungszustand der Zellen sehr unterschiedlich sein kann. Zu beachten ist, dass man für die Einstellungen nur Marker verwendet, die auch auf den jeweiligen Zellen vorhanden sind und nach Möglichkeit auch ein deutliches Signal ergeben.

Um die richtigen **Kompensationseinstellungen** vorzunehmen, kann man folgendermaßen vorgehen: Stehen dem Experimentator beispielsweise Zellen aus einer Vollblutprobe zur Verfügung, so wird er sich diese zuerst in einem Dot-Plot anschauen, bei dem die Parameter FSC und SSC gegeneinander aufgetragen sind. Abbildung 3-8 zeigt so einen typischen Dot-Plot. Man erkennt dabei, dass sich verschiedene Zellpopulationen voneinander unterscheiden lassen. Deutlich trennen sich die Lymphocyten von den Monocyten und Granulocyten ab. Will man die Lymphocytenpopulation weiter untersuchen, so muss auch mit dieser die Kompensationseinstellung vorgenommen werden. Man wählt sie aus, indem ein „Gate" um die Population gelegt wird. Die weiteren Dot-Plots lassen sich so einstellen, dass nur noch Zellen, die in diesem Gate liegen, registriert und weiter charakterisiert werden.

Für die Kompensation der Fluoreszenzen ist es ratsam, Dot-Plot Oberflächen mit sich gegenseitig beeinflussenden Fluoreszenzen zu kreieren (Abb. 3-6). Misst man eine ungefärbte bzw. mit einer Isotypkontrolle markierte Zellprobe, so wird diese die Eigenfluoreszenz der Zellen bzw. unspezifische Antikörperbindung wiedergeben. Die Einstellungen sind so zu wählen, dass diese unspezifisch fluoreszierenden Zellen möglichst im linken unteren Bereich der Dot-Plot Oberfläche zu liegen kommen. Sind die Lymphocyten beispielsweise mit einem FITC-markierten Antikörper (FL 1) und mit einem PE-markierten Antikörper (FL 2) gefärbt worden, die jeweils eine bestimmte Subpopulation detektieren, so lassen sich drei verschiedene Populationen unterscheiden. Der unkompensierte Dot-Plot zeigt, dass Zellen, die eigentlich nur FITC-markierten Antikörper

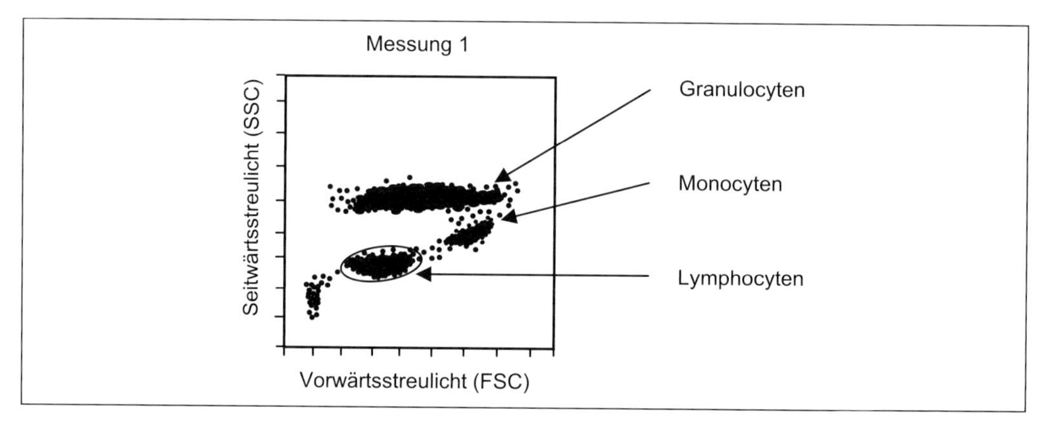

Abb. 3-8: Zellen einer Vollblutprobe im FSC/SSC-Dot Plot. Werden Zellen einer Vollblutprobe in einem FSC/SSC-Dot Plot nach ihrer Größe und Granularität aufgetrennt, lassen sich drei verschiedene Zellpopulationen deutlich voneinander abgrenzen: Lymphocyten, Monocyten und Granulocyten. Zelltrümmer erscheinen als eine kleine diffuse Population am linken unteren Bildrand. Um die Lymphocytenpopulation ist zur weiteren Untersuchung ein Gate gelegt worden.

auf ihrer Zelloberfläche tragen trotzdem auch als PE-positiv detektiert werden. Ebenso zeigen Zellen, die nur von PE-markierten Antikörpern gefärbt worden sind auch eine leichte FITC-Fluoreszenz (Abb. 3-9). Die Kompensation soll bewirken, dass die FITC-markierten Zellen auch nur als solche registriert werden. Dazu müssen die Einstellungen so gewählt werden, dass die FITC-Population nach unten „wandert" und im rechten unteren Bereich zu liegen kommt. Ebenso wird mit den PE-markierten Zellen verfahren, bis diese im linken oberen Bereich des Dot-Plots liegen. Dabei sollten die zaghaften Experimentatoren jedoch nicht zu vorsichtig und die beherzten nicht zu forsch kompensieren. Denn ein „zu wenig" (Unterkompensation) oder ein „zu viel" (Überkompensation) ist nicht unbedingt das Gelbe vom Ei: Bei einer Unterkompensation kann es passieren, dass Zellen oder sogar eine ganze Zellpopulation für positiv gehalten werden, die es gar nicht sind. Dagegen können bei einer zu starken Kompensation schwach positive Populationen als negativ interpretiert oder – wenn sie auf der Achse des Plots zu liegen kommen – sogar gänzlich übersehen werden (Abb. 3-10). Selbstverständlich lassen sich diese Einstellungen nur mit Antikörpern durchführen, die jeweils nur einen Teil der Zellen anfärben, da ansonsten nicht mehr unterschieden werden kann, welche Zellen nur FITC- und welche nur PE-markiert sind. Ist sich der Experimentator nicht sicher, oder findet er nicht die passenden Antikörper, um nur Teilpopulationen anzufärben, so sollten die einzelnen fluoreszenzmarkierten Antikörper nicht in einem gemeinsamen Ansatz, sondern jeder für sich verwendet und kompensiert werden.

Diese häufig durchgeführte paarweise Kompensation, d. h. FL 1 gegen FL 2, FL 2 gegen FL 3 usw. ist bei Verwendung von zwei Farben problemlos, kann sich aber ab drei Farben problematisch gestalten. Durch die paarweise Kompensation unterschlägt man nämlich, dass z. B. eine auf der ersten Fluoreszenz verwendete Farbe nicht nur in die zweite, sondern auch in die dritte hineinstrahlen kann. Somit muss der Experimentator auch eine Kompensation FL 1 gegen FL 3 vornehmen. Mit der Anzahl der eingesetzten Farben steigt natürlich auch die Anzahl an Kompensationsschritten. Trotzdem sollte man hier nicht die Geduld verlieren. Da manche Durchflusscytometer aber deut-

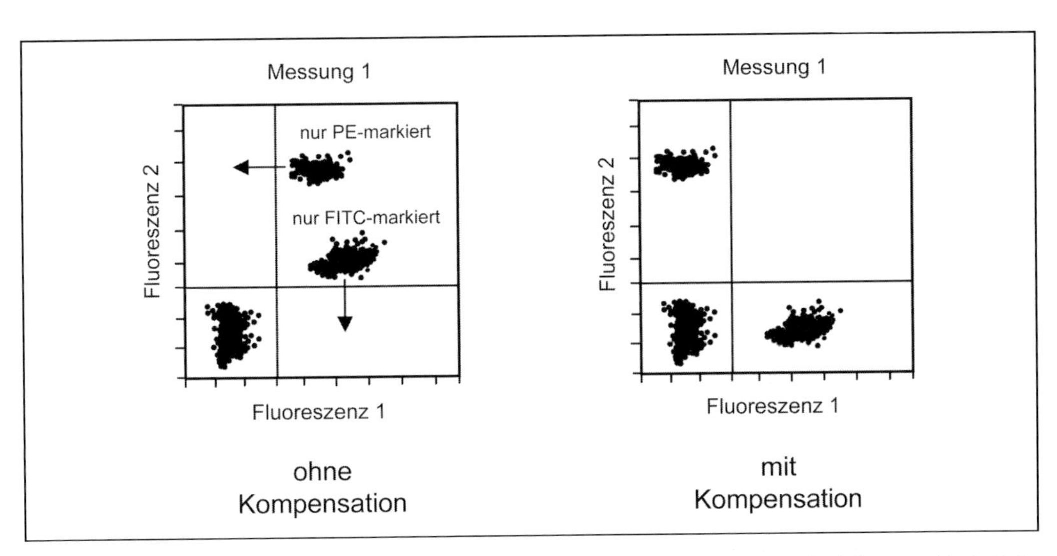

Abb. 3-9: Kompensation. Unkompensiert zeigen in einem FL 1/FL 2-Dot-Plot auch einfach markierte Zellpopulationen Fluoreszenzsignale in benachbarten Fluoreszenzkanälen. Zum Beispiel zeigen FITC-markierte (FL 1) Zellen eine gewisse FL 2-Fluoreszenz, PE-markierte (FL 2) Zellen einen Anteil an FL 1-Fluoreszenz. Die Kompensation bewirkt, dass diese einfach gefärbten Populationen nur noch durch ihren entsprechenden Fluoreszenzdetektor registriert werden. Zellen, die keinerlei Fluoreszenz zeigen, befinden sich im linken unteren Abschnitt des Dot-Plots.

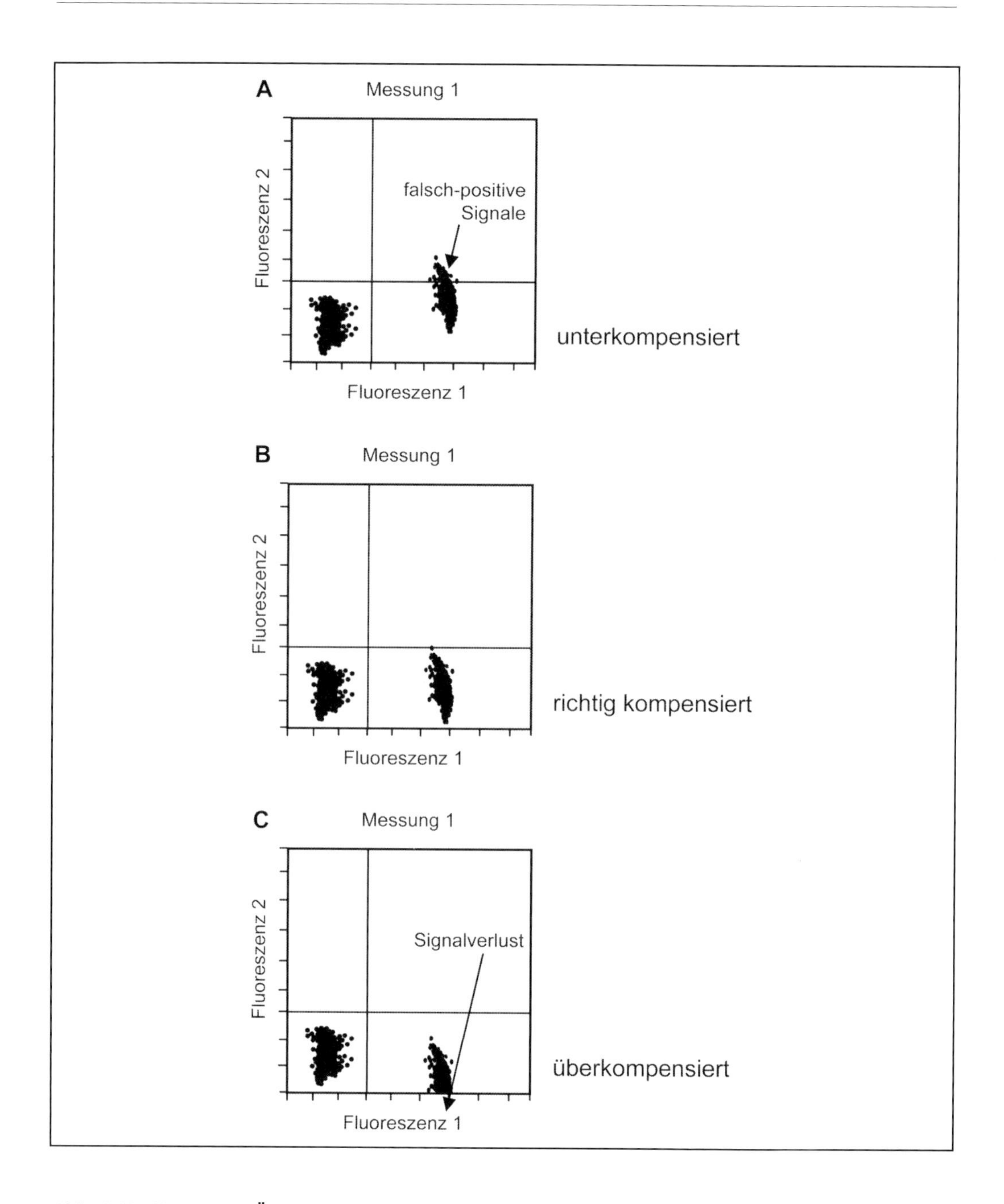

Abb. 3-10: Unter- und Überkompensation. An Lymphocyten, die mit einem FITC-markierten (FL 1) Antikörper gefärbt wurden, der nur eine Subpopulation detektiert (z. B. CD4), lässt sich zeigen, wie stark kompensiert werden muss. (A) Die FITC-markierten Zellen zeigen noch eine gewisse FL 2-Fluoreszenz, da hier zu schwach kompensiert wurde (Unterkompensation). Bei späteren Messungen könnten mit dieser Einstellung Zellen als falsch-positiv interpretiert werden. (B) Richtig kompensiert liegen die einfach markierten Zellen auf der Höhe der negativen Zellpopulation und werden lediglich vom Fluoreszenzdetektor 1 registriert. (C) Bei einer Überkompensation können falsch-positive FL 2-Signale ausgeschlossen werden. Aber auch einige FITC-positive Zellen können nicht mehr registriert werden, weil sie „unter die Achse rutschen", was bei späteren Messungen zu falschen Ergebnissen führen kann.

lich mehr Fluoreszenzen messen können, als manuell kompensierbar sind, ist deren Software in der Regel so ausgestattet, dass Sie eine automatische Kompensation vornehmen können.

Benutzt der Experimentator für seine Versuche Tandemkonjugate, wie z. B. PE/Cy5, spielt auch der Anteil an gekoppelten Donor- (PE) und Akzeptormolekülen (Cy5) für die Kompensation eine Rolle, da dieser nicht immer gleich ist. Je nach Charge liegt er meist in einem Bereich von 1:3 bis 1:10. Auch im Laufe der Lagerung kann es zu Veränderungen der Tandemkonjugate kommmen. Dementsprechend können sich auch die Kompensationseinstellungen ändern. Die gleichzeitige Verwendung mehrerer Tandemkonjugate kann noch ein weiteres Problem verursachen. Angenommen man wählt für seinen Ansatz die Kombination FITC, PE, PE/TR und PE/Cy5, werden aufgrund des PE drei der vier Detektoren beeinflusst, was zu Problemen bei der Kompensation führen kann. Um die Richtigkeit der Kompensation zu überprüfen, ist es in solchen Fällen ratsam, zweifach oder dreifach gefärbte Zellen, von denen bekannt ist, wie sie im Durchflusscytometer erscheinen, mitzuführen. Dies könnten z. B. Lymphocyten aus dem peripheren Blut gesunder Spender sein, die mit anti-CD4-FITC, anti-CD8-PE, anti-CD45-PE/TR und anti-CD2-PE/Cy5 gefärbt sind.

Leider kann aber auch der beste Kompensator trotz aller Mühen an seine Grenzen stoßen. Diese werden von der gerätetechnischen Seite oder von der Software gesetzt und lassen sich nicht immer befriedigend lösen. Trotzdem ist das Verständnis dieser Probleme wichtig. Sie können beispielsweise dann auftauchen, wenn die Signale verschiedener Laser verarbeitet werden müssen. Da bei vielen Durchflusscytometern die Laser hintereinander geschaltet sind, müssen die Einzelsignale elektronisch verzögert werden, um sie gleichzeitig weiterverarbeiten zu können – und das kann Probleme bereiten. Auch findet oft eine ungenaue Konvertierung von linearen zu logarithmischen Signalen statt, die durch die Software nicht genau erfasst wird. Dies kann dazu führen, dass die Messdaten bei einer bestimmten Fluoreszenzintensität zwar richtig kompensiert sind, bei höheren oder niedrigeren Intensitäten die Kompensation aber nicht mehr stimmt. Je weniger kompensiert werden muss, desto geringer ist dieses Problem, was die Wichtigkeit der richtigen Fluorochromwahl unterstreicht. Ein weiteres Kompensationsproblem kann bei Verwendung von Farbstoffen auftauchen, die im langwelligen Rotbereich detektiert werden, da die Fluoreszenzdetektoren Licht dieser Wellenlängen nur schlecht erfassen können. Dies kann besonders bei schwach gefärbten Zellen der Fall sein.

Tipp! Bei manchen Durchflusscytometern bzw. Softwareprogrammen erfolgt die komplette Kompensation erst mit der Auswertung. Ist es aber erforderlich, vor der Messung zu kompensieren, kann auch hier manchmal noch eine nachträgliche Korrektur der Kompensationseinstellungen erfolgen. Dazu sollte vor der Messung aber eher etwas zurückhaltender kompensiert werden, da sich eine versehentliche Überkompensation nachträglich nicht mehr korrigieren lässt. Dabei ist zu bedenken, dass z. B. eine korrekte Kompensation eines Fluorochrompaares zu einer Überkompensation eines anderen Paares führen kann.

Literatur und Weblinks:

Baumgarth N, Roederer M (2000) A practical approach to multicolor flow cytometry for immunophenotyping. *J Immunol Methods* 243: 77–97

Stewart CC, Stewart SJ (1999) Four color compensation. *Cytometry* 38: 161–175; Kommentar in: *Cytometry* 46: 357–359

Alles rund ums Thema Kompensation findet man außerdem unter: **http://www.drmr.com**. Ein kleines Quiz erlaubt es, das Gelernte zu überprüfen.

3.5.2 Messung

Wahrscheinlich hat die Kompensation wieder mehr Zeit gekostet, als man ursprünglich gedacht hatte. Ist sie aber erst einmal ordentlich erstellt, kann man diese Einstellungen meist für weitere Messungen/Auswertungen des gleichen Zelltyps weiter verwenden, sofern sich bei der Probenvorbereitung oder am Gerät nichts geändert hat. Eine regelmäßige Überprüfung der Kompensationseinstellungen beugt unliebsamen Überraschungen vor.

Entscheidend für das Gelingen einer Messung, nicht nur im Hinblick auf die Kompensation (spektrale Überlappung), ist die Auswahl und/oder Kombination geeigneter Antikörper-Fluorochrom-Konjugate – besonders bei Mehrfarbmarkierungen. Bei hoher Antigendichte bzw. Verwendung eines hochaffinen Antikörpers, sollte nicht unbedingt auch noch mit einem Farbstoff gekoppelt werden, der ein starkes Fluoreszenzsignal liefert. Dadurch könnten schwach exprimierte Antigene, deren Nachweisantikörper auch noch mit einem schwachen Fluorochrom gekoppelt sind, unter Umständen nicht detektiert werden. So kann z. B. CD5 auf B-Zellen nur detektiert werden, wenn ein Fluorochrom mit einer hohen Intensität benutzt wird. Hingegen kann CD5 auf T-Zellen mit jedem Fluorochrom nachgewiesen werden. Für die optimale Kombination spielt also sowohl die Fluorochromintensität, als auch der Grad der Antigenexpression eine Rolle. Zum Nachweis von Antigenen mit unbekannter Expressionsstärke ist es am Anfang ratsam, auf Fluorochrome mit einer höheren Intensität (z. B. PE, PE/Cy5 oder APC) zurückzugreifen. Dies kann auch bei solchen Antigenen Sinn machen, deren Expressionsstärke variiert, wie es beispielsweise bei Aktivierungsmarkern der Fall ist. Die Fluoreszenzintensitäten verschiedener gängiger Fluorochrome sind in Tabelle 3-4 ersichtlich. Natürlich sollten sich die für Mehrfarbansätze gewählten Antikörper und Fluorochrome gegenseitig möglichst wenig beeinflussen. Dies ist für die jeweiligen Ansätze empirisch auszutesten. Einige Vorschläge, in welcher Reihenfolge markierte Antikörper in den Messansätzen kombiniert werden können, sind in den Tabellen 3-5 und 3-6 zu finden.

Oft wird bei der durchflusscytometrischen Messung auch ein **Zellviabilitätsnachweis** mitgeführt. Um tote Zellen auszuschließen, bieten sich beispielsweise die Farbstoffe 7-Aminoactinomycin (7-AAD) oder Propidiumiodid (PI) (Sasaki et al., 1987) an. Es kann vorkommen, dass PI bei der Kompensation aufgrund seiner spektralen Überlappung mit PE Probleme verursacht. Für eine Dreierkombination mit FITC auf FL 1 und PE auf FL 2, wird auf der dritten Fluoreszenz meist 7-AAD den Vorzug gegeben (Schmid et al., 1992). Seine spektrale Überlappung mit PE ist wesentlich geringer (Tab. 3-2).

Das Mitführen geeigneter **Isotypkontrollen** ist ebenso wichtig, wie die Kontrollen bei der Kompensation (z. B. einfach gefärbte Zellen). Die Wichtigkeit steigt mit der Zunahme der Fluorochrome pro Ansatz. Nur selten kann auf Isotypkontrollen verzichtet werden. Zu bedenken ist, dass z. B. die

Tab. 3-4: Fluorochromintensitäten. Die Intensität verschiedener Fluorochrome kann sich stark unterscheiden und reicht von sehr niedrig (+) bis sehr hoch (+++++). Dies sollte bei der Auswahl des verwendeten Farbstoffs berücksichtight werden. Verallgemeinert gilt: Benutzen Sie die stärksten Fluorochrome für die am wenigsten stark experimierten Antigene, und umgekehrt.

Fluorochrom	Intensität
Alexa Fluor 488	+++
Alexa Fluor 647	++++
AmCyan	+
APC	++++
APC/Cy7	++
FITC	+++
Pacific Blue	++
PE	+++++
PE/Cy5	++++
PE/ Cy5.5	+++
PE/Cy7	+++
PE/TR	+++
PerCP	++
PerCP/Cy5.5	+++

Subklassen der IgGs unterschiedlich stark an die auf vielen Zellen enthaltenen Fc-Rezeptoren binden ($IgG_{2b} > IgG_{2a} > IgG_1$). IgMs neigen erfahrungsgemäß ebenfalls zu einer hohen unspezifischen Bindung. Wichtig ist also, dass die Isotypkontrolle dem Isotyp des Antikörpers entspricht und auch mit dem gleichen Farbstoff (dieser kann auch unspezifisch binden – Kap. 3.2) wie dieser gelabelt ist.

Das Schöne an der eigentlichen Messung ist, dass sie von ganz alleine abläuft. Der Experimentator kann aber meist noch bestimmen, mit welcher Durchflussrate die Zellen durch das Durchflusscytometer fließen sollen. Dies ist von der Konzentration der Probe abhängig. Auch die Anzahl der Zellen bzw. Ereignisse, die gemessen werden sollen, kann bestimmt werden. Man sollte bedenken, dass auch Zelltrümmer „Ereignisse" sind und so nach beispielsweise 10 000 Ereignissen nicht automatisch ebenso viele Zellen gemessen wurden.

Tipp! Bei Durchflusscytometern, die den Einsatz von großen Probenröhrchen erfordern, z. B. 12 × 75 mm Polystyrolröhrchen mit einem Fassungsvermögen von 5 ml, können auch kleinere

Tab. 3-5: Fluorochromkombinationen bei Mehrfarbmessungen. Mögliche Kombinationen von Fluoreszenzfarbstoffen sowie Anzahl und Wellenlängen der benötigten Laser, die bei einer Mehrfarbmessung verwendet werden können. Weitere Kombinationen und das Ersetzen bestimmter Fluorochrome durch andere Fluorochrome sind denkbar. Tabelle modifiziert nach Baumgarth und Roederer (2000).

Farben	Laser	Kombinationen
4	1: 488 nm	FITC, PE, PE/Cy5, PE/Cy5.5 oder PE/Cy7
4	2: 488 + 647 nm	FITC, PE, PE/Cy5.5 oder PE/Cy7, APC FITC, PE, PE/Cy5, APC/Cy5.5 oder APC/Cy7 FITC, PE, PE/Cy5, APC FITC, PE, PE/TR, APC
5	1: 488 nm	FITC, PE, PE/Cy5, PE/Cy5.5, PE/Cy7
5	2: 488 + 595 nm	FITC, PE, PE/Cy5.5 oder PE/Cy7, TR, APC FITC, PE, PE/Cy5, TR, APC/Cy5.5 oder APC/Cy7 FITC, PE, PE/Cy5, TR, APC
5	2: 488 + 633 nm	FITC, PE, PE/Cy7, APC, APC/Cy5.5 FITC, PE, PE/Cy5.5, APC, APC/Cy7 FITC, PE, PE/Cy5, APC/Cy5.5 oder APC/Cy7 FITC, PE, PE/Cy5, APC, APC/Cy5.5 oder APC/Cy7 FITC, PE, PE/Cy5 oder PE/Cy7, APC, APC/Cy7
6	1: 488 nm	FITC, PE, PE/Cy5, PE/TR, PE/Cy5.5, PE/Cy7
6	2: 488 + 595 nm	FITC, PE, PE/Cy5.5, PE/Cy7, TR, APC FITC, PE, PE/Cy5, PE/Cy7, TR, APC/Cy5.5 FITC, PE, PE/Cy5, PE/Cy5.5, TR, APC/Cy7 FITC, PE, PE/Cy5, PE/Cy5.5 oder PE/Cy7, TR, APC
6	2: 488 + 633 nm	FITC, PE, PE/Cy5.5, PE/Cy7, APC, APC/Cy5.5 oder APC/Cy7 FITC, PE, PE/Cy5, PE/Cy5.5 oder PE/Cy7, APC/Cy5.5, APC/Cy7 FITC, PE, PE/Cy5, PE/Cy5.5 oder PE/Cy7, APC, APC/Cy5.5 oder APC/Cy7
7	2: 488 + 595 nm	FITC, PE, PE/Cy5.5, PE/Cy7, TR, APC, APC/Cy5.5 oder APC/Cy7 FITC, PE, PE/Cy5.5 oder PE/Cy7, TR, APC, APC/Cy5.5, APC/Cy7
7	2: 488 + 633 nm	FITC, PE, PE/Cy5.5, PE/Cy7, APC, APC/Cy5.5, APC/Cy7 FITC, PE, PE/Cy5, PE/Cy5.5 oder PE/Cy7, APC, APC/Cy5.5, APC/Cy7

Tab. 3-6: Fluorochromkombinationen markierter Antikörper in Messansätzen. Vorschläge, in welcher Reihenfolge markierte Antikörper zur Identifizierung bestimmter Zellpopulationen eingesetzt werden können, um sie in drei- oder vierfach markierten Ansätzen zu verwenden. Für die beste Kombination spielt sowohl die Fluorochromintensität, als auch die Antigenexpression eine Rolle. Tabelle modifiziert nach Owens et al. (2000).

Zellpopulation	Kombination für 3 Farben	Kombination für 4 Farben
B-Zellen	Kappa/Lambda/CD20 CD10/CD5/CD19 CD5/CD23/CD20	Kappa/Lambda/CD45/CD20 CD10/CD5/CD45/CD19 CD5/CD23/CD20/CD19
Plasmazellen	CD38/cytoK/CD45 CD38/cytoL/CD45	
T-Zellen	CD7/CD3/CD45 CD4/CD8/CD3	CD7/CD3/CD45/CD56 CD4/CD8/CD45/CD2
Myeloide Vorläuferzellen	CD33/CD13/CD45 CD34/CD117/CD45 CD11b/CD16/HLA-DR	CD13/CD14/CD45/CD33 CD15/CD117/CD45/CD34 CD11b/CD16/CD45/HLA-DR
Myeloide Vorläuferzellen – Monocytendiff.	CD64/CD13/CD45	CD64/CD14/CD45/CD33
Myeloide Vorläuferzellen – Megacaryocytendiff.	CD34/CD41/CD61 CD42b/CD61/CD45	CD41/CD61/CD45/CD34 CD42b/CD61/CD41/CD34
Vorläufer roter Blutkörperchen	CD71/Glycophorin A/CD45	

Volumina problemlos verarbeitet werden. Dafür bietet es sich an, die Proben in kleineren Röhrchen vorzubereiten. Diese können dann zur Messung komplett in ein passendes großes gegeben werden.

Nach Beendigung der Messung sollte der Experimentator auch ein wenig Wert auf den **Ausschaltvorgang** des Durchflusscytometers legen. Hauptsächlich betrifft dies die Reinigung der mit den Proben in Kontakt gekommenen Leitungen. Dies ist vor allem dann wichtig, wenn die gemessenen Proben potenziell infektiös sind. Es könnten sich aber auch Zellen in dem System festsetzen und damit die Leitungen bzw. die Probennadel verstopfen. Eine gründliche Reinigung sollte auch nach der Benutzung bestimmter Fluoreszenzfarbstoffe, wie z. B. Propidiumiodid, Acridinorange und Thiazolorange, und nach der Messung viskoser Proben erfolgen. Sinnvoll ist es, neben der täglichen Reinigungsroutine auch mindestens einmal im Monat eine größere Reinigung des Systems vorzunehmen, bei der es auch nicht schaden kann, mal einen Blick auf die Anschlüsse und Filter zu werfen. Für die Ausschaltroutine kann man verschiedene fertige Reinigungslösungen käuflich erwerben. Sind diese nicht vorhanden oder ist dafür kein Geld verfügbar, kann man sich die Reinigungslösungen auch selber herstellen, indem man verdünntes Natriumhypochlorit einsetzt. Zum Nachspülen verwendet man dann Waschpuffer oder destilliertes Wasser. Hat man jetzt auch noch den Abfallbehälter geleert und den Vorratsbehälter mit neuer Trägerflüssigkeit aufgefüllt, kann der Wahl zum „Mitarbeiter des Monats" eigentlich nichts mehr im Wege stehen.

Literatur:

Sasaki DT, Dumas SE, Engleman EG (1987) Discrimination of viable and non-viable cells using propidium iodide in two color immunofluorescence. *Cytometry* 8: 413–420

Schmid I, Krall WJ, Uittenbogaart CH, Braun J, Giorgi JV (1992) Dead cell discrimination with 7-aminoactinomycin D in combination with dual color immunofluorescence in single laser flow cytometry. *Cytometry* 13: 204–208

3.6 Auswertung

Die grundlegenden Prinzipien der Durchflusscytometrie haben sich seit den ersten Prototypen Ende der 1960er Jahre, deren Patentierung und ihrer kommerziellen Einführung einige Zeit später nur wenig verändert. Das kann man dagegen von der Software, mit der die Ergebnisse dargestellt und ausgewertet werden, nicht behaupten. Meist werden die Messdaten z. B. in Form von eindimensionalen Histogrammen oder zweidimensionalen Dot-Plots dargestellt. Mit der technischen Weiterentwicklung der gleichzeitigen Erfassung verschiedenster Parameter hat sich aber auch die mehrdimensionale Darstellung etabliert. Je nach Software, mit der das Durchflusscytometer ausgestattet ist, ist es möglich, die Ergebnisse auf unterschiedliche Arten zu präsentieren.

3.6.1 Histogramm-Plot

Die einfachste Art der Darstellung ist wohl die des Histogramms. Dabei handelt es sich um eine einfache Häufigkeitsverteilung, bei der die Stärke eines Fluoreszenzsignals gegen die Anzahl der Ereignisse aufgetragen wird (Abb. 3-11A). Je nach Intensität der Signale kann eine lineare oder eine logarithmische Darstellung gewählt werden. Der Vorteil einer logarithmischen Darstellung liegt in der besseren Auflösung schwacher Fluoreszenzsignale (Abb. 3-11B). Es darf dabei jedoch nicht vergessen werden, dass es sich dabei um die gleichen Informationen handelt, die lediglich rechnerisch umgewandelt wurden. Je nachdem, auf welcher Grundlage die Daten abgespeichert werden, kann dies Auswirkungen auf die statistische Auswertung haben.

3.6.2 Dot-Plot

Einzelne Zellpopulationen, die sich in einem Histogramm überlappend darstellen, können oft mit einem zweidimensionalen Dot-Plot besser dargestellt und unterschieden werden (Abb. 3-11C). Die Dot-Plot-Darstellung ist sehr gebräuchlich und wird z. B. gerne benutzt, um die Beziehung zweier verschiedener Fluoreszenzen auf einer Zelle zu zeigen. Die Fluoreszenzen und die durch diese vermittelten Eigenschaften der Zellen werden so einander gegenüber gestellt. Beispielsweise lassen sich durch einen Dot-Plot, der die Signale des Fluoreszenzkanals 1 (FL 1) den Signalen des Fluoreszenzkanals 2 (FL 2) gegenüberstellt, einfach positiv markierte Zellen (FL 1-positiv oder FL 2-positiv) von doppelt positiv markierten Zellen (FL 1- und FL 2-positiv) unterscheiden. Ebenso lassen sich Zellen erkennen, die weder FL 1- noch FL 2-Signale tragen und nur eine gewisse Eigenfluoreszenz aufweisen. Bei Mehrfachmarkierung der Zellen mit Antikörpern, deren Fluoreszenzfarbstoffe in verschiedenen Kanälen detektiert werden, stößt man mit einer zweidimensionalen Darstellung aber an Grenzen. Es ist deshalb sinnvoll, die komplexen Daten in verschiedene Gruppen zu unterteilen und getrennt zu betrachten. So kann man beispielsweise weitere Fluoreszenzkanäle gegenüber stellen (FL 2 gegen FL 3; FL 3 gegen FL 4 usw.). Es ist auch möglich, jede Fluoreszenz mit dem Sidescatter in Beziehung zu bringen. Gewöhnlich werden die Achsen, die die Fluoreszenz darstellen, logarithmisch aufgetragen. Bei der Dot-Plot-Darstellung sollte man aber bedenken, dass Zellen, die exakt die gleichen (Fluoreszenz-)Eigenschaften zeigen, auch nur als ein Punkt dargestellt werden. So geben Dot-Plots, gerade bei einer hohen Zelldichte, nicht die wahre Zellzahl wieder.

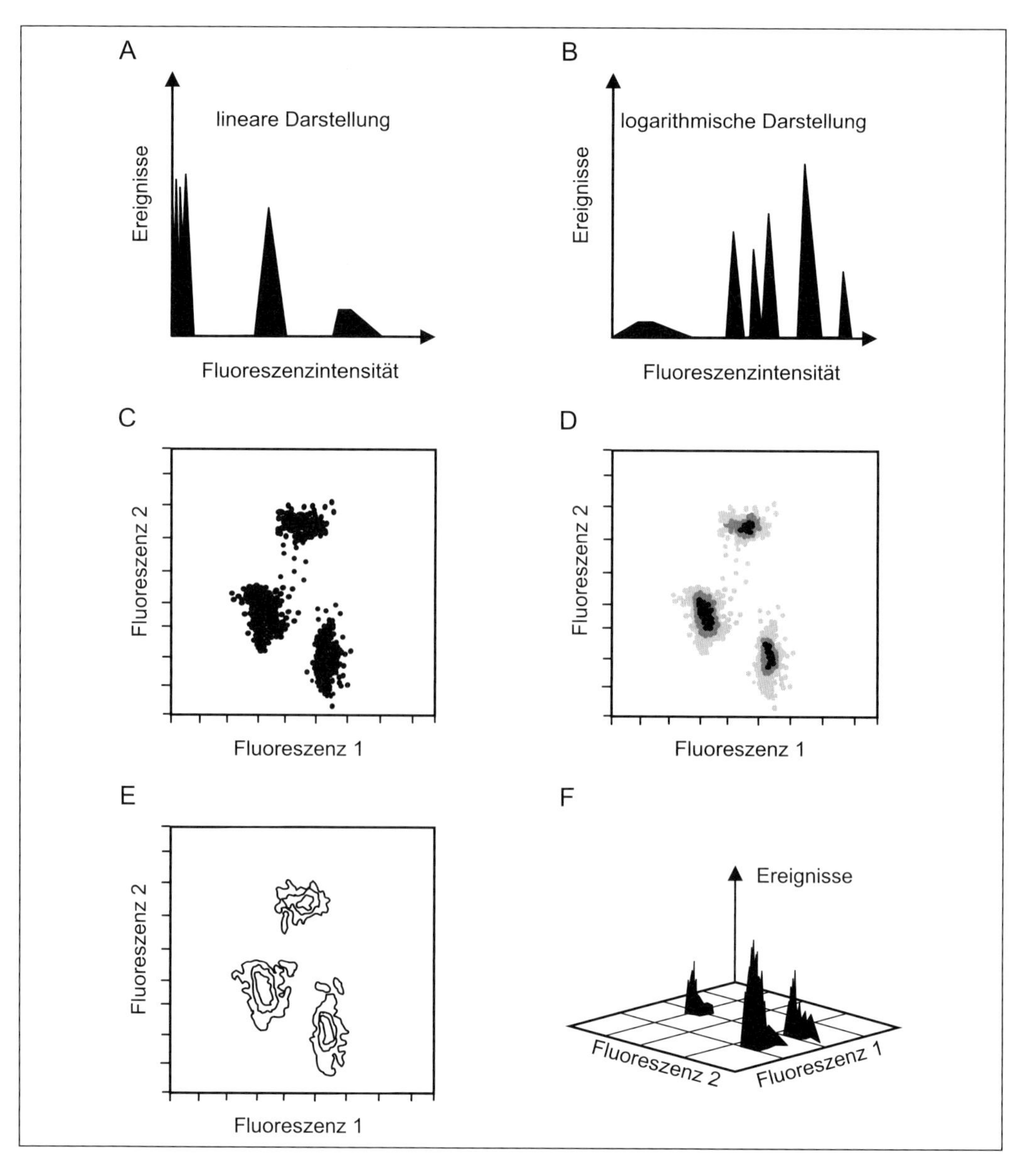

Abb. 3-11: Datenanalyse. Die durchflusscytometrisch erhaltenen Daten können unterschiedlich dargestellt werden: (A) Histogramm-Plot mit linearer Skalierung der x-Achse; (B) Histogramm-Plot mit logarithmischer Skalierung der x-Achse; (C) Dot-Plot; (D) Dichteplot; (E) Konturplot; (F) Isometrische Darstellung.

3.6.3 Dichteplot

Mehrfach überlagerte Punkte innerhalb eines Dot-Plots werden mithilfe eines Dichteplots (Density-Plot) verschiedenfarbig sichtbar gemacht. Als Schwarz/Weiß-Darstellung können die mehrfach überlagerten Punkte auch mithilfe verschieden abgestufter Schattierungen dargestellt werden (Abb. 3-11D). Mit einem Dichteplot erzielt man so eine angemessene Darstellung der wahren Verteilung der Ereignisse.

3.6.4 Konturplot

In einem Konturplot (Contour-Plot) werden Punkte gleicher Dichte zusammengefasst, sodass Gebiete, die die gleiche Dichte haben erkennbar werden. Dies entspricht in etwa den Höhenlinien auf Landkarten (Abb. 3-11E). Abhängig von der Dichteverteilung kann man noch verschiedene Arten der Darstellung wählen: gleiche Abstände von der geringsten bis zur höchsten Dichte; eine logarithmische Verteilung, um Gebiete geringerer Dichte hervorzuheben oder eine Auflösung, die Gebiete mit gleicher Anzahl von Zellen darstellt.

3.6.5 Isometrische Darstellung

Das isometrische Format leitet sich durch Rotation eines Dot- oder Dichteplots ab. Diese erfolgt so, dass eine dritte Ebene sichtbar wird. In dieser dritten Ebene wird die Anzahl der Ereignisse dargestellt (Abb. 3-11F). So kann man z. B. die Verteilung der FL 1- gegen die FL 2-Signale und gleichzeitig deren Häufigkeit sichtbar machen. Sinnvoll ist es, die Achsen aus verschiedenen Blickwinkeln zu betrachten, um zu vermeiden, dass ein kleinerer Peak durch einen größeren verdeckt wird.

Tipp! Der Experimentator sollte sich bei sämtlichen Formen der Darstellung überlegen, ob – gerade auch im Hinblick auf Veröffentlichungen – die von ihm gewählte Art der Darstellung auch für „Außenstehende" verständlich und übersichtlich ist. Denn was nützt einem das tollste Schaubild, wenn es niemand kapiert?

3.7 Modelle und Ausstattungen

Auf dem Markt tummeln sich eine Reihe von Firmen, die verschiedene Durchflusscytometer anbieten. Obwohl alle auf dem gleichen Prinzip aufbauen, unterscheiden sie sich doch teilweise sehr in ihren Ausstattungen und Möglichkeiten – und damit natürlich auch im Preis. Da sich die Bandbreite der Durchflusscytometer und die Anzahl der damit messbaren Fluoreszenzen ständig erweitern, ist es müßig, sie hier alle aufzuzählen. Viele Anbieter können ihre Durchflusscytometer auch auf die Wünsche der Kunden hin optimieren und darüber hinaus mit zusätzlichen Vorrichtungen ausstatten. Dies sind beispielsweise Autosampler, die es z. B. erlauben, den Inhalt von Mikrotiterplatten oder Probenkarussells automatisch zu messen (Kap. 3.7.1) oder Zellsorter, mit denen die Zellen nach bestimmten Kriterien sortiert und somit für weitere Anwendungen zur Verfügung gestellt werden können (Kap. 3.7.2). Nähere Informationen zu verschiedenen Durchflusscytometer-Modellen und deren Sonderausstattungen findet der interessierte Experimentator auf den diversen Firmenwebseiten.

3.7.1 Autosampler

Vor allem dann, wenn der Experimentator in einem Routinelabor beschäftigt ist, sollte er seine Angst vor großen Probenaufkommen schnell ablegen. Trotzdem darf er natürlich weiterhin davon träumen, auch diese manchmal gewaltige Anzahl an zu testenden Proben locker in den Griff zu bekommen. Ein erster Schritt, diese Träume zu verwirklichen, ist dann erreicht, wenn das Durchflusscytometer, an dem er arbeitet, über einen Autosampler verfügt. Mit diesem Zusatzmodul können die vorbereiteten Proben automatisch in das Durchflusscytometer eingebracht und analysiert werden. Dieses kann als eine Art Karussell konstruiert sein, in das die Probenbehältnisse einzeln eingebracht werden können. Die Proben werden dann, je nach Modell, über einen Barcode gescannt und registriert und nach automatischer Durchmischung in das Durchflusscytometer eingebracht. Es gibt auch Vorrichtungen, in die ganze Mikrotiterplatten (z. B. 96- oder 384-Well) eingesetzt werden können und die die Proben nach benutzerdefinierter Reihenfolge aus den einzelnen Wells der Platte in das System einbringen. Auch die Anzahl der Waschschritte zwischen den einzelnen Proben lässt sich definieren. Wenn das Durchflusscytometer nicht schon von vornherein mit diesem Modul ausgestattet ist, können sie – wenn es sich nicht um ganz einfache Modelle handelt – noch nachträglich mit einem Autosampler ausgestattet werden.

3.7.2 Zellsorter

Nach dem Motto: „Die Guten ins Töpfchen, die Schlechten ins Kröpfchen" erfordert es die wissenschaftliche Fragestellung manchmal, dass die Proben nicht nur durchflusscytometrisch bestimmt werden, sondern nach dieser Analyse auch für weitere Anwendungen zur Verfügung stehen. Da wäre es natürlich schlecht, wenn sie alle im Abfalltank landen würden. Manche Durchflusscyto-

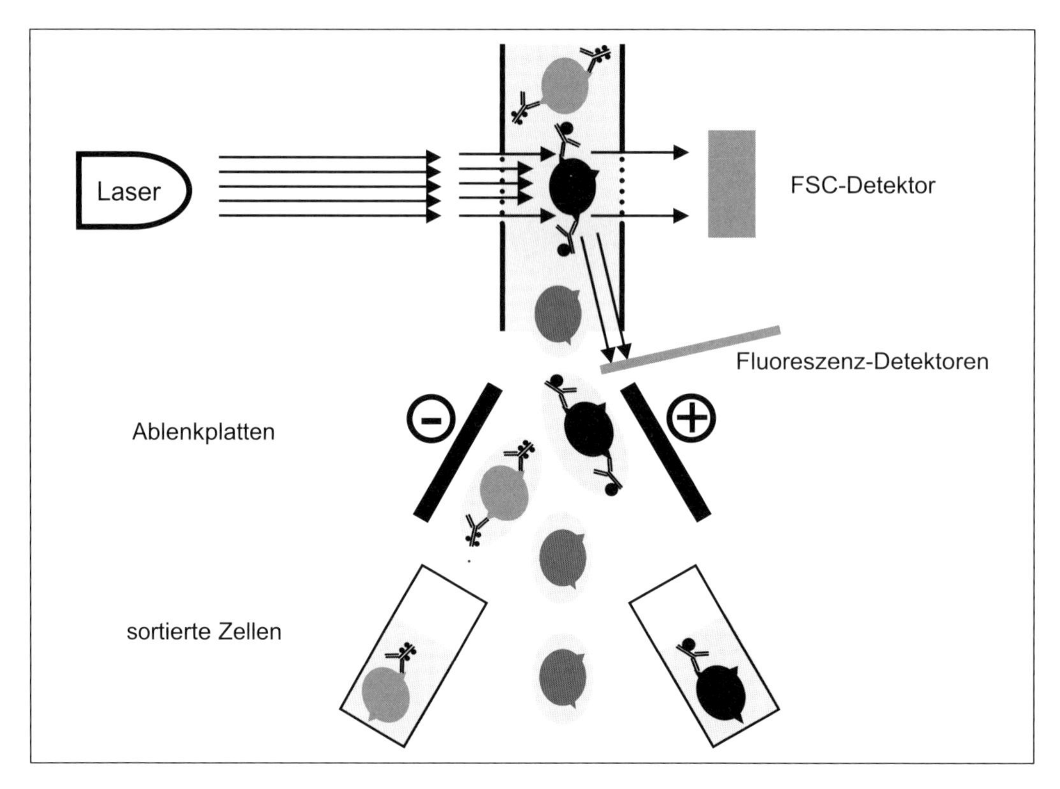

Abb. 3-12: Zellsorter. Im Zellsorter werden Zellen nach ihren Fluoreszenzeigenschaften sortiert. Der Flüssigkeitsstrom wird am Ende der Kanüle, die die Zellen am Laser und durch die Messküvette vorbeileitet, in einzelne Tröpfchen aufgebrochen. Ein Tröpfchen, in dem sich eine Zelle mit ausgewählten Streulicht- und Fluoreszenzeigenschaften befindet, wird je nach Eigenschaft der Zelle elektrisch positiv oder negativ aufgeladen und in einem elektrostatischen Feld ladungsabhängig abgelenkt. Die Zellen werden dann in unterschiedlichen Röhrchen aufgefangen. Ungeladene Tröpfchen wandern in einen Abfallbehälter.

meter sind deshalb noch zusätzlich mit einer Zellsortiereinrichtung (Zellsorter) ausgestattet, die dem „fluorescence-activated-cell-sorting" nochmal eine ganz andere Bedeutung gibt, da die Zellen jetzt nicht mehr nur optisch, sondern auch räumlich aufgetrennt werden. Sie stehen dann für nachfolgende Untersuchungen real zur Verfügung.

Zur Sortierung einzelner, vorher vom Experimentator nach ihren (Fluoreszenz-)Eigenschaften ausgewählten Zell- oder Beadpopulationen wird der elektrisch leitfähige Flüssigkeitsstrom aufgebrochen. Dies geschieht, indem die Kanüle, die die Zellen am Laser und durch die Messküvette vorbei leitet, an ihrem Ende zur Vibration angeregt wird. Dadurch zerbricht der Flüssigkeitsstrom beim Austritt in einzelne Tröpfchen. Tröpfchen, in denen sich eine Zelle mit ausgewählten Streulicht- und Fluoreszenzeigenschaften befindet, werden je nach Eigenschaft der Zelle elektrisch positiv oder negativ geladen. In einem elektrostatischen Feld kommt es dann zu einer ladungsabhängigen Ablenkung der einzelnen Tröpfchen, die dann in unterschiedlichen Reagenzröhrchen aufgefangen werden können. Ungeladene Tröpfchen wandern in den Abfallbehälter (Abb. 3-12).

Die Zeit, die eine Zellsortierung beansprucht, ist abhängig von der Ausgangszellzahl bzw. Zelldichte pro Volumeneinheit, dem prozentualen Anteil der interessierenden Subpopulation und vor allem von der gewünschten Ausbeute und Reinheit der sortierten Zellen.

Literatur:

Herzenberg LA, Parks D, Sahaf B, Perez O, Roederer M, Herzenberg LA (2002) The history and future of the fluorescence activated cell sorter and flow cytometry: a view from Stanford. *Clin Chem* 48: 1819–1827

Koester SK, Bolton WE (2000) Intracellular markers. *J Immunol Methods* 243: 99–106

Owens MA, Vall HG, Hurley AA, Wormsley SB (2000) Validation and quality control of immunophenotyping in clinical flow cytometry. *J Immunol Methods* 243: 33–50

Durchflusscytometrie-Lehrbücher:

Laerum OD, Bjerknes R (Hrsg.) (1992) Flow Cytometry in Hematology. Academic Press, London

Longobardi Givan A (2001) Flow Cytometry: First Principles. 2. Aufl., Wiley-Liss, New York

Robinson JP (Hrsg.) (1993) Handbook of Flow Cytometry Methods. Wiley, New York

Robinson JP, Darzynkiewicz Z, Dean P, Orfao A, Rabinovitch P, Stewart C, Tanke H, Wheeless L. (Hrsg.) Current Protocols in Cytometry. Wiley, New York

Sack U, Tárnok A, Rothe G (Hrsg.) (2007) Zelluläre Diagnostik: Grundlagen, Methoden und klinische Anwendungen der Durchflusszytometrie. Karger, Basel

Schmitz G, Rothe G (1994) Durchflußzytometrie in der klinischen Zelldiagnostik. Schattauer Verlag, Stuttgart

Shapiro HM (2003) Practical Flow Cytometry. 4. Aufl., Wiley-Liss, New York

Weblinks:

Deutsche Gesellschaft für Zytometrie (DGfZ): **http://www.dgfz.org**

Unter **http://ccmi.salk.edu/flow/flowcyt.php** finden sich viele wertvolle Informationen und Links rund ums Thema Durchflusscytometrie. Der Name „Flow Cytometry on the Web" ist hier Programm…

Auf der Seite: **http://www.cyto.purdue.edu** ist vor allem die „Purdue Cytometry Mailing List" zu empfehlen. Hier werden alle Fragen rund um die Durchflusscytometrie heiß diskutiert.

4 Quantitative Immunoassays

Zur Konzentrationsbestimmung von Biomolekülen wie z. B. Hormonen, Cytokinen und Tumormarkern werden in der medizinischen Diagnostik und Forschung bevorzugt Immunoassays verwendet. Es lassen sich aber nicht nur Biomoleküle, sondern ebenfalls kleine chemische Moleküle mittels dieser Methode nachweisen, sodass ihr Einsatzbereich bis in die Umwelt- und Lebensmittelanalytik hineinreicht. Der Vorteil von Immunoassays liegt in ihrer hohen Empfindlichkeit. Mit einem hinreichend optimierten Testsystem kann man, natürlich in Abhängigkeit des Antigens, dieses im Femtomolbereich nachweisen und sogar quantifizieren.

Das Prinzip der Immunoassays basiert auf der Antigen-Antikörper-Reaktion. Hierbei bindet der Antikörper spezifisch mit seinem Paratop das entsprechende Epitop des Antigens. Diese Bindung, die über Wasserstoffbrückenbindungen, Ionenbindungen, hydrophobe Wechselwirkungen und

Die Antigen-Antikörper-Reaktion ist eine Gleichgewichtsreaktion:

$$Ag + Ak \underset{k_2}{\overset{k_1}{\rightleftharpoons}} Ag{:}Ak$$

Die Gleichgewichtskonstante k_c [l/Mol] ergibt sich aus den Konzentrationen der Gleichgewichtspartner:

$$\frac{[Ag:Ak]}{[Ag] \times [Ak]} = \frac{k_1}{k_2} = k_c$$

k_c ist temperaturabhängig!!!

[Ag]	= Antigenkonzentration
[Ak]	= Antikörperkonzentration
[Ag:Ak]	= Konzentration des Antigen-Antikörper-Komplexes
k_1	= Geschwindigkeitskonstante der Hinreaktion
k_2	= Geschwindigkeitskonstante der Rückreaktion
k_c	= Gleichgewichtskonstante

Abb. 4-1: Grundlagen der Antigen-Antikörper-Reaktion. Die Antigen-Antikörper-Reaktion ist eine Gleichgewichtsreaktion und unterliegt somit dem Massenwirkungsgesetz. Dividiert man die Konzentration des Antigen-Antikörper-Komplexes durch das Produkt aus Antigen- und Antikörperkonzentration, so erhält man die Gleichgewichtskonstante k_c dieser Reaktion.

van-der-Waals-Kräfte vermittelt wird, ist eine Gleichgewichtsreaktion, die dementsprechend dem Massenwirkungsgesetz unterliegt (Abb. 4-1).

Die Stabilität der Antigen-Antikörperbindung ist abhängig von der **Affinität** des Paratops zu dem entsprechenden Epitop. Wird der Immunkomplex nicht nur durch eine einzelne Antigen-Antikörperbindung, sondern über eine multivalente Bindung stabilisiert, ist die **Avidität** entscheidend. Vor allem IgM-Moleküle zeichnen sich häufig durch eine niedrige Affinität, jedoch aufgrund der pentameren Struktur durch eine hohe Avidität zum Antigen aus.

Bezüglich der Geschwindigkeit, mit der sich das Reaktionsgleichgewicht einstellt, spielt die Temperatur die entscheidende Rolle. Hohe Temperaturen gewährleisten eine schnellere Partnerzusammenführung als niedrige Temperaturen. Für den Experimentator ergibt sich daraus Folgendes: Die Immunkomplexe bilden sich bei Raumtemperatur (RT) schneller als im Kühlschrank. Sind Antigen und Antikörper bei Raumtemperatur hinreichend stabil und sitzt einem der Chef im Nacken, kann die Dauer eines Immunoassays durch Erhöhung der Inkubationstemperatur auf RT verkürzt werden.

Was brauche ich?

Haben Sie sich entschieden, eine bestimmte Substanz mittels eines Immunoassays nachzuweisen und zu quantifizieren, können Sie sich diese Frage folgendermaßen beantworten: viel Geld oder experimentelles Geschick … am besten aber beides. In der Tat sind eine ganze Reihe von ELISA-, RIA- und PIA-Kits zur Konzentrationsbestimmung von Cytokinen, Hormonen und vielen anderen Substanzen kommerziell erhältlich, oft ist aber eigene Pionierarbeit erforderlich.

Zum Aufbau eines quantitativen Immunoassays benötigen Sie als Experimentator zunächst einmal das Antigen bzw. Hapten, das Sie nachweisen wollen – und zwar in möglichst reiner Form. Weiterhin sind je nach Assaytyp ein (kompetitiver Assay) oder zwei (Sandwich Assay) Antikörper bzw. Antiseren erforderlich, die spezifisch ihr Antigen binden. Wissenswertes über die Antikörper- bzw. Antiserumproduktion finden Sie in Kapitel 1.2. Monoklonale Antikörper sind polyklonalen Antiseren bei der Antigenbestimmung in komplexen humanen Proben (z. B. Blutserum) vorzuziehen, da sie monospezifisch sind. Letztendlich müssen Sie noch ihr Antigen bzw. einen der Antikörper mit einem entsprechenden Marker konjugieren (Kap. 1.4), der Ihnen die Quantifizierung des Antigens ermöglicht. Als Marker werden z. B. Radionuklide, Enzyme oder Fluoreszenzfarbstoffe eingesetzt. Entsprechend wird bei dem jeweiligen Assay die Radioaktivität, der Substratumsatz oder die Fluoreszenzintensität gemessen. Wenn Sie nun alle wichtigen Komponenten beisammen haben, müssen Sie sich für eines der im Folgenden beschriebenen Assaykonzepte entscheiden.

Wichtig! Bei der Verdünnung von Antikörper- und Antigenlösungen für quantitative Immunoassays müssen Sie den verwendeten Gefäßmaterialien unbedingt Ihre Aufmerksamkeit widmen. Reaktionsgefäße zum Verdünnen von Proteinen sollten aus **Glas** oder **Polycarbonat** sein. Polystyrol kommt aufgrund seiner hohen Proteinbindekapazität dafür nicht in Frage.

4.1 Assaykonzepte

Im Grunde kann man zwei allgemeine Systeme bei den Immunoassays unterscheiden. Da gibt es einmal den **kompetitiven Assay**, der auf der Konkurrenz zwischen markiertem und unmarkiertem Antigen um die Antigenbindestellen beruht. Die zweite ebenfalls sehr beliebte Variante ist der **Sandwich Assay**. Die Bezeichnung kommt nicht von ungefähr: Das Antigen lässt sich bei diesem

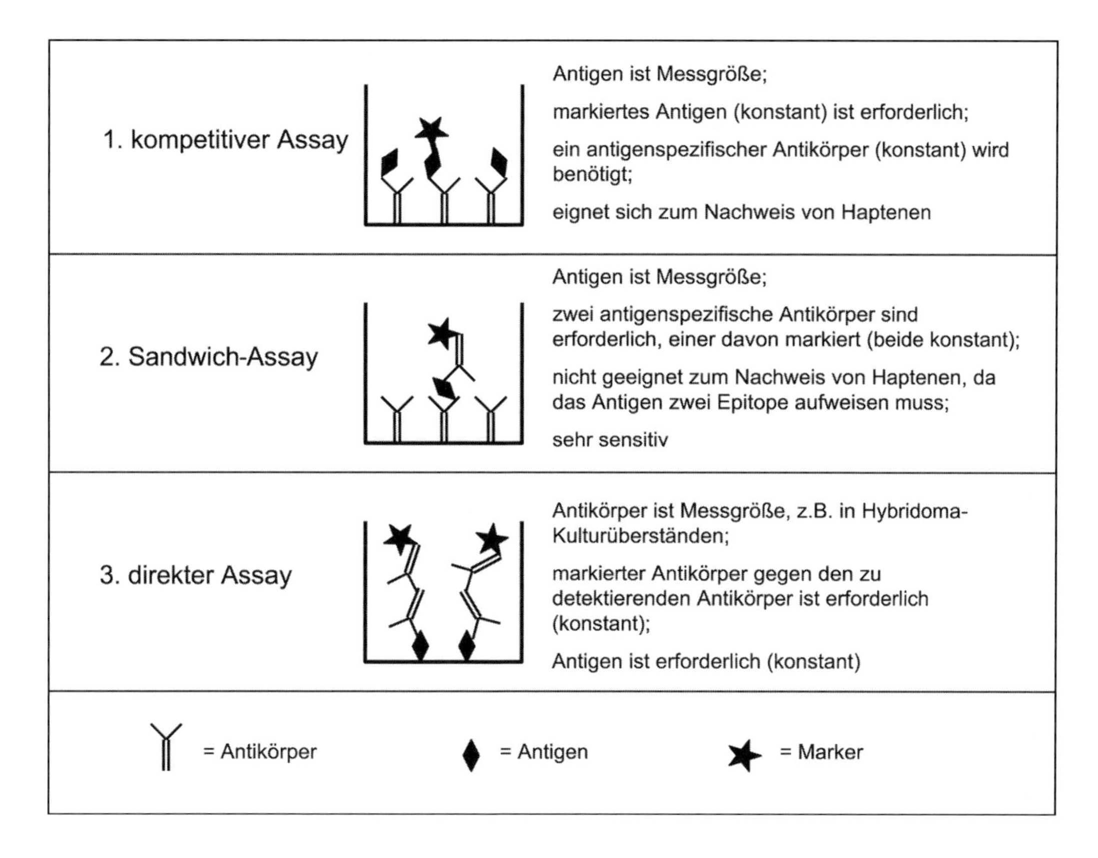

Abb. 4-2: Vergleichende Darstellung unterschiedlicher Immunoassaykonzepte am Beispiel des ELISA-Formates.

Assaytyp wunderbar mit einer Frikadelle vergleichen, die von zwei Toastbrotscheiben, in diesem Fall den Antikörpern umgeben ist. Abbildung 4-2 soll Ihnen die grundlegenden Prinzipien der unterschiedlichen Immunoassaykonzepte verdeutlichen. In der Praxis wird Ihnen wahrscheinlich die eine oder andere Variante dieser Systeme begegnen. Im Grunde lassen sich aber fast alle quantitativen Immunoassays auf einen dieser beiden Typen zurückführen.

4.1.1 Der kompetitive Assay

Wie oben schon kurz erwähnt, basiert der kompetitive Assay auf **Konkurrenz**, und zwar auf Konkurrenz zweier Antigenpopulationen um die gleichen freien Bindestellen einer Antikörperpopulation in einem definierten Lösungsvolumen. Eine der beiden Antigenpopulationen besteht aus markierten (z.B. Radionuklid, Enzym) Antigenen, die andere setzt sich aus den gleichen, jedoch unmarkierten Antigenen zusammen. Für einen kompetitiven Assay benötigen Sie also markiertes Antigen, unmarkiertes Antigen für die Standardkurve und einen monoklonalen Antikörper bzw. ein Antiserum, die spezifisch ihr Antigen binden sowie natürlich antigenhaltige Proben.

Hält man die Konzentration der freien Bindestellen, also die Antikörperkonzentration sowie die Konzentration des markierten Antigens und das Flüssigkeitsvolumen in allen Ansätzen konstant,

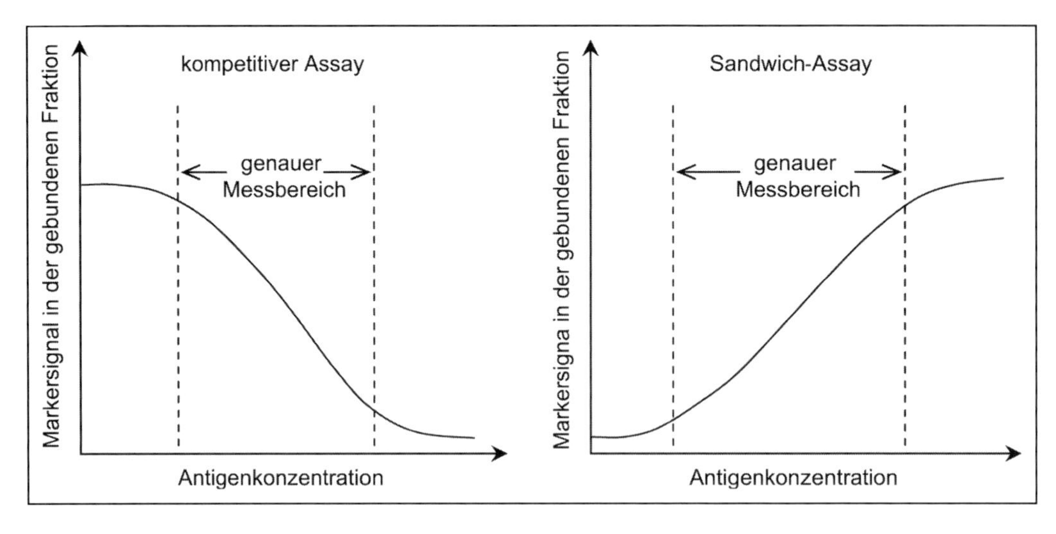

Abb. 4-3: Vergleichende Darstellung typischer Standardkurven eines kompetitiven und eines Sandwich Assays. Erhöhung der Antigenkonzentration führt bei dem kompetitiven Assayformat zu einer Erniedrigung des Markersignals. Beim Sandwich Assay hingegen steigt das Markersignal mit steigender Antigenkonzentration.

kann man die Menge an unmarkiertem Antigen in der Lösung bestimmen. Je mehr unmarkiertes Antigen in der Probe vorhanden ist, desto mehr markiertes Antigen wird von den Bindestellen verdrängt. Das heißt, bei einer hohen Konzentration an unmarkiertem Antigen in Ihrer Probe bekommen Sie ein schwaches Signal des Markers in der gebundenen Fraktion und andersherum. Damit das Konkurrenzprinzip funktioniert, müssen die freien Bindestellen der limitierende Faktor in der Lösung sein. Idealerweise werden Antikörper und markiertes Antigen so eingesetzt, dass etwa 50 % des markierten Antigens ausreichen, um alle Bindestellen zu besetzen.

Abbildung 4-3 zeigt eine typische Standardkurve eines kompetitiven Assays. Der sigmoide Kurvenverlauf zeigt die Abnahme des Markersignals in der gebundenen Fraktion mit steigender Konzentration an unmarkiertem Antigen. Um die Auswertung zu erleichtern, kann man diese Standardkurve in eine halblogarithmische (log-lin) bzw. eine doppeltlogarithmische (log-log) Darstellung transformieren.

4.1.2 Der Sandwich-Assay

Für einen Sandwich-Assay benötigen Sie zunächst einmal einen Fänger, der das Antigen aus der Probe herausfischt. Hierfür kann man einen monoklonalen Antikörper oder auch polyklonales Antiserum verwenden. Dieser **Fängerantikörper** wird kovalent oder adsorbtiv an eine feste Phase (z. B. Mikrotiterplatte, Beads) gekoppelt (Kap. 1.4.1). Er sollte möglichst spezifisch das Antigen in der Probe binden. Andere Substanzen in der Probe lassen sich dann durch Waschen entfernen. Im Gegensatz zum kompetitiven Assay wirkt dieser Antikörper nicht limitierend, da er im Überschuss eingesetzt wird.

Die spezifische Markierung des Antigens erreicht man durch Zugabe des **Detektionsantikörpers**. Dieser ist bevorzugt monoklonal, ebenfalls spezifisch für das Antigen und mit einem Marker (z. B. Enzym, Fluoreszenzfarbstoff) versehen. Sie sollten darauf achten, dass der Fänger- und der Detektionsantikörper unterschiedliche Epitope des Antigens binden. Lediglich bei homodimeren Verbindungen (z. B. IFN-γ) kann der gleiche monoklonale Antikörper als Fänger und Detektor eingesetzt werden.

Eine typische Standardkurve eines Sandwich-Assays zeigt, wie beim kompetitiven Assay, einen sigmoiden Verlauf (Abb. 4-3). Jedoch erhält man beim Sandwich-Assay, im Gegensatz zum kompetitiven Assay, bei niedriger Antigenkonzentration in der Probe ein schwaches Markersignal und bei hoher Antigenkonzentration ein starkes Signal.

4.1.3 Welches Assaykonzept für welche Anwendung?

Jeder der oben beschriebenen Assaytypen hat seine Vor- und Nachteile, und somit hängt es von den Anforderungen, die der Experimentator an den jeweiligen Immunoassay stellt, ab, für welches Konzept er sich entscheidet. Die entscheidenden Parameter sind dabei die gewünschte Sensitivität des Assays, der erforderliche Zeitaufwand sowie Größe, Verfügbarkeit und Markierungsmöglichkeit des Antigens.

Rechnen Sie mit sehr niedrigen Antigenkonzentrationen in Ihren Proben, benötigen Sie ein möglichst sensitives Testsystem. Hier hat der Sandwich-Assay die Nase vorn, da seine theoretische maximale **Sensitivität** bei 10^{-15} bis 10^{-16} mol/l liegt. Für den kompetitiven Assay liegt diese Größe „nur" bei 10^{-14} mol/l. Praktisch hängt die Sensitivität eines Immunoassay aber in erster Linie von der Affinität der Antikörper zum jeweiligen Antigen ab, sodass die theoretischen Werte praktisch nie erreicht werden.

Wichtig ist auch die Größe und Struktur des Antigens. Für einen Sandwich-Assay muss das Antigen zwei Epitope besitzen, die strukturell soweit voneinander entfernt liegen müssen, dass beide Antikörper das Antigen binden können, ohne dass die Bindung des einen Antikörpers die Bindung des anderen Antikörpers beeinflusst. Kleine Haptene lassen sich demnach nicht mit einem Testsystem, das auf dem Sandwich-Prinzip beruht, erfassen.

Exkurs 11

Bestimmung der Nachweisgrenze

Haben Sie schon einmal versucht, Ergebnisse, die mittels eines quantitativen Immunoassays ermittelt wurden, ohne Angabe der Nachweisgrenze Ihres Assays zu veröffentlichen? Aufmerksame Gutachter werden Ihnen das Paper zurücksenden mit der freundlichen Aufforderung, dies doch bitte nachzuholen. Ersparen Sie sich also den Ärger und ermitteln Sie gleich mit ein wenig Mehraufwand die Nachweisgrenze ihres Immunoassays mittels der im Folgenden erläuterten Methode.

Definition: Die Nachweisgrenze ist die niedrigste Antigenkonzentration, die ein messbares Signal ergibt, das statistisch signifikant von dem Signal des Nullwertes abweicht.

Methode: Führen Sie neben der Standardkurve zehn weitere Ansätze mit, die dem Nullwert der Standardkurve entsprechen – also kein Antigen enthalten. Bestimmen Sie anhand der Standardkurve die Antigenkonzentration in diesen zehn Ansätzen. Bilden Sie von diesen zehn Werten den arithmetischen Mittelwert und die Standardabweichung. Addieren Sie zu dem arithmetischen Mittelwert die doppelte Standardabweichung und Sie haben Ihre Nachweisgrenze – besser, weil noch sicherer, ist die Addition der dreifachen Standardabweichung.

Für alle, die sich etwas näher mit Statistik befassen wollen, sei das Kapitel Statistik (Kap. 10) in diesem Buch empfohlen.

Für einen kompetitiven Assay benötigt man sehr viel markiertes Antigen. Das bedeutet für den Experimentator, dass eine große Verfügbarkeit an markiertem Antigen Voraussetzung für den Aufbau eines solchen Assays ist. Möchte man beispielsweise ein kleines Molekül (Hapten) ohne besondere Anforderungen an die Sensitivität nachweisen, das zusätzlich in großer Menge in reiner Form verfügbar ist und das sich dazu noch leicht und reproduzierbar mit einem Marker koppeln lässt, ist man mit einem kompetitiven Assay gut bedient.

Eine Sache gilt es noch bei der Messung komplexer humaner Proben, wie z. B. Blutserum, Urin und Speichel mit einem kompetitiven Assay zu beachten. Da Probe und markiertes Antigen gleichzeitig inkubiert werden, muss bei Verwendung eines Enzyms als Marker bedacht werden, dass diese Proben oft Proteasen und Enzyminhibitoren enthalten, die eine Verfälschung der Messergebnisse verursachen können.

4.2 Radioimmunoassay (RIA)

Obwohl der RIA mittlerweile in vielen Bereichen von anderen Immunoassays (ELISA usw.) abgelöst wurde, soll er aufgrund seiner historischen Bedeutung am Anfang dieses Kapitels stehen. Auch bei der Quantifizierung kleinerer Moleküle (z. B. Peptidhormone) spielt er noch eine gewichtige Rolle.

4.2.1 Historisches

„Am Anfang war der RIA" – könnte die Überschrift dieses Kapitels ebenfalls lauten. Den Grundstein für den Siegeszug der quantitativen Immunoassays legten R. S. Yalow und S. A. Berson gegen Ende der 50er- und Anfang der 60er-Jahre des vergangenen Jahrhunderts mit der eher zufälligen Entwicklung des Radioimmunoassays.

Bei Untersuchungen zum Insulinstoffwechsel mittels ^{131}I-markiertem Schweineinsulin, entdeckten die beiden die Bindung dieses Schweineinsulins an Antikörper in humanen Plasmaproben. Diese Antikörper waren jedoch nur in Probanden nachweisbar, denen aus therapeutischen Zwecken regelmäßig Schweineinsulin appliziert wurde. Einige Jahre gingen dann ins Land, bis das Konkurrenzverhalten von markiertem und unmarkiertem Insulin um die Bindestellen der anti-Insulin-Antikörper beschrieben wurde und bis schließlich der erste Radioimmunoassay zur Messung von humanem Insulin in Plasmaproben erfunden war. Dieser lange Atem zahlte sich 1977 für R. S. Yalow aus, als sie endlich den Nobelpreis für Medizin in ihren Händen hielt.

Möchten Sie bei der aufregenden Entwicklung des RIA hautnah mitfiebern und ein bisschen in Nostalgie schwelgen? Dann besorgen Sie sich die unten aufgeführten Paper, nehmen Sie sich etwas Zeit und genießen Sie die bahnbrechenden Versuche, die zum ersten RIA geführt haben.

Literatur:

Berson SA, Yalow RS, Bauman A, Rothschild MA, Newerly K (1956) Insulin I. Metabolism in human subjects: demonstration of insulin binding globulin in the circulation of insulin-treated subjects. *J Clin Invest* 35: 170–190

Berson SA, Yalow RS (1957) Kinetics of reaction between insulin and insulin-binding antibody. *J Clin Invest* 36: 873

Berson SA, Yalow RS (1959) Quantitative aspects of reaction between insulin and insulin-binding antibody. *J Clin Invest* 38: 1996–2016

Yalow RS, Berson SA (1960) Immunoassay of endogenous plasma insulin in man. *J Clin Invest* 39: 1157–1175

4.2.2 Praktisches

Der klassische RIA ist ein kompetitiver Assay. Sie benötigen demnach für seine Durchführung ein Antiserum bzw. einen monoklonalen Antikörper gegen das Antigen. Weiterhin ist unmarkiertes und mit einem Radioisotop markiertes Antigen erforderlich. Das radioaktiv markierte Antigen wird als **Tracer** bezeichnet. Es sei bereits vorweggenommen, dass ein RIA mit einer wirkungsvollen Methode zur Trennung der Antigen-Antikörper-Komplexe von dem freien Antigen steht und fällt. Erst dann kann die Radioaktivität in der gebundenen oder der freien Fraktion gemessen werden.

4.2.2.1 Radioisotope und Tracer

Im RIA häufig eingesetzte radioaktive Isotope sind der γ-Strahler ^{125}I und der β-Strahler Tritium (^{3}H). Seltener verwendet werden die γ-Strahler ^{131}I, ^{57}Co, ^{75}Se, ^{59}Fe, sowie die β-Strahler ^{14}C, ^{32}P und ^{35}S. Bei der Markierung des Antigens mit einem radioaktiven Isotop gilt es einiges zu beachten. Die Markierungsdichte sollte hoch sein, jedoch nicht so hoch, dass der Tracer radiolytisch zerstört wird. Häufig ist ein Radionuklid je Antigenmolekül ein vernünftiger Kompromiss. Dies kann aber je nach Antigen variieren und sollte empirisch ausgetestet werden. Weiterhin darf durch die Markierung die Bindung des Antigens an den Antikörper nicht beeinflusst werden – weder negativ noch positiv. Gerade bei kleinen Antigen- bzw. Haptenmolekülen führt das Einbringen eines großen Fremdatoms wie z. B. einem radioaktiven Iod-Isotop (Kap. 1.4.6) leicht zu Konformationsänderungen, die die Antigenität beeinflussen. Hier kann man sein Glück mit den β-Strahlern ^{3}H bzw. ^{14}C versuchen. Da Wasserstoff und Kohlenstoff zu den Bestandteilen organischer Moleküle gehören, ist die Einführung eines Fremdatoms bzw. Fremdmoleküls nicht notwendig. Man tauscht einfach ein bzw. mehrere vorhandene Wasserstoff- bzw. Kohlenstoffatome gegen die entsprechenden radioaktiven Isotope aus. Durch diese Art der Markierung wird die Struktur des Antigen- bzw. Haptenmoleküls am wenigsten beeinflusst.

4.2.2.2 Trennmethoden

Nachdem die Immunreaktion in den Teströhrchen abgelaufen ist und sich das Reaktionsgleichgewicht eingestellt hat, ist es vor der Radioaktivitätsmessung erforderlich, die Antikörper-Antigen- bzw. Antikörper-Tracer-Komplexe von den freien Antigen- und Tracermolekülen abzutrennen. Einer geeigneten Trennmethode wird dabei einiges abverlangt. Zum einen sollte sie reproduzierbar, schnell, unkompliziert und möglichst kostengünstig sein, zum anderen darf sie aber nicht das Reaktionsgleichgewicht zwischen freiem und gebundenem Antigen verändern. Folgende Möglichkeiten bieten sich an: 1.) Adsorption des freien Antigens und Tracers, 2.) Abtrennung des Antikörper-Antigen-Komplexes, 3.) Festphasentrennung.

Das freie Antigen und der freie Tracer können durch **Adsorption** an bestimmte Oberflächen aus dem Reaktionsgemisch entfernt werden. Eine schnelle, kostengünstige und häufig angewandte Methode ist beispielsweise die Zugabe von Dextran-umhüllter Aktivkohle. Nach einer kurzen Inkubationsphase wird die Aktivkohle mit dem adsorbierten Antigen abzentrifugiert. Anschließend entnimmt man den Überstand, in dem die Antigen-Antikörper-Komplexe gelöst bleiben, und schon sind freies und gebundenes Antigen voneinander getrennt. Der gleiche Effekt lässt sich durch die Zugabe von Talkumpuder oder ähnlichen Silikaten sowie mittels eines Ionenaustauschergels erzielen. Welche dieser Methoden mit dem jeweiligen Antigen am besten funktioniert, muss empirisch ermittelt werden. Ionenaustauscher eignen sich im Allgemeinen zur Abtrennung von niedermolekularen Substanzen, während Silikate bei der Abtrennung von Peptidhormonen etabliert sind. Zur sicheren Vermeidung einer gleichzeitigen Adsorption der Antigen-Antikörper-Komplexe, sollte serumfreien Ansätzen immer etwas BSA bzw. antigenfreies Serum zugesetzt werden. Allerdings darf man auch nicht zu viel davon zugeben, da sonst nicht mehr alle freien Antigenmoleküle adsorbieren. Hier hilft nur – Sie ahnen es bereits – schnödes Ausprobieren.

Eine Trennung lässt sich aber nicht nur durch Adsorption des freien Antigens erzielen, sondern ebenfalls durch **Präzipitation des Antigen-Antikörper-Komplexes**. Häufig wird dabei die Doppelantikörpertechnik angewandt. Man benötigt hierfür einen zweiten Antikörper, der spezifisch den Fc-Teil des ersten, antigenspezifischen Antikörpers bindet. Durch diesen Zweitantikörper werden zwei Erstantikörper miteinander vernetzt, was zur Ausfällung dieser Komplexe führt. Zur Verbesserung der Präzipitation hat sich bei dieser Methode die Zugabe von PEG (5–8 %) bewährt. Zum Abtrennen der Antigen-Antikörper-Komplexe von kleineren Antigenen eignen sich ebenfalls die in Kapitel 1.3.1 beschriebenen Präzipitationsmethoden mittels Ammoniumsulfat, PEG und organischer Lösungsmittel wie Ethanol, Methanol und Aceton. Bei diesen Präzipitationsmethoden ist es wichtig, dass das Antigen nicht zu groß ist, da es ansonsten mitgefällt wird. Ist die Gesamtproteinkonzentration in den Ansätzen sehr niedrig, eignet sich besonders PEG (15–20 %) zum Präzipitieren.

Viele moderne und kommerziell erhältliche RIAs verwenden die **Festphasentrennung**. Dabei wird der antigenspezifische Antikörper adsorptiv oder kovalent an eine feste Phase gekoppelt (Kap. 1.4.1). Besonders beliebt ist die Kopplung der Antikörper direkt an die Teströhrchen. Nach Einstellung des Gleichgewichtes der Immunreaktion verbleiben die freien Antigen- und Tracermoleküle im Überstand, während die Antigen-Antikörper-Komplexe fest an das Röhrchen gebunden sind. So lassen sich durch einfaches Aspirieren oder Dekantieren des Überstandes die freien Antigen- bzw. Tracermoleküle von den gebundenen trennen. Eine weitere intelligente Lösung der Festphasentrennung ist die Kopplung der Antikörper an ein magnetisches Gel. Stellt man die Teströhrchen nach Beendigung der Immunreaktion in einen Magnetständer, verbleibt das magnetische Gel mit den Antigen-Antikörper-Komplexen in den Teströhrchen, während man die freien Antigen- bzw. Tracermoleküle mit dem Überstand absaugt.

Weiterhin kann man natürlich auch Unterschiede in der Größe und Ladung zwischen Antigen und Antigen-Antikörper-Komplex ausnutzen und eine Trennung z. B. über eine Gelfiltration oder eine Elektrophorese erreichen. Diese Methoden sind jedoch häufig so aufwändig, dass sie nur im Notfall, wenn alle anderen Methoden versagen, herangezogen werden sollten.

Literatur:

Benyamin Y, Roger M, Robin Y, Thoai NV (1980) A competitive radioimmunoassay on a magnetic phase for actin detection. *FEBS Lett* 110: 327–329

Herbert V, Lau K, Gottlieb CW, Bleicher SJ (1965) Coated charcoal immunoassay of insulin. *J Clin Endocrinol Metab* 25: 1375–1384

Rosselin G, Assan R, Yalow RS, Berson SA (1966) Separation of antibody-bound and unbound peptide hormones labelled with iodine-131 by talcum powder and precipitated silica. *Nature* 212: 355–357

4.2.2.3 Radioaktivitätsmessung

Nach erfolgreicher Trennung der Antigen-Antikörper-Komplexe von dem freien Antigen kann nun die Radioaktivität in den Proben bestimmt werden. Üblicherweise wird diese mit einem Szintillationszähler gemessen. Das Prinzip dieser Geräte beruht darauf, dass die frei werdende radioaktive Energie in Photonen umgewandelt wird, deren Signale dann wiederum über Fotomultiplier detektiert und verstärkt werden. Dabei ist die Lichtintensität proportional zu der, bei dem nuklearen Zerfall frei werdenden, Energie. Ebenso ist die Anzahl der Photonen proportional zu der Anzahl der Ereignisse des nuklearen Zerfalls.

γ-Strahlung wird üblicherweise in einem Messgerät mit einem festen **Natriumiodid-Kristall** als Szintillator detektiert. Dieser Kristall wird durch auftreffende γ-Strahlen angeregt und emittiert bei der Rückkehr in den Normalzustand Photonen, deren Wellenlänge im blauen Bereich von dem Gerät registriert wird.

Aufgrund der geringen Reichweite in Luft (ca. 0,5 cm) und der niedrigeren Energie von β-Strahlen eignen sich Messgeräte mit einem Kristall als Szintillator nicht zur Detektion von schwachen β-Strahlern wie ^{3}H und ^{14}C. Verwenden Sie eines dieser radioaktiven Isotope als Marker in Ihrem RIA, benötigen Sie ein **Flüssigkeits-Szintillationsmessgerät**. Für die Messung in einem solchen Gerät wird die Probe zunächst in einem Szintillations-Cocktail aufgenommen. Dieser Cocktail ist eine Mixtur aus einem oder mehreren organischen Lösungsmitteln, einem Emulgator, der für eine gute Durchmischung mit wässrigen Proben sorgt und einem Fluorophor. Entsteht durch radioaktiven Zerfall ein β-Teilchen, überträgt dieses seine Energie auf die Lösungsmittelmoleküle, die dadurch angeregt werden. Bei der Rückkehr in den Normalzustand übertragen diese Lösungsmittelmoleküle die Energie auf die Fluorophormoleküle. Diese wiederum emittieren die Energie in Form von Photonen im Bereich um 365 nm. Einige Flüssigkeits-Szintillationszähler können Licht in diesem kurzwelligen Bereich nicht detektieren. Zur Abhilfe gibt man ein zweites Fluorophor in den Szintillations-Cocktail. Dieses wird durch das erste Fluorophor angeregt und emittiert längerwelliges Licht im Bereich um 420 nm.

4.2.2.4 Darstellung und Auswertung

Wenn bis hierhin alles funktioniert hat, sollten Sie nun vor einer Menge Daten mit der Einheit cpm (counts per minute) sitzen. Um etwas Übersicht in diesen Datensalat zu bringen, und zum Erstellen der Standardkurve geht man folgendermaßen vor: Mit sogenannten „total count tubes“ ermittelt man die Gesamtradioaktivität T des Tracers. Dazu wird in diesen Röhrchen der Antigen-Antikörper-Komplex nicht von dem freien Antigen abgetrennt. Nun wird die, in den anderen Ansätzen gemessene, Radioaktivität B in Bezug zu der Gesamtradioaktivität gesetzt (B/T). Alternativ kann anstelle der Gesamtradioaktivität T auch die Radioaktivität im Nullstandard B_0 als Bezugsgröße genutzt werden (B/B_0). Die typische RIA-Standardkurve (Abb. 4-3) erhält man, indem B/T gegen die Antigenkonzentration in der jeweiligen Probe aufgetragen wird. Im heutigen Laboralltag erfolgt das Erstellen der Standardkurve und die Berechnung der Antigenkonzentration zumeist mithilfe von Computerprogrammen. Wer seiner künstlerischen Ader jedoch freien Lauf lassen möchte, hat natürlich die Option, das gute alte Millimeterpapier aus den Untiefen verstaubter Laborschränke hervorzuholen und sein zeichnerisches Talent unter Beweis zu stellen.

4.3 Enzyme-linked Immunosorbent Assay (ELISA)

Der ELISA darf aktuell als der am häufigsten angewendete quantitative Immunoassay bezeichnet werden. Seine Anfänge reichen bis in die frühen 1970er-Jahre zurück, in denen der ELISA parallel von zwei Arbeitsgruppen in Frankreich (Avrameas und Guilbert, 1971) und Schweden (Engvall und Perlman, 1971) beschrieben wurde. Wie aus der Bezeichnung hervorgeht, bedient man sich beim ELISA eines Enzyms als Marker. So kann die Antigenkonzentration anhand des Substratumsatzes bestimmt werden. Weiterhin besagt der Name, dass eine Komponente – entweder Antikörper oder Antigen – an einer festen Phase adsorbiert ist. Dies ermöglicht dem Experimentator allein durch Waschen freies Antigen von gebundenem Antigen abzutrennen. Auf zeit- und kostenintensive Trennmethoden kann somit verzichtet werden.

Seit der Erstbeschreibung des ELISA hat sich bezüglich der Entwicklung von sinnvollem Zubehör sowie der Erfindung immer neuer Varianten dieses Immunoassays viel getan. Am häufigsten werden aber wohl der Sandwich und der kompetitive ELISA eingesetzt, wobei den Sandwich-ELISA in den meisten Fällen eine höhere Sensitivität auszeichnet. Erwähnenswert ist hier ebenfalls noch der direkte ELISA (Abb. 4-2). Bei dieser Variante wird nicht der Antikörper, sondern das Antigen an der festen Phase immobilisiert. Zur Anwendung gelangt der direkte ELISA beispielsweise bei der Bestimmung von antigenspezifischen Antikörpern in Patientenseren oder in Hybridoma-Kulturüberständen.

Literatur:

Avrameas S, Guilbert B (1971) A method for quantitative determination of cellular immunoglobulins by enzyme-labeled antibodies. *Eur J Immunol* 1: 394–396

Engvall E, Perlman P (1971) Enzyme-linked immunosorbent assay (ELISA). Quantitative assay of immunoglobulin G. *Immunochemistry* 8: 871–874

4.3.1 Coaten, Blocken, Waschen

Der erste Schritt eines ELISA besteht darin, den Antikörper bzw. das Antigen an die feste Phase zu binden (**coaten**). Im Zuge der Automatisierung wird beim ELISA als feste Phase in den meisten Fällen eine Mikrotiterplatte im 96-Well-Format gewählt. Als Coating-Methode hat sich die **Adsorption** des Antikörpers bzw. Antigens durchgesetzt. Mikrotiterplatten aus Polystyrol eignen sich aufgrund ihrer hohen Bindekapazität für Proteine besonders gut dafür, und dementsprechend haben alle namhaften Hersteller auf dem Gebiet des Kunststofflaborbedarfs solche speziellen Mikrotiterplatten in ihrem Programm. Diese Art der Bindung ist relativ pH-unabhängig, da sie hauptsächlich auf hydrophoben Wechselwirkungen beruht. Deshalb ist es in den meisten Fällen wohl auch egal, ob in PBS (pH 7,4) oder Natriumcarbonat-Puffer (pH 9,6) gecoated wird (Tab. 4-1). Der Experimentator sollte dem Puffer den Vorzug geben, in dem der Antikörper bzw. das Antigen am stabilsten vorliegt. Die optimale Antikörper- bzw. Antigenkonzentration muss je nach Anforderungen an den Assay empirisch ermittelt werden. Sie sollte im Bereich von 0,5–10,0 µg/ml liegen. Höher konzentrierte Coating-Puffer führen zur Bildung instabiler Bi- bzw. Multilayer aus Antikörper bzw. Antigen und wirken sich somit kontraproduktiv auf den ELISA aus. Gecoated wird üblicherweise durch Zugabe von 50–200 µl Coating-Puffer inklusive Antikörper bzw. Antigen je Kavität einer 96-Well-Platte und Inkubation bei 2–8 °C über Nacht (10–18 Stunden).

Um den Verlust von Antigen-Antikörper-Komplexen während der Testprozedur durch die diversen Waschschritte zu vermeiden, können Antikörper bzw. Antigen kovalent an die Mikrotiterplatte gekoppelt werden. Voraktivierte Platten für eine solche **kovalente Kopplung** sind im Handel erhältlich. Jedoch erweisen sich viele Kopplungsmethoden (Kap. 1.4.1) als sehr zeitaufwändig und umständlich. Eine einfache und schnelle Methode zur kovalenten Kopplung von Antikörpern bzw. Antigenen an Polystyrol-Mikrotiterplatten beschreiben Bora et al. (2002). Dabei wird die Oberfläche der Mikrotiterplatte über eine photochemische Reaktion aktiviert. Die Bindung von Antikörper bzw. Antigen erfolgt in Carbonat-Bicarbonat-Puffer (pH 9,6) innerhalb von nur 45 min. Dies bedeutet eine erhebliche Zeitersparnis gegenüber der herkömmlichen Coating-Methode.

Ein Problem beim ELISA ist die Hintergrundaktivität, die durch unspezifisch adsorbierte enzymmarkierte Antikörper- bzw. Antigenmoleküle verursacht wird. Das **Abblocken** freier Proteinbindestellen ist daher ein essenzieller Schritt beim ELISA, um diese Hintergrundaktivität auf ein Minimum zu reduzieren. Die beschriebenen Protokolle zum Abblocken dieser freien Bindestellen sind dabei sehr vielfältig. So können z. B. BSA, FCS, Casein und Gelatine verwendet werden. Für Sparfüchse ist einfaches Milchpulver aus dem Supermarkt um die Ecke ein guter Tipp. Häufige Anwendung als Blockreagenz findet beispielsweise 10 mM PBS mit 0,5–5 % BSA (Tab. 4-1). Aber nicht immer ist BSA das Mittel der Wahl. Bedienen Sie sich doch einfach mal am Reagenzienschrank und probieren Sie unterschiedliche Substanzen aus.

Tab. 4-1: Coaten, Blocken, Waschen – Die Lösungen.

Verwendungszweck	Bezeichnung	Zusammensetzung	
Coating	PBS, pH 7,4	NaCl KH_2PO_4 Na_2HPO_4 KCl H_2O dest.	8,0 g 0,2 g 1,1 g 0,2 g ad 1 000 ml
Coating	Na-Carbonat-Puffer, pH 9,6	Na_2CO_3 $NaHCO_3$ H_2O dest.	1,6 g 2,4 g ad 1 000 ml
Coating	0,1 M Na-Carbonat, pH 9,6	$NaHCO_3$ H_2O dest.	8,4 g ad 1 000 ml
Waschen	PBS/Tween 20 (0,05 %), pH 7,4	Tween 20 PBS	0,5 ml ad 1 000 ml
Waschen	Saline/Tween 20 (0,1 %), pH 7,4	NaCl Tween 20 H_2O dest.	9,0 g 1,0 ml ad 1 000 ml
Blocken	PBS/BSA (2 %), pH 7,4	BSA PBS	20 g ad 1 000 ml
Blocken	PBS/Casein (0,1 %), pH 7,4	Casein PBS	1,0 g ad 1 000 ml
Blocken	PBS/Magermilchpulver (2 %), pH 7,4	Milchpulver[1] PBS	20 g ad 1 000 ml

[1] Milchpulver lässt sich besser in erwärmtem PBS lösen.

Tipp! Der Zusatz nichtionischer Detergenzien wie z. B. Tween 20, Nonidet P-40 und Triton X-100 in Konzentrationen von 0,01–0,1 % während der Inkubation mit dem markierten Antikörper bzw. Antigen reduziert ebenfalls die unspezifische Adsorption an die feste Phase. Die spezifische Antigen-Antikörper-Bindung wird in diesem Konzentrationsbereich hingegen nicht gestört.

Unerlässlich für schöne Standardkurven und zufriedenstellende Ergebnisse ist beim ELISA das **Waschen** zwischen den einzelnen Inkubationsschritten. Leider heißt es hier wieder „probieren geht über studieren". Sie können zum Waschen PBS, Saline, PBS mit Detergenz oder einfach schnödes Leitungswasser verwenden. Eine Kombi-Waschprozedur ist in einigen Fällen auch nicht zu verachten. Bevor Sie beim Optimieren der Waschschritte aber zuviel Zeit investieren, versuchen Sie erstmal den Universalwaschpuffer PBS/0,05 % Tween 20 (Tab. 4-1). Bei Benutzung eines automatischen ELISA-Waschgerätes ist es empfehlenswert, die Detergenz-Konzentration zu reduzieren, da sich ihr Labor ansonsten in ein Schaumbad verwandeln wird.

Literatur:

Bora U, Chugh L, Nahar P (2002) Covalent immobilization of proteins onto photoactivated polystyrene microtiter plates for enzyme-linked immunosorbent assay procedures. *J Immunol Methods* 268: 171–177

4.3.2 Enzyme und Substrate

Damit sich ein **Enzym** als Marker für einen ELISA eignet, muss es vielfältigen Anforderungen gerecht werden. Eine hohe Enzymaktivität ist dabei genauso Voraussetzung, wie die Verfügbarkeit leicht zu detektierender Substrate. Das Enzym sollte bei typischen Assaytemperaturen im Bereich von 4 °C–37 °C über einen längeren Zeitraum stabil sein und sollte sich möglichst einfach und reproduzierbar an Antikörper bzw. Antigen koppeln lassen. Damit sich der Experimentator nicht noch ausführlichen Reinigungsprozeduren hingeben muss, ist die kommerzielle Verfügbarkeit zu einem möglichst günstigen Preis ebenfalls wünschenswert. In der Vergangenheit haben sich aufgrund dieser Merkmale die Enzyme Meerrettich-Peroxidase (HRP), Alkalische Phosphatase (AP) aus dem Kälberdarm, β-Galaktosidase aus *Escherichia coli* und Glucoseoxidase aus *Aspergillus niger*, in eben dieser Reihenfolge, als Enzyme der Wahl für den ELISA herauskristallisiert.

Die Enzymaktivität wird mittels colorimetrisch, fluorimetrisch oder luminometrisch nachweisbarer **Substrate** bestimmt, wobei colorimetrisch detektierbare Substrate aufgrund der folgenden Vorteile am häufigsten zur Anwendung kommen: 1.) Die farbigen Endprodukte sind nach dem Stoppen der Reaktion über einen langen Zeitraum stabil. 2.) In Screening-Verfahren können die Mikrotiterplatten schnell visuell ausgewertet werden. 3.) Die Messung der Produkte kann sehr schnell mit relativ günstigen Photometern erfolgen. Mit fluorimetrisch und luminometrisch nachweisbaren Substraten lässt sich häufig die Sensitivität des Assays um Faktor 2–10 erhöhen. Jedoch sind für die Messung teurere Geräte notwendig, und die Endprodukte der Reaktion sind sehr kurzlebig. Labrousse et al. (1982) zeigten, dass mittels fluorimetrisch detektierbarer Substrate eine drastische Reduzierung des Ansatzvolumens möglich ist. Wer also Reagenzien sparen möchte und nur ein begrenztes Probenvolumen zur Verfügung hat, ist mit den entsprechenden fluorimetrisch detektierbaren Substraten sicher gut bedient. Damit Sie in dem Dickicht der Enzyme und ELISA-Substrate nicht im Dunkeln tappen, gibt Tabelle 4-2 einen Überblick. Wenn Sie auf besondere Sensitivität Ihres Assays Wert legen, sollten Sie die Meerrettich-Peroxidase als Marker mit dem fluorimetrisch nachweisbaren Substrat 3-(*p*-Hydroxyphenyl)-propionsäure (HPPA) oder dem

Tab. 4-2: Enzyme und Substrate für den ELISA. (c) = chromogenes Substrat, (f) = fluorimetrisch nachweisbares Substrat, ABTS = 2,2′-Azino-di(3-ethylbenzthiazolin)-6-sulfonat, HPPA = 3-(*p*-Hydroxyphenyl)-propionsäure, MUG = 4-Methylumbelliferyl-b-D-Galaktopyranosid, MUP = 4-Methylumbelliferylphosphat, *o*NPG = *o*-Nitrophenyl-b-D-Galaktopyranosid, *o*PD = *o*-Phenylendiamin, *p*NPP = *p*-Nitrophenylphosphat, TMB = 3,3′,5,5′-Tetramethylbenzidin.

Enzym	pH Optimum	Substrat	Nachweisgrenze des Enzyms [mol/l]	Nachweisgrenze von Enzym-markiertem IgG [ng/ml]
Meerrettichperoxidase	5 – 7	H_2O_2/ABTS (c)	10^{-13}	16,0
		H_2O_2/oPD (c)	10^{-14}	2,0
		H_2O_2/TMB (c)	$2 \cdot 10^{-15}$	0,3
		H_2O_2/HPPA (f)	10^{-15}	0,3
Alkalische Phosphatase	9 – 10	*p*NPP (c)	$2 \cdot 10^{-13}$	43,0
		MUP (f)	10^{-15}	0,5
β-Galactosidase	6 – 8	*o*NPG (c)	$2 \cdot 10^{-13}$	350,0
		MUG (f)	$5 \cdot 10^{-16}$	1,0
Glucoseoxidase	4 – 7	mit Peroxidase gekoppelte Reaktion; Zugabe von Glucose, Peroxidase und Substrat für die Peroxidase		

colorimetrisch detektierbaren Substrat 3,3′,5,5′-Tetramethylbenzidin (TMB) verwenden. Voraussetzung ist, dass endogene Peroxidaseaktivität sowie inhibitorisch wirkende Agenzien (z. B. NaN_3) in der Probe kein Problem sind.

Literatur:

Engvall E (1980) Enzyme Immunoassay ELISA and EMIT. *Methods Enzymol* 70: 419–439

Labrousse H, Guesdon JL, Ragimbeau J, Avrameas S (1982) Miniaturization of β-galactosidase immunoassays using chromogenic and fluorogenic substrates. *J Immunol Methods* 48: 133–147

Porstmann T, Kiessig ST (1992) Enzyme immunoassay techniques. An overview. *J Immunol Methods* 150: 5–21

4.3.3 ELISA in der Praxis

Nach soviel Theorie zum Thema ELISA kommen wir nun zur Praxis. Damit Sie den Durchblick behalten und ein Gefühl für den zeitlichen Ablauf der einzelnen Schritte bekommen, zeigt Abb. 4-4 schematisch den Verlauf eines typischen Sandwich-ELISA im Vergleich zu einem kompetitiven ELISA. Die angegebenen Inkubationszeiten sind dabei lediglich Vorschläge, die sich in unserem Labor bei vielen ELISAs als effektiv herausgestellt haben. Probieren Sie es ruhig erstmal auf diese Art und Weise, wenn es nicht funktioniert, können Sie immer noch mit dem Optimieren anfangen.

Wichtig beim Etablieren eines ELISA ist das Austitrieren der Antikörper und der Enzym-Konjugate. Wie Sie mit einer 96-Well-Platte vier Coating-Konzentrationen bzw. Blockpuffer und drei Enzym-Konjugat-Konzentrationen gegeneinander austesten können, zeigt Abb. 4-5. Wie schon erwähnt, sollte die Konzentration des Antikörpers bzw. Antigens beim Coaten zwischen 0,5 und 10 µg/ml betragen. Die Konzentration des Enzym-Konjugates richtet sich dann nach dem Assaykonzept. Für einen Sandwich-ELISA kommt eine Konzentration von ca. 0,05–2,0 µg/ml in Frage. Bei einem kompetitiven ELISA müssen Sie darauf achten, dass das Enzym-Konjugat im Überschuss eingesetzt wird.

Nun noch einige Worte zur Enzymreaktion. Diese wird beim ELISA normalerweise durch Zugabe der Substratlösung gestartet. Diese Lösung enthält das oder die Enzymsubstrate in einem Puffer, der einen pH-Wert gewährleistet, bei dem das jeweilige Enzym optimal arbeitet (Tab. 4-2). Da beim ELISA üblicherweise eine sogenannte Endpunkt-Bestimmung erfolgt, muss die Enzymreaktion durch Zugabe einer entsprechenden Stopplösung (Tab. 4-3) beendet werden. Anschließend erfolgt dann die Messung des bis zu diesem Zeitpunkt gebildeten Produktes bei der entsprechenden Wellenlänge (Tab. 4-3). Sollten Sie beim Etablieren ihres ELISA auf unvorhergesehene Probleme stoßen, werfen Sie doch, bevor Sie verzweifeln, einen

Tab. 4-3: Chromogene ELISA-Substrate, passende Stopplösungen und Messwellenlängen – alles, was das Experimentatorherz begehrt, auf einen Blick. ABTS = 2,2′-Azino-di(3-ethylbenzthiazolin)-6-sulfonat, oNPG = *o*-Nitrophenyl-b-D-Galactopyranosid, *o*PD = *o*-Phenylendiamin, *p*NPP = *p*-Nitrophenylphosphat, TMB = 3,3′,5,5′-Tetramethylbenzidin.

Substrat	Stopplösung	Messwellenlänge
ABTS	1 M Zitronensäure + 0,05 % NaN_3	405 nm
*o*PD	2,5 M H_2SO_4	490 nm
TMB	2,0 M H_2SO_4	370 nm (ohne Stopplösung) 450 nm (nach Zugabe von H_2SO_4)
*p*NPP	3 M NaOH	405 nm
*o*NPG	1 M Na_2Co_3	405 nm

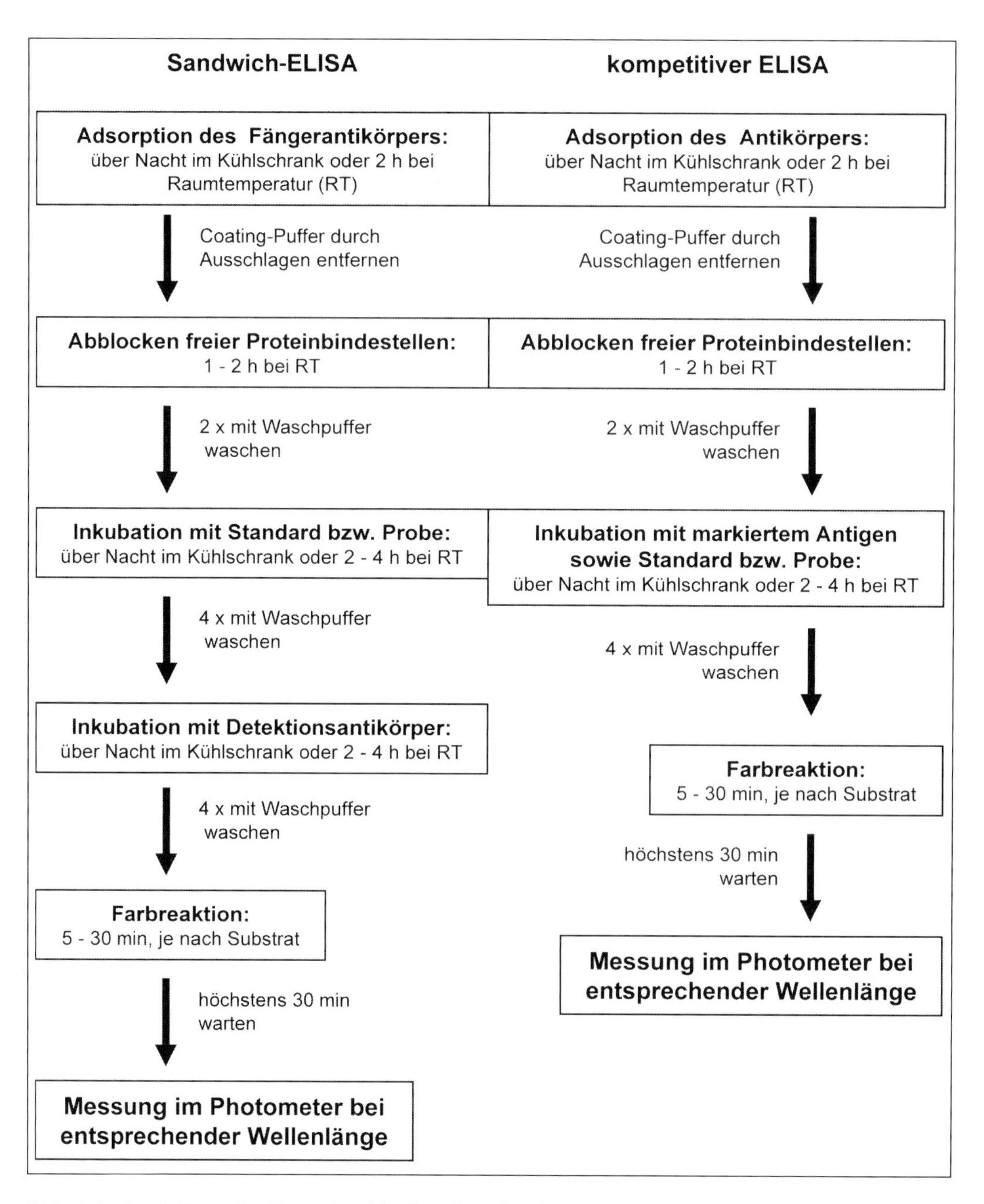

Abb. 4-4: Darstellung des Versuchsablaufes eines Sandwich-ELISA im Vergleich zu einem kompetitiven ELISA. Die angegebenen Inkubationszeiten und die Anzahl der Waschschritte sind nur Richtwerte.

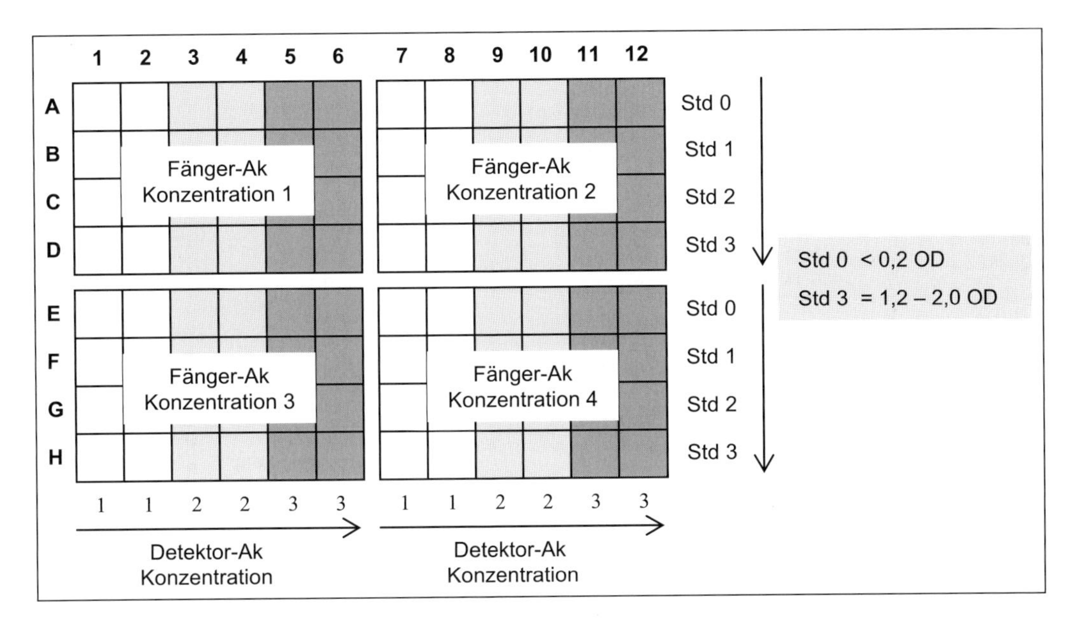

Abb. 4-5: Plattenbelegung für die Antikörpertitration am Beispiel eines Sandwich ELISA. Anstelle verschiedener Konzentrationen des Fänger-Antikörpers können beispielsweise auch unterschiedliche Coating-Puffer oder Blockreagenzien eingesetzt werden. Ak = Antikörper, OD = optische Dichte, Std = Standard.

Blick auf die angebotenen Problemlösungen (Tab. 4-4). Vielleicht kann Ihnen damit geholfen werden.

Ein detailliertes Protokoll zur Detektion der Peroxidase-Aktivität mittels TMB aus unserem alltäglichen Laborgebrauch soll hier noch erwähnt werden. Sie benötigen zunächst zwei Lösungen, aus denen kurz vorher der Substratpuffer gemischt wird. Lösung A enthält 120 mg TMB gelöst in 5 ml Aceton und 45 ml Ethanol. Zusätzlich werden noch 100 µl H_2O_2 (30 %ig) zugesetzt. Dunkel und kühl (2–8 °C) gelagert ist diese Lösung 3 Monate verwendbar. Lösung B enthält 30 mM Kaliumcitrat. Der pH-Wert wird mit KOH auf 4,1 eingestellt. Für eine komplette 96-Well-Platte mischen Sie 10 ml Lösung B mit 0,5 ml Lösung A. Geben Sie dann 100 µl dieser Substratlösung in jedes Well. Nach 5–30 min Inkubation im Dunkeln wird die Enzymreaktion durch Zugabe von 100 µl 2 M H_2SO_4 gestoppt. Vor Zugabe der Stopplösung ist das Reaktionsprodukt blau. Stoppen sollten Sie die Reaktion, wenn die Standardreihe eine schön abgestufte Blaufärbung von sehr schwach bis sehr stark zeigt. Gemessen wird dann möglichst innerhalb der nächsten 30 min bei 450 nm und 620 nm als Referenzwellenlänge. Einen Alternativvorschlag zu dieser Methode finden Sie bei Frey et al. (2000).

Literatur:

Frey A, Meckelein B, Externest D, Schmidt MA (2000) A stable and highly sensitive 3,3′,5,5′-tetramethylbenzidine-based substrate reagent for enzyme-linked immunosorbent assays. *J Immunol Methods* 233: 47–56

Tab. 4-4: ELISA Troubleshooting.

Problem	möglicher Grund	Lösung
hoher Hintergrund	ungenügendes Waschen	mehr Waschschritte, evtl. anderen Waschpuffer ausprobieren
	Kontamination der Substratlösung	Substratlösung sollte möglichst farblos sein, evtl. neue Lösung ansetzen
	ungenügend verdünntes Enzym-Konjugat	höhere Verdünnung des Enzymkonjugates ausprobieren
	ineffizientes Blocken	anderes Blockreagenz ausprobieren
	Bei Verwendung eines Avidin-Enzym-Konjugates: unspezifische Bindung dieses Konjugates	Avidin bindet leicht unspezifisch an andere Oberflächen. Verkürzen Sie die Inkubationszeit auf höchstens 15 min oder verwenden Sie Streptavidin-Enzym-Konjugate
schwaches Signal oder kein Signal	ineffizientes Coaten	Erhöhung der Antikörper- bzw. Antigenkonzentration im Coating-Puffer, evtl. anderen Coating-Puffer ausprobieren
	Enzym-Konjugat zu hoch verdünnt	niedrigere Verdünnung ausprobieren
	Enzyminhibitoren im System	NaN_3 inhibiert z. B. die Meerrettich-Peroxidase, evtl. Puffer erneuern, bei Inhibitoren in den Proben ein anderes Enzym verwenden
	Inkubationszeiten zu kurz	Verlängerung der Inkubationszeiten
schlechte Standardkurve und Mehrfachbestimmungen	schlecht gemischte Proben	Alle Standards und Proben müssen vor dem Auftragen gründlich gemischt werden.
	dreckige Mikrotiterplatten	Die Platten sollten vor der Messung von unten gereinigt werden.

4.4 ELISPOT-Assay

Der Enzyme-linked Immunospot Assay (ELISPOT-Assay) ist praktisch gesehen eine leicht abgeänderte ELISA-Technik. Mit dem ELISPOT können einzelne Zellen, die ein bestimmtes Antigen bzw. einen bestimmten Antikörper sezernieren, in einer Zellpopulation detektiert werden. Die Menge des sezernierten Antigens bzw. Antikörpers lässt sich mit diesem Assayformat allerdings nur grob über den Daumen peilen.

4.4.1 Anwendung und Vergleich mit anderen Methoden

Die beiden erstbeschreibenden Arbeitsgruppen nutzten die ELISPOT-Technik zur Bestimmung des Anteils antikörpersezernierender Zellen in bestimmten Zellpopulationen (Czerkinsky et al., 1983; Sedgwick und Holt, 1983). Bis zum heutigen Tag wurden dann eine ganze Reihe von ELISPOT-Assays zur Detektion cytokinsezernierender Zellen entwickelt. Czerkinsky et al. (1988) bezeichnen dieses Assayformat als „Reverse ELISPOT Assay“. Solche Reverse ELISPOT Assays sind zur Detektion von IL-1, IL-2, IL-4, IL-5, IL-6, IL-10, IFN-γ, GM-CSF, TNF-α, TNF-β und Granzym B beschrieben worden.

Exkurs 12

Homogene Enzymimmunoassays

Prinzip: Im Vergleich zu den heterogenen Immunoassays, wie z. B. dem ELISA, erfolgt bei den homogenen Enzymimmunoassays keine Separation der Antigen-Antikörper-Komplexe von dem freien Antigen. Man benötigt enzymmarkiertes Antigen sowie einen antigenspezifischen Antikörper. Zum Erstellen einer Standardkurve ist ebenfalls unmarkiertes Antigen erforderlich. Man gibt alle Komponenten in einem Teströhrchen zusammen, wobei die Konzentrationen an Enzym-markiertem Antigen und Antikörper in allen Ansätzen konstant gehalten werden. Die Konzentration des unmarkierten Antigens ist variabel und kann anhand einer entsprechenden Standardkurve ermittelt werden. Bindet der Antikörper das Enzym-markierte Antigen, kommt der Antikörper mit dem Enzym in Kontakt und inhibiert dieses. Beim kompetitiven Typ der homogenen Enzymimmunoassays konkurriert unmarkiertes Antigen mit Enzym-markiertem Antigen um die freien Antikörperbindestellen. Ist viel unmarkiertes Antigen vorhanden, das einen Großteil der Antigenbindestellen besetzt, wird nur wenig Enzym inhibiert. Daraus folgt: Viel unmarkiertes Antigen bedingt eine hohe Restenzymaktivität und wenig unmarkiertes Antigen eine geringe Restenzymaktivität.

Enzyme: Bei der Wahl des geeigneten Enzyms muss einiges bedacht werden. Wichtigster Punkt dabei ist, dass die Aktivität des Enzyms durch den Antikörper messbar verändert wird. Da Enzym-markiertes Antigen und Probe zusammen inkubiert werden, dürfen weder Isoenzyme und Substrate noch Enzyminhibitoren in der Probe vorhanden sein. Häufige Verwendung finden die Glucose-6-Phosphat-Dehydrogenase, Lysozym und die Malat-Dehydrogenase, wobei Letztere durch Interaktionen mit dem Antikörper aktiviert und nicht inhibiert wird.

Limitierung: Da die Enzym-Antikörper-Interaktionen über das Antigen vermittelt werden, darf dieses nicht zu groß sein. Die homogenen Enzymimmunoassays eignen sich demnach nur für den Nachweis niedermolekularer Haptene.

Vorteile: Zeit- und Kostenersparnis, da die Trennung von gebundenem und freiem Antigen entfällt.

Nachteile: *Isoenzyme, Substrate und Inhibitoren in der Probe verfälschen die Ergebnisse. Kenntnisse in Enzymkinetik sind für die Auswertung notwendig, da üblicherweise eine Zeitkinetik und keine Endpunktbestimmung wie beim ELISA erfolgt. Limitierung auf Haptene.*

Der ELISPOT in der T-Zell-Forschung

Klinische Anwendung findet die ELISPOT-Technik bei der Detektion antigenspezifischer T-Zellen z. B. in der Krebs-, Diabetes- und HIV-Forschung. Nach Stimulation mit einem entsprechenden Antigenpeptid, das von dem TCR gebunden werden kann, sezernieren nur T-Zellen, die spezifisch dieses Antigenpeptid binden, bestimmte Cytokine. Antigenspezifische $CD8^+$-Zellen können anhand der Sekretion von INF-γ, TNF-α oder Granzym B ermittelt werden. Antigenspezifische $CD4^+$-Zellen des T_H1-Typs lassen sich ebenfalls über die IFN-γ Sekretion detektieren, während sich bei $CD4^+$-Zellen des T_H2-Typs die Lage etwas schwieriger gestaltet. Nach Stimulation durch ein Antigenpeptid sezernieren unterschiedliche T_H2-Zellen auch unterschiedliche T_H2-typische Cytokine, wie IL-4, IL-5 und IL-10. Hier ist die Untersuchung mehrerer Cytokine sinnvoll. Durch

Entwicklung des Zwei-Farben-ELISPOTS ist es mittlerweile möglich, in einem Ansatz zwei Zellsubpopulationen in Beziehung zu bringen. Es lässt sich beispielsweise der T_H1/T_H2-Quotient durch Detektion IFN-γ- und IL-10-sezernierender Zellen ermitteln.

Der ELISPOT im Vergleich mit anderen Methoden

Im Vergleich zu den weiteren Methoden zur Bestimmung antigenspezifisch reagierender Zellen, wie beispielsweise dem Chrom-Release-Assay (Kap. 8.4.1), der intrazellulären Cytokinmessung im Durchflusscytometer (Kap. 3.3.1) oder dem Cytokin-ELISA im Zellkulturüberstand (Kap. 4.3) fällt besonders die erheblich höhere Sensitivität des ELISPOT Assays auf. Mit dem ELISPOT-Assay kann praktisch jede cytokinsezernierende Zelle erfasst werden. Die Nachweisgrenze liegt bei einer Zelle unter 10^4–10^6 Zellen. Sogar der ELISA hat eine etwa 400fach niedrigere Sensitivität. Noch extremer ist der Unterschied zu dem Chrom-Release-Assay. Hier muss eine unter 100 Zellen cytotoxisches Potenzial besitzen, wodurch vor dem eigentlichen Test zeitaufwändige Anreicherungsschritte notwendig werden. Das führt uns gleich zu einem weiteren Vorteil des ELISPOT, der mit relativ wenig Zeit- und Materialaufwand die Untersuchung vieler Proben erlaubt. Im Vergleich zur Durchflusscytometrie werden auch wirklich nur die Zellen erfasst, die ein bestimmtes Antigen sezernieren, während bei der intrazellulären Cytokinmessung jede Zelle detektiert wird, die dieses Antigen synthetisiert. Ob es nun sezerniert oder gespeichert wird, kann mit der Durchflusscytometrie nicht unterschieden werden. Einen Vorteil gegenüber dem ELISPOT hat die Durchflusscytometrie dennoch. Es können mehrere Parameter (bis zu 13) einer Zelle gleichzeitig bestimmt werden, während mit dem ELISPOT bisher lediglich die Bestimmung zweier Parameter zur gleichen Zeit möglich ist.

Literatur:

Czerkinsky CC, Andersson G, Ekre HP, Nilsson LA, Klareskog L, Ouchterlony O (1988) Reverse ELISPOT assay for clonal analysis of cytokine production. I. Enumeration of gamma-interferon-secreting cells. *J Immunol Methods* 110: 29–36

Czerkinsky CC, Moldoveanu Z, Mestecky J, Nilsson LA, Ouchterlony O (1988) A novel two colour ELISPOT assay. I. Simultaneous detection of distinct types of antibody-secreting cells. *J Immunol Methods* 115: 31–37

Czerkinsky CC, Nilsson LA, Nygren H, Ouchterlony O, Tarkowski A (1983) A solid-phase enzyme-linked immunospot (ELISPOT) assay for enumeration of specific antibody-secreting cells. *J Immunol Methods* 65: 109–121

Klinische Anwendungen des ELISPOT Assay:

Mashishi T, Gray CM (2002) The ELISPOT assay: an easily transferable method for measuring cellular responses and identifying T cell epitopes. *Clin Chem Lab Med* 40: 903–910

Meierhoff G, Ott PA, Lehmann PV, Schloot NC (2002) Cytokine detection by ELISPOT: relevance for immunological studies in type 1 diabetes. *Diabetes Metab Res Rev* 18: 367–380

Schmittel A, Keilholz U, Thiel E, Scheibenbogen C (2000) Quantification of tumor-specific T lymphocytes with the ELISPOT assay. *J Immunother* 23: 289–295

Sedgwick JD, Holt PG (1983) A solid-phase immunoenzymatic technique for the enumeration of specific antibody-secreting cells. *J Immunol Methods* 57: 301–309

4.4.2 Prinzip und Praxis

Im Prinzip basiert der ELISPOT-Assay, wie in Abbildung 4-6 veranschaulicht, auf einem Sandwich-ELISA und wird üblicherweise im 96-Well- bzw. 48-Well-Format durchgeführt. Verwendet werden sogenannte „Flat-Bottom"-Platten, um Lichtspiegelungen bei der Spot-Detektion zu minimieren. Mit einer Nitrocellulose- oder PVDF(Polyvinylidendifluorid)-Membran beschichtete Well-Platten erleichtern die Spot-Detektion durch bessere Kontrastierung. Diese Membranen zeichnen sich durch eine ca. 1 000fach erhöhte Proteinbindungskapazität gegenüber Polystyrol und Polyvinylchlorid aus, wodurch das Coaten mit dem Fängerantikörper deutlich effektiver ist. Besonders für Nitrocellulose-Membranen wurden aufgrund der hohen Proteinbindungskapazität aber ebenfalls Probleme mit hohem Hintergrund und unspezifischer Färbung vor allem beim IFN-γ ELISPOT beschrieben. Durch Verwendung von Polystyrol ELI-

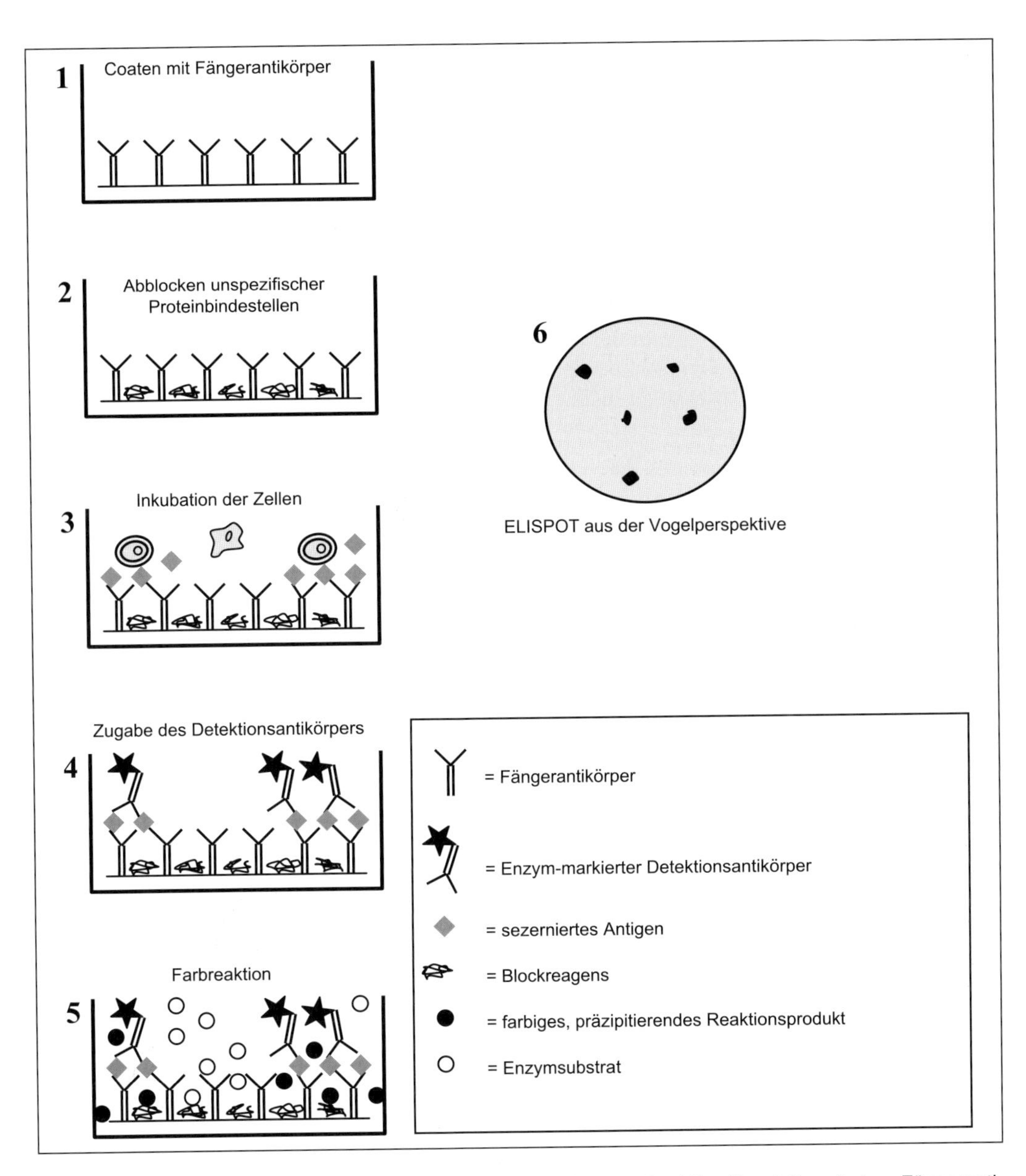

Abb. 4-6: Prinzip des „Reverse ELISPOT Assays". 1) Coaten der Mikrotiterplatte mit dem Fängerantikörper. 2) Abblocken freier Proteinbindestellen. 3) Fängerantikörper binden sezerniertes Antigen. 4) Entfernen der Zellen und Zugabe des antigenspezifischen und enzymmarkierten Detektionsantikörpers. 5) Farbreaktion. 6) Antigensezernierende Zellen hinterlassen farbige Spots.

SA-Platten oder PVDF-Membran-beschichteten Platten können diese Phänomene deutlich minimiert werden. Das Beschichten der Platten mit dem Fängerantikörper und das anschließende Abblocken freier Proteinbindestellen kann analog zum ELISA geschehen. Bei Verwendung von Nitrocellulose-beschichteten Platten hat sich 0,1 M NaOH in 20–40 % Methanol als Coating-Puffer bewährt.

Nachdem die Testplatte entsprechend vorbereitet wurde, kann der eigentliche Test beginnen. Die Zellen werden in Medium in den einzelnen Wells ausgesät und entsprechend stimuliert. Die Zellzahl richtet sich dabei nach der Anzahl der zu erwartenden antigensezernierenden Zellen. Optimal auszählen lassen sich je nach verwendetem Plattenformat 100–200 Spots. Soll die Anzahl antigenspezifischer T-Zellen in PBMCs bestimmt werden, kann man 10^4–10^6 PBMCs einsetzen. Als Negativkontrolle dient ein Ansatz ohne Zusatz des Antigens, als Positivkontrolle kann ein Ansatz z. B. mit PHA stimuliert werden. Die Testplatten werden dann für 4–72 Stunden unter optimalen Bedingungen inkubiert. Die Inkubationszeit richtet sich nach der Menge des sezernierten Antigens und dem Zeitpunkt des Beginns der Sekretion. Während der gesamten Inkubationsphase hat der Experimentator penibel darauf zu achten, dass die Testplatte nicht bewegt wird, damit die Zellen nicht verrutschen. Dies kann dazu führen, dass eine Zelle mehrere Spots verursacht oder mehrere Spots miteinander verschwimmen. Alles in allem lassen sich die Tests dann nicht mehr korrekt auswerten, und die ganze Arbeit war umsonst.

Nach Inkubation werden die Zellen durch Waschen entfernt und der enzymmarkierte Detektionsantikörper wird zugegeben. Als Enzyme werden die Alkalische Phosphatase oder die Meerrettich-Peroxidase verwendet. Im Falle eines Zwei-Farben-ELISPOT-Assays ist ein Detektionsantikörper mit Alkalischer Phosphatase markiert und der zweite mit Meerrettich-Peroxidase. Die Visualisierung erfolgt anschließend durch Zugabe enzymspezifischer Substrate, die ein farbiges, präzipitierendes Reaktionsprodukt bilden. Eine Auswahl an geeigneten Substraten für den ELISPOT-Assay bietet Tab. 4-5. Bei einem Zwei-Farben-ELISPOT-Assay ist darauf zu achten, dass die zwei verwendeten Substrate unterschiedlich gefärbte Reaktionsprodukte bilden. Nach dem Stoppen der Enzymreaktion erhält man an jeder Stelle, an der eine antigensezernierende Zelle gelegen hat, einen farbigen Punkt. Das Auszählen dieser Farbpunkte kann manuell unter dem Mikroskop erfolgen. Einfacher und schneller geht das aber mit einem automatischen ELISPOT-Reader. Mittlerweile ist die zugehörige Software auch so gut entwickelt, dass diese nach einem entsprechenden Setup durch den Experimentator zwischen wirklichen Spots und Hintergrundfärbung sowie Färbeartefakten unterscheiden kann.

Tab. 4-5: ELISPOT-Enzymsubstrate. AEC = 3-Amino-9-ethylcarbazol, BCIP = 5-Bromo-4-Chloro-3-Indolylphosphat, DAB = 3,3′-Diaminobenzidin-tetrahydrochlorid, NBT = Nitroblau-Tetrazolium, TMB = 3,3′,5,5′-Tetramethylbenzidin. Alle Farbreaktionen können durch Spülen mit viel Wasser gestoppt werden.

Enzym	Substrat	Farbe des Reaktionsproduktes	Anmerkung
Meerrettich-Peroxidase	AEC	rosarot bis rostig rot	bildet alkohollösliches Präzipitat; findet häufige Anwendung bei Zwei-Farben-ELISPOTS
	TMB	dunkelblau	achten Sie auf die Verwendung, einer TMB-Lösung, die ein präzipitierendes Produkt bildet. TMB-Lösungen für ELISA-Anwendungen sind nicht geeignet. (Tab. 4-2, Tab. 4-3); sehr sensitiv
	DAB	braun	Präzipitat löst sich nicht in Alkohol
Alkalische Phosphatase	BCIP/NBT	blau-violett	bildet sehr stabiles Farbpräzipitat; wird zusammen mit AEC in Zwei-Farben-ELISPOTS verwendet

4.5 Partikel-Immunoassay (PIA)

4.5.1 Prinzip der Mini-Kugeln

Der Partikel-Immunoassay (PIA) ist die wohl modernste Variante der Immunoassays mit scheinbar unerschöpflichen Zukunftsperspektiven. Im Prinzip sind alle Assayformate mit den kleinen Kügelchen, im Fachjargon auch „Beads" oder Mikropartikel genannt, möglich. Sei es der kompetitive, direkte oder auch der Sandwich-Assay – dem Experimentator sind alle Freiheiten gegeben. In immunologischen und klinischen Anwendungen wird der PIA gerne im Sandwich-Format eingesetzt. Aus diesem Grund beziehen sich die weiteren Erläuterungen des PIA-Prinzips vorwiegend auf diesen Assaytyp.

Grundlage des PIA sind die Mikropartikel. Wie die Bezeichnung „mikro" im Namen schon andeutet, liegt die Größe dieser Partikel im Mikrometerbereich. Es gibt sie aus den unterschiedlichsten Materialien, wie z. B. Latex, Silikon, Glas und Polystyrol und mit den verschiedensten Eigenschaften, z. B. magnetisch, fluoreszierend, in unterschiedlichen Größen sowie voraktiviert mit reaktiven chemischen Gruppen an der Oberfläche.

Also gut, kommen wir auf das **Prinzip** des PIA zu sprechen. Wie es sich für einen guten Sandwich-Assay gehört, muss zunächst der antigenspezifische Fängerantikörper an die feste Phase, in diesem Fall die Mikropartikel, gekoppelt werden. Im Gegensatz zum ELISA ist beim PIA die gerichtete kovalente Kopplung der unspezifischen Adsorption vorzuziehen. Dies bewirkt eine deutlich erhöhte Sensitivität des Assays. Vorschläge wie Sie diese kovalente Kopplung realisieren können, finden Sie in Kapitel 1.4.1. Halten Sie nun Ihre fertigen Mikropartikel in den Händen, benötigen Sie noch einen zweiten antigenspezifischen Antikörper zur Detektion und natürlich die Proben, die Sie messen wollen. Der Detektionsantikörper muss mit einem Fluoreszenzfarbstoff markiert sein, da Messung und Auswertung des PIA im Durchflusscytometer erfolgen. Aufgrund ihrer homogenen Größe und Struktur lassen sich die Mikropartikel im FSC-SSC-Plot als Punktwolke erkennen. Von allen Partikeln dieser Punktwolke kann man sich die Fluoreszenz, die von den Detektionsantikörpern ausgeht, in einem Histogramm-Plot anzeigen lassen (Abb. 4-7). Je mehr Antigen und somit auch Detektionsantikörper von einem Partikel gebunden wurde, desto höher das Fluoreszenzsignal des Partikels. Unter der Annahme, dass im Mittel alle Partikel die gleiche Anzahl Antigenmoleküle und somit auch Detektionsantikörpermoleküle binden, ermittelt man unter Beachtung der Verteilungsform der Einzelwerte den Mittelwert bzw. Median des Fluoreszenzsignals aller Partikel (Kap. 10.1.1). Damit die Statistiker zufrieden gestellt werden und die Reproduzierbarkeit nicht leidet, sollte man eine nicht zu niedrig gewählte Partikelzahl in die Berechnung einbeziehen. Einige Hersteller empfehlen mindestens 100 Partikel je Ansatz. Anhand einer mit bekannten Antigenkonzentrationen entsprechend erstellten Standardkurve lässt sich dann die Antigenkonzentration in der untersuchten Probe ermitteln.

4.5.2 Trapping-Assay

Das ganze Potenzial des PIA wird erst deutlich, wenn man die unterschiedlichen Anwendungsmöglichkeiten genauer betrachtet. Da wäre beispielsweise die als Trapping-Assay bekannte Variante. Will man ein bestimmtes Antigen in Zellkulturüberständen nachweisen und seine Konzentration bestimmen, entnimmt man üblicherweise nach einer gewissen Inkubationsphase den Überstand der Zellkultur und untersucht diesen mittels eines ELISA. Man kann aber auch gleich antigenspezifische, **magnetische Mikropartikel** zu der Zellkultur geben. Nach Ablauf der Inkubationszeit

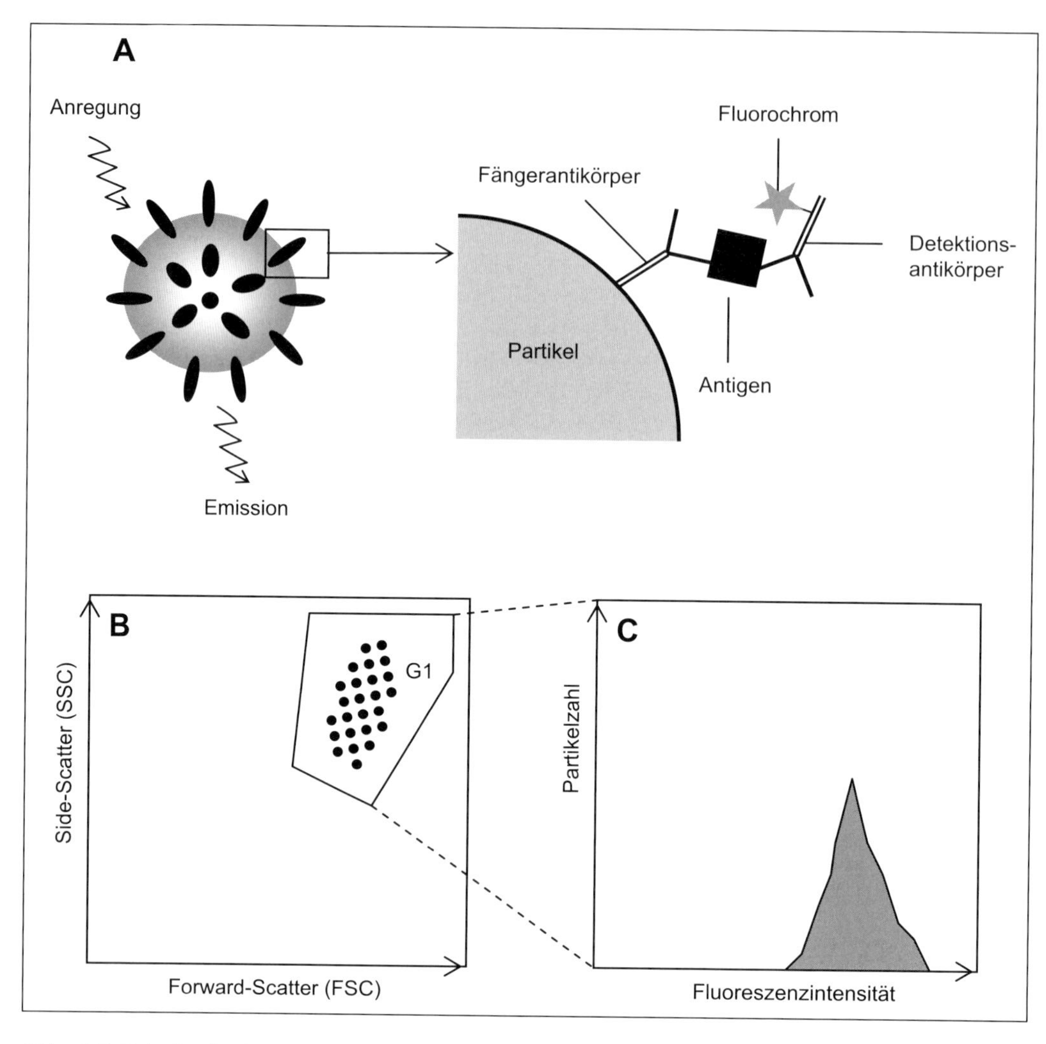

Abb. 4-7: Prinzip des Partikel-Immunoassay (PIA). A) Aufbau eines Sandwich-PIA. Die Messung und Auswertung erfolgt mittels Durchflusscytometer. **B)** In einem Dot-Plot bei dem der Forward-Scatter gegen den Side-Scatter aufgetragen wird bilden die Partikel eine Punktwolke. Die Partikel dieser Punktwolke werden mittels eines Gates (G1) markiert. **C)** Die Fluoreszenzintensität aller markierten Partikel wird dann in einem Histogramm-Plot dargestellt.

lassen sich diese Partikel, die nun das entsprechende Antigen gebunden haben, wunderbar mit einem Magnetständer von den Zellen trennen. Man muss dann nur noch den Detektionsantikörper zugeben, inkubieren und messen. Der Vorteil liegt darin, dass das Antigen sofort nach seiner Sekretion von den Partikeln gebunden wird. Durch diese Bindung wird es häufig stabilisiert und ist außerdem vor dem Abbau durch extrazelluläre Enzyme besser geschützt.

4.5.3 Multiplex-Assay

Mit dem sogenannten **Multiplex-Assay** dürfte die größte Zukunftshoffnung des PIA verknüpft sein. Durch den Einsatz verschiedener Partikelpopulationen in einem Messansatz lassen sich mehrere Antigene gleichzeitig nachweisen. Dazu müssen sich die Partikel der verschiedenen Populationen in Eigenschaften unterscheiden, die mit dem Durchflusscytometer erfasst werden können. Es bieten sich somit die Größe und die Eigenfluoreszenz an. Luminex beispielsweise hat ein System entwickelt, bei dem sich bis zu 100 verschiedene Partikelpopulationen über zwei unterschiedliche Eigenfluoreszenzen voneinander unterscheiden lassen. Der Detektionsantikörper trägt bei diesem System eine dritte Fluoreszenz (Abb. 4-8).

Gerade für die immunologische und klinische Forschung sowie Diagnostik ist der Multiplex-PIA besonders interessant, da viele Krankheitsbilder durch eine Veränderung des gesamten Cytokinmilieus und nicht nur durch Erhöhung oder Erniedrigung der Konzentration eines Cytokins auffallen. Wie wäre es doch schön, könnte man alle Cytokine, Chemokine und ähnliche Substanzen gleichzeitig in einer Probe messen. Das ist allerdings noch Zukunftsmusik. Problematisch bei der Entwicklung solcher Multiplex-Assays ist die Wahl der richtigen Antikörperpaare. Denn je mehr Antikörper zusammenkommen, desto größer ist die Wahrscheinlichkeit, dass Kreuzreaktionen der Antikörper untereinander auftreten. Beim Aufbau eines solchen Multiplex-Assays muss also jeder Antikörper gegen jeden anderen Antikörper auf unliebsame Kreuzreaktionen getestet werden. Tritt eine solche auf, ist der entsprechende Antikörper zu ersetzen. Dies ist natürlich eine sehr zeit- und arbeitsintensive Aufgabe, und so ist es nicht verwunderlich, dass das Potenzial solcher Assays bei weitem noch nicht ausgeschöpft ist. Wer sich für Multiplex-PIAs interessiert, findet einige Beispiele, inklusive der adäquaten Antikörperpaare, bei Camilla et al. (2001), Carson und Vignali (1999), Chen et al. (1999), Cook et al. (2001), Kellar et al. (2001) und Oliver et al. (1998).

Literatur:

Camilla C, Mely L, Magnan A, Casano B, Prato S, Debono S, Montero F, Defoort JP, Martin M, Fert V (2001) Flow cytometric microsphere-based immunoassay: analysis of secreted cytokines in whole-blood samples from asthmatics. *Clin Diagn Lab Immunol* 8: 776–784

Carson RT, Vignali DA (1999) Simultaneous quantitation of 15 cytokines using a multiplexed flow cytometric assay. *J Immunol Methods* 227: 41–52

Chen R, Lowe L, Wilson JD, Crowther E, Tzeggai K, Bishop JE, Varro R (1999) Simultaneous quantification of six human cytokines in a single sample using microparticle-based flow cytometric technology. *Clin Chem* 45: 1693–1694

Cook EB, Stahl JL, Lowe L, Chen R, Morgan E, Wilson J, Varro R, Chan A, Graziano FM, Barney NP (2001) Simultaneous measurement of six cytokines in a single sample of human tears using microparticle-based flow cytometry: allergics vs. non-allergics. *J Immunol Methods* 254: 109–118

Kellar KL, Kalwar RR, Dubois KA, Crouse D, Chafin WD, Kane BE (2001) Multiplexed fluorescent bead-based immunoassays for quantitation of human cytokines in serum and culture supernatants. *Cytometry* 45:27–36

Oliver KG, Kettman JR, Fulton RJ (1998) Multiplexed analysis of human cytokines by use of the FlowMetrix system. *Clin Chem* 44: 2057–2060

4.5.4 Vergleich mit anderen Immunoassays

Den Vergleich mit den klassischen Immunoassays wie RIA und ELISA braucht der PIA in keiner Weise zu scheuen. Die **Sensitivität** eines PIA hängt ebenso wie beim ELISA und RIA in wesentlichem Maße von der Qualität der Antikörper ab. Mit einem adäquaten Antikörperpaar lassen sich im Sandwich-Format Antigenkonzentrationen von 5 pg/ml nachweisen. Oft ist dafür lediglich ein Probenvolumen von 10 µl notwendig, während beim ELISA üblicherweise nicht nur die Nachweisgrenze, sondern auch das benötigte Probenvolumen (50–200 µl) höher liegt. Insbesondere für die Untersuchung humaner Proben, die nicht in großer Menge verfügbar sind (z. B. Atemluftkondensate, Tränenflüssigkeit), ist der PIA ein interessantes Testsystem.

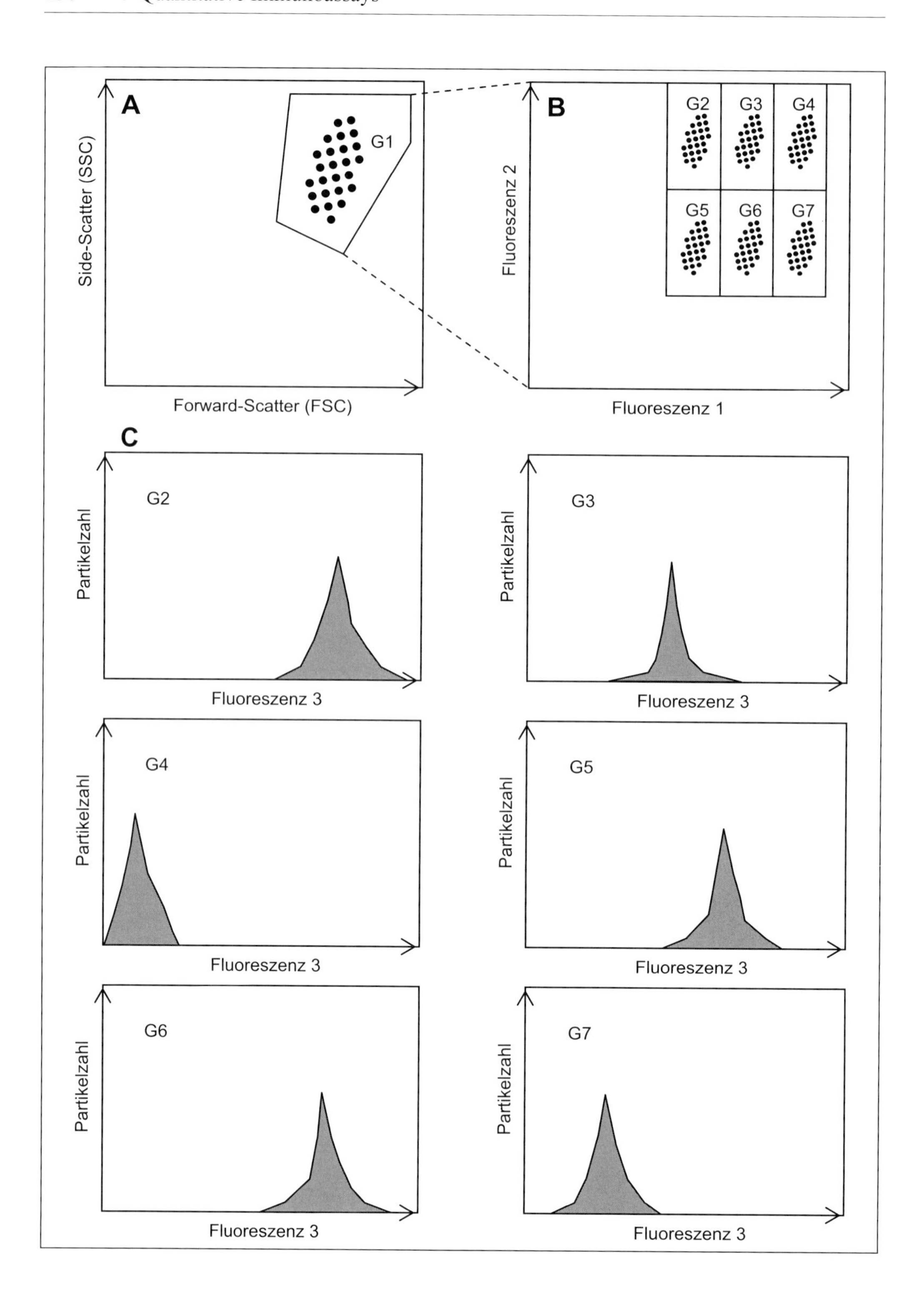
A
Side-Scatter (SSC)
Forward-Scatter (FSC)
G1
B
Fluoreszenz 2
Fluoreszenz 1
G2
G3
G4
G5
G6
G7
C
Partikelzahl
Fluoreszenz 3
G2
G3
G4
G5
G6
G7

Auch die Möglichkeit, gleich mehrere Antigene in einem Ansatz zu messen bietet nur der Multiplex-PIA. Dadurch kann man mit noch weniger Probenmaterial noch mehr Parameter bestimmen. Und auch die wirtschaftlichen Vorteile, die der Multiplex-PIA damit bietet, sollten nicht unterschätzt werden. Durch die Messung vieler Antigene in einem Ansatz spart man erheblich Material ein, verglichen mit einem herkömmlichen ELISA. Dadurch haben sich die deutlich höheren Anschaffungskosten eines Durchflusscytometers gegenüber denen eines ELISA-Readers schnell amortisiert.

Ein weiterer Vorteil des PIA ist der **große Messbereich**, in dem dieser Immunoassay genaue Ergebnisse liefert. Weiterhin bietet dieses Assayformat eine **sehr gute Reproduzierbarkeit** mit niedrigen Intra- und Interassay-Varianzen. Die leichte **Adaptierbarkeit** des PIA sollte ebenfalls hervorgehoben werden. Durch Reduktion der Partikelzahl lässt sich beispielsweise die Nachweisgrenze senken, da sich nun die gleiche Anzahl Antigenmoleküle auf weniger Partikel verteilt. Das bewirkt dann ein intensiveres Fluoreszenzsignal.

Alles in allem bietet der PIA eine Menge Potenzial, das bei weitem noch nicht ausgereizt ist. Und man muss kein Prophet sein, um behaupten zu können, dass uns in den nächsten Jahren noch eine ganze Menge Weiterentwicklungen auf diesem Gebiet bevorstehen werden. Die hier genannten Anwendungen des PIA spiegeln lediglich einen begrenzten Ausschnitt wider. Wenn Sie einen ausführlichen Überblick über das ganze Spektrum des PIA und die Einsatzmöglichkeiten von Mikropartikeln bekommen möchten, sollten Sie einen Blick in die Reviews von Vignali (2000) und Kellar (2002) werfen.

Literatur:

Kellar KL, Iannone MA (2002) Multiplexed microsphere-based flow cytometric assays. *Exp Hematol* 30: 1227–1237

Vignali DAA (2000) Multiplexed particle-based flow cytometric assays. *J Immunol Methods* 243: 243–255

4.6 Verstärkersysteme

Im Normalfall sind die herkömmlichen Immunoassays zum Nachweis und zur Quantifizierung von Antigenen in Zellkulturüberständen, Blutserum und ähnlichen Proben hinreichend sensitiv. Bei stark verdünnten Proben, wie z.B. Lavage-Flüssigkeiten und Atemluftkondensaten, scheitert der Experimentator aber allzu häufig an der Nachweisgrenze dieser Immunoassays. Tritt ein solcher Fall ein, kann man versuchen ein Verstärkersystem in den Immunoassay einzubauen, um die Sensitivität des Tests zu erhöhen. Die am häufigsten verwendeten Verstärkersysteme beruhen auf der Erhöhung der Markerdichte in den Wells der Mikrotiterplatten (ELISA) oder auf den Mikropartikeln (PIA), denn mehr Marker je gebundenem Antigenmolekül bedeuten ein stärkeres Signal. Bei Enzym Immunoassays bietet sich dem Experimentator noch die Möglichkeit durch sensitivere Enzymsubstrate oder die Verwendung von Multi-Enzym-Kaskaden die Nachweisgrenze des Assays zu drücken.

Abb. 4-8: Prinzip eines Multiplex-PIA. A) Im FSC/SSC-Dot-Plot zeigen alle Partikel eine Punktwolke (G1). **B)** Die einzelnen Partikelpopulationen unterscheiden sich in ihrer Eigenfluoreszenz bezüglich Fluoreszenz 1 und Fluoreszenz 2 und lassen sich in einem weiteren Dot-Plot (Fluoreszenz 1/Fluoreszenz 2) auftrennen und markieren (G2–G7). Mit jeder dieser Partikelpopulationen kann ein Antigen nachgewiesen werden, in diesem Beispiel also insgesamt 6. **C)** Alle Detektionsantikörper tragen die gleiche Fluoreszenz (Fluoreszenz 3). Diese lässt man sich dann in Histogramm-Plots für jede Partikelpopulation anzeigen. Die Antigene, die mit den Partikelpopulationen G2, G3, G5, G6 nachgewiesen werden, sind in diesem Beispiel in hoher Konzentration in der Probe vertreten. Die mit den Partikelpopulationen G4 und G7 nachweisbaren Antigene sind hingegen nicht bzw. in geringer Konzentration vorhanden.

4.6.1 Erhöhung der Markerdichte

4.6.1.1 Das (Strept-)Avidin-Biotin-System

Ein oft verwendetes Verstärkersystem, das eine Erhöhung der Markerdichte je Antigenmolekül bewirkt, ist das (Strept-)Avidin-Biotin System. Das aus dem Hühnereiweiß bzw. aus *Streptomyces avidinii* stammende Avidin bzw. Streptavidin weist eine hohe Affinität (Assoziationskonstante $k_a = 10^{-15}$ M) zu dem kleinen Molekül Biotin auf, und beide Proteine besitzen jeweils vier Biotin-Bindestellen. Näheres über die biologischen und chemischen Grundlagen zu Biotin und (Strept-) Avidin sowie Vorschläge zu der Kopplung von Biotin an Proteine finden Sie in Kapitel 1.4.4 oder bei Ternynck und Avrameas (1990).

Um eine Signalverstärkung mit dem (Strept-)Avidin-Biotin System zu erreichen, stehen dem Experimentator zwei unterschiedliche Wege zur Verfügung, die in Abbildung 4-9 vergleichend dargestellt sind. Zum Einen wäre da das **„Labeled-Avidin-Biotin-(LAB-)"System**. Hierbei wird das immobilisierte Antigen von einem biotinylierten Antikörper gebunden. Anschließend gibt man mit dem entsprechenden Marker konjugiertes (Strept-)Avidin hinzu, das an die Biotinmoleküle bindet. Man kann ohne weiteres 5–10 Biotinmoleküle an ein Antikörpermolekül koppeln, ohne dass die biologische Aktivität des Antikörpers erheblich beeinträchtigt wird. Auf diese Art und Weise erreicht man schließlich eine Markerdichte von 5–10 Markermolekülen pro gebundenem Antigenmolekül.

Eine zweite Methode das (Strept-)Avidin-Biotin System anzuwenden, ist das **„Bridged-Avidin-Biotin-(BRAB-)"System**. Analog zum LAB System wird das Antigen zunächst von einem biotinylierten Antikörper gebunden. Dann gibt man freies (Strept-)Avidin hinzu, das an die Biotinmoleküle bindet. Bei dieser Methode macht man sich zu Nutze, dass jedes (Strept-)Avidinmolekül vier Biotinbindestellen besitzt. Anschließend wird biotinylierter Marker hinzugegeben, der an die noch freien Biotinbindestellen des (Strept-)Avidins bindet.

Man könnte nun denken, dass mit der BRAB-Methode die Sensitivität eines Immunoassays mehr erhöht werden kann, als mit dem LAB-System. Dies ist jedoch nicht der Fall, da bei der Bindung von zwei Biotinmolekülen an ein (Strept-)Avidinmolekül die Affinität der zwei anderen Biotinbindestellen zum Biotin deutlich herabgesetzt wird. Mit beiden Avidin-Biotin-Systemen lässt sich die Sensitivität eines Immunoassays um das 2–100fache erhöhen. Vorteile dieses Systems sind die recht problemlose Kopplung von Biotin an Proteine und die universellen Einsatzmöglichkeiten eines biotinylierten Antikörpers. Da (Strept-)Avidin mit vielen unterschiedlichen Markern wie Fluorochromen und Enzymen konjugiert im Handel erhältlich ist, kann das (Strept-)Avidin-Biotin-Verstärkersystem beim PIA, aber auch beim ELISA, ELISPOT, Western-Blot und immunlokalisierenden Anwendungen, z. B. auf histologischen Präparaten eingesetzt werden.

Literatur:
Avrameas S (1992) Amplification systems in immunoenzymatic techniques. *J Immunol Methods* 150: 23–32
Ternynck T, Avrameas S (1990) Avidin-biotin system in enzyme immunoassays. *Methods Enzymol* 184: 469–481

4.6.1.2 Das Fluorescein-anti-Fluorescein-Antikörper-System

Die Entwicklung von hochaffinen anti-Fluorescein-Antikörpern bietet dem Experimentator die Möglichkeit, diese Antikörper ebenfalls zur Erhöhung der Markerdichte zu nutzen. Bei diesem in Abbildung 4-9 dargestellten System wird das Antigen zunächst von einem fluoresceinkonjugierten Antikörper gebunden. Anschließend wird der anti-Fluorescein-Antikörper hinzugegeben. Dieser ist mit einem entsprechenden Marker konjugiert und bindet an die Fluorescein-Moleküle des ersten Antikörpers. Da man ca. 4–6 Fluoresceinmoleküle an einen Antikörper koppeln kann (Kap. 1.4.3.1), wird die Anzahl der Markermoleküle je Antigenmolekül um das 4–6fache erhöht. Anwendbar ist

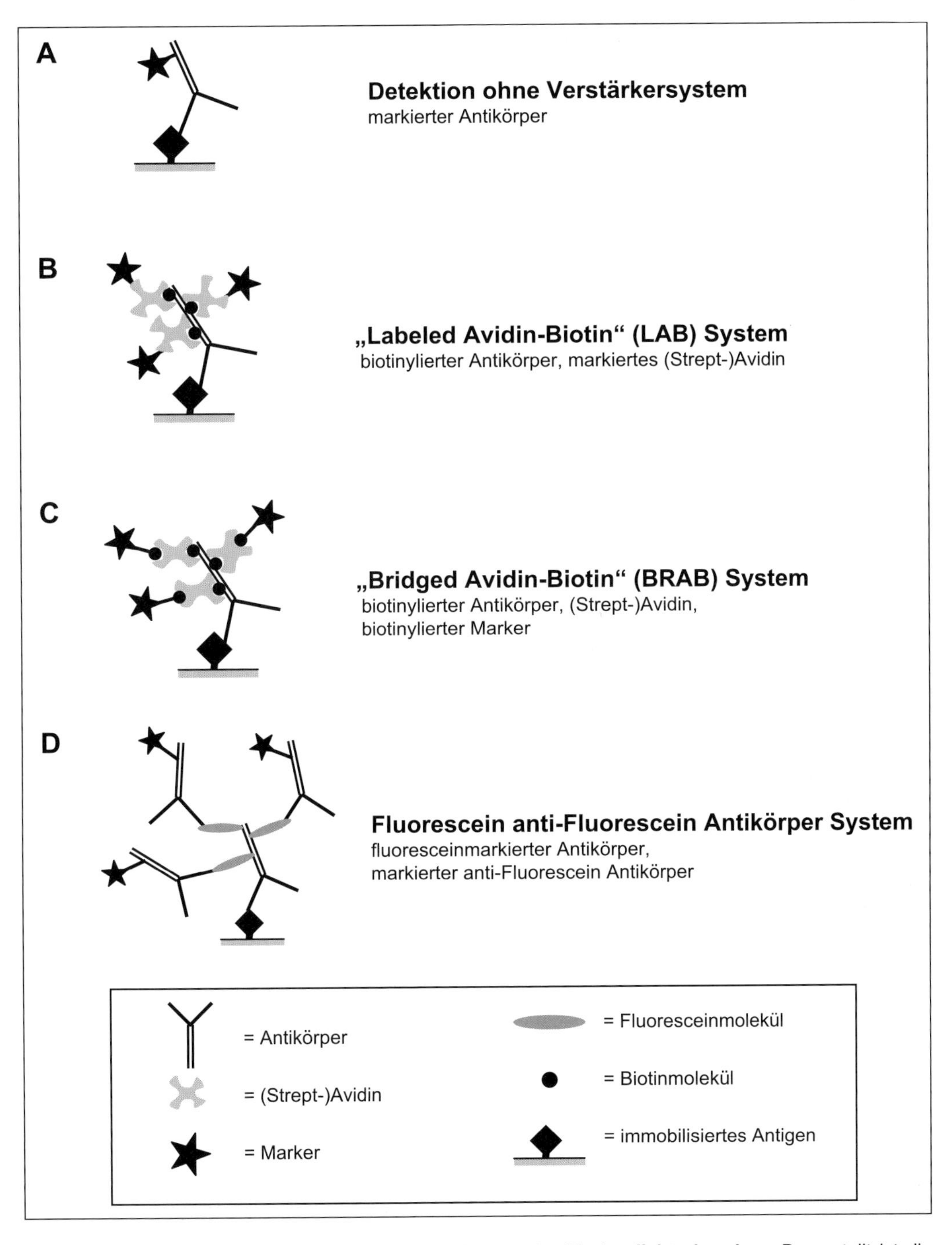

Abb. 4-9: Verstärkersysteme, die auf einer Erhöhung der Markerdichte beruhen. Dargestellt ist die Detektion des Antigens mittels LAB- **(B)**, BRAB- **(C)** und Fluorescein-anti-Fluorescein-Antikörper **(D)** System im Vergleich zur direkten Detektion des Antigens mit einem markierten Antikörper **(A)**.

dieses Verstärkersystem bei Enzym Immunoassays ebenso wie beim PIA. Dieses System ermöglicht ihnen eine Steigerung der Sensitivität um den Faktor 5–50.

4.6.2 Multi-Enzym-Kaskaden

Durch das Hintereinanderschalten mehrerer Enzymreaktionen kann die Sensitivität von Enzym Immunoassays noch beträchtlich erhöht werden. Im Folgenden sollen zwei Multi-Enzym-Kaskaden vorgestellt werden, die die Sensitivität von Immunoassays, die sich der Alkalischen Phosphatase als Marker bedienen, steigern.

Bei Methode Nummer eins (Abb. 4-10) wird das Substrat $NADP^+$ durch die Alkalische Phosphatase zu NAD^+ dephosphoryliert. NAD^+ wird in Gegenwart von Ethanol durch die Alkoholdehydrogenase zu NADH reduziert. NADH wiederum wird durch die Diaphorase wieder zu NAD^+ oxidiert. Gleichzeitig wird durch dieses Enzym ein Tetrazoliumsalz zu einem farbigen, löslichen Formazan reduziert. Dadurch, dass das NAD^+ diesen Zyklus mehrmals durchlaufen kann, kommt es zu einer Akkumulation des farbigen Formazans. Die Menge des gebildeten Formazans ist proportional zu der, durch die Alkalische Phosphatase generierten, NAD^+-Konzentration und kann photometrisch bestimmt werden. Mit dieser Multi-Enzym-Kaskade kann die Sensitivität des Immunoassays um das 100fache erhöht werden. Brooks et al. (1991) haben diese Methode noch weiter verfeinert, sodass die Sensitivität um das 250fache gesteigert werden kann.

Methode Nummer zwei wurde von Mize et al. (1989) entwickelt und ist ebenfalls in Abbildung 4-10 veranschaulicht. Hierbei wird ein inaktiver Inhibitor der Carboxylesterase aus der Leber durch die Alkalische Phosphatase aktiviert. Dieser aktivierte Inhibitor ist nun in der Lage die Carboxylesterase zu inaktivieren. Gemessen wird anschließend die restliche Aktivität der Carboxylesterase. Durch das Bestimmen dieser Restaktivität kann schließlich die Aktivität der Alkalischen Phosphatase ermittelt werden. Die Sensitivität eines Immunoassays kann mittels dieser Methode gegenüber der Verwendung von *p*-Nitrophenylphosphat als Substrat um das 125fache gesteigert werden.

Literatur:

Brooks JL, Mirhabibollahi B, Kroll RG (1991) Increased sensitivity of an enzyme-amplified colorimetric immunoassay for protein A-bearing *Staphylococcus aureus* in foods. *J Immunol Methods* 140: 79–84

Mize PD, Hoke RA, Linn CP, Reardon JE, Schulte TH (1989) Dual-enzyme cascade: an amplified method for the detection of alkaline phosphatase. *Anal Biochem* 179: 229–235

4.6.3 Immuno-PCR

Ein immerwährendes Problem in der Analytik so mancher Substanzen sind zu hohe Nachweisgrenzen. In diesem Punkt haben Molekularbiologen den Proteinbiochemikern etwas voraus: Die Nachweisgrenzen bei der Untersuchung von Nukleinsäuren liegen wesentlich niedriger als es bei Proteinen der Fall ist. Die Erniedrigung von Nachweisgrenzen – sei es im Rahmen von Quantifizierungen oder auch nur im qualitativen Nachweis – stellt ein zentrales Problem dar, da die physiologischen Konzentrationen, beispielsweise von viralen Proteinen in der frühen Infektionsphase, im Organismus ebenfalls denkbar niedrig ausfallen. Einen Lösungsansatz publizierten Sano, Smith und Cantor schon 1992: Sie vereinigten, was schon lange zusammen gehörte – die Proteinbiochemie namentlich einen ELISA mit der Molekularbiologie in Form der PCR. Geboren war die Immuno-PCR (IPCR)!

Bei der IPCR ist der Detektionsantikörper respektive das Sekundärkonjugat mit einem DNA-Fragment, der Marker-DNA, gekoppelt. Diese kann mittels DNA-Polymerase vervielfältigt werden.

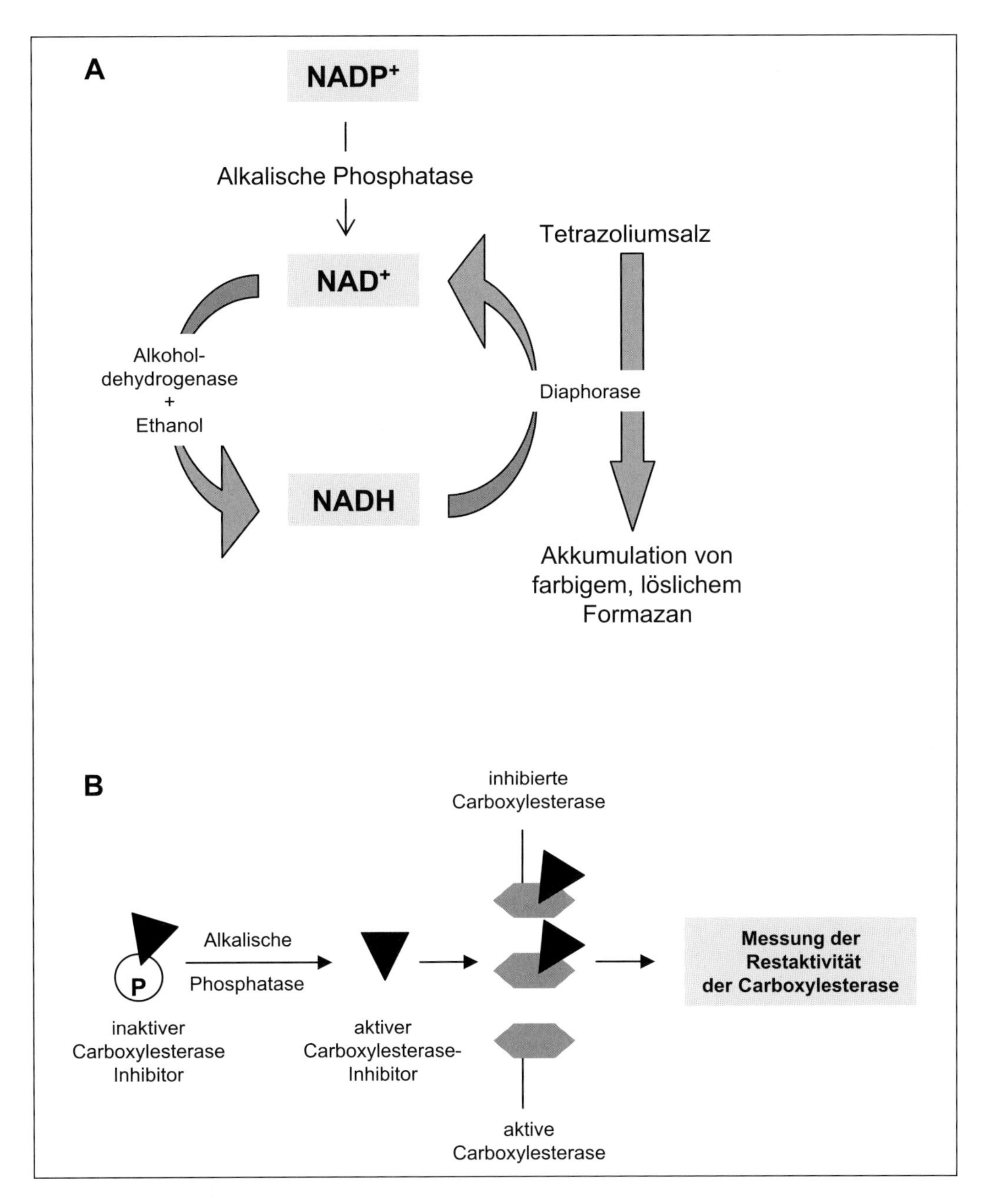

Abb. 4-10: Multi-Enzym-Kaskaden zur Erhöhung der Sensitivität von Enzym-Immunoassays. A) Das Substrat $NADP^+$ wird von der Alkalischen Phosphatase dephosphoryliert. Es entsteht NAD^+, das durch die Alkoholdehydrogenase in Gegenwart von Ethanol reduziert wird. Die Diaphorase katalysiert die Rückreaktion von NADH zu NAD^+, wobei gleichzeitig ein Tetrazoliumsalz zu einem farbigen, löslichen Formazan reduziert wird. Da das NAD^+ diesen Zyklus mehrmals durchläuft, wird das Formazan akkumuliert. **B)** Durch die Aktivität der Alkalischen Phosphatase wird ein Carboxylesterase-Inhibitor aktiviert und kann die Aktivität der Carboxylesterase hemmen. Durch Messung der Restaktivität der Carboxylesterase kann man die Aktivität der Alkalischen Phosphatase bestimmen.

Bindet also der DNA-gekoppelte Antikörper im Reaktionsansatz das Antigen, so werden im folgenden PCR-Schritt viele Amplicons synthetisiert, die letztlich detektiert werden können. Dieser „polymerasogene" Amplifizierungsschritt, der auch schon die Nukleinsäurechemiker nach vorne hat schnellen lassen, lässt sich somit auch beim Antigen-Nachweis ausnutzen – die sensitivere Option zur klassischen Detektion mittels Enzymreaktion. Auf diese Weise wird eine Signalverstärkung um bis zu Faktor 10 000 – verglichen mit dem entsprechenden ELISA bzw. RIA – erreicht. Neben der erhöhten Sensitivität bietet die IPCR aber noch einen weiteren Vorteil: Dadurch, dass die Marker-DNA fröhlich variiert werden kann, sind den Freunden der Multiplex-Anwendungen hier kaum Grenzen gesetzt. So können verschiedene Antigene in einem Ansatz detektiert werden. Die unterschiedlich spezifischen Detektionsantikörper bzw. Sekundärkonjugate müssen halt nur mit unterschiedlicher Marker-DNA konjugiert werden, die schlussendlich PCR-Produkte unterschiedlicher Größe entstehen lässt.

Der Weg vom konventionellen ELISA zur entsprechenden IPCR wird durch zwei markante Punkte limitiert, respektive geebnet: Die Verbindung des spezifischen Detektionsantikörpers mit der Marker-DNA sowie die Möglichkeit, diese vervielfältigte DNA zu detektieren. Die Verbindung „Antikörper-DNA" kann unterschiedlich realisiert werden: Über das altbewährte Streptavidin-Biotin-System oder durch direkte Kopplung der Marker-DNA an den Antikörper. Die IPCR-Erfinder um Sano verwendeten noch ein Linker-Konstrukt aus Protein A/Streptavidin, um die Verbindung zwischen Antikörper und biotinylierter Marker-DNA hinzubekommen. Daran gibt's auch nichts zu meckern

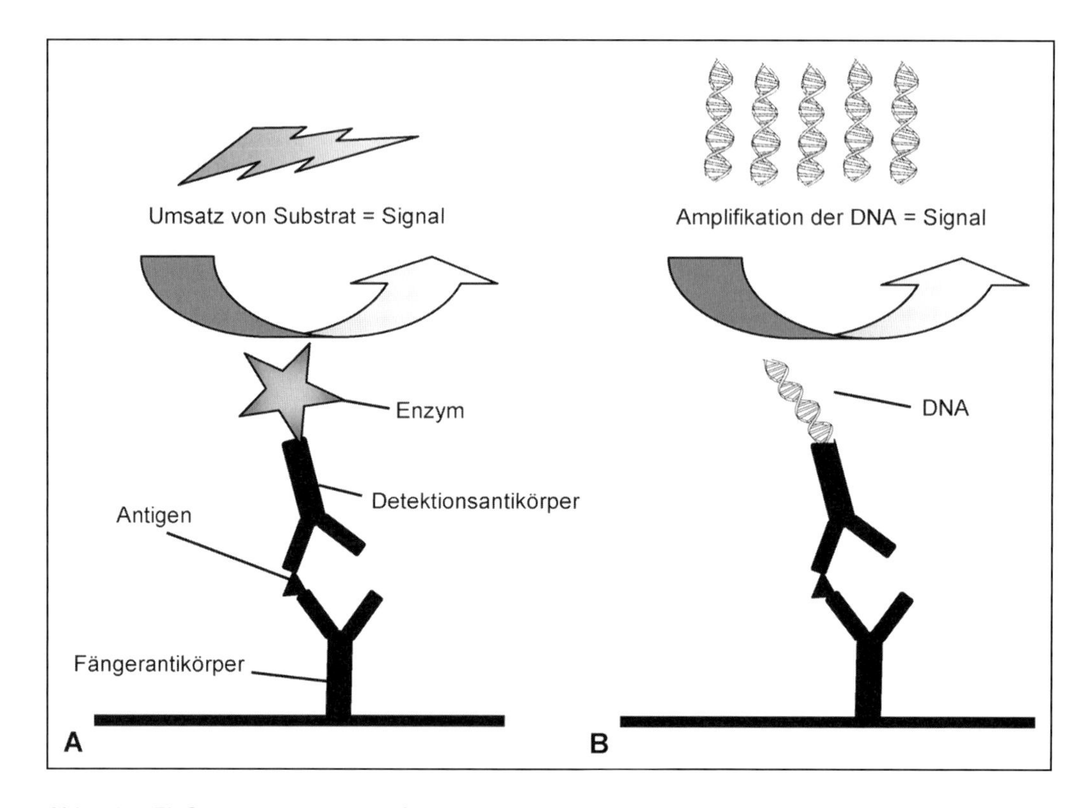

Abb.4-11: ELISA versus Immuno-PCR. Immundetektion bei ELISA (A) und Immuno-PCR (B). Beim konventionellen ELISA wird das Signal durch enzymatischen Substratumsatz generiert. In der Immuno-PCR besteht das Signal aus stark amplifizierter DNA, die beispielsweise mittels nachgeschalteter Gelelektrophorese detektiert werden kann.

– einziger Nachteil: Mit dieser Variante können nur *direkte* ELISA (Abb. 4-11) ohne Fänger-Antikörper gefahren werden, da die Protein-A-Komponente außer an den Detektionsantikörper auch an den Fängerantikörper bände, und so falsch-positive Signale generieren würde. Von Vorteil sind fertige Antikörper-DNA-Konjugate. Aber wie pappt man die Marker-DNA an die Antikörper? Über eine kovalente Bindung mittels altbewährter, chemischer Kopplung oder mittels „self-assembly"-Strategie (s. Literatur). Fertige Konjugate oder auch entsprechende Dienstleistungen werden von verschiedenen Firmen angeboten (s. Firmenverzeichnis). Die Quantifizierung der Antigenmenge läuft über die Quantifizierung der PCR-Produkte. Letzteres ist per Gelelektrophorese, Mikrotiterplatten-Assay oder real-time Fluoreszenz-Detektion möglich – wie man detektiert ist wie immer abhängig vom verfügbaren Laborequipment, adäquaten Reagenzien, Probenaufkommen und Geschmack des Anwenders. IPCR kann man platt als „ELISA-Tuning" bezeichnen… aber wer braucht das eigentlich? Im Wesentlichen ist IPCR nur für die Unglücklichen unter uns interessant, die mit ihrem „normalen" ELISA und der damit verbundenen Nachweisgrenze nicht weiterkommen.

Literatur

Sano T, Smith CL, Cantor CR (1992) Immuno-PCR: very sensitive antigen detection by means of specific antibody-DNA conjugates. Science 2; 258(5079):120–122

Niemeyer CM, Adler M, Wacker R (2005) Immuno-PCR: high sensitivity detection of proteins by nucleic acid amplification. Trends Biotechnol 23(4):208–216

Niemeyer CM, Adler M, Pignataro B, Lenhert S, Gao S, Chi L, Fuchs H, Blohm D (1999) Self-assembly of DNA-streptavidin nanostructures and their use as reagents in immuno-PCR. Nucleic Acids Res 1; 27(23):4553–4561

http://www.chimera-biotec.com/

5 Western-Blot

Unter dem Begriff „blotten“ (engl.: to blot = klecksen) versteht man die Übertragung bestimmter Substanzen auf eine Membran. Dort können sie dann detektiert und quantifiziert werden. Wenn es sich bei diesen Substanzen um DNA handelt, spricht man von einem **Southern-Blot** (nach dem Erfinder dieser Methode Ed M. Southern, 1975). Überträgt man RNA, wird der Begriff **Northern-Blot** benutzt; für den Nachweis von Proteinen führt man einen **Western-Blot** durch.

Der Western-Blot ermöglicht eine Identifizierung und/oder Quantifizierung spezifischer Proteine innerhalb eines Proteingemisches. Die Detektion erfolgt gewöhnlich mittels Antikörper, die spezifisch an antigene Epitope des auf der Membran fixierten Zielproteins binden. Man spricht daher auch von einem **Immunoblot**. Die Nachweisgrenze für die meisten Proteine liegt je nach Detektionssystem im Piko- bis Nanogrammbereich. Ein weiterer Vorteil des Blottens auf eine stabile Membran ist, dass man jetzt nicht mehr mit den unhandlichen und leicht brüchigen Gelen hantieren muss. Zudem erhält man eine dauerhaftere Fixierung der Proteine. Bei der Wahl des Antikörpers ist zu bedenken, dass dessen Paratop unter Umständen nur eine Form – die native oder die denaturierte – des Proteins erkennt und somit für den Nachweis der jeweils anderen Variante evtl. ungeeignet ist.

Ein Western-Blot-Experiment lässt sich in drei grundlegende Arbeitsschritte einteilen:

- Auftrennung eines Proteingemisches mittels Gelelektrophorese
- Transfer der Proteine auf eine Membran (eigentlicher Blot)
- Proteindetektion

Vor dem Start des Experimentes sollte der Experimentator aber auch der Probenvorbereitung etwas Zeit widmen.

Literatur:

Sambrook J, Fritsch EF, Maniatis T (1989) Molecular Cloning: A Laboratory Manual, 2. Aufl., Cold Spring Harbor Laboratory Press, New York

Schrimpf G (2002) Gentechnische Methoden: Eine Sammlung von Arbeitsanleitungen für das molekularbiologische Labor, 3. Aufl., Spektrum Akademischer Verlag, Heidelberg

Rehm H (2006) Der Experimentator: Proteinbiochemie/Proteomics, 5. Aufl., Spektrum Akademischer Verlag, Heidelberg

5.1 Probenvorbereitung

Das Wohl und Wehe eines gelungenen Western-Blots hängt entscheidend von der Qualität des zu trennenden Proteingemisches ab. Dazu muss sich der Experimentator vorher aber im Klaren darüber sein, auf welche Art und Weise er seine Proteine auftrennen will. Möchte man das native Protein untersuchen, bieten sich die isoelektrische Fokussierung (Trennung nach Eigenladung) bzw. die native Polyacrylamid-Gelelektrophorese (Trennung nach Größe, Struktur und Ladung) an. Die gebräuchlichste Methode, Proteingemische aufzutrennen, ist die SDS-Polyacrylamid-Gelelektrophorese (SDS-PAGE), bei der die Proteine aufgrund ihrer Molekularmasse aufgetrennt werden.

Bei SDS (sodium dodecyl sulfate) handelt es sich um ein anionisches Detergens. Es führt dazu, dass sich auf hydrophobe Wechselwirkungen beruhende Bindungen innerhalb des Proteins nicht mehr aufrechterhalten lassen. Als Folge davon gehen die höheren Proteinstrukturen (Quartär-, Tertiär- und Sekundärstrukturen) verloren, sodass das Protein in eine linearisierte Form übergeht (Abb. 5-1). Eine vorangehende Reduktion der Disulfidbrückenbindungen in den Polypeptidketten durch im Probenpuffer enthaltene niedermolekulare Thiole wie β-Mercaptoethanol (β-ME) oder Dithiothreitol (DTT) bewirkt eine vollständige Denaturierung der Proteine.

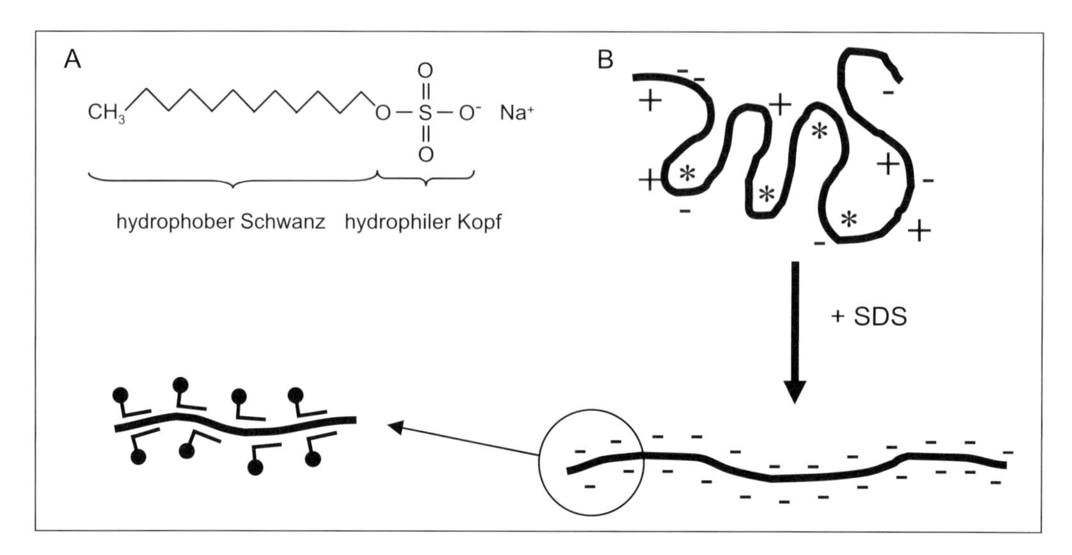

Abb. 5-1: Wirkung des anionischen Detergens SDS auf Proteine. (A) Strukturformel von SDS (sodium dodecyl sulfate). Das Molekül lässt sich in einen hydrophoben und einen hydrophilen Bereich unterteilen. (B) Die formgebenden hydrophoben Bereiche (*) innerhalb des Proteins werden durch SDS aufgelöst, sodass das Protein nur noch in gestreckter, linearer Form vorliegt. Das stark negativ geladene SDS überdeckt zudem die Eigenladung der Proteine.

Eine unsachgemäße Probenvorbereitung kann zur Bildung von Abbauprodukten des Proteins führen und so eine vernünftige Aussage unmöglich machen oder zumindest erschweren. Das allgemein gebräuchliche Kochen der Proteine in Probenpuffer (5 min bei 95 °C) ist in vielen Fällen nicht nötig und erhöht nur die Wahrscheinlichkeit der Proteinfragmentierung. Zur Proteindenaturierung reicht es oft schon aus, wenn die Proteinlösung mit etwas SDS-Probenauftragspuffer gemischt und diese Mischung bis zu 30 min in einem auf maximal 60 °C vorgewärmten Wasserbad inkubiert wird. Die Probe sollte dann in Eiswasser abgekühlt und die unlöslichen Bestandteile abzentrifugiert werden. Der so gewonnene Überstand kann nun direkt gelelektrophoretisch aufgetrennt werden.

Achtung! Die Proteinproben sollten in möglichst kleinen Volumina vorliegen und sobald sie mit SDS-Probenauftragspuffer versetzt wurden nicht über einen längeren Zeitraum ohne Hitzedenaturierung bei Raumtemperatur gelagert werden, da ansonsten im SDS-Puffer evtl. enthaltene Proteasen die Proteine schädigen könnten. Denaturierte Proben können bei –20 °C gelagert werden.

Die Probenvorbereitung für die native PAGE und die isoelektrische Fokussierung muss möglichst schonend erfolgen, sodass eine Denaturierung der Proteine vermieden wird. Also bitte – in diesem Fall nicht mit der Brechstange werken, sondern SDS und reduzierende Agenzien weglassen. Stattdessen muss den Proteinen ein Milieu geboten werden, indem sie sich besonders wohl fühlen und ihre native Struktur nicht verlieren. Die so in einem nicht-denaturierenden Probenpuffer gelösten Proteine können dann direkt auf das Gel aufgetragen werden.

5.2 Auftrennung eines Proteingemisches mittels Gelelektrophorese

Die Auftrennung eines Proteingemisches erfolgt elektrophoretisch. Zur Anwendung kommt meist die „diskontinuierliche SDS-Gelelektrophorese", mit der die Trennung der Proteine nach ihrer Molekularmasse erfolgt. Als alternative, nicht-denaturierende Trennverfahren können die native Gelelektrophorese sowie die isoelektrische Fokussierung eingesetzt werden.

5.2.1 Die diskontinuierliche SDS-PAGE

Wie der Name „SDS-Polyacrylamid-Gelelektrophorese" schon beinhaltet, ist **Polyacrylamid** ein wichtiger Bestandteil des Gels. Es handelt sich dabei um ein Polymer, bestehend aus Acrylamidmonomeren, das durch ein quervernetzendes Reagenz, meist N,N′-Methylenbisacrylamid ein dreidimensionales Netzwerk bildet (Abb. 5-2). Die Vernetzung der beiden Monomere wird durch TEMED (N,N,N′,N′-Tetramethylethylendiamin) und Ammoniumpersulfat ausgelöst. Da Sauerstoff bei der Polymerisation zum Kettenabbruch führt, muss die Gellösung vor Zugabe der Katalysatoren entgast werden. Durch die engen Maschen des gebildeten Netzwerks wandern nach Anlegung der Spannung kleinere Proteinmoleküle schneller, wohingegen die größeren eher zurückbleiben. Dadurch erhält man klar voneinander abgegrenzte Proteinbanden – einem effizienten Transfer auf die Membran steht nun nichts mehr im Wege. Der Acrylamidgehalt des Gels richtet sich nach der Molekularmasse des aufzutrennenden Proteingemisches (5 % Acrylamidkonzentration für M_r von 60000 bis 200000; 10 % für M_r von 16000 bis 70000; 15 % für M_r von 12000 bis 45000). Das Verhältnis von N,N'-Methylenbisacrylamid zu Acrylamid liegt meist in einem Bereich von 1:29.

Achtung! Acrylamidmonomere sind neurotoxisch und reizend. Auch Handschuhe bieten keinen vollständigen Schutz. Deshalb ist vor allem beim Einwiegen und auch beim Umgang mit ungewaschenen Gelen Vorsicht angebracht, da sie noch unpolymerisiertes Acrylamid enthalten. Sicherheitsdatenblätter beachten!

Durch die negative Ladung des SDS entstehen negativ geladene SDS-Protein-Komplexe mit einem konstanten Verhältnis von Ladung zu Masse (1,4 g SDS pro 1 g Protein), da die Eigenladung der Proteine überdeckt ist. Die negativ geladenen linearisierten Proteine werden, vorausgesetzt man hat auch die Stecker auf die richtigen Kontakte gesteckt, nur noch in Abhängigkeit von ihrer Molekularmasse im elektrischen Feld aufgetrennt – der Wettlauf in Richtung Anode kann beginnen.

Bei der **diskontinuierlichen** Variante der SDS-Polyacrylamid-Gelelektrophorese passieren die Proteine zuerst ein Sammelgel. In diesem werden sie zu einer scharfen Bande fokussiert, bevor sie in das eigentliche Trenngel einwandern. Auf diese Weise kommt es zu einer guten Auftrennung und hohen Schärfe der Proteinbanden, was für die Effizienz des anschließenden Membrantransfers wichtig ist (Exkurs 13).

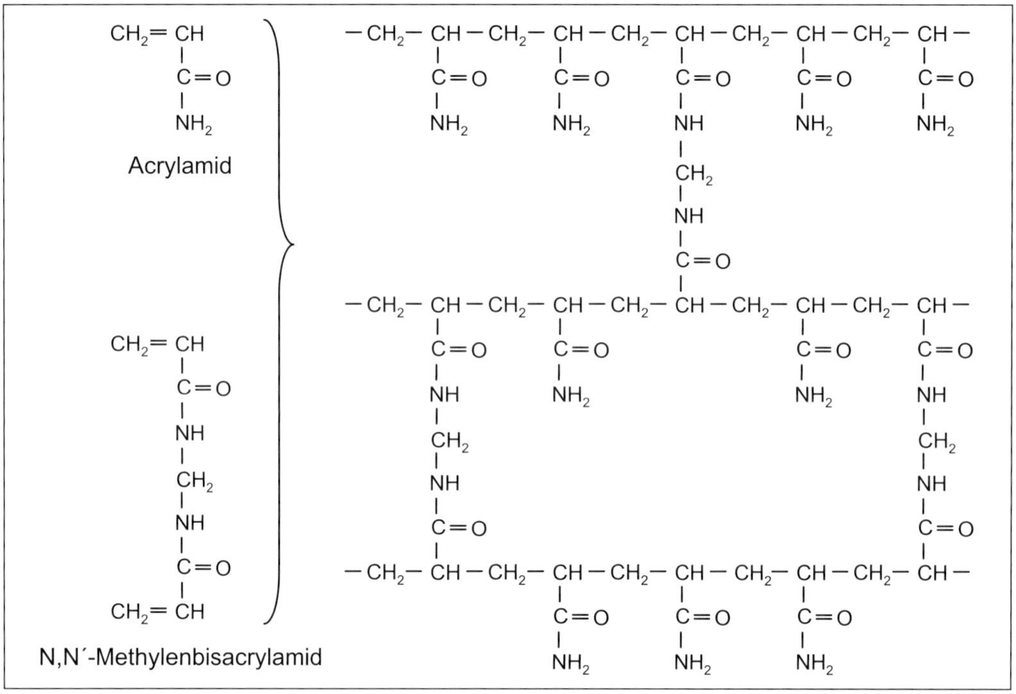

Acrylamid

N,N´-Methylenbisacrylamid

Abb. 5-2: Struktur eines Polyacrylamidgels. Acrylamidmonomere werden durch N,N´-Methylenbisacrylamid quervernetzt und bilden je nach Acrylamidkonzentration ein mehr oder weniger dichtes dreidimensionales Netzwerk.

Anmerkung! Aufgrund der Denaturierung werden oligomere Proteine in ihre einzelnen Polypeptidketten getrennt, die dann unterschiedliche Molekularmassen aufweisen können. Bei dieser Art der Auftrennung können außerdem antigene Determinanten der Proteine verloren gehen. Ist eine native Proteinfaltung für die Nachweisreaktion erforderlich, müssen andere Trennverfahren (z. B. die isoelektrische Fokussierung oder eine Trennung im nativen Proteingel) gewählt werden.

Für die Sensitivität der späteren Nachweisreaktion ist die Gelelektrophorese bereits ein wichtiger Schritt. Sie steigt mit der Konzentration des auf das Gel geladenen Proteins. Auch die Größe des Gels ist für die Sensitivität von Bedeutung: Je kleiner das Gel ist, desto höher wird in der Regel auch die Sensitivität der späteren Nachweisreaktion sein, da sich bei einem kleineren Gel nach dem Transfer auf die Membran mehr Protein pro Flächeneinheit wiederfinden wird. Die Dicke des Gels sollte zudem nicht über 2 mm liegen, da der Transfer auf die Membran mit steigender Dicke ineffektiver wird.

Um es nochmals zu verdeutlichen: SDS-PAGE trennt die Proteine aufgrund ihrer Molekularmasse auf, nicht aufgrund ihrer Aminosäuresequenzen. Das heißt dann aber auch, dass zwei unterschiedliche Proteine der selben Länge in einer gemeinsamen Bande durch das Gel wandern und somit mit dieser Methode nicht getrennt werden können.

5.2.1.1 Fehlerquellen

Wird die Proteinmischung, bevor sie auf eine Membran geblottet wird, gelelektrophoretisch aufgetrennt, sollte auf einen fehlerfreien Elektrophoreselauf geachtet werden. Denn ein ordentlicher Gellauf ist die halbe Miete für einen gelungenen Blot.

Exkurs 13

Diskontinuierliche SDS-Gelelektrophorese

Um bei der Auftrennung von Proteinen scharfe Banden zu erhalten, was für die Effizienz des späteren Membrantransfers wichtig ist, wurde das bereits 1959 eingeführte Verfahren der Polyacrylamid-Gelelektrophorese im Jahre 1970 von Lämmli zur diskontinuierlichen SDS-Gelelektrophorese ausgeweitet. Heutzutage würde man dieses System als „2 in 1" propagieren, da man zwischen einem Sammelgel (stacking gel) und einem Trenngel (resolving-, separation gel) unterscheiden kann.
Wie der Name schon sagt, dient das **Sammelgel** dazu, die Proteine vor dem Eintritt in das Trenngel zu fokussieren, sodass diese nahezu gleichzeitig in das Trenngel einwandern können. Der Sammelgelpuffer enthält Chloridionen, die verglichen mit den Proteinen eine relativ hohe Wanderungsgeschwindigkeit besitzen. Man spricht deshalb auch von **Leitionen**. Der verwendete Laufpuffer enthält Glycin. Dieses liegt aber bei dem im Sammelgel vorhandenen pH-Wert von 6,8 mehrheitlich als ungeladene Form vor. Die Glycinionen besitzen deshalb nur eine sehr geringe Wanderungsgeschwindigkeit, man spricht auch von **Folgeionen**. Zwischen den schnell wandernden Leitionen und den langsam wandernden Folgeionen bildet sich aufgrund des Mangels an Ladungsträgern eine Zone hoher elektrischer Spannung aus. Dies ermöglicht den sich zwischen Leit- und Folgeionen befindlichen Proteinen, schneller zu wandern, was sich in der Fokussierung der Proteine zu einer scharfen Bande äußert. Unterstützt wird diese Aufkonzentrierung durch eine relativ große Polyacrylamidporenweite des Sammelgels (3–5 % Acrylamid).
Bei Erreichen des **Trenngels** geht der Sammeleffekt verloren. Das Trenngel ist wesentlich kleinporiger (bis 20 % Acrylamid) als das Sammelgel. Außerdem besitzt es im Vergleich zum Sammelgel einen höheren pH-Wert (pH 8,8). Dieser bewirkt, dass die Glycinionen eine negative Nettoladung erhalten und dadurch die Proteine überholen können. Der Mangel an Ladungsträgern wird aufgehoben und die Trennung der Proteine nach ihrem Molekulargewicht kann erfolgen. Gewöhnlich wird eine sehr hohe Auflösung erreicht, sodass sich auch noch Proteine trennen lassen, deren Massen sich nur um ca. 2 % unterscheiden.

Literatur:

Lämmli UK (1970) Cleavage of structural proteins during the assembly of the head of bacteriophage T4. *Nature* 227: 680–685.

Eine gelungene PAGE beginnt bereits mit der Qualität der verwendeten Reagenzien und der Reinheit des Wassers. Auch eine frisch angesetzte Acrylamid/Bisacrylamid-Lösung kann oft schon viel Gutes bewirken. Auftauchende Probleme können in der Probenvorbereitung, dem Gel selber oder auch in der Elektrophorese begründet sein. Die Optik der Proteinbanden eines Gels lässt oft auf die Fehlerquelle schließen.

Ist das gesuchte Protein nicht nachzuweisen, sind dafür aber Abbauprodukte desselben zu finden, deutet vieles auf eine falsche **Probenvorbereitung** hin. Häufige Fehler sind zu starkes und zu langes Erhitzen gerade empfindlicher Proben. Es ist auch möglich, dass Proteine beim Kochen aggregieren. Eine Proteinprobe unbekannter Zusammensetzung sollte aus diesen Gründen anfänglich lieber etwas schonender behandelt werden.

Hohe Ionenkonzentrationen in den Proben können zu Bandenverzerrungen führen. Lassen sich diese nicht von vornherein vermeiden, kann man sich mit einer Chloroform/Methanolfällung nach

Wessel und Flügge (1984) behelfen. Durch die Zugabe von Wasser entstehen zwei Phasen. Die ausgefällten Proteine sammeln sich an der Interphase.

Zur Minimierung eventueller Proteinverluste sollte das Probenvolumen etwas geringer als das Taschenvolumen des Gels sein. Eine zum Überquellen neigende Geltasche kann außerdem benachbarte Taschen kontaminieren, wenn man sich beim Beladen des Gels und mit dem Start des Laufs zu viel Zeit lässt. In diesem Fall findet sich dann dasselbe Protein in verschiedenen benachbarten Lanes wieder. Dies ist auch der Fall bei einer Verschleppung der Proben während des Auftragens.

Das Gießen eines **Gels** ist wie das Backen eines Kuchens: Die Zutaten müssen in der richtigen Reihenfolge und im richtigen Verhältnis vermengt werden. Was nun schwieriger ist, sei mal dahingestellt, aber vermutlich macht's die Erfahrung.

Vor dem Gelgießen sollte man sich der Dichtigkeit der Apparatur vergewissern. Dies kann durch Einfüllen von Wasser überprüft werden, welches dann aber wieder vollständig (u. U. mittels Filterpapieren) entfernt werden muss. Alle Teile, die mit dem Gel in Kontakt kommen, sollten mit Aqua dest. gespült, mit einem ethanolgetränkten fusselfreien Tuch entfettet und vollständig getrocknet werden. Dies gilt besonders für die Glasplatten, da es sonst passieren kann, dass sich das Gel von ihnen ablöst. Gleiches gilt für den Kamm der die Geltaschen formt. Beim Entfernen wird er vorsichtig nach oben aus dem Gel gezogen, um die Taschen und die Stege zwischen den Taschen nicht zu beschädigen.

Wie der Kuchen, kann das Gel nicht nur aus der Form laufen, sondern auch zu weich sein oder einen unansehnlichen Eindruck machen. Ist das Gel beispielsweise schlecht polymerisiert, hilft es oft, bei etwas höheren Temperaturen, z. B. in einem Wärmeschrank bei 40 °C, zu polymerisieren. Auch die Qualität und das Alter der verwendeten Reagenzien und Lösungen kann hierbei, ebenso wie zu geringe TEMED- und Ammoniumpersulfat (APS-) Konzentrationen, eine Rolle spielen. Besonders beliebt: Die Zugabe von APS wird vergessen. Da mit APS die Polymerisation gestartet wird, gibt man es erst nach dem Entgasen, kurz vor dem Befüllen des Gelrahmens hinzu. Das hat schon so mancher Experimentator im Forschungseifer vergessen und dann vergeblich auf das Auspolymerisieren des Gels gewartet. Ein zu weiches Gel beruht meist auf einer schlechten Acrylamid- und/oder Bisacrylamid-Qualität oder einer zu geringen Menge des Quervernetzers. Um ein taugliches Gel zu erhalten, spielt auch die Zeitdauer der Polymerisation eine Rolle. Sie sollte bei etwa 15 bis 60 min liegen. Durch unterschiedliche Konzentrationen von TEMED und Ammoniumpersulfat lässt sie sich variieren. Wirbel im Gel deuten auf eine zu kurze bzw. zu lange Polymerisationszeit hin.

Grund für eine ungewöhnlich lange **Elektrophorese** kann eine zu niedrig eingestellte Spannung, aber auch ein zu hoch konzentrierter Puffer sein. Wird der Puffer jedoch zu stark verdünnt oder die Spannung zu hoch eingestellt, kann umgekehrt ein sehr schneller Gellauf stattfinden, bei dem es dann auch zu einer schlechten Auflösung der Banden kommen kann. Diese ist aber nicht zwingend Indikator für schlechte Laufbedingungen. Oft bewirkt ein zu großes Probenvolumen ebenfalls eine schlechte Auflösung. In diesem Fall muss die Probe konzentrierter auf das Gel geladen werden. Eine zu hoch gewählte SDS-Konzentration kann ebenfalls zu einer schlechten Auflösung führen, weil SDS die Tendenz hat, sich zu Micellen zusammenzulagern.

Das Wichtigste an einem Gel sind natürlich die **Proteinbanden**. Leider sehen diese oft nicht so schön aus, wie in Lehrbüchern oder Paper dargestellt. Sie können schmieren, bizarre Formen annehmen, in einer größeren oder kleineren Anzahl als erwartet auftauchen oder auch gar nicht zu sehen sein.

Finden sich keine Banden im Gel – obwohl man sich sicher ist, dass das Gel auch die gewünschten Proteine enthalten sollte – so ist es gut möglich, dass die Proteine bereits aus dem Gel gelaufen sind. Die Verwendung eines entsprechenden Lauffrontmarkers (z. B. Bromphenolblau) sollte dem Experimentator dieses Missgeschick ersparen – vorausgesetzt, man wirft zwischendurch mal ein Auge auf das Gel. Die prozentuale Zusammensetzung des Gels spielt eine Rolle, wenn man weniger Banden als erwartet erhält, gleichzeitig aber eine dicke Bande an der Lauffront zu sehen ist. Das Gel ist dann für den Molekularmassenbereich der Proteinprobe zu niedrig konzentriert. Ein höher konzentriertes Gel sollte das nächste Mal für Abhilfe sorgen. Enthält das Gel mehr Banden als der Experimentator erwartet hat, ist das natürlich auch suboptimal. Es handelt sich dann meist um Abbauprodukte des Proteins, die durch eine unsachgemäße Probenvorbereitung oder durch Proteolyse zustande gekommen sind. Eine schonendere Vorbereitung und eine kürzere Aufbewahrungszeit der vorbereiteten Proben bis zur Elektrophorese könnten dies verhindern.

Auch können die Banden manchmal etwas eigenwillige Formen annehmen. So können beispielsweise verzerrte oder deformierte Banden auf eine schlechte Polymerisation des Gels im Bereich der Probentaschen oder auf eine hohe Salzkonzentration in den Proben zurückzuführen sein. Unlösliche Stoffe im Gel, eine uneinheitliche Porengröße, eine unebene Geloberfläche oder einfach nur eine zu heiße Elektrophorese sind weitere Ursachen für dieses Phänomen. Das Filtrieren der verwendeten Reagenzien, eine gute Durchmischung und Entgasung des Gels vor dem Gießen, ebener Untergrund (Wasserwaage) und Kühlung während des Laufs bzw. eine geringere Stromstärke helfen, diese Probleme gar nicht erst entstehen zu lassen.

Sind die Proteinbanden seitlich vergrößert, kann es sein, dass vor dem Start der Elektrophorese die aufgetragenen Proben seitlich aus den Taschen diffundiert sind. Das Gel sollte daher nach dem Beladen möglichst bald gestartet werden. Auch eine zu geringe Wanderungsgeschwindigkeit im Sammelgel kann zu diesem Effekt führen.

Wird der Experimentator von seinen Proteinbanden „angelächelt“, handelt es sich um den sogenannten „Smile-Effekt“. Hierfür sind unterschiedliche Laufgeschwindigkeiten zwischen der Mitte des Gels und dessen Rändern verantwortlich. Ursache ist eine ungleichmäßige Erwärmung des Gels. Verringerung der Strom- bzw. Ionenstärke sollte für Abhilfe sorgen.

Enthält das Gel diffuse Proteinbanden, kann dies auf zu alte Lösungen oder eine schlechte Qualität des Acrylamids hindeuten. Zu diesem Phänomen kann es aber auch kommen, wenn zu langsam elektrophoresiert wird, da dann die Diffusion ins Spiel kommt. Eine etwas höhere Spannung und frisch angesetzte Lösungen sollten helfen.

Ist das Gel auch im x-ten Versuch noch immer nicht so gelungen, wie man es gerne haben möchte, sollten Sie nicht verzweifeln. Moralische Aufbauhilfe bietet dabei die Internetseite „SDS-PAGE Hall of Shame“ (http://www.ruf.rice.edu/~bioslabs/studies/sds-page/sdsgoofs.html). Hier sind einige ganz besonders haarsträubende Gele abgelichtet. Da sieht das eigene doch gleich viel besser aus …

Literatur:

Wessel D, Flugge UI (1984) A method for the quantitative recovery of protein in dilute solution in the presence of detergents and lipids. *Anal Biochem* 138: 141–143.

5.2.2 Native Gelelektrophorese und isoelektrische Fokussierung

Erkennt der Nachweisantikörper ein natives Epitop des Antigens oder ist man an Ladungsunterschieden des Proteins nach bestimmten Modifikationen interessiert, kann man die SDS-PAGE getrost vergessen. Hier muss die Proteinprobe unter nativen Bedingungen, mittels nativer PAGE oder isoelektrischer Fokussierung (IEF), aufgetrennt werden.

Bei einer **Gelelektrophorese unter nativen Bedingungen** werden die Proteine abhängig von ihrer Größe, Struktur und Ladung aufgetrennt. Native Gele enthalten kein SDS, somit richtet sich die Ladung der Proteine im Gel nach ihrem isoelektrischen Punkt und dem pH-Wert des verwendeten Puffers. Da die Proteine sowohl negativ als auch positiv geladen sein können, wandert folglich auch ein Teil von ihnen gen Plus-, der andere gen Minuspol. Das ganze Prozedere nimmt recht viel Zeit in Anspruch, und natürlich kann mit dieser Art der Auftrennung auch keine Bestimmung der Proteine nach ihren Molekularmassen erfolgen. Dennoch dient dieses Verfahren der Überprüfung von Reinheit und Homogenität von Proteinen und hat den Vorteil, dass die meisten Proteine in ihrer nativen und damit auch aktiven Form erhalten bleiben. Viele Enzyme lassen sich so mit einer entsprechenden Aktivitätsfärbung nachweisen, und der Experimentator kann sich vielleicht sogar die teuren Antikörper sparen.

Die **isoelektrische Fokussierung (IEF)** trennt Proteine aufgrund ihrer isoelektrischen Punkte auf (Abb. 5-3). Zum Einsatz kommen hier großporige Gele. Diese können einen immobilisierten pH-Gradienten (IPG) aufweisen oder aber freie Trägerampholyte enthalten. Trägerampholyte sind kleine geladene organische Moleküle, die während der Elektrophorese im Gel einen von der Anode zur Kathode aufsteigenden pH-Gradienten aufbauen. Gemäß ihrer Ladung wandern die Proteine im elektrischen Feld so lange durch das Gel, bis sie in den Bereich kommen, in dem der pH-Wert ihrem isoelektrischen Punkt (pI) entspricht und folglich deren Nettoladung Null ist. Die Proteine fokussieren zu einer stationären Bande. Wichtig ist, dass das Gel den passenden pH-Bereich enthält. Kennt man den pI der Proteine nicht, sollte anfänglich ein pH-Gradient gewählt werden, der einen möglichst großen Bereich umfasst. Durch mitlaufende Markerproteine lassen sich die isoelektrischen Punkte ermitteln und der pH-Bereich kann beim nächsten Mal enger gefasst werden.

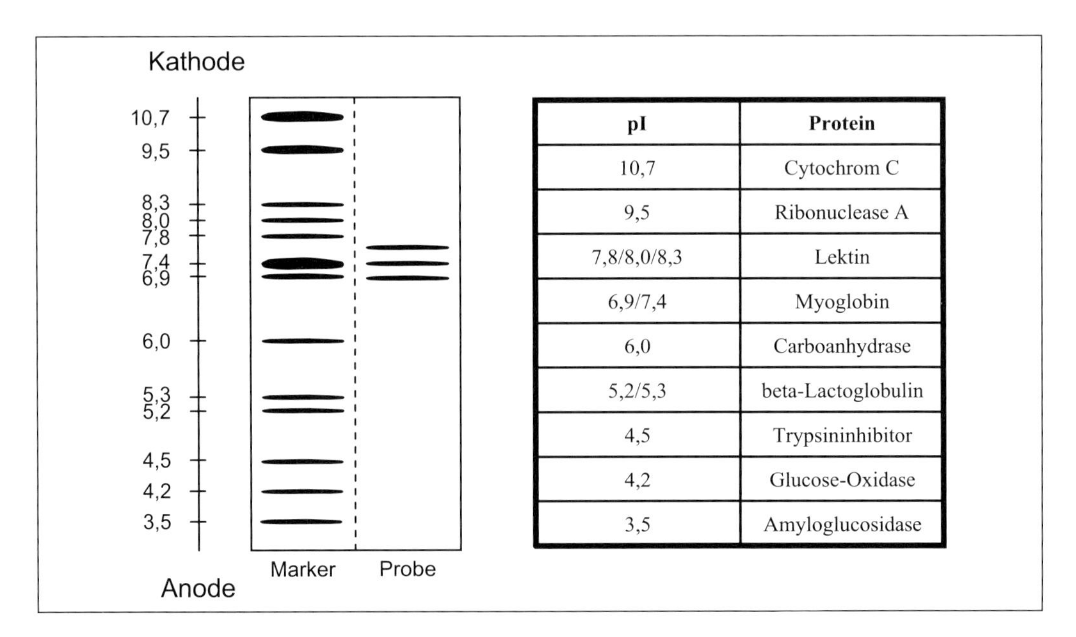

pI	Protein
10,7	Cytochrom C
9,5	Ribonuclease A
7,8/8,0/8,3	Lektin
6,9/7,4	Myoglobin
6,0	Carboanhydrase
5,2/5,3	beta-Lactoglobulin
4,5	Trypsininhibitor
4,2	Glucose-Oxidase
3,5	Amyloglucosidase

Abb. 5-3: Isoelektrische Fokussierung. Mithilfe der isoelektrischen Fokussierung lässt sich ein unbekanntes Proteingemisch aufgrund unterschiedlicher isoelektrischer Punkte in verschiedene Fraktionen auftrennen. Anhand des charakteristischen Musters eines mitgeführten IEF-Markers (pI 3,5–10,7) lassen sich die isoelektrischen Punkte der Proteinfraktionen ablesen. Die Tabelle zeigt die für den Marker verwendeten aufgereinigten Proteinkomponenten und deren zugehörigen pI-Wert (bei 5°C).

Mit der isoelektrischen Fokussierung ist eine extrem hohe Auflösung der Proteine möglich. Da die Separation aber alleine aufgrund der Ladung erfolgt, kann keine Aussage über die Molekularmassen der aufgetrennten Proteine getroffen werden. Legt der Experimentator auf einen stabilen linearen pH-Gradienten und somit reproduzierbarere Trennung der Proteine wert, sollte eher mit IPGs gearbeitet werden, da hier der Einfluss von Salz- und Pufferionen keine Rolle spielt.

5.3 Transfer der Proteine auf eine Membran (Blot)

Wenn die Gelelektrophorese rechtzeitig gestoppt wurde und nicht schon alle Proteine aus dem Gel gelaufen sind, kommt man jetzt endlich zum eigentlichen Blot.

Es wurden verschiedene Arten des Proteintransfers auf Membranen entwickelt, wie zum Beispiel über Diffusion oder durch Anlegen eines Vakuums. Wirklich durchgesetzt hat sich aber der elektrophoretische Proteintransfer, wobei es zwei unterschiedliche Verfahren gibt: den Wet-Blot (auch: Tank-Blot) und den Semi-Dry-Blot.

In den meisten Fällen ist es völlig unerheblich, mit welchem Verfahren geblottet wird. Der Vorteil eines **Wet-Blots** liegt sicher in der etwas schonenderen Art des Transfers und einer dabei geringeren Erwärmung des Proteins. Nachteilig sind der etwas höhere Zeitaufwand und die für den Transfer benötigte größere Menge an Transferpuffer. Zur Durchführung eines **Semi-Dry-Blots** wird dagegen weniger Transferpuffer benötigt, und der Transfer gelingt schneller. Es kann dabei jedoch zu starken Erwärmungen kommen, was der Integrität des Proteins nicht unbedingt förderlich ist.

Was den **Transferpuffer** angeht, so gibt es nicht den einen richtigen. Der Experimentator hat hier mehrere Möglichkeiten zur Auswahl. Sie unterscheiden sich je nach Anwendungsbereich und gewähltem Blot-Verfahren. Die gängigen Transferpuffer enthalten gewöhnlich Tris-Base, Glycin, Methanol und meist auch SDS. Der pH-Wert des Puffers spielt eine untergeordnete Rolle, wird in vielen Protokollen aber mit pH 8,3 angegeben. Auf keinen Fall sollte er mit Säuren oder Laugen eingestellt werden; bei großen Abweichungen hat es sich als zweckdienlicher herausgestellt, den Puffer neu anzusetzen. Zu beachten ist, dass die Leitfähigkeit des Puffers möglichst gering gehalten wird – es sollte daher auf gut leitende Salze (z. B. NaCl) verzichtet werden. Der Blot kann sich durch den fließenden Strom erwärmen und die Transferrate verschlechtern. Das im Transferpuffer enthaltene Methanol erhöht die Transferrate, da die Bindung der Proteine an das SDS gelockert wird und sich somit deren Bindung an die Membran erhöht. Auf den Transfer von Glykoproteinen und hochmolekularen Proteinen kann sich Methanol jedoch negativ auswirken.

Entscheidender für einen erfolgreichen Blot ist es jedoch, eine geeignete Blottingmembran zu wählen. Es gibt die verschiedensten Arten von Membranen von den verschiedensten Anbietern. Eines sollten sie jedoch alle gemeinsam haben: die Fähigkeit, Proteine zu binden. Am häufigsten werden Nitrocellulose- und Polyvinylidendifluorid-(PVDF-)Membranen verwendet.

Die **Nitrocellulosemembranen** werden, wie auch andere Membranen, in verschiedenen Porengrößen angeboten, wobei sich die Wahl der richtigen Porengröße nach der Größe der zu blottenden Proteine richtet. Zu bedenken ist, dass sich der Blottingerfolg für kleinere Proteine mit zunehmender Porengröße verschlechtert. Meist liegt man daher mit einer Porengröße von 0,1–0,2 µm in einem guten Bereich. Die Proteinbindekapazität der Nitrocellulosemembranen ist für die meisten Transfers ausreichend, sodass auch aus Kostengründen die Wahl wohl meist auf diesen Membrantyp fallen wird.

Werden auch bei kleineren Porengrößen mit Nitrocellulosemembranen noch schlechte Blotterergebnisse erhalten, empfiehlt sich als Alternative die Verwendung von **PVDF-Membranen**. Sie sind zwar etwas teurer, aber aufgrund der hohen Bindekapazität für Proteine sehr effizient. Zusätzlich sind die PVDF-Membranen stabiler, was den Umgang mit ihnen unkomplizierter macht. Die hohe Bindekapazität erfordert allerdings, dass die Membran auch ordentlich abgesättigt wird, da ansonsten ein starker Hintergrund Probleme bereiten könnte.

Bevor geblottet werden kann, ist einiges an Bastelarbeit erforderlich. Der Experimentator mag sich dabei in den Kindergarten zurückversetzt fühlen, aber ein bisschen Abwechselung kann ja auch nicht schaden. Die gewählte Blottingmembran wird ebenso wie sechs bis acht Filterpapiere auf Gelgröße zurechtgeschnitten. Dies sollte einigermaßen genau erfolgen, da überhängende Filterpapier- bzw. Membranränder ansonsten während des Blottens einen Kurzschluss verursachen könnten, womit sich der Proteintransfer erledigt hätte. Bei der ganzen Prozedur sollte man Handschuhe tragen, damit es nicht durch die Finger zu Proteinverschmutzungen kommt. Auch das Gel sollte nur mit Handschuhen angefasst werden.

Die Filterpapiere und die Membran werden in Transferpuffer getränkt. Dabei sollte auf eine vollständige Benetzung geachtet und die Bildung von Luftblasen an der Membran und den Filterpapieren vermieden werden. PVDF-Membranen werden, bevor man sie in Transferpuffer tränkt, kurz mit Methanol benetzt und dann ohne anzutrocknen überführt.

Literatur:

Towbin H, Staehelin T, Gordon J (1979) Electrophoretic transfer of proteins from polyacrylamide gels to nitrocellulose sheets: procedure and some applications. *Proc Natl Acad Sci USA* 76: 4350–4354

Burnette WN (1981) "Western blotting": electrophoretic transfer of proteins from sodium dodecyl sulfate–polyacrylamide gels to unmodified nitrocellulose and radiographic detection with antibody and radioiodinated protein A. *Anal Biochem* 112: 195–203

Towbin H, Staehelin T, Gordon J (1989) Immunoblotting in the clinical laboratory. *J Clin Chem Clin Biochem* 27: 495–501

Egger D, Bienz K (1994) Protein (western) blotting. *Mol Biotechnol* 1: 289–305

5.3.1 Wet-Blot

Der Aufbau eines Wet-Blots erfolgt nach dem Sandwichverfahren, wobei jedoch das eigentlich Wichtige des Sandwichs nicht zwischen zwei Toastbrotscheiben, sondern zwischen zwei Kunststoffgittern einer Gelkassette eingeklemmt wird (Abb. 5-4). Auf eines der beiden Kunststoffgitter kommt eine Art poröser Schaumstoffschwamm, der zuvor mit Transferpuffer getränkt wurde. Darauf werden dann luftblasenfrei drei bis vier ebenfalls mit Transferpuffer getränkte Filterpapiere passgenau aufgelegt. Es folgen das zuvor mit Transferpuffer oder Aqua dest. abgespülte Gel und die angefeuchtete Membran. Erneute Lagen Filterpapier und ein zweiter Schaumstoffschwamm schließen den Aufbau ab. Mithilfe des zweiten Gitters wird das Ganze fest verriegelt und kann nun in den mit kaltem Transferpuffer gefüllten Tank eingesetzt werden. Beim Einbau des Sandwichaufbaus dürfen sich keine Luftblasen zwischen den Schichten bilden und er sollte komplett mit Puffer bedeckt sein. Es ist darauf zu achten, dass die Membran zur Anode, bzw. das Gel zur Kathode zeigt. Ist der Tank geschlossen und sind alle Anschlüsse richtig (!) an die Stromquelle angeschlossen, kann der Transfer – möglichst unter Kühlung – gestartet werden.

Achtung! Es ist darauf zu achten, dass sich keinerlei Luftblasen zwischen den Schichten befinden, da diese den Transfer stören. Auch sollten die einzelnen Schichten immer feucht bleiben und die Membran während des Transfers dicht am Gel liegen, was durch zusätzliche Lagen Filterpapier leicht erreicht werden kann. Die Membran darf wenn sie einmal auf dem Gel liegt auf keinen Fall mehr verschoben werden!

5.3.2 Semi-Dry-Blot

Der Aufbau des Blot-Sandwichs für den Semi-Dry-Blot erfolgt ähnlich wie der des Wet-Blots – man denke sich alles nur um 90° gekippt (Abb. 5-4). Die kritischen Punkte, wie Luftblasenfreiheit und ein Verhindern des Antrocknens der einzelnen Lagen müssen hier ebenso beachtet werden, wie beim Wet-Blot. Die untere Elektrodenplatte der Blottingapparatur wird vor dem Auflegen der Filterpapiere leicht mit Aqua dest. angefeuchtet, wobei überschüssiges Wasser gut mit einem Filterpapier wieder entfernt werden kann. Diese Platte wird später als Anode geschaltet. Auf den Filterpapierstapel wird die gewünschte Membran, dann das zuvor mit Transferpuffer oder Aqua dest. abgespülte Gel aufgelegt. Weitere Filterpapiere und die obere Elektrodenplatte schließen den Aufbau ab. Je nach Blottingapparatur kann es notwendig sein, den Aufbau zu beschweren. Zu diesem Zweck haben sich insbesondere ausgediente Firmen- oder Versandhauskataloge bewährt. Ist eine Kühlung vorhanden, sollte diese auf alle Fälle auch wegen der schon erwähnten Nachteile der Hitzeentwicklung benutzt werden. Als zweckdienlich hat sich auch der Betrieb des Blots in gekühlten Räumen erwiesen.

Tipp! Luftblasen zwischen den einzelnen Schichten des Blots lassen sich erfahrungsgemäß gut durch vorsichtiges Rollen mit einer angefeuchteten Glaspipette heraus drücken. Überschüssiger Transferpuffer wird vorsichtig mit einem Filterpapier aufgesaugt.

Die Dauer des Blottingvorgangs richtet sich nach dem angewandten Verfahren, der Protein- und Gelgröße sowie der angelegten Spannung. Je nach Wahl der Parameter, können Sie zwischen wenigen Stunden oder auch über Nacht blotten. Hohe Spannungen können zu Beschädigungen an der Blottingapparatur führen, deshalb sind die Herstellerangaben zu beachten. Ansonsten heißt es auch beim Blotten wie so oft: „Fröhliches Optimieren!“

Nach hoffentlich erfolgreichem Transfer wird die Membran vorsichtig mit einer Pinzette aus der Wet-Blot- bzw. Semi-Dry-Blot-Apparatur entnommen. Nitrocellulosemembranen können direkt mit Ponceau-S zum Proteinnachweis verwendet oder zur Immundetektion in eine zuvor mit PBS bzw. TBS gefüllte Schale überführt werden. PVDF-Membranen lässt man zuerst vollständig trocknen, bevor sie nach erneutem Anfeuchten mit Methanol und Transferpuffer ebenfalls in eine zuvor mit PBS bzw. TBS gefüllte Schale überführt werden. Die während des Blots dem Gel zugewandte Seite sollte dabei nach oben zu liegen kommen.

Das Gel kann zur Kontrolle eines vollständigen Transfers mit Coomassie Brilliantblau gefärbt werden. Hat man einen vorgefärbten Molekularmassenmarker im Gel mitlaufen lassen, lässt sich mittels diesem die Transfereffizienz gut ablesen.

5.3.3 Fehlerquellen

Ein schlechter Proteintransfer kann mehrere Ursachen haben. Ist das Gel sehr dick oder haben die Proteine eine hohe Molekularmasse (>150 kDa), sind längere Transferzeiten nötig, um ein optimales Ergebnis zu erhalten. Das Gegenteil kann bei sehr kleinen Proteinen der Fall sein. Bei zu lang gewählten Transferzeiten kann es sein, dass die Proteine bereits durch die Membran durchgelaufen sind. In diesem Fall sollte entweder die Transferzeit gekürzt oder eine Membran mit kleinerer Porengröße gewählt werden. Alternativ kann man auch zwei Membranen übereinander legen, sodass zumindest in der zweiten Membran das Protein hängen bleibt. Auch die Methanol- bzw. SDS-Konzentration kann eine Rolle bei einem schlechten Transferergebnis spielen. Höhere Methanolkonzentrationen erhöhen zwar die Bindung der Proteine an die Membran, können aber den Transfer aus dem Gel auf die Membran verlangsamen. Zu hohe SDS-Konzentrationen können sich dagegen negativ auf die Bindung an die Membran auswirken.

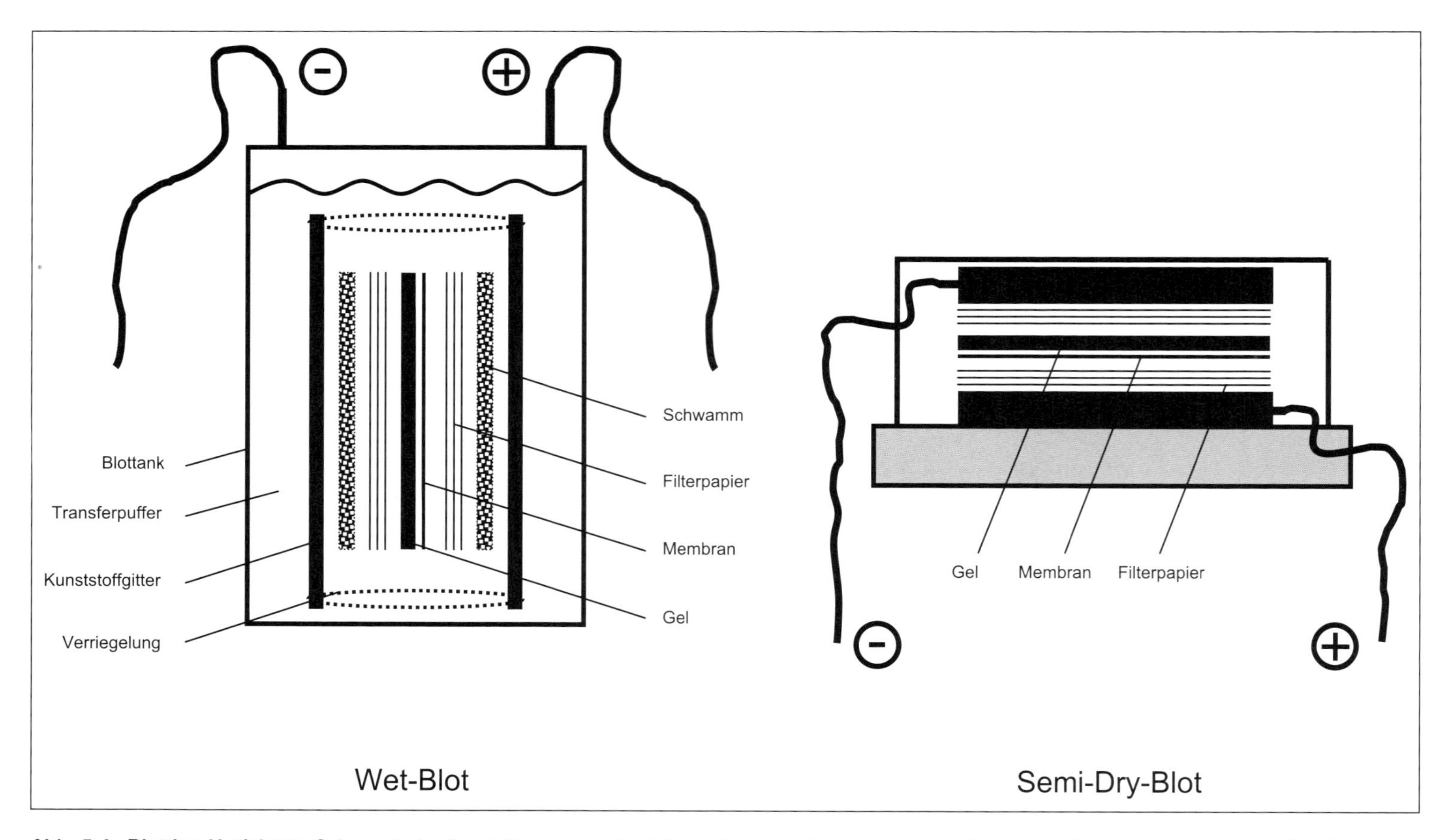

Abb. 5-4: Blotting-Verfahren. Schematische Darstellung zweier Verfahren für den elektrophoretischen Proteintransfer. Links ein typischer Wet-Blot-Sandwichaufbau innerhalb eines mit Transferpuffer gefüllten Blottanks, rechts eine Semi-Dry-Blot-Apparatur. Man beachte die richtige Orientierung der Membran bzw. des Gels zu den Polen.

5.4 Proteindetektion

Im Anschluss an die Blotting-Prozedur folgt der spannende Augenblick der Proteindetektion. Eine häufig angewandte Methode ist die Färbung mit rotem **Ponceau-S**-Farbstoff. Dieser Farbstoff erfreut sich großer Beliebtheit, weil die Färbung schnell durchzuführen ist, weitere Nachweisreaktionen meist nicht stört und auch relativ schnell wieder ausgewaschen werden kann. Leider ist die Sensitivität dieser Methode recht niedrig und die Färbung lässt sich auch nur schwer fotografisch dokumentieren. Um einen visuellen Nachweis eines erfolgreichen Transfers zu bekommen, ist sie aber allemal geeignet.

Die weit verbreitete direkte Anfärbung der Proteine mit **kolloidalem Gold** ist im Vergleich zur Ponceau-S-Färbung dagegen eher ungeeignet. Diese Methode besitzt zwar eine höhere Sensitivität, ist aber irreversibel und verträgt sich daher nicht mit einer immunologischen Nachweisreaktion.

Für die Herstellung einer Ponceau-S-Gebrauchslösung wird Ponceau-S-Stammlösung (2 g Ponceau-S, 30 g Trichloressigsäure, 30 g Sulfosalicylsäure, H_2O dest. ad 100 ml) in einem Verhältnis von 1:10 mit H_2O dest. verdünnt. Die vorher mit Wasser angefeuchtete Membran inkubiert man für 5 bis 10 min unter leichtem Schütteln bei Raumtemperatur. Wenn die Proteinbanden sichtbar geworden sind, wird die Membran mehrmals mit PBS, TBS bzw. Aqua dest. gewaschen. Dabei hat es sich als hilfreich erwiesen, sich die Position des Markers oder bestimmter Proteine mit einem weichen Bleistift zu markieren, bevor mit der eigentlichen Detektion fortgefahren wird.

Protokolle zur Immundetektion von Western-Blots existieren wie Sand am Meer. Dennoch beruhen alle auf einigen wenigen, wichtigen Arbeitsschritten:

1. Absättigung der Membran (Blocken)
2. Immundetektion
3. Visualisierung

Achtung! Ausgiebiges Waschen der Membranen mit detergenshaltigen Puffern in den folgenden Schritten kann ein Ablösen der Proteine zur Folge haben. Als Prophylaxe bietet sich die vorherige Fixierung der Proteine auf der Membran, z. B. durch Hitze, Essigsäure-Ethanolmischungen oder Glutaraldehyd, an. Auch in manchen Färbelösungen sind bereits Fixiermittel enthalten. Durch die Fixierung kann es jedoch zu einer Maskierung der Epitope kommen, sodass die Sensitivität der Immundetektion leiden kann (Kap. 6.2.2).

5.4.1 Blocking

Da nicht nur Proteine aus dem Gel an die Membran binden, sondern sich auch andere Proteine (z. B. die Nachweisantikörper) gerne dort festsetzen, ist es vor Beginn der eigentlichen Nachweisreaktion unbedingt erforderlich, die unspezifischen Proteinbindestellen abzublocken. Dies geschieht z. B. durch Inkubation der Membran mit irrelevanten Proteinen, die die unspezifischen Proteinbindestellen abdecken (blocken), sodass der Nachweisantikörper hier nicht mehr binden kann. Der Hintergrund der unspezifischen Bindung wird reduziert, und dadurch erhöht sich die Sensitivität des Western-Blots.

Um den Verlust an schwach gebundenen Proteinen beim Blocking zu minimieren, empfehlen einige Protokolle, den Blot vor dem Absättigen zu trocknen, wobei dieser vor dem Blocken dann wieder rehydriert werden muss. Wenn Sie also derartige Probleme haben, ist dies sicherlich einen Versuch wert.

Zum Blocken bieten sich eine ganze Reihe verschiedener Lösungen an. Oft werden unterschiedliche Varianten von Proteinlösungen (z. B. Rinderserumalbumin, Pferdeserum) oder anionische Detergenzien (z. B. Tween 20) verwendet. Teilweise werden diese auch gemischt. Entscheidend ist, dass die verwendete Lösung nicht die spätere Nachweisreaktion stört. Als geeignete und darüber hinaus auch preiswerteste Blockinglösung hat sich entfettetes **Trockenmilchpulver** erwiesen. Dieses kann eigentlich für alle Anwendungen verwendet werden, es sei denn, Sie sind z. B. in einem milchwirtschaftlichen Labor tätig und haben Proteine aufgetrennt, die auch Bestandteile der Milch sein könnten. Angesetzt wird die Lösung meist als 5 % (w/v) Trockenmilchpulver in PBS. Dagegen sollte TBS verwendet werden, wenn ein mit Alkalischer Phosphatase konjugierter Sekundärantikörper für die Nachweisreaktion fungiert. Die Blockingzeiten für Nitrocellulose- und PVDF-Membranen sollten bei mindestens 30 min, besser 1–2 Stunden bei Raumtemperatur liegen. Wird über Nacht geblockt, sollte der Blockinglösung 1 mM Natriumazid (giftig!) zugesetzt werden, um unerwünschtes Bakterien- und Pilzwachstum auszuschließen. Nach dem Blocken wird die Membran in PBS/0,05 % Tween 20 bzw. TBS/0,05 % Tween 20 gewaschen, es kann aber auch direkt mit der Inkubation des Primärantikörpers begonnen werden.

Da die Proteine nach dem Blocken auf der Membran stabilisiert sind, kann der Blot für 2–3 Tage in 1 mM natriumazidhaltigem PBS/0,05 % Tween 20 bzw. TBS/0,05 % Tween 20 bei 4 °C gelagert werden. Andernfalls sollte zügig mit der Inkubation des Primärantikörpers fortgefahren werden.

Tipp! Haben Sie schon einmal versucht, Tween 20 exakt zu pipettieren? Falls dem so ist, wissen Sie, dass es sich dabei um eine sehr viskose Flüssigkeit handelt, die wie auch andere hochviskose Flüssigkeiten ein gespaltenes Verhältnis zu Pipettenspitzen aufweist. Um sie besser pipettieren zu können, sollte sich der Experimentator daher einer Pipettenspitze mit einer weiten Öffnung bedienen. Es ist aber auch möglich, von einer gewöhnlichen Pipettenspitze den vorderen Teil abzuschneiden, sodass eine größere Öffnung entsteht. Es kann aber sein, dass dadurch nicht mehr das exakte Volumen aufgenommen werden kann. Auch leichtes Erwärmen von Tween kann helfen, die Flüssigkeit besser zu pipettieren. Überschüssiges Tween an der Außenseite der Pipettenspitze kann durch ein fusselfreies Tuch entfernt werden.

Literatur:

Batteiger B, Newhall WJ 5th, Jones RB (1982) The use of Tween 20 as a blocking agent in the immunological detection of proteins transferred to nitrocellulose membranes. *J Immunol Methods* 55: 297–307

Hauri HP, Bucher K (1986) Immunoblotting with monoclonal antibodies: importance of the blocking solution. *Anal Biochem* 159: 386–389

5.4.2 Antikörpermarkierung

In diesem Schritt wird der eigentliche Nachweis des relevanten Proteins auf der Membran geführt. Als Werkzeug zur Immundetektion dient ein geeigneter spezifischer Antikörper.

Bei praktisch allen Western-Blot-Anwendungen erfolgt dieser Nachweis in zwei Schritten. Man spricht deshalb auch von einer **indirekten Markierung**. Nach Bindung eines antigenspezifischen, unmarkierten Primärantikörpers erfolgt die Detektion mit einem zweiten, speziesspezifischen, markierten Antikörper (Sekundärantikörper). Dieser bindet an den konstanten Teil des an das Protein gebundenen Primärantikörpers. An diesen Sekundärantikörper können z. B. Enzyme, Fluoreszenzfarbstoffe oder auch radioaktive Marker gekoppelt sein, über die die spezifische Proteinbindung visualisiert wird (Abb. 5-5).

Das Verfahren der indirekten Markierung scheint auf den ersten Blick etwas umständlich zu sein. Im Vergleich zur direkten Markierung, bei der der Primärantikörper direkt mit dem Nachweisreagenz konjugiert ist, hat es aber zwei entscheidende Vorteile. Der eine ergibt sich aus der Tat-

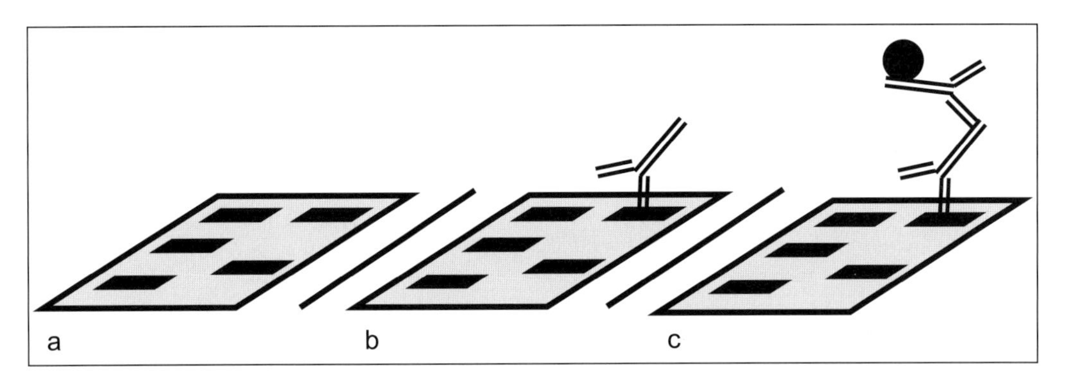

Abb. 5-5: Nachweis von Proteinen mithilfe der indirekten Antikörper-Markierung. Die auf eine Membran geblotteten Proteine (a) werden von einem unmarkierten, aber für bestimmte Proteine spezifischen Primärantikörper selektiv erkannt (b). Ein markierter Sekundärantikörper bindet an den konstanten Teil des Primärantikörpers (c) und weist so indirekt das gesuchte Protein nach.

sache, dass nicht nur ein Sekundärantikörper an den konstanten Teil des Primärantikörpers binden kann, sondern mehrere Sekundärantikörper gleichzeitig. Daraus ergibt sich ein nicht zu vernachlässigender Signalverstärkungseffekt – die Sensitivität steigt. Ein weiterer Vorteil der indirekten Markierung ist praktischer Art. Oft hat man zwar einen Antikörper, der gegen ein bestimmtes Protein gerichtet ist, dieser ist jedoch meist unmarkiert. Natürlich kann es sinnvoll sein, sich diesen markieren zu lassen oder selber zu markieren (Kap. 1.4), da es aber bereits markierte Antikörper gegen die konstanten Antikörperregionen praktisch sämtlicher gängiger Spezies gibt, kann man sich diesen Nachweis auch leichter machen.

Zur Inkubation des **Primärantikörpers** sollte die Primärantikörper-Lösung zügig auf die noch vom Blocken feuchte Membran aufgebracht werden. Die Verdünnung des Primärantikörpers erfolgt mit der entsprechenden Blockinglösung. Als anfängliche Richtwerte sind für polyklonale Antiseren Verdünnungen von 1:100 bis 1:5000, für Hybridomazellkulturüberstände von maximal 1:100 anzusehen. Die für den jeweiligen Versuchsansatz optimale Verdünnung muss aber über Vorversuche ausgetestet werden und sollte am Anfang nicht zu hoch gewählt werden. Die Membran sollte unter sanftem Schütteln inkubiert werden und dabei vollständig von der Antikörperlösung bedeckt sein. Als ausreichende Menge erwies sich ein Volumen von 200 bis 300 µl pro cm^2 Inkubationsschalenfläche bzw. 100 bis 200 µl pro cm^2 Membranfläche, wenn diese in einem Plastikbeutel, möglichst luftblasenfrei, eingeschweißt wird. Die Antikörper-Inkubationszeit kann wenige Stunden betragen, aber auch über Nacht erfolgen. Liegt die Inkubationszeit über sechs Stunden, sollte der Lösung 1 mM Natriumazid zugesetzt werden. Längere Inkubationszeiten erhöhen die Sensitivität des Nachweises; der durch nichtspezifische Bindung hervorgerufene Hintergrund nimmt jedoch ebenfalls zu. Um überschüssigen und ungebundenen Antikörper zu entfernen, wird die Membran nach der Inkubation dreimal für mindestens 10 min mit PBS/0,05 % Tween 20 bzw. TBS/0,05 % Tween 20 gewaschen. Dies gilt besonders nach Verwendung von azidhaltigen Lösungen, wenn der Sekundärantikörper mit Meerrettichperoxidase konjugiert ist, da diese irreversibel durch NaN_3 inhibiert wird.

Der **Sekundärantikörper** sollte ebenfalls zügig auf die feuchte Membran gebracht werden und unter gleichen Bedingungen für 1 bis 2 Stunden inkubieren. Für den Sekundärantikörper wird eine Verdünnung von 1:200 bis 1:2000 empfohlen. Als Konservierungsstoff für einen mit Meerrettichperoxidase konjugierten Sekundärantikörper darf der zur Verdünnung verwendeten Blockinglösung auf keinen Fall Natriumazid zugesetzt werden! Stattdessen empfiehlt sich z. B. 0,01 % (w/v) Thimerosal. Nach den erforderlichen Waschschritten kann die Visualisierung erfolgen.

Da sich die Anwesenheit von Phosphat bzw. Natriumazid hemmend auf die Enzymaktivität der an den Sekundärantikörpern gekoppelten Enzyme Alkalische Phosphatase bzw. Meerrettichperoxidase auswirkt, hat der Experimentator auch die Möglichkeit, die Sekundärantikörper-Inkubation vollständig unter Phosphat- und Azid-freien Bedingungen ablaufen zu lassen. Dabei empfiehlt es sich, die Membran vor Zugabe des Sekundärantikörpers für 10 min in einer NaCl- (150 mM) und Tris-HCl- (50 mM) haltigen Lösung (pH 7,5) zu inkubieren. Auch sollte die zur Verdünnung der Antikörper verwendete Blockinglösung neben dem Trockenmilchpulver nur NaCl und Tris-HCl enthalten. Gewaschen wird mit NaCl/Tris-HCl Lösung.

Neben der indirekten Antikörpermarkierung stehen dem Experimentator noch eine Reihe weiterer Verstärkersysteme, wie z. B. die APAAP-, PAP- und ABC-Methode, zur Verfügung (Kap. 6.2.6).

5.4.3 Visualisierung

Die Art der Visualisierung der Antikörperbindung an das Protein wird von dem an den Sekundärantikörper konjugierten Nachweisreagenz bestimmt. Entweder ist das Nachweisreagenz direkt sichtbar, wie es z. B. bei radioaktiv markierten oder fluoreszenzmarkierten Sekundärantikörpern der Fall ist, oder es handelt sich um eine indirekte Visualisierung, wie bei den Enzymmarkierungen. Beispiele für verschiedene Nachweisreagenzien und Verstärkersysteme sind im Kapitel 4.6 und Kapitel 6.2.6 beschrieben. In den meisten Labors hat sich die Enzymvariante durchgesetzt. Meist handelt es sich bei dem Enzym um die **Alkalische Phosphatase** (AP) (Kap. 1.4.2.2) oder die **Meerrettichperoxidase** (HRP) (Kap. 1.4.2.1). Bei der Nachweisreaktion katalysiert das gekoppelte Enzym die Umsetzung eines entsprechend zugegebenen Substrats in ein farbiges oder lumineszierendes Produkt. Vorteilhaft dabei ist, dass das Enzym viele Substratmoleküle umsetzen kann und es dadurch zu einer Verstärkung des Signals kommt.

Für welches Enzymkonjugat und welches Substrat man sich entscheidet, ist vor allem eine Frage der Sensitivität der Nachweisreaktion. Natürlich spielen auch die Kosten eine Rolle. Gebräuchliche Substrate sind bei HRP-Konjugaten z. B. 4-Chlornaphthol (sehr günstig, aber wenig sensitiv), DAB mit Ni^{2+} bzw. Co^{2+} sowie Luminol/4-Iodphenol (beide günstig, bei guter Sensitivität). Bei AP-Konjugaten bietet sich beispielsweise das günstige und sensitive BCIP/NBT an. Näheres zu diesen und anderen Substraten finden Sie in Tabelle 6-3. Wird ein Nachweis das erste Mal geführt, empfiehlt es sich, ein Substrat mit möglichst hoher Sensitivität zu wählen. Ist das Signal zu stark, kann später immer noch auf weniger sensitive Reagenzien zurückgegriffen werden. Im Übrigen ist doch ein jeder Experimentator froh, wenn er mit einem Erfolgserlebnis in eine neue Experimentierrunde startet.

Für eine Farbreaktion wird nach dem letzten Waschschritt der Antikörpermarkierung die Membran zwei mal fünf Minuten in einem Puffer (z. B. 100 ml 1 M Tris-HCl, pH 9,5; 20 ml 5 M NaCl; Aqua dest. ad 995 ml; 5 ml 1 M $MgCl_2$ – Lösung nicht erhitzen: Mg^{2+}-Ausfall) bzw. bei Verwendung von Meerrettichperoxidase-Konjugat in 50 mM Tris-HCl (pH 7,5) inkubiert. Zur Visualisierung der Proteinbindung wird die Substratlösung in der vom Hersteller angegebenen Konzentration zugegeben und die Membran unter Schütteln entwickelt. Die Banden sollten je nach Reaktion nach zwei bis spätestens 20 min eine auswertbare Intensität erreicht haben, woraufhin die Farbreaktion gestoppt wird. Dazu wird die Substratlösung entfernt und die Membran mit Aqua dest. (bei Alkalischer Phosphatase nach vorherigem Waschen mit Stopp-Puffer: 20 ml 1 M Tris-HCl, pH 8,0; 10 ml 0,5 M EDTA-NaOH, pH 8,0; Aqua dest. ad 1000 ml) gewaschen. Die Membran wird getrocknet und sollte möglichst schnell zur Dokumentation fotografiert werden. Am besten lagert man die Membran im Dunkeln bei Raumtemperatur.

5.4.4 „Stripping“ und „Re-probing“ von Western-Blot-Membranen

Der Weg zu einem gelungenen Western-Blot-Resultat ist sehr lang, glücklicherweise ist es aber nicht immer erforderlich, ihn für jedes neue Ergebnis in seiner vollen Länge zu beschreiten. Möchte der Experimentator beispielsweise seine Western-Blot-Membran einer weiteren Detektion mit einem anderen Antikörper unterziehen, so gibt es hier eine Abkürzung, die in der englischsprachigen Literatur mit „stripping and re-probing“ beschrieben wird. Um seinen Blot erneut verwenden zu können, müssen die auf der Membran gebundenen Proteine zunächst „ausgezogen“ werden. Bei dem als „Stripping“ bezeichneten Vorgang werden – eventuell nach Reaktivieren und Waschen der Membran – die an den Proteinen gebundenen Antikörper und Nachweisreagenzien durch Inkubation der Membran in einem Stripping-Puffer entfernt. Damit sich die Antikörper lösen, können solche Puffer Komponenten wie Tris, SDS und Mercaptoethanol enthalten, wobei nicht jeder Puffer für das vollständige Entfernen eines jeden Nachweisreagenzes geeignet ist. Je nach Protokoll wird die Membran bei Raumtemperatur oder unter Erwärmen in dieser Stripping-Lösung inkubiert. Die Inkubationszeit richtet sich dabei u. a. nach der Affinität des Primärantikörpers. Die Hersteller von Kits versprechen, dass sich die immobilisierten Proteine dabei nicht wesentlich verändern. Um auf Nummer sicher zu gehen, kann es aber nicht schaden, dies durch vergleichende Blotanalysen zu bestätigen. Nach einigen Waschschritten zum vollständigen Entfernen der Stripping-Lösung und einem Blockingschritt, kann die neuerliche Proteindetektion („re-probing“) erfolgen. Zuvor sollte man sich jedoch vergewissern, dass keine alten Antikörper mehr gebunden sind. Zur Anwendung kommt dieses Prozedere beispielsweise dann, wenn ein Blot mit verschiedenen Subtyp- oder Isoform-spezifischen Antikörpern analysiert werden soll, ungewöhnliche Resultate bestätigt oder mit einem anderen Antikörper überprüft werden sollen, oder einfach nur, wenn man in der Eile zu einem verkehrten Primärantikörper gegriffen hat...

5.4.5 Fehlerquellen und Kontrollen

Wie bei den Immundetektionen in der ELISA-Technik oder der *in situ*-Lokalisation, kann einem auch beim Western-Blot eine hohe **unspezifische Hintergrundfärbung** das Ergebnis verhageln. Ursachen für zu hohe Hintergrundfärbung sind ungeblockte Proteinbindestellen sowie Kreuzreaktionen zwischen den verwendeten Komponenten: Nachweisantikörper, Visualisierungssystem und sogar den Blocking-Proteinen. Diese können dazu führen, dass die spezifisch angefärbten, relevanten Proteine nicht oder nur unbefriedigend identifiziert werden können, da ihr Signal von den unspezifischen Hintergrundsignalen überlagert wird. Oft hilft es, wenn der Blockingschritt optimiert wird, d. h. anders blocken, länger blocken, höher temperiert blocken, mit anderen Blockinglösungen blocken… Versuch macht klug!

Eine **schwache Proteinbindung** kann nicht nur an einem ineffizienten Transfer der Proteine aus dem Gel auf die Membran oder an einer schlechten Proteinbindekapazität der Membran liegen (Kap. 5.3.3), sondern auch daran, dass man es bei den Waschschritten vielleicht etwas zu gut gemeint hat. Die Länge der Waschschritte sollte auf ein Minimum reduziert werden. Es soll aber auch vorkommen, dass der Proteintransfer gut geklappt hat, trotzdem aber nur ein **schwaches Signal** zu sehen ist. Vielleicht enthält die Probe das gesuchte Protein nur in praktisch nicht mehr detektierbarer Konzentration. Zur Abhilfe kann versucht werden, mehr Protein aufzutragen bzw. die Proteinprobe komplett neu zu präparieren. Eine weitere Ursache kann die Antikörperfärbung sein. Die Antikörperverdünnung sollte nochmals überdacht werden und vielleicht sollte auch in Erwägung gezogen werden, dass der Antikörper, der vor zehn Jahren so tolle Ergebnisse gebracht hat, mal durch eine neue Charge ersetzt wird. Zu langes Blocken oder eine falsche Blockinglösung können die Membran so stark absättigen, dass auch das Protein mit abgedeckt wird und so nicht mehr vom Antikörper erkannt werden kann. In ähnlicher Weise kann sich eine Fixierung der Proteine auswirken, deren Epitope dadurch zumindest teilweise maskiert sein können und deshalb einer Detektion nicht mehr zugänglich sind. Weiter kann auch ein inaktives Enzym oder Substrat zu einem schwachen Signal führen. Diese sollten separat ausgetestet werden, ob sie die Farbreaktion in geeigneter Intensität zeigen.

Das Phänomen, dass gleichzeitig **mehrere Banden gefärbt** sind, kann auch auf eine unspezifische Bindung des Sekundärantikörpers zurückzuführen sein. Dies lässt sich überprüfen, indem die Immunfärbung ohne Einsatz des spezifischen Primärantikörpers durchgeführt wird oder statt des Primärantikörpers ein unspezifischer Kontrollantikörper verwendet wird. Sollte der Sekundärantikörper auch hier eine Färbung verursachen, so ist für ihn eine Alternative zu wählen. Ursache kann aber auch ein unspezifischer Primärantikörper sein. Dann muss über dessen Ersatz nachgedacht werden. Abhilfe schafft hier ein monoklonaler Antikörper. Aufgrund seiner Monospezifität bindet der Monoklonale nur an ein Epitop des Antigens, was aber ein schwächeres Signal zur Folge haben kann. Wenn sich dies bei Ihnen als Problem erweist, darf aufgereinigtes polyklonales Antiserum bzw. kommerzieller polykloner Antikörper versucht werden. Auf diese Weise werden mehrere Epitope des einen Antigens erfasst, was der Stärke des Signals förderlich ist. Man geht also immer einen Kompromiss zwischen Spezifität und Sensitivität ein ... das bedeutet wieder einmal viel Optimierungsspielraum.

Durch geeignete **Kontrollen** lassen sich auch beim Western-Blot eine Menge Probleme vermeiden. Als Kontrolle bieten sich beispielsweise Antikörper an, die für das relevante Protein nicht spezifisch sind (Isotypkontrolle). Man kann aber auch Proteinproben mitführen, die entweder eine bekannte Menge des nachzuweisenden Antigens besitzen (Positivkontrolle) oder denen dieses völlig fehlt (Negativkontrolle).

Da ein Western-Blot aus vielen verschiedenen Einzelschritten besteht, sind auch die Fehlerquellen mannigfaltiger Natur. Ein wenig Geduld beim Austesten der Antikörper, Reagenzien und Inkubationszeiten sowie veränderte Konzentrationen, andere Reaktionszeiten oder frisch angesetzte Lösungen bewirken manchmal Wunder – viel Glück dabei!

5.5 Dot- und Slot-Blot

Ein Dot- bzw. Slot-Blot kann sowohl als quantitativer, als auch als qualitativer Nachweis benutzt werden. Der methodische Vorteil liegt in der Möglichkeit, große Probenmengen auf bestimmte Proteine zu screenen. Die Proteinproben werden dabei, ohne dass sie vorher in einem Gel aufgetrennt wurden, direkt punkt- (Dot-Blot) oder schlitzförmig (Slot-Blot) auf eine Membran übertragen. Dies erfolgt meist mittels einer Apparatur, deren Oberteil mit Bohrungen versehen ist, unter der sich eine hohle Kammer befindet, an die ein Vakuum angelegt werden kann. Zwischen diese beiden Teile werden dann ein Filterpapier und darauf die Blottingmembran passgenau eingesetzt. Die ganze Apparatur wird fest verankert, so wird verhindert, dass sich die Proben auf der Membran vermischen. Durch Anlegen des Vakuums wird die, zuvor durch die Lochplatte auf die Membran aufgebrachte, Proteinlösung durch die Membran hindurchgezogen. Dabei bleiben die Proteine an der Membran haften und stehen so für eine Immundetektion zur Verfügung. Das aufgebrachte Probenvolumen sollte dabei so groß sein, dass die Membran in jedem Well komplett mit Flüssigkeit bedeckt ist. Dabei sollte aber auch bedacht werden, dass die Membran nur eine beschränkte Proteinbindekapazität besitzt, die abhängig vom jeweiligen Protein und der exponierten Membranoberfläche ist. Auch die Zusammensetzung des gewählten Puffers und die Filtrationsrate kann eine Rolle spielen.

Mit dieser Methode kann man nicht nur viele verschiedene Proben in sehr kurzer Zeit untersuchen, sie eignet sich auch, wenn nur sehr kleine Probenvolumina zur Verfügung stehen. Durch die Größe der Bohrungen ist es möglich, selbst minimale Mengen konzentriert auf die Membran aufzubringen. Ein weiterer nicht zu vernachlässigender Vorteil ist, dass das Protein in seiner nativen Form auf der Membran vorliegt und nicht denaturiert ist, wie es nach einer SDS-Gelelektrophorese der Fall ist. Bezüglich der antigenen Eigenschaften eines Proteins kann dies ein entscheidender Unterschied sein.

Natürlich kann ein Dot-Blot auch manuell ohne die Apparatur ausgeführt werden. Dies ist aber mühsamer, da man nur sehr kleine Volumina auftragen darf und aufpassen muss, dass die Proteinlösungen nicht ineinander laufen.

Literatur:

Herbrink P, Van Bussel FJ, Warnaar SO (1982) The antigen spot test (AST): a highly sensitive assay for the detection of antibodies. *J Immunol Methods* 48: 293–298

Varghese S, Christakos S (1987) A quantitative immunobinding assay for vitamin D-dependent calcium-binding protein (calbindin-D28k) using nitrocellulose filters. *Anal Biochem* 165: 183–189

Ogata F (1989) Quantitative dot-blot enzyme immunoassay for serum amyloid A protein. *J Immunol Methods* 116: 131–135

6 *in situ*-Immunlokalisation

Nachweis immunologisch reaktiver Strukturen *in situ* mit immunhistochemischen/immuncytochemischen Methoden

Mit dem Aufkommen spezifischer Antikörper wurde der klassischen Histologie/Cytologie ein neues Werkzeug zur Identifikation verschiedenster Zell- und Gewebebausteine, insbesondere deren Proteinkomponenten, zur Verfügung gestellt. Daraufhin entwickelte sich ein Arbeitsgebiet, das je nach Autor unterschiedlich betitelt wird – meist mit Immunhistologie, Immunhistochemie oder Immuncytochemie. Obwohl die Begriffe implizieren, dass auf histologischer Ebene bzw. auf zellulärer Ebene gearbeitet wird, werden die Begriffe in der Literatur zumeist nicht streng voneinander getrennt verwendet. Sämtlichen Methoden dieser Branche ist die Art der Detektion relevanter Proteine gemein. Sie erfolgt unter Ausnutzung spezifischer Antigen-Antikörper-Bindungen. Daher wird im Folgenden zusammenfassend von *in situ*-Immunlokalisation die Rede sein. Die Auswertung erfolgt im Allgemeinen lichtmikroskopisch und/oder elektronenmikroskopisch, wobei sogar eine „gewisse" Quantifizierung der relevanten Proteine möglich ist – sofern die Präparation es hergibt und die erforderliche mikroskopische Ausstattung inkl. adäquater Imagingsysteme vorhanden ist. Die Aufgabe des Antikörpers ist es – wie immer – sein spezifisches Antigen im Gewebe bzw. in/an der Zelle zu finden und zu binden. Damit allein ist es noch nicht getan, denn nackte Antikörper sieht man ja bekanntermaßen irrsinnig schlecht. Daher markiert man den Antikörper mit irgendetwas Wahrnehmbarem, worüber dann der Antigen-Nachweis erfolgt. Als Markierung kommen Fluorochrome und Enzyme sowie korpuskuläre Anhängsel zum Einsatz. Deren Visualisierung erfordert unterschiedliche Detektionssysteme. Fluorochrome absorbieren und emittieren Licht bestimmter Wellenlänge – folglich benötigt man ein Fluoreszensmikroskop. Enzyme benötigen ein spezifisches Substrat, das nach seiner Umsetzung die relevanten Strukturen farblich markiert – hier ist lediglich ein Lichtmikroskop vonnöten, ebenso bei korpuskulären Markierungen, im Wesentlichen kolloidales Gold. Letzteres wird auch gern genutzt, um elektronenoptisch noch tiefere, subzelluläre Einblicke zu erhaschen.

Das Ziel sämtlicher *in situ*-Immunlokalisationen ist ein maximales Signal-Rausch-Verhältnis, d. h. die jeweilige Methode dahingehend zu optimieren, einen möglichst spezifischen Nachweis des relevanten Antigens in Verbindung mit möglichst geringer unspezifischer Hintergrundfärbung zu erzielen.

Zwei ähnlich klingende Begrifflichkeiten sollen zwecks Abgrenzung noch kurz erwähnt werden: Die **Histochemie** bezeichnet eine Technik, bei der insbesondere zelluläre Enzyme nachgewiesen und lokalisiert werden. Deren Aktivität wird durch lösliche Chromogene kenntlich gemacht, die durch die Enzymaktivität als unlöslicher Niederschlag in den entsprechenden Regionen präzipitieren. Zuletzt sei noch die **Lektinhistochemie** erwähnt, bei der Kohlenhydrate mittels spezifischer Lektine markiert werden, die daraufhin immunchemisch detektiert werden.

6.1 Untersuchung von Zellsuspensionen

Die in der *in situ*-Immunlokalisation untersuchten Einzelzell-Suspensionen (z. B. flüssige Zellkulturen, Blut, Lavagen, Punktate, Liquor usw.) können unterschiedlich aufgearbeitet werden.

6.1.1 Zellsuspensionen

Hierbei belässt man die Zellen in Suspension und führt in dieser alle Arbeitsschritte wie Fixierung, ggf. Permeabilisierung für intrazelluläre Messungen (Kap. 3.3.1.4) sowie die Immunfärbungen durch. Die eigentliche Detektion erfolgt dann meist cytometrisch (Kap. 3). Daneben können die Zellen abzentrifugiert und das Pellet in flüssigem Einbettungsmedium aufgenommen werden. In dieser Form auf einen Objektträger aufgebracht, werden sie mikroskopisch ausgewertet.

6.1.2 Cytospins

Bei der Cytospin-Methode werden die Zellen zunächst gleichmäßig an einen Objektträger geheftet und auf diesem sämtliche Arbeitsschritte der Immunfärbung durchgeführt. Man kann die Immunfärbung natürlich auch schon in der Zellsuspension durchführen und anschließend die Zellen auf den Objektträger „spotten". Für diese Art der Aufarbeitung wird gewöhnlich eine bestimmte Apparatur verwendet. Im Wesentlichen besteht diese aus einer speziellen Cytozentrifuge inkl. Rotor sowie Vorrichtungen, die dem Transport der Suspension auf den Objektträger dienen. Die genaue Aufarbeitung ist selbstverständlich abhängig vom verwendeten System. Von der eingestellten Zellsuspension (z. B. 500–1000 Zellen/μl) werden z. B. 100 μl in den Zentrifugationsaufsatz gegeben und bei ca. 200–500 g sedimentiert. Eine Fixierung erfolgt meist nach dem Spin, indem der mit Zellen behaftete Objektträger, z. B. für 2 min, in ein geeignetes Fixativ gedippt wird. Die Zellen können aber auch vor dem Zentrifugieren, noch in Suspension befindlich, fixiert werden (Kap. 6.2.2). Alternativ zum Cytospin kann man die Zellen auch einfach auf den Objektträgern sedimentieren lassen. Dazu kann man die Zellsuspension einfach in ein Röhrchen geben, das fest auf dem Objektträger steht (Abb. 6-1). Die Objektträger sollten immer beschichtet sein, um die Adhäsion der Zellen zu verstärken (Kap. 6.2.1). Die Detektion und Auswertung erfolgt mikroskopisch.

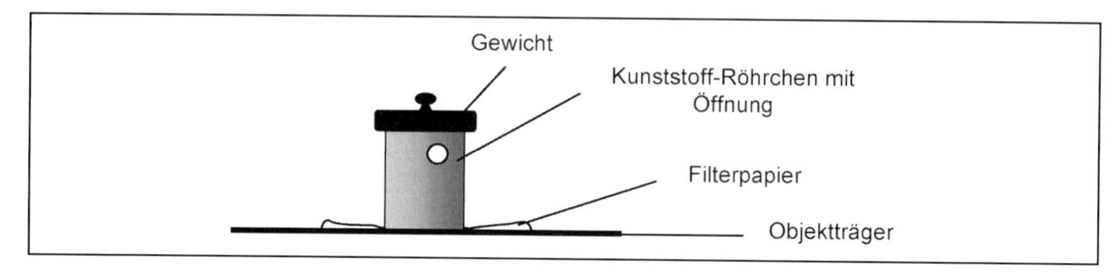

Abb. 6-1: Zell-Sedimentation. Alternativ zum Cytospin können sie ihre Zellen einfach auf den Objekträger sedimentieren lassen: Ein geeignetes Röhrchen mit Öffnung auf den Objektträger stellen – zum Aufsaugen der Flüssigkeit zwischen Objektträger und Röhrchenrand ein Filterpapier platzieren – zum Stabilisieren noch ein Gewicht oben drauf – Zellsuspension durch die Röhrchenöffnung einfüllen und anschließend einige Stunden oder auch über Nacht stehen lassen. Am Ende werden die Zellen sanft auf den Objektträger sedimentiert sein.

6.1.3 Zellausstriche

Gemäß der Bezeichnung „Ausstrich" wird hierbei die Zellsuspension auf einem Objektträger ausgestrichen. Beim klassischen Blutausstrich verteilt man einen Tropfen Blut auf dem Objektträger, indem man ein Deckglas oder einen zweiten Objektträger vorsichtig durch den Tropfen zieht. Der

Ausstrich wird meist – zum Zwecke der Konservierung – einige Stunden getrocknet (Trockenfixierung). Die weitere Aufarbeitung erfolgt direkt auf dem Objektträger.

6.1.4 Einbettung von Zellen

Auch Einzelzellen wollen nicht (nur) oberflächlich betrachtet werden! Um ihre „inneren Werte" zu erkunden, kann man sie genau wie Gewebe behandeln – man muss sie halt erst einmal in Form bringen. Dazu wird eine Zellsuspension zunächst abzentrifugiert und gewaschen. Nach Inkubation in einem geeigneten Fixativ werden sie erneut abzentrifugiert (Kap. 6.1.5). Dieses Pellet fixierter Einzelzellen wird in warmem Agar resuspendiert. Um Hitzeschäden zu vermeiden, sollte der Agar gerade so temperiert sein, wie es für seinen flüssigen Aggregatzustand erforderlich ist. Nach Erstarren des Agars liegt ein „künstliches Gewebe"-Blöckchen vor. Dieses kann man gemäß Kapitel 6.2 weiter verarbeiten und der Immunlichtmikroskopie zuführen. Zur elektronenoptischen Auswertung werden die Zellen in andere Medien (z. B. LR White) eingebettet (Kap. 6.3.2).

6.1.5 Variationen und Details zur Behandlung von Zellsuspensionen

Wie oben erwähnt, können die Zellen auch schon in Suspension fixiert werden, z. B. durch 5-minütige Inkubation im PLP-Fixativ (Tab. 6-1). Nach erfolgter Inkubation zentrifugiert man die Zellen ab und resuspendiert sie in PBS. Danach werden die fixierten Zellen auf den Objektträger aufgebracht. Solche, auf Objektträgern befindliche Zellsuspensionen werden dann gewöhnlich mit Alkohol und/oder Aceton fixiert, insbesondere wenn sie nicht schon in Suspension fixiert wurden (Nassfixierung). Alkohole präzipitieren Zucker, daher eignen sie sich besonders zum Nachweis von membranständigen Antigenen, weil diese oft eine Kohlenhydratkomponente in Form von Oligosaccharidseitenketten beinhalten. Speziell für Blutausstriche, aber auch für diverse andere Zellsuspensionen haben sich Fixativ-Gemische aus Aceton/Methanol im Verhältnis 1:1, aus Aceton/Methanol/Formalin im Verhältnis 19:19:2 und aus Ethanol/Eisessig 95:5 aber auch reines Methanol, Ethanol oder Aceton bewährt. Insbesondere zur Fixierung der Oberflächenantigene von Leukocyten hat sich Aceton als geeignet erwiesen. Das unzureichende Durchdringungsvermögen von Alkoholen und Aceton ist bei der Behandlung von Zelllayern irrelevant – im Gegensatz zu Geweben. Für die Fixierung von Zellen zur elektronenmikroskopischen Auswertung gelten besondere Regeln (Kap. 6.3).

Falls Sie es auf intrazelluläre Antigene abgesehen haben, sollten Sie die Zellen adäquat permeabilisieren (Kap. 6.2.2.1). Man kann sich anfangs nie so ganz sicher sein, welche Methode am effektivsten ist. Wenn Sie genug Material haben, sollten Sie sich den Luxus leisten und einige Parallelansätze machen, also z. B. Nass- und Trockenfixierung, mit/ohne Ethanol usw. Effektive Fixierungen von Zellausstrichen erfordern meist nur einige Minuten Inkubationszeit.

Um ein Einzelzell-Präparat mikroskopisch auszuwerten, ist eine Gegenfärbung der ungefärbten Zellen noch wichtiger als bei histologischen Schnitten, weil man die „Negativ-Zellen" ansonsten kaum wahrnimmt. Möglichkeiten zur Gegenfärbung finden Sie in Kapitel 6.2.6.7 (Tab. 6-4). Ohne Gegenfärbung kommt man u.U. dann aus, wenn die zur Verfügung stehende Mikroskoptechnik eine geeignete Kontrastierung erlaubt.

Tab. 6-1: Auswahl an aldehydbasierenden Fixativgemischen.

Der Standard:	10 %ige neutral gepufferte Formalin-Stammlösung (pH 7 ± 0,2)
100 ml	Formaldehyd (37 %)
6,5 g	*di*-Natriumhydrogenphosphat
4 g	Natriumdihydrogenphosphat Monohydrat
ad 1000 ml	Aqua dest.

Zur Erhaltung der antigenen Determinanten hat sich weiterhin das **Bouin-Hollande-Fixativ** bewährt:

5 g	Cu(II)-Acetat Monohydrat
8 g	Pikrinsäure
20 ml	Formaldehyd (37 %)
2 ml	Eisessig
200 ml	Aqua dest.

Tipp: Pikrinsäure (2,4,6-Trinitrophenol) und DNA mögen sich nicht. Daher sollten Sie das Bouin-Hollande-Fixativ nicht verwenden, wenn sie an dem gleichen Histoschnitt *in situ*-Hybridisierungen durchführen wollen. Nebenbei: Pikrinsäure als Feststoff ist ungemein explosiv. Zum Ansetzen des Fixativs erwerben Sie daher doch bitte gleich gesättigte Pikrinsäure-Lösung (11,7 g/l). Die Eisessig-Komponente scheint nicht essenziell zu sein und kann sich insbesondere beim Nachweis von kurzkettigen Antigenen als nachteilig erweisen.

Einen Versuch wert ist immer auch das **PLP**-Fixativ, bestehend aus **P**araformaldehyd, **L**ysin und **P**erjodat:

100 ml	L-Lysin-Lösung [0,2 M]
100 ml	*di*-Natriumhydrogenphosphat-Lösung [0,1 M]

Einstellung auf pH 7,4

0,86 g	Natriumperjodat (Endkonz.: 0,02 M)
0,32 g	a-D-Glucose
0,52 g	Paraformaldehyd (Endkonz.: 0,25 %)

Die Komponente Perjodat wirkt sich stabilisierend aus, indem es zelluläre Zuckerbestandteile zu Aldehyden oxidiert, die sich ihrerseits mit Lysin quervernetzen. Daher ist dieses Fixativ besonders interessant, wenn Sie am Nachweis von Glykopeptiden/Glykoproteinen interessiert sind. Optional kann dem Fixativgemisch zusätzlich das lipidkonservierende Kaliumdichromat zugesetzt werden. Hier empfiehlt es sich, geeignete Stammlösungen anzusetzen, aus denen dann kurz vor der Verwendung die Gebrauchslösungen mit den oben angegebenen Endkonzentrationen herzustellen sind.

Das **Essigsäure-Zinkchlorid-Fixativ** hat sich insbesondere bei der Fixierung von Membranproteinen bewährt.

50 g	Zinkchlorid
300 ml	Formaldehydlösung [37 %]
2 ml	Eisessig
2000 ml	Aqua dest.

Für Fixierungen in der **Immunelektronenmikroskopie** haben sich folgende Fixativgemische bewährt:

Gebrauchslösung:

25 ml	Paraformaldehyd [8 %]
0,8 ml	Glutaraldehyd [25 %]
50 ml	Phosphatpuffer [0,2 M]
24,2 ml	Aqua dest.

Zamboni-Lösung :

20 g	Paraformaldehyd
150 ml	filtrierte, gesättigte Pikrinsäure-Lösung

Lösen bei 60°C unter vorsichtiger Zugabe von 2 M NaOH bis die Lösung klar wird.

ad 1000 ml	0,15 M Phosphat-Puffer

6.2 Untersuchung von Geweben

Eine typische Prozedur zur Aufarbeitung von Geweben gliedert sich in folgende Schritte:

1. Vorbereitung
2. Fixierung
3. Einbettung
4. Schnitt
5. Nachbehandlung
6. Immundetektion
7. Gegenfärbung
8. Nachweisreaktion
9. Eindeckung

Einige der Schritte sind optional bzw. abhängig von den verwendeten methodischen Details und Proben. Präparationen für die Immunelektronenmikroskopie erfordern häufig abweichende Behandlungen (Kap. 6.3).

Im Folgenden werden grob-orientierende Beschreibungen der Methoden geboten, aber auch detaillierte Rezepte. Schritt-für-Schritt-Protokolle finden Sie in Hülle und Fülle in der Fachliteratur und vor allem im WorldWideWeb.

6.2.1 Vorbereitung

Abgesehen von den zu verwendenden Lösungen sind die Objektträger vorzubereiten. Diese müssen ein optimales Haftungsverhalten gegenüber den Gewebeschnitten bzw. Zellen, im Folgenden zusammenfassend als „Präparat“ bezeichnet, aufweisen. Ein gängiges **Beschichtungsverfahren** ist die „Silanisierung“. Dazu werden die Objektträger zunächst z. B. mit NaOH, Schwefelsäure, Chromschwefelsäure, Chloroform, Alkohol oder Aceton entfettet und gereinigt. Die Maßnahmen richten sich nach dem Verschmutzungsgrad – mit einer routinemäßigen Chromschwefelsäure-Reinigung, anschließender Spülung mit 96 %igem Ethanol sowie abschließender Spülung mit Aqua dest. liegt man immer auf der sicheren Seite. Eine solche Reinigungsprozedur ist übrigens auch bei fabrikneuen Objektträgern angezeigt, denn deren Zustand ist auch nicht immer zufriedenstellend. Zum Zwecke der Beschichtung folgt ein 5–10 minütiges Bad in APES (3-Aminopropyltriethoxysilan) (2 % v/v in Aceton) und anschließende Spülungen mit Aceton und Aqua dest. (z. B. jeweils 10-minütige Behandlung). Nach anschließender Trocknung sind die Objektträger einsatzbereit und gut verpackt ewig haltbar. Neben der Silanisierung, werden Objektträger auch mit Poly-L-Lysin (z. B. 30 min in 0,01 % Poly-L-Lysin in Aqua dest.) oder Chromalaun-Gelantine beschichtet sowie elektrostatisch aufgeladen. Aber wozu sich mit solcherlei Nichtigkeiten herumärgern? Gut sortierte Firmen bieten fertig vorbehandelte Objektträger an.

6.2.2 Fixierung

Es liegt zunächst nahe, die Antikörper auf frischen, unbehandelten Schnitten aufzubringen. Dabei kann es sich als problematisch erweisen, dass Antikörper nicht gerade die „Fiat Bambinos“ unter den Molekülen sind, sodass die Penetration in das Gewebe manchmal unzulänglich sein kann – ebenso die Auswaschung ungebundener Antikörper aus den Gewebeschnitten. Noch wesentlich schlechter, wenn nicht gar unmöglich, ist die Penetration von Antikörpern durch Zellmembranen, sodass intrazelluläre Immundetektionen an unfixierten Zellen müßig sind. Dazu kommt, dass die erforderliche Prozedur – auch ohne Fixierungsschritt – zu viel Zeit in Anspruch nimmt, da die Gewebeprobe in kurzer Zeit, z. B. durch autolytische Vorgänge und mikrobielle Degradation, unbrauchbar wird. Es wurden auch einige impertinente Zellen dabei beobachtet, wie sie sich erdreisteten, Oberflächenantigen-Antikörper-Komplexe endocytotisch zu internalisieren und sich auf diese Weise der Detektion entzogen haben. Manche Antigene sind in wässrigem Milieu gar löslich und scheuen nicht vor Diffusion in andere Lokalitäten – mögliche Folge: Färbeartefakte durch Antigen-Diffusion. Bei elektronenoptischen Methoden kommt noch hinzu, dass die Probe sich während der Untersuchung im Hochvakuum befindet und schon dadurch Veränderungen hervorgerufen werden. Das Ziel, die ursprüngliche Zell- bzw. Gewebemorphologie – quasi als Momentaufnahme – zu erhalten, erreicht man mittels **chemischer Fixierung**, in deren Zuge das Präparat konserviert und gehärtet wird. Die – nicht ganz unproblematische – Fixierung von Geweben und Zellen ist besonders hinsichtlich der Immundetektion ein kritischer Punkt. Bei einer solchen Fixierung werden die Proteine der Probe in unterschiedlichem Maße denaturiert (quervernetzt und/oder koaguliert), mit dem Ziel ihrer langfristigen Konservierung, Strukturerhaltung und – als Nebeneffekt – Permeabilisierung (Kap. 6.2.2.1). An diesem Punkt stellt man sich unwillkürlich die Frage, wie es funktionieren soll, derart, insbesondere in ihren Sekundär- und Tertiärstrukturen, veränderte Proteine mit Antikörpern zu detektieren. Im Laufe der Jahre wurden viele Fixierungsmethoden entwickelt und optimiert. Obwohl dieser Schritt noch immer als kritisch anzusehen ist, gibt es doch einige Methoden der Fixierung, bei denen die antigenen Determinanten, also die Epitope der Proteine, in ausreichendem Maße erhalten bleiben, sodass deren Immundetektion möglich ist. Daneben wurden Prozeduren (**Antigen-retrieval**, **Antigen-Demaskierung**) entwickelt, die vermutlich eine „Art von Renaturierung" von zuvor denaturierten Proteinen bewirken, sodass die antigene Determinante nach der Fixierung hinreichend wiederhergestellt werden kann (Enzym- und Mikrowellenbehandlung). Nichtsdestotrotz: eine ausbleibende Immundetektion in einer fixierten Probe beweist noch nicht das Fehlen des Antigens. Die aktuellen Methoden sind soweit optimiert worden, dass sie einen brauchbaren Kompromiss zwischen Artefaktbildung/Zerstörung der Epitope und Strukturerhaltung/Epitoperhaltung darstellen. Sie beinhalten Mittel und Wege, die Proteine trotz Prozessierung und Fixierung so gut aussehen zu lassen, dass eine nachgeschaltete Immundetektion Erfolg verspricht. Alternativ oder ergänzend wird neben der chemischen Fixierung auch die Fixierung und Härtung durch Kälte vorgenommen (Kap. 6.2.3.1).

Neben der „normalen" **Immersionsfixierung** (Fixierung durch Durchtränkung) gibt es noch die Möglichkeit der sog. **Perfusionsfixierung**. Hierbei werden z. B. Organe oder ganze Organismen mit dem Fixativ (z. B. 4 % Paraformaldehyd +0,25 % Glutaraldehyd) durchgespült, indem die Lösung in die Gefäßsysteme appliziert wird. Perfusionsfixierung und Immersionsfixierung können auch in Kombination eingesetzt werden. Die Perfusionsmethode besitzt häufig den Vorteil, dass sie noch schneller angewandt werden kann, sodass die Zeitspanne zwischen Probennahme und Fixierung minimiert wird.

Die Plage der Trivial-Nomenklatur

Im Gegensatz zu den (primären) Alkoholen, die ja eigentlich Alkanole heißen, zeigt sich bei deren ersten Oxidationsprodukten, den Aldehyden (von Alcohol dehydrogenatus, systematisch aber: Alkanale) die Trivial-Nomenklatur als unglaublich stabil in unser aller Köpfe. Während wir selbstverständlich von Methanol und Ethanol sprechen, käme kaum einer auf die Idee, deren Oxidationsprodukte bei ihren systematischen Namen zu nennen, nämlich Methanal und Ethanal. Wenn Sie sich mit dem Thema „Fixierung" beschäftigen, werden Sie oft auf die Begriffe Glutaraldehyd, Glutardialdehyd und manchmal auch auf Glutaral stoßen – nicht verwirren lassen, es ist alles dasselbe, nämlich ein Dialkanal mit Namen 1,5-Pentandial (in wässriger Lösung) mit der Summenformel $C_5H_8O_2$. Um die Altklugheit auf die Spitze zu treiben – außerdem:

Formaldehyd:	Methanal	CH_2O
Acetaldehyd:	Ethanal	$CH_3–CH_2O$
Benzaldehyd:	Phenylmethanal	$C_6H_5–CH_2O$

Paraformaldehyd, auch als „Polyoxymethylen“ oder kurz als Paraform bezeichnet ist ein Gemisch aus Formaldehyd-Polymeren $HO(CH_2O)_nH$, wobei n = 8–100 betragen kann.

Zugegeben – die meisten unter uns würden wohl zunächst stutzen, träfen sie in einem Protokoll auf 1,5-Pentandial. Aber bei diesen einfach gestrickten Molekülen kommt man schon mittels gemeinen Nachdenkens auf die Lösung; bei komplexen Molekülen wird's allerdings schwierig. Sicher ist dennoch, dass wissenschaftliche Literatur, Protokolle, „Kochrezepte“ u.ä. insgesamt leichter zu lesen wären, bedienten sich alle Autoren des gleichen Codes – systematische Nomenklatur scheint dafür bzw. wurde dafür geschaffen. Auch uns fehlte der Mut zur radikalen Nutzung dieser Ressource. Die Frage bleibt also wie so oft: „Wer beginnt?“

6.2.2.1 Membranpermeabilisierung

Fixierungsmaßnahmen dienen der Konservierung und Härtung von Zellen sowie deren Verbände. Im Zuge dessen tut sich aber noch etwas Entscheidendes auf – und zwar die Zellmembranen. Dies ist vor allem für intrazelluläre Messungen relevant. Denn wie eingangs erwähnt, sehen sich Antikörper gewöhnlich nicht in der Lage, durch intakte Zellmembranen zu penetrieren. Um intrazelluläre Antigene zu detektieren, müssen sie aber irgendwie hineingelangen und, in Anlehnung an Goethe, der in der Ballade vom Erlkönig – schon damals in recht fragwürdigem Kontext – bemerkte: „Und bist du nicht willig, so brauch' ich Gewalt.“, wenn nötig unter Opferung der Membranintegrität. Bei intrazellulären Messungen wird diese Gewalt durch permeabilisierende Agenzien ausgeübt. Das wären z. B. Alkohole und Aceton, die vor allem für Zellausstriche und Cytospins in Frage kommen. In diesem Falle ist das Fixieren und Permeabilisieren ein Abbacken. Häufiger kommen Saponin (Exkurs 10), Lysolecithin und nicht-ionische Detergenzien zum Einsatz. Lysolecithin öffnet Membranen permanent, während die Saponin'schen Löcher lediglich temporärer Natur sind. Folglich muss bei Verwendung von Saponin in allen Puffern auch Saponin enthalten sein, da sich die Löcher sonst wieder schließen und der „transmembrane“ Verkehr, von Antikörpern eingeschränkt sein könnte. Nicht-ionische Detergenzien erweisen sich als nützlich, wenn Sie Antigene detektieren möchten, die in Organellen wie z. B. den Mitochondrien und den Zellkernen lokalisiert sind. Deren Membranen enthalten relativ wenig Cholesterin, also den Ansatzpunkt für Saponin und Lysolecithin, sodass sich diese als nicht effizient genug herausstellen könnten. Sollten Sie an ausgeprägt hydrophoben Antigenen interessiert sein, sind nicht-ionische Detergenzien zu vermeiden, weil sich diese als empfindlich bzw. als leicht löslich in „detergensischer“ Präsenz erwiesen haben. Ansonsten darf auch noch Dimethylsulfoxid (DMSO) zur Permeabilisierung versucht werden.

6.2.2.2 Beispiele für chemische Fixative in der *in situ*-Immunlokalisation

Zur Milderung unerwünschter Nebeneffekte ist generell darauf zu achten, dass die zu fixierenden Gewebestücke möglichst klein sind (wenige mm Kantenlänge), damit die vollständige Immersion möglichst wenig Zeit beansprucht und gleichmäßig erfolgt.

Formaldehyd darf man als DAS Fixativ der *in situ*-Immunlokalisation bezeichnen. Es bewirkt eine Quervernetzung von Proteinen, indem es u. a. zwischen deren basischen Aminosäuren Hydroxymethylen-Brücken bildet. Es kommt als 2–10 %ige, möglichst phosphatgepufferte, Gebrauchslösung zum Einsatz. Formalinlösungen sind meist nicht rein, sondern enthalten als Stabilisator bis zu 15 % Methanol sowie das Oxidationsprodukt Ameisensäure. Alternativ kann man das Formaldehyd-Polymer „Paraformaldehyd“ verwenden.

Paraformaldehyd wird meist als 2–4%ige Lösung (pH 7) eingesetzt. Die Lösung sollte aus dem Feststoff frisch angesetzt und anschließend adäquat aliquotiert werden. Die Aliquots können dann bei –20° ewig gelagert und bei Bedarf aufgetaut werden.

Vor allem in der Elektronenmikroskopie kommt an Aldehyden noch **Glutaraldehyd** zum Einsatz. Im Vergleich zum Formaldehyd ist es noch etwas „heftiger", mit der Folge, dass durch Glutaraldehyd verursachte Denaturierungseffekte praktisch irreversibel sind. Glutaraldehyd besitzt als Dialdehyd zwei reaktive Aldehydgruppen, die vor der Immundetektion sämtlichst abgeblockt werden sollten (Kap. 6.2.5.5).

Neben den quervernetzenden Aldehyden kommt insbesondere zur Nachfixierung und zusätzlichen Härtung koagulierendes **Quecksilber-(II)-chlorid** zum Einsatz.

Ethanol wirkt ebenfalls ausschließlich koagulierend und macht sich so für den Einsatz in der *in situ*-Immunlokalisation interessant. Der Grund für seinen seltenen Einsatz als Gewebefixativ liegt in seiner unzureichenden Durchdringungsfähigkeit im Vergleich zu seinen aldehyden Konkurrenten. Dennoch: Wenn bei Ihnen die Erhaltung der antigenen Eigenschaften an alleroberster Stellte steht und die Erhaltung der Morphologie sekundär ist, sollten sie Ethanol als Fixativ in Erwägung ziehen.

Für das häufig verwendete **Aceton** gilt im Großen und Ganzen dasselbe. Es wird daher vor allem zur Fixierung von Zellausstrichen und Cytospinpräparaten verwendet, aber auch zur kurzen Nachfixierung von Histoschnitten/Kryoschnitten.

Eine Alternative zu den genannten Fixativen sind die **Carbodiimide**. Sie gelten als „milde", gering vernetzende, konformationserhaltende Fixative (Gebrauchslösung z. B. 4 % 1-Ethyl-3,3-dimethylaminopropyl-carbodiimide in PBS, pH 7,4). Die Erhaltung von Struktur und Antigenität ist somit oft besser gewährleistet als bei aldehydfixierten Präparaten. Carbodiimide eignen sich ebenfalls zur Fixierung von Präparaten für die Immunelektronenmikroskopie. Bei Immunofluoreszenstechniken verursachen sie nur geringe Hintergrundfluoreszenz, was ihre Eignung in diesem Bereich unterstreicht.

Zuletzt sei noch die koagulierende **Pikrinsäure** (Trinitrophenol) erwähnt. Sie wird im Wesentlichen in Kombination mit Aldehyden eingesetzt und erzielt so oft einen befriedigenden Kompromiss zwischen Erhaltung der Antigenität und Morphologie – teilweise so gut, dass die Präparate auch für die Immunelektronenmikroskopie taugen.

Kleine Auswahl an aldehydbasierenden Fixativgemischen

Es sei angemerkt, dass von den folgenden Rezepten viele verschiedene Varianten existieren (Tab. 6-1).

Neben Formaldehyd als quervernetzendes Basisfixativ wird zusätzlich Quecksilber-(II)-chlorid als koagulierendes Agens eingesetzt, wobei beide dann meist kombiniert in einer Lösung eingesetzt werden (z. B. B5, Formalin-Sublimat). Gängige Fixierungsprozeduren bestehen aus einem ersten reinen „Formaldehyd-Schritt" und einem nachgeschalteten „Quecksilber-(II)-chlorid-Schritt", der das Gewebe noch einmal extra härtet. Der Vorteil dieses zweiten Schrittes liegt in einer effektiveren Konservierung der Cytomorphologie des Schnittes.

Kleine Auswahl an Quecksilber-(II)-chlorid-basierenden Fixativgemischen:

Im Gegensatz zum B5-Fixativ, in dem das Gewebeblöckchen einfach nur eingelegt wird, müssen bei der Zenker-Fixierung einige Besonderheiten beachtet werden. Da das lipidkonservierende Salz Kaliumdichromat dazu neigt, Ablagerungen zu hinterlassen, muss das Gewebeblöckchen zwecks Entfernung derselben nach der Fixierung kräftig und lang – am besten unter fließendem Wasser

– gespült werden. Evtl. quecksilbrige Ablagerungen lassen sich mittels Waschlösung 1 entfernen. Die fertigen Schnitte werden zuletzt noch einige Minuten in Waschlösung 2 gespült (Tab. 6-2).

Anmerkung: Falls Sie knochenhaltige Präparate untersuchen wollen, müssen diese vor dem

Tab. 6-2: Auswahl an Quecksilber-(II)-chlorid-basierenden Fixativgemischen.

B5-Fixativ: Routinemäßig wird eine Quecksilberchlorid-haltige Stammlösung angesetzt. Aus dieser wird dann unter Zusatz von Formaldehydlösung die Gebrauchslösung angesetzt.

B5-Stammlösung:	
12 g	Quecksilber-(II)-chlorid
2,5 g	Natriumacetat
200 ml	Aqua dest.
B5-Gebrauchslösung:	
10 Teile	B5-Stammlösung
1 Teil	Formaldehydlösung [37 %]
Zenker-Fixativ als formaldehydfreie Alternative:	
Zenker-Stammlösung:	
50 g	Quecksilber-(II)-chlorid
25 g	Kaliumdichromat
10 g	Natriumsulfat
ad 1000 ml	Aqua dest.
Zenker-Gebrauchslösung:	
9,5 Teile	Zenker-Stammlösung
0,5 Teile	Eisessig
Waschlösung 1:	
0,5 g	Iod
100 ml	Ethanol [70 %]
Waschlösung 2:	
5 g	Natriumthiosulfat
ad 100 ml	Aqua dest.

Schneiden entkalkt werden. Gebräuchliche Reagenzien dazu sind z. B. 20 %ige EDTA-Lösung oder 5 %ige Trichloressigsäure. Der nötige Zeitraum ist abhängig von der Größe der Knochen. Die Entkalkung eines Zahnes kann Wochen des Einlegens erfordern, während ein Gehörknöchelchen durchaus in einigen Stunden seines Kalkes beraubt werden kann.

6.2.2.3 Fixierung in der Praxis

Zur Verhinderung von Degradationserscheinungen und Austrocknung muss zunächst darauf geachtet werden, dass die Zeitspanne zwischen der Probennahme (Biopsie) und Fixierung möglichst gering gehalten wird. Nekrotische Bereiche des Gewebes könnten später eine unspezifische Färbung zeigen. Von der Biopsiestätte ins Labor sollten weniger als 30 min vergehen. Die Gefahr des Austrocknens besteht vor allem bei Zellausstrichen – diese müssen deshalb sofort fixiert werden. Das zu fixierende Gewebeblöckchen sollte einer vollständigen Durchtränkung wegen möglichst klein sein – mit einem ungefähren Maß von 10 × 10 × 5 mm oder kleiner liegen Sie richtig. Das Zurechtschneiden sollte übrigens mit einem geeigneten(!) Skalpell geschehen. Mechanische

Gewebeschädigungen, wie z. B. Quetschungen, können am Ende Ursache für erhöhte Hintergrundfärbung sein. Im Anschluss an den Grobschnitt wird das Gewebeblöckchen in dem Fixativ eingelegt. Bei der Wahl des Fixativvolumens dürfen Sie ausnahmsweise großzügig sein. Das Volumenverhältnis Gewebeprobe:Fixativ sollte mindestens 1:10 betragen – achten Sie darauf, dass die Probe vollständig vom Fixativ bedeckt ist. Die Inkubationszeiten sind sehr variabel und liegen gewöhnlich irgendwo zwischen 1 und 24 Stunden. Bei langen Inkubationen über 24 Stunden kann es vorkommen, dass die Gewebe porös und brüchig werden.

Anmerkungen zur Verwendung des Bouin-Hollande-Fixativs (Tab. 6-1): Hier muss bedacht werden, dass es Lipide reduziert. Wenn Ihr relevantes Antigen also – in welcher Form auch immer – mit Lipiden assoziiert ist bzw. diese enthält, kann die Behandlung zu deren Maskierung führen. Als Störfaktor treten manchmal gewöhnlich Salze der Pikrinsäure (Pikrate) auf, die direkt nach dem Fixierungsschritt zunächst einmal mittels 70 %igem Ethanol präzipitiert und ausgewaschen werden müssen. Sollten Ihre späteren Gewebeschnitte unerträglich gelb sein, tunken Sie diese doch mal in 5 %ige Natriumthiosulfat-Lösung – dann klappt's vielleicht auch mit der Farbe.

Pflanzliche Zellen werden im Großen und Ganzen nicht anders behandelt. Die Plasmamembran und die Tonoplasten haben sich manchmal als Achillessehne erwiesen, da sie auf die Fixierung etwas empfindsam reagieren. Luftansammlungen in den pflanzlichen Interzellularen erschweren offenbar die Immersion des Fixativs. Als Abhilfe kann man unter leichtem Vakuum fixieren, wobei die Betonung auf „leicht" liegt – sonst können Sie die Mannigfaltigkeit von Plasmolysen erforschen. Die cellulöse Zellwand behindert öfter mal die Antikörper-Penetration. Tritt dieses Problem bei Ihnen auf, probieren Sie's doch einmal mit einem schnöden Pectinase- oder Cellulaseverdau.

6.2.3 Paraffin-Einbettung

Nach der chemischen Fixierung erfolgt die Einbettung des Gewebestückes, z. B. in Paraffin, nach folgendem Muster. Detaillierte Protokolle finden Sie zu Hauf in der entsprechenden Fachliteratur. Selbstverständlich können Sie Ihre Proben für die lichtmikroskopische Auswertung auch in Epoxidharzen oder Methaacrylaten einbetten. Die Paraffineinbettung ist in der Lichtmikroskopie aber noch immer die Methode der Wahl, weil sie weniger zeitaufwändig und kostenintensiv ist, aber trotzdem adäquate Ergebnisse liefert. Informationen zu alternativen Einbettungsmethoden finden Sie in Kapitel 6.3.

Einbettungsprozedur

1. Gründliche (!) Auswaschung des Fixativs mit Aqua dest. Fixativ-Reste im Präparat können später Färbeartefakte verursachen!
2. Entwässerung mittels aufsteigender Ethanolreihe. Alternativ kommt auch Isopropanol und Aceton zum Einsatz.
3. Entfettung und Entalkoholisierung mittels Xylol oder Methylbenzoat als Intermedium. Mit Isopropanol kann manchmal gleichzeitig entwässert und entfettet werden, sodass auf den Zwischenschritt mit Intermedium verzichtet werden kann – wenn bei Ihnen also der Faktor Zeit eine entscheidende Rolle spielt: ausprobieren!
4. Durchtränkung/Einbettung des Gewebeschnittes mit 50–58 °C °C warmem Paraffin in geeigneten Formen. Hitzeeinwirkung kann sich reduzierend auf die Immunreaktivität des Gewebes auswirken. Daher sollte dieser kritische Schritt mit Bedacht durchgeführt werden – also je nied-

riger die Temperaturen, desto besser. Zum Zwecke der Einbettung sollte Paraffin mit möglichst niedrigem Schmelzpunkt (<58 °C °C) gewählt werden (Kataloge wälzen – Anbieter fragen).

5. Am Ende hat man kleine Paraffinblöcke, die fertig zum Schneiden sind.

6.2.3.1 Gefrier- oder Kryostatschnitte

Die Alternative zur chemischen Fixierung als Maßnahme zur Probenkonservierung und -härtung bietet die Kryofixierung. Die Erhaltung der Immunreaktivität so mancher Antigene ist auf diese Weise oft wesentlich effizienter (bzw. wird so erst ermöglicht) als bei chemisch fixierten Proben. Dafür leidet, oft aufgrund von Verschiebungen infolge von Tauvorgängen (die daher unbedingt zu vermeiden sind), eher einmal die Morphologie des Präparates sowie dessen Haltbarkeit. Setzen Sie also Prioritäten!

Zur Anfertigung von Kryostatschnitten werden Gewebeproben direkt ohne vorherige Fixierung oder zusätzlich nach einer chemischen Fixierung schockgefroren und sofort im Anschluss daran geschnitten. Schockgefroren werden die Proben z.B. direkt in flüssigem Stickstoff oder in Isopentan (Kältevermittler), das in flüssigem Stickstoff eingetaucht wird. Die Probe kann zum Kälteschutz in speziellem „Kryo-Gel" (z.B. Tissue-Tek-Gefriereinbettmedium; O. C. T., Miles, Elkhart, USA), Gelatine oder in Zucker-Lösungen (z.B. 20 % Sucrose in 0,1 M Na-Phosphatpuffer) in verschieden große Kapseln oder Gussförmchen eingebettet werden. Andere Möglichkeit: Sie platzieren Ihr Einfrier-Behältnis einfach auf einer kleinen Trockeneis-Platte – etwas Kryo-Gel 'rein, Gewebeprobe 'rein, auf die richtige Orientierung achten, fertig! Geschnitten wird im Kryostat bei –20 °C °C, wobei Geweblock und Probenhalter bereits vorher auf –20 °C °C temperiert werden müssen. Befindet sich der Schnitt dann auf dem vorbehandelten (z.B. mit Gelatine beschichtet) Objektträger, stellt sich die weitere Behandlung als sehr variabel dar – und der Experimentator hat wieder einmal die Qual der Wahl: sofortige (z.B. 10-minütige) Fixierung in kaltem Aceton, Lufttrocknung (1 Stunde bis zu 2 Tagen), in den Brutschrank bzw. auf die Heizplatte legen oder eine Infrarot-Lampe bemühen; weiterhin Nach- bzw. Vorfixierung durch Eintauchen in Aceton, Ethanol, Ether, Chloroform, Formalin oder ihrer Gemische, zusätzliche Entwässerung – die Möglichkeiten sind mannigfaltig.

Tipp: Die zugeschnittenen Präparate (max. 10 mm × 10 mm × 5 mm) werden gewöhnlich in entsprechend dimensionierten Kunststoffröhrchen eingefroren. Diese Röhrchen sollten zum Einfrieren vorsichtshalber maximal bis zur Hälfte mit Einfriermedium/Präparat gefüllt sein – ansonsten droht eine Sauerei.

6.2.4 Schneiden

Nach der Paraffineinbettung werden die Blöcke in ein Mikrotom eingespannt und Dünnschnitte angefertigt. Mit den gängigen Mikrotomen erreicht man Schnittdicken von ca. 0,5–10 µm – in der Praxis schneidet man meist 4–8 µm dick. Wenn man sehr niedrige Schnittdicken wählt, ist zu beachten, dass man zwar mehr Details erkennt, aber dass sich das Objekt oft auch anders darstellt. Ein Gewebeschnitt von 1 µm Dicke kann völlig anders aussehen als ein Schnitt von 5 µm Dicke des gleichen Objektes.

In der Praxis werden die Paraffinblöcke vor dem Schneiden auf –20 °C °C gekühlt. Die Schnitte werden auf der Oberfläche eines Mini-Wasserbades aufgefangen und gestreckt. Zur Vermeidung späterer Hintergrundfärbung sollte das Wasserbad frei von irgendwelchen „Klebezusätzen", wie z.B. Gelatine sowie mikrobiellen Kontaminationen sein. Von dort werden sie auf einen vorbereiteten Objektträger (Kap. 6.2.1) überführt und des Nachts bei ca. 40 °C getrocknet. Die Eiligen unter uns trocknen 1–2 Stunden bei 60 °C.

6.2.5 Nachbehandlung

6.2.5.1 Entparaffinierung/Rehydrierung

Eine erfolgreiche Immundetektion erfordert die Entparaffinierung und Rehydrierung des Gewebeschnittes – also quasi „Kommando zurück!“: Die Entparaffinierung kann z. B. über Xylol erfolgen, die Rehydrierung über eine absteigende Alkoholreihe bis wässriges Milieu erreicht ist. Das Xylol sollte häufig gewechselt werden, da es sich schnell mit Paraffin anreichert und dann nicht mehr effizient Paraffin aus den Schnitten extrahiert. Vor Auftrag der Antikörper wird der Schnitt meist noch mit PBS bzw. TBS gespült.

6.2.5.2 Epitop-Demaskierung

Ist das Präparat soweit aufgearbeitet und auf dem Objektträger platziert, steht der Immundetektion theoretisch nichts mehr im Wege – praktisch jedoch schon! Die Erfahrung hat gezeigt, dass insbesondere bei klassisch formalinfixierten Schnitten eine spezielle Behandlung (Epitop- oder Antigen-Retrieval) erforderlich ist, um eine ausreichende Antigenität der Proteine zu gewährleisten. Man nimmt an, dass dabei bestimmte Fixativ-bedingte Quervernetzungen von Proteinen (Maskierungen) aufgebrochen oder rückgängig gemacht werden, sodass die Zahl an immunreaktiven Epitopen nachträglich wieder erhöht wird. So manches Epitop wird allerdings bei der Fixierung, aber auch durch Hitzeeinwirkung bei der Paraffineinbettung, vollends platt gemacht und steht der Detektion nicht mehr zur Verfügung.

Die Epitop-Demaskierung erfolgt in erster Linie durch (feuchte) Hitzeeinwirkung in Mikrowellen, Wasserbädern, Autoklaven oder Dampftöpfen. Alternativ stehen proteolytische Enzyme zur Verfügung.

Anmerkung: Hat man statt quervernetzender Fixative, koagulierende (z. B. Quecksilberchlorid-haltige) Fixative verwendet, kann sich eine solche Behandlung eher als kontraproduktiv erweisen.

Behandlungsbeispiele

Objektträger mit Gewebeschnitt in ein mit Citratpuffer (10 mM, pH 6) gefülltes Gefäß stellen und ca. 15–20 min oder auch 3 × 5 min im Wasserbad oder in der Mikrowelle erhitzen (ca. 95 °C; auf Pufferverlust achten!). Neben Citratpuffer werden auch Tris-HCl (10 mM, pH 1 bis pH 10) oder kommerziell erhältliche Lösungen mit wohlklingenden Namen wie „target unmasking fluid (TUFs)“ oder „target retrieval solutions“ verwendet.

Im Falle einer enzymatischen Behandlung des Schnittes hat sich ein 15-minütger Trypsinverdau bei 37 °C bewährt. Alternativ kann auch Pepsin, Proteinase K oder Pronase E eingesetzt werden. Die Hersteller fügen meist ein geeignetes Arbeitsprotokoll bei.

Bewährt hat sich, insbesondere bei „schwachen, lockeren“ Maskierungen auch ein intensiver Waschschritt, z. B. in Sucrose-haltigem PBS über Nacht.

Sämtliche Parameter wie Inkubationszeit, Temperatur, pH-Wert, Konzentration usw. sind sehr variabel und was dem einen Antigen bekommt, kann dem anderen durchaus den Garaus machen. Die Prozedur muss also eigentlich für jedes Antigen bzw. Gewebe optimiert werden.

6.2.5.3 Blockierung endogener Enzyme

Bei Anwendung von Enzym-Markierungen zum Antigennachweis müssen evtl. im Präparat vorhandene endogene Enzyme bedacht werden. Diese tragen zur Gesamtumsetzung des Substrats bei und erzeugen so falsch positive Ergebnisse. Daher empfiehlt sich eine Blockierung der endogenen Enzymaktivität. Zu diesem Zweck bieten sich verschiedene Substanzen an. Endogene Peroxidase kann beispielsweise mit Borhydrid, H_2O_2, H_2O_2 + Azid, H_2O_2 + Methanol oder Periodat blockiert werden.

Beispiel:

Blockierung (Quenching) endogener Peroxidase mittels H_2O_2-Lösung:

100 ml PBS + 1 ml 30 %iges H_2O_2 → [0,3 %] Inkubationszeit 30 min

100 ml PBS + 10 ml 30 %iges H_2O_2 → [3 %] Inkubationszeit 10 min

Handelt es sich um **endogene alkalische Phosphatase (AP)**, hat sich die Behandlung mit 20 %iger Essigsäure und Levamisol (0,5–1 mM im Substratpuffer) bewährt. Liebenswertes Detail: Darm- oder Plazentagewebe exprimieren AP-Isoenzyme, die sich von Levamisol nicht schrecken lassen. Hier hat sich eine Vorbehandlung von Paraffinschnitten mit perfider Salzsäure [0,05–0,5 M] als praktikabel erwiesen. Gut auch zu wissen, dass Antigen-demaskierende Hitzebehandlungen die AP inaktivieren können. Blockaden endogener Enzyme können durch zu ausgedehnte Verdauzeiten bei der Nachbehandlung (Antigen-Demaskierungen) von Präparaten aufgehoben werden. Zur Kontrolle bzw. zum Nachweis endogener Enzymaktivität muss ein Präparat mitgeführt werden, das ausschließlich mit dem entsprechenden Substrat behandelt wird. Ist ein Umsatz des Substrats zu beobachten, liegt ein falsch-positives Ergebnis, beruhend auf endogener Enzymaktivität, vor.

Achtung: Solche Behandlungen, insbesondere mit H_2O_2, können unter Umständen zur Zerstörung der relevanten Antigene führen. Eine Umgehung dieses Problems bietet sich, wenn die Inkubation mit der Blockierungslösung nach der Färbung mit dem Primärantikörper erfolgt.

6.2.5.4 Blockierung endogenen Biotins

Beim Einsatz von (Strept)Avidin-Biotin-Systemen zur Immundetektion muss bedacht werden, dass viele Gewebe endogenes Biotin – Co-Faktor vieler Enzyme – enthalten und so die Gefahr einer „biotinogenen", unspezifischen Hintergrundfärbung besteht. Wenn Verdacht besteht, sollte zwischen Epitop-Demaskierung und Applikation des Primärantikörpers eine Blockierung des endogenen Biotins erfolgen. Dies erreicht man z. B. mittels nacheinander geschalteter ca. 15-minütiger Inkubation mit unkonjugierter (Strept)Avidin-Lösung (0,1 %) und Biotin-Lösung (0,01 %).

Anmerkung: Im Zweifelsfall sollte man jeweils über alternative Detektions- bzw. Nachweissysteme nachdenken. Erweist sich das Präparat als stark biotinlastig, verwendet man besser die PAP- oder APAAP-Methoden. Wenn mit endogener Peroxidaseaktivität zu rechnen ist – z. B. wenn Sie gerade mal wieder Lebergewebe in der Mache haben – macht es Sinn, gleich alkalische Phosphatase als Tertiär-Reagenz in Erwägung zu ziehen.

6.2.5.5 Blockierung freier Aldehydgruppen

Glutaraldehyd besitzt als Dialdehyd zwei reaktive Aldehydgruppen. Es kommt vor, dass so manche dieser Gruppen nicht zur Reaktion schreitet, sodass sie ihre „Aggressivität" beibehält. Dies kann später zu Artefakten und verstärkter Autofluoreszenz führen. Daher müssen solche reaktiven „Restgruppen" z. B. durch 5-minütige Inkubation mit 0,1 M Glycin in PBS neutralisiert werden.

6.2.6 Immundetektion

Der wesentliche Punkt bei Methoden der *in situ*-Immunlokalisation ist die Immundetektion und die damit verbundene Visualisierung der geknüpften Antigen-Antikörper-Komplexe. Bei der Detektion stehen unterschiedliche Strategien zur Auswahl: direkte oder indirekte Antigenmarkierung, Einfach- oder Mehrfachmarkierungen, Detektion über Fluoreszenzen, enzymatisch umgesetzte Chromogene oder korpuskuläre Labels mittels fluoreszenzmikroskopischer, lichtmikroskopischer oder elektronenmikroskopischer Methoden.

6.2.6.1 „Direkt oder indirekt?" – Das ist hier die Frage!

Techniken der Immundetektion unterscheiden sich u.a. in der „Anzahl der Antikörper pro nachzuweisendem Antigen". Bei direkten Strategien ist der eingesetzte antigenspezifische Primärantikörper bereits gelabelt und kann direkt detektiert werden (Abb. 6-2). Bei den indirekten, mehrstufigen, Strategien ist der Primärantikörper ungelabelt und muss über gelabelte, entsprechend spezies-spezifische, Sekundär- oder sogar Tertiärantikörper detektiert werden. Die Folgeantikörper können auch durch andere Substanzen ersetzt werden (Abb. 6-2).

Beispiel für eine indirekte 3-Schritt-Immundetektion:

- Primärantikörper: Ziege anti-human CD4 IgG
- Sekundärantikörper: Maus anti-Ziege IgG FITC-konjugiert
- Tertiärantikörper: Hühnchen anti-Maus IgG FITC-konjugiert

Sinn und Zweck mehrstufiger Verfahren ist immer eine Sensitivitätssteigerung der Methode, die dadurch erreicht wird, dass die absolute Anzahl an Labels (z.B. Enzym- oder Fluorochrommoleküle) pro gebundenem Antigenmolekül erhöht wird. Mit der Verwendung mehrerer Antikörper pro Antigen gewinnt die Methode zusätzlich an Flexibilität und Universalität, z.B. dadurch, dass man nicht mehr durch die Verfügbarkeit eines markierten, spezifischen Primärantikörpers limitiert wird. Zusätzlich erlangt man Kombinationsfreiheit bzgl. der sekundären Labels, was insbesondere bei Mehrfachmarkierungen eine wichtige Rolle spielt.

Die Entscheidung „direkt oder indirekt" wird einem oft von der jeweiligen Verfügbarkeit an gelabelten spezifischen Antikörpern abgenommen. Das Angebot ist zwar beträchtlich, aber trotzdem eingeschränkt – schon allein deshalb, weil es sich für den kommerziellen Anbieter nicht lohnt, auch seltenst bestellte Antikörper gelabelt anzubieten. Laborinternes Labeln (Kap. 1.3) ist in der Regel nur dann angezeigt, wenn der betreffende Antikörper voraussichtlich häufiger verwendet wird. Daher stellen die direkten Nachweismethoden im Laboralltag eher die seltene Variante dar, obwohl diese Art der Detektion den Vorteil der geringeren potenziellen unspezifischen Hintergrundfärbung inne hat. Bekanntermaßen neigen Antikörper auch gern einmal dazu, an irgendetwas zu binden, wofür sie nicht spezifisch sind. Diese generelle Gefahr der unspezifischen Bindung beim Einsatz von Antikörpern ist auch in der *in situ*-Immunlokalisation ein Problem. Je mehr Antikörper für den Nachweis eines Antigens verwendet werden, desto höher wird auch der Grad

Abb. 6-2: Verschiedene Methoden der Immundetektion

1. **Direkte Methode:** Der Primärantikörper ist bereits gelabelt. Das Label kann ein Fluorochrom, Enzym oder kolloidales Gold sein.
2. **Indirekte Zwei-Schritt-Methode:** Der spezies-spezifische, gelabelte Sekundärantikörper bindet an den „nackten" antigenspezifischen Primärantikörper.
3. **Indirekte Drei-Schritt-Methode:** Spezies-spezifische, gelabelte Tertiärantikörper bindet an spezies-spezifische, gelabelte Sekundärantikörper, die ihrerseits an den „nackten" antigenspezifischen Primärantikörper binden.
4. **Immunoenzymkomplexe:** Peroxidase anti-Peroxidase (PAP)-Komplexe bzw. Alkalische Phosphatase anti-Alkalische Phosphatase (APAAP)-Komplexe werden von spezies-spezifischen Sekundärantikörpern gebunden.
5. **Labeled (Strept)Avidin Biotin Technik (L(S)AB):** (Strept)Avidin-Enzym-Konjugate binden an biotinylierte Sekundärantikörper.
6. **(Strept)Avidin Biotin Enzym Komplex ((S)ABC):** (Strept)Avidin-Biotin-Enzym-Komplexe binden an biotinylierte Sekundärantikörper.

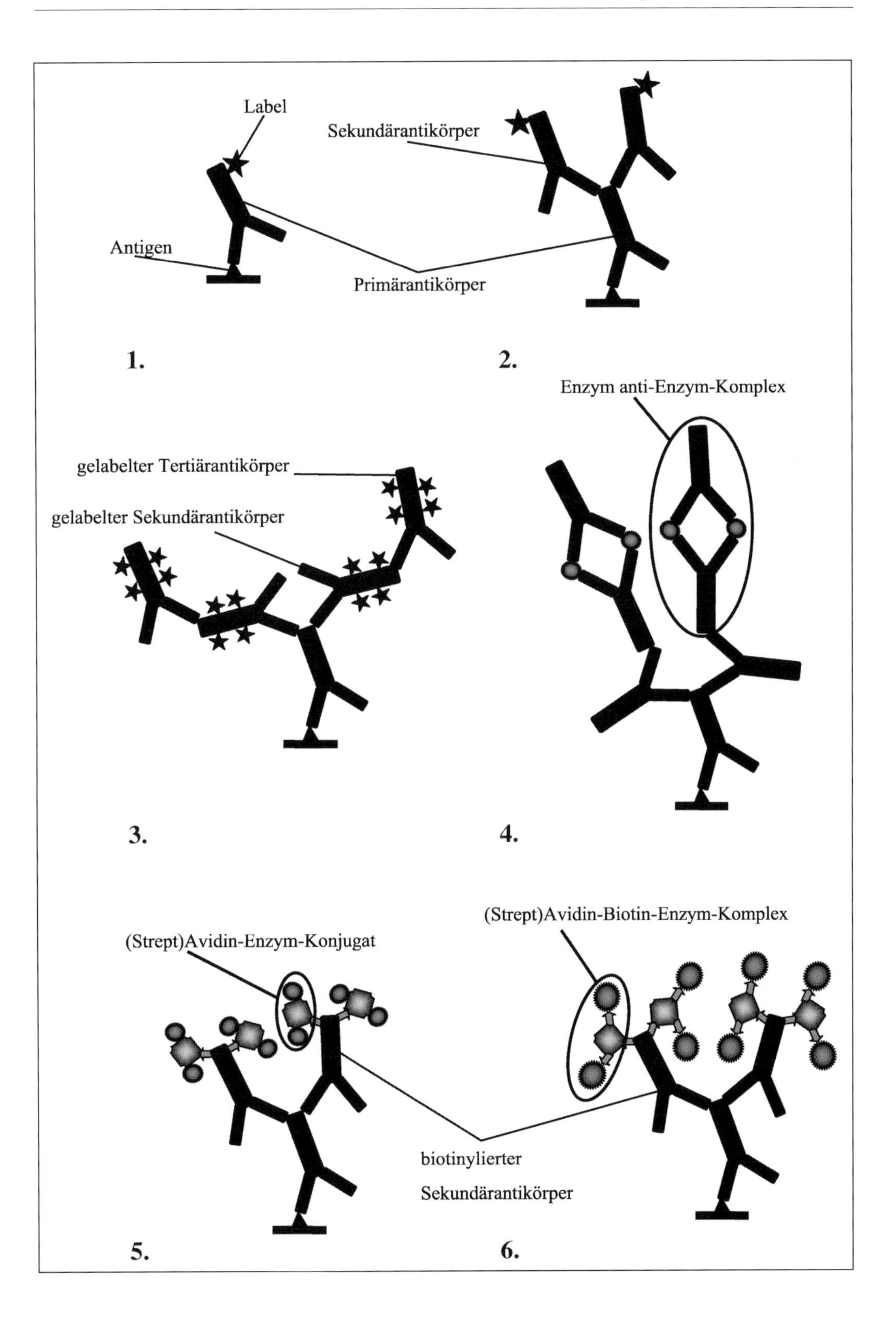
Label
Sekundärantikörper
Antigen
Primärantikörper
1.
2.
Enzym anti-Enzym-Komplex
gelabelter Tertiärantikörper
gelabelter Sekundärantikörper
3.
4.
(Strept)Avidin-Biotin-Enzym-Komplex
(Strept)Avidin-Enzym-Konjugat
biotinylierter
Sekundärantikörper
5.
6.

an potenziellen unspezifischen Bindungen, sprich Hintergrundfärbung sein. Wer einen tollen, gelabelten Primärantikörper mit hoher Spezifität und ausreichender Sensitivität für seine Anwendung entdeckt hat, wird sich nicht mit Sekundär- oder gar Tertiärantikörpern/Tertiär-Reagenzien auseinander setzen müssen – vorausgesetzt, das Antigen wird in ausreichendem Maße exprimiert. Letztlich bieten die direkten Strategien einen in diesen Zeiten nicht zu vernachlässigenden Zeit- und Kostenvorteil, da Antikörper und Inkubationszeiten gespart werden.

6.2.6.2 Das Label – Fluorochrome, Enzyme oder Partikel?

Detektionsantikörper können mit

- Fluorochromen
- Enzymen
- Partikeln

gelabelt (konjugiert, markiert... wie auch immer) sein.

Die verschiedenen Fluorochrome und ihre Eigenschaften sind in Tabelle 3-2 dargestellt. Der Nachweis wird mittels Fluoreszenzmikroskopie geführt. Im Falle enzymatischer Labels erfolgt der Nachweis über eine nachgeschaltete Enzym-Substrat-(Chromogen-)Reaktion. Das lösliche Chromogen wird bei der Reaktion an den relevanten Strukturen immobilisiert – hier reicht auch ein einfaches Lichtmikroskop zum Sehen und Staunen. Eine Weiterentwicklung enzymatischer Labels bedient sich löslicher „**Enzym-Immunokomplexe**" als Tertiär-Reagenz. Hierbei handelt es sich um vorgefertigte Komplexe aus Enzymmolekülen und Antikörpern gegen dieselben Enzyme. Die Enzym-Immunokomplexe, binden an unmarkierte Sekundärantikörper. Die Folge ist eine Signalverstärkung, durch Erhöhung der Zahl an Enzymmolekülen je gebundenem Antigen. Denn mehr Enzym katalysiert logischerweise die Umsetzung von mehr Substrat. Es werden hauptsächlich zwei unterschiedliche Enzym-Immunokomplexe eingesetzt, bekannt als (Abb. 6-2):

APAAP (**A**lkalische **P**hosphatase-**a**nti-**A**lkalische **P**hosphatase)
PAP (**P**eroxidase **a**nti-**P**eroxidase)

Seltener, weil weniger sensitiv, kommt das Enzym Glucoseoxidase (**GOD**) zum Einsatz.

Für jedes Enzym stehen mehrere Substrate zur Verfügung (Tab. 6-3). Als beliebtes Substrat für Peroxidase gilt beispielsweise DAB (0,05 % DAB in 0,1 M TBS/0,01 % H_2O_2). DAB färbt nach Katalyse die relevanten Strukturen braun an. DAB kann aber noch mehr: Mittels Zugabe verschiedener Verbindungen, z. B. Kobaltchlorid, kann man die Farbe des DAB-Präzipitats variieren, wodurch Mehrfachmarkierungen ermöglicht werden (Hsu SM und Soban E, 1982). Wie das Hanker-Yates-Reagenz ist DAB unter Alkohol und Xylol stabil, kann also langfristig mit xylolhaltigen Eindeckmitteln verwendet und mit auf alkoholischer Lösung basierenden Farbstoffen gegengefärbt werden.

Für APAAP-Färbungen kann z. B. Neu-Fuchsin (rot) oder NBT/BCIP (blau) als Substrat verwendet werden. Zur Eindeckung von Fuchsin-gefärbten Schnitten sollte glycerinhaltiges Eindeckmittel benutzt werden, da Fuchsin nicht Alkohol- und Xylol-stabil ist.

Die Wahl des Substrates hängt von der gewünschten Farbe des Präzipitats sowie dem charakteristischen Gehalt des Präparates an endogenen Enzymen ab. Optimalerweise weist das Präparat natürlich gar kein endogenes, substratspezifisches Enzym auf.

Die „Pool-Position" der Detektionssysteme wurde von der **ABC** (**A**vidin-**B**iotin-**C**omplex)-Methode eingenommen (Abb. 6-2). Über die negativen Eigenschaften von Avidin wird in Kapitel 1.3.4 berichtet – diese können auch bei der *in situ*-Immunlokalisation, in Form von unspezifischen Bindungen, zu Problemen führen. Avidin wird deshalb zunehmend durch Streptavidin – besser,

Tab. 6-3: Substrate in der Immunenzymtechnik. HRP: horseradish peroxidase (Meerrettich-Peroxidase); AP: Alkalische Phosphatase; GOD: Glucoseoxidase. Sämtliche Substrate für HRP werden in Kombination mit H_2O_2 (z.B. 0,01%) verwendet, das kurz vor Gebrauch der Substratlösung zugesetzt wird.

Enzym	Substrat	Farbe des Produkts
HRP	TMB (3,3,5,5-Trimethylbenzidin)	dunkelblau
	DAB (3,3-Diaminobenzidin)	braun
	AEC (3-Amino-9-Ethylcarbazol)	rot
	4-CN (4-Chlor-1-Naphthol)	schwarz-blau
	a-Naphthol/Pyronin	rot-purpur
	Hanker-Yates-Reagenz (p-Phenylendiamin-HCl/Pyrocatechol)	braun-purpur
AP	Naphthol AS-MX-Phosphat (in Dimethylformamid)	rot
	+ *fast red* TR	blau
	+ *fast blue* BB	violett
	+ *fast red violet* LB	blau
	BCIP (Bromchlorindolylphosphat)/NBT (Nitrotetrazoliumblau)	rot
	Neu-Fuchsin	
GOD	*t*-NBT (Nitrotetrazoliumchlorid)/*m*-PMS (Phenazinmethosulfat)	blau-purpur

weil weniger „sticky" – ersetzt (**SABC-Methode**). Das Enzym, meist Peroxidase oder alkalische Phosphatase, kann an präformierten (S)A-B-Komplexen oder aber direkt an (Strept)Avidin („labeled (Strept)avidin biotin technique", L(S)AB) gebunden sein. Diese Methoden erfordern biotinylierte Sekundärantikörper. Da bei ABC, SABC, LAB und LSAB kein Antikörper an der Bildung des Tertiär-Reagenz (Enzym-tragender Komplex) beteiligt ist, handelt es sich hierbei nicht um einen Immunokomplex; die Strategie unterscheidet sich jedoch nicht von den erstgenannten Methoden. Alle drei Methoden haben gemein, dass sie aus drei Schritten bestehen: dem Primärantikörper, dem Sekundärantikörper – auch „Brückenantikörper" genannt – und dem tertiären Enzym-tragenden Komplex (Tertiär-Reagenz). Nach schrittweisem Auftragen und Inkubation dieser Komponenten erfolgt die Visualisierung wieder über ein farbloses chromogenes Substrat, das von dem Enzym zu einem farbigen Niederschlag im Bereich der relevanten, vom Primärantikörper gebundenen Strukturen umgesetzt wird.

Variationen der „ABC-Familie"

Protein A/Protein G-Variante

Statt eines Sekundärantikörpers kann die Brückenfunktion auch vom allseits bekannten Protein A bzw. Protein G übernommen werden. Dieses bindet an den Fc-Teil von Antikörpern und kann ebenfalls gelabelt werden. Diese Modifikation erfordert allerdings erfahrungsgemäß eine aufwändigere Optimierungsphase und funktioniert auch nicht immer.

CSA-Verstärkung

Speziell für die Peroxidase-Versionen wurde ein Verstärkersystem entwickelt, das auf den Namen CSA (catalyzed signal amplification) hört. Die innovative Schlüsselsubstanz ist das Biotinyl-Tyramid, eine biotinylierte Phenolverbindung, die nach dem Tertiär-Reagenz (Streptavidin-Biotin-Peroxidase Komplex) auf das Präparat gegeben wird (Abb. 6-3). Der Trick besteht darin, dass die bereits am relevanten Antigen lokalisierte Peroxidase das Biotinyl-Tyramid als Substrat behandelt und es von „löslich" zu „unlöslich" katalysiert. Folge: Zusätzliche Biotin-Ablagerungen im Bereich des relevanten Antigens. Anschließend gibt man noch ein Streptavidin-Peroxidase Konjugat auf den Schnitt und die eigentliche Nachweisreaktion kann kommen. Dieses Verstärkersystem

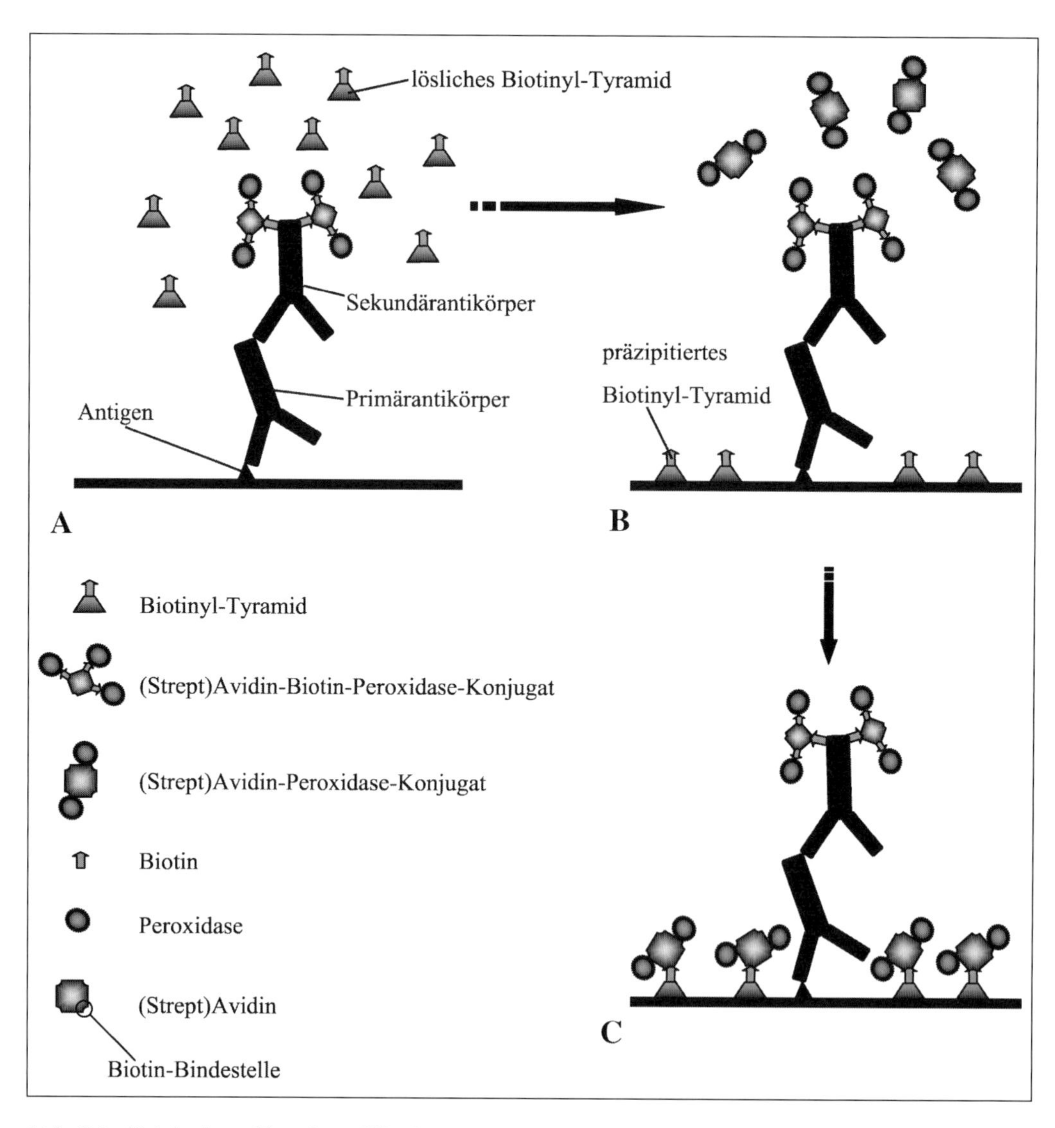

Abb. 6-3: Katalysierte Signalamplifikationsmethode (CSA): Bei der CSA handelt es sich um eine nochmals verstärkte Modifikation der ABC-Methode. Nach Inkubation mit dem (Strept)Avidin-Biotin-Peroxidase-Komplex wird der „Verstärker" in Form des Substrates Biotinyl-Tyramid auf das Präparat gegeben (A). Die am Sekundärantikörper gebundene Peroxidase katalysiert die Reaktion, in deren Folge Biotinyl-Tyramid insolubilisiert wird. Die Präzipitate lagern sich im Bereich des betreffenden Antigens ab, womit zunächst potenzielle biotinoide Bindestellen generiert wurden (B). Im Folgenden wird mit (Strept)Avidin-Peroxidase-Konjugaten inkubiert, die an dieses zusätzliche „Fremd-Biotin" binden und so das Gesamt-Peroxidase-signal im Bereich des detektierten Antigens nochmalig verstärken (C).

ermöglicht eine Sensitivitätssteigerung um den Faktor 20–200. Als Problem hat sich endogenes Biotin herausgestellt, dass sich durch Maßnahmen zur Epitop-Demaskierung verstärkt zeigt und zu unspezifischem Hintergrund führen kann. Daher sollte vor Zugabe des Primärantikörpers eine Blockierung des endogenen Biotins erfolgen (Kap. 6.2.5.4).

Polymerkonjugate

Die Innovation besteht hier in einer neuen Form von Komplex. Dieser enthält als Skelett ein indifferentes Dextranmolekül, an dem unterschiedlich viele Enzymmoleküle und Antikörper gebunden sein können. Das enzymkonjugierte Dextranmolekül kann mit dem Primärantikörper, aber auch mit dem Sekundärantikörper gekoppelt sein. Dementsprechend verfügt man über 1-Schritt- bzw. über 2-Schritt-Techniken. Die Vorteile liegen in dem geringen Zeitaufwand bei hoher Sensitivität sowie der universellen Einsatzfähigkeit in der *in situ*-Lokalisation, in Western-Blot Techniken und *in situ*-Hybridisierungen. Auch Mehrfachmarkierungen werden mit diesem System möglich, indem ein Zwischenschritt vollführt wird. In diesem wird, nach erfolgter primärer Färbung, der erste Primärantikörper inklusive seiner Anhängsel vor Zugabe des zweiten Primärantikörpers entfernt, sodass evtl. Kreuzreaktionen vermieden werden.

Immunogoldmarkierung

Neben den Fluoreszenz- und Enzymtechniken kann die Visualisierung in der Lichtmikroskopie sowie in der Immunelektronenmikroskopie, auch mittels Markierung mit kolloidalen Goldpartikeln erfolgen (Kap. 1.4.5). Normalerweise erscheint die Goldmarkierung als rotes Signal, wenn Silberverstärkungstechniken eingesetzt wurden, erhält man ein schwarzes Signal. Die Silberverstärkungstechnik beruht darauf, dass sich aus einer Silberverbindung (z. B. Silberlaktat), in Präsenz eines Reduktionsmittels, Silberionen bilden. Diese bilden um die katalytisch wirkenden Goldpartikel eine Hülle aus elementaren, metallischem Silber. Goldmarkierungen haben – nicht nur in der Immunelektronenmikroskopie – den Vorteil, dass sie unabhängig von endogenen Enzymen sind und sich aufgrund ihrer Kugelgestalt gut von zellulären Strukturen abgrenzen lassen. Auch Mehrfachmarkierungen lassen sich realisieren, indem man unterschiedliche Partikelgrößen (1–50 nm) verwendet. Bedingt durch die geringe Größe der entsprechenden Konjugate, ist weiterhin eine gute Penetrationsfähigkeit gewährleistet. Die kolloidalen Goldpartikel können an Antikörper, mit Protein A, Protein G oder auch an (Strept)Avidin bzw. (Strept)Avidin-Biotin (Gefahr der unspezifischen Hintergrundfärbung aufgrund endogenen Biotins bedenken!) konjugiert werden sowie direkt oder indirekt eingesetzt werden. Die Färbeprozeduren unterscheiden sich nicht von denen der Immunoenzym- und Immunofluoreszenstechniken.

Die Qual der Wahl des Labels

Eine erste Selektion von geeigneten Labels kann über die zur Verfügung stehende mikroskopische Ausstattung geschehen. Fluorochrome werden mittels Fluoreszensmikroskopie detektiert. Sollte Ihr Arbeitgeber diese nicht ihr eigen nennen, fällt der Nachweis über fluoreszierende Labels schon einmal flach. Diese Art der Markierung unterliegt freilich einem Ausbleichvorgang, „fading“ genannt, der eine häufigere Betrachtung kaum zulässt. Allerdings sind geeignete „anti-fading“-Substanzen erhältlich, die das Ausbleichen verlangsamen (Kap. 6.2.7). Sofortige photographische Dokumentation ist immer zu empfehlen. Nach Möglichkeit/Verfügbarkeit sollte man weiterhin neuere, stabile Fluorochrome wählen – so ist z. B. „Alexa Fluor-488“ dem altbekannten FITC vorzuziehen, da wesentlich stabiler und zudem auch etwas leuchtintensiver. Die Detektion der Fluorochrome ist außerordentlich sensitiv, es kann allerdings auch Probleme mit dem Background, z. B. durch Autofluoreszenz, geben. Durch geeignete Gegenfärbungen lassen sich diese unterdrücken. Neben den Fluoreszenzmarkierungen bleiben noch Enzymlabels und korpuskuläre Labels (im Wesentlichen in Form von Immunogoldpartikeln) übrig. Erforderlich zu deren Nachweis sind lediglich hochwertige Lichtmikroskope. Goldpartikel werden zusätzlich gerne in der Elektronenmikroskopie eingesetzt (Kap. 6.3.4).

Anmerkung: Es ist hier übrigens in erster Linie die Rede von qualitativen Nachweisen – quantitative Bestimmungen in der *in situ*-Immunlokalisation sind problematisch. Der Aufwand ist beträchtlich – mittels Laser-Scanning-Mikroskope und dazugehöriger Bildverarbeitungssysteme/ Auswertungssoftware aber durchaus möglich. „Pi-mal-Daumen"-Quantifizierungen über die Auszählung von unzähligen mikroskopischen Bildausschnitten sind in der Praxis allerdings auch nicht unüblich.

Neben der mikroskopischen Ausstattung kann sich auch die Verfügbarkeit der Antikörper limitierend auf die Wahl des Labels auswirken. Bezüglich ihrer Sensitivität kann man keiner der beiden Methoden, Immunfluoreszenstechnik und Immunenzymtechnik den Vorzug geben, weil sich diese aus den methodischen Details ergibt. So lassen sich beispielsweise Fluoreszenzmethoden oft besser auf Gefrierschnitten anwenden als auf chemisch fixierten Schnitten. Bei der Anwendung von Immunenzymtechniken sind die Besonderheiten der zu untersuchenden Gewebe zu beachten, insbesondere deren Gehalt an endogenen Enzymen, die ein falsch-positives Ergebnis verursachen können. Lebergewebe beispielsweise weist einen hohen Gehalt an endogener Peroxidase auf.

Bei Mehrfachmarkierungen bieten sich beide Techniken, die Immunfluoreszenztechnik sowie die Immunenzymtechnik (unterschiedliche Enzymmarkierungen → unterschiedliche Substrate → farblich unterschiedliche Niederschläge) an; Letztere ist zusätzlich besser mit konventionell-histologischen Färbungen kombinierbar, sodass das Nachbargewebe besser dargestellt werden kann. Zur langfristigen Lagerung von Gewebeschnitten eignen sich ebenfalls eher immunenzymtechnische Methoden, da die gebildeten Farbkomplexe wesentlich stabiler sind als Fluoreszenzmarkierungen. Verschiedene gängige Fluorochrome werden in Tabelle 3-2 vorgestellt. Die Wahl des Fluorochroms hängt von der jeweiligen Fragestellung ab.

Beispiele:

Ihnen steht der Sinn nach Mehrfachmarkierungen eines Präparats. Dann ist darauf zu achten, dass sich die Emissionswellenlängen – sprich die Farben – der Fluorochrome möglichst stark voneinander unterscheiden. Die Absorptionsmaxima der einzusetzenden Fluorochrome hingegen müssen in dem Sinne kompatibel sein, dass sie von derselben Lichtquelle anzuregen sind. So hat z. B. R-PE hat ein Absorptionsmaximum bei 480 nm; es wird daher optimal von einem Argonionenlaser (488 nm) angeregt und kommt daher eher in der Durchflusscytometrie zum Einsatz. B-PE hingegen wird bei 545–565 nm optimal angeregt, also von dem Licht einer Quecksilberdampf-Lampe und ist daher in der *in situ*-Immunlokalisation zweckdienlicher. Weiterhin sollte das erwartungsgemäß stärker exprimierte Antigen mit dem Fluorochrom nachgewiesen werden, dessen Emissionswellenlänge für das menschliche Auge schlechter wahrzunehmen ist (z. B. blau schlechter als rot). Soll das Präparat eine gewisse Zeit gelagert werden und sollte die Stabilität des Fluorochroms beachtet werden, so haben sich beispielsweise Cy3 und Cy5 als überdurchschnittlich stabil erwiesen. Auch die Molekülgröße der Fluorochrome sollte beachtet werden. Große Moleküle, wie z. B. Phycoerythrine (PE), penetrieren schlechter in Gewebe bzw. Zellen als kleine Moleküle, wie beispielsweise FITC. Letztlich unterscheiden sich Fluorochrome auch in ihrer „Klebrigkeit" – je weniger „sticky", desto weniger Hintergrundfärbung ist zu erwarten.

Die jeweils spezifischen Fluorochrom-abhängigen Filtereinstellungen sowie Beleuchtungs- und Kontrastierungstechniken der Mikroskope werden in den dazugehörigen Betriebsanleitungen ausführlich beschrieben.

6.2.6.3 Monoklonal oder polyklonal?

Wesentlich ist auch die Frage nach der Art des einzusetzenden Primärantikörpers. Soll er monoklonal oder polyklonal sein – oder darf es sogar polyklonales Antiserum sein (Kap. 1.2)? Oft wird die Frage durch die kommerzielle Verfügbarkeit beantwortet. Falls Sie die Wahl haben, sollten folgende Aspekte bedacht werden:

Monoklonale Antikörper haben neben ihren geringen chargenabhängigen Schwankungen (Vergleichbarkeit!) den Vorteil, dass sie – ihr Name verhehlt es nicht – monospezifisch sind. Sie sind also auf ein einziges Epitop des relevanten Antigens „abgerichtet“, sodass bei ihrer Verwendung die höchste Spezifität und geringste unspezifische Bindung zu erwarten ist. Unangenehm, wenn dieses eine Epitop nicht ausschließlich auf dem gesuchten Antigen vorkommt, sondern zusätzlich auf irgendwelchen irrelevanten Strukturen. Die Konsequenz ist unter der Bezeichnung „Kreuzreaktionen“ bekannt. Der Antikörper ist dann zwar noch immer irre „Epitop-spezifisch“, das bringt aber nix, wenn sich das Epitop nicht als antigenspezifisch erweist. Und wo die Monoklonalen schon gerade ihr Fett wegkriegen: Die Monospezifität bringt es auch mit sich, dass sie empfindlicher gegenüber Epitopmodifikationen durch Fixative sind und solch modifizierte Epitope eher mal nicht erkennen. Diesbezüglich stößt man auf ein Problem: die Charakterisierung des Antikörpers – denn was bringt es, wenn der Antikörper an Gefrierschnitten ausgetestet wird und später für Formalin-fixierte Schnitte herhalten muss. Testen Sie doch erst einmal die Kompetenz Ihres Antikörper-Distributors, indem Sie nach derartigen Details fragen. Unter diesem Aspekt haben polyklonale Antikörper den Vorteil, dass sie mehrere Epitope des relevanten Antigens erkennen, sodass die unerwünschten Nebenwirkungen der Fixierung häufig kompensiert werden können. Dafür ist bei ihrer Anwendung ein höherer Grad an unspezifischen Bindungen und damit eine erhöhte Hintergrundfärbung zu erwarten. Polyklonale Antiseren sind meist preisgünstiger – jedoch aufgrund der vielen unbekannten Substanzen im Serum relativ unberechenbar, was unspezifische Bindungen betrifft. Eine luxuriöse Variante besteht darin, verschiedene isospezifische monoklonale Antikörper zu mischen. Dies verspricht ein starkes spezifisches Signal und wenig unspezifischen Hintergrund – keine Kreuzreaktionen vorausgesetzt. Noch besser – weil erwartungsgemäß noch weniger unspezifische Bindungen – ist der Einsatz von **Fab-Fragmenten** statt der kompletten Antikörper (Kap. 1.1). Ihrer Fc-Fragmente beraubt, können die Fab-Fragmente nicht mehr an entsprechende Fc-Rezeptoren auf dem Präparat binden, sodass diese Ursache unspezifischer Hintergrundfärbung von vornherein ausgeschlossen ist. Weiterer Vorteil: ihre geringere Größe, was der Zell- bzw. Gewebepenetration förderlich ist. Fab-Fragmente sind vor allem als Sekundärantikörper, weniger als Primärantikörper erhältlich. Alternativ werden Antikörper auch als Ascites (Kap. 1.2.5.3) angeboten. Die Antikörperkonzentrationen sind hierbei in der Regel so hoch, dass meist stark verdünnt werden muss, sodass auch die potenziell störenden Begleitsubstanzen soweit herunterverdünnt werden, dass sie sich nicht mehr unbedingt störend auswirken. Übrigens: Die „Ascites-Variante“ der Antikörperproduktion ist in Deutschland laut Tierschutzgesetz verboten – die Distribution nicht.

Die Frage nach den Spezies-Spezifitäten der zu verwendenden Antikörper wurde bereits in anderen Kapiteln beantwortet. Wenn sämtliche erforderlichen Antikörper verfügbar sind, ist man diesbezüglich unlimitiert. Probleme entstehen, wenn beispielsweise die Fragestellung eine Doppelmarkierung erfordert, aber die Primärantikörper nur aus einer einzigen Spezies verfügbar ist. Auch für solche Situationen wurden Protokolle (z. B. Eichmüller et al. 1996) entwickelt, mit denen befriedigende Ergebnisse produziert werden können.

6.2.6.4 Die Immundetektion in der Praxis

Nachdem die „Nachbehandlung“ der Präparate abgeschlossen ist, liegen Paraffinschnitte vollständig entparaffiniert, entxylolisiert und rehydriert in Puffer vor. Kryostatschnitte werden gewöhnlich vor der Immundetektion 10 min in Aceton fixiert und anschließend 10 min in Puffer gespült.

Vor der eigentlichen Immundetektion steht meist die Blockierung potenzieller unspezifischer Antikörperbindestellen. Dies geschieht, indem man den beladenen Objektträger mit einer Block-Lösung überdeckt. Als Block-Lösungen kommen vor allem BSA, autologe Seren, Milchpulver, Gelatine und Casein, aber auch Protein/Detergenz-Lösungen zum Einsatz (Kap. 6.2.6.5). Dieser

Blockierungsschritt ist meistens – jedoch nicht immer – notwendig und sehr variabel zu gestalten – ein wahrer Quell von Optimierungsmöglichkeiten.

Zwei (von unendlich vielen) Behandlungsbeispielen:

2 × 30 min Inkubation mit 10 % BSA/5 % Triton X-100 in TBS
2 × 30 min Inkubation mit 0,5 % Casein/0,2 % Gelatine in TBS

Wenn soweit alle nötigen Behandlungen durchgeführt wurden und das Präparat mit PBS oder TBS großzügig „endgespült" wurde, können die Antikörper auf das Präparat gegeben werden.

Tipp: Während des gesamten Färbevorgangs, insbesondere vor Auftrag der Antikörper, sollte das Präparat **feucht** vorliegen – also weder „furztrocken" noch „vor Puffer triefend" (Verdünnungseffekt!). Zur Sicherstellung, dass die Flüssigkeit nicht vom relevanten Bereich auf dem Objektträger abfließt, kann man diesen Bereich mit einem hydrophoben Markerstift als Flüssigkeitsbarriere umkreisen oder kleine Gummiringe (z. B. „Fixogum") darum legen. Dies freut auch das Arbeitsgruppenkonto, denn man spart Antikörper, weil man nicht mehr undefiniert den gesamten Objektträger benetzen muss.

Die optimalen Verdünnungen der Antikörperlösungen müssen eigentlich bei jeder neuen Charge ausgetestet werden. Man kann sich aber schon an den Herstellerangaben orientieren – meist kann man auch noch etwas stärker verdünnen. Hinsichtlich unspezifischer Hintergrundfärbung darf man verallgemeinern: Je höher die Antikörper-Verdünnung, desto weniger stark der Hintergrund – allerdings auch desto schwächer das spezifische Signal. So muss auch hier wieder ein Kompromiss zwischen den beiden Parametern gefunden werden. Ausnahmen bestätigen die Regel: Wenn das relevante Antigen in hoher Dichte exprimiert wird, wird das spezifische Signal, z. B. bei Verwendung der PAP-Methode, mit zunehmender Antikörper-Verdünnung stärker. Der Grund dafür liegt in dem so genannten **Bigbee-Effekt**. Danach ist die Konsequenz einer hohen Konzentration des Primärantikörpers bei hoher Antigendichte eine mehr oder weniger vollständige Absättigung des Sekundärantikörpers, sodass dieser keine freien Paratope für den Immunokomplex aufweist und das Signal dadurch schwächer wird. Zwecks Orientierung können bei der erstmaligen Verwendung drei Verdünnungen probiert werden – mit 1:50, 1:250 und 1:1000 fährt man bei monoklonalen Antikörpern meist ganz gut. Bei Verwendung von polyklonalen Antiseren kann die optimale Verdünnung noch locker um den Faktor 10, bei Verwendung von Ascites sogar um den Faktor 100–1000 höher liegen. Die Zusammensetzung der Verdünnungslösung variiert ebenfalls stark. Meist kommen proteinhaltige Puffer zum Einsatz, z. B. 0,02 M PBS/TBS mit 10 % Protein (z. B. FCS oder BSA).

Achtung: Das allseits beliebte Konservierungsmittel Natriumazid wirkt stark inhibierend auf Peroxidasen. Wenn Sie diese als Detektionstool verwenden, sollten Sie die Waschpuffer und Verdünnungslösungen nicht mit Aziden versetzt sein. Azide in den Antikörper-Stammlösungen stören offenbar nicht, weil sie im Laufe der Prozedur genügend stark herunter verdünnt werden.

Die Antikörperlösungen werden großzügig auf das Präparat gegeben und gewöhnlich für 30 min bei Raumtemperatur inkubiert. Für eine effektive Antigen-Antikörper-Bindung ist allerdings wesentlich weniger Inkubationszeit erforderlich. Aber: Insbesondere bei gering exprimierten Antigenen, hoch verdünnten Antikörperlösungen sowie speziell bei getrockneten Zellausstrichen, kann eine ausgedehntere Inkubation – z. B. über Nacht oder sogar derer zwei – der Signalstärke förderlich sein. Irgendwann sind natürlich alle verfügbaren Antigene abgesättigt und es tut sich nichts mehr. Allgemein darf man behaupten: Je höher die gewählte Antikörperkonzentration und je höher die spezifische Affinität desselben, desto kürzer die erforderliche Inkubationszeit. Die Inkubationstemperatur scheint mehr oder weniger wurscht zu sein – zwischen 4 °C und 37 °C ist alles erlaubt, wobei höhere Temperaturen allenfalls die Paratop-Epitop-Findung etwas beschleunigen.

Viel wichtiger ist eine adäquate Feuchtigkeit während der Inkubation, denn eingetrocknet Reagenzien verursachen gerne einmal verstärkten Hintergrund. Inkubation in einer feuchten Kammer kann also nie schaden. Je nach Label (Fluorochrom!) muss im Dunklen inkubiert werden. Wenn mehrere unterschiedliche Antikörper verwendet werden muss zwischen den einzelnen Applikationen mit Puffer gespült werden. Durch Wiederholungen der Schritte „Zugabe und Inkubation des Sekundärantikörpers/Tertiärantikörper/Enzym-Immunokomplex" kann man die Sensitivität des Nachweissystems nochmals erhöhen.

Die Spülvorgänge sollen vor allem überschüssige, ungebundene Antikörper entfernen – bereits gebundene aber an ihrer Destination belassen. Zu diesem Zweck bitte:

- Spülzeiten nicht unnötig ausdehnen
- pH-neutralen, „salzarmen" Puffer verwenden
- das Ganze niedrig temperiert durchführen (Die Bildung von Eiskristallen deutet allerdings auf „zu kalt" hin)
- leichte Schwenkbewegungen und ein wenig Seife (z. B. 0,5 % Tween 20) haben auch noch nie geschadet

Bei Verwendung von Enzymlabels ist es zur Gewährleistung der Vergleichbarkeit zwingend erforderlich, dass sämtliche Präparate eines Laufs exakt gleich behandelt werden. Dies betrifft die gesamte Prozedur, insbesondere die Katalysezeit, also die Verweildauer der Substratlösung auf dem Präparat.

6.2.6.5 Unspezifische Färbungen

Das in immunologischen Methoden am häufigsten ausgebeutete Phänomen heißt Antigen-Antikörper-Bindung – das Top-Tool ist der Antikörper. Er spielt – selbstverständlich (fast) immer in obligatorischer Begleitung seines spezifischen Antigens – die Hauptrolle in diesem Buch. Manchmal – und dann meist zum Ärger des Experimentators – ist er jedoch des Fremdgehens nicht abgeneigt und pappt dann unspezifisch an irgendetwas anderes – muss noch nicht mal ein anderes Protein sein – Plastik tut's im Notfall dann auch mal. Als Rechtfertigung heißt es dann, er folge lediglich seinem proteinösen Trieb, an alles Mögliche zu adhärieren, denn Proteine täten das nun mal so. Um dessen kapriziöser Natur Herr zu werden, ist das so genannte **Abblocken** von allem, was der Antikörper als attraktiv oder „sticky" empfinden könnte, ein wesentlicher Bestandteil fast sämtlicher immunologischer Methoden. So ganz unter Kontrolle bekommt man ihn freilich nie, sodass man sich mit seiner unsteten Art langfristig arrangieren muss. Neben dem Abblocken gilt es aber, noch weitere Punkte zu beachten, die Einfluss auf den Grad der unspezifischen Bindung von Antikörpern haben.

Unspezifisches Bindungsvermögen von Proteinen

Die methodische Geißel „unspezifisches Bindungsvermögen" beruht unter anderem darauf, dass Makromoleküle – und Proteine dürfen bekanntlich als solche bezeichnet werden – aufgrund hydrophober Wechselwirkungen dazu neigen, sich an andere Hydrophobe „anzupappen". Im Falle von Proteinen zeichnen dafür im Wesentlichen die aromatischen, daneben auch die aliphatischen Aminosäuren verantwortlich, die halt lieber mit Ihresgleichen anstatt mit Wassermolekülen eine Beziehung eingehen. Praktisch gesehen ist dies einer der Gründe, weshalb Proteine außer an ihrem spezifischen Epitop auch an alle möglichen anderen Zell- bzw. Gewebebestandteile, Kunststoffmaterialen, Glas usw. kleben bleiben. Neben hydrophoben Bindungen tragen aber auch elektrostatische Bindungen ihren Teil als Ursachen für unspezifischen Hintergrund bei.

Die Kunst, auf Hydrophobizität und elektrostatischer Bindung basierende, unspezifische Hintergrundfärbung zu minimieren, besteht also – zumindest theoretisch – darin, die Voraussetzungen zur Ausbildung derartiger Bindungen so zu beeinflussen, dass die jeweilige Bindungstendenz abnimmt. Unglücklicherweise wirken derartige Maßnahmen meist gegenläufig, d. h. Maßnahmen zur Erniedrigung hydrophober Bindungen fördern die Ausbildung elektrostatischer Bindungen – und umgekehrt. Eine diesbezügliche Optimierung der Prozedur hat daher eher „trial and error"-Charakter. Hinweise zu Kontrollen hinsichtlich unspezifischer Bindungskapazitäten der unterschiedlichen Komponenten des Detektionssystems, finden Sie in Kap. 6.2.6.6.

Hier einige Parameter, an denen man drehen kann, um der Unspezifität Herr zu werden:

- Antikörper + Antikörper-Verdünnungslösung:
  - Je geringer die Konzentration an Ionen, desto geringer die Neigung zu hydrophoben Bindungen, aber desto höher die Neigung zu elektrostatischen Bindungen → verschiedene Puffer bzw. Ionenkonzentrationen austesten. NaCl (0,1–0,5 M) im Verdünnungspuffer und/oder Waschpuffer kann sich bei manchen *in situ*-Immunlokalisationen als nachteilig, bei anderen als vorteilig erweisen, also ausprobieren!
  - Isoelektrischer Punkt (IP) des Antikörpers und pH-Wert der Verdünnungslösung → je weiter der pH der Lösung vom IP des Antikörpers entfernt ist, desto geringer die ungeliebte Hydrophobizität.
  - Hydrophobe Bindungen zwischen Molekülen treten in wässriger Lösung insbesondere dann auf, wenn deren Grenzflächenspannung niedriger ist, als die des umgebenden Wassers → Oberflächenspannung des Wassers durch Zugabe nicht-ionischer Detergenzien herabsetzen.
  - Immunglobuline der Subklassen IgG_2 und IgG_4 sind im Allgemeinen weniger hydrophob als IgG_1 und IgG_3 (s. auch Kap. 8.3) → falls möglich, sind Erstere den Letzteren also vorzuziehen.
  - Ausgedehntere Inkubationszeiten sowie höhere Konzentrationen an Antikörpern können unspezifische Hintergrundfärbung fördern – aber ebenso die gewünschte spezifische Immunfärbung. Der immundetektorische Kompromiss zeichnet sich durch ein deutliches spezifisches Signal bei gerade noch akzeptabler Hintergrundfärbung aus.
- Protein-Quervernetzungen z. B. durch aldehydhaltige Fixative können die Hydrophobizität dieser Proteine erhöhen → Nachfixierung mit Quecksilber-(II)-chlorid-haltigen Fixativen kann dem entgegen wirken.
- Potenzielle Protein-Bindungsstellen können mit konkurrierendem Protein abgeblockt werden. Zum Einsatz kommen Normalseren (aus der gleichen Spezies, aus der der Sekundärantikörper stammt), FCS, BSA, Milchpulver und Casein – jeweils in Konzentrationen von bis zu 10 %.
- Selbstverständlich müssen die Konzentrationen der Gebrauchsantikörper und deren Inkubationszeiten optimiert werden. Je niedriger beide sind, desto weniger unspezifische Reaktionen sind zu erwarten. Das spezifische Signal droht damit allerdings auch abzunehmen. Die Kunst besteht wieder einmal darin, den Kompromiss zu finden.

Endogene Enzyme und Autofluoreszenz von Geweben

Bei Anwendung von Enzym-Markierungen zum Antigennachweis können falsch-positive Ergebnisse auf endogene Enzyme, wie z. B. Peroxidase oder alkalische Phosphatase, zurückzuführen sein. Durch Blockierung dieser endogenen Enzyme kann man dies verhindern oder zumindest minimieren (Kap. 6.2.5.3). Kommen (Strept)Avidin-Biotin-Systeme zum Einsatz, muss gegebenenfalls endogenes Biotin abgeblockt werden (Kap. 6.2.5.4). Bei der Anwendung von Fluoreszenztechniken muss auch beachtet werden, dass biologisches Material immer mehr oder weniger stark selbstfluoreszierend (Autofluoreszenz) ist und die Stärke des spezifischen Signals stark von dieser Eigenschaft abhängt.

Auch auf die Gefahr hin, Sie damit zu langweilen, aber man kann es nicht oft genug erwähnen: Wer sich der alkalischen Phosphatase als Detektionstool bedient, sollte TBS statt PBS (anorganisches Phosphat kann die AP kompetitiv inhibieren!) für sämtliche Schritte der Prozedur verwenden.

Sonstige Ursachen für unspezifischen Hintergrund

Weiterhin wurde bei Paraffinschnitten ein ungenügendes Entparaffinieren vor dem Färbeschritt sowie eine unvollständige Durchdringung des Fixativs als Ursache für unspezifische Färbungen beschrieben. Letztlich kann allein ein versehentliches Austrocknen des Präparates vor der Fixierung oder zwischen den Inkubationsschritten verstärkte unspezifische Bindungen zur Folge haben.

Auf der Oberfläche von Einzelzellen sowie in Geweben finden sich regelmäßig – mehr oder weniger stark exprimiert – Fc-Rezeptoren, an die die eingesetzten Antikörper mit ihrem Fc-Teil binden und unspezifischen Hintergrund verursachen können. Todsichere Methode, dieses Problem zu umgehen ist die Verwendung von $F(ab')_2$-Fragmenten: kein Fc-Teil – keine Bindung! Verfügen Sie nicht über diesen $F(ab')_2$-Luxus, müssen Sie eben einfach lange genug einen adäquaten Antikörper suchen, bei dem sich sein Fc-Teil nicht störend auswirkt. Abblocken der Fc-Rezeptoren mit irrelevanten Ig's aus der Spezies, aus der die Probe stammt, ist natürlich auch statthaft. Bei diesem Problem sollen auch nicht-ionische Detergenzien im Waschpuffer häufig Wunder wirken, z. B. 0,1 % Tween-20.

Ein Sonderfall von Artefakten stellt die „spezifische Hintergrundfärbung“ dar. Sie kann durch Antigen-Diffusion, insbesondere löslicher Antigene, entstehen. Diesem Fehler begegnet man vor allem bei unfixierten Gefrierschnitten. Die diffundierten Antigene können ins Inkubationsmedium wandern oder sich an irgendwelchen Zellstrukturen ablagern, an denen sie eigentlich nichts zu suchen haben.

6.2.6.6 Kontrollen

Und immer wieder diese nervigen Kontrollen… aber ohne sie ist auch in der *in situ*-Immunlokalisation keine ernst zu nehmende Aussage möglich.

Folgende Kontrollen sollten zum Nachweis der Spezifität/Unspezifität einer *in situ*-Immunlokalisation mitgeführt werden: Der gesamte Arbeitsgang sollte parallel ohne Primärantikörper durchgeführt werden. Dadurch wird überprüft, ob das dem Primärantikörper nachgeschaltete Nachweissystem, insbesondere der Sekundärantikörper, an irgendwelche Strukturen des Präparates unspezifisch bindet. Ebenso sollte man gegebenenfalls mit dem Sekundärantikörper, Tertiärantikörper bzw. Tertiär-Immunokomplex verfahren. Auf diese Weise kontrolliert man jede einzelne Komponente des Nachweissystems auf unspezifische Bindekapazität. Weiterhin sollte eine Positiv-Kontrolle des Primärantikörpers bzgl. seiner Spezifität durchgeführt werden. Dies erreicht man z. B., indem man dem Primärantikörper sein spezifisches Antigen in gelöster Form – so es denn verfügbar ist – im Überschuss zugibt. Die Folge ist, dass sämtliche Bindungsstellen der Antikörper „abgesättigt“ werden. Dieser, in seiner Wirkung neutralisierte, Antikörper wird dann auf das Präparat gegeben. Unter diesen Bedingungen beobachtete Bindungen sind als unspezifisch zu werten. Weiterhin kann als Positiv-Kontrolle des Detektionssystems ein Präparat mitgeführt werden, auf dem bekanntermaßen das relevante Antigen exprimiert wird. Derartige „Positiv-Präparate“ kann man selber herstellen – zudem werden sie für viele Antigene auch kommerziell angeboten. Bei Verwendung eines monoklonalen Primärantikörpers sollte zusätzlich eine Isotypkontrolle mitgeführt werden, bei der ein irrelevanter Antikörper des gleichen Isotyps auf das sicher Antigen-positive Präparat gegeben wird. Ist in diesem Falle eine Färbung zu beobachten, muss sie als unspezifisch gewertet werden. Dementsprechend sollte auch eine Negativ-Kontrolle mitgeführt werden, von der sicher bekannt ist, dass das relevante Antigen nicht exprimiert wird. Optimal sind sog. interne Gewebekontrollen. Hierbei handelt es sich um Präparate, die, bzgl. der Expression des relevanten Antigens, positive und negative Bereiche enthalten. Gewebekontrollen sind immer exakt gleich zu behandeln, wie das zu untersuchende Präparat. Mit den genannten Kontrollen werden auch unspezifische Bindungen von Antikörpern erfasst, die durch Kreuzreaktionen hervorgerufen werden (Kap. 6.2.6.3).

6.2.6.7 Gegenfärbungen

Mittels geeigneter Gegenfärbung lässt sich der nicht spezifisch angefärbte Gewebehintergrund darstellen. Die Eignung der Methode richtet sich z. B. nach der Art des vorliegenden Präparates (z. B. Gewebeart) und nach ihren speziellen Darstellungswünschen, also welche Strukturen hervorgehoben werden sollen. Selbstverständlich darf die Gegenfärbung nicht so intensiv ausfallen, dass von der spezifischen Immunfärbung nichts mehr zu sehen ist. Die zur Immunfärbung bzw. Gegenfärbung eingesetzten Reagenzien müssen sich vertragen. Einige Farblösungen zur Gegenfärbung enthalten Alkohole. Es muss dann darauf geachtet werden, dass die verwendeten Chromogene nicht alkohollöslich sind (z. B. DAB). Eine Auswahl an verschiedenen Gegenfärbungen bietet Tabelle 6-4.

6.2.7 Eindeckung

Nach abgeschlossener Immundetektion wird das Präparat zwecks besserer Handhabung, Konservierung und Lagerung in einem geeigneten Mounting-Medium eingedeckt. Zunächst muss es dazu mittels aufsteigender Alkoholreihe dehydriert werden. Danach erfolgt die Eindeckung optional mit Deckglas und geeignetem Eindeckmedium (z. B. DePeX, DABCO, Glycergel, Ultramount, Entellan, Crystal Mount, Eukitt, Clarion, Faramount, Kanadabalsam, Glycerin-Gelantine). Nach Aushärtung des Mediums ist das Präparat ewig haltbar. Lediglich gewisse Farbverluste müssen einkalkuliert werden. In welchem Grad, ist abhängig von der Art der gewählten Immundetektion. Wurde mit Fluorochromen detektiert, ist die Gefahr der Entfärbung wesentlich größer, als bei einer Enzym-Chromogen Detektion. Einige Eindeckmedien enthalten organische Lösungsmittel, insbesondere Xylol. In solchen Fällen muss darauf geachtet werden, dass die verwendeten Farbreagenzien bzw. die entstandenen Präzipitate in derartigen Lösemitteln unlöslich sind.

Tipp: In der Immunofluoreszenztechnik hat sich *p*-Phenylendiamin als **Anti-Fading-Lösung**, also dem Ausbleichen entgegen wirkend, erwiesen. Rezept: 100 mg *p*-Phenylendiamin werden in 10 ml 10 mM Natriumphosphatpuffer im Dunkeln gelöst und filtriert. Nach Zugabe von 90 ml Glycerin wird mit *di*-Natriumcarbonat/Natriumhydrogencarbonat-Puffer (pH 9) auf pH 8 eingestellt.

Mounting-Medien sind kommerziell erhältlich…hier trotzdem noch ein „Selbstgestricktes“: In 30 ml Aqua bidest. werden nach-und-nach und unter permanentem Rühren 30 g Glycerin, 12 g Polyvinylalkohol (M_w 30–70) und 0,5 g Phenol gelöst. Dazu wird das zunächst sirupartige (vermeintlich niemals lösliche) Gemisch 12 h bei 50 °C auf einem Magnetrührer gerührt und anschließend über Nacht in einen 37 °C Brutschrank gestellt. Nach erfolgter, morgendlicher Klärung des anfangs milchigen Gemisches werden 60 ml 0,1 M TRIS pH 8,5 dazugegeben und abschließend 12 h wie oben beschrieben gerührt – Lagerung des fertigen Mounting-Mediums bei 4 °C.

Tab. 6-4: Auswahl an Methoden zur Gegenfärbung.

<table>
<tr><th>Färbemethode</th><th colspan="6">Ergebnis</th></tr>
<tr><td>Hämalaun nach Mayer</td><td colspan="6">verschiedene Blau-Abstufungen
Hämalaun färbt
Gewebe, Zellkerne, Knorpel</td></tr>
<tr><td>Hämatoxylin-Eosin</td><td colspan="3">blau-violett
Hämatoxylin färbt
Zellkerne, Kalk, Bakterien</td><td colspan="3">rot
Eosin färbt
Cytoplasma, Bindegwebe, Interzellularräume</td></tr>
<tr><td>Azan</td><td colspan="3">blau
Anilinblau + Orange G färben Kollagen, bindegewebiges Hyalin, basophiles Cytoplasma</td><td colspan="3">rot
Azokarmin färbt
Zellkerne, Erythrocyten, acidophiles Cytoplasma, Fibrin, epitheliales Hyalin</td></tr>
<tr><td>van Gieson</td><td colspan="2">gelb
Pikrinsäure färbt
Cytoplasma, Fibrin, Amyloid, Fibrinoid, Muskulatur</td><td colspan="2">rot
Fuchsin färbt
Bindegewebe, Hyalin</td><td colspan="2">schwarz
Eisenhämatoxylin färbt
Zellkerne</td></tr>
<tr><td>Elastika-Färbung</td><td colspan="3">schwarz
Resorcin-Fuchsin färbt
elastische Fasern</td><td colspan="3">rot
Kernechtrot färbt
Zellkerne</td></tr>
<tr><td>Masson-Goldner- Färbung</td><td colspan="2">grün
Lichtgrün färbt
Mesenchym</td><td colspan="2">rot-orange
Azophloxin färbt
Fibrin, Parenchym</td><td colspan="2">schwarz
Eisenhämatoxylin färbt
Zellkerne</td></tr>
<tr><td>Fettfärbung</td><td colspan="3">orange-rot
Scharlachrot + Sudan III (IV) färbt
Fette</td><td colspan="3">blau
Hämatoxylin färbt
Zellkerne, Cytoplasma</td></tr>
<tr><td>May-Grünwald- Giemsa-Färbung</td><td colspan="2">rot
Azur-Eosin färbt
Kollagen, eosinophiles Cytoplasma und Granula</td><td colspan="2">blau
Methylviolett färbt
Zellkerne, basophile Strukturen</td><td colspan="2">Metachromasie:
Melanin: grün
Mastzellen: violett</td></tr>
<tr><td colspan="7">Insbesondere bei Immunfluoreszenztechniken angewendete Gegenfärbungen:</td></tr>
<tr><td>Propidiumiodid (PI)</td><td colspan="6">PI wird bei ca. 536 nm angeregt und ergibt einen roten Hintergrund; es ist daher z.B. mit FITC kombinierbar</td></tr>
<tr><td>4,6-Diamidin-2-Phenylindol (DAPI)</td><td colspan="6">DAPI emittiert unter UV-Anregung blaues Licht</td></tr>
</table>

6.3 Immunelektronenmikroskopische Untersuchung von Geweben

Im Vergleich zur Immunlichtmikroskopie (ILM) treten in der Immunelektronenmikroskopie (IEM) einige Unterschiede hinsichtlich der erforderlichen Probenaufarbeitung auf. Durch die Verwendung von Elektronen statt Photonen zur Auswertung der Präparate erzielt man mittels elektronenoptischer Systeme wesentlich höhere Auflösungen – bekommt also wesentlich detailliertere Bilder eines Präparates. Der Unterschied beruht auf der Eigenschaft von Elektronen, Materialien nur in sehr geringem Maße durchdringen zu können. In der Konsequenz sind für elektronenmikroskopische Anwendungen wesentlich dünnere Schnitte erforderlich. Die Schnittdicken solcher Ultradünnschnitte liegen bei ca. 50–100 nm, während in lichtmikroskopischen Anwendungen Schnitte von um die 5000 nm verwendet werden. Das Handling solch filigraner Ultradünnschnitte macht die gesamte Probenaufarbeitung in der Immunelektronenmikroskopie aufwändiger, zeit- und kostenintensiver.

6.3.1 Fixierung

Konventionell fixiert man elektronenoptisch auszuwertende Gewebe (Blöckchen mit Kantenlängen von ca. 1 mm) mit Glutaraldehyd (z. B. 2–6 % in PBS; pH 7,2) in Kombination mit einer Nachfixierung mit Osmiumtetroxid (z. B. 1–2 % in PBS; pH 7,2 für 2 h bei Raumtemperatur). Ersteres bewirkt, wie alle Aldehyde, eine Quervernetzung von Proteinen. Letzteres bindet zusätzlich an Lipid-Doppelschichten, wodurch insbesondere Membranstrukturen fixiert werden, was der Kontrastierung förderlich ist. Diese konventionelle Art der Fixierung hat sich für eine anschließende Immundetektion jedoch oft als inadäquat erwiesen, da insbesondere Glutaraldehyd der Erhaltung der Antigenität des Gewebes nicht gerade förderlich ist. In der Elektronenmikroskopie nicht gebräuchlich sind Alkohole und Aceton als Fixative, da Zellorganellen eine derartige Folter meist nicht oder nur stark beeinträchtigt überstehen würden.

Zur Konservierung ultrastruktureller Details mit zufriedenstellender Erhaltung der Antigenität hat sich die Fixierung mit Paraformaldehyd (z. B. 2–5 %) als quervernetzendes Agens bewährt. Wenn Glutaraldehyd in Kombination mit Paraform eingesetzt wird, dann Ersteres nur in Konzentrationen von 0,05–0,5 % (Tab. 6-1/6-2). Eine Kombination mit 0,05–0,5 % Pikrinsäure hat sich ebenfalls bewährt. Gelöst werden die Fixative z. B. in 0,1 M Na-Cacodylat-Puffer. Die Inkubationszeit beträgt bei der Fixierung von Geweben ca. 2–3 Stunden – bei Zellsuspensionen reichen meist auch 30 min. Momentan ist es auch „hipp", die Probe im Fixativ einige Sekunden in der Mikrowelle zu erwärmen. Eine Nachfixierung mit Osmiumtetroxid entfällt normalerweise. Dehydriert wird über aufsteigende Ethanol und/oder Acetonreihen. Als Intermedium kommt Propylenoxid, z. B. für Epoxidharzeinbettungen, zum Einsatz. Nach dieser finalen Durchtränkung folgt die Einbettung.

6.3.2 Einbettung

In Paraffin eingebettete Proben sind im µm-Bereich gut zu schneiden – Ultradünnschnitte sind so kaum anzufertigen. Daher erfolgt die Einbettung solcher Präparate in wesentlich härteren hydrophoben Epoxidharzen (z. B. Spurr, Epon, ERL, Araldit) sowie in hydrophilen Methaacrylaten (z. B. Lowicryl, Unicryl, LR White, LR Gold), wobei sich letztere in der *in situ*-Immunlokalisation als effizienter erwiesen haben. Der Vorgang der Einbettung geschieht meist mithilfe sog. Einbet-

Tab. 6-5: Beispiel-Protokolle für LR White-Einbettung – das erste für die Zeitlosen, das zweite für die Eiligen unter uns:

Konzentration in %	Temperatur in °C	Zeit
Dehydrierung		
Ethanol 10	+ 20	10 min
Ethanol 20	+ 20	10 min
Ethanol 30	0	1 h
Ethanol 50	– 20	1 h
Ethanol 70	– 20	1 h
Ethanol 90	– 20	1 h
Ethanol 100	– 20	1 h
Ethanol 100	– 20	1 h
Infiltration		
Ethanol 100 : LR White 2 : 1	– 20	24 h
Ethanol 100 : LR White 1 : 1	– 20	24 h
Ethanol 100 : LR White 1 : 2	– 20	24 h
LR White rein	– 20	48 h
LR White rein	– 20	24 h
Polymerisation unter UV-Bestrahlung		
LR White rein	– 20	24 h
Die Kurzversion ...		
Dehydrierung		
Ethanol 30	4	30 min
Ethanol 50	– 20	30 min
Ethanol 70	– 20	30 min
Ethanol 90	– 20	30 min
Ethanol 100	– 20	30 min
Ethanol 100	– 20	30 min
Infiltration		
Ethanol 100 : LR White 2 : 1	– 20	30 min
Ethanol 100 : LR White 1 : 1	– 20	30 min
Polymerisation unter UV-Bestrahlung		
LR White rein	– 20	über Nacht

tungsautomaten – eingebettet wird in kleine Kapseln, z. B. aus Gelatine oder Polyethylen sowie in Silikon-Gießformen zur Flacheinbettung. Der Erhaltung der Antigenität zur Liebe, sollten bei der Einbettung höhere Temperaturen vermieden werden – daher eignet sich für die *in situ*-Immunlokalisation besonders die Niedrigtemperatur-Einbettung. In Tabelle 6-5 werden zwei Protokolle zur Einbettung in LR White – eine von vielen Möglichkeiten – geboten.

Die hier dargestellten Beispiele für die Dehydrierung, Infiltration und Polymerisation des Einbettungsmediums erfolgen nach der Niedrigtemperatur-, Einbettungs- oder PLT-Methode („progressive lowering of temperature"). Die Kalt-Polymerisation erfolgt unter Zusatz eines Akzelerators (Benzoinmethylether 0,5 % bzw. 1 Tropfen pro 10 ml LR White).

Die Polymerisationsphase kann noch um Tage ausgedehnt werden – je länger, desto förderlicher der Qualität des Präparates.

Zwischen der „Langversion" und der „Kurzversion" sind selbstverständlich alle möglichen „Zwischenversionen" erlaubt.

6.3.3 Mikrotomie

Liegen die fertig polymerisierten, eingebetteten Präparate vor, heißt es zunächst „Grobtrimmen", d. h. es wird mit Glasmessern – zuweilen auch mit Rasierklingen – so lange geschnippelt, bis man den relevanten Teil des Präparates in gewünschter Position hat. Das Blöckchen hat dann optimalerweise die Form eines Pyramidenstumpfes mit möglichst kleiner, trapezförmiger Schnittfläche. Zur Orientierung werden zwischendurch immer mal wieder Schnitte von 1–4 µm angefärbt (z. B. mit Toluidinblau) und lichtmikroskopisch untersucht, um sicherzugehen, dass man dem begehrten Bereich näher kommt. Die eigentliche Ultramikrotomie mittels Diamantmesser beginnt, wenn der relevante Teil des Präparates an der Schnittfläche auftaucht. Die Aufnahme der Schnitte im Wasserbad geschieht nicht anders als bei den Paraffin-Schnitten – nur eben in kleineren Dimensionen. Das Wasserbad muss z. B. kein Wasserbad im konventionellen Sinne sein, sondern irgendetwas „gefäßartiges mit 'ner Wasserpfütze drin". Die Ultradünnschnitte werden statt auf Objektträgern auf dünne Metallnetzchen, sog. „Grids" aus Gold oder Nickel gezogen, die ihrerseits mit dünnsten Folien aus Kohlenstoff bzw. Kunststoff (Zaponlack, Parlodion, Formvar, Pioloform) überzogen sein können. Gegebenenfalls werden die Ultradünnschnitte vor der Aufnahme auf die Grids mit Chloroform gespreitet. Der Kontrast ist bei den angewandten Vergrößerungen ein wesentlicher Punkt, weshalb meist – u. a. in Abhängigkeit der verwendeten Einbettungsmethode – mit 4 %igem Uranylacetat, Bleicitrat und/oder Kaliumpermanganat, gegebenenfalls in Kombination, nachkontrastiert wird. Die Kontrastierung kann auch nach der Immundetektion erfolgen. Die mit den Schnitten bepackten Grids werden dazu so in einen Tropfen der jeweiligen Kontrastierungslösung gelegt, dass der Schnitt vollständig von Flüssigkeit umgeben ist. Die Nachkontrastierung darf nur von kurzer Dauer sein, da man evtl. kleine kolloidale Gold-Partikel (5 nm) ansonsten nicht mehr sieht.

Tipp! Bleicitrat reagiert gerne mit CO_2. Gegebenenfalls sollte in einer Kammer mit NaOH-Pellets kontrastiert werden. Insbesondere, wenn Epoxidharze verwendet wurden, kann ein Anätzen der Schnitte notwendig sein – z. B. mit 0,5% Na-Metaperiodat oder 20% H_2O_2 10–20 min bei Raumtemperatur.

6.3.4 Immundetektion

In der Praxis unterscheidet sich die Immundetektion für die Elektronenmikroskopie nicht von der Konventionellen – lediglich die Volumina an Antikörperlösungen, Waschpuffer usw. liegen logischerweise in weit niedrigeren Dimensionen. Auch Behandlungen wie z. B. Antigen-Demaskierung und Blockierung mit Proteinlösungen bleiben die gleichen. Zusätzlich ist es häufig notwendig, das Einbettungsmedium zu entfernen, z. B. mit Natriummethoxid (1:5 in Methanol/Benzol (50/50 v/v) für 10 sec.) Für die Immundetektion auf elektronenoptischer Ebene haben sich vor allem kolloidale Goldpartikel als Marker etabliert (Kap. 6.2.6.2.2). Methodisch hat sich das „**post-embedding Immunogoldlabeling**" durchgesetzt. Sollten Sie dennoch „pre-embedding" Verfahren bevorzugen, so sollte die Fixierung nach der Inkubation mit dem Primärantikörper erfolgen. Zur Not kann auch vorher fixiert werden… dann aber bitte ganz, ganz zart. Goldpartikel gibt es in unterschiedlichen Größen, sodass auch hier Mehrfachmarkierungen an einem Schnitt möglich sind.

Literatur

Beesley JE (1993) Immunocytochemistry: A practical approach. IRL Press, Oxford

Bigbee BW, Kosek JC, Eng LF (1977) Effects of primary antiserum dilution on staining of "antigenrich" tissues with the peroxidase anti-peroxidase technique. *J Histochem Cytochem* 25(6): 443-7

Cattoretti G, Pileri S, Parravicini C et al. (1993) Antigen unmasking on formalin-fixed, paraffin-embedded tissue sections. *J Pathol* 171(2): 83-98

Cordell JL ,Falini B, Erber WN et al.(1984) Immunoenzymatic labeling of monoclonal antibodies using immune complexes of alkaline phosphatase and monoclonal anti-alkaline phosphatase (APAAP complexes). *J Histochem Cytochem* 32, 219-229

Danscher G (1981) Light and electron microscopic localization of silver in biological tissue. *Histochemistry* 1981; 71(2): 177-86

Eichmüller S, Stevenson PA, Paus R (1996) A new method for double immunolabelling with primary antibodies from identical species. *J Immunol Methods* 19; 190(2): 255-65

Hacker et al. (1996) Electron Microscopical Autometallography: Immunogold-Silver Staining (IGSS) and Heavy-Metal Histochemistry. *Methods* 10(2): 257-69

Horobin RW (1988) Understanding Histochemistry: Selection, Evaluation and Design of Biological Stains, Ellis Horwood, Chichester

Hsu SM, Soban E (1982) Colour modification of diaminobenzidine (DAB) precipitation by metallic ions and ist application to double immunohistochemistry. *J Histochem Cytochem* 30: 1079-82

Javois LC (1994) Immunocytochemical Methods and Protocols. Humana Press, Totowa, New Jersey

Mayor HD, Hampton JC, Rosario B (1961) A simple method for removing the resin from epoxy embedded tissue. *J Cell Biol* 9, 909-910

Newman GR, Jasani B (1984) Immunoelectronmicroscopy: immunogold and immunoperoxidase compared using a new post-embedding system. *Med Lab Sci* 41(3): 238-45

Newman GR, Jasani B, Williams ED (1983) A simple post-embedding system for the rapid demonstration of tissue antigens under the electron microscope. *Histochem J* 15: 543-555

Polak JM, van Noorden S (1983) Immuncytochemistry Practical Applications in Pathology and Biology. Wright PSG Bristol

Polak JM, Priestley JV (1992). Electron Microscopic Immunocytochemistry. Oxford University Press, Oxford

Stein H, Gatter K, Asbahr H, Mason DY (1985) Use of freeze-dried paraffin-embedded sections for immunhistologic staining with monoclonal antibodies. *Lab Invest* 52(6): 676-83

Tijssen P (1995) Practice and Theory of Enzyme Immunoassays. Elsevier, Amsterdam

Informative URLs

www.dakogmbh.de

Hier finden Sie u. a. das Handbuch „Immunchemische Färbemethoden“ kostenlos als pdf-File. Unbedingt empfehlenswert, weil es viele Details, viel Hintergrund- und Basiswissen und ein umfangreiches Troubleshooting enthält.

www.dianova.de

Die Firma Dianova bietet auf ihrer Webseite diverse Informationen und Handbücher zur Immunolokalisation mit vielen nützlichen Details und Protokollen.

www.aeisner.de

Eine übersichtlich gestaltete Web-Seite für diejenigen, die sich über Farbstoffe, Fixative, Puffer und Protokolle für die Histologie/Cytologie informieren möchten. Informationen finden, ohne ewiges 'Rumsuchen – das freut doch jeden Experimentator!

www.histosearch.com + www.ihcworld.com

Eine Fülle von Informationen rund um's Thema „Histo“!

7 Immunpräzipitation

Unter dem Begriff **Präzipitation** versteht man die Ausfällung von löslichen Substanzen. Im Prinzip ähnelt die Präzipitation der **Agglutination**, jedoch sind bei dieser – im Gegensatz zur Präzipitation – nicht alle Reaktionspartner löslich (z. B. Zellen). Als Immunpräzipitation wird die Ausfällung von Antigen-Antikörper-Komplexen bezeichnet. Zu einer Ausfällung kommt es allerdings nur, wenn sich diese Immunkomplexe übergeordnet vernetzen. Damit es zu einer derartigen Vernetzung kommt, müssen folgende Bedingungen erfüllt sein: 1.) Das Antigen muss mindestens drei Epitope aufweisen. 2.) Es müssen mindestens drei korrespondierende Paratope im Antiserum vorhanden sein. 3.) Die Anzahl der Paratope muss äquivalent zu der Anzahl der Epitope sein. Daraus folgt, dass eine Immunpräzipitation mit nur einem monoklonalen Antikörper oder mit einem Hapten, das lediglich ein Epitop besitzt, nicht möglich ist. Ebenso werden Sie umsonst auf eine Präzipitation warten, wenn Epitope oder Paratope im Überschuss vorliegen. In einem solchen Fall kommt es zwar zur Bildung einzelner, löslicher Antigen-Antikörper-Komplexe, aber nicht zu deren Kreuzvernetzung. In Abbildung 7-1 ist das Prinzip der Immunpräzipitation schematisiert dargestellt.

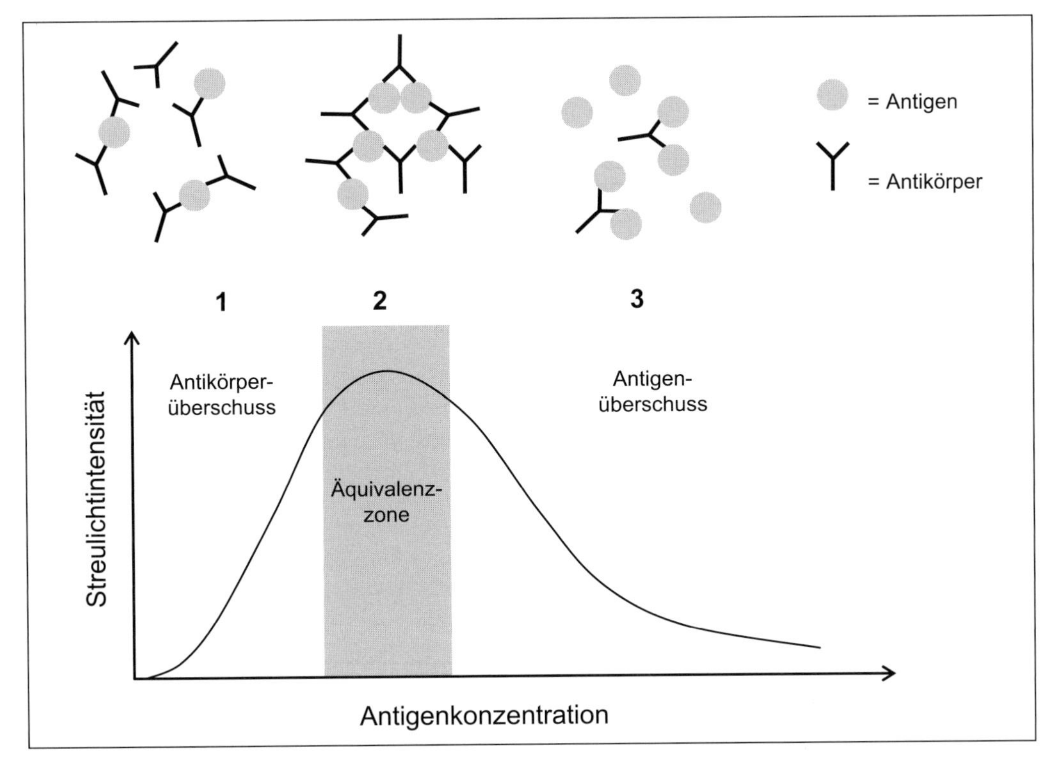

Abb. 7-1: Prinzip der Immunpräzipitation bei konstanter Antikörperkonzentration nach Heidelberger. Epitope und Paratope liegen in der Äquivalenzzone (2) annähernd in gleicher Anzahl vor. Nur dann kommt es zur Kreuzvernetzung der Antigen-Antikörper-Komplexe und zur Präzipitatbildung. Bei einem Überschuss an Antikörper (1) bzw. Antigen (3) bilden sich zwar einzelne Immunkomplexe, es kommt aber nicht zu deren Kreuzvernetzung und somit auch nicht zu deren Präzipitation.

Exkurs 14

Nephelometrie

Die Nephelometrie wird in der klinischen Diagnostik zur Quantifizierung von Antigen-Antikörper-Komplexen in humanem Serum eingesetzt. Sie ist jedoch nicht darauf beschränkt und kann bei der Detektion und Quantifizierung fast jeden beliebigen Antigens angewendet werden.

Prinzip: Immunkomplexe besitzen die Eigenschaft einfallendes Licht zu streuen. Dieses Phänomen nutzt man in der Nephelometrie aus. Die Lichtstreuung nimmt proportional mit der Anzahl der Immunkomplexe und des Grades ihrer Vernetzung zu. Dieses proportionale Verhältnis gilt allerdings nur, solange man im Bereich des Antikörperüberschusses arbeitet – vgl. erster Abschnitt der in Abbildung 7-1 dargestellten „Heidelberger"-Kurve.
Geräte: Als Lichtquelle dienen zumeist Laser (z. B. Helium-Neon-Laser), die den Vorteil besitzen, monochromatisches Licht zu erzeugen. Dieses wird auf die, sich in Lösung befindlichen, Immunkomplexe gelenkt und von diesen gestreut. Das Streulicht wird mittels Photodetektor gemessen und quantifiziert. Es gibt Geräte, die nur eine Endpunktbestimmung erlauben sowie Geräte, die die Kinetik der Immunkomplexbildung messen können. Bei Verwendung von Geräten, die nur eine Endpunktbestimmung erlauben, ist es erforderlich, bis zur Einstellung des Gleichgewichtes zwischen Immunkomplexen und freien Reaktanden mit der Messung zu warten.

Limitierung: Die Sensitivität der Nephelometrie liegt im µg/ml-Bereich und ist somit deutlich niedriger als z. B. die Sensitivität eines ELISA. Durch Zugabe von Protamin lässt sich die Sensitivität dieser Methode geringfügig erhöhen. Lipide können ebenfalls Licht streuen und wirken störend bei der Nephelometrie. Um Lipidkontaminationen der Probe zu minimieren, sollte Serum für nephelometrische Untersuchungen ausschließlich von nüchternen Personen verwendet werden. Alternativ können Lipide mittels organischer Lösungsmittel extrahiert werden. Um zu testen, ob in einem Serum die Lichtstreuung durch lösliche Immunkomplexe oder durch Lipide verursacht wird, kann man die Probe mit 3 % Polyethylenglykol (PEG) behandeln und anschließend zentrifugieren. Immunkomplexe präzipitieren durch PEG, während Lipide im Überstand verbleiben. Zusätzlich wird die durch Lipide verursachte Lichtstreuung durch PEG erhöht. Waren also wirklich Immunkomplexe für die Lichtstreuung verantwortlich, misst man im Überstand kein Signal mehr. Ist die Lichtstreuung auf Lipidkontaminationen zurückzuführen, zeigt sich das Signal im Überstand nach der PEG-Behandlung erhöht.

Literatur:
Höffken K, Schmidt CG (1981) Quantification of immune complexes by nephelometry. *Methods Enzymol* 74: 628–644

Nur im sogenannten Äquivalenzbereich, in dem die Anzahl der Paratope annähernd identisch mit der Anzahl der Epitope ist, präzipitieren die Immunkomplexe.

Weiterhin ist die Präzipitatbildung temperaturabhängig. Mit Erhöhung der Temperatur erhöht sich zwar die Reaktionsgeschwindigkeit und damit die Bildung der Antigen-Antikörper-Komplexe, dafür sinkt aber die Menge an Präzipitat. Die optimale Präzipitationstemperatur hängt natürlich von dem jeweiligen Präzipitationssystem ab, wobei ideale Temperaturen im Rahmen von 0 bis 56 °C beschrieben worden sind. Mit einiger Wahrscheinlichkeit darf der Experimentator allerdings davon ausgehen, dass die optimale Präzipitationstemperatur seines Systems eher im niedrigen Temperaturbereich liegt.

Der ideale pH-Wert des Präzipitationssystems ist abhängig von der pH-Toleranz der beteiligten Reaktionspartner. Da die meisten Antikörper im Bereich von pH 6 bis pH 9 stabil sind – genau wie viele Proteinantigene – sollte man irgendetwas in diesem Bereich ausprobieren. Extreme pH-Werte können das Ausfallen von Proteinen bedingen und somit falsch-positive Ergebnisse liefern.

7.1 Die Klassiker

Die Geschichte der Immunpräzipitation ist schon relativ alt. Bereits am Ende des 19. Jahrhunderts war der sogenannte „Ringtest“ bekannt. Dazu wird in einem Glasröhrchen ein Antiserum mit einer Antigenlösung überschichtet. Durch Diffusion vermischen sich die beiden Reaktanden. Ist das Antiserum spezifisch für das Antigen, bildet sich ein Netzwerk aus Antigen-Antikörper-Komplexen, das nahe der Grenzschicht ausfällt und als weiße Scheibe sichtbar wird.

Da das Präzipitat eine höhere Dichte als die beteiligten Lösungen hat, sinkt es langsam auf den Boden des Reaktionsgefäßes. Da durch dieses Phänomen und durch die Vermischung von Antigenlösung und Antiserum die Auswertung solcher Tests erschwert ist, bietet es sich an, einen oder auch beide Reaktanden in einem weitmaschigen Gel (z. B. 0,5–1,5 % Agarose) einzugießen. Das erlaubt in Gegenwart eines physiologischen Puffers oder Saline die ungehinderte Diffusion beider Reaktionspartner und stabilisiert gleichzeitig die Immunpräzipitate. Ebenso entfällt das aufwändige Austesten der optimalen Präzipitationskonzentrationen von Antigen und Antiserum, da durch die Diffusion im Gel ein Konzentrationsgradient eines oder beider Reaktanden aufgebaut wird.

Literatur:

Catty D, Raykundalia C (1988) Gel immunodiffusion, immunoelectrophoresis and immunostaining methods. In: Catty D. Antibodies Vol. 1: A practical approach, IRL Press, Oxford, Washington DC, S. 137–167

Ouchterlony Ö, Nilsson LA (1978) Immunodiffusion and immunoelectrophoresis. In: Weir DM. Handbook of experimental immunology in three volumes. Vol. 1: Immunochemistry, 3. ed., Blackwell Scientific Publications, Oxford, London, Edinburgh, Melbourne, S. 19.1–19.44

7.1.1 Eindimensionale Immundiffusion

Die eindimensionale Immundiffusion im Glasröhrchen war eine der ersten Methoden zur Quantifizierung von Antigenen in komplexen Proben. Das Antiserum wird dabei in einem weitmaschigen Gel eingegossen und mit der Antigenlösung überschichtet. Durch die Diffusion in das Gel wird das Antigen verdünnt, und in der Äquivalenzzone bilden die Antigen-Antikörper-Komplexe ein Netzwerk und präzipitieren. Dabei sind verschiedene Präzipitationssysteme unabhängig voneinander. Sind z. B. zwei unabhängige Präzipitationssysteme in einem Ansatz vorhanden, kann der Experimentator auch zwei Präzipitationslinien erkennen.

Möchte man ein bestimmtes Antigen in einer Lösung quantifizieren, muss die Antiserumkonzentration in allen Teströhrchen konstant gehalten werden. Zum Erstellen der Eichkurve wird in mehreren Ansätzen das in Gel eingegossene Antiserum mit je einer Antigenlösung bekannter Konzentration überschichtet. Die Antigenlösungen müssen dabei höher konzentriert sein als das Antiserum, sodass das Antigen durch Diffusion in das antiserumhaltige Gel

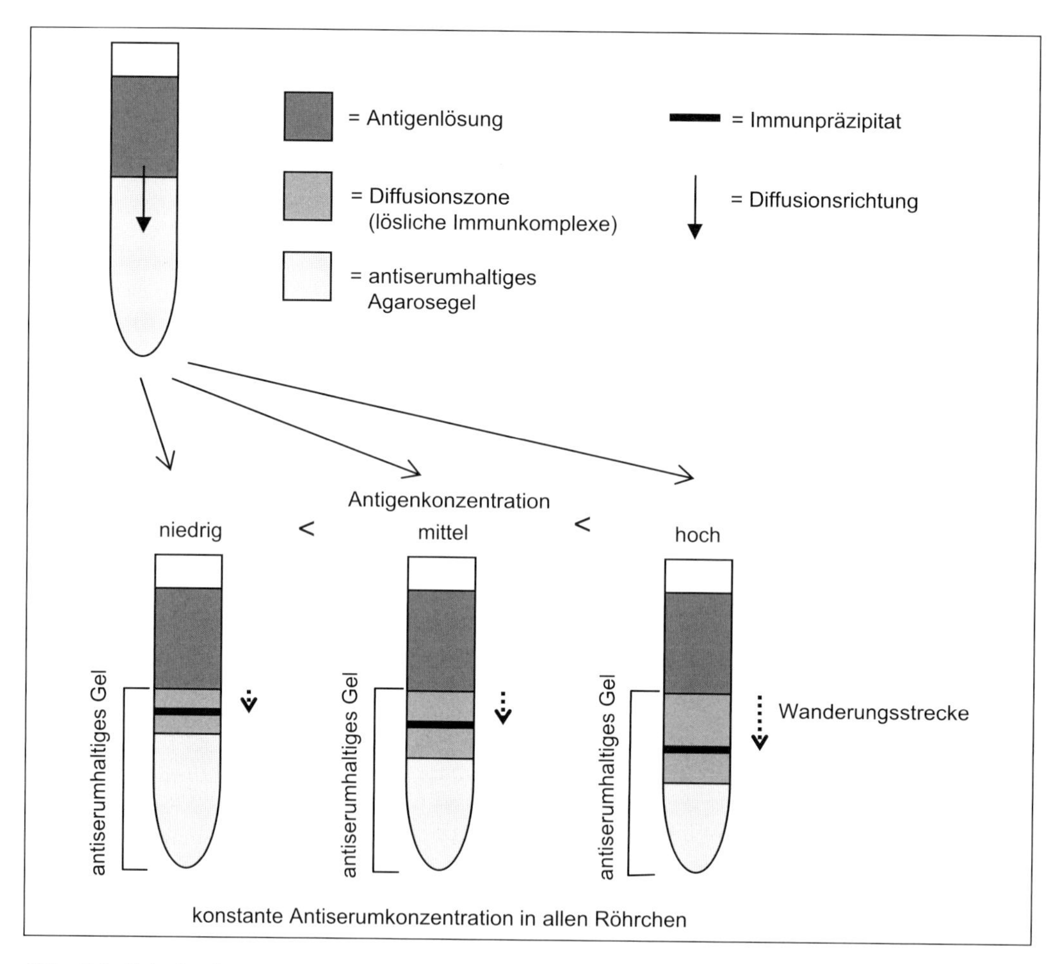

Abb. 7-2: Prinzip der quantitativen eindimensionalen Immundiffusion. Die Antigenlösung wird über das in Agarose eingegossene Antiserum geschichtet, worauf das Antigen in das Gel diffundiert. In der Äquivalenzzone präzipitieren die Immunkomplexe. Die Wanderungsstrecke des Immunpräzipitats ist proportional zu der Antigenkonzentration.

soweit verdünnt wird, dass im Äquivalenzbereich die Immunkomplexe präzipitieren. Hoch konzentriertes Antigen muss dazu weiter in das Gel diffundieren als niedrig konzentriertes Antigen. Aufgrund der Stöchiometrie von Epitop und Paratop ist dieser Diffusionsabstand proportional zur Antigenkonzentration und kann somit zu deren Bestimmung herangezogen werden (Abb. 7-2).

Um schärfere und stabilere Präzipitationslinien zu erhalten, kann man diese einfache Immundiffusion durch die doppelte Immundiffusion ersetzen. Dazu befindet sich zwischen antiserumhaltigem Gel und Antigenlösung ein weiteres Gel, das anfangs weder Antigen noch Antiserum enthält. Beide Immunkomponenten diffundieren bei dieser Methode in dieses proteinfreie Gel und präzipitieren dort.

Literatur:

Oudin J (1946) Méthode d'analyse immunochimique par précipitation spécifique en milieu gélifié. *C R Acad Sci* 222: 115
Oakley CL, Fulthorpe AJ (1953) Antigenic analysis by diffusion. *J Path Bact* 65: 49

7.1.2 Zweidimensionale Immundiffusion nach Ouchterlony

Die zweidimensionale Immundiffusion nach Ouchterlony ist eine rein qualitative Analysemethode, die zum Nachweis der immunologischen Identität bzw. Nichtidentität von Antigenen angewendet wird. Als Diffusionsmatrix dient hier ein 1 %iges proteinfreies Agarosegel in einem physiologischen Puffer, das dünn auf eine Glasplatte (z. B. Objektträger) gegossen wird. An den Ecken eines gleichschenkeligen Dreiecks stanzt man kleine Löcher (Durchmesser 3–5 mm) in das Gel. In eines dieser Probenreservoirs gibt man das Antiserum, in die beiden anderen jeweils eine Antigenlösung. Antigene sowie Antikörper diffundieren nun in die Gelmatrix und werden dabei zunehmend verdünnt. Im Äquivalenzbereich zwischen Antiserum- und Antigenreservoir präzipitieren die Immunkomplexe schließlich als scharfe Linie. Nach einer Inkubationszeit von 24–48 Stunden ist das Gel auswertbar. Sind die Präzipitationslinien schlecht zu erkennen, kann das Gel auch analog zu den Proteingelen bei der PAGE mit Coomassie Brillantblau gefärbt werden. Vor der eigentlichen Färbung muss das Gel mit physiologischer NaCl-Lösung für ca. 24 Stunden gewaschen werden, um nicht präzipitierte Proteine zu entfernen.

Bei der Auswertung eines Ouchterlony-Gels können verschiedene Präzipitationslinien und -muster beobachtet werden (Abb. 7-3). Sind die beiden getesteten Antigene **identisch**, verbinden sich die beiden Präzipitationslinien an ihrem Berührungspunkt, und man erhält eine abgewinkelte Präzipitationslinie. Sind die beiden Antigene **nicht identisch** und werden sie mit zwei Antiseren, die für jeweils eines dieser Antigene spezifisch sind präzipitiert, erhält man zwei sich kreuzende Präzi-

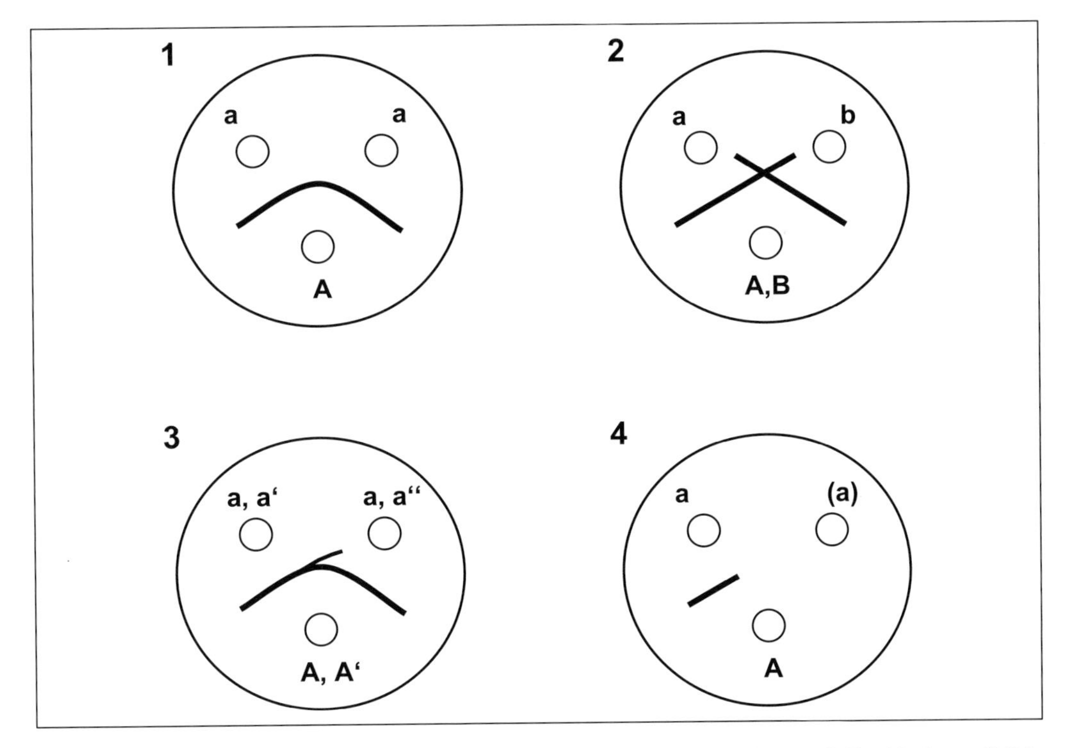

Abb. 7-3: Präzipitationsmuster bei der zweidimensionalen Immundiffusion nach Ouchterlony. 1) Präzipitationslinie bei Identität beider Antigene. 2) Präzipitationslinien bei Nichtidentität der beiden Antigene. 3) Präzipitationsmuster bei Teilidentität beider Antigene. 4) Auslöschphänomen. A, A′, B: Antikörper; a, a′, a″, b: Antigene; (a): verdautes Antigen a.

pitationslinien. Im Falle einer **Teilidentität** der beiden Antigene (z. B. multimere Makromoleküle, die in einer Untereinheit identisch sind) ist eine abgewinkelte Präzipitationslinie zu beobachten, die über den Berührungspunkt der beiden Einzellinien hinweg zu einer Seite verlängert ist. Dieser „Sporn" entsteht durch Antikörper in dem Antiserum, die nur für eines der beiden Antigene spezifisch sind und somit nur dieses präzipitieren.

Das sogenannte **Auslöschphänomen** kommt zustande, wenn kleine antigene Moleküle, die selbst nicht zu einer Präzipitation fähig sind, gegen Antigene mit identischen Epitopen ausgetestet werden (Abb. 7-3). Diese kleinen Moleküle – es kann sich dabei um verdautes Antigen oder auch synthetische Peptide handeln – binden analog zum Antigen an die Paratope der Antikörper. Aufgrund ihrer geringen Größe können diese Moleküle jeweils nur ein Paratop binden. Die Kreuzvernetzung der Immunkomplexe und die daraus resultierende Präzipitation bleiben aus. Die Präzipitationslinie wird dadurch im Diffusionsbereich dieser kleinen antigenen Moleküle praktisch „ausgelöscht".

Mittels der Ouchterlony-Technik kann nicht nur die Identität, Teilidentität und Nichtidentität von Antigenen untersucht werden, sondern es lässt sich ebenfalls eine Aussage über die Molekularmasse der beteiligten Reaktionspartner treffen, da die Präzipitationslinie zu dem jeweils größeren Reaktionspartner hin gebogen ist. Natürlich lässt sich die Molekularmasse auf diese Weise nicht exakt ermitteln, aber man weiß wenigstens, ob das Antigen größer oder kleiner als der Antikörper (z. B. IgG ca. 150 kDa, IgM ca. 900 kDa) ist.

Literatur:
Ouchterlony Ö (1958) Diffusion-in-gel methods for immunological analysis. *Prog Allergy* 5: 1–78
Ouchterlony Ö (1962) Diffusion-in-gel methods for immunological analysis. II. *Prog Allergy* 6: 30–154

7.1.3 Radiale Immundiffusion nach Mancini

Mit der radialen Immundiffusion lassen sich ebenso wie mit der Ouchterlony-Technik mehrere Antigene auf Identität, Teilidentität und Nichtidentität überprüfen. Allerdings besitzt diese Methode noch weitaus mehr Potenzial, denn mit ihr lassen sich bestimmte Antigene in einer komplexen Probe recht einfach aber exakt quantifizieren.

Einer der Reaktionspartner, in den meisten Fällen das Antiserum, wird in einem 1 %igen Agarosegel eingegossen. Dazu kocht man die Agarose in einem physiologischen Puffer auf, bis sie vollständig gelöst ist. Das Antiserum wird erst nach dem Abkühlen der Agarose auf 45–56 °C zugegeben. Anschließend wird das Gel dünn (ca. 1 mm) auf einer Glasplatte ausgegossen. Eine gleichmäßige Dicke des Gels ist für eine gute Reproduzierbarkeit dieser Methode unerlässlich. Dies kann der Experimentator gewährleisten, indem er das Gel zwischen zwei Glasplatten gießt. Die gewünschte Dicke erreicht man durch den Einsatz von entsprechend dicken Spacern, die am Rand zwischen die Glasplatten gelegt werden.

Die Antigenlösung wird in 2 mm breite Depots, die vorher in das Gel gestanzt wurden, gegeben. Um die Antigendepots herum bildet sich nach einiger Zeit ein Präzipitationsring, dessen Durchmesser mit andauernder Diffusionszeit wächst, bis er schließlich stabil bleibt. Die Fläche, die der Präzipitationsring einnimmt, ist die Grundlage für die Quantifizierung des Antigens. Sie ist proportional zu der Antigenkonzentration im Depot und umgekehrt proportional zu der Konzentration des Antiserums im Gel. Zum Erstellen einer Eichkurve appliziert man unterschiedlich konzentrierte Antigenlösungen und bestimmt die Fläche der jeweiligen Präzipitationsringe (Abb. 7-4). Damit man eine schicke, lineare Beziehung von Fläche zu Antigenkonzentration erhält, muss man leider warten bis der Präzipitationsring stabil ist und die Fläche nicht weiter wächst. Das kann zum Leidwesen der Ungeduldigen aber durchaus 4–7 Tage in Anspruch nehmen.

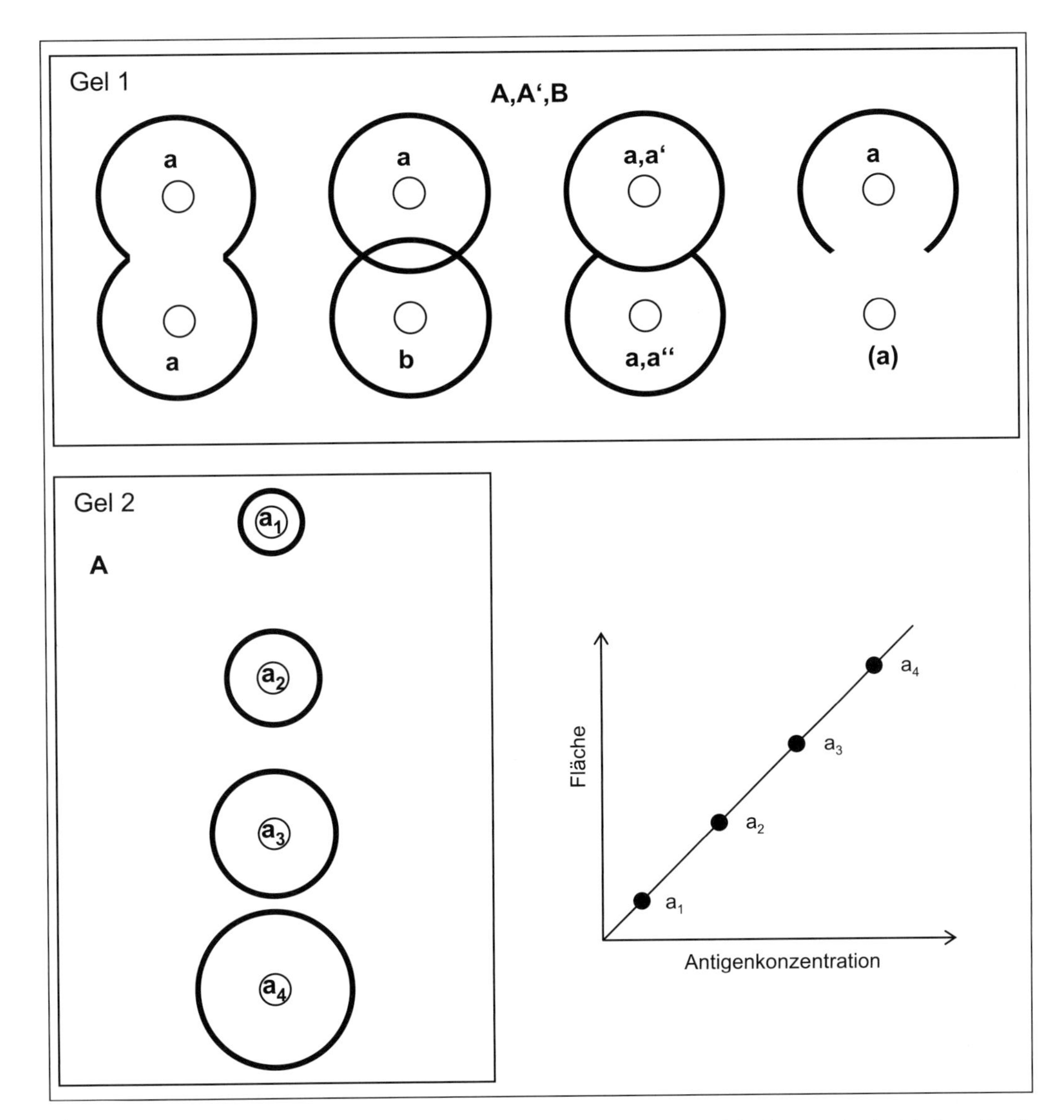

Abb. 7-4: Radiale Immundiffusion nach Mancini. Gel 1 zeigt die Präzipitationsmuster bei Antigenidentität, Nichtidentität und Teilidentität sowie das Auslöschphänomen (v. li. nach re.). A, A′, B: Antikörper; a, a′, a″, b: Antigene; (a): verdautes Antigen a. Gel 2 zeigt eine quantitative Untersuchung. Vier unterschiedliche Konzentrationen des Antigens a (a_1–a_4) wurden mit dem Antiserum A präzipitiert. Die Fläche der Präzipitationsringe ist proportional zur Antigenkonzentration.

Die Sensitivität der radialen Immundiffusion liegt im mg/ml-Bereich. Sie ist abhängig von der Antiserumkonzentration im Gel und lässt sich durch deren Variation beeinflussen. Durch Erniedrigung der Antiserumkonzentration im Gel kann die Sensitivität leicht erhöht werden. Alpert et al. (1970) und Simmons (1971) behandeln das Gel abschließend mit proteinpräzipitierenden Reagenzien, um die Visualisierung schwacher Präzipitate zu verbessern und somit die Sensitivität zu erhöhen. Auch durch die Zugabe von Polyethylenglykol (3 %) zum Agarosegel (Harrington et al. 1971) oder die Behandlung des Gels mit 0,1 mol/l Dihydroxyphenylalanin (Sieber und Becker 1974) lässt sich der

Kontrast und die Intensität des Präzipitats verstärken. Arbesman et al. (1972) verwenden radioaktiv markiertes Antiserum, um die Sensitivität eines Assays zur Bestimmung von Serum IgE zu erhöhen. Mit dieser Methode kann IgE im Bereich von 20 ng/ml bis 10 µg/ml genau quantifiziert werden.

Literatur:

Alpert E, Monroe M, Schur PH (1970) A method for increasing the sensitivity of radial immuno-diffusion assay. *Lancet* i: 1120

Arbesman CE, Ito K, Wypych JI, Wicher K (1972) Measurement of serum IgE by a one-step single radial radiodiffusion method. *J Allergy* 49: 72

Harrington JC, Fenton JW, Pert JH (1971) Polymer-induced precipitation of antigen-antibody complexes: precipiplex reactions. *Immunochemistry* 8: 413

Mancini G, Carbonara AO, Heremans JF (1965) Immunochemical quantitation of antigens by single radial immunodiffusion. Immunochemistry 2: 235–254

Sieber A, Becker W (1974) Quantitative determination of IgE by single radial immunodiffusion. A comparison of three different methods for intensification of precipitates. *Clin Chim Acta* 50: 153

Simmons P (1971) Quantitation of plasma proteins in low concentrations using RID. *Clin Chim Acta* 35: 53

7.1.4 Immunelektrophoresen

Die unterschiedlichen Immunelektrophoresen stellen eine Kombination aus Elektrophorese und Immunpräzipitation dar. Je nach Art der Methode lassen sich qualitative oder quantitative Aussagen über Antigene in komplexen Proben wie z. B. Serum oder Bakterienlysaten treffen. Als Matrix für die Elektrophorese und die Präzipitation dient ein 1–2 %iges Agarosegel. Boratpuffer mit einem pH-Wert zwischen 6 und 9 kann beispielsweise als Puffersystem verwendet werden. Es ist darauf zu achten, dass die Ionenstärke des Puffers nicht zu hoch gewählt wird (keine Saline!), da sonst die Hitzeentwicklung während der Elektrophorese zu groß ist. Und geschmolzene Gele sowie denaturierte Proteine, die evtl. sogar ihre Antigenität verloren haben, wollen wir schließlich vermeiden.

7.1.4.1 Einfache Immunelektrophorese

Einfache Immunelektrophoresen erlauben lediglich rein qualitative Aussagen. Sie eignen sich besonders zur gleichzeitigen Untersuchung vieler Antigene in einer komplexen Probe. Aufgrund der ladungsbedingten Auftrennung der Antigene bietet die Immunelektrophorese eine höhere Auflösung als die Ouchterlony-Technik. Da die Antigene durch die elektrophoretische Auftrennung eine größere Fläche einnehmen, sind einfache Immunelektrophoresen – im Vergleich mit der Ouchterlony-Technik – etwas weniger sensitiv.

Nach Zugabe der Antigenlösung in das Probendepot wird elektrophoretisch aufgetrennt. Dies erfolgt in Abhängigkeit von der Nettoladung der Moleküle (Abb. 7-5). Negativ geladene Moleküle wandern in Richtung Anode und positiv geladene Moleküle in Richtung Kathode. Nun wird parallel zu der aufgetrennten Probe ein längliches Depot in das Gel gestanzt. In dieses wird das Antiserum gegeben. Es schließt sich die Immundiffusion an. Im Äquivalenzbereich präzipitieren die Immunkomplexe und bilden oval gebogene Präzipitationslinien. Scheidegger (1955) hat diese Methode so modifiziert, dass der Experimentator mit sehr kleinen Proben- (1 µl) und Antiserumvolumina (50 µl) auskommt.

Analog zur Ouchterlony-Technik lassen sich unterschiedliche Präzipitationslinien erkennen, die die Identität, Teilidentität oder Nichtidentität von Antigen anzeigen. Werden zwei Antigene durch die Elektrophorese so weit voneinander getrennt, dass sich die beiden Präzipitationslinien nicht berühren, muss die Dauer der Elektrophorese verringert werden, um diese Aussagen treffen zu können.

Zur Identifizierung eines ganz bestimmten Antigens trennt man die Probe und das Referenzantigen parallel zueinander elektrophoretisch auf. Das Antiserum wird anschließend in einem länglichen Depot, das parallel zwischen Probe und Referenzantigen angeordnet ist, gegeben. Mit einem sol-

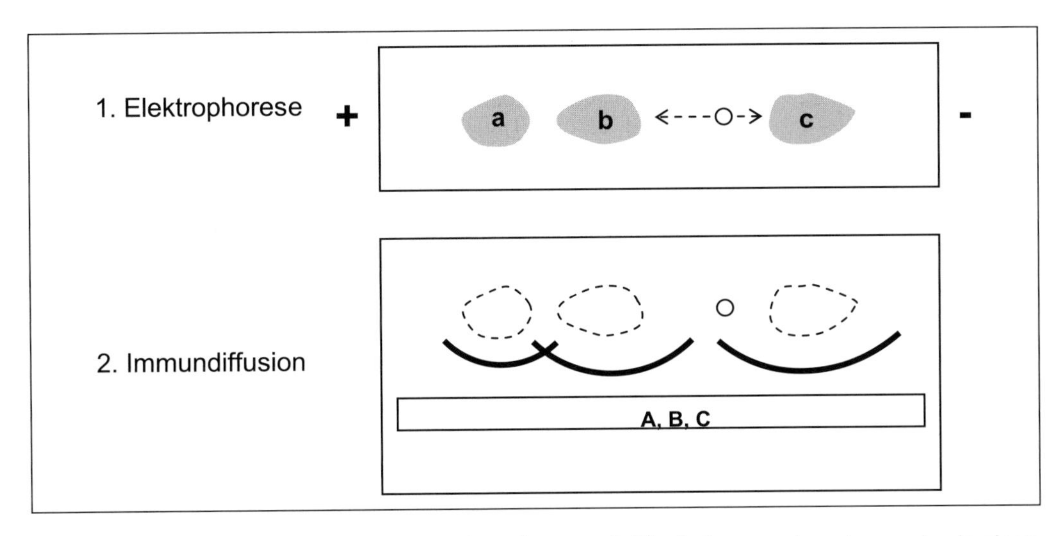

Abb. 7-5: Prinzip der einfachen Immunelektrophorese. 1) Die Antigene a, b und c werden in einem 1%igen Agarosegel elektrophoretisch aufgetrennt. 2) Die Antiseren A, B und C werden in eine längliche Vertiefung parallel zu den aufgetrennten Antigenen gegeben. Im Äquivalenzbereich präzipitieren die Immunkomplexe. Das Präzipitationsmuster zeigt Nichtidentität von a und b.

chen Gel lassen sich auch Ladungsunterschiede in einem Antigen identifizieren, die z. B. durch klinisch relevante Modifikationen hervorgerufen werden.

Literatur:

Scheidegger JJ (1955) Une micro-méthode de l'immuno-électrophorese. *Int Arch Allergy* 7: 103

Williams CA Jr, Grabar P (1955) Immunoelectrophoretic studies on serum proteins. I. The antigens of human serum. *J Immunol* 74: 158–168

Williams CA Jr, Grabar P (1955) Immunoelectrophoretic studies on serum proteins. II. Immune sera: antibody distribution. *J Immunol* 74: 397–403

Williams CA Jr, Grabar P (1955) Immunoelectrophoretic studies on serum proteins. III. Human gamma globulin. *J Immunol* 74: 404–410

7.1.4.2 Kreuzimmunelektrophorese

Die Kreuzimmunelektrophorese ist praktisch eine Weiterentwicklung der einfachen Immunelektrophorese. Analog dazu werden die Antigene in der Probe aufgrund ihrer Eigenladung elektrophoretisch aufgetrennt (Abb. 7-6). Anschließend werden die aufgetrennten Antigene im 90° Winkel zur ersten Elektrophorese in ein zweites antiserumhaltiges Gel elektrophoresiert. Antigen und Antikörper wandern nun in diesem Gel in Abhängigkeit ihrer jeweiligen Nettoladung. Da der isoelektrische Punkt der meisten Antikörper ungefähr im neutralen pH-Bereich liegt, wandern diese bei Verwendung eines neutralen Puffersystems nicht oder nur langsam in dem Gel. Damit das Antigen aufgrund seiner Ladung im Gel wandern kann, muss es einen isoelektrischen Punkt aufweisen, der sich deutlich von dem pH-Wert des Puffersystems unterscheidet. Sind diese Voraussetzungen erfüllt, bildet sich im Äquivalenzbereich sehr schnell eine Präzipitationslinie, deren Spitze bei negativ geladenen Antigenen in Richtung Anode wandert. Die Wanderung dieses Peaks ist erst beendet, wenn durch die Elektrodiffusion kein Antigenüberschuss mehr induziert werden kann. Die maximale Höhe dieses Peaks ist bei konstanter Antikörperkonzentration im Gel proportional zu der applizierten Antigenkonzentration. Durch Mitführen von Standards bekannter, unterschiedlicher Antigenkonzentrationen kann die

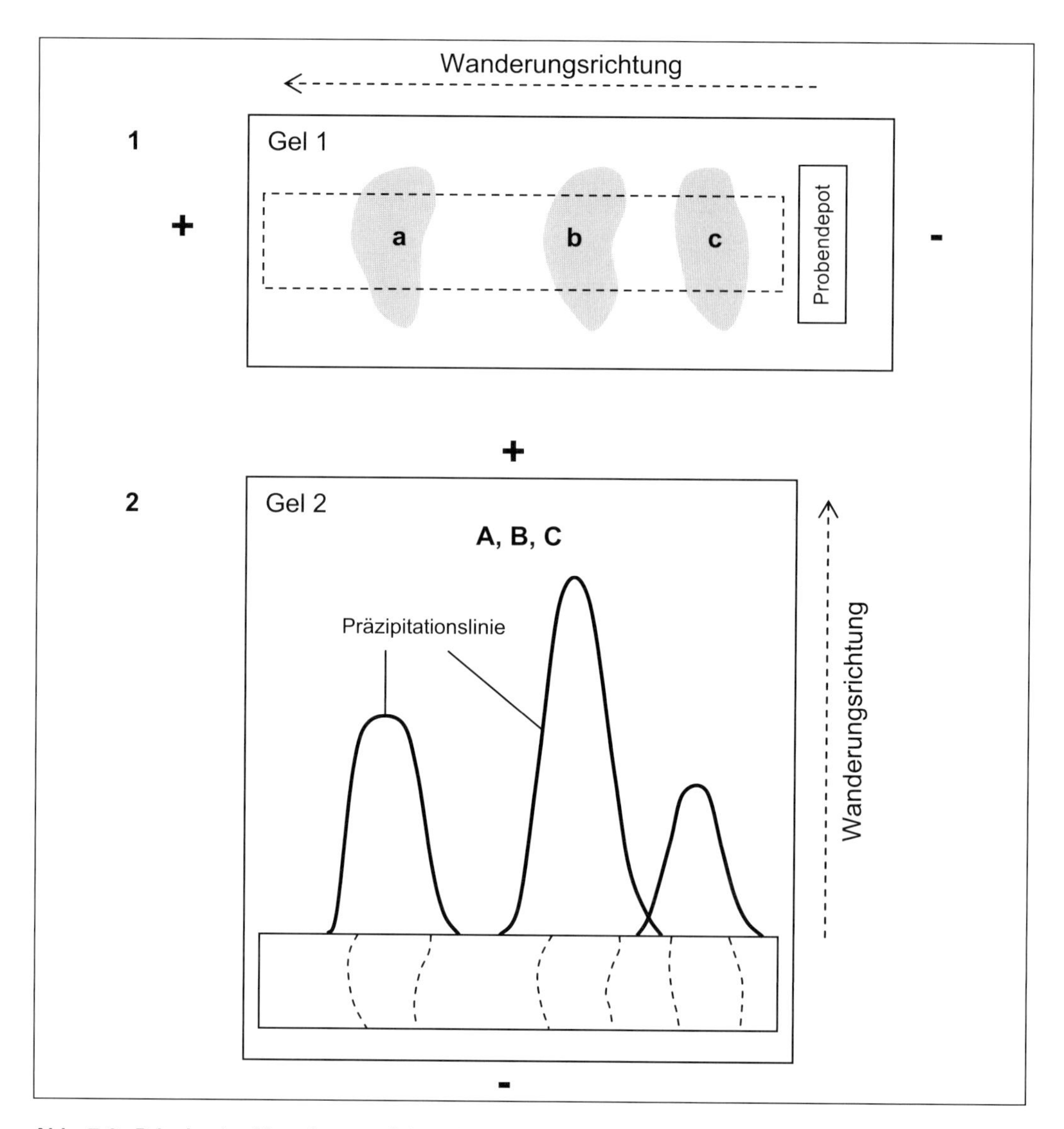

Abb. 7-6: Prinzip der Kreuzimmunelektrophorese. 1) Elektrophoretische Auftrennung der Antigene a, b und c. Ein Gelstreifen, der die Proteine enthält wird ausgeschnitten. 2) Elektrodiffusion: Der Gelstreifen wird auf ein neues antiserumhaltiges (A, B, C) Agarosegel gelegt, und die Antigene werden in das neue Gel elektrophoresiert. Es entstehen scharfe Präzipitationslinien.

Kreuzimmunelektrophorese neben der qualitativen Analyse ebenfalls zur Quantifizierung von Antigenen angewendet werden.

Neben der Möglichkeit der Quantifizierung besitzt die Kreuzimmunelektrophorese noch weitere Vorteile gegenüber der einfachen Immunelektrophorese. Sie bietet eine bessere Auflösung und ist deutlich schneller durchführbar. Der erste Elektrophoreselauf zur Auftrennung der Antigene nimmt ca. 3 Stunden in Anspruch. Für die nachfolgende Elektrodiffusion müssen dann weitere 30–90 min veranschlagt werden.

Literatur:
Laurell CB (1965) Antigen-antibody crossed elektrophoresis. *Anal Biochem* 10: 358–61
Laurell CB (1972) Elektrophoretic and electro-immunochemical analysis of proteins. *Scand J Clin Lab Invest* 29, Suppl. 124

7.1.4.3 Raketenimmunelektrophorese

Eine rein auf die Quantifizierung von Antigenen ausgerichtete Methode ist die Raketenimmunelektrophorese (Abb. 7-7). Mit ihr können Antigenmengen von 0,5–2,0 µg exakt, einfach und schnell quantifiziert werden. Dazu werden kleine Löcher (ca. 3–8 mm) in ein 1–2 %iges, gepuffertes, antiserumhaltiges Agarosegel (Dicke ca. 1,5 mm) gestanzt. In diese Löcher werden die Probe sowie verschiedene Verdünnungen des Standardantigens zum Erstellen einer Standardkurve gegeben. Analog zum zweiten Teil der Kreuzimmunelektrophorese wird das Antigen in das antiserumhaltige Gel elektrophoresiert. Dabei kommt es schnell zur Bildung raketenförmiger Präzipitationslinien, die in Richtung der Elektroden wandern, bis sie schließlich stationär werden. Bei konstanter Antikörperkonzentration im Gel ist das Verhältnis zwischen der maximalen Wanderungsstrecke der Präzipitationslinien und der Antigenkonzentration linear. Anhand von Standardantigenlösungen bekannter Konzentrationen kann so eine Standardgerade erzeugt werden. Das Verhältnis von Wanderungsstrecke zu Antiserumkonzentration im Gel ist umgekehrt proportional. Daraus folgt, dass durch Verringerung der Antiserumkonzentration im Gel die Sensitivität dieser Methode erhöht werden kann.

Das Prinzip der Raketenimmunelektrophorese funktioniert nur, wenn Antikörper und Antiserum einen unterschiedlichen isoelektrischen Punkt und damit auch unterschiedliche Wanderungsgeschwin-

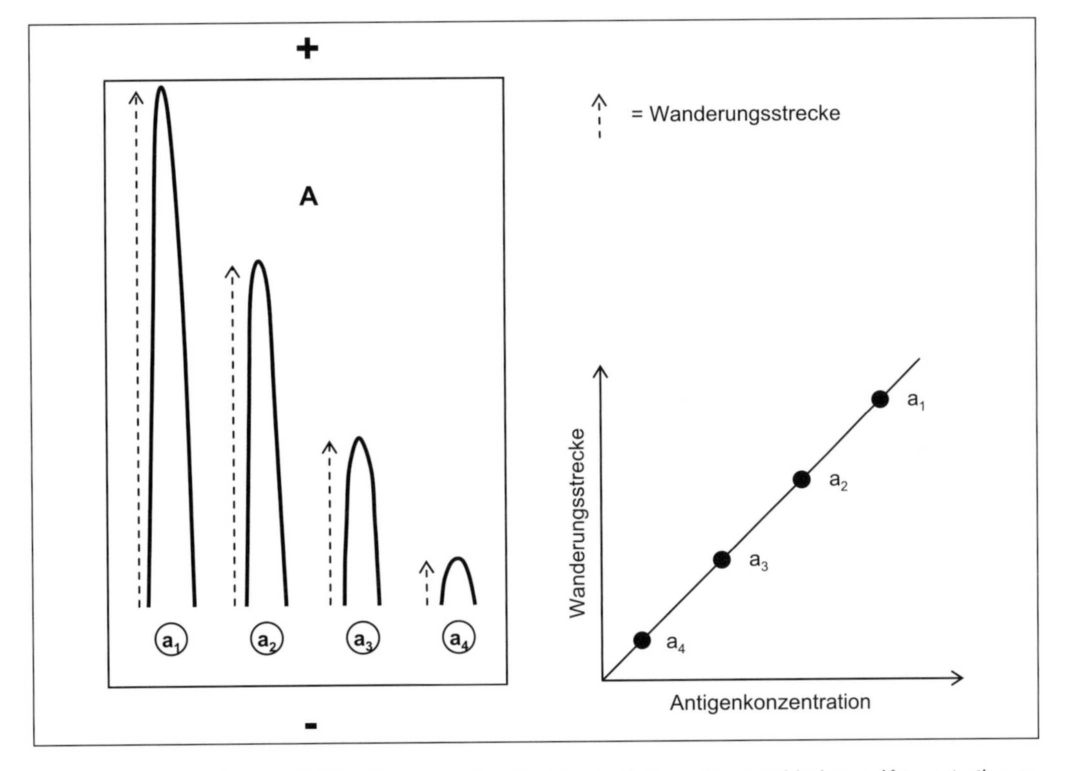

Abb. 7-7: Raketenimmunelektrophorese. a1, a2, a3, a4: Antigen in verschiedenen Konzentrationen. A: Antiserum (konstante Konzentration im Gel).

digkeiten aufweisen. Sollte dies nicht der Fall sein, kann der Experimentator durch Carbamylierung des Antigens dessen isoelektrischen Punkt erniedrigen. Dazu inkubiert man 1 Vol. Antigenlösung mit 1 Vol. KCNO (2 mM) für 30 min bei 45 °C. Nach dem Abkühlen wird diese Mixtur mit Elektrophoresepuffer auf die gewünschte Konzentration eingestellt und auf das Gel aufgetragen.

Eine Reihe von Modifikationen der Kreuzimmunelektrophorese und der Raketenimmunelektrophorese werden bei Axelsen et al. (1973) und Groc und Harms (1975) erläutert.

Literatur:

Axelsen NH, Kroll J, Weeke B (1973) A manual of quantitative immunoelectrophoresis. Methods and applications. *Scand J Immunol* 2, Suppl 1

Groc W, Harms A (1975) Antigen-antibody crossed electrophoresis with dual second step. *J Immunol Methods* 8: 85

Laurell CB (1966) Quantitative estimation of proteins by electrophoresis in agarose gel containing antibodies. *Anal Biochem* 15: 45–52

7.1.5 Limitierung und aktuelle Bedeutung

Mit Bedauern muss man als aktiver Experimentator feststellen, dass die hier vorgestellten klassischen Methoden der Immunpräzipitation heimlich, still und leise immer mehr aus den Labors verschwinden. Die rein analytischen Methoden, wie die Ouchterlony-Technik und die einfache Immunelektrophorese, werden häufig vom Western-Blot (Kap. 5) abgelöst. Auch die quantitativen Techniken, wie die radiale Immundiffusion und die Raketenimmunelektrophorese, werden immer mehr durch sensitivere Methoden (z. B. ELISA, RIA, PIA) verdrängt. Neben der geringeren Sensitivität wird als Grund dafür die lange Versuchsdauer angeführt. Zum Nachweis von Haptenen eignen sich die klassischen Methoden aufgrund der geringen Epitopanzahl auch nur bedingt. Hier kann man sich manchmal mit einem kreuzvernetzenden Sekundärantikörper gegen den antigenspezifischen Primärantikörper helfen.

Stellen Sie keine besonderen Ansprüche an die Sensitivität Ihres Assays und wollen Sie nicht gerade ein Hapten nachweisen, sollten Sie die hier vorgestellten klassischen Methoden der Immunpräzipitation ruhig in Erwägung ziehen. Sie sind einfach und unkompliziert sowie ohne großen materiellen Aufwand durchführbar. Sie benötigen keine teuren ELISA-Reader, Blotting-Apparaturen oder Durchflusscytometer. Agarosegele zwischen zwei Glasplatten zu gießen und eine simple Elektrophoreseapparatur zu konstruieren, bekommt schließlich jeder Experimentator mit ein bisschen handwerklichem Geschick auf die Reihe. Man kommt mit polyklonalem Antiserum aus und muss nicht erst monoklonale Antikörper – die in ihrer Entwicklung auch deutlich teurer sind – auf ihre Eignung hin austesten. Kashyap et al. (2002) haben erst kürzlich die Vorteile erkannt und eine Diagnostikmethode für Tuberkulose meningitis, basierend auf der Mancini-Technik, entwickelt. Das zeigt, dass diese Technik sogar präzise genug ist, um den hohen Anforderungen an eine Diagnostikmethode gerecht zu werden.

Literatur:

Kashyap RS, Agarwal NP, Chandak NH, Taori GM, Biswas SK, Purohit HJ, Daginawala HF (2002) The application of the Mancini technique as a diagnostic test in the CSF of tuberculous meningitis patients. *Med Sci Monit* 8: 95–98

7.2 Immunpräzipitation „heute"

Heutzutage wird die Immunpräzipitation vorwiegend als analytische Methode genutzt. Mit ihr können z. B. bestimmte Antigene in Zellpopulationen nachgewiesen werden. Schließt sich eine Gelelektrophorese an, kann man auch Größenunterschiede und Veränderungen im Glykosylierungsmuster eines Antigens unter dem Einfluss bestimmter Stimulanzien bestimmen. Analog dazu kann der Experimentator unter Anwendung des gleichen Prinzips natürlich auch Rezeptor-Ligand-Wechselwirkungen unter die Lupe nehmen. Des weiteren wird mit der Immunpräzipitation häufig die Antigenspezifität monoklonaler Antikörper untersucht. Erkennt der Antikörper wirklich nur das gewünschte Antigen oder bindet er ebenso gut verschiedene andere Moleküle. Vor allem gegen native Epitope gerichtete Antikörper lassen sich mit dieser Methode evaluieren, da die Antigen-Antikörper-Bindung unter nativen Bedingungen stattfindet.

Bei den modernen Immunpräzipitationsmethoden braucht der Experimentator auch keine Rücksicht mehr auf die, für das Gelingen der klassischen Methoden so wichtige, Äquivalenz zwischen Epitop und Paratop zu nehmen. Man gibt einfach den Antikörper – hier funktionieren auch monoklonale Antikörper – im Überschuss der Probe hinzu. Da die Antikörper an eine feste Phase (z. B. Sepharose) gekoppelt sind, gewinnt man die Immunkomplexe durch einfaches Abzentrifugieren. Dass so gewonnene Immunpräzipitat kann sofort analysiert werden.

7.2.1 Die Präzipitationsmatrix

Womit präzipitiert der Experimentator aber nun die Immunkomplexe? Hier kommt – wie so häufig in der immunologischen Forschung – die spezifische Bindung von IgG an Protein A und Protein G ins Spiel. Diese bakteriellen Proteine sind an Sepharose gekoppelt kommerziell erhältlich. Eine solche Protein-A- bzw. Protein-G-Sepharose eignet sich hervorragend, da zum Präzipitieren lediglich zentrifugiert werden muss. Da die IgG-Moleküle gerichtet über ihren Fc-Teil an diese Proteine binden, sind alle Antigenbindestellen frei zugänglich. Dadurch sind Sensitivität und Ausbeute deutlich erhöht gegenüber Matrices, die keine gerichtete bzw. nur eine teilweise gerichtete Kopplung der Antikörpermoleküle erlauben. Zu solchen Matrices gehören beispielsweise voraktivierte Sepharosen, anti-Maus-IgG-Sepharose und Eupergit C1Z.

Da sich magnetische Beads immer größerer Beliebtheit erfreuen, ist der Experimentator nicht nur auf die unterschiedlichen Sepharosen angewiesen. Immer mehr Anbieter haben auch Protein-A- und Protein-G-Magnetbeads sowie voraktivierte magnetische Beads im Angebot. Mit deren Hilfe können die Immunkomplexe einfach in einem Magnetständer von der Probe abgetrennt werden.

Brymora et al. (2001) binden die Präzipitationsmatrix in eine Spin-Säule ein. Dadurch wird der Verlust von Matrixmaterial während der Waschschritte verhindert, was zu einer besseren Reproduzierbarkeit der Immunpräzipitation führt.

Und nun noch ein Tipp für Sparfüchse. Da die verschiedenen Protein-A- und Protein-G-Matrices nicht gerade kostengünstig sind, kann der Experimentator auch inaktivierte und fixierte Zellextrakte von *Staphylococcus aureus* (Staph A) verwenden. Dies ist die ursprünglich angewandte Präzipitationsmatrix. Der Nachteil ist, dass mit Staph A deutlich mehr Proteine unspezifisch präzipitiert werden. Eine Übersicht über verschiedene Präzipitationsmatrices und ihre Eigenschaften gibt Ihnen Tabelle 7-1.

Literatur:

Brymora A, Cousin MA, Roufogalis BD, Robinson PJ (2001) Enhanced protein recovery and reproducibility from pull-down assays and immunoprecipitations using spin columns. *Anal Biochem* 295: 119–122

Campbell KP, Knudson CM, Imagawa T, Leung AT, Sutko JL, Kahl SD, Rabb CR, Madson L (1987) Identification and characterization of the high affinity [^{3}H]ryanodine receptor of the junctional sarcoplasmic reticulum Ca^{2+} release channel. *J Biol Chem* 262: 6460–6463

Firestone GL, Winguth SD (1990) Immunoprecipitation of proteins. Methods Enzymol 182: 688–700

Imagawa T, Smith JS, Coronado R, Campbell KP (1987) Purified ryanodine receptor from skeletal muscle sarcoplasmic reticulum is the Ca^{2+}-permeable pore of the calcium release channel. *J Biol Chem* 262: 16636–16643

Tab. 7-1: Matrizes für die Immunpräzipitation.

Matrix	Kopplung	Präzipitation	Literatur
Staph A	gerichtet, nur IgG	Zentrifugation	Firestone und Winguth 1990
Protein-A-Sepharose	gerichtet, nur IgG	Zentrifugation	Peltz et al. 1987
Protein-G-Sepharose	gerichtet, nur IgG	Zentrifugation	MacMillan-Crow und Thompson 1999
aktivierte Sepharose	ungerichtet, alle Ig-Klassen, kovalent	Zentrifugation	Imagawa et al. 1987
anti-Maus-IgG-Sepharose	teilweise gerichtet, nur IgG	Zentrifugation	Campbell et al. 1987
Magnetbeads	je nach Methode	Magnetständer	–

MacMillan-Crow LA, Thompson JA (1999) Immunoprecipitation of nitrotyrosine-containing proteins. *Methods Enzymol* 301: 135–145

Peltz GA, Gallis B, Peterlin BM (1987) Monoclonal antibody immunoprecipitation of cell membrane glycoproteins. *Anal Biochem* 167: 239–244

7.2.2 Reduktion unspezifisch präzipitierender Proteine

Eigentlich hört sich der Versuchsablauf einer Immunpräzipitation sehr einfach an: Zuerst werden die antigenspezifischen Antikörper an die Präzipitationsmatrix gekoppelt, dann wird diese mit der Probe inkubiert und schließlich abzentrifugiert. Doch bei der Analyse des präzipitierten Antigens erlebt der Experimentator oft sein blaues Wunder. Das Signal des gesuchten Antigens wird nur allzu häufig von unspezifisch präzipitierten Proteinen überdeckt und die Ergebnisse lassen keinerlei Aussage zu. Hier folgen nun einige Vorschläge, wie Sie dieses Übel bei der Wurzel packen können.

Eine Möglichkeit der Einschleppung von Kontaminationen ist die unspezifische Bindung von Proteinen an die Präzipitationsmatrix, also an Sepharose, Magnetbeads, Protein A oder Protein G – je nachdem, was Sie verwenden. Dieser Hintergrund lässt sich erheblich verringern, indem die Proben mit Matrix ohne Antikörper vorinkubieren. Dann wird diese Matrix einschließlich der gebundenen Proteine entfernt, und schon ist die Probe von solchen Kontaminationen befreit. Es schließt sich die Inkubation mit frischer, antikörpergekoppelter Matrix an.

Natürlich können Proteine auch unspezifisch an den verwendeten Antikörper binden oder epitopähnliche Strukturen aufweisen, die ebenfalls vom Paratop des Antikörpers gebunden werden. Diese Bindungen sind aber zumeist schwächer als die Bindung des richtigen Epitops. Durch Zugabe nichtionischer Detergenzien (z. B. Triton X-100, Nonidet P-40, Tween 20) und NaCl zum Bindungspuffer können diese schwachen Bindungen minimiert werden. Die nichtionischen Detergenzien (1–10 %ig) wirken, indem sie hydrophobe Wechselwirkungen abschwächen, während durch Zugabe von NaCl (bis zu 400 mM) elektrostatische Wechselwirkungen minimiert werden.

Doolittle et al. (1991) verwenden in einer Zwei-Schritt-Immunpräzipitation SDS zur Verringerung unspezifischer Proteinkontaminationen. Nach dem ersten Präzipitationsschritt wird das Immunpräzipitat durch SDS denaturiert. Vor der erneuten Zugabe frischer Präzipitationsmatrix wird das SDS durch Triton X-100 neutralisiert. Voraussetzung für diese Methode ist, dass der Antikörper, der im zweiten Immunpräzipitationsschritt eingesetzt wird, das denaturierte Antigen bindet. Wird polyklonales Antiserum verwendet, ist das in der Regel kein Problem. Harnstoff, $MgCl_2$ und NaOH können in ähnlicher

Art und Weise zur Reduktion unspezifisch präzipitierender Proteine eingesetzt werden, jedoch ist bei Einsatz dieser Agenzien die Ausbeute an Antigen geringer als bei der Verwendung von SDS.

Soll ein Antigen aus einem Zelllysat präzipitiert werden, können quantitativ dominierende cytoplasmatische Proteine wie z. B. Actin als Kontamination auftreten. Gerade Actin assoziiert gerne mit Antikörpern und stellt so ein Problem bei der Immunpräzipitation dar. Durch die Zugabe von 10 mM ATP zu Lysis- und Waschpuffern kann man diesem Actin-Problem auf den Pelz rücken.

Literatur:

Doolittle MH, Martin DC, Davis RC, Reuben MA, Elovson J (1991) A two-cycle immunoprecipitation procedure for reducing nonspecific protein contamination. *Anal Biochem* 195: 364–368

7.2.3 Analyse der Immunpräzipitate

An die Immunpräzipitation schließt sich in den meisten Fällen die SDS-Polyacrylamidgelelektrophorese an (Kap 5.2.1). Dazu wird das Immunpräzipitat in SDS-Puffer solubilisiert. Dieser Puffer enthält neben SDS zumeist auch reduzierende Agenzien (Mercaptoethanol, Dithiotreithol) zum Aufbrechen der Disulfidbrücken. Zur vollständigen Denaturierung der Proteine kann ein mehr oder weniger starkes Erhitzen (60–95 °C) der Probe erforderlich sein. Mittels Zentrifugation kann nun die Präzipitationsmatrix abgetrennt werden. Der Überstand enthält nur noch das Antigen und den Antikörper und wird so auf das Gel aufgetragen.

Je nach Art der Visualisierung ist der Antikörper in der Probe vernachlässigbar oder stellt ein großes Problem dar. Ist die Probe vorher radioaktiv markiert worden und erfolgt die Detektion fluorographisch, sind auf dem Film nur Signale von Proteinen aus der Probe zu erkennen. Der Antikörper stört in diesem Fall nicht. Soll das Antigen mit einer Proteinfärbung (z. B. Coomassie Brilliantblau, Amidoschwarz, Silbernitrat) visualisiert werden, kann der Antikörper sehr wohl zu einem gravierenden Problem werden. Und zwar dann, wenn eine der Antikörperketten ungefähr die gleiche Molekularmasse wie die des Antigens oder eine seiner Untereinheiten aufweist. Da in den meisten Fällen deutlich mehr Antikörper als Antigen vorhanden ist, würde die Antikörperbande bei gleichem Migrationsverhalten das Antigen vollständig überdecken und eine vernünftige Auswertung verhindern. Abhilfe kann die kovalente Kopplung des Antikörpers an die Präzipitationsmatrix schaffen (Kap. 1.4.1). Bei Verwendung einer Protein-A-Matrix kann der Antikörper mit der Methode von Schneider et al. (1982) kovalent mit dem Protein A vernetzt werden. Nicht jede Antikörperkette wird bei der Kopplung kovalent mit der Matrix verbunden. Darum sollte der Experimentator auf reduzierende Agenzien im SDS-Puffer verzichten. Sonst kann es passieren, dass einem insbesondere die leichte Antikörperkette als Verunreinigung zu schaffen macht.

Um die Sensitivität des Antigennachweises zu erhöhen, kann die Immunpräzipitation mit anschließendem Western-Blot kombiniert werden. Auch hierbei kann der Antikörper problematisch sein, sodass sich eine kovalente Kopplung an die Präzipitationsmatrix anbietet.

Literatur:

Doolittle MH, Ben-Zeev O, Briquet-Laugier V (1998) Enhanced detection of lipoprotein lipase by combining immunoprecipitation with Western blot analysis. *J Lipid Res* 39: 934–942

Schneider C, Newman RA, Sutherland DR, Asser U, Greaves MF (1982) A one-step purification of membrane proteins using a high efficiency immunomatrix. *J Biol Chem* 257: 10766–10769

8 Die Zelle: leben, fressen, sterben

8.1 Zellviabilitätsbestimmung

„Tot oder lebendig" – dieser Ausdruck zierte früher die Steckbriefe vieler Gesetzloser und ist auch heutzutage für jeden Experimentator, der sich mit Zellen beschäftigt, noch aktuell. Die unterschiedlichsten Fragestellungen erfordern die Bestimmung der **Viabilität** von Zellen. Dazu gehören beispielsweise Cytotoxizitätsstudien. Interessiert man sich für die Aktivität bestimmter Enzyme, so ist es für eine Standardisierung der Enzymaktivität unerlässlich, die Anzahl lebender Zellen zu bestimmen. Auch die Messung sezernierter Zellmetabolite in Kulturüberständen erfordert eine Viabilitätsbestimmung der Zellen, da diese im Todesfall ihr Innerstes in das Medium entlassen. Diese „Innereien" können cytotoxisch wirken und sehr stabile Enzyme wie zum Beispiel Proteasen und Nucleasen enthalten, die bei ihrer Freisetzung die Messergebnisse gewaltig durcheinander bringen und dem Experimentator schlaflose Nächte und Albträume bescheren können.

Die im Folgenden vorgestellten Methoden sollten jedem etwas bieten. Es gibt Techniken, mit denen man einzelne Zellen oder Zellpopulationen untersuchen kann. Einige Verfahren nutzen eine intakte Plasmamembran als Kriterium für „Leben", während andere die Aktivität bestimmter Stoffwechselenzyme oder das Vorhandensein von Stoffwechselprodukten nachweisen. Beim Durchforsten der zahlreichen, buntbebilderten Kataloge der diversen Anbieter werden Sie mit hoher Wahrscheinlichkeit den einen oder anderen weiteren Assay finden, der Ihren speziellen Ansprüchen womöglich gerechter wird.

8.1.1 Farbstoff-Exklusion

Die klassischen Methoden der Viabilitätsprüfung nutzen die Plasmamembran der Zellen als Kriterium für Leben und Tod. Für bestimmte Farbstoffmoleküle stellt die intakte Plasmamembran lebendiger Zellen eine unüberwindbare Barriere dar. Tote Zellen hingegen bieten so manchem Farbstoffmolekül ein Schlupfloch in ihrer Außenhülle, sodass der Tod ein farbiges Gesicht bekommt.

Vorsicht! Diese Farbstoffe wirken auch cytotoxisch. Lange Inkubationszeiten führen zu einem farbstoffbedingten Anstieg toter Zellen. Auch sollte der Experimentator an seine eigene Gesundheit denken und jegliches Einatmen und Verschlucken sowie Hautkontakt mit diesen Substanzen vermeiden.

8.1.1.1 Trypanblaufärbung

Trypanblau gehört zu den Azofarbstoffen und löst sich in Wasser (2 %ig) und Ethanol (0,5 %ig) tiefblau. Das Farbstoff-Anion bindet an cytosolische Proteine wodurch tote Zellen lichtmikroskopisch blau erscheinen, während die überlebenden Zellen farblos bleiben.

Dies ist die in Routineuntersuchungen am häufigsten angewandte Methode zur Lebendbestimmung von Zellen. Sie bietet viele Vorteile, weil sie einfach, schnell und kostengünstig ist. Man benötigt lediglich den Farbstoff, ein Lichtmikroskop und eine Zählkammer. Spätestens nach langem

Suchen und Durchwühlen sämtlicher Schränke und Schubladen sollten sich diese Gegenstände in fast jedem Labor auftreiben lassen.

Literatur:
Phillips HJ, Terryberry JE (1957) Counting actively metabolizing tissue cultured cells. *Exp Cell Res* 13: 341–347

8.1.1.2 Propidiumiodidfärbung

Propidiumiodid (PI) interkaliert in doppelsträngige DNA und färbt somit den Zellkern an. Es kann nur durch die Plasmamembran toter Zellen eindringen und lässt sich wunderbar mit Licht einer Wellenlänge um 490 nm anregen (z. B. Argon-Laser: 488 nm). Das Emissionsmaximum von PI liegt bei 617 nm, sodass tote Zellen orange-rot erscheinen. Diese Methode ist schnell und bietet sich an, wenn im Labor ein Durchflusscytometer bzw. ein Fluoreszenzmikroskop vorhanden sind.

Achtung! PI besitzt mutagenes und kanzerogenes Potenzial. Bei dem Umgang ist also Vorsicht geboten! Propidiumiodid ist außerdem lichtempfindlich und sollte daher nur dunkel gelagert werden.

Literatur:
Crompton T et al. (1992) Propidium iodide staining correlates with the extent of DNA degradation in isolated nuclei. *Biochem Biophys Res Commun* 183: 532
de Caestecker MP et al. (1992) The detection of intracytoplasmic interleukin-1 alpha, interleukin-1 beta and tumour necrosis factor alpha expression in human monocytes using two colour immunofluorescence flow cytometry. *J Immunol Methods* 154: 11
Pollice AA et al. (1992) Sequential paraformaldehyde and methanol fixation for simultaneous flow cytometric analysis of DNA, cell surface proteins, and intracellular proteins. *Cytometry* 13: 432
Belloc F et al. (1994) A flow cytometric method using Hoechst 33342 and propidium iodide for simultaneous cell cycle analysis and apoptosis determination in unfixed cells. *Cytometry* 17: 59

8.1.1.3 7-Aminoactinomycin D (7-AAD)

Vergleichbar mit PI interkaliert 7-AAD in doppelsträngige DNA – zwischen die Basen Cytosin und Guanin – und kann nur durch die Zellmembran toter Zellen ins Zellinnere eindringen. 7-AAD lässt sich ebenfalls mit einem Laser der Wellenlänge 488 nm anregen (Absorptionsmaximum 546 nm) hat aber ein höherwelliges Emissionsmaximum (647 nm) als PI, weshalb es in der Durchflusscytometrie und Fluoreszenzmikroskopie bei Doppelfärbungen mit Fluorescein bevorzugt eingesetzt wird.

Tipp! 7-AAD gibt's als Ready-to-use-Lösung. Das erleichtert das Handling enorm, da das Ansetzen und vor allem die Lagerung eigens hergestellter 7-AAD-Lösungen aufwändig ist.

8.1.2 Tetrazoliumsalz-Reduktion

Das Prinzip dieser Methode beruht auf der Reduktion des gelben Tetrazoliumsalzes 3-[4,5-Dimethylthiazol-2-yl]-2,5-Diphenyltetrazoliumbromid (MTT) zu violetten Formazankristallen (Abb. 8-1). Diese Reaktion wird durch mitochondriale Dehydrogenasen des Succinat-Tetrazolium-Reduktase-Systems katalysiert. Diese Enzyme sind nur in vitalen Zellen aktiv, sodass die Reduktion von MTT zu Formazan als Maß für die Viabilität der Zellen dient. Die Menge des gebildeten Formazans kann photometrisch bei einer Wellenlänge von 550–600 nm bestimmt werden, da das Substrat MTT in diesem Bereich nicht absorbiert. Dieser Viabilitätstest eignet sich auch für High-Throughput-Anwendungen, da er sich in Mikrotiterplatten durchführen lässt. Das Labor muss dazu allerdings mit einem mikrotiterplattenkompatiblen Photometer ausgestattet sein. Die Methode hat den Nachteil, dass nicht einzelne Zellen untersucht werden können, da eine Mindestzellzahl für den Test benötigt wird, um in den Nachweisbereich des Formazans zu gelangen. Das durch MTT-Reduktion gebildete Formazan kristallisiert in wässriger Lösung leicht aus. Vor der Messung

Tetrazoliumverbindung	Formazan	Messwellenlänge	Eigenschaften
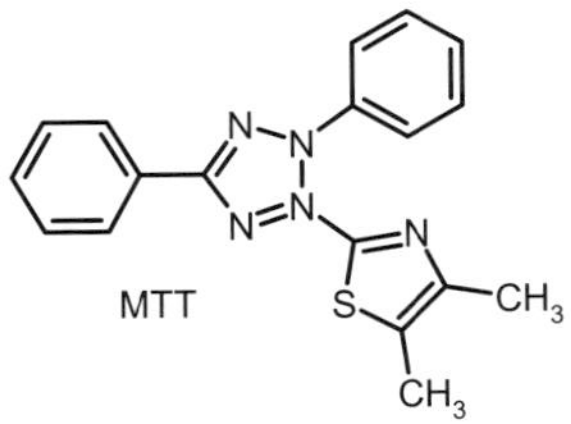 MTT	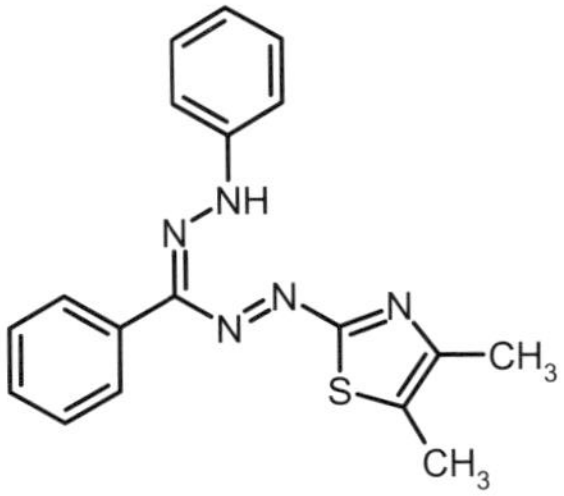	550 - 600 nm	wasserunlösliches Formazan, zusätzlicher Solubilisierungsschritt, Stabilität: als Lösung 4 Wochen bei 2 - 8 °C
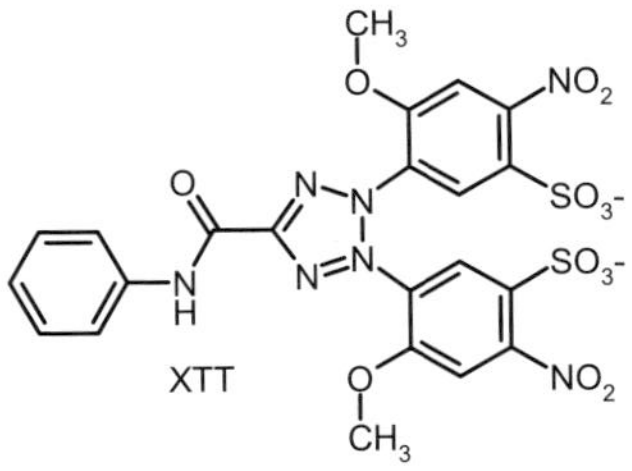 XTT	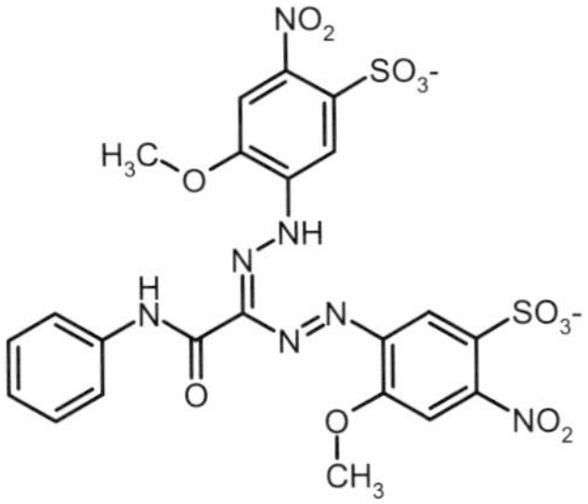	450 - 500 nm	wasserlösliches Formazan, sensitiver als MTT, stabil bei -20 °C
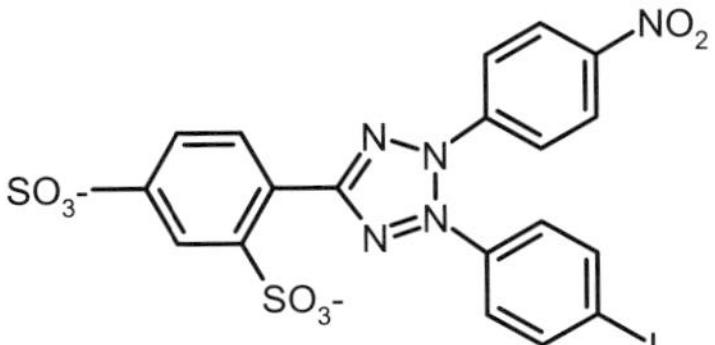 WST-1	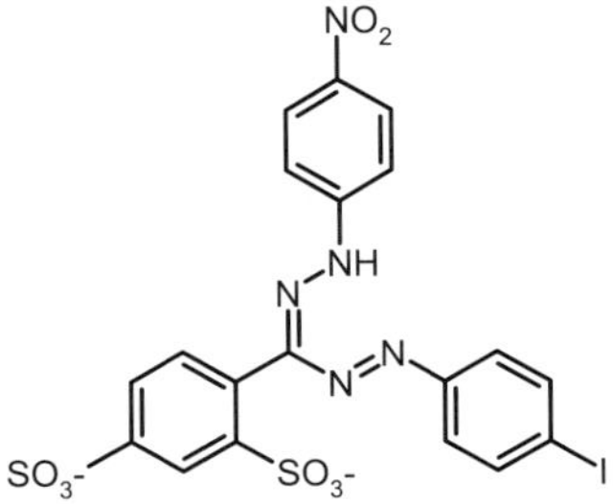	420 - 480 nm	wasserlösliches Formazan, sehr stabil, kann als Lösung bei 2 - 8 °C gelagert werden, großer linearer Messbereich, sensitiver als MTT und XTT

Abb. 8-1: Tetrazoliumverbindungen zum Nachweis der Zellviabilität. Dargestellt sind die Strukturformeln der Tetrazoliumverbindungen und ihrer reduzierten Spaltprodukte sowie wichtige Eigenschaften.

im Photometer müssen deshalb die Kristalle durch Zugabe von Lösungsmitteln (z. B. Isopropanol) bzw. Detergenzien (z. B. SDS) vollständig gelöst werden.

Die Tetrazoliumsalze Natrium 3′-[1-(Phenylaminocarbonyl)-3,4-Tetrazolium]-bis-(4-Methoxy-6-Nitro)-Benzen-Sulfonsäurehydrat (XTT) und 4-[3-(4-Jodophenyl)-2-(4-Nitrophenyl)-2H-5-Tetrazolio]-1,3-Benzendisulfonat (Wst–1) können nach dem gleichen Prinzip zur Viabilitätsbestimmung eingesetzt werden (Abb. 8-1). Da die gebildeten Formazansalze dieser Substrate wasserlöslich sind, kann die Auswertung der Versuche sofort nach der Inkubation erfolgen, und der Experimentator spart Zeit. Wst-1 hat zusätzlich den Vorteil, dass der lineare Messbereich größer ist. Auch ist dieses Tetrazoliumsalz erheblich stabiler und kann als Gebrauchslösung gelagert werden.

Achtung! Phenolrot beeinflusst die Formazanmessung. Daher dürfen die verwendeten Zellkulturmedien für diese Assays kein Phenolrot enthalten. Weiterhin können Tetrazoliumsalze DNA-Schäden verursachen!

Literatur:

Carmichael J et al. (1987) Evaluation of a tetrazolium-based, semi-automated colorimetric assay: assessment of chemosensitivity testing. *Cancer Research* 47: 936–942

Denizot F, Lang R (1986) Rapid colorimetric assay for cell growth and survival Modifications to the tetrazolium dye procedure giving improved sensitivity and reliability. *J Immunol Methods* 89: 271

Ishiyama M et al. (1996) A combined assay of cell viability and in vitro cytotoxicity with a highly water-soluble tetrazolium salt, neutral red and crystal violet. *Biol Pharm Bull* 11: 1518–1520

Mossman T (1983) Rapid colorimetric assay for cellular growth and survival: application to proliferation and cytotoxicity assays. *J Immunol Methods* 65: 55–63

Roehm N et al. (1991) An improved colorimetric assay for cell proliferation and viability utilizing the tetrazolium salt XTT. *J Immunol Methods* 142: 257–265

Scudiero D et al. (1988) Evaluation of a soluble tetrazolium/formazan assay for cell growth and drug sensitivity in culture using human and other cell lines. *Cancer Research* 48: 4827–4833

8.1.3 ATP-Assay

ATP – die „Energiewährung" der Zelle – ist ein Stoffwechselprodukt mit einer sehr hohen Umsatzrate. Es ist daher nur in vitalen Zellen vorhanden und kann somit als Maß für die Zellviabilität herangezogen werden. Die quantitative Messung von ATP kann mittels Luciferase-Reaktion durchgeführt werden. Dieses Enzym katalysiert in Gegenwart von Mg^{2+} die Umsetzung von Luciferin, ATP und molekularem Sauerstoff zu Oxyluciferin, Pyrophosphat, AMP, CO_2 und Licht der Wellenlänge 560 nm (Abb. 8-2). Die entstandene Lichtmenge lässt sich detektieren und quantifizieren. Sie ist proportional zu der ATP-Konzentration in der Probe. Um das gesamte intrazelluläre ATP nachweisen zu können ist bei diesem Test die Lyse der Zellen erforderlich, sodass nur eine Aussage über Zellpopulationen und nicht über einzelne Zellen möglich ist. Im Vergleich zu den Methoden, denen die Reduktion eines Tetrazoliumsalzes zugrunde liegt, bietet die ATP-Messung eine höhere Sensitivität. Für den Durchsatz vieler Proben kann diese Methode ebenfalls auf Mikrotiterplattenformat übertragen werden.

Achtung! Hohe Sensitivität bringt erfahrungsgemäß hohe Empfindlichkeit gegenüber Kontaminationen mit sich. Daher ist es wichtig, dass der Experimentator mit äußerster Sorgfalt zu Werke geht.

Literatur:

Ahmann FR et al. (1987) Intracellular adenosine triphosphate as a measure of human tumor cell viability and drug modulated growth. *In vitro Cell Dev Biol* 7: 474–480

Maehara Y et al. (1987) The ATP assay is more sensitive than succinate dehydrogenase inhibition test for predicting cell viability. *Eur J Cancer Clin Oncol* 3: 273–276

Petty RD et al. (1995) Comparison of MTT and ATP-based assays for the measurement of viable cell number. *J Biolumin Chemilumin* 1: 29–34

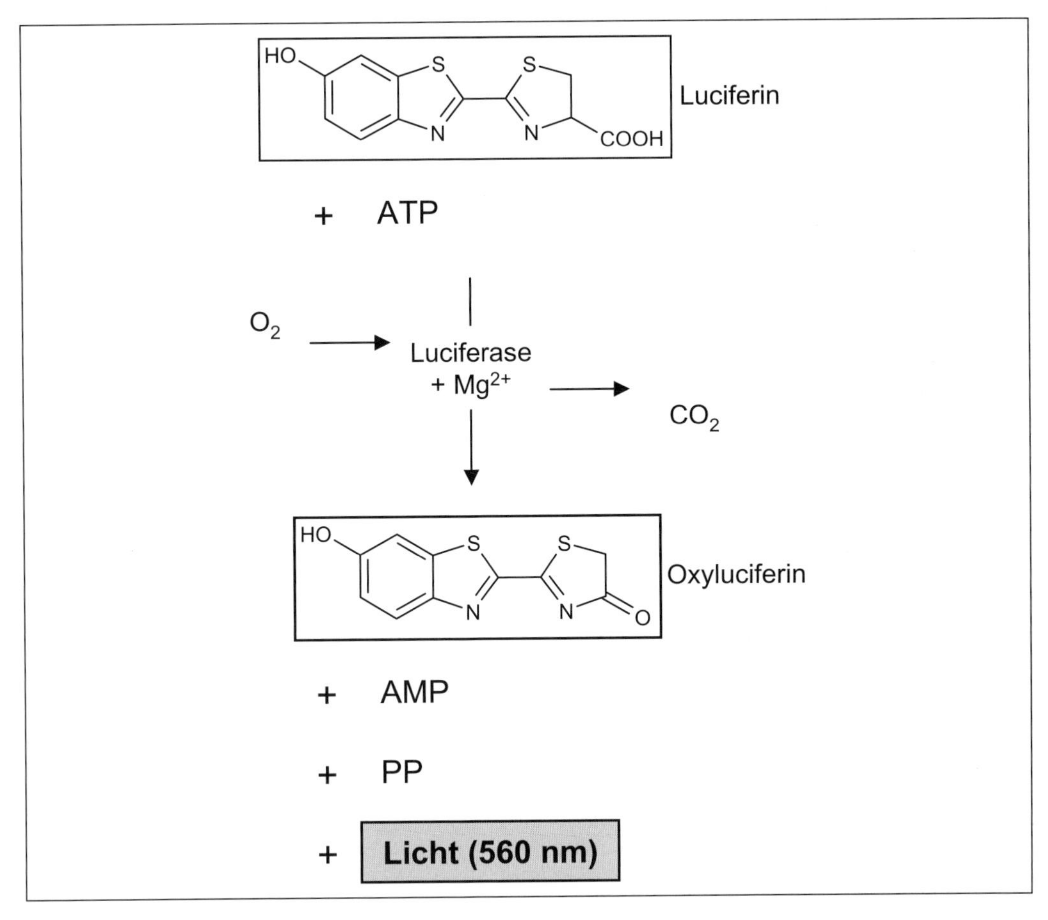

Abb. 8-2: Reaktionsschema der luciferasekatalysierten Reaktion zum Nachweis von ATP in vitalen Zellen.

8.2 Zellproliferation

Häufig möchte der Experimentator außer der Viabilität zusätzlich die Teilungsfähigkeit seiner Lieblinge überprüfen, z.B. nach Stimulation mit bestimmten Wachstumsfaktoren und Hormonen. In Toxizitätsstudien ist es ebenfalls beliebt, den Einfluss verschiedener Substanzen auf die Proliferationsfähigkeit von Zellen zu ermitteln. Die Pragmatiker unter Ihnen werden vorschlagen, man könne nun einfach die Gesamtzellzahl vor und nach Stimulation bestimmen und diese miteinander vergleichen. Bei sich schnell replizierenden Bakterien ist diese Methode auch praktikabel, bei sich langsam teilenden eukaryotischen Zellen ist sie jedoch in hohem Maße fehlerbehaftet. Die Bestimmung der metabolischen Aktivität mittels ATP-Assay oder Tetrazoliumsalz-Reduktion zu Formazan (Kap. 8.1.3, Kap. 8.1.2) wird in einigen Labors als Maß der Zellproliferation herangezogen. Im folgenden Kapitel sollen weitere Methoden zur Beantwortung dieser Fragestellung beschrieben werden. Sie bedienen sich markierter DNA-Bausteine (Kap. 8.2.1, Kap. 8.2.2). Da genomische DNA vor der Zellteilung repliziert werden muss, werden diese markierten Bausteine in die neusynthetisierte DNA eingebaut. Bei der Zellteilung erhalten dann Mutter- und Tochterzelle aufgrund der semikonservativen Replikation je einen markierten DNA-Strang. Je nach Art der Markierung und des Assays lassen sich die proliferierenden Zellen auf verschiedene Weise detektieren und quantifizieren. Eine zusätzliche und zudem sehr moderne Art die Zellproliferation zu bestimmen, bietet die Durchflusscytometrie (Kap. 8.2.3).

8.2.1 DNA-Markierung mit [^{3}H]Thymidin

Die klassische Methode, neusynthetisierte DNA zu quantifizieren funktioniert über den Einbau radioaktiv markierter Nucleotide. Am häufigsten wird hierfür tritiiertes Thymidin ([^{3}H]Thymidin) verwendet. Dieses markierte Nucleotid ist ein schwacher β-Strahler, dessen β-Partikel in der Luft nur ca. 0,5 cm weit strahlen. Um die Radioaktivität quantifizieren zu können, wird die Energie der β-Strahlen durch einen speziellen Messpuffer zum Detektor weitergeleitet. Für die Markierung der Zellen müssen diese über mehrere Stunden in [^{3}H]thymidinhaltigem Medium inkubiert werden. Schließlich extrahiert man die DNA und misst die Radioaktivität in einem Flüssigkeits-Szintillationszähler. Diese Methode eignet sich zum Nachweis der neusynthetisierten DNA in der gesamten Zellpopulation. Einzelzellanalysen sind auf diese Weise nicht möglich.

Achtung! Die Bestimmungen der Strahlenschutzverordnung sind bei Versuchen mit radioaktiven Substanzen unbedingt einzuhalten. Besonders ist auf das Tragen geeigneter Schutzkleidung und die korrekte Entsorgung radioaktiv kontaminierter Materialien zu achten.

Literatur:

Maurer HR (1981) Potential pitfalls of [^{3}H]thymidine techniques to measure cell proliferation. *Cell Tissue Kinet* 14: 111–120

Naito K et al. (1987) Cell cycle related [^{3}H]thymidine uptake and its significance for incorporation into DNA. *Cell Tissue Kinet* 20: 447–457

Naito K et al. (1989) Effects of adriamycin and hyperthermia on cellular uptake of [^{3}H]thymidine and its significance for the incorporation into DNA. *Int J Hyperthermia* 5: 329–340

8.2.2 DNA-Markierung mit 5-Brom-2'-desoxyuridin (BrdU)

Wen die Aussicht auf Umgang mit radioaktivem Material nicht gerade in Begeisterungsstürme versetzt oder wem schlicht und einfach das erforderliche Laborequipment fehlt, der greife voller Enthusiasmus zur Methode der BrdU-Markierung! BrdU ist ein Thymidinanalogon (Abb. 8-3) und wird an dessen Stelle von der DNA-Polymerase während der DNA-Synthese in den neuen Strang inkorporiert. Die Detektion des eingebauten BrdU erfolgt mittels Immunoassay durch spezifische Antikörper. Sind diese Antikörper enzymgekoppelt, z. B. mit Meerrettich-Peroxidase (Kap. 1.3.2.1), kann nach Zugabe eines Substrats das farbige Produkt der enzymkatalysierten Reaktion gemessen und quantifiziert werden. Die Menge des gebildeten Produktes verhält sich proportional zur Anzahl der DNA-inkorporierten BrdU-Moleküle. Die Auswertung dieser Enzym Immunoassays kann je nach eingesetztem Substrat über eine ELISA-Technik oder aber auch lichtmikroskopisch erfolgen. Fluorochrommarkierte Antikörper gegen BrdU ermöglichen eine Detektion über die Fluoreszenz, die sich dann proportional zu der Menge des inkorporierten BrdU verhält. Sie werden für die fluoreszenzmikroskopische und durchflusscytometrische Auswertung eingesetzt. Über diese Methoden ist es möglich, jede Zelle mit neusynthetisierter DNA einzeln zu detektieren und zu analysieren. Auch in Form eines Mikrotiterplattenassays können fluoreszenzmarkierte BrdU-Antikörper verwendet werden. Dieses Testformat erfordert allerdings die Lyse der Zellen, sodass nur Aussagen über die ganze Zellpopulation getroffen werden können.

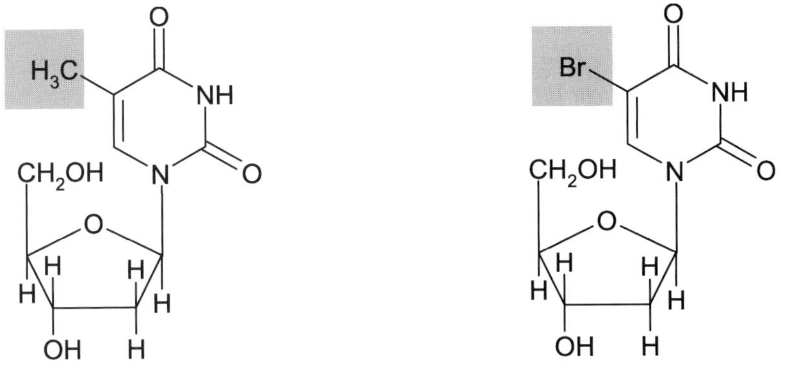

Thymidin
(5-Methyluracil-2'-desoxyribose)

5-Brom-2'-desoxyuridin
(5-Bromuracil-2'-desoxyribose)

Abb. 8-3: Das Nucleosid Thymidin und sein Analogon 5-Brom-2'-desoxyuridin.

Die Methode der BrdU-Markierung eignet sich ebenfalls für in vivo Proliferationsstudien. BrdU kann zwar Basentransitionen verursachen und somit mutagen wirken, hat aber nicht so starke Auswirkungen auf den Organismus wie radioaktiv markierte Nucleotide. Diese Methode hat sich aufgrund der Vermeidung von radioaktivem Abfall gegenüber der DNA-Markierung mit radioaktiven Nucleotiden für Zellproliferationsstudien durchgesetzt. Auch die Sensitivität dieses Verfahrens ist mindestens ebenso hoch wie die der radioaktiven Markierung.

Literatur:

Carbajo-Perez E et al. (1995) In vitro bromodeoxyuridine-labelling of single cell suspensions: effects of time and temperature of sample storage. *Cell Prolif* 28: 609–615

Magaud JP et al. (1988) Detection of human white cell proliferative responses by immunoenzymatic measurement of bromodeoxyuridine uptake. *J Immunol Methods* 106: 95–100

Parkins CS et al. (1991) Cell proliferation in human tumour xenografts: measurement using antibody labelling against bromodeoxyuridine and Ki-67. *Cell Prolif* 24: 171–179

Perros P, Weightman DR (1991) Measurement of cell proliferation by enzyme-linked immunosorbent assay (ELISA) using a monoclonal antibody to bromodeoxyuridine. *Cell Prolif* 24: 517–523

Porstmann T et al. (1985) Quantitation of 5-bromo-2-deoxyuridine incorporation into DNA: an enzyme immunoassay for the assessment of the lymphoid cell proliferative response. *J Immunol Methods* 82: 169–179

Vitale M et al. (1991) Characterization and cell cycle kinetics of hepatocytes during rat liver regeneration: in vivo BrdUrd incorporation analysed by flow cytometry and electron microscopy. *Cell Prolif* 24: 331–338

Williamson K et al. (1993) In vitro BrdUrd incorporation of colorectal tumour tissue. *Cell Prolif* 26: 115–124

8.2.3 Durchflusscytometrische Bestimmung der Zellproliferation

Eine derzeit angesagte Möglichkeit die Proliferation von Zellen zu untersuchen, bietet die Durchflusscytometrie. Im Gegensatz zu den herkömmlichen Methoden der [^{3}H]Thymidin- bzw. BrdU-Inkorporation lassen sich mittels Durchflusscytometrie interessante Details bestimmen – anständig optimierte Geräteeinstellungen vorausgesetzt. So kann im Idealfall von jeder einzelnen Zelle die Anzahl der durchlaufenen Zellteilungen ermittelt werden (Abb. 8-4). Zusätzlich lassen sich neben der Zellproliferation noch diverse Oberflächenmoleküle mittels Antikörpermarkierung bestimmen.

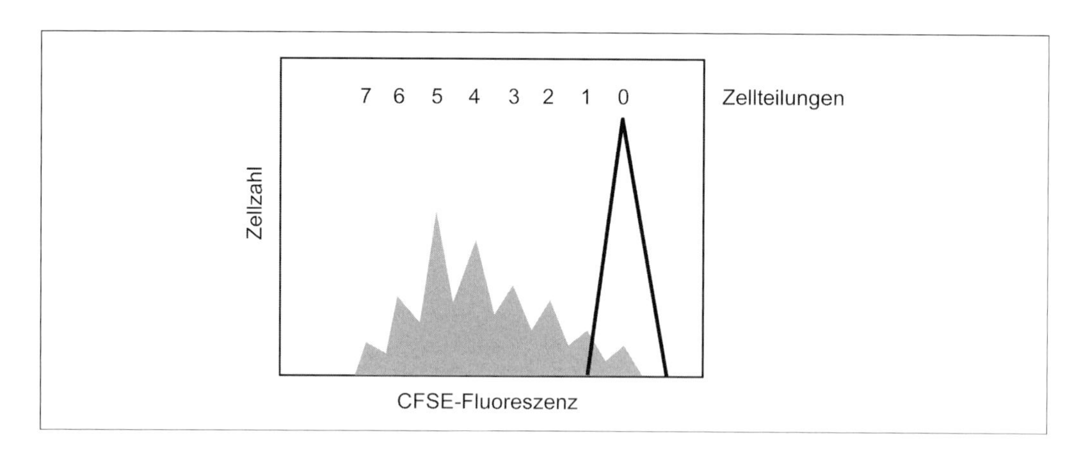

Abb. 8-4: Bestimmung der Zellproliferation mittels Durchflusscytometrie. In einem Histogramm-Plot wird die CFSE-Fluoreszenz gegen die Zellzahl dargestellt. Da mit jeder Zellteilung die im Cytoplasma gebundene Menge an CFSE abnimmt, kann im Optimalfall von jeder Zelle die Anzahl der durchlaufenen Zellteilungen bestimmt werden. Eine negativ-Kontrolle bei der die Zellproliferation z. B. durch Zugabe von Mitomycin C blockiert wird, sollte immer mitgeführt werden (schwarze Linie).

Bei dieser Methode färbt man die Zellen mit dem Molekül Carboxyfluoreszeindiacetat-Succinimidylester (CFSE). Dieses noch farblose Substrat diffundiert in die Zelle, wo die beiden Acetat-Reste durch intrazelluläre Esterasen abgespalten werden. Das daraus resultierende fluoreszierende Molekül Carboxyfluoreszein-Succinimidylester kann mittels 488 nm Laser angeregt werden (Absorptionsmaximum: 492 nm) und besitzt ein Emissionsmaximum von 517 nm. Die Succinimidyl-Gruppe dieses Moleküls reagiert kovalent mit freien Aminen im Zellinneren, wodurch eine stabile Bindung des Carboxyfluoreszeins an cytoplasmatische Strukturen erreicht wird. Diese Bindung ist so stabil, dass selbst nach mehrtägiger Zellkultur kein Carboxyfluoreszein auf andere Zellen übertragen wird. Teilen sich die Zellen, wird das Carboxyfluoreszein der Mutterzelle zu gleichen Teilen auf die Tochterzellen verteilt, sodass die Fluoreszenz dieser Zellen nur die Hälfte der Fluoreszenz der Mutterzelle beträgt. Folglich gilt – je häufiger sich eine Zelle geteilt hat, desto geringer ist ihre Fluoreszenz.

Die Färbung der Zellen (10^7/ml) erfolgt mit 5–10 µM CFSE für 10 min bei 37 °C in PBS. Anschließend wird überschüssiges CFSE mit eiskaltem Medium ausgewaschen. Lymphocyten lässt man üblicherweise 5–7 Tage proliferieren, bevor die Zellen geerntet werden und die CFSE-Fluoreszenz durchflusscytometrisch analysiert wird.

Zur Evaluierung der Methode sollten immer eine Positiv- und Negativkontrolle mitgeführt werden. Leukocyten können beispielsweise durch Zugabe von Phytohemagglutinin zur Proliferation angeregt werden. Um die Proliferation der Zellen zu unterbinden eignet sich Mitomycin C.

Literatur:

Weston SA, Parish CR (1990) New fluorescent dyes for lymphocyte migration studies. *J Immunol Methods* 133: 87-97
Lyons AB, Parish CR (1994) Determination of lymphocyte division by flow cytometry. *J Immunol Methods* 171: 131-137
Hodgkin PD et al. (1996) B cell differentiation and isotype switching is related to division cycle number. *J Exp Med* 184: 277-281

8.3 Phagocytose-Assays

Fressen und gefressen werden – diesem grausamen, aber durchaus nützlichem Dogma der Natur wollen wir uns in diesem Kapitel auf zellulärer Ebene widmen. Phagocyten sind u. a. eine Komponente des angeborenen Immunsystems und damit einer unserer ersten Schutzschilde gegen eindringende Pathogene, wie Bakterien und Pilze. Bekommen sie entsprechende Signale, wandern diese Zellen schnurstracks zum Infektionsherd und vertilgen die Eindringlinge. Zu den professionellen Phagocyten im peripheren Blut gehören neutrophile Granulocyten und Monocyten. Eosinophile Granulocyten sowie einige Lymphocyten können zwar ebenfalls phagocytieren, doch ist dies nicht ihre hauptsächliche Funktion. Professionelle Phagocyten in den Geweben sind vor allem Zellen, die aus Monocyten hervorgegangen sind (z. B. Makrophagen) sowie neutrophile Granulocyten, die aus dem Blut zum Infektionsherd in das Gewebe eingewandert sind. Während die neutrophilen Granulocyten komplett ausdifferenziert sind und im Gewebe nur wenige Stunden überleben, können die Makrophagen proliferieren und dürfen sich einer Lebenserwartung von mehreren Tagen erfreuen.

Die Phagocyten sind nicht auf das Verschlingen von Bakterien und Pilzen begrenzt – ebenso verputzen sie apoptotische Zellen, denen sich der Organismus entledigen möchte. Und hier schließt sich der Kreis. Haben beispielsweise die neutrophilen Granulocyten erfolgreich die Infektion bekämpft, ernten sie nicht etwa den ihnen gebührenden Dank, sondern der Organismus macht ihnen deutlich, dass er sie nicht mehr benötigt. Ein Apoptoseprogramm wird in diesen Zellen initiiert, wodurch sie von Makrophagen erkannt und verspeist werden können. Dringen abiotische, potenziell pathogene Fremdpartikel in den Organismus ein (z. B. über die Lunge), werden diese ebenfalls phagocytiert. Recht plastisch erinnert wird man an diesen Mechanismus bei der mikroskopischen Betrachtung von Alveolarmakrophagen eines starken Rauchers. Deutlich sind hier die schwarzen Teerinklusionen zu erkennen – sehr appetitlich!

Unerlässlich für die Phagocytose ist die Bindung des Partikels an den Phagocyten. Diese kann über unspezifische, nicht-kovalente Bindungen (van-der-Waals-Kräfte, hydrophobe und elektrostatische Wechselwirkungen) oder über spezifische Rezeptor-Ligand-Wechselwirkungen erfolgen. Die Intensität der Phagocytose ist bei Rezeptor-Ligand-vermittelter Bindung deutlich stärker, als bei unspezifischer Bindung. Dazu muss der zu phagocytierende Partikel jedoch erst vom Organismus mit einem entsprechenden Liganden markiert werden. Dieser Vorgang wird als **Opsonisierung** bezeichnet. Wirksame Opsonine sind z. B. Antikörper und Proteine der Komplementkaskade (z. B. C3b). Besonders Antikörpermoleküle der Isotypen IgG_1 und IgG_3 zeichnen sich im Vergleich zu anderen Serumproteinen durch eine erhöhte Hydrophobizität aus. Dadurch adsorbieren sie spontan an eindringende hydrophobe Partikel (z. B. viele Bakterien). Phagocyten exprimieren auf ihrer Oberfläche Fc-Rezeptoren, mittels derer sie die mit Antikörpern opsonisierten Pathogene erkennen, binden und anschließend verschlingen können.

Den Mechanismus der Opsonisierung versuchen viele Bakterien auszutricksen, um der Immunabwehr des Wirts zu entgehen. Die Ausbildung einer hydrophilen Kapsel verhindert die unspezifische Adsorption der Antikörper über hydrophobe Wechselwirkungen. Dies gewährleistet allerdings nur einen kurzfristigen Schutz, solange bis der Wirt über Mechanismen der adaptiven Immunantwort spezifische Antikörper gegen diese hydrophilen Oberflächenstrukturen der Bakterien gebildet hat. Auch das von uns Experimentatoren so geschätzte Protein A wurde vom Stamm *Staphylococcus aureus* Cowan 1 zum Schutz vor der Immunabwehr des Wirts evolviert. Durch die hohe Affinität von Protein A zum Fc-Teil der IgG-Moleküle, binden die IgG's mit ihrem Fc-Teil an das Bakterium, sodass diese nicht mehr für die Phagocytenaktivierung verfügbar sind.

Hat der Phagocyt nun endlich den Partikel gebunden, kommt es zur Invagination der Plasmamembran und zur Abschnürung eines partikelenthaltenden Phagosoms. Dieses Phagosom verschmilzt mit Lysosomen, die bekanntlich lysierende Enzyme enthalten. Durch die enzymatische Verdauung der phagocytierten Partikel werden diese letztlich neutralisiert.

Sind bestimmte Erkrankungen auf eine defizitäre Opsonisierung der eindringenden Partikel zurückzuführen? Sind die Phagocyten zu träge, um alle Partikel zu verschlingen? Wie kann man ihre Phagocytoseaktivität steigern? All diesen spannenden Fragen kann man mit einem Phagocytose-Assay auf den Grund gehen. Im Prinzip sieht ein solches Assaysystem folgendermaßen aus: Man inkubiert die Testpartikel (z. B. Bakterien, Mikropartikel, apoptotische Zellen) mit den Phagocyten. Anschließend trennt man die Phagocyten von den nicht-phagocytierten Partikeln ab. Man bestimmt nun die Menge der phagocytierten Partikel in der Phagocytenfraktion bzw. die Menge der aus der Suspension verschwundenen Partikel. Die folgende Checkliste enthält einige grundlegende Ratschläge, die Sie befolgen sollten, damit Ihr Phagocytose-Assay gelingt:

- Die antikörpervermittelte Phagocytose ist Ca^{2+}- und Mg^{2+}-abhängig. Diese divalenten Kationen müssen demnach im Medium vorhanden sein. EDTA und andere Chelatoren sollten entsprechend vermieden werden.
- Eine gute Durchmischung während der Inkubationsphase sorgt für einen ständigen Kontakt zwischen Phagocyten und Partikeln.
- Die Partikel müssen im Überschuss zugegeben werden, damit sie nicht während des Assays zum limitierenden Faktor werden. Erprobte Phagocyt-Partikel-Verhältnisse liegen zwischen 1:5 und 1:100. Dies muss jedoch für jeden neuen Test empirisch ermittelt werden.
- Da viele Phagocyten zur Adhärenz an Oberflächen tendieren, kann man Gefäße aus Polypropylen verwenden, um die Anheftung der Zellen zu minimieren.

8.3.1 Die Testpartikel – Futter für die Phagocyten

Was der Experimentator seinen Untersuchungsobjekten zu fressen anbietet, hängt in erster Linie von der Fragestellung ab. Schließlich ist man darauf erpicht, mit dem Modellsystem die *in vivo*-Verhältnisse möglichst genau nachzustellen. Richtet man sein Augenmerk auf die Phagocytose apoptotischer Zellen, sollte man den Phagocyten eben solche zum Festmahl servieren. Dazu isoliert man die gewünschte Zellpopulation und induziert in den Zellen künstlich Apoptose. Dies kann beispielsweise durch Bestrahlung mit einer UV-Lampe geschehen. Ob die Zellen den erforderlichen Apoptosegrad erreicht haben, lässt sich am einfachsten und schnellsten über eine Annexin-V-Markierung und anschließender durchflusscytometrischer Messung evaluieren (Kap. 8.5.5).

Die phagocytotische Eliminierung von Bakterien und Pilzen studiert man am naturgetreuesten, indem man den entsprechenden Mikroorganismus als Testpartikel verwendet. Problematisch ist das allerdings bei der Untersuchung pathogener Mikroorganismen. Diese sollte man vorher abtöten (z. B. durch Hitze) oder man verwendet nur Zellwandbestandteile des Organismus. Als Modell zur Imitation eines Pilzes wird in Phagocytosestudien häufig Zymosan (Zellwandbestandteile von *Saccharomyces cerevisiae*) eingesetzt. Alternativ können auch ganze, hitzeinaktivierte Zellen von *Saccharomyces cerevisiae* verwendet werden. Diese neigen nicht so leicht zur Aggregatbildung wie Zymosan und sind einheitlicher in der Größe. Eine einheitliche Größe der Testpartikel erleichtert vielfach die Auswertung. Damit ist auch der größte Vorteil, den Mikropartikel bieten, genannt. Diese kann man mit definierten Durchmessern erwerben. Der Durchmesser sollte 1 µm möglichst nicht unterschreiten, da kleinere Partikel auch über Pinocytose – dem „Zelltrinken“ – aufgenommen werden können. An Polystyrolbeads bzw. oberflächenaktivierte Mikropartikel kann man Zellwandproteine eines bestimmten Mikroorganismus koppeln und diesen damit imitieren. Besonders zur Untersuchung der Phagocytose pathogener Organismen bietet sich die Kopplung von rekombinanten Oberflächenproteinen an Mikropartikel an, da sich so der potenziell gefährliche Umgang mit diesen Organismen vermeiden lässt. Für das Studium der unspezifischen Phagocytose verwendet man nicht-opsonisierte Latexpartikel.

Der Vollständigkeit halber seien an dieser Stelle noch die altehrwürdigen Öltropfen genannt. Sie haben allerdings einen entscheidenden Nachteil – man kann sie nicht kaufen. Der Experimentator muss also selbst ran. Dafür kann er aber frei entscheiden, welchen Marker (z. B. Farbstoff, Radionuklid) er in die Öltropfen integriert. Als Öle kommen Paraffinöl oder Diisodecylphtalat infrage. Letzteres weist die höhere Dichte auf und sollte bevorzugt werden, da sich mit dem leichten Paraffinöl vollgestopfte Phagocyten einiger Spezies (z. B. Kaninchen) schlechter sedimentieren lassen. Auch die uneinheitliche Größe der Öltropfen soll an dieser Stelle nicht unerwähnt bleiben. Wer Interesse an der Öltropfen-Methode gefunden hat, findet weitere Informationen sowie ein Protokoll zur Herstellung solcher Öltropfen bei Stossel (1986).

Opsonisierung

Für viele Phagocytose-Assays ist es erforderlich, die Testpartikel mit Opsoninen zu markieren. Das steigert häufig die Effektivität der Phagocytose. Zu den Opsoninen gehören z. B. Antikörper sowie Komplementkomponenten – alles Serumproteine. Die Antikörper müssen so an die Testpartikel gekoppelt werden, dass sie ihren Fc-Teil präsentieren. Häufig reicht die unspezifische Adsorption der Antikörper an die Partikel. Ein Teil dieser Antikörper wird mit hoher Wahrscheinlichkeit so gebunden sein, dass die Phagocyten den Fc-Teil mit ihren Fc-Rezeptoren binden können. Vom Partikel gebundene Komplementfaktoren können von den Phagocyten ebenfalls über entsprechende Komplementrezeptoren gebunden werden.

Die Opsonisierung mit unspezifischen Antikörpern und Komplementkomponenten kann durch Inkubation der Testpartikel mit autologem Serum oder gepooltem Serum erreicht werden. Dazu mischt man 1 Vol. Testpartikelsuspension (10^7–10^9 Partikel/ml in PBS) mit 1 Vol. Serum und schwenkt das Ganze leicht für 30 min bei 37 °C. Bei längeren Inkubationszeiten werden die Komplementkomponenten unter Umständen durch proteolytische Aktivität im Serum verdaut. Daher sollte die Testpartikelsuspension nach Beendigung der Opsonisierung auch sofort auf 4 °C abgekühlt werden.

Alternativ kann man die Testpartikel mit spezifischen Antikörpern gegen Oberflächenantigene opsonisieren. Dazu inkubiert man die Partikel mit den Antikörpern für 30–60 min bei 37 °C. Hierbei müssen Partikelkonzentration und Antikörperkonzentration so eingestellt werden, dass die Partikel nicht agglutinieren. Das erfordert evtl. einiges Ausprobieren.

Tipp! Opsonisierte Testpartikel neigen häufig zur Aggregatbildung. Für einen Phagocytose-Assay ist es jedoch erforderlich, dass die Partikel homogen suspendiert vorliegen. Eine kurze Ultraschallbehandlung der Partikelsuspension (z. B. Ultraschallbad, Sonifier) vor Zugabe zu den Phagocyten sollte alle Aggregate auflösen.

8.3.2 Methoden der Partikelvisualisierung

Ist das große Fressen vorbei, steht man vor der nächsten Aufgabe: Wie kann man feststellen, wie viele der Phagocyten gespeist haben? Welcher Phagocyt war bescheiden und welcher hat sich überfressen? Diesen Fragen kann man mit den unterschiedlichsten Methoden, die im weiteren Verlauf genauer dargestellt werden, auf den Grund gehen. Es bieten sich Möglichkeiten, sowohl die phagocytierten Partikel als auch die verschonten zu messen und zu quantifizieren.

8.3.2.1 Mikroskopie

Einfach, aber dafür begrenzt in ihren Möglichkeiten ist die lichtmikroskopische Untersuchung der Phagocytose. Große phagocytierte Partikel, z. B. apoptotische Zellen und Hefen, lassen sich auch noch in den Phagocyten gut identifizieren. Bei kleinen Mikropartikeln, Bakterien oder Antigen-Antikörper-Komplexen gestaltet sich dies schon schwieriger, wenn nicht gar unmöglich. Hier reicht häufig die Auflösung der Lichtmikroskopie nicht mehr aus, um diese Partikel intrazellulär zu detektieren. Auch die Unterscheidung zwischen phagocytierten und adhärenten Partikeln fällt bei kleiner Partikelgröße auf diese Art und Weise oft schwer. Die Verwendung farbiger Testpartikel oder die nachträgliche Färbung der Partikel – eosinophile Granulocyten lassen sich beispielsweise mit Eosin anfärben – erleichtert die lichtmikroskopische Identifizierung und Auszählung phagocytierter Testpartikel, da so der Kontrast zwischen Phagocyt und Testpartikel erhöht wird.

Eine deutlich bessere Auflösung bietet die **Transmissionselektronenmikroskopie (TEM)**. Auch phagocytierte kleine Bakterienzellen und Mikropartikel können so eindeutig identifiziert und quantifiziert werden. Nebenbei kann man auch wunderbare Details erkennen, z. B. ob die Partikel komplett phagocytiert wurden oder nur an dem Phagocyten adhäriert sind. Im Gegensatz zur Lichtmikroskopie erfordert die TEM eine aufwändigere Probenvorbereitung. Die Zellen müssen fixiert (z. B. mit 1 % Glutardialdehyd) und entwässert (z. B. in einer Alkohol- oder Acetonreihe) werden. Eine Behandlung mit Osmiumtetroxid erhöht die Elektronendichte, insbesondere von Membranen und verbessert so die Kontrastierung des Präparates. Vor dem Schneiden wird schließlich noch die Einbettung der Zellen in ein geeignetes Epoxidharz oder Methaacrylat fällig. Weiteres zur Probenvorbereitung für verschiedene Mikroskopietechniken finden Sie in Kapitel 6, und ein detailliertes Protokoll zur elektronenmikroskopischen Detektion phagocytierter Partikel beschreiben Ruiz et al. (2003).

Allen mikroskopischen Methoden gemein ist die für den Experimentator recht mühsame Auswertung der Proben. Für eine zuverlässige Quantifizierung der Phagocytose sollten schon mindestens 100 Zellen – besser mehr – ausgezählt werden. Bei entsprechend vielen Proben ergibt das schnell mal einen oder mehrere Tage über dem Lichtmikroskop – und als Zugabe gibt's im schlimmsten Fall noch Kopfschmerzen und Sehstörungen. Elektronenmikroskopisch lässt sich eine solche Probenflut gar nicht mehr verarbeiten. Diese Methode eignet sich eigentlich nur zur Kontrolle, ob die Testpartikel auch wirklich von den Phagocyten verspeist werden.

8.3.2.2 Durchflusscytometrie

Eine schnelle, wenig aufwändige Methode zur Untersuchung der Phagocytose bietet die Durchflusscytometrie. Mit ihr können Tausende von Phagocyten und viele Proben innerhalb kürzester Zeit analysiert werden. Voraussetzung ist die Verwendung fluoreszierender Testpartikel.

Während der Experimentator Mikropartikel mit den verschiedensten Eigenfluoreszenzen käuflich erwerben kann, müssen Bakterienzellen, Hefezellen und Zymosan erst mit einem Fluoreszenzfarbstoff markiert werden. Für eine einfache und schnelle Markierung bietet sich Fluoresceinisothiocyanat (FITC) an. Hierzu inkubiert man beispielsweise Hefezellen (10^9 Zellen/ml) mit FITC (0,1 mg/ml) in 0,1 M Carbonatpuffer (pH 9,5) für 30 min bei 37 °C. Anschließend wäscht man die Zellen mindestens 5-mal mit physiologischem Puffer oder Saline, um überschüssiges FITC zu entfernen. Fluoresceinkonjugierte Zellen können bei –20 °C gelagert werden.

Geräteeinstellung

Das Durchflusscytometer erlaubt Vollblutanalysen. Eine aufwändige Aufreinigung der Phagocyten ist demnach nicht zwingend erforderlich. Nach Lyse der Erythrocyten kann direkt gemessen werden. Die Phagocytenpopulationen im Vollblut (Monocyten, Granulocyten) lassen sich anhand eines FSC-SSC-Plots gut diskriminieren und können so, unabhängig von den anderen Zellen im Blut, analysiert werden (Abb. 8-5).

Bei sorgfältiger Einstellung der Photodetektoren am Durchflusscytometer beschränkt sich die Aussage nicht nur auf den Prozentsatz Phagocyten, die phagocytiert haben, sondern es lässt sich ebenfalls die Anzahl der phagocytierten Partikel in jeder Zelle bestimmen. Bei Verwendung von Mikropartikeln mit 1–2 µm Durchmesser, die einen geringen Variationskoeffizienten (< 2 %) in der Eigenfluoreszenz aufweisen, können Phagocyten, die ein, zwei, drei, vier oder fünf Mikropartikel phagocytiert haben eindeutig unterschieden werden. Dazu muss die Fluoreszenzintensität linear gemessen werden (Abb. 8-5). Bei Verwendung großer fluoreszierender Partikel, wie z. B. Zymosan und Hefezellen, kann es notwendig werden, die Fluoreszenz logarithmisch zu messen.

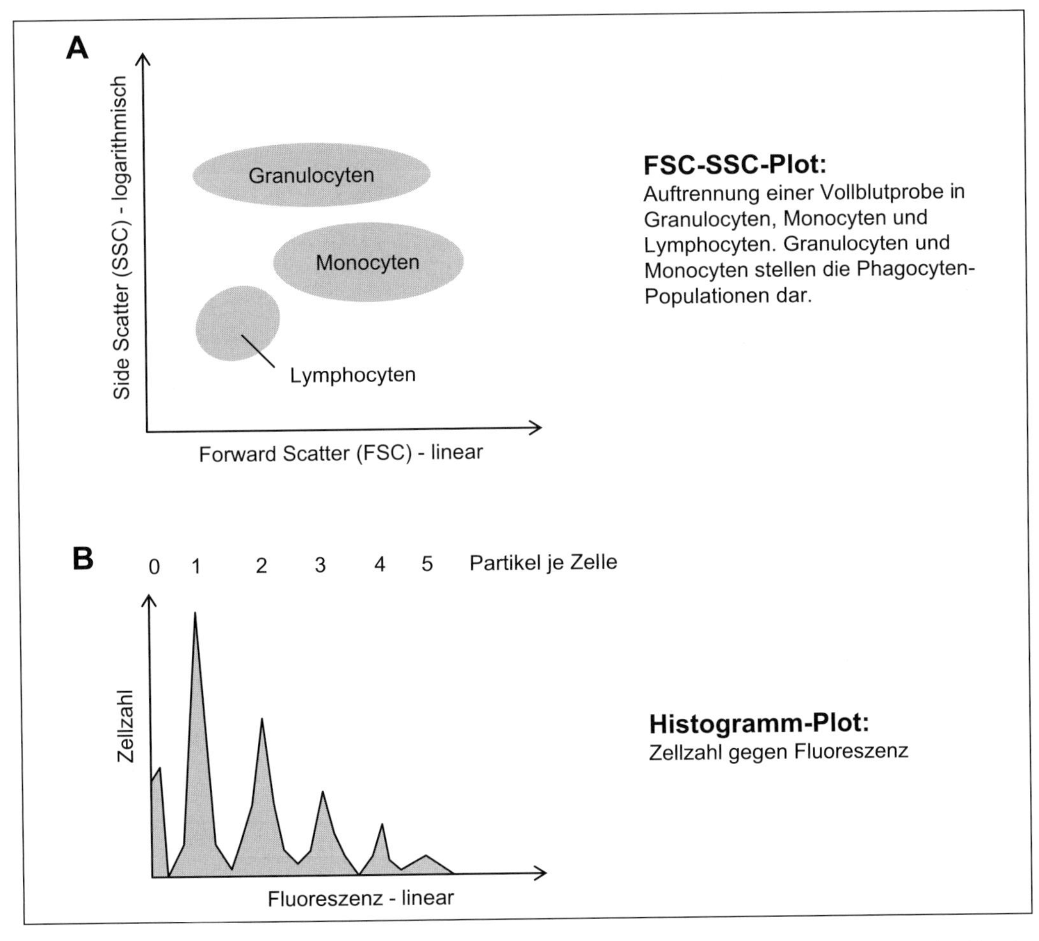

Abb. 8-5: Durchflusscytometrische Untersuchung der Phagocytose. Bei Vollblutanalysen im Durchflusscytometer können die Phagocytenpopulationen (Granulocyten, Monocyten) im FSC-SSC-Plot identifiziert werden. Die Fluoreszenz der Zellen der gewünschten Population wird in einem Histogramm-Plot dargestellt. Bei Verwendung von fluoreszierenden Mikropartikeln kann man genau unterscheiden, wie viele dieser Partikel von den Phagocyten verspeist wurden.

Häufig ist bei Verwendung solcher Testpartikel trotz sorgfältiger Geräteeinstellungen aber keine Aussage über die Anzahl der phagocytierten Testpartikel je Zelle möglich. Grund hierfür ist die häufig ungleichmäßige Fluoreszenz (hoher Variationskoeffizient) solcher Testpartikel.

Fluorescein – intrazellulär und extrazellulär

Verwendet man Fluorescein als Fluoreszenzfarbstoff ist einiges zu beachten. Die Fluoreszenzintensität von Fluorescein ist pH-abhängig. Da in den Phagosomen ein saures Milieu herrscht, fluoreszieren phagocytierte Partikel mit einer geringeren Intensität, als adhärente Partikel in einem physiologischen Messpuffer. Ausgleichen kann man diese Fluoreszenzunterschiede, indem man einen Messpuffer mit niedrigem pH-Wert (z. B. pH 5,8 für Neutrophile) verwendet. Dieses Problem tritt nur bei oberflächenmarkierten Partikeln, wie z. B. Bakterien und Hefezellen, auf. In Mikropartikeln ist der Fluoreszenzfarbstoff eingeschlossen und die Fluoreszenzintensität wird somit nicht vom Umgebungs-pH beeinflusst.

Möchte man das Fluoreszenzsignal adhärenter Partikel ausschließen und wirklich nur die phagocytierten Partikel messen, bietet sich das „**Quenching**" des extrazellulären Fluoreszenzsignals an. Dem Quenching liegt das Prinzip des Energie-Resonanz-Transfers zugrunde – und das geht so: Man gibt einen zweiten nicht-fluoreszierenden Farbstoff zu dem Ansatz hinzu. Dessen Absorptionsbereich muss mit dem Emissionsbereich des Fluoreszenzfarbstoffes überlappen. Wird der Fluoreszenzfarbstoff dann angeregt, überträgt dieser die freiwerdende Energie auf den Quencher und man misst keine Fluoreszenz. Zum Quenchen von Fluorescein eignet sich beispielsweise Trypanblau (Hed 1986). Dieser Farbstoff dringt nicht in vitale Zellen ein, sodass nur die Fluoreszenz des extrazellulären Fluoresceins gequencht wird. Leider funktioniert diese Methode nur bei oberflächenmarkierten Partikeln. Die Fluoreszenz von adhärenten Mikropartikeln mit eingeschlossenen Fluoreszenzfarbstoffen kann nicht gequencht werden. Allerdings spielen adhärente Partikel bei der opsoninvermittelten Phagocytose wohl auch keine besondere Rolle, da diese in kürzester Zeit phagocytiert werden. Ein Quenchen des extrazellulären Signals ist somit nicht unbedingt erforderlich. Mittels mikroskopischer Analyse können Sie sich vergewissern inwiefern adhärente Testpartikel ihren Phagocytose Assay beeinflussen.

8.3.2.3 Photometrie

Mittels Photometrie können keine einzelnen Zellen untersucht werden. Es lässt sich lediglich das Ausmaß der Phagocytose in einer Zellpopulation quantifizieren. Dazu füttert man die Phagocyten mit Testpartikeln die einen Farbstoff enthalten. Diesen Farbstoff extrahiert man anschließend aus den Phagocyten und quantifiziert ihn im Photometer.

Anwendung findet die Photometrie hauptsächlich bei der Öltropfen-Methode. In diese Öltropfen kann der Experimentator beispielsweise den Farbstoff Ölrot O inkorporieren. Diese Öltropfen werden zusammen mit den Phagocyten inkubiert. Nach dem Stoppen der Phagocytose durch Kälte und Zugabe von 1 mM *N*-Ethylmaleimid in 0,15 M NaCl werden die nicht phagocytierten Öltropfen durch Zentrifugation entfernt. Anschließend werden die Zellen lysiert und der Farbstoff Ölrot O wird mit *p*-Dioxan extrahiert. Gemessen wird im Photometer bei 525 nm. Zur Bestimmung der Phagocytoserate benötigt man noch eine Bezugsgröße. Dafür kann die Zellzahl aber auch der Proteingehalt des Zellpellets herhalten.

8.3.2.4 Mikrobiologischer Assay

Verwendet man lebende Bakterien als Testpartikel, kann man die Überlebenden nach Inkubation mit den Phagocyten quantifizieren. Dazu trennt man die überlebenden Bakterien mittels Differenzialzentrifugation (Kap. 2.1.1) von den Phagocyten. Anschließend plattiert man verschiedene

Verdünnungen der Bakteriensuspension auf geeigneten Nährböden aus. Inkubiert wird bis Einzelkolonien sichtbar werden. Eine Einzelkolonie entspricht einer überlebenden Bakterienzelle. Bakterienaggregate bilden allerdings ebenfalls nur eine Kolonie und können so zu falschen Ergebnissen führen. Auch sezernieren Phagocyten (vor allem Neutrophile) Substanzen, die toxisch auf die Bakterien wirken. Dadurch können Bakterien ebenfalls abgetötet werden, obwohl sie nicht phagocytiert wurden. Viele Bakterien teilen sich bei optimalen Wachstumsbedingungen alle 15–20 min. D. h. teilen sich die Bakterien während der Inkubation mit den Phagocyten, muss die Wachstumsrate der Bakterien in die Berechnung mit einbezogen werden. Schnell steht der Experimentator dann vor der traditionell unbeliebten Aufgabe sich mit Differenzialgleichungen auseinandersetzen zu müssen.

Vom Prinzip her ist so ein mikrobiologischer Assay jedoch recht einfach und unkompliziert durchführbar. Auch sind keine teuren Geräte notwendig. Das Ganze kann aber sehr schnell zu einer Materialschlacht ausarten. Schließlich muss man von jeder Probe mehrere Verdünnungen ausplattieren, da sich nur 20–200 Kolonien je Platte optimal auswerten lassen. Mehr über mikrobiologische Assays zur Untersuchung der Phagocytose und dem Abtöten von Bakterien durch neutrophile Granulocyten finden Sie bei Hampton und Winterbourn (1999).

Literatur:

Carleton CS, Lehnert BE, Steinkamp JA (1986) In vitro and in vivo measurement of phagocytosis by flow cytometry. *Methods Enzymol* 132: 183–191

Hampton MB, Winterbourn CC (1999) Methods for quantifying phagocytosis and bacterial killing by human neutrophils. *J Immunol Methods* 232: 15–22

Harvath L, Terle DA (1994) Assays for phagocytosis. *Methods Mol Biol* 34: 249–259

Hed J (1986) Methods for distinguishing ingested from adhering particles. *Methods Enzymol* 132: 198–204

Lehmann AK, Sornes S, Halstensen A (2000) Phagocytosis: measurement by flow cytometry. *J Immunol Methods* 243: 229–242

Ruiz C, Perez E, Vallecillo-Capillo MF, Reyes-Botella C (2003) Phagocytosis and allogeneic T cell stimulation by cultured human osteoblast-like cells. *Cell Physiol Biochem* 13: 309–314

Stossel TP (1986) Oil-droplet method for measuring phagocytosis. *Methods Enzymol* 132: 192–198

8.4 Zellvermittelte Cytotoxizität

Zur Aufrechterhaltung der Ordnung im Gesamtsystem übernehmen bestimmte Immunzellen in unserem Körper die Eliminierung unerwünschter Objekte. Zu diesen speziellen Immunzellen gehören die natürlichen Killerzellen und cytotoxische T-Lymphocyten. Sie erkennen für den Organismus gefährlich und überflüssig gewordene Zellen. Zu den gefährlichen Subjekten gehören vor allem Tumorzellen und virus- bzw. bakterieninfizierte Zellen. Die cytotoxischen Immunzellen erkennen diese Zielzellen und induzieren in ihnen unterschiedliche Apoptosewege, die zu deren Eliminierung führen. Den immunologisch orientierten Experimentator interessiert insbesondere, ob bestimmte Faktoren Einfluss auf das cytotoxische Potenzial der Immunzellen haben oder auch, ob bestimmte Krankheiten mit einer Erniedrigung oder Erhöhung dieses Potenzials einhergehen. Im Folgenden sollen unterschiedliche Methoden zur Bestimmung der zellvermittelten Cytotoxizität erläutert werden. Alle Methoden nutzen die für sterbende Zellen charakteristische defekte Plasmamembran. Allerdings erlauben sie keine Unterscheidung zwischen nekrotischem und apoptotischem Zelltod. Um apoptotisch sterbende Zellen mit diesen Assays zu erfassen, darf die Inkubationszeit eine gewisse Zeit nicht unterschreiten, da im Anfangsstadium der Apoptose die Zellmembran noch intakt ist. Erst in der apoptotischen Spätphase und mit einsetzender sekundärer Nekrose gelangen auch die cytoplasmatischen Bestandteile dieser Zellen in den Kulturüberstand bzw. der Farbstoff 7-AAD in das Zellinnere.

8.4.1 Chrom[^{51}Cr]-release-Assay

Die klassische Methode zur Untersuchung der zellvermittelten Cytotoxizität basiert auf der Freisetzung von radioaktivem Chrom durch tote Zellen. Zu Beginn des Versuchs werden die Zielzellen in [^{51}Cr]-haltigem Kulturmedium für einige Stunden inkubiert, damit das Chrom-Isotop in das Cytoplasma aufgenommen wird. Dort bindet es kovalent an Proteine und akkumuliert so in den Zellen. Notwendigerweise muss darauf ein Waschschritt erfolgen, um ungebundenes [^{51}Cr] zu entfernen. Nun gibt man die markierten Zielzellen zusammen mit den cytotoxischen Effektorzellen für einige Stunden in Kultur. Nach kurzem Abzentrifugieren der Zellen entnimmt man den Kulturüberstand und quantifiziert die Radioaktivität in einem Szintillationszähler (Abb. 8-6). Die Menge an freigesetztem [^{51}Cr] ist in diesem Fall proportional zu nekrotischem bzw. spätapoptotischem Tod der Zielzellen in der Kultur. Es ist wichtig darauf zu achten, dass beim Messen des Überstandes keine Zellen mehr enthalten sind, da das Ergebnis sonst verfälscht wird.

Mit dieser Methode zur Bestimmung der zellvermittelten Cytotoxizität gehen einige schwerwiegende Probleme einher. Zum einen ist die spontane Freisetzungsrate von [51Cr] der meisten Zellen sehr hoch, sodass der Experimentator bei Versuchen, die eine lange Inkubationszeit benötigen, eine sehr hohe Hintergrundradioaktivität misst. Ein weiterer Nachteil ist der relativ kleine lineare Messbereich dieses Assaysystems, sodass für jedes zu untersuchende Stimulanz neue aufwändige Vorversuche durchgeführt werden müssen, damit hinterher die Messungen in diesem Bereich liegen. Auch der Umgang mit radioaktivem Material und dessen Entsorgung sind sehr aufwändig und teuer.

Achtung! [^{51}Cr] ist ein Gamma-Strahler, dessen Umgang unbedingt angemessene Schutzkleidung und ein spezielles Isotopenlabor erfordert. Auch eine korrekte Entsorgung des radioaktiven Materials muss gewährleistet sein.

Literatur:

Andersson T et al. (1975) An in vitro method for study of human lymphocyte cytotoxicity against mumps-virus-infected target cells. *J Immunol* 114: 237–243

Ayres RC et al. (1991) A 51Cr release cytotoxicity assay for use with human intrahepatic biliary epithelial cells. *J Immunol Methods* 141: 117–122

Dunkley M et al. (1974) A modified 51Cr release assay for cytotoxic lymphocytes. *J Immunol Methods* 6: 39–51

8.4.2 Lactat-Dehydrogenase(LDH)-release-Assay

An dieser Stelle sei eine elegante biochemische Methode zur Bestimmung der zellvermittelten Cytotoxizität beschrieben, die ohne jegliche Radioaktivität auskommt. Da tote Zellen ihren Zellinhalt in das Kulturmedium entlassen, sucht man sich ein bestimmtes Enzym der Zielzellen heraus und bestimmt seine Aktivität im Kulturüberstand. Das klingt wiederum einfacher als es tatsächlich ist. Um die Reproduzierbarkeit eines solchen Assays zu gewährleisten, muss dieses Enzym sehr stabil im Kulturmedium sein. Es muss resistent gegen den Abbau durch Proteasen sein, und es muss in ausreichender Menge in den Zielzellen vorkommen. Nicht viele Enzyme erfüllen diese Vorraussetzungen. Die ubiquitäre LDH ist jedoch hervorragend für ein solches Verfahren geeignet.

In vivo katalysiert dieses Enzym die Oxidation von Lactat zu Pyruvat mit gleichzeitiger Reduktion von NAD+ zu NADH + H+. Diese Enzymaktivität lässt sich mit einer zweiten Enzymreaktion quantifizieren. Man gibt das Enzym Diaphorase sowie das Tetrazoliumsalz 2-[4-Iodphenyl]-3-[4-nitrophenyl]-5-phenyltetrazoliumchlorid (INT) hinzu. Diaphorase katalysiert die Reduktion von INT zu einem roten Formazansalz bei gleichzeitiger Oxidation von NADH + H+ zu NAD+ (Abb. 8-7).

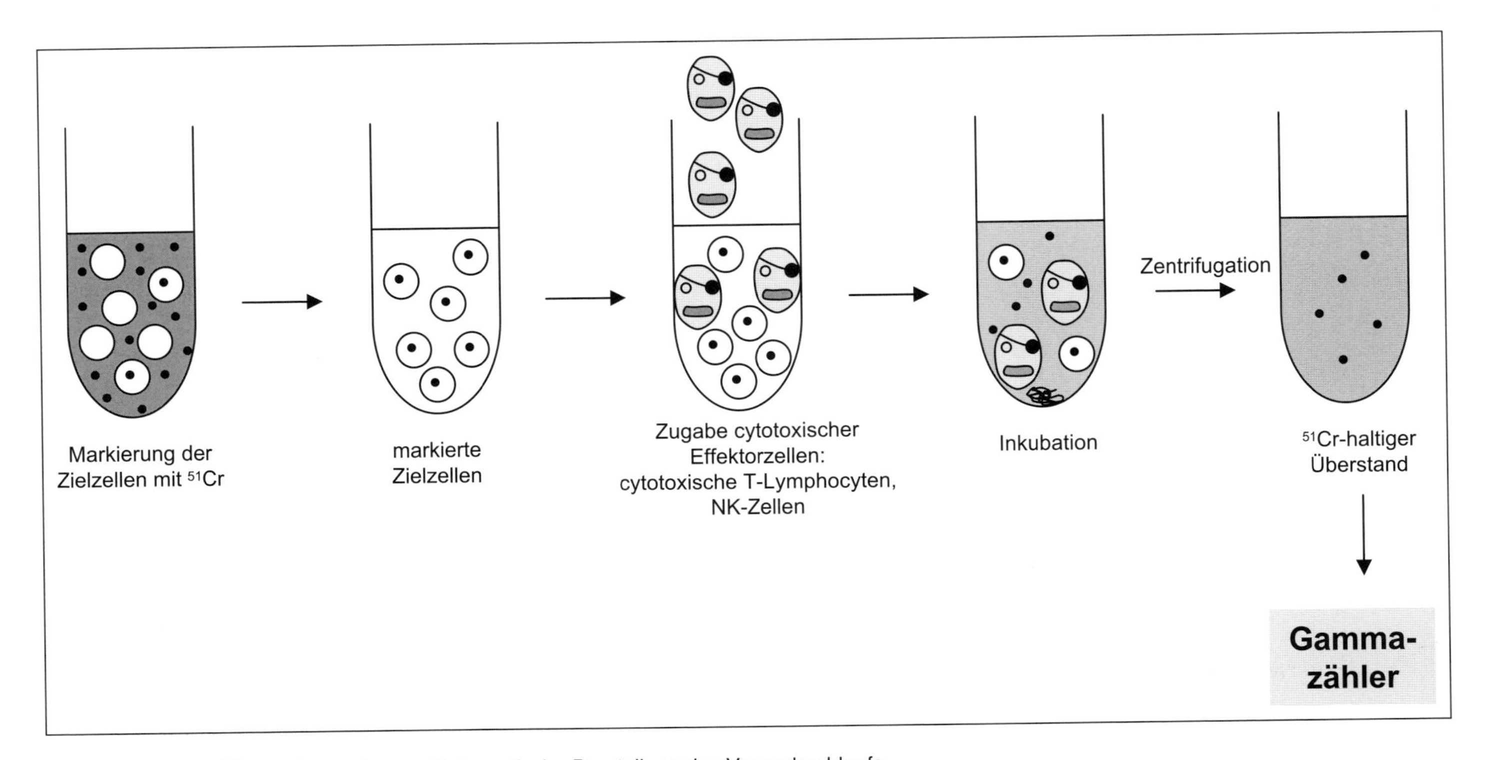

Abb. 8-6: Chrom[^{51}Cr]-release-Assay. Schematische Darstellung des Versuchsablaufs.

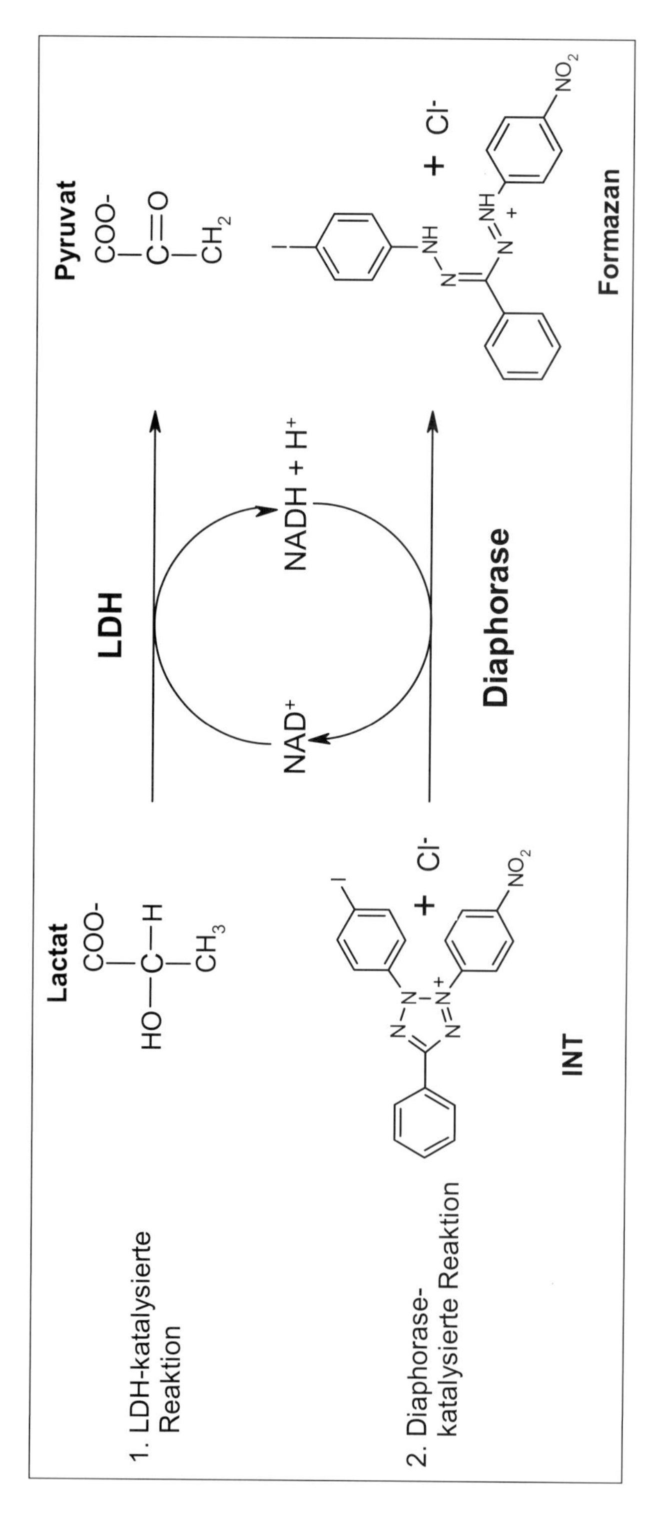

Abb. 8-7: Prinzip des LDH-Aktivitätsnachweises. Schematische Darstellung der LDH-katalysierten Reaktion gekoppelt mit der Farbreaktion zur Detektion der LDH-Aktivität.

Zur Durchführung dieses Assays inkubiert man zunächst die LDH-haltigen Zielzellen mit den cytotoxischen Effektorzellen über den gewünschten Zeitraum. Danach werden alle Zellen abzentrifugiert und der Überstand vorsichtig in ein neues Reaktionsgefäß pipettiert. Nun gibt man ein Reaktionsgemisch aus Diaphorase, NAD^+, INT und Natriumlactat zu dem Überstand und inkubiert für ca. 30 min bei 15–25 °C. Das entstandene rote Formazansalz lässt sich in dem Bereich um 500 nm photometrisch quantifizieren. Die Menge des gebildeten Formazans ist proportional zur LDH-Aktivität im Überstand und korreliert mit der Anzahl toter Zellen.

Die Vorteile dieser Methode liegen klar auf der Hand: Man ist nicht gezwungen, mit radioaktiven Substanzen zu arbeiten und der Zeitaufwand für das Markieren der Zellen entfällt. Dieses Verfahren kann ideal für die Anwendung in Mikrotiterplatten moduliert werden. In diesem Fall reichen $0{,}2–2 \times 10^4$ Zellen/Well, um in den Nachweisbereich des Assays zu gelangen.

Achtung! Humane und tierische Seren wie beispielsweise FCS enthalten unterschiedliche Mengen an LDH und beeinflussen somit die Messung. Die Inkubation der Zellen sollte deshalb mit reduziertem Serumanteil (z. B. 1 % (v/v)) oder mit BSA durchgeführt werden. Tote cytotoxische Effektorzellen entlassen ebenfalls LDH in den Kulturüberstand und gehen somit in die Messung ein. Entsprechende Kontrollen müssen demnach mitgeführt werden.

Literatur:

Decker T, Lohmann-Matthes ML (1988) A quick and simple method for the quantitation of lactate dehydrogenase release in measurements of cellular cytotoxicity and tumor necrosis factor (TNF) activity. *J Immunol Methods* 115: 61–69

Jurisic V et al. (1999) A comparison of the NK cell cytotoxicity with effects of TNF-alpha against K-562 cells, determined by LDH release assay. *Cancer Lett* 138: 67–72

Weidmann E et al. (1995) Lactate dehydrogenase-release assay: a reliable, nonradioactive technique for analysis of cytotoxic lymphocyte-mediated lytic activity against blasts from acute myelocytic leukemia. Ann Hematol 70: 153–158

8.4.3 Durchflusscytometrischer Cytotoxizitätsnachweis

Auch in die Welt der Cytotoxizitätsassays hat die Durchflusscytometrie (Kap. 3) mittlerweile Einzug gehalten und bietet dem Experimentator die wohl modernste und vor allem sensitivste Art und Weise das Killerpotenzial seiner Lieblinge zu untersuchen. Da Effektor- und Zielzellen auch bei dieser Methode zusammen inkubiert werden, bildet eine Strategie zur durchflusscytometrischen Unterscheidung von Ziel- und Effektorzellen die notwendige Grundlage. Im Regelfall wird eine der beiden Populationen – idealerweise die Zielzellen – mit einem Fluoreszenzfarbstoff markiert. Dies ermöglicht in der anschließenden Analyse die einwandfreie Unterscheidung beider Populationen. Üblicherweise bedient man sich dafür des Substrats Carboxyfluoreszeindiacetat-Succinimidylester (CFSE). Dieses noch farblose Molekül gelangt per Diffusion in die Zelle und wird dort durch intrazelluläre Esterasen zum fluoreszierenden Carboxyfluoreszein-Succinimidylester umgewandelt. Die Succinimidylester-Gruppe wiederum reagiert mit freien Aminen in der Zelle, sodass der Farbstoff im Zellinneren verbleibt. Diese CFSE-Markierung der Zielzellen erfolgt vor der Co-Kultur mit den Effektorzellen. Verwendet man Zielzellen, die ein bestimmtes Oberflächenmolekül stark exprimieren (z. B T-Lymphocyten/CD3), das auf den Effektorzellen nicht detektierbar ist, kann man natürlich auch über eine Antikörpermarkierung die Zielzellen von den Effektorzellen diskriminieren. Hier erfolgt die Färbung nach der Co-Kultur. Dabei ist unbedingt zu beachten, dass sich die Expressionsstärke von Oberflächenmolekülen unter Kulturbedingungen stark verändern kann – entsprechende Vorversuche sind demnach unabdingbar. Von einer Unterscheidung der Zellpopulationen mittels der Parameter Größe und Granularität – also im Forward Scatter/Side Scatter-Plot – sollte unbedingt abgesehen werden, da apoptotische bzw. tote Zellen hier ein von gesunden Zellen abweichendes Verhalten zeigen.

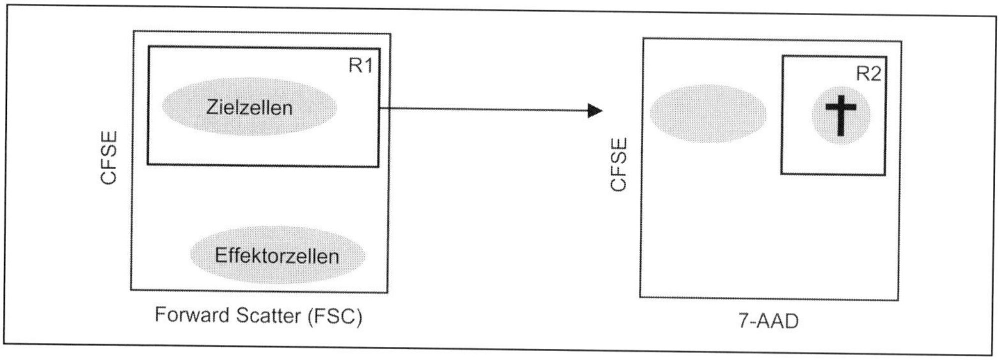

Abb. 8-8: Durchflusscytometrischer Cytotoxizitätsnachweis. Mittels FSC-CFSE-Plot werden die CFSE-markierten Zielzellen (R1) von den Effektorzellen diskriminiert und markiert. In einem weiteren Plot werden nun die toten Zielzellen (7-AAD^{+}) von den lebenden Zielzellen (7-AAD^{-}) unterschieden und ihr prozentualer Anteil bestimmt (R2).

Hat man eine Methode gefunden die Ziel- von den Effektorzellen zu unterscheiden, wird zusätzlich eine Strategie benötigt, um die toten von den lebenden Zielzellen zu diskriminieren. Hier hat sich der DNA-interkalierende Farbstoff 7-Aminoactinomycin D (7-AAD) (Kap. 8.1.1.3) bewährt. Er gelangt nur durch die Zellmembran toter Zellen in das Zellinnere und eignet sich wunderbar für die Kombination mit CFSE (Abb. 8-8).

In der Praxis kann diese Methode beispielsweise wie folgt ablaufen: Die Zielzellen werden in PBS + 0,1 % BSA resuspendiert (10^6/ml) und bei 37 °C für 10 Minuten mit CFSE gefärbt – 125–250 nM haben sich als optimal erwiesen. Gestoppt wird die Reaktion mit eiskaltem Medium. Anschließend werden die Zellen kräftig mit Medium gewaschen (ca. 3–5 mal), bevor sie mit den Effektorzellen co-inkubiert werden. Optimale Effektor-/Zielzellverhältnisse liegen im Bereich von 1:1 bis 25:1, können bei einem geringen cytotoxischen Potenzial der Effektorzellen aber auch höher liegen. Eine Co-Inkubationsphase von 4–12 Stunden sollte für die meisten Anwendungen ausreichend sein. Dann muss nur noch 7-AAD für ca. 15 Minuten zugesetzt werden, bevor die durchflusscytometrische Messung erfolgen kann.

Literatur:

Lecoeur H et al. (2001) A novel flow cytometric assay for quantitation and multiparametric characterization of cell-mediated cytotoxicity. *J Immunol Methods* 253:177-187

Grossman WJ et al. (2004) Differential expression of granzymes A and B in human cytotoxic lymphocyte subsets and T regulatory cells. *Blood* 104:2840-2848

8.5 Apoptose-Assays

Der eukaryotische Organismus ist bekanntlich ein komplexes System, das aus vielen speziell differenzierten Zellen und Zellverbänden besteht. Im Laufe der Entwicklung eines Organismus kann nun der bedauerliche Fall eintreten, dass einige dieser Zellen oder Zellverbände nicht mehr gebraucht werden oder so entartet sind, dass sie den Organismus schädigen können. Um solche Zellen möglichst schadlos für den Gesamtorganismus eliminieren zu können, haben höhere Eukaryoten einen speziellen Mechanismus evolviert. Dieser durch ein genetisches Programm gesteuerte Zelltod wird Apoptose genannt. Aus dem Griechischen stammend (apo = ab, weg und ptosis = Senkung), beschreibt dieser Begriff ursprünglich den Fall des Herbstlaubes – für die Romantiker unter uns sicherlich nicht uninteressant. Die gezielte Eliminierung bestimmter Zellen spielt z. B. während der Embryonalentwicklung bei der korrekten Ausbildung von Händen und Füßen eine wichtige Rolle, denn ohne apoptotisches Zugrundegehen ganzer Zellverbände hätten wir alle Schwimmhäute zwischen Fingern und Zehen. Auch der apoptotische Tod autoreaktiver Lymphocyten während der Differenzierung ist äußerst wichtig, damit sich die Immunabwehr nicht gegen körpereigene Antigene richtet. Die Bedeutung der Apoptose wird durch die Vielzahl von Erkrankungen verdeutlicht, die mit einer Fehlregulation des programmierten Zelltodes einhergehen (Tab. 8-1).

Die Induktion der Apoptose in der Zielzelle erfolgt über die Kreuzvernetzung sogenannter Death-Rezeptoren (z. B. TNFR, CD95) – hier ist der Name tatsächlich einmal Programm. Bekannte Ursachen, die zu apoptotischen Ereignissen führen, sind Umwelteinflüsse (z. B. hohe UV-, Röntgenstrahlenbelastung), Entzug von Wachstumsfaktoren oder Hormonen, die Unterbrechung von Zell-Zell-Kontakten sowie cytotoxische Lymphocyten, die ihren Dienst versehen, indem sie infizierte oder krankhaft veränderte Körperzellen attackieren. Intrazellulär wird dadurch eine Caspasen(**C**ysteinyl-**Asp**art**asen**)-Kaskade initiiert, die die Aktivierung spezifischer magnesium- und calciumabhängiger DNasen im Zellkern bewirkt. Diese schneiden genomische DNA lediglich in den Bereichen der Linker-DNA zwischen den Nucleosomen. Dadurch entsteht das für apoptotische Zellen charakteristische DNA-Leitermuster nach Auftrennung im Agarosegel.

Morphologisch ist in der Frühphase der Apoptose eine Verringerung des Zellvolumens zu beobachten. Phosphatidylserin, ein bei intakten Zellen auf der cytoplasmatischen Seite der Plasmamembran lokalisiertes Phospholipid, wird auf die Membranaußenseite transloziert. Weitere Merkmale sind das Schrumpfen des Zellkerns und die Kondensation des Chromatins. In der Spätphase der Apoptose kommt es zu Einstülpungen und Bläschenbildung an der Cytoplasmamembran, dem sogenannten „membrane blebbing". Schließlich schnüren sich membranumhüllte Vesikel („apoptotic bodies") von der Zelle ab. Diese werden in vivo von Phagocyten aufgenommen, ohne dass ihr Zellinhalt in umliegendes Gewebe gelangt. Auf diese Weise wird bei apoptotischen Vorgängen eine lokale Entzündungsreaktion vermieden.

Von der Apoptose unterscheidet man den „zufälligen Zelltod", die Nekrose (Abb. 8-9). Diese wird durch eine Reihe von chemischen und physikalischen Reizen ausgelöst, führt zu einer Schädigung der Plasmamembran und damit zum Zusammenbruch des Membranpotenzials. Der Zellinhalt gelangt dabei in das umliegende Gewebe und kann weitere Zellen schädigen. Es kommt zu einer Entzündungsreaktion. Die Kunst besteht nun darin, die apoptotischen von den nekrotischen Zellen zu unterscheiden. Diese Differenzierung gestaltet sich nicht immer so eindeutig, wie man

Tab. 8-1: Apoptoseassoziierte Krankheiten.

Apoptoserate zu hoch	Apoptoserate zu niedrig
Alzheimersche Erkrankung	Krebs
AIDS	Burkitt-Lymphom
Kreuzfeld-Jakob / BSE	Diabetes
Abstoßung transplantierter Organe	Pfeifferches Drüsenfieber
chronische Hepatitis	Syndactylie
Herzinfarkt	Nierenerkrankungen (SLE)
Schlaganfall	
Morbus Parkinson	

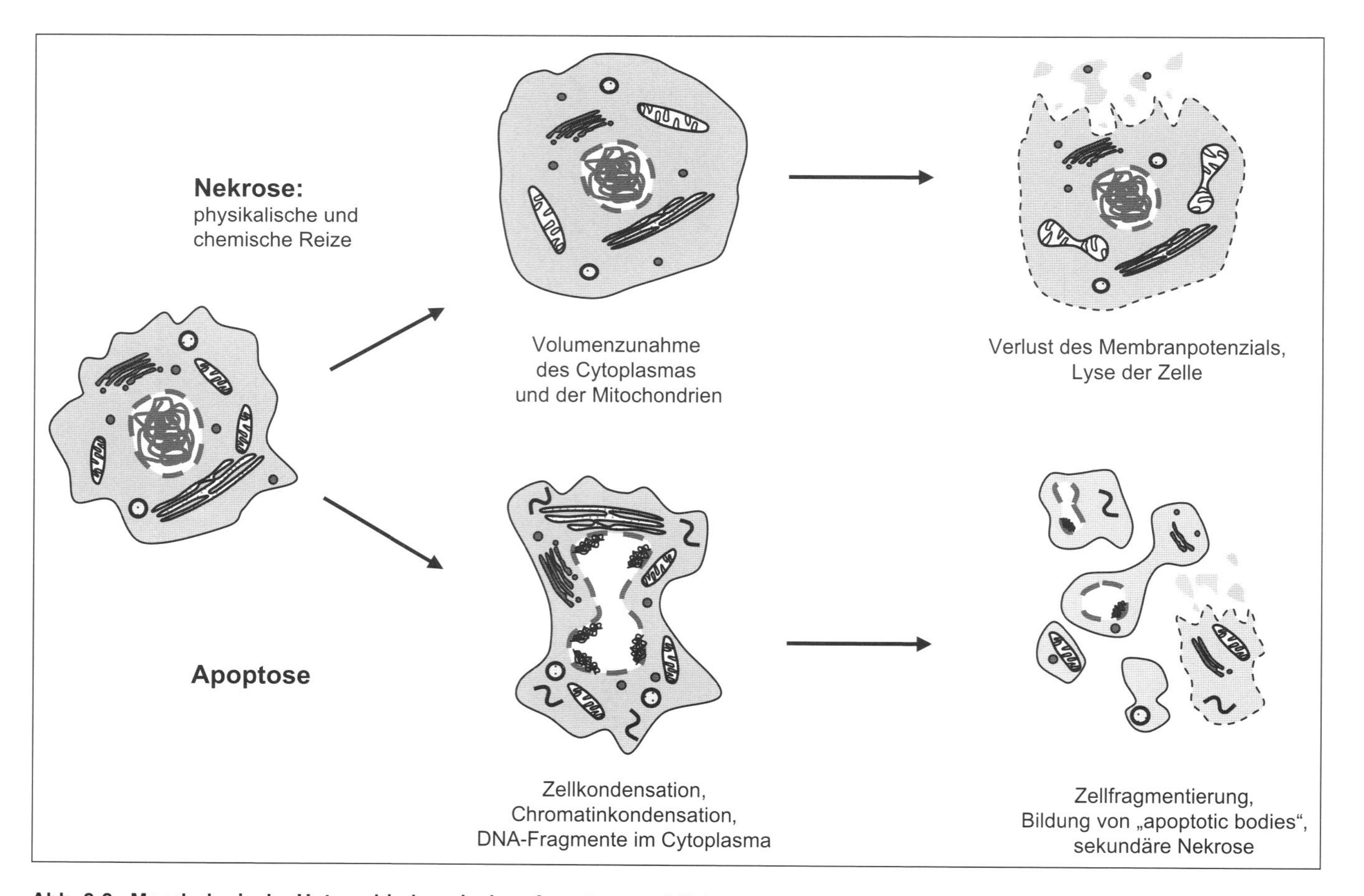

Abb. 8-9: Morphologische Unterschiede zwischen Apoptose und Nekrose.

denken mag. Einige der Charakteristika apoptotischer Zellen sind Grundlage für die im Folgenden beschriebenen Apoptose-Assays.

8.5.1 Färbungen des Zellkerns

Wie bereits erwähnt, kommt es in der Frühphase des apoptotischen Zelltodes zu einer spezifischen Degradation der chromosomalen DNA. Klassische Methoden nutzen dies über eine Färbung des Zellkerns mit DNA-bindenden Farbstoffen, wie z. B. Propidiumiodid, DAPI oder Acridinorange aus. Die Auswertung erfolgt dann mikroskopisch bzw. fluoreszenzmikroskopisch, wobei apoptotische Zellen schwächer gefärbt erscheinen. Problematisch ist es, bei dieser Methode einzelne apoptotische Zellen in einer großen Population nicht apoptotischer Zellen zu detektieren.

Bei Fluoreszenzfarbstoffen wie Propidiumiodid (Anregungswellenlänge: 488 nm, Emissionsmaximum: 617 nm) ist eine Analyse mittels Durchflusscytometer möglich. Dazu werden die Zellen zunächst mit einem Detergens oder Ethanol permeabilisiert, woraufhin die apoptotisch entstandenen kleinen DNA-Fragmente aus den Zellen gewaschen werden. Angefärbt wird dann nur die hochmolekulare DNA des Zellkerns. Eine weitere Möglichkeit besteht darin, die Zellen mit einem hypotonischen Puffer zu lysieren und nur die Zellkerne zu analysieren. Bei der Auswertung im Durchflusscytometer erhält man einen definierten Peak für vitale Zellen in der $G_{0/1}$-Phase des Zellzyklus. Apoptotische Zellen mit ihrer zum Teil degradierten DNA erscheinen in einem breiten Peak unterhalb des $G_{0/1}$-Peaks. Zur Ergebnisverfälschung können Zellen beitragen, die innerhalb der Synthese-Phase des Zellzyklus apoptotisch werden. Diese können ebenfalls im $G_{0/1}$-Peak erscheinen und werden dann nicht als apoptotisch erkannt. Um durch RNA verursachte Hintergrundfärbung zu eliminieren, sollte zusätzlich ein Verdau mit RNase A durchgeführt werden. Der Vorteil dieser Methode liegt darin, dass Zellen einzeln analysiert werden können und man nicht nur Aussagen über die Gesamtpopulation treffen kann.

Achtung! Viele Fluoreszenzfarbstoffe sind lichtempfindlich und sollten dunkel gelagert werden. Gebrauchslösungen sind oft nur über kurze Zeit haltbar und sollten möglichst frisch angesetzt werden. Alle interkalierenden DNA-Farbstoffe sind naturgemäß mutagen und zumindest potenziell kanzerogen!

Literatur:

Darzynkiewicz Z et al. (1992) Features of apoptotic cells measured by flow cytometry. *Cytometry* 13: 795

Nicoletti I et al. (1991) A rapid and simple method for measuring thymocyte apoptosis by propidium iodide staining and flow cytometry. *J Immunol Methods* 139: 271–279

Ormerod MG et al. (1992) Apoptosis in interleukin-3-dependent haemopoietic cells. Quantification by two flow cytometric methods. *J Immunol Methods* 153: 57–65

Pellicciari C et al. (1993) A single-step staining procedure for the detection and sorting of unfixed apoptotic thymocytes. *Eur J Histochem* 37: 381–390

Telford WG et al. (1991) Evaluation of glucocorticoid-induced DNA fragmentation in mouse thymocytes by flow cytometry. *Cell Prolif* 5: 447–459

Telford WG et al. (1992) Comparative evaluation of several DNA binding dyes in the detection of apoptosis-associated chromatin degradation by flow cytometry. *Cytometry* 13: 137–143

8.5.2 DNA-Leiter

Ein Charakteristikum der frühen Apoptose ist die Spaltung der chromosomalen DNA in Mono- und Oligonucleosomen durch apoptosespezifische Endonucleasen. Die Nucleosomen sind

Verpackungseinheiten der chromosomalen DNA und setzen sich aus jeweils 146 Basenpaaren zusammen, die um Histonproteine gewunden sind. Diese Histone schützen die DNA vor dem Angriff der Endonucleasen, sodass diese nur die Linker-DNA zwischen den einzelnen Nucleosomen spalten können. Durch diese Spaltung entstehen gleich große DNA-Fragmente, die dem Vielfachen einer Nucleosomeneinheit mit Linker-DNA entsprechen.

Die daraus resultierende DNA-Leiter lässt sich nach elektrophoretischer Auftrennung in einem 2 %igen Agarosegel und anschließender Färbung mit einem interkalierenden Farbstoff visualisieren (Abb. 8-10). Der Agarosegelelektrophorese vorangehen muss lediglich die Isolierung der genomischen DNA. Dafür gibt es unzählige Kits und Reagenzien von sämtlichen Anbietern, die in dieser Branche tätig sind. Die Methode der Agarosegelelektrophorese sollte in jedem molekularbiologisch genutzten Labor etabliert sein.

Diese Methode zum Nachweis apoptotischer Zellen ist einfach und leicht durchzuführen. Auch der Zeitaufwand hält sich mit einigen Stunden in Grenzen. Leider lassen sich damit nicht einzelne Zellen, sondern nur Zellpopulationen auf Apoptose hin untersuchen. Eine Quantifizierung ist somit fast unmöglich. Auch sollte man vorher eine Zeitkinetik durchführen, da bei fortgeschrittener Apoptose die DNA weiter degradiert wird, sodass man auf seinem Gel nur noch einen DNA-Schmier erkennt.

Literatur:

Sambrook J et al. (2001) Molecular Cloning. A Laboratory Manual. Cold Spring Harbor Laboratory Press

Schrimpf G et al. (2002) Gentechnische Methoden. Eine Sammlung von Arbeitsanleitungen für das molekularbiologische Labor. 3. Aufl. Spektrum Akademischer Verlag, Heidelberg

8.5.3 Nucleosomen-Quantifizierungs-ELISA

Eine weitere Methode, mit der sich Apoptose über die Degradation der chromosomalen DNA zu Nucleosomeneinheiten nachweisen lässt, ist der Nucleosomen-Quantifizierungs-ELISA. Wie der Name schon sagt, lässt sich mit dieser Methode das Ausmaß der Apoptose quantifizieren. Eine Einzelzellanalyse ist jedoch nicht möglich. Dafür ist diese Methode sehr sensitiv (10^2–10^4 Zellen) und gut geeignet für die Auswertung vieler Proben in kurzer Zeit. Voraussetzung ist eine entsprechende Laborausstattung mit ELISA-Reader und evtl. Plattenwaschgerät.

Das Prinzip dieser Methode beruht auf einem Sandwich-ELISA. Ein Gemisch aus Zelllysat, biotinkonjugierten Histon-Antikörpern und peroxidasegekoppelten DNA-Antikörpern wird in eine mit Streptavidin beschichtete Mikrotiterplatte pipettiert. Es bilden sich Immunkomplexe aus Nucleosom, DNA-Antikörper und Histon-Antikörper, die über die Biotin-Streptavidin-Bindung an die Mikrotiterplatte gekoppelt sind. Die Aktivität der Peroxidase lässt sich durch spezifische Farbreaktionen detektieren und dient als Maß für die Menge gebundener Nucleosomen. Weitere Tipps und Tricks kann der wissbegierige Experimentator im Kapitel ELISA nachlesen (Kapitel 4.3). Nucleosomen-Quantifizierungs-ELISA-Kits können laut Herstellerangaben genau zwischen nekrotischen und apoptotischen Zellen unterscheiden, da nekrotische Zellen DNA-Fragmente in den Kulturüberstand abgeben, während bei apoptotischen Zellen die Nucleosomen im Cytoplasma verbleiben. Die DNA-Fragmente nekrotischer Zellen werden also mit dem Zellüberstand entnommen und sind nicht im Zelllysat vorhanden. Die Laborpraxis zeigt allerdings, dass die Theorie zwar schön und gut ist, es aber trotzdem zu Ergebnisverfälschungen durch nekrotische Zellen kommen kann. Ein zusätzlicher Nachweis der Apoptose z. B. durch die DNA-Leiter (Kap. 8.5.2) gibt in diesen Fällen mehr Sicherheit.

Literatur:

Salgame P et al. (1997) An ELISA for detection of apoptosis. *Nucl Acids Res* 25: 680–681

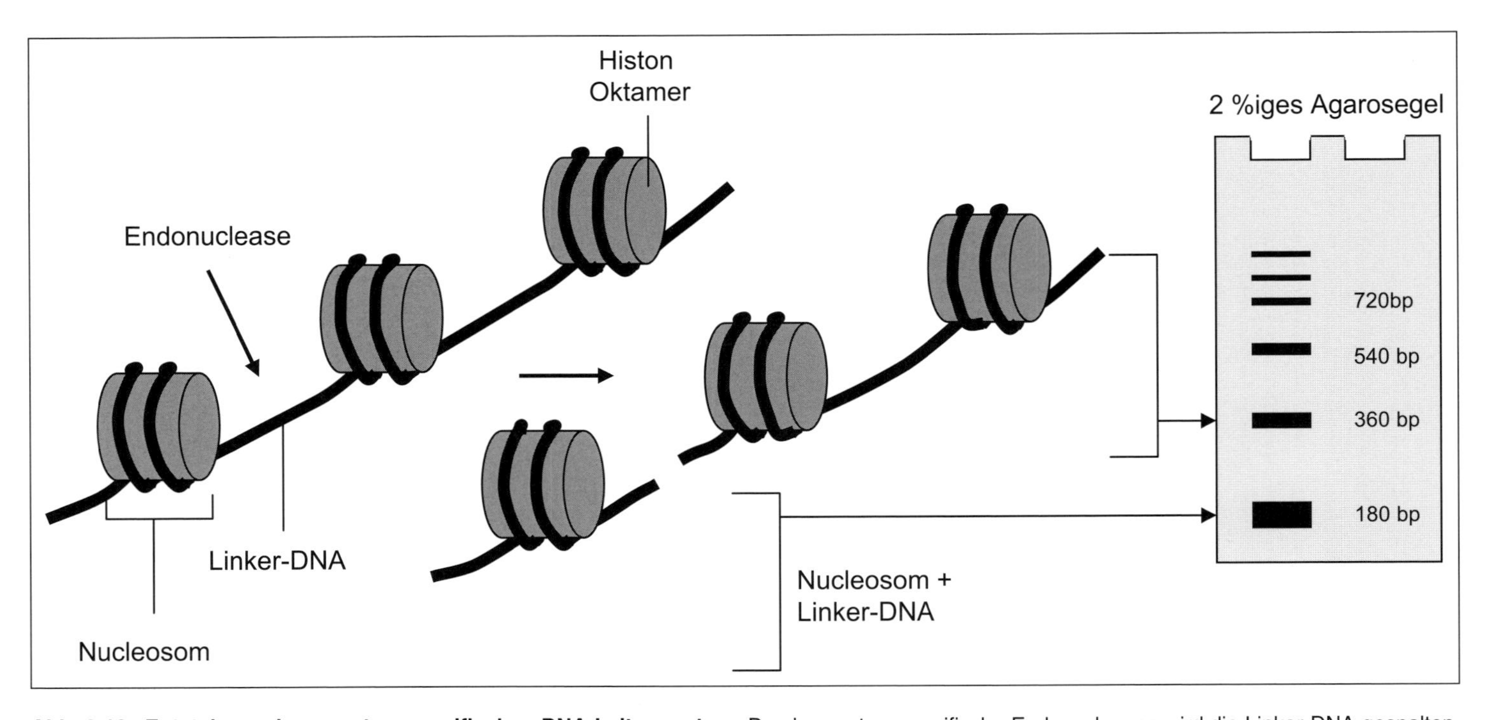

Abb. 8-10: Entstehung des apoptosespezifischen DNA-Leitermusters. Durch apoptosespezifische Endonucleasen wird die Linker-DNA gespalten. Das schematisch dargestellte 2 %ige Agarosegel zeigt das nach elektrophoretischer Auftrennung erkennbare Leitermuster.

8.5.4 TUNEL-Technik

Die Bezeichnung „**t**erminal-Desoxyribosyl-Transferase-mediated-d**U**TP-**n**ick-**e**nd-**l**abeling" (TUNEL) lässt auf eine äußerst komplizierte und langwierige Methode schließen. Dem ist nicht so, da es sich um eine schnell und einfach durchzuführende Einzelzellanalyse handelt, bei der Strangbrüche in der genomischen DNA nachgewiesen werden. Grundlage der TUNEL-Technik ist die Aktivität der terminalen Desoxyribosyl-Transferase. Dieses Enzym erkennt durch DNA-Strangbrüche entstandene freie 3′-OH-Enden und koppelt Nucleotidderivate an diese. Fluoreszenzmarkierte Nucleotide ermöglichen eine Auswertung mittels Durchflusscytometer oder Fluoreszenzmikroskop, wobei apoptotische Zellen durch die für sie charakteristischen DNA-Strangbrüche stärker fluoreszieren als nicht apoptotische Zellen. Auch die Detektion über indirekte Nachweisverfahren wie zum Beispiel an Fluorescein-Antikörper gekoppelte Enzyme ist möglich. Es werden bevorzugt Meerrettichperoxidase oder alkalische Phosphatase verwendet, die nach Zugabe eines Substrats die Bildung eines Farbpräzipitats katalysieren, welches lichtmikroskopisch detektierbar ist.

Vor der Durchführung der TUNEL-Reaktion ist es unerlässlich, die Zellen zu fixieren, beispielsweise mit Ethanol oder Paraformaldehyd. Fixierte Zellen lassen sich mehrere Tage lagern, was den praktischen Vorteil mit sich bringt, dass alle Proben am Stück gemessen werden können. Jeder Experimentator, der jemals eine Zeitkinetik durchführen musste, sollte hierfür dankbar sein. Ein weiterer Vorteil der Einzelzellanalyse besteht darin, dass gleichzeitig verschiedene Oberflächenmarker detektiert werden können.

Achtung! Mit dieser Methode werden DNA-Strangbrüche nachgewiesen. Diese sind auch bei nekrotischen Zellen zu beobachten. Probleme des eindeutigen Apoptosenachweises treten erfahrungsgemäß bei der Untersuchung von Hepatocyten und Lebergewebe auf. Wer seine Ergebnisse absichern möchte, der kann diese Methode des Apoptosenachweises mit anderen kombinieren, um apoptotische Zellen von nekrotischen zu unterscheiden.

Literatur:

Charriaut-Marlangue C, Ben-Ari Y (1995) A cautionary note on the use of the TUNEL stain to determine apoptosis. *Neuroreport* 7: 61–64

Grasl-Kraupp B et al. (1995) In situ detection of fragmented DNA (TUNEL assay) fails to discriminate among apoptosis, necrosis, and autolytic cell death: a cautionary note. *Hepatology* 21: 1465–1468

Heatwole VM (1999) TUNEL assay for apoptotic cells. *Methods Mol Biol* 115: 141–148

Louagie H et al. (1998) Flow cytometric scoring of apoptosis compared to electron microscopy in gamma irradiated lymphocytes. *Cell Bio Int* 22: 277–283

Stahelin BJ et al. (1998) False positive staining in the TUNEL assay to detect apoptosis in liver and intestine is caused by endogenous nucleases and inhibited by diethyl pyrocarbonate. *Mol Pathol* 51: 204–208

8.5.5 Annexin V

Phosphatidylserin wird im Frühstadium der Apoptose von der cytoplasmatischen Seite der Zellmembran an die Außenseite transloziert. Dieser Tatsache bedient sich der Experimentator bei Anwendung dieser Methode. Das 35–36 kDa große Protein Annexin V bindet spezifisch an Phosphatidylserin und lässt sich zudem leicht mit diversen Fluoreszenzfarbstoffen markieren. Diese Bindung ist Ca^{2+}-abhängig, sodass für die Bindungsreaktion ein spezieller calciumhaltiger Puffer verwendet werden muss. Die Detektion apoptotischer Zellen erfolgt nach Annexin-V-Bindung fluoreszenzmikroskopisch oder durchflusscytometrisch.

Diese Methode erlaubt die Analyse einzelner Zellen. Zugleich ist sie schnell durchzuführen, da frische Zellen für dieses Testverfahren benötigt werden und somit keine aufwändigen Zellfixierungsschritte notwendig sind. Da bei nekrotischen Zellen die Plasmamembran permeabel ist, kann dort ebenfalls Annexin V eindringen und binden. Zur sicheren Unterscheidung zwischen apoptotischen und nekrotischen Zellen sollte gleichzeitig eine Viabilitätsfärbung mit Propidiumiodid (PI) oder 7-Aminoactinomycin D (7-AAD) durchgeführt werden. Bei FITC-markiertem Annexin V bietet sich PI, bei PE-markiertem Annexin V 7-AAD an, damit sich die Fluoreszenzen nicht überlagern. Frühapoptotische Zellen erscheinen bei diesem Verfahren nur Annexin V positiv, während nekrotische und spätapoptotische Zellen doppelt positiv für Annexin V und den verwendeten DNA-Farbstoff sind.

Literatur:

van Engeland M et al. (1998) Annexin V-affinity assay: a review on an apoptosis detection system based on phosphatidylserine exposure. *Cytometry* 31: 1–9

Koopman G et al. (1994) Annexin V for flow cytometric detection of phosphatidylserine expression on B cells undergoing apoptosis. *Blood* 84: 1415–1420

Vermes I et al. (1995) A novel assay for apoptosis. Flow cytometric detection of phosphatidylserine expression on early apoptotic cells using fluorescein labelled annexin V. *J Immunol Methods* 184: 39–51

Zhang G et al. (1997) Early detection of apoptosis using a fluorescent conjugate of annexin V. *Biotechniques* 23: 525–531

8.5.6 Messung von Caspase-Aktivität

8.5.6.1 Peptid-Substrate und Inhibitoren

Caspasen sind Proteasen, die einen reaktiven Cysteinrest in ihrem aktiven Zentrum enthalten und Peptide spezifisch nach einem Aspartatrest spalten. Beim Menschen wurden bisher vierzehn dieser Enzyme identifiziert. Für die Caspasen 3, 6, 7 und 9 wurde eine Beteiligung an der Apoptose bewiesen, was nicht heißen soll, dass die anderen Caspasen keine Funktion beim programmierten Zelltod ausüben. Da es sich bei den Caspasen 6, 7 und 9 um Initiatorcaspasen handelt und nur bei der Caspase 3 um ein Effektorenzym, wird zur Apoptosemessung meistens die Aktivität der Caspase 3 (CPP32) bestimmt. Da jedoch verschiedene Caspasen an unterschiedlichen Apoptosewegen beteiligt sind, bleibt es dem erfinderischen Experimentator selbst überlassen, welche Caspaseaktivität für sein spezielles Forschungsgebiet von Interesse ist. Von vielen Firmen werden die unterschiedlichsten Substrate und Inhibitoren für Caspasen angeboten (Tab. 8-2). Dies ermöglicht dem kreativen Laborfuchs das Design seines ganz persönlichen und speziellen Caspase-Aktivitätsnachweises. Es handelt sich meistens um fluorogene oder chromogene Peptidsubstrate, deren enzymatischer Umsatz fluorimetrisch oder photometrisch nachgewiesen wird.

Anmerkung: Der Nachweis von Caspaseaktivität in einzelnen Zellen gestaltet sich recht schwierig, da diese in den einzelnen Zellen sehr gering ist. Für die meisten Nachweisverfahren benötigt man daher einen Zellextrakt aus vielen Zellen, um in den Nachweisbereich der Aktivitätsassays zu gelangen.

Literatur:

Fassy F et al. (1998) Enzymatic activity of two caspases related to interleukin-1β-converting enzyme. *Eur J Biochem* 253: 76–83

Gorman AM et al. (1999) Application of a fluorometric assay to detect caspase activity in thymus tissue undergoing apoptosis in vivo. *J Immunol Methods* 226: 43–48

Gurtu V et al. (1997) Fluorometric and cholorimetric detection of caspase activity associated with apoptosis. *Anal Biochem* 251: 98–102

8.5.6.2 Spaltung der Poly-(ADP-Ribose)-Polymerase

Die Spaltung der Poly-(ADP-Ribose)-Polymerase (PARP) ist ein Kennzeichen der frühen Apoptose. Physiologisch ist PARP ein DNA-Reparaturenzym, das spezifisch DNA-Strangbrüche erkennt.

Tab. 8-2: Gängige Caspase-Substrate mit deren Enzymspezifität, Löslichkeit und Molekularmasse (M). Der mittlere Namensteil gibt die Aminosäuresequenz des Peptidsubstrats anhand des Ein-Buchstabencodes wieder. Der Aspartatrest, nach dem enzymatisch gespalten wird, ist fett dargestellt. N-terminal sind diese Substrate acetyliert (Ac). Zur Vereinfachung sind fast alle Substrate 7-Amino-4-trifluormethylco umarin(AFC)-markiert dargestellt. Fast alle sind aber auch 7-Amino-4-methylcoumarin(AMC)- beziehungsweise *p*-Nitroanilin (*p*NA)-markiert erhältlich. Die Spaltprodukte von AFC (Ex: 400 nm, Em: 505 nm) und AMC (Ex: 380 nm, Em: 460 nm) lassen sich fluorimetrisch und das von *p*NA (λmax: 400 nm) colorimetrisch detektieren.

Substratname	Spezifität	Löslichkeit	M
Ac-AEV**D**-AFC	Caspase 6, 8	DMSO	685,6
Ac-DEV**D**-AFC	Caspase 3, (1, 4, 7)	DMF, DMSO, H_2O (bis 0,4 mg/ml)	729,6
Ac-DMQ**D**-AMC	Caspase 3	DMSO	706,7
Ac-DQM**D**-AFC	Caspase 3, 6	DMF, DMSO	760,7
Ac-IEP**D**-AFC	Caspase 8, Granzym B	DMSO	725,7
Ac-IET**D**-AFC	Caspase 8, 10, Granzym B	DMSO	729,7
Ac-LEH**D**-AFC	Caspase 9	DMSO	765,7
Ac-LET**D**-AFC	Caspase 8	DMSO	729,7
Ac-LEV**D**-AFC	Caspase 4	DMSO, Phosphatpuffer	727,7
Ac-VA**D**-AFC	alle Caspasen	DMF, DMSO	556,5
Ac-VDVA**D**-AFC	Caspase 2	DMSO	770,7
Ac-VEI**D**-AFC	Caspase 6	DMF, DMSO	727,7
Ac-WEH**D**-AFC	Caspase 1, (4, 5)	DMSO	838,8
Ac-YVA**D**-AFC	Caspase 1, 4	DMSO	719,7

Der Caspase 3 dient PARP als Substrat und wird von dieser in zwei ca. 85 und 24 kDa große Fragmente gespalten. Nach Auftrennung von Zellextrakten über ein SDS-Polyacrylamidgel lassen sich die einzelnen Fragmente und die intakte PARP durch spezifische poly- bzw. monoklonale Antikörper mittels Western Blot nachweisen. Damit liefert man den indirekten Nachweis für die Aktivität der Caspase 3 und somit auch für apoptotische Vorgänge in der Zellpopulation. Weiterführende Erklärungen zum Thema SDS-PAGE und Western Blot finden sich im (Kap. 5).

Diese Methode eignet sich nicht für den Apoptosenachweis einzelner oder weniger Zellen, da PARP in den Zellen nur schwach exprimiert wird. Der Zellextrakt sollte daher aus mindestens 10^7 Zellen gewonnen werden, damit sich die spezifischen PARP-Banden detektieren lassen.

Achtung! Acrylamid ist sehr giftig und hat mutagenes sowie karzinogenes Potenzial. Aber nachdem der Nachweis dieser Substanz in erhitzten Kartoffelprodukten und ähnlichen pflanzlichen Nahrungsmitteln hohe Wellen geschlagen hat, wird dies wohl niemanden überraschen. Deshalb ist bei der SDS-PAGE äußerste Sorgfalt und Vorsicht geboten, solange das Polyacrylamid nicht auspolymerisiert ist. Doch auch mit auspolymerisierten Gelen sollte der Experimentator jeglichen Hautkontakt vermeiden.

Literatur:

Casciola-Rosen L (1996) Apopain/CPP32 cleaves proteins that are essential for cellular repair: a fundamental principle of apoptotic death. *J Exp Med* 183: 1957–1964

Gassen G, Schrimpf G (2002) Gentechnische Methoden. Eine Sammlung von Arbeitsanleitungen für das molekularbiologische Labor. 3. Aufl. Spektrum Akademischer Verlag, Heidelberg

Sambrook J et al. (2001) Molecular Cloning. A Laboratory Manual. Cold Spring Harbor Laboratory Press

Tewari M et al. (1995) Yama/CPP32 beta, a mammalian homolog of CED-3, is a CrmA-inhibitable protease that cleaves the death substrate poly(ADP-ribose) polymerase. *Cell* 81: 801–809

8.5.7 Sonstiges

In diesem Kapitel wurde eine große Auswahl der am häufigsten zur Apoptosedetektion eingesetzten Methoden vorgestellt. Wer seiner Kreativität freien Lauf lassen möchte, der kann sich daran machen und weitere Apoptoseassays austüfteln oder die oben genannten z. B. für die **Elektronenmikroskopie** abwandeln. Wer über die entsprechende Ausrüstung verfügt, kann auch die **Kern-Magnet-Resonanz-Spektroskopie** (NMR) zur Detektion apoptotischer Zellen einsetzen. Für viele zellbiologische Labore ist diese Methode wegen zu hohen Aufwands nicht praktikabel, weshalb wir auf eine detailierte Beschreibung verzichten.

Eine wichtige Sache sei zum Abschluss noch erwähnt. Es ist problematisch, mit nur einer der beschriebenen Methoden apoptotische Zellen sicher von nekrotischen zu unterscheiden. Das wäre ja auch viel zu einfach und anspruchslos! Es hängt dabei sehr viel von dem Zelltyp und dem Apoptoseweg ab. Es lässt sich z. B. nicht bei allen apoptotischen Zellen die bekannte DNA-Strickleiter nachweisen. Um auf Nummer sicher zu gehen, sollte der vorsichtige Experimentator verschiedene Methoden parallel anwenden. Besonders geeignet sind die durchflusscytometrischen Verfahren. Sie lassen sich teilweise im gleichen Ansatz verbinden und bedeuten so nur eine Winzigkeit an Mehrarbeit. Auf jeden Fall ist das Gebiet des Apoptosenachweises eine riesige Spielwiese.

Literatur:

Bezabeh T et al. (2001) Detection of drug-induced apoptosis and necrosis in human cervical carcinoma cells using (1)H NMR spectroscopy. *Cell Death Differ* 8: 219–224

Moore A et al. (1998) Simultaneous measurement of cell cycle and apoptotic cell death. *Methods Cell Biol* 57: 265–278

Negri C et al. (1997) Multiparametric staining to identify apoptotic human cells. *Exp Cell Res* 234: 174–177

9 Spezielle Immuno-Assays

9.1 Blutgruppenbestimmung

Bestimmt kann jeder von uns die Frage nach seiner Körpergröße und nach seinem Gewicht – auch wenn so mancher nicht gerne darüber spricht – genau beantworten. Wird man aber nach einer anderen, und dazu sogar noch praktisch unveränderlichen, individuellen Eigenschaft, nämlich der der Blutgruppe gefragt, müssen sich mit Sicherheit viele unter uns eingestehen, dass sie dies nicht mit Gewissheit beantworten können.

Dabei dürften jedoch den meisten die Begriffe „Blutgruppenmerkmale des AB0-Systems" und „Rhesusfaktor" wohlbekannt sein. Blutgruppenmerkmale werden vererbt und durch Makromoleküle, vor allem Phospho- und Glykolipide sowie Glykoproteine, bestimmt. Sie sind auf der Oberfläche von Erythrocyten, aber auch auf anderen Blut- und Gewebezellen sowie in gelöster Form in Körperflüssigkeiten zu finden. Ausnahmen bilden hier z. B. Nerven-, Knorpel- und Plazentazellen sowie die Glaskörper. Ein Blutgruppenmerkmal auf einem Erythrocyten kommt nicht nur einmal vor, sondern kann bis zu mehrere hunderttausend Male vertreten sein. Diese Moleküle besitzen antigene Eigenschaften und der Körper ist in der Lage, gegen Blutgruppenmerkmale, die er nicht selbst besitzt, Antikörper zu bilden. In dieser Tatsache liegt die klinische Bedeutung und auch das Prinzip der Blutgruppenbestimmung begründet.

Beim **AB0-System** unterscheidet man die Blutgruppen A, B, AB und 0. Jeder Mensch besitzt in seinem Serum sogenannte **Isoantikörper** gegen die Blutgruppe, die er nicht selbst besitzt. Ein Mensch, der das Blutgruppenmerkmal A trägt, besitzt daher gleichzeitig Antikörper gegen das Merkmal B. Umgekehrt ist es bei einem Träger der Blutgruppe B. Dieser hat im Serum Antikörper gegen A. Ein Individuum der Blutgruppe 0 besitzt sowohl gegen A, als auch gegen B Antikörper. AB-Träger weisen normalerweise keine Antikörper gegen eines dieser Merkmale auf. Da dies aber doch ein wenig zu einfach wäre, muss noch erwähnt werden, dass Menschen mit dem gleichen Phänotyp, d. h. der gleichen Blutgruppe, aufgrund des Vererbungsmusters – Allel 0 wird rezessiv vererbt – nicht demselben Genotyp entsprechen müssen (Tab. 9-1). Erschwerend kommt hinzu, dass es bei den einzelnen Merkmalen auch noch Untergruppen (A_1, A_2, A_1B, A_2B) und Varianten gibt, die sich anhand unterschiedlicher Agglutinationsstärken unterscheiden lassen.

Auch die **Rhesus-Blutgruppen** (Rh) bestehen aus verschiedenen Blutgruppenantigenen (C, D, E u. a.), wobei das Merkmal Rhesusfaktor D das wichtigste ist. So kann eine Person Rhesus-positiv (Rh-D) oder -negativ (rh-d) sein, wobei der überwiegende Teil der Europäer Rhesus-positiv ist (85 %). Spielt die Blutgruppenbestimmung des AB0-Systems und des Rhesusfaktors vor allem bei

Tab. 9-1: AB0-Blutgruppensystem.

Blutgruppe (Phänotyp)	Genotyp	Serumantikörper	Häufigkeit in Mitteleuropa
A	AA oder A0	anti-B	ca. 44,5 % (A_1 ca. 37 %, A_2 ca. 7,5 %)
B	BB oder B0	anti-A	ca. 10,5 %
AB	AB	keine	ca. 4,5 % (A_1B ca. 3,5 %, A_2B ca. 1%)
0	00	anti-A und anti-B	ca. 40 %

Exkurs 15

Rhesusunverträglichkeit

Die Rhesusunverträglichkeit betrifft Rhesus-negative (d) Frauen, die mit einem Rhesus-positiven (D) Kind schwanger sind. In der Regel wirkt sich dies aber erst während einer zweiten Schwangerschaft aus.

Nach einer ersten Schwangerschaft der Rhesus-negativen Frau mit einem Rhesus-positiven Kind kann es bei der Geburt, aber auch nach einer Fehlgeburt oder einer Schwangerschaftsunterbrechung, zu einem Übertritt von Erythrocyten des Kindes in den mütterlichen Blutkreislauf kommen. Da diese Erythrocyten das Blutgruppenantigen D aufweisen, werden im mütterlichen Blutkreislauf spezifisch Antikörper (anti-D-Antikörper) gegen dieses Merkmal gebildet. Bei einer erneuten Schwangerschaft können diese Antikörper über die Plazenta in den fetalen Blutkreislauf gelangen und so zur Zerstörung der kindlichen Erythrocyten führen. Dies kann für das Kind schwere gesundheitliche Folgen (**Morbus haemolyticus fetalis** bzw. **neonatorum**) haben oder sogar zum Abort führen.

Mittlerweile steht eine gute Prophylaxe (**anti-D-Prophylaxe**) zur Verfügung. Dabei werden Rhesus-negativen Müttern zwischen der 28. und 30. Schwangerschaftswoche sowie kurz nach der Geburt eines Rhesus-positiven Kindes anti-D-Immunglobuline injiziert, die die bei der Geburt in den mütterlichen Kreislauf übergegangenen Erythrocyten des Kindes zerstören. Außerdem besetzen sie die D-Antigene der Erythrocyten und verhindern so eine Immunisierung der Mutter. Zusätzlich wird durch die künstliche Antikörperzufuhr über einen negativen Rückkopplungsmechanismus die Bildung von anti-D-Antikörpern durch den mütterlichen Organismus gedrosselt. Eine anti-D-Prophylaxe erfolgt auch nach einer irrtümlichen Rhesus-inkompatiblen Bluttransfusion. Sind bei einer Frau Rhesus-Antikörper vorhanden, wird der Zustand des Fetus während der Schwangerschaftsvorsorge regelmäßig überprüft, um rechtzeitig entsprechende Maßnahmen einzuleiten. Um anti-Rhesus-Antikörper im Blut der Mutter zu entdecken, führt man den **Antikörpersuchtest**, einen indirekten Coombs-Test, mit Testerythrocyten durch, die alle Blutgruppenantigene tragen, die für Transfusionszwischenfälle bzw. der Entstehung eines Morbus haemolyticus relevant sind.

Übrigens: Da die anti-AB0-Antikörper dem IgM-Isotyp angehören, sind sie im Gegensatz zu den anti-Rhesus-Antikörpern (IgG) nicht plazentagängig und können somit den Fetus auch nicht schädigen.

Bluttransfusionen und für gerichtsmedizinische Gutachten eine Rolle, kommt der Bestimmung des Rhesusfaktors eine weitere wichtige Rolle bezüglich Schwangerschaften zu (Exkurs 15).

Neben den beiden erwähnten, gibt es noch eine ganze Reihe weiterer Blutgruppen, wie z. B. die Colton-, Duffy-, Kell-, Kidd-, Lewis-, Lutheran-, MNSs-, P- und Xg-Blutgruppen, die eine weitere Aufschlüsselung der individuellen Blutgruppenzusammensetzung erlauben.

Der Nachweis der von Karl Landsteiner im Jahre 1900 entdeckten AB0-Blutgruppen, für den er 1930 den Nobelpreis für Medizin verliehen bekam, wurde ursprünglich mit menschlichem Blutserum durchgeführt. Das Prinzip dieses klassischen Nachweissystems beruht auf der Verklumpung (**Agglutination**) von Blutzellen mit den im Serum enthaltenen Antikörpern, die spezifisch gegen die auf der Zelloberfläche vorhandenen Proteine des AB0-Systems gerichtet sind.

Heutzutage erfolgt der Nachweis mit AB0-Testlösungen, die monoklonale Antikörper enthalten. Der Experimentator gibt dafür je einen Tropfen anti-A-, anti-B- und anti-AB-Testlösung auf eine spezielle Tüpfelplatte oder einen Objektträger. Nach Zugabe jeweils eines Tropfens der Blutprobe wird das Ganze vorsichtig vermischt. Eine eintretende Agglutination kann spätestens nach ein bis zwei Minuten festgestellt und die Blutgruppe bestimmt werden (Abb. 9-1). Ist die Agglutination nur schwer zu erkennen, hilft es, die Platte bzw. den Objektträger etwas zu kippen. Dies erleichtert die Beobachtung.

Auch die Bestimmung des Rhesusfaktors führt man mit speziellen Rhesus-Testlösungen durch. Zur Kontrolle sollte unbedingt ein Kontrollserum mitgeführt werden, das nicht verklumpen darf. Da es auch bei der AB0-Bestimmung zu unspezifischen Verklumpungen kommen kann, sollte zur Absicherung der Blutgruppenbestimmung eine **Serumgegenprobe** gemacht werden. Das Serum des zu untersuchenden Blutes wird dabei mit Testblutkörperchen bekannter Blutgruppe vermischt und die Agglutination abgelesen.

Für die Agglutination sind besonders die Immunglobuline der Klasse M verantwortlich. IgM-Moleküle lagern sich über ihre konstanten Teile zu sternförmigen Pentameren zusammen und haben somit zehn freie Antigenbindungsstellen, während IgG-Moleküle nur die üblichen zwei Bindungsstellen besitzen. Der Agglutinationseffekt durch IgM ist daher wesentlich stärker (Abb. 9-2). Dass aber trotz fehlender Agglutination auch bei IgG eine Antigen-Antikörper-Reaktion stattgefunden hat, kann z. B. durch den **Coombs-Test** (Antiglobulintest) nachgewiesen werden (Abb. 9-3). Dabei werden die an die Zellen gebundenen, diese aber nicht agglutinierenden Antikörper durch anti-Humanglobulin-Antikörper, die man nach Immunisation von Individuen einer anderen Spezies mit menschlichen Immunglobulinen erhält, vernetzt und durch Verklumpung nachgewiesen.

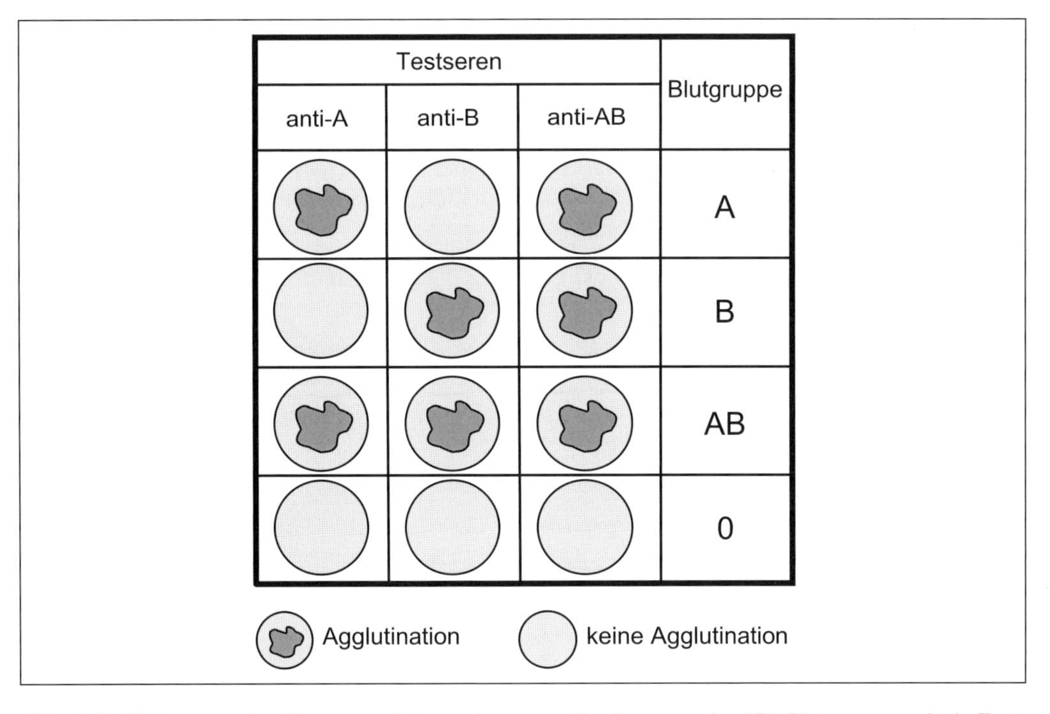

Abb. 9-1: Blutgruppenbestimmung. Ableseschema zur Bestimmung der AB0-Blutgruppen mittels Testlösungen.

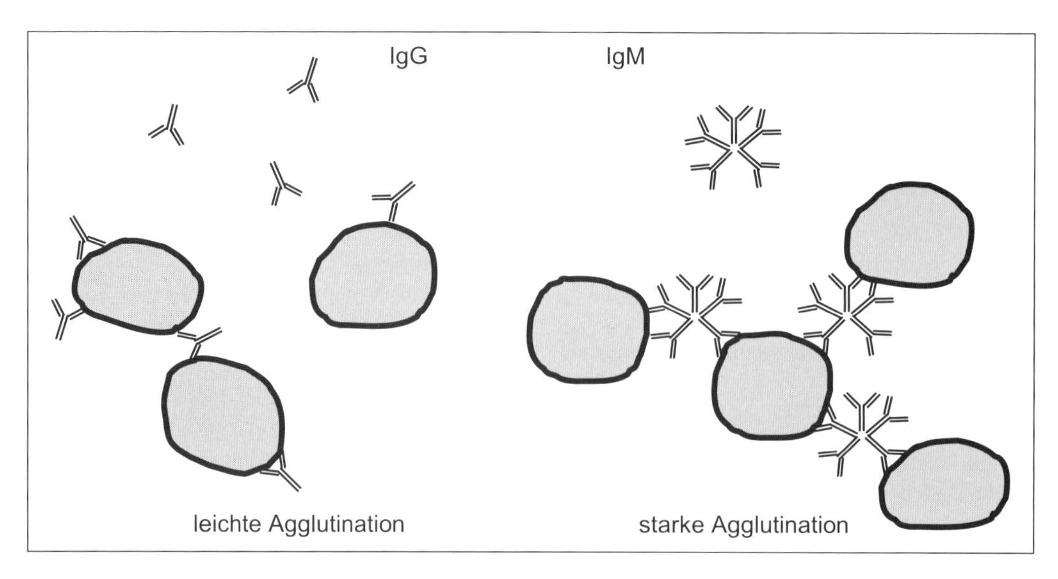

Abb. 9-2: Blutgruppennachweis durch Agglutination. Immunglobuline der Klasse G und M lagern sich spezifisch an Blutgruppenantigene von Zellen an. Aufgrund ihrer pentameren Struktur sind vor allem IgM-Moleküle in der Lage, Zellen zu agglutinieren.

Damit die Antikörper an die Zellen binden können, empfiehlt es sich, das Gemisch aus einem Tropfen Antikörper und einem Tropfen Zellsuspension für eine halbe bis eine Stunde bei 37 °C in einem Probenröhrchen zu inkubieren. Danach werden die Zellen mehrmals mit isotoner Kochsalzlösung gewaschen. Nach Zugabe von einem bis zwei Tropfen anti-Humanglobulin-Antikörper zu dem Zellsediment, einer weiteren Inkubation bei Raumtemperatur und einer kurzen Zentrifugation sollte die Agglutination sichtbar werden.

Achtung! Alle Blutprodukte müssen als potenziell infektiös angesehen werden (z. B. HIV, Hepatitis). Bei Arbeiten mit Blutprodukten sollten unbedingt die entsprechenden Vorsichtsmaßnahmen befolgt werden, dazu gehört auch die sachgerechte Entsorgung.

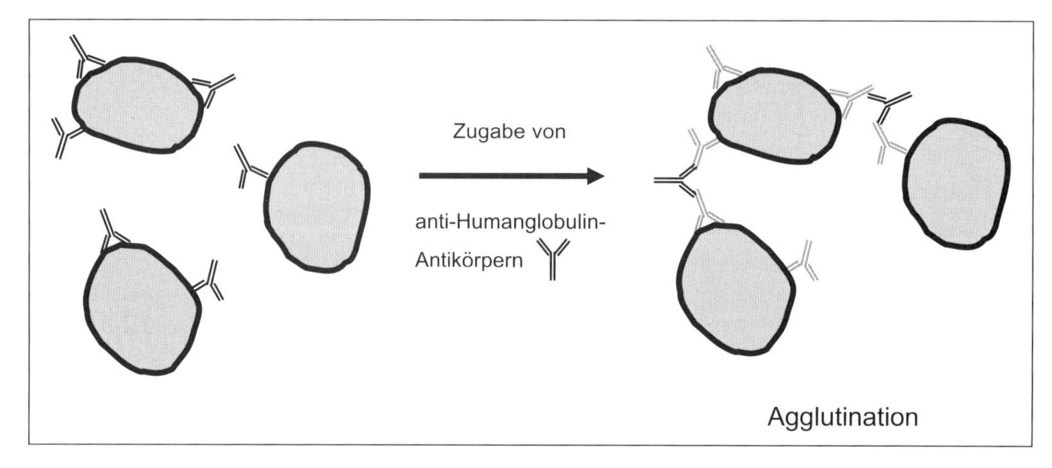

Abb. 9-3: Coombs-Test (Antiglobulintest). Eine spezifische, durch IgG hervorgerufene Antigen-Antikörper-Reaktion wird durch Zugabe von anti-Humanglobulin-Antikörpern nachgewiesen. Die Zellen agglutinieren.

Auch wenn vor jeder Bluttransfusion die Blutgruppen von Spender und Empfänger genau bestimmt und unmittelbar vor einer Transfusion nochmals bestätigt werden (AB0-Identitätstest, Bedside-Test), kann es sicher nicht schaden, wenn man seine Blutgruppe selber kennt. Haben Sie keine Möglichkeit oder Lust, ihre Blutgruppe im Selbstversuch zu bestimmen, dann gehen Sie doch mal Blut spenden! Da erfährt man nicht nur die eigene Blutgruppe, sondern vollbringt gleichzeitig auch ein gutes Werk.

Literatur:

Coombs RRA, Mourant AE, Race RR (1945) Detection of weak and 'incomplete' Rh agglutinins: a new test. *Lancet* ii: 15

Coombs RRA, Mourant AE, Race RR (1945) A new test for the detection of weak and 'incomplete' Rh agglutinins. *Brit J Exp Pathol* 26: 255–266

Daniels G (2001) A century of human blood groups. *Wien Klin Wochenschr* 113: 781–786

Landsteiner K (1901) Ueber Agglutinationserscheinungen normalen menschlichen Blutes. *Wien Klin Wochenschr* 14: 1132–1134; als Reprint (2001) in *Wien Klin Wochenschr* 113: 768–769

Reid ME, Yazdanbakhsh K (1998) Molecular insights into blood groups and implications for blood transfusion. *Curr Opin Hematol* 5: 93–102

9.2 HLA-Typisierung

Die HLA(human leucocyte antigen)-Typisierung nimmt einen festen Platz in der klinischen Immunologie ein. Sie findet Anwendung in der Diagnostik bestimmter Erkrankungen und bei Abstammungsgutachten. Von außerordentlicher Wichtigkeit ist sie in der Transfusionsmedizin, z. B. bei der Auswahl von Knochenmark- und Stammzellspendern sowie in der Transplantationsmedizin.

Schon früh versuchten Mediziner Gewebe oder ganze Organe zu verpflanzen. Es gibt Hinweise, dass bereits im 2. Jahrhundert in Indien die ersten Transplantationen stattgefunden haben. Die weltweit erste erfolgreiche Organtransplantation fand aber erst im Jahre 1902 statt. Der Wiener Arzt Emerich Ullmann transplantierte eine Niere in den Nacken eines Hundes und die Fachwelt konnte sich fünf Tage lang von deren Funktionsfähigkeit überzeugen. 1954 gelang dann die erste erfolgreiche Transplantation am Menschen. Der amerikanische Arzt Joseph Murray verpflanzte eine Niere zwischen eineiigen Zwillingen.

Das Hauptproblem bei einer Organtransplantation bestand damals wie heute in der Abstoßung des fremden Organs. Es kristallisierte sich heraus, dass bestimmte genetisch determinierte Gewebsmerkmale, sog. **Histokompatibilitätsantigene** (H-Antigene), dabei eine Rolle spielen. Die H-Antigene werden von den Histokompatibilitätsgenen codiert. Eine immense Bedeutung kommt den Proteinen des **Haupthistokompatibilitätskomplexes** (**MHC**, major histocompatibility complex) zu. Differenzen der auf den Zellen exprimierten MHC-Moleküle von Organspender und -empfänger können eine Immunantwort hervorrufen und in der Folge zu einer Abstoßungsreaktion führen. Beim Menschen spricht man beim MHC auch vom **HLA-System**. Beim HLA-System unterscheidet man drei chromosomale Bereiche, in denen die MHC-Gene lokalisiert sind. Diese codieren für drei Klassen von MHC-Molekülen, von denen zwei eine wichtige Rolle bezüglich der Antigenpräsentation spielen. Es gibt drei Hauptgene der Klasse I, die Gene HLA-A, HLA-B und HLA-C, die für die MHC-Klasse-I-Moleküle codieren und bei denen man einige unterschiedliche Allele unterscheiden kann. Die MHC-Klasse-I-Moleküle sind in der Plasmamembran aller kernhaltigen Zellen lokalisierte Glykoproteine, die wichtige Funktionen in der Antigenpräsentation besitzen. Die ebenfalls für die Antigenpräsentation relevanten MHC-Klasse-II-Moleküle werden von den HLA-D-Genen (HLA-DP, HLA-DQ, HLA-DR) codiert und von Antigen-präsentierenden

Zellen membranständig exprimiert. Da das HLA-System hochpolymorph ist, spielt die exakte Typisierung der HLA-Merkmale eine wichtige Rolle.

9.2.1 Lymphocytotoxizitätstest

Die klassische Methode zur serologischen HLA-Typisierung ist der (Mikro-)Lymphocytotoxizitätstest (LCT). Dieser ursprünglich 1964 von Terasaki beschriebene Test wird vor allem für die HLA-Klasse-I-Typisierung angewandt. Er beruht darauf, dass spezifische anti-HLA-Antikörper nach Bindung an HLA-tragende Lymphocyten Komplement aktivieren. Lymphocyten eignen sich besonders zur HLA-Typisierung, da sie eine hohe HLA-Dichte auf ihrer Oberfläche aufweisen und recht unkompliziert isoliert werden können.

Der Test sieht vor, dass eine vitale Lymphocytensuspension mit **cytotoxischen Antikörpern** (anti-HLA-Antikörper) und **Komplement** versetzt wird. Tragen die Lymphocyten das korrespondierende HLA-Antigen, kommt es zur Bildung eines Antikörper-Antigen-Komplexes an der Zelloberfläche und zur Komplementaktivierung. Dies hat eine Perforierung der Zellmembran und eine Lyse der Zellen zur Folge. Der Nachweis der cytotoxischen Reaktion wird durch eine Färbung erbracht. Bei den meisten Färbemethoden dringt der zugegebene Farbstoff in die perforierten Zellen ein und färbt diese an. Tragen die Lymphocyten die HLA-Merkmale nicht, gegen die die cytotoxischen Antikörper gerichtet sind, bleibt die Zellmembran intakt und der Farbstoff kann nicht in die Zellen eindringen.

Die für den Lymphocytotoxizitätstest benötigten Lymphocyten werden aus der Milz, den Lymphknoten oder aus peripherem Blut gewonnen (Kap. 2). Die Viabilität der Zellpopulation sollte >95 % betragen und möglichst wenig zelluläre und korpuskuläre Kontaminationen, insbesondere Thrombocyten und Granulocyten, aufweisen, da dies zu falsch negativen Ergebnissen führen kann. Die Durchführung des Tests erfolgt meist in speziellen, kommerziell erhältlichen Typisierungskammern, die bereits verschiedene Testseren enthalten und als Schutz vor Verdunstung mit Paraffin- oder Mineralöl überschichtet sind. Bereitet der Experimentator die Typisierungskammern selber vor, sollte er zuerst zwischen 2 und 5 µl des Öls in jedes Well der Kammer geben und dann vorsichtig je 1 µl der entsprechenden Testseren unter das Öl einspritzen. Die Kammern können so bei –70 °C gelagert werden. Die Lymphocytensuspension wird auf 2×10^6 Zellen/ml eingestellt und 1 µl in jede Vertiefung gegeben. Die Inkubation erfolgt für eine halbe Stunde bei Raumtemperatur. Nach Zugabe von 5 µl Komplement und einer einstündigen Inkubation bei Raumtemperatur schließt sich die Färbung an. Als Komplement eignet sich z. B. ausgetestetes Kaninchenserum.

Zur **Färbung** der Zellen bieten sich verschiedene Möglichkeiten an. Färbt man mit **Eosin**, werden 2 bis 5 µl einer 5 %-igen wässrigen Eosinlösung in jedes Well gegeben und gemischt. Nach zwei bis drei Minuten folgt eine Fixierung mit 5 µl Formalin (500 ml Formalin (12–37 %), 2 ml Phenolrot (5 %), pH 7,2–7,4 mit NaOH). Nach etwa 10 min kann mikroskopisch ausgewertet werden. Da Eosin durch die perforierte Zellmembran der Lymphocyten eindringt, erscheinen diese im Phasenkontrastmikroskop dunkler.

Wird für die LCT-Färbung **Acridinorange/Ethidiumbromid** verwendet, wird den Zellen 2 µl der Färbelösung zugegeben und das Ganze bei Raumtemperatur für 15 min im Dunkeln inkubiert. Die Stammlösung setzt sich zusammen aus 15 mg Acridinorange und 50 mg Ethidiumbromid, das zusammen in 1 ml Ethanol (95 %) gelöst und mit 49 ml PBS verdünnt wird. Vor Gebrauch wird zu 1 ml Stammlösung 10 ml einer mit PBS verdünnten 5 %-igen EDTA-Lösung zugegeben. Zur Kontrastierung des Hintergrundes dient Hämoglobin. Ausgewertet wird fluoreszenzmikroskopisch.

Ethidiumbromid dringt durch die zerstörte Zellmembran in die Zellen ein und interkaliert in die DNA. Die Zellen erscheinen rot-orange gefärbt. Auch die Anfärbung lebender Zellen ist möglich. Dies geschieht durch Acridinorange. Unter dem Fluoreszenzmikroskop erscheinen diese dann grün.

Die nächste Variante verwendet **Carboxyfluorescein-Diacetat/Ethidiumbromid** (CFDA/EB) als Färbemittel. Die Vorgehensweise unterscheidet sich etwas von den vorangegangenen Färbemethoden, da die Zellen bereits vor Übertragung in die Typisierungskammer mit CFDA gefärbt werden. Dazu werden 0,5 ml einer CFDA-Gebrauchslösung in einem Röhrchen zu den Zellen (Konzentration: 3×10^6 Zellen/ml) gegeben. Die Gebrauchslösung wird hergestellt, indem 3 ml CFDA-Stammlösung (100 mg CFDA gelöst in 10 ml Aceton) zu 500 ml PBS (pH 5,5) gegeben wird. Nach einer 5-minütigen Inkubation bei Raumtemperatur im Dunkeln werden die Zellen für eine Minute bei 1 000 g abzentrifugiert. Nach zwei Waschschritten mit PBS wird die Zellsuspension auf 3×10^6 Zellen/ml eingestellt. Von der Suspension wird je 1 µl in die Testseren enthaltenden Vertiefungen der Typisierungskammer pipettiert. Einer 30-minütigen Inkubation (bei Raumtemperatur im Dunkeln) folgt die Zugabe von 5 µl Komplement/Ethidiumbromid-Gebrauchslösung. Diese Gebrauchslösung setzt sich zusammen aus 10 ml EB-Stammlösung und 500 ml Komplement. Zur Herstellung der Stammlösung werden 2 Ethidiumbromid-Tabletten (22 mg) in 2 ml Aqua dest. gelöst, 20 ml PBS zugegeben und das Ganze für 30 min auf 56 °C erhitzt. Nach einer weiteren Inkubation für 60 min werden 5 µl Hämoglobin zugesetzt. Der Anteil der toten Zellen lässt sich mit Ethidiumbromid unter dem Fluoreszenzmikroskop bestimmen und der Grad der Vitalität errechnen.

Vorsicht! Wir werden der Warnungen nicht müde... Viele Färbelösungen sind mit Vorsicht zu genießen. Dies gilt im Besonderen, wenn sie in der Lage sind, in lebende Zellen einzudringen und diese anzufärben. Da der Experimentator selbst auch aus mehr oder weniger lebenden Zellen besteht, ist dies auch hier möglich. Da das nicht unbedingt gesundheitsförderlich ist, sind die entsprechenden Sicherheitsdatenblätter zu beachten.

Wie es meistens der Fall ist, gibt es auch für den Lymphocytotoxizitätstest nicht das eine richtige Protokoll. Durch andere Inkubationszeiten und Inkubationstemperaturen, aber auch durch Veränderung der Waschvorgänge und Färbeprozeduren lässt sich die Sensitivität des Tests variieren. Verlängerte Inkubationszeiten erhöhen beispielsweise die Sensitivität. In Gegenwart der meist cytotoxischen Farbstoffe sollten diese jedoch nicht zu sehr ausgedehnt werden. Auch die Wahl der richtigen Temperatur beeinflusst die Empfindlichkeit, wobei jedoch bei Raumtemperatur die höchste Sensitivität erreicht werden kann. Ebenfalls sensitivitätserhöhend wirkt sich vor Zugabe von Komplement ein Waschen der Zellen mit Puffer aus.

Bei geringer Sensitivität kann auch die Zugabe eines Reaktionsverstärkers hilfreich sein. Als Reaktionsverstärker wird z. B. Antihumanglobulin angewandt. Vor Zugabe des Komplements werden die Zellen zwei bis dreimal gewaschen, dann 1 µl des verdünnten Antihumanglobulins hinzu pipettiert. Ähnlich dem Coombs-Test (Kap. 9.1) lagert sich das Antihumanglobulin an die Antikörper an und bietet somit dem Komplement eine größere Anzahl an Bindungsstellen. Der Test wird empfindlicher.

Kein Cytotoxizitätstest ohne Kontrollen! Wie bei allen anderen Untersuchungen, darf der Experimentator auch hier auf keinen Fall auf das Mitführen geeigneter Kontrollen verzichten. Als Negativkontrolle kann z. B. FCS dienen, dessen Komplement durch vorherige 30-minütige Inkubation bei 56 °C hitzeinaktiviert wird. Die Positivkontrolle dagegen muss komplementabhängig sein und mit allen HLA-tragenden Zellen stark positiv reagieren. Hier bietet sich z. B. Serum von hochimmunisierten Personen, anti-β_2-Mikroglobulin oder Antilymphocytenserum an. Mit T- und

B-Zellkontrollen kann der Anteil des jeweiligen Subtyps bestimmt werden. Kommerziell erhältliche HLA-Typisierungssets sind in der Regel bereits mit den geeigneten Kontrollen ausgestattet.

Anhand der Zellfärbung kann der Anteil vitaler und toter Zellen mikroskopisch bestimmt werden. Die Unterscheidung erfolgt je nach Färbemethode aufgrund der unterschiedlichen Färbung vitaler und toter Zellen oder aufgrund des Färbeausschlussverfahrens, bei dem nur die toten Zellen angefärbt sind. Der prozentuale Anteil der toten Zellen – unter Berücksichtigung der Negativkontrolle – wird ermittelt und kann nach einer festgelegten Tabelle einem bestimmten **Scorewert** zugeordnet werden, der der weiteren Interpretation der Ergebnisse dient.

Diese Ergebnisinterpretation setzt zwar viel Erfahrung voraus, dennoch wird die serologische Typisierung von HLA-Klasse-I-Antigenen mittels des komplementabhängigen Lymphocytotoxizitätstests meist molekulargenetischen Methoden vorgezogen, da sie relativ schnell und einfach durchzuführen ist. Die Typisierung der HLA-Klasse-II-Antigene HLA-DQ und HLA-DR kann auch mittels Lymphocytotoxizitätstest bewerkstelligt werden (nach B-Lymphocytenseparation). Man bevorzugt hier aber meist molekularbiologische Bestimmungen, die eine genauere Alleldifferenzierung ermöglichen.

Tipp! Mit Eosin gefärbte Zellen können nach Formalin-Fixierung einige Tage im Kühlschrank überdauern, sofern sie einigermaßen luftdicht aufbewahrt werden. Eingefroren können sie auch nach 2 Wochen noch ausgewertet werden. Dies sollte dann aber gleich nach dem Auftauen geschehen. Ist den mit Fluoreszenzfarbstoffen gefärbten Zellen Hämoglobin zugesetzt worden, so können auch diese für einige Tage in einem Kühlschrank gelagert werden. Sie sollten jedoch gegen Licht geschützt sein.

Literatur:

Terasaki PI, McClelland JD (1964) Microdroplet assay of human serum cytotoxins. *Nature* 204: 998–1000

Fischer GF, Mayr WR (2001) Molecular genetics of the HLA complex. *Wien Klin Wochenschr* 113: 814–824

Doxiadis II, Claas FH (2003) The short story of HLA and its methods. *Dev Ophthalmol* 36: 5–11

Robinson J, Waller MJ, Parham P, de Groot N, Bontrop R, Kennedy LJ, Stoehr P, Marsh SG (2003) IMGT/HLA and IMGT/MHC: sequence databases for the study of the major histocompatibility complex. *Nucleic Acids Res* 31: 311–314

9.3 Lymphoblastentransformation

„Was der Bauer nicht kennt – das isst er nicht!" lautet ein altes, jedoch nicht unbedingt weises Sprichwort. Zutreffend hingegen ist, dass das Prinzip der Antigenerkennung mit dem genannten Sprichwort in modifizierter Form beschrieben werden kann: „Was der Lymphocyt mit seinem T-Zell-Rezeptor (TCR) nicht erkennt – darauf reagiert er nicht!" Im Organismus wandern permanent unzählige Lymphocyten-Klone mit jeweils unterschiedlicher Antigenspezifität („Memory-Zellen") durch unser Blut- und Lymphsystem (Kap. 1). Diese warten sehnsüchtig darauf, ihr ganz spezielles Antigen zu treffen, um endlich aus ihrer Lethargie erweckt zu werden. Prozessiert und anschließend präsentiert werden Antigene von verschiedenen antigenpräsentierenden Zellen (APC), beispielsweise Makrophagen oder dendritischen Zellen. Zum „Stell-dich-ein" trifft man sich mit besonderer Vorliebe in den verschiedenen lymphatischen Geweben, den „immunzellulären Kontaktbörsen" des Organismus. Während die Lymphocyten auf der Suche nach ihrem spezifischen Antigen immer mal hereinschauen und das „Antigenangebot" checken, kleben die antigenbepackten APC auf den Barhockern des lymphatischen Gewebes und harren ihrem Schicksal. Ist das Angebot gut – trifft ein Lymphocyt also auf sein spezifisches Antigen – ist die Freude groß. Nach Kontakt zwischen TCR und Epitop des Antigens, unter Einfluss verschiedener costimulatorischer Signale, kommt der Lymphocyt in Wallungen – er nimmt an Volumen zu und seine RNA- und Proteinbiosyntheserate steigt an. Endlich zum Leben erweckt! – Der Lymphocyt ist aktiviert und wird in diesem Stadium Lymphoblast genannt.

Den oben beschriebenen Vorgang der Antigenerkennung und die daraus resultierende Lymphoblastentransformation, macht man sich in der klinischen Diagnostik zu Nutze.

Nach Zugabe eines bestimmten Antigens zu einer Blutprobe kann man eruieren, ob die betreffende Person mit eben diesem Antigen im Laufe seines Lebens schon einmal in Kontakt gekommen ist – sofern er daraufhin im immunologischen Sinne geantwortet hat, sprich Memoryzellen gebildet haben. Man untersucht zu diesem Zweck die Proliferationsraten von mononucleären Zellen (MNC) nach Zugabe eines bestimmten Antigens. Unter Berücksichtigung von Negativ- und Positivkontrollen sowie einer hinreichend hohen Anzahl an Messungen ist es möglich, Aussagen bezüglich der Sensibilisierung gegenüber dem zu prüfenden Antigens eines Patienten zu treffen. Als Positivkontrolle wird zum Nachweis der Proliferationsfähigkeit der Zellen eine MNC-Suspension unspezifisch stimuliert, z. B. mit Phytohämagglutinin (PHA). Als Negativ-Kontrolle dient unstimulierte MNC-Suspension.

Anwendungsbeispiel:

Beryllium–Lymphocytentransformationstest (BeLT)

Ein Mediziner kommt aufgrund verschiedener Symptome seines Patienten zur Diagnose „Sarkoidose“, einer Granulamatose, die verschiedene Organe, vor allem aber die Lunge befällt, deren Pathogenese jedoch noch ungeklärt ist. Im Zuge der Absicherung der Diagnose muss geklärt werden, ob es sich um „Berylliose“ handelt, einer Krankheit mit gleicher Symptomatik, aber teilweise geklärter Pathogenese. Berylliose wird bei Personen beobachtet, die im Laufe des Lebens mit berylliumhaltigen Stäuben in Kontakt gekommen waren und daraufhin die entsprechenden Granulome gebildet hatten. Im Rahmen einer Differenzialdiagnose wird Patientenblut mit Berylliumsulfat als Antigen versetzt. Bilden sich nach einer bestimmten Zeitspanne keine Lymphoblasten bzw. lässt sich keine verstärkte Proliferation beobachten, so zeigt dies, dass der Patient keine berylliumspezifischen Lymphocyten-Klone besitzt. Begründet auf diesem Untersuchungsergebnis, lässt sich die Diagnose „Berylliose“ mit hoher Wahrscheinlichkeit auszuschließen.

Literatur:

Schreiber J et al. (1999) Diagnostik der chronischen Berylliose. Pneumologie 53, 193–198, Thieme, Stuttgart, New York

10 Ein kurzer Ausflug in die ungeliebte Welt der Statistik

„Statistik… nein danke!“ Man lehnt sich wohl nicht gerad' weit aus dem Fenster bei der Behauptung, dass derartige Gedanken uns allen schon einmal durch den Kopf gingen. Andererseits steht es außer Frage, dass man im Laufe eines Laborlebens nicht an der Statistik vorbeikommt. An diese Tatsache wird man immer dann erinnert, wenn Fragen durch das Labor schallen wie z. B.: „Welchen Signifikanztest muss ich hier eigentlich anwenden?“ oder „Muss ich hier das arithmetische Mittel oder den Median berechnen?“ Die Reaktionen der Kollegen reichen von verschämtem Abwenden bis hin zum genervten Augenrollen – glücklich darf sich wähnen, wer auf statistische Kompetenz trifft. Im folgenden Kapitel soll der Versuch unternommen werden, einen für das alltägliche Laborleben relevanten Ausschnitt aus dem weiten Gebiet der Statistik komprimiert, verständlich und dabei auch noch interessant aufzubereiten.

Wozu eigentlich sich mit Statistik auseinander setzen? Der gute Ernest Rutherford* meinte vor langer Zeit sinngemäß: „Wenn Sie für Ihr Experiment Statistiken brauchen, dann sollten Sie lieber ein besseres Experiment machen!“ Irgendwie auch richtig… der Mann war einfach gut. Allerdings hat Rutherford sich bekanntermaßen eher mit physikalischen Phänomenen beschäftigt und hier hat man es naturgemäß mit wesentlich geringerer Variabilität zu tun als es bei biologischen Phänomenen der Fall ist. Leider fallen hier Versuchsergebnisse nicht immer so eindeutig aus, wie man es sich wünschen würde – das bedeutet aber nicht zwingend, dass das Ergebnis nicht einen interessanten Inhalt in sich birgt. Statistik ist ein nützliches Werkzeug, das es dem Experimentator ermöglicht, in definierter Art und Weise – und damit für andere Experimentatoren nachvollziehbar – mit seinen Daten zu verfahren, die ja letztlich dazu dienen, Fragen zu beantworten und so neues Wissen zu schaffen – dem ureigensten Ziel eines jeden wissenschaftlichen Experiments.

Wie bei jedem anderen Werkzeug auch stellt sich der Umgang mit statistischen Methoden nur so lange als unangenehm dar, wie man der Handhabung des Werkzeuges nicht mächtig ist. Hat man sich einmal erfolgreich über den Sinn und Zweck einer Methode kundig und sich mit ihrer korrekten Anwendung vertraut gemacht, kann sich deren Anwendung als richtig kurzweilig herausstellen. Ein tieferes Eindringen in die dazugehörigen mathematischen Sphären werden Sie hier vergeblich suchen. Alle mathematisch Unbefriedigten mögen sich mit geeigneter Fachliteratur auseinander setzen. Literarische Vorschläge dazu finden Sie am Ende dieses Kapitels.

Nachdem der Experimentator also nach Tagen und Wochen mühsamen Wirkens im Labor seine Daten produziert hat, geht es daran, diese schonungslos objektiv auszuwerten – hinsichtlich der Frage, ob die beobachteten Unterschiede, Effekte, Trends, Abhängigkeiten oder sonstige Erscheinungen tatsächlich als typisch für den vorliegenden Fall gelten dürfen oder nur Zufallserscheinungen sind. Spätestens (!) in diesem Stadium der Untersuchung gibt es kein Vorbeikommen mehr an der Statistik. Das Hauptaugenmerk soll im Folgenden auf der statistischen Auswertung von Untersuchungsdaten liegen, doch sei schon hier darauf hingewiesen, dass bereits in der Phase der Versuchsplanung – sinnvollerweise – Statistik zum Einsatz kommt, z. B. zum Design von Stichproben und deren Umfängen.

* Lord Ernest Rutherford, britischer Physiker und Nobelpreisträger [1871–1937]

Appetizer

Zur Beschreibung und Bewertung von Untersuchungsdaten kann man unterschiedliche **Maßzahlen** ermitteln. Dreht es sich dabei um die Darstellung von Grundgesamtheiten oder Populationen spricht man von **Parametern**, während Stichproben durch **Schätzwerte** beschrieben werden (Kap. 10.1).

Anmerkung: Auf den Begriffen „Grundgesamtheit" und „Stichprobe" wird im Folgenden ständig herumgeritten… wer bezüglich deren Bedeutung Unklarheiten bei sich feststellt, sollte den entsprechenden Abschnitt 10.2.2.2 unbedingt verinnerlichen. Gleiches gilt für die „Normalverteilung", deren kurze Darstellung Sie in Abschnitt 10.2.1.3 finden.

Um ein Gesamtresultat eines Experimentes statistisch abzusichern, gilt es, eine oder mehrere Stichproben von bestimmtem Umfang **n** aus der relevanten Population (Grundgesamtheit) zu ziehen. Unter korrekten Versuchsbedingungen darf dann von dem Ergebnis der Stichprobe auf die dadurch repräsentierte Grundgesamtheit geschlossen werden. Diese Vorgehensweise ist auch als **Induktion** oder **induktiver Schluss** bekannt. In vielen Fällen zielt das Experiment auch auf einen Vergleich zweier oder mehrerer unterschiedlicher Populationen ab. Dies geschieht, indem man aus jeder Population eine Stichprobe zieht und diese miteinander vergleicht. Manchmal besteht das Untersuchungsziel aber auch nur darin, eine Population über eine Stichprobe zu charakterisieren.

Naturgemäß erhält man bei einem Experiment kein eindeutiges Ergebnis, sondern die Einzelwerte streuen um einen Mittelwert. Bewegen sich die Einzelergebnisse einer Untersuchung in einem engen Rahmen, so weist das Gesamtergebnis eine hohe **Präzision** (Abb. 10-1) auf. Der Begriff Präzision gibt Auskunft über das Maß an **zufälligen Fehlern** (zufallsbedingte Streuung) wie z. B. Pipettierfehler. Auch die biologische Variabilität entsprechender Untersuchungsobjekte (z. B. Probanden) hat Anteil an der zufallsbedingten Streuung. Zufällige Fehler sind nie ganz auszuschließen, können aber mittels Mehrfachbestimmungen minimiert werden. Oftmals hat man bezüglich der Ergebnisse eine bestimmte Erwartungshaltung, die z. B. auf abgesicherten Untersuchungen in der Vergangenheit beruht. Liegen die Ergebnisse im Bereich solcher Erwartungen, spricht man von hoher **Richtigkeit** (Abb. 10-1). Aber: Nicht zwingend muss das Erwartete auch richtig sein. Die Kenngröße Richtigkeit ist ein Maß für **systematische Fehler**. Diese beeinflussen alle Einzelergebnisse in gleicher Weise bezüglich Richtung und Betrag, z. B. durch einen Defekt des Messgerätes. Zu minimieren sind sie z. B. durch regelmäßige Wartung und Kontrolle der Messgeräte sowie durch externe Ringversuche. Hierbei werden von zentraler Stelle Proben mit bekannten, abgesicherten Werten verschickt, die die teilnehmenden Labore zu untersuchen haben.

Ein absolutes MUSS eines jeden aussagekräftigen Experimentes sind Kontrollen. Meist hat man eine Positivkontrolle, die das korrekte Funktionieren der Prozedur bestätigt und – am wichtigsten – eine Negativkontrolle bzw. Kontrollgruppe. Diese gibt Aufschluss darüber, ob das Versuchsergebnis tatsächlich eine Folge entsprechend modifizierter Versuchsbedingungen ist oder ob es zufällig, z. B. aufgrund von Messfehlern produziert wurde. Korrekterweise ist niemals auszuschließen, dass ein Ergebnis – beispielsweise der Unterschied zwischen Kontrollgruppe und Untersuchungsgruppe – zufällig produziert wurde. Dieses Problem wird durch die Angabe der **Signifikanz** eines Messergebnisses gehandhabt. Die Signifikanz beschreibt im weitesten Sinne die Vertrauenswürdigkeit eines Ergebnisses. In wissenschaftlichen Veröffentlichungen wird eine Signifikanz mit der **Irrtumswahrscheinlichkeit p** angegeben. Der mittels Signifikanztest ermittelte Zahlenwert von p liegt dann unter bzw. über einem vor Untersuchungsbeginn gewählten **Signifikanzniveau** $\boldsymbol{\alpha}$ und gibt damit Auskunft, ob das Ergebnis signifikant bzw. nicht signifikant ist (Kap.10.2).

Die beiden folgenden Abschnitte stellen Auszüge aus der deskriptiven Statistik und der Prüfstatistik dar. Obwohl man in den meisten Fällen mit den genannten Maßzahlen und Tests seine Daten auswerten kann, sei dem Experimentator an dieser Stelle eine tiefer gehende

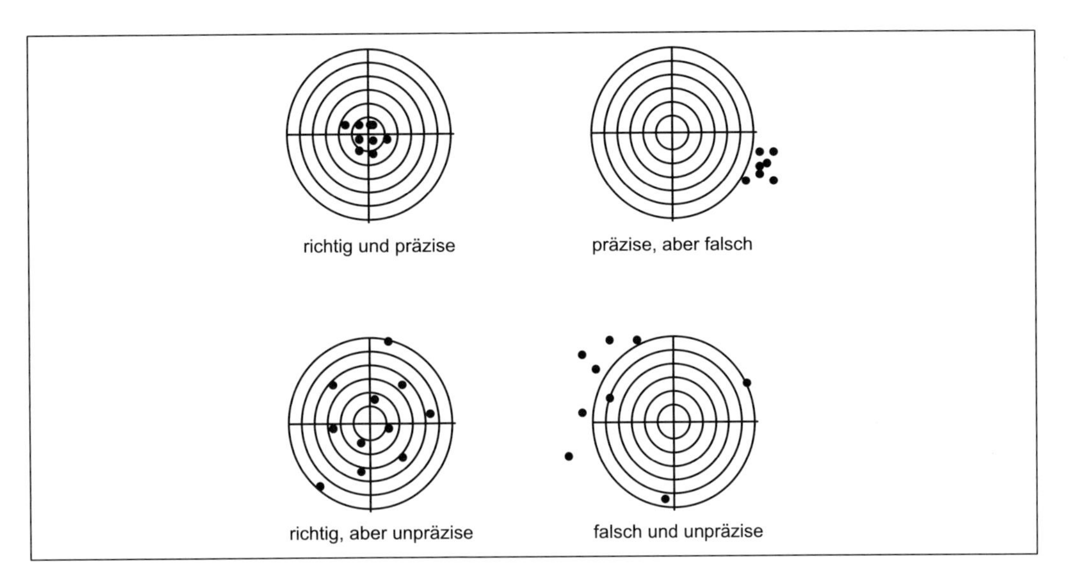

Abb. 10-1: Schematische Darstellung von Präzision und Richtigkeit.

Auseinandersetzung mit statistischer Fachliteratur angeraten. Hier kann lediglich eine grobe Orientierung geboten werden, wobei im Folgenden vor allem die Anwendungsfähigkeit der Maßzahlen und Tests berücksichtigt wird, da dies erfahrungsgemäß eher ein Problem darstellt, als die Rechenoperationen selbst. Zudem wurde Wert darauf gelegt, dass der Leser nach Genuss der folgenden Kapitel, Begriffe wie Signifikanzniveau, Konfidenzintervall, Hypothesenprüfung u. a. zu deuten weiß. Wie dem Leser sicher auffallen wird, wurde die Beschreibung derartiger Begriffe bewusst mit einer,dem Verständnis hoffentlich förderlichen Redundanz betrieben. Tiefere Einblicke in die theoretischen Hintergründe der Statistik können und sollen hier nicht vermittelt werden. Ein Studium der Fachliteratur ist auch deshalb sinnvoll, weil Sie aufgrund ihres vorliegenden Datenmaterials eventuell besondere Bedingungen bei der Berechnung beachten müssen, sei es z. B., dass Sie gruppierte statt singuläre Daten auswerten wollen oder dass Sie keine ganzzahligen Werte haben, wo dies aber zur Berechnung zwingend notwendig ist usw. Was den letzten Punkt betrifft, bietet so manche Statistik-Software den Vorteil, dass sie Plausibilitätsprüfungen durchführt, um den Anwender vor der Verwendung unzulässiger Werte zu warnen.

10.1 Deskriptive Statistik

Im Rahmen der deskriptiven Statistik werden Datensets durch geeignete Maßzahlen beschrieben, wodurch sie etwas „handlicher" werden. Hierbei werden insbesondere **Lokationsmaße** und **Streuungsmaße** unterschieden. Ein weiterer Grund, Daten auf diese Art zu „komprimieren", ist die Tatsache, dass bestimmte Signifikanztests nicht die jeweiligen Einzelwerte, sondern die sich daraus ergebenden Maßzahlen, wie z. B. den arithmetischen Mittelwert oder den Median eines Datensets als Berechnungsgrundlage nutzen. Mit der Komprimierung der Daten in Form solcher Maßzahlen nimmt man allerdings auch einen gewissen Informationsverlust in Kauf.

Übrigens: Der wahre Statistiker unterscheidet stark zwischen theoretischen und praktischen Erklärungsebenen. Unter diesem Aspekt sind Begriffe wie „Maßzahl", „Parameter" und „Schätzwert" nicht gleichbedeutend. Parameter und Schätzwert sind beide Maßzahlen, mit denen aber Unterschiedliches beschrieben wird. Mittels Parameter werden Wahrscheinlichkeitsverteilungen von Grundgesamtheiten beschrieben, über die man aber lediglich Annahmen treffen kann, da man eine Grundgesamtheit praktisch nie vollständig durchmessen kann. Beispiele für Parameter ist der Mittelwert $\boldsymbol{\mu}$ (häufig auch als Erwartungswert **E(x)** bezeichnet) einer Grundgesamtheit und seine Standardabweichung $\boldsymbol{\sigma}$. Solche Beschreibungen mittels Parameter sind also eher theoretischer Natur, während durch Schätzwerte konkret die Häufigkeitsverteilungen gemessener Stichproben beschrieben werden und deshalb praktischer Natur sind. In dem Ausdruck „Schätzwert" kommen zudem die Ungenauigkeiten zum Ausdruck, die auf der Datenkomprimierung beruhen sowie die prinzipielle Ungenauigkeit der Aussagekraft von Stichproben bezüglich der dazugehörigen Grundgesamtheit.

Vorsicht: Wie in vielen anderen Bereichen auch wird man in der Statistik mit dem Problem konfrontiert, dass unterschiedliche Autoren unterschiedliche Nomenklatur und Symbolik bevorzugen. So liest man beispielsweise für die Maßzahl „Spannweite", die zudem auch gern Variationsbreite oder engl. Range genannt wird, regelmäßig die Symbole V, SP und R, der Median M wird auch gern' mal Zentralwert Z genannt und der Modalwert D ist auch als Dichtemittel oder Modus bekannt. Naja, „Name ist Schall und Rauch" meinte schon Goethe.

10.1.1 Lokationsmaße

Unter den Lokationsmaßen haben das **arithmetische Mittel** $\bar{\mathbf{x}}$ sowie der **Median M** eines Datensets die größte Bedeutung. Sie geben den Durchschnitt und die Zentraltendenz eines Datensets wieder.

Das arithmetische Mittel eines Datensets errechnet sich aus der Summe der Einzelwerte x, dividiert durch die Anzahl an Einzelwerten n des Datensets oder kurz (Abb. 10-2):

Aus der Art der Berechnung des arithmetischen Mittels ergibt sich, dass jeder Einzelwert in gleicher Weise berücksichtigt wird – also auch Ausreißerwerte/Extremwerte. Der Median wird eigent-

$$\bar{x} = \frac{x_1 + x_2 + \ldots + x_n}{n} = \frac{1}{n}\sum_{i=1}^{n} x_i$$

Abb. 10-2: Berechnung des arithmetischen Mittels $\bar{\mathbf{x}}$.

lich nicht berechnet, sondern er ergibt sich aus einer auf- oder absteigenden Sortierung der Einzelwerte. Bei ungerader Anzahl von Einzelwerten ist der mittig liegende Wert der Median eines geordneten Datensets – bei gerader Anzahl ist das arithmetische Mittel aus den beiden in der Mitte liegenden Werten zu errechnen. Anders ausgedrückt: Der Median M, aus einer der Größe nach **geordneten** Wertereihe (z. B. Stichprobe) mit **ungeradem n**, ist der Wert mit dem

Rangplatz $\frac{n+1}{2}$, bei **geradem n** ist M das arithmetische Mittel aus $\frac{n+1}{2}$ und $\frac{n}{2}$.

Bei der Ermittlung des Medians werden Ausreißerwerte wesentlich weniger berücksichtigt mit der Folge, dass durch Mediane die Zentraltendenzen von nicht-normalverteilten Datensets robuster als durch die arithmetischen Mittelwerte wiedergegeben werden. Bei asymmetrischen Verteilungen sollten beide Lokationsmaße angegeben werden.

Das gewichtete arithmetische Mittel

Fallbeispiel: Sie haben aus einer Population mehrere Stichproben mit unterschiedlichen Stichprobenumfängen n gezogen und möchten den „Gesamt-Mittelwert" ermitteln. In diesem Falle müssen die unterschiedlichen n der einzelnen Stichproben korrekterweise auch unterschiedlich gewichtet in die Berechnung des Gesamt-Mittelwertes einfließen, denn jeder wird einsehen, dass z. B. eine Stichprobe mit n = 200 „mehr wert ist" als eine Stichprobe mit n = 5. Man berechnet hier das gewichtete arithmetische Mittel $\bar{x}$, das eigentlich nichts anderes ist als das „gewöhnliche" arithmetische Mittel, nur dass bei dessen Berechnung die Häufigkeiten mehrmals vorkommender Beobachtungswerte berücksichtigt werden (Abb. 10-3). Im obigen Beispiel werden dann die unterschiedlichen Stichprobenumfänge aus denen die „Teil-Mittelwerte" berechnet wurden bei der Berechnung des Gesamt-Mittelwertes berücksichtigt.

$$\bar{x} = \frac{n_1 x_1 + n_2 x_2 + \dots n_k x_k}{n_{(Gesamt)}} = \frac{1}{n} \sum_{i=1}^{k} n_i x_i$$

Abb. 10-3: Berechnung des gewichteten arithmetischen Mittels $\bar{x}$.

Ein weiteres Lokationsmaß stellt der **Modalwert D** dar, der den am häufigsten auftretenden Messwert eines Datensets repräsentiert. Man kann ihn nur ermitteln, wenn sich die maximale Häufigkeit eines Messwertes eindeutig ergibt. Im Falle von **mehrgipfelig** (multimodal) verteilten Datensets berechnet man entweder das arithmetische Mittel aus zwei benachbarten Modalwerten oder man gibt beide nicht benachbarten Modalwerte an. Modalwerte werden gewöhnlicherweise nur bei mehrgipfelig verteilten Datensets angegeben. Sie sind gegenüber Ausreißern unempfindlich, insgesamt aber auch relativ unzuverlässig.

Tipp: Eine einfache Methode, eine Aussage über die Art der Verteilung der Daten zu treffen, ist durch Vergleich der Zahlenwerte von drei der genannten Lokationsmaße möglich. Bei Normalverteilung der Daten haben das arithmetisches Mittel, der Median und der Modalwert einen identischen Zahlenwert. Je näher die Zahlenwerte beieinander liegen, desto näher kommt die Verteilung einer Normalverteilung.

Mit diesen genannten Lokationsmaßen sollte eine Aussage zur Zentraltendenz Ihrer Daten möglich sein. Es sei angemerkt, dass – insbesondere bei asymmetrisch verteilten Datensets – weitere Maßzahlen wie z. B. das **geometrische Mittel G** bzw. **harmonische Mittel H** und weiterhin bei aus gruppierten Einzelwerten bestehende Datensets der **Median mit Interpolation** zum Einsatz kommen können. Ein anderes robustes Lokationsmaß stellt das **getrimmte arithmetische Mittel** dar, bei dem 10 % der Randdaten, also mögliche Ausreißer, unberücksichtigt bleiben.

10.1.2 Streuungsmaße

Zur weiteren Beschreibung eines Datensets gehört neben der Angabe eines Lokationsmaßes die dazugehörige Streuung der Einzelwerte vom Ersteren. Erst die kombinierte Angabe beider Maße sowie des Stichprobenumfangs verleiht der Datenbeschreibung ausreichende Aussagekraft. Das Streuungsmaß liefert generell eine Aussage über die Variabilität der Einzelwerte eines Datensets. Seine Wahl hat, wie bei den Lokationsmaßen auch, in Abhängigkeit von den Charakteristika, insbesondere der Art der Verteilung der Einzelwerte zu geschehen. Ein einfaches, aber insgesamt wenig robustes Streuungsmaß ist die **Spannweite R** (Variationsbreite, Range) eines Datensets, die die Differenz zwischen Maximalwert und Minimalwert angibt.

Gebräuchlicher ist die Angabe der **Standardabweichung s**, die sich aus der **Varianz s^2** ergibt (Abb. 10-4). Die Varianz ist die Summe der quadrierten Abweichungen (SAQ) jedes einzelnen Messwertes vom arithmetischen Mittelwert, dividiert durch die um 1 reduzierte Anzahl n an Einzelwerten. Zieht man aus der Varianz die Quadratwurzel, erhält man die entsprechende Standardabweichung. Vermutlich hat sich diese aufgrund ihres einfacheren Handlings gegen die Varianz durchgesetzt. Der im Nenner der Formel stehende Term (n–1) bezeichnet übrigens die Freiheitsgrade. Manchmal fließen in Berechnungen, wie hier bei der Varianz oder bei einigen Signifikanztests, zusätzlich aus den Einzelwerten berechnete Schätzwerte ein. In solchen Fällen reduzieren sich die Freiheitsgrade um die Anzahl an einfließenden Schätzwerten.

$$s^2 = \frac{1}{n-1}\sum_{i=1}^{n}(x_i - \bar{x})^2$$

bzw.

$$s = \sqrt{\frac{1}{n-1}\sum_{i=1}^{n}(x_i - \bar{x})^2}$$

Abb. 10-4: Berechnung der Varianz s^2 und der Standardabweichung s.

Die Standardabweichung ist zu verwenden, wenn die Einzelwerte eingipfelig und zumindest annähernd normalverteilt verteilt vorliegen. Bei zunehmend asymmetrischer Verteilung verliert die Standardabweichung ihre Verwendungsfähigkeit und man sollte den **Interquartilabstand I_{50}** (auch Interquartilrange IQR) verwenden. Ein Quartil bezeichnet hier den Wertebereich, in dem ein Viertel aller Daten liegen. I_{50} ist die Differenz zwischen dem oberen Datenviertel Q_3 und dem unteren Datenviertel Q_1; er beinhaltet quasi die beiden mittleren 25%-Datenquartile. I_{50} bezeichnet die Länge des Intervalls $[Q_1; Q_3]$. Die Berechnung ist lediglich eine Subtraktion gemäß Abbildung 10.5. Je höher der Zahlenwert, desto höher die Streuung. Man vergleiche I_{50} mit der eingangs erwähnten Variationsbreite R – diese beinhaltet 100 % der Messwerte, während I_{50} genau 50 % der Messwerte enthält. Die an den „Rändern" liegende Messwerte (2 × 25%) werden bei I_{50} nicht berücksichtigt, wodurch I_{50} unempfindlicher gegen Extremwerte ist als R. Statt der Differenz I_{50} kann man auch direkt die Interquartilrange angeben, also Q_3–Q_1. Letztere Angabe ist für den Betrachter leichter und schneller zu interpretieren.

$$I_{50} = Q_3 - Q_1$$

Q_3: oberes Quartil
Q_1: unteres Quartil

Abb. 10-5: Berechnung des Interquartilabstands I_{50}.

Eine beliebte graphische Darstellung der genannten Kenngrößen erfolgt durch Boxplots:

Bei mehrgipfeligen Verteilungen können die Spannweite R und der Interquartilabstand I_{50} als Streuungsmaße herhalten.

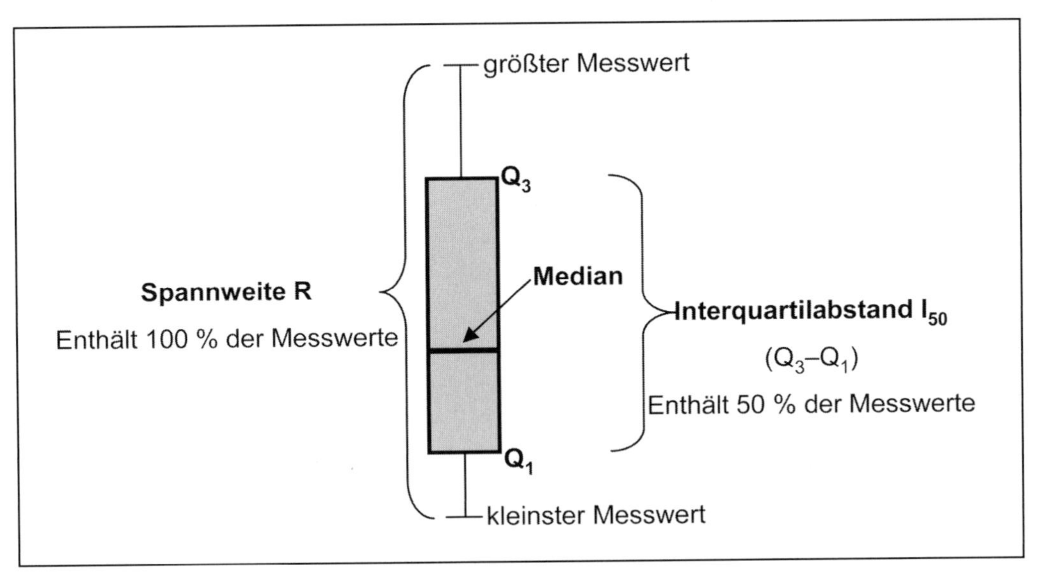

Abb. 10-6: Schema eines Boxplots. Ein Boxplot ist eine graphische Darstellung eines numerischen Datensatzes. Der Vorteil dieser Darstellung liegt in seiner prägnanten Zusammenfassung mehrerer Charakteristika des Datensatzes. Die zentrale Tendenz wird durch den Median – die Streuung wird durch den Interquartilabstand (I_{50}) und Spannweite – angegeben. Durch die Lage des Medians innerhalb des I_{50} ist außerdem eine Aussage über die Schiefe der Verteilung möglich. Die Länge der Whisker (horizontale/vertikale Linien) entspricht der Differenz zwischen Minimum/unteres Quartil (Q_1) bzw. Maxiumum/oberes Quartil (Q_3). Die Enden der Whisker geben gewöhnlich den kleinsten/größten Messwert des Datensatzes und damit dessen Spannweite an – hier wird allerdings Anwender- bzw. Software-spezifisch variiert. Die Statistik-Software SPSS beispielsweise stellt zudem Ausreißer und Extremwerte dar. SPSS definiert Ausreißer als Messwerte, die mehr als 1,5 x I_{50} von Q_3 bzw. Q_1 entfernt liegen – Extremwerte liegen mehr als 3 x I_{50} von Q_3 bzw. Q_1 entfernt. In solchen Fällen wird durch die Whisker NICHT die Spannweite angegeben.

Wenn die Größe der Streuung von der Größe der Werte abhängt, bietet sich für nicht-negative Variablen der **Variationskoeffizient** (Variabilitätskoeffizient) **V** an. V ist der Quotient aus der Standardabweichung und dem arithmetischen Mittel eines Datensets und gibt den prozentualen Anteil der Standardabweichung vom dazugehörigen Mittelwert an. Je kleiner dieser Prozentwert, desto homogener ist die Streuung der Verteilung, d. h. desto enger liegen die Einzelwerte um den Mittelwert herum verteilt. Mit Variationskoeffizienten lassen sich weiterhin die Streuungen mehrerer Stichproben mit unterschiedlichen Mittelwerten vergleichen (Abb. 10-7).

$$V\% = \frac{s}{\bar{x}} \cdot 100\%$$

s = Standardabweichung
$\bar{x}$ = arithmetischer Mittelwert

Abb. 10-7: Berechnung des Variationskoeffizienten V.

In zahlreichen Veröffentlichungen findet man zur Angabe der Streuung den **Standardfehler $s_{\bar{x}}$** (SEM; standard error of mean). Der Standardfehler ist die Standardabweichung der Stichprobenmittelwerte, d. h. er beschreibt die Streuung der Stichprobenmittelwerte um den Mittelwert der Grundgesamtheit μ. Den Standardfehler erhält man, indem man die Standardabweichung durch die Wurzel aus dem Stichprobenumfang teilt. Er wird also umso kleiner, je größer der Stichprobenumfang ist. Daher erlauben größere Stichproben präzisere Schätzungen des wahren (unbekannten!) Mittelwertes einer Grundgesamtheit (Abb. 10-8).

$$s_{\bar{x}} = \frac{s}{\sqrt{n}}$$

Abb. 10-8: Berechnung des Standardfehlers $s_{\bar{x}}$.

Dadurch ist der Standardfehler immer kleiner als die entsprechende Standardabweichung und sieht deshalb in Abbildungen zweifelsohne viel hübscher aus. Aber: Der Standardfehler beschreibt nicht ihren Datensatz, sondern spiegelt die Genauigkeit, die Unsicherheit ihres Mittelwertes als Schätzwert an. Möchten Sie also tatsächlich die Variabilität der Schätzwerte $\bar{x}$ (bzw. μ) darstellen, so geben Sie $s_{\bar{x}}$ an – die Streuung der (normalverteilten!) Einzelwerte hingegen wird mit s dargestellt. Der $s_{\bar{x}}$ ermöglicht weiterhin die Angabe eines Konfidenzintervalls (Vertrauensbereich) für den Mittelwert μ einer Grundgesamtheit. Der theoretische Hintergrund dazu ist das Problem, dass man Parameter der Grundgesamtheit mittels der Stichprobe nie exakt bestimmen kann, sondern immer nur mit einer bestimmten Wahrscheinlichkeit schätzen kann, in welchem Bereich sie liegen – daher auch **Intervallschätzung** genannt. Mithilfe des Standardfehlers lässt sich ein **Konfidenzintervall** bestimmen, in dem sich bei Normalverteilung (Kap. 10.2.3), mit einer vorher festgesetzten Wahrscheinlichkeit, der sog. Überdeckungswahrscheinlichkeit (z. B. 0,95; daraus folgt eine Irrtumswahrscheinlichkeit p = 0,05), der vermutete Parameter der Grundgesamtheit befindet. Ein 95 %-Konfidenzintervall sagt aus, dass in 95 von 100 Stichproben das Konfidenzintervall den wahren Wert enthält. Bei den restlichen 5 Stichproben enthält das Konfidenzintervall nicht den wahren Wert – dieser Sachverhalt wird von der Irrtumswahrscheinlichkeit p ausgedrückt, die in diesem Falle 0,05 betragen würde. Die Größe eines Konfidenzintervalls hängt neben der vorgegebenen Überdeckungs- bzw. Irrtumswahrscheinlichkeit von dem Stichprobenumfang und von der Variabilität der Grundgesamtheit (in der Praxis von der Stichprobenvariabilität) ab. Die Berechnung des 95 %- bzw. 99 %-Konfidenzintervalls für den Mittelwert μ einer normalverteilten Grundgesamtheit (in der Praxis Stichprobe mit dem Umfang n) und einer Standardabweichung σ (in der Praxis s) ist in Abbildung 10-9 dargestellt.

$$\left[\bar{x} - 1{,}96 \cdot \frac{\sigma}{\sqrt{n}}; \bar{x} + 1{,}96 \cdot \frac{\sigma}{\sqrt{n}}\right] \quad \text{95 \%-Konfidenzintervall}$$

$$\left[\bar{x} - 2{,}58 \cdot \frac{\sigma}{\sqrt{n}}; \bar{x} + 2{,}58 \cdot \frac{\sigma}{\sqrt{n}}\right] \quad \text{99 \%-Konfidenzintervall}$$

Abb. 10-9: Angabe eines Konfidenzintervalls für μ bei Normalverteilung. s bezeichnet die Standardabweichung vom Mittelwert der Grundgesamtheit μ und entspricht der Standardabweichung s in der Stichprobe.

10.1.3 Korrelationsmaße

Eine weitere Kenngröße kommt ins Spiel, wenn man mehr als ein Merkmal, also mindestens bivariabel gemessen hat und eruieren möchte, ob und in welchem Maße die Merkmale bzw. deren Ausprägung in Abhängigkeit voneinander stehen (korrelieren). Um bei solchen bivariablen (2 Merkmale) Häufigkeitsverteilungen den stochastischen Zusammenhang darzustellen, ermittelt man einen Korrelationskoeffizienten, wobei die Merkmalsausprägungen positiv („je mehr X, desto mehr Y"), negativ („je mehr X, desto weniger Y") oder nicht miteinander korrelieren können. Die Wahl des Korrelationskoeffizienten hängt – wie bei den Lokationsmaßen auch – vor allem von der Art der Verteilung der zu untersuchenden Datensets ab. Zahlenwerte (keine Prozentwerte!) von Korrelationskoeffizienten liegen zwischen +1 und –1, wobei +1 eine exakt ansteigende lineare Abhängigkeit zwischen den Merkmalen bedeutet, während –1 eine abfallende Korrelation bedeutet. 0 bedeutet, dass kein linearer Zusammenhang zwischen den untersuchten Variablen zu beobachten ist. Mit dem Korrelationskoeffizenten erhält man also eine Aussage über Stärke und Richtung des Zusammenhangs zweier Variablen eines Objektes. Über Signifikanztests des Korrelationskoeffizienten lässt sich abschätzen, ob die Korrelation aus der Stichprobe auf die dazugehörige Grundgesamtheit übertragen werden kann und ob sie auch in der Grundgesamtheit von Null verschieden ist, sprich, ob der errechnete Korrelationskoeffizient eher Zufallscharakter hat oder ob wirklich „etwas Wahres" daran ist.

Tabelle 10-1 bietet eine Orientierung, welche Maßzahl bzw. welcher Korrelationskoeffizient, bei welcher Art von Datensets zu verwenden ist.

Tab. 10-1: Geeignete Kenngrößen zur Beschreibung unterschiedlicher Datensets.

Datenset	Kenngröße
Lokationsmaße	
normalverteilt (annähernd)	$\bar{x}$
wenig Einzelwerte (n ≤ 6)	**M**
mehrgipfelig verteilt	**D**
eingipfelig, aber (stark) asymmetrisch verteilt	**M**
speziell bei Zeitreihen	**H**
Streuungsmaße	
normalverteilt (annähernd)	**s, ($s_{\bar{x}}$)**
eingipfelig, aber (stark) asymmetrisch verteilt	**R oder I_{50} (wenn n>12)**
mehrgipfelig verteilt	**R und I_{50}**
Vergleich der Streuungen mehrerer Stichproben	**V**
Korrelationskoeffizienten	
normalverteilt (annähernd)	Produkt-Moment-Korrelationskoeffizient nach Pearson **r**
mehrgipfelig	Kontingenzkoeffizient **C**
eingipfelig, asymmetrisch	Rang-Korrelationskoeffizient nach Spearman **r_s** oder nach Kendall τ
Vergleich von mehr als 3 Variablen	Konkordanz-Koeffizient nach Kendall **W**

10.2 Prüfstatistik

Während die Inhalte der deskriptiven Statistik, wie der Name schon vermuten lässt, beschreibenden Charakter haben, geht es in der Prüfstatistik um die Prüfung von Verteilungsannahmen in Grundgesamtheiten anhand von daraus gezogenen Stichproben. Die unterschiedliche Datenverteilung von Datensets dient hierbei quasi als Indikator dafür, ob unterschiedliche Stichproben aus einer gleichen oder aus unterschiedlichen Grundgesamtheiten stammen. Sicher ist, dass sich zwei Stichproben immer in einem gewissen Maße unterscheiden. Die zu beantwortende Frage ist: Wurden beide Stichproben aus der gleichen Grundgesamtheit gezogen und beruht der Unterschied nur auf zufälligen Stichprobenvariationen oder beruht der beobachtete Unterschied darauf, dass die Stichproben tatsächlich aus zwei unterschiedlichen Grundgesamtheiten entstammen? Oder ein wenig alltagsnäher ausgedrückt: Existiert tatsächlich ein Unterschied in der Ausprägung des beobachteten Merkmals (z. B. der Grad der Expression von Protein X) zwischen den beiden ausgewählten Populationen (z. B. Asthmathiker und Nicht-Asthmatiker als Kontrollgruppe). Ist kein signifikanter Unterschied in der Proteinexpression nachweisbar, so kann man dies als Hinweis darauf betrachten, dass Asthmatiker und Nicht-Asthmatiker hinsichtlich dieses einen untersuchten Merkmals „Expression von Protein X" im statistischen Sinne zur selben Grundgesamtheit gehören. Achtung, einschränkende Anmerkung: Dies ist zwar genau die Aussage, die den Experimentator interessiert – aber Vorsicht: Diese Schlussfolgerung ließe mit Recht kein professioneller Statistiker unkommentiert stehen. Erstens: Mittels Signifikanztest kann man lediglich Unterschiede nachweisen, nicht aber „Gleichheiten"! Zweitens: Nur weil man mit einem Signifikanztest X unter den Bedingungen Y keinen signifikanten Unterschied nachweisen konnte, heißt es nicht, dass es keinen Unterschied gibt. Vielleicht war ja der Test nicht geeignet oder die Stichproben zu klein oder, oder, oder… Daher sollte der Begriff „signifikant" immer kritisch betrachtet werden und ebenso die Schlussfolgerungen, die darauf beruhen.

Im Folgenden soll die Vorgehensweise bei einer wissenschaftlichen Untersuchung, insbesondere die Auswertung von Versuchsergebnissen skizziert werden.

Prinzipiell verfährt man in den empirischen Wissenschaften so, dass zunächst Aussagen getroffen, Fragen gestellt und Vermutungen geäußert werden. Diese müssen anhand von Beobachtungen verifiziert bzw. falsifiziert werden, wobei statistische Tests lediglich der Falsifizierung dienen.

10.2.1 Skalen und ihre Daten

In den Naturwissenschaften hat man es meist mit der Messung von Merkmalen (Variablen) eines oder mehrerer Objekte zu tun. Man erhält dabei in Maßzahlen ausgedrückte Informationen über die gemessenen Objekte und deren Merkmalsausprägung, wobei die Maßzahlen auf einer **Intervallskala** (ohne festgelegtem Nullpunkt), **Verhältnisskala** (mit festgelegtem Nullpunkt) oder sogar **Absolutskala** (mit absolutem Nullpunkt) liegen. Die gewonnenen Daten sind dann metrischer Natur. Daher werden in den weiteren Kapiteln lediglich Anwendungen berücksichtigt, mit denen **metrische Daten** bearbeitet werden können. Weitere Skalen (Nominalskalen, Ordinalskalen) sowie die entsprechenden Daten (ordinale, kategoriale und alternative), wie sie in anderen Wissenschaftszweigen, z. B. der Psychologie dominieren, werden im Folgenden außer Acht gelassen. Aber: Höhere Skalenniveaus erfüllen immer auch die Anforderungen niedrigerer Skalenniveaus – nicht aber anders herum. In der Konsequenz bedeutet dies, dass Sie prinzipiell mit „Tests für metrische Daten" auch andere Daten bearbeiten können – wenn es denn Sinn macht! Es sei auch darauf hingewiesen, dass diejenigen unter Ihnen, die statt mit singulären Daten mit gruppierten oder klassierten Daten arbeiten, meist bei der Anwendung der Tests besondere Regeln beachten müssen, die in diesem begrenzten Rahmen nicht berücksichtigt werden können.

10.2.2 Skizze des Ablaufs einer wissenschaftlichen Untersuchung

10.2.2.1 Von der Frage zur Hypothese

Am Anfang einer wissenschaftlichen Untersuchung steht meist eine Frage, auf die (noch) niemand eine Antwort weiß. Dieses wichtige, von Kreativität geprägte Stadium des „Fragenstellens" unterliegt keinerlei erkennbaren Gesetzmäßigkeiten. Individuell sind die nötigen Konditionen und Erfordernisse völlig unterschiedlich. Da gibt's z. B. die fleißigen Köpfe, die einsam vor dem Monitor hockend, Paper für Paper studierend, mittels angestrengten Nachdenkens auf die tollsten Ideen kommen. Andere unter uns benötigen die wissenschaftliche Aura einer Zigarrenrauch-geschwängerten Kneipe, einige – möglichst ungehemmte – Diskussionspartner am Tisch und 'nen trockenen Roten, um verwertbare Gedankenblitze zu generieren. Zwischen solchen Extremen sind alle möglichen Varianten zu beobachten. Wichtig ist nur, dass neue Ideen entwickelt, neue Fragen aufgeworfen werden, seien sie – auf den ersten Blick – auch noch so bizarr…

Das vielleicht noch etwas schwammige „Frage-Idee-Konstrukt" wird nun in Form gebracht. Dazu werden mindestens zwei mögliche Antworten, fortan **Hypothesen** genannt, formuliert. Dieser Formalismus ist zweckmäßig im Sinne einer standardisierten, intersubjektiv nachvollziehbaren Entscheidungsfindung. Am Ende der Untersuchung muss entschieden werden, welche der beiden folgenden Hypothesen mit ausreichender Wahrscheinlichkeit zutrifft und damit akzeptiert wird bzw. welche zurückgewiesen werden muss. Denn das Ziel einer prüfstatistischen Auswertung ist es, formulierte Hypothesen induktiv, also vom Einzelnen oder Wenigen auf das Allgemeine schließend (daher auch die Bezeichnung *schließende* Statistik), zu prüfen. Anschließend folgt die Entscheidung, welche der Hypothesen – mit welcher Wahrscheinlichkeit – zutrifft, wobei die Wahrscheinlichkeit niemals 100 % beträgt, da man über die Messung von Stichproben immer nur eine Teilmenge der Grundgesamtheit empirisch erfasst. Hier sei also schon festgehalten, dass der wesentliche Punkt bei einer statistischen Auswertung empirischer Daten das Zurückweisen falscher Nullhypothesen (10.2.2.3)– und als Konsequenz davon, das Akzeptieren (wahrscheinlich!) richtiger Forschungshypothesen ist – oder eben andersherum. In Veröffentlichungen liest man häufig den Abschnitt „Zielsetzung" – dies entspricht im Wesentlichen der Formulierung von Hypothesen mit etwas „drum herum".

10.2.2.2 Grundgesamtheit und Stichprobe

Eine **Grundgesamtheit** ist eine Menge von möglichst eindeutig definierten Elementen (z. B. Individuen), für die eine Aussage getroffen werden soll – dabei kann es sich um alles Mögliche handeln, z. B. die Population der nordwest-mexikanischen Axolotl-Weibchen. Es ist eben von der jeweiligen Definition durch Ein- und Ausschlusskriterien abhängig, und die kann mehr oder weniger spezifisch ausfallen. Da es in den seltensten Fällen möglich oder zu aufwändig ist, sämtliche Elemente einer Grundgesamtheit zu untersuchen, zieht man eine oder mehrere repräsentative **Stichproben** mit dem **Stichprobenumfang n** aus der relevanten Grundgesamtheit, deren Auswahl zufällig (randomisiert) zu erfolgen hat. Von dieser ausgewählten Teilmenge, der (Zufalls-)Stichprobe werden wahrscheinlichkeitsgestützte Rückschlüsse auf die entsprechenden Grundgesamtheiten, also über den empirischen Beobachtungsbereich hinaus, gezogen. Diese Verfahrensweise ist auch als **induktiver Schluss** bekannt und wird von der **Prüfstatistik** (auch schließende oder beurteilende Statistik genannt) behandelt. Zur Gewährleistung der Vergleichbarkeit der Ergebnisse, müssen die Grundgesamtheiten – und damit auch die Stichproben – möglichst homogen sein. Wenn eine gewisse Heterogenität der Grundgesamtheit zu erwarten ist, kann man auch geschichtete (stratifizierte) Stichproben ziehen. Als Beispiel sei das Geschlecht von Probanden genannt. Man schichtet dann die Stichproben in ♂ und ♀ Probanden, wobei innerhalb der beiden Schichten wieder das Zufallsprinzip zu gelten hat.

Man unterscheidet weiterhin **unabhängige** und **abhängige** Stichproben. Mit unabhängigen Stichproben hat man es zu tun, wenn ein Merkmal an verschiedenen Objekten untersucht wird (monovariable Verteilungen). Wenn dagegen mehrere Merkmale an einem Objekt oder das gleiche Merkmal an einem Objekt, aber zu verschiedenen Zeitpunkten beobachtet werden (z. B. bivariable Verteilungen), gilt die Stichprobe als abhängig oder verbunden. Man erhält in diesem Falle mindestens Messwertpaare, deren Einzelwerte sich durchaus beeinflussen und daher übergeordnet voneinander abhängig sein können.

Bezüglich des Stichprobenumfangs gilt für Schätzungen das Prinzip „Je größer, desto besser!", weil dadurch die Aussagekraft und Sicherheit der Ergebnisse erhöht wird. Als Minimalanforderung muss der Stichprobenumfang aber nur genügend groß gewählt werden, um einen relevanten Unterschied zu entdecken, aber irrelevante Unterschiede zu übersehen. Zur Schonung der finanziellen Ressourcen ist eine Kosten/Nutzen-Rechnung zweckmäßig, in der geklärt wird, wie groß der Versuchsumfang (Kosten) sein muss, um einen Stichprobenumfang zu erreichen, der die oben genannten Kriterien erfüllt (Nutzen). Man bedient sich der Statistik also auch schon in der Phase der Versuchsplanung im Sinne eines rationellen Umgangs mit den mühsam eingeworbenen Drittmitteln. Zur Konstruktion einer geeigneten Stichprobe sei das Werk „Bestimmung des Stichprobenumfangs" von Jürgen Bock, erschienen im Oldenbourg-Verlag, empfohlen.

10.2.2.3 Die Hypothesen

Letztlich dreht es sich bei naturwissenschaftlichen Untersuchungen überwiegend darum, Unterschiede – welcher Art auch immer – zwischen unterschiedlichen Grundgesamtheiten (Populationen) zu ermitteln und zu prüfen. Dazu ziehen wir aus den Grundgesamtheiten repräsentative Stichproben und untersuchen (beobachten) diese auf das bzw. die relevanten Merkmale. Nun ergeben sich formal zwei Möglichkeiten, die man als Hypothesen festlegt:

Die **Nullhypothese H_0** besagt, dass kein Unterschied bzgl. der untersuchten Merkmalsausprägung zwischen den beiden (vermeintlich unterschiedlichen?) Grundgesamtheiten besteht. Formale Folgerung: Die Stichproben wurden gar nicht aus unterschiedlichen Grundgesamtheiten gezogen – sie entstammen derselben Grundgesamtheit. Dies ist die formelle Aussage – in ihr versteckt sich aber auch die Aussage, die den Untersuchenden eigentlich interessiert – die da lautet: Natürlich habe ich die Stichproben aus zwei unterschiedlichen Grundgesamtheiten (z. B. Männer und Frauen), aber bezüglich meines beobachteten Merkmals ist kein Unterschied festzustellen mit der Konsequenz, dass – dieses eine Merkmal betreffend – nur eine Grundgesamtheit (z. B. Mensch) existiert. Oder noch einfacher: Die beiden untersuchten Gruppen weisen keinen signifikanten Unterschied bzgl. des untersuchten Merkmals auf.

Bei Signifikanztests von Korrelationskoeffizienten wird getestet, ob in der Grundgesamtheit die Korrelation von Null verschieden ist. Hier besagt die Nullhypothese, dass in der Grundgesamtheit keine Korrelation vorliegt und, dass die festgestellte Korrelation in der Stichprobe als zufälliges Ereignis zu betrachten ist.

Die **Alternativhypothese H_1** (Forschungshypothese) besagt, dass tatsächlich ein „echter" Unterschied zwischen diesen beiden untersuchten Grundgesamtheiten besteht.

Die folgende Prüfstatistik, genauer der statistische Test, ist nun das nötige Werkzeug, mit dessen Hilfe Sie die „Echtheit ihrer beobachteten Unterschiede" absichern können, um sich daraufhin für eine der beiden Hypothesen zu entscheiden. Entscheidung heißt in diesem Falle: Ablehnung oder Akzeptanz der Nullhypothese. Falls die Nullhypothese abzulehnen ist, akzeptiert man in der Konsequenz die Alternativhypothese als zutreffend.

10.2.2.4 Festlegung des Signifikanzniveaus

Nach Formulierung der Hypothesen muss sich der Experimentator entscheiden, wie er im Falle eines auftretenden Unterschiedes weiter vorgeht. Genauer steht er vor der Entscheidung: Ist mein Unterschied ein Zufallsereignis oder liegt tatsächlich ein echter Unterschied vor – anders ausgedrückt: Habe ich hinsichtlich des beobachteten Merkmals tatsächlich zwei unterschiedliche Populationen in der Mache oder nicht? Mit absoluter Sicherheit kann man dies nie entscheiden. Man kann aber eine Wahrscheinlichkeit angeben, mit der eine Fehlentscheidung begangen wird – die Irrtumswahrscheinlichkeit. Dazu legt man vor Versuchsbeginn das Signifikanzniveau α fest. α bezeichnet die Irrtumswahrscheinlichkeit, d. h. die Wahrscheinlichkeit, mit der *irrtümlich* die Nullhypothese zugunsten der Alternativhypothese verworfen wird oder andersherum ausgedrückt: Die Wahrscheinlichkeit, mit der die postulierte Forschungshypothese zu Unrecht akzeptiert wird. Ein solches falsch-positives Ergebnis nennt man auch „α-Fehler“ oder „Fehler 1. Art“. Gebräuchliche Werte für α sind 5 % und 1 % bzw. $\alpha \leq 0{,}05$ oder 0,01. Der Wert $\alpha = 0{,}01$ würde z. B. aussagen, dass man in 1 von 100 Fällen falsch liegt. Liegen die im verwendeten Signifikanztest errechneten Werte unter dem festgelegten Signifikanzniveau, bezeichnet man die Ergebnisse (Unterschiede) als signifikant – oder quasi als echt und glaubwürdig.

Neben dem α-Fehler beinhaltet die „Gesamt-Unsicherheit“ einer statistischen Aussage noch den „β-Fehler“ oder „Fehler 2. Art“. Er entspricht der Situation, in der man eine Nullhypothese akzeptiert, obwohl die Alternativhypothese richtig ist. Die Irrtumwahrscheinlichkeit β ist nicht bekannt – sie nimmt aber mit ansteigendem Stichprobenumfang ab. Zur Abschätzung eines geeigneten Stichprobenumfanges existieren verschiedenen Formeln und Nomogramme, die sich je nach Testsituation voneinander unterscheiden. Sie sind entsprechender Fachliteratur zu entnehmen. Um ein Nachschlagen in Tabellen unnötig zu machen, berechnen Statistikprogramme den sogenannten p-Wert. Ist dieser kleiner als das vorgegebene α, wird die Nullhypothese abgelehnt, sonst nicht.

Anmerkung: Wenn Sie einen Unterschied zwischen zwei Datensets beobachtet und für $p = 0{,}053$ errechnet haben, heißt das lediglich, dass Ihr Ergebnis auf dem 5 %-Signifikanzniveau nicht signifikant ist. Aber bitte werfen Sie in einem solchen Falle ihre Unterlagen nicht in den nächstgelegenen Schredder, sondern arbeiten Sie weiter daran, denn die Aussage „nicht signifikant“ ist nicht gleichbedeutend mit „rein zufällig“. Zudem sind die üblichen Signifikanzgrenzen ($\alpha = 0{,}05$ bzw. 0,01) lediglich als Konvention zu betrachten, um eine gewisse Standardisierung diesbezüglich herbeizuführen.

In engem Zusammenhang mit dem Signifikanzniveau steht das schon erwähnte „Konfidenzintervall“ (Kap. 10.1.2) . Mit dem Konfidenzintervall gibt man einen Bereich an, in dem mit einer gewissen Wahrscheinlichkeit, der Überdeckungswahrscheinlichkeit, der gesuchte Parameter einer Grundgesamtheit liegt – sofern das Ziel der Untersuchung ist, mittels einer Stichprobe Rückschlüsse auf die dazugehörige Grundgesamtheit zu ziehen. Man kann aber auch zwei Stichproben (und damit letztlich natürlich zwei Grundgesamtheiten), bzgl. der Ausprägung eines Merkmals vergleichen. Oft weisen die zwei oder mehr Stichproben auf den ersten Blick so hohe Unterschiede auf, dass eine weitere statistische Auswertung überflüssig erscheint. Ziel der statistischen Auswertung ist es, diesen Unterschied objektiv zu beschreiben, sodass er intersubjektiv überprüfbar wird. Mit der Festlegung von α repräsentiert man seine „Bereitschaft“, eine Fehlentscheidung zu treffen. Entscheidet man sich für $\alpha \leq 0{,}1$, so ist man bereit das Risiko zu übernehmen, in 10 von 100 Fällen eine Fehlentscheidung zu treffen, die Nullhypothese also zu Unrecht zurückzuweisen. Je höher man das Signifikanzniveau festlegt, desto niedriger dürfen die Unterschiede zwischen den untersuchten Stichproben sein, um als signifikant und damit als „echt“ zu gelten. Es ist wichtig, das gewählte Signifikanzniveau in einer Veröffentlichung seiner Ergebnisse anzugeben, damit die Leser die Ergebnisse interpretieren können. Unterschiedliche Leser haben unterschiedliche Ansprüche – die einen würdigen Signifikanzniveaus über $\alpha \leq 0{,}01$ keines Blickes, während andere mit $\alpha \leq 0{,}1$ durchaus ruhig schlafen können. Hardcore-Experimentatoren schrecken auch vor $\alpha \leq 0{,}001$ keinesfalls zurück... ab $\alpha \leq 0{,}0001$ darf man vorsichtig ein zwanghaftes Sicherheitsbedürfnis unterstellen. Abgesehen vom individuellen Anspruch ist die Wahl des Signifikanzniveaus selbstverständlich auch vom Charakter des jeweiligen Forschungsprojektes, z. B. von der klinischen Relevanz eines Ergebnisses, abhängig.

10.2.3 Die Wahl eines geeigneten Signifikanztests

Da es erfahrungsgemäß weniger Probleme bereitet einen Test durchzuführen als zu entscheiden, welcher der zahlreichen Tests anzuwenden ist, soll das Hauptaugenmerk des folgenden Abschnitts auf diese Entscheidungsfindung gerichtet sein (Abb. 10-12). Für eine weitergehende Erläuterung der theoretisch-mathematischen Hintergründe der Tests muss auf entsprechende statistische Fachliteratur verwiesen werden. Die Berechnungen erfolgen heutzutage in der Regel sowieso nicht mehr „zu Fuß“, sondern mittels geeigneter Statistik-Software, deren Anwendung sich von Produkt zu Produkt unterscheidet. Die heute zum Einsatz kommenden Statistik-Programme (z. B. r-project, SPSS, SAS, S-PLUS, BMDP, SigmaStat) weisen den Anwender in die Materie ein und geben nötigenfalls Hilfestellung. Weiterhin geben die Programme bei jedem Test – mehr oder weniger verständlich – an, welche Bedingungen an den Test geknüpft sind und in welcher Weise mit den Rohdaten zu verfahren ist.

Im Allgemeinen werden im Zuge eines statistischen Tests nach einer bestimmten Vorschrift aus einer oder mehreren gegebenen Stichproben die Werte einer Prüfgröße (z. B. t, U oder χ^2) bestimmt. Unter Berücksichtigung des gewählten Signifikanzniveaus sowie den Freiheitsgraden (entspricht meist dem Stichprobenumfang n) kann der Experimentator mittels Formeln und Tabellen (heutzutage erledigt das eher die Software des Rechners) entscheiden, ob die Nullhypothese abgelehnt oder akzeptiert werden kann. Akzeptanz erfolgt wenn der Wert der Prüfgröße im Annahmebereich liegt – abgelehnt wird, wenn der Wert im Ablehnungsbereich liegt. Übrigens, die Freiheitsgrade können manchmal auch kleiner n sein, und zwar wenn in die Berechnung der Prüfgröße ein oder mehrere, bereits aus den Einzelwerten berechnete Schätzwerte, z. B. $\bar{x}$, mit einfließen. Bei der Berechnung der Varianz/Standardabweichung steht beispielsweise deshalb im Nenner n-1, statt n, weil hier der arithmetische Mittelwert $\bar{x}$ in die Berechnung eingeht (Abb. 10-4).

Ihre Statistik-Software wird zusätzlich zum Wert der Prüfgröße, oder sogar ausschließlich, den p-Wert ausspucken. Diesen müssen Sie mit dem Signifikanzniveau ihrer Wahl, z. B. $\alpha = 5\,\%$ (also $p \leq 0{,}05$), vergleichen. Wenn der errechnete p-Wert unter ihrem Niveau liegt, dürfen Sie mit stolzgeschwellter Brust ihr Ergebnis signifikant nennen.

Und nochmal: Angenommen, Sie bekommen einen p = Wert von 0,06 und haben $p \leq 0{,}05$ als kritischen Wert gewählt – nicht das Laborbuch abfackeln!! Auch nicht-signifikante Ergebnisse verdienen es oft, publiziert zu werden.

Jeder Experimentator wünscht sich einen Test mit möglichst hoher **Teststärke**, also einen, der ihn mit möglichst hoher Wahrscheinlichkeit eine falsche Nullhypothese zurückweisen und damit seine Forschungshypothese als höchstwahrscheinlich richtig akzeptieren lässt. Je höher die Teststärke eines Signifikanztests, desto höher ist der Grad an Ausschöpfung, der in den Einzelwerten enthaltenen Informationen und desto höher ist die Absicherung/Aussagekraft des Ergebnisses. Aber: Mit

Zunahme der Teststärke eines Signifikanztests, steigt auch der Anspruch an die auszuwertenden Rohdaten, deren Qualität sich limitierend auf die Eignung eines Tests auswirken kann.

Die höchste Teststärke besitzen **parametrische** Tests, die aber in ihrer Anwendung wegen mehrerer Bedingungen bzw. Annahmen, die erfüllt sein müssen limitiert sind. Beispiele für parametrische Tests sind der Student'sche t-Test und F-Test. Die Bezeichnung „parametrisch" beruht auf der Tatsache, dass dessen Durchführung auf bestimmten Parametern beruht, insbesondere dem arithmetischen Mittelwert und der Standardabweichung, deren Berechnung wiederum die Normalverteilung der Datensets voraussetzt. Dies ist der Grund für die strengen Anforderungen an die Rohdaten und die limitierte Anwendung parametrischer Tests bei deren Nichterfüllung. Die, in diesem Falle anzuwendenden **nicht-parametrischen** (verteilungsfreien) Tests sind „pflegeleichter", da deren Anwendung mit wesentlich weniger und auch schwächeren Bedingungen sowie Annahmen verknüpft sind. Außerdem kann man die Teststärke nicht-parametrischer Tests durch ausreichende Erhöhung des Stichprobenumfangs erhöhen – und zwar bis zum Niveau der Teststärke parametrischer Tests.

Eine wesentliche Bedingung, die für die Anwendung parametrischer Tests erfüllt sein muss, ist häufig eine Normalverteilung der Merkmalsausprägungen in der betreffenden Grundgesamtheit (Annahme) einschließlich der Einzelwerte der daraus gezogenen Stichproben. Hierbei ist anzumerken, dass die in der Grundgesamtheit vorliegende Art der Verteilung meist nicht bekannt ist. Statt überprüfbarer Bedingungen verlässt man sich dabei einschränkend auf die Gültigkeit von Annahmen, wobei man es in den Biowissenschaften und der Medizin tatsächlich oft mit Normalverteilungen zu tun hat.

Da die Verteilung der Daten bei der Auswahl eines Signifikanztests eine wichtige Rolle spielt, macht es Sinn diese Frage in einem ersten Schritt zu klären. Dazu eine kurze Darstellung der Normalverteilung, auch bekannt als Gauß'sche Verteilung oder Gauß'sche Glockenkurve. Es handelt sich hierbei um eine eingipfelige, symmetrische Häufigkeitsverteilung von Einzelwerten, die bei Zufallsstreuungen von Daten (z. B. durch zufällige Messfehler) um ihren arithmetischen Mittelwert entsteht. Es bildet sich eine glockenförmige Kurve, deren Maximum den arithmetischen Mittelwert der Messwerte darstellt und die mit Zunahme der Streuung im Mittelteil breiter und flacher wird. Selbst wenn Daten nicht normalverteilt sind, der Stichprobenumfang jedoch ausreichend hoch ist, kann man die Tendenz zur Normalverteilung beobachten. Sind die Messwerte eines Datensets normal verteilt liegen (Abb. 10-10):

ca. 68,3 % der Werte im Bereich Mittelwert $\pm 1 \times$ Standardabweichung
ca. 95,4 % der Werte im Bereich Mittelwert $\pm 2 \times$ Standardabweichung
ca. 99,7 % der Werte im Bereich Mittelwert $\pm 3 \times$ Standardabweichung

Neben der Normalverteilung trifft man in der biologischen Forschung auch regelmäßig auf weitere Häufigkeitsverteilungen, wie z. B. die Poissonverteilung, die Binomialverteilung, Student'sche t-Verteilung, u-Verteilung, Skew Verteilung oder Lognormalverteilung. Für die Entscheidungsfindung zur Wahl, ob ein parametrischer Test angewendet werden kann, reicht jedoch die Klärung der Frage: Liegt Normalverteilung vor – ja oder nein.

Einige Statistik-Programme bieten z. B. den Kolmogorov-Smirnov-Anpassungstest mit Lilliefors-Korrektur und/oder den Shapiro-Wilk-Test zur Prüfung auf Normalverteilung an.

Liegen die Daten zumindest annähernd normalverteilt vor, sollte ein geeigneter parametrischer Test gewählt werden. Ob es für die vorliegende Situation einen solchen gibt, muss eruiert werden. Im positiven Falle muss gesichert sein, dass die übrigen Annahmen bzw. Bedingungen (z. B. unabhängige Stichproben, gleiche Varianzen der Datensets), die von dem speziellen Test gefordert werden, zutreffen (Abb. 10-12).

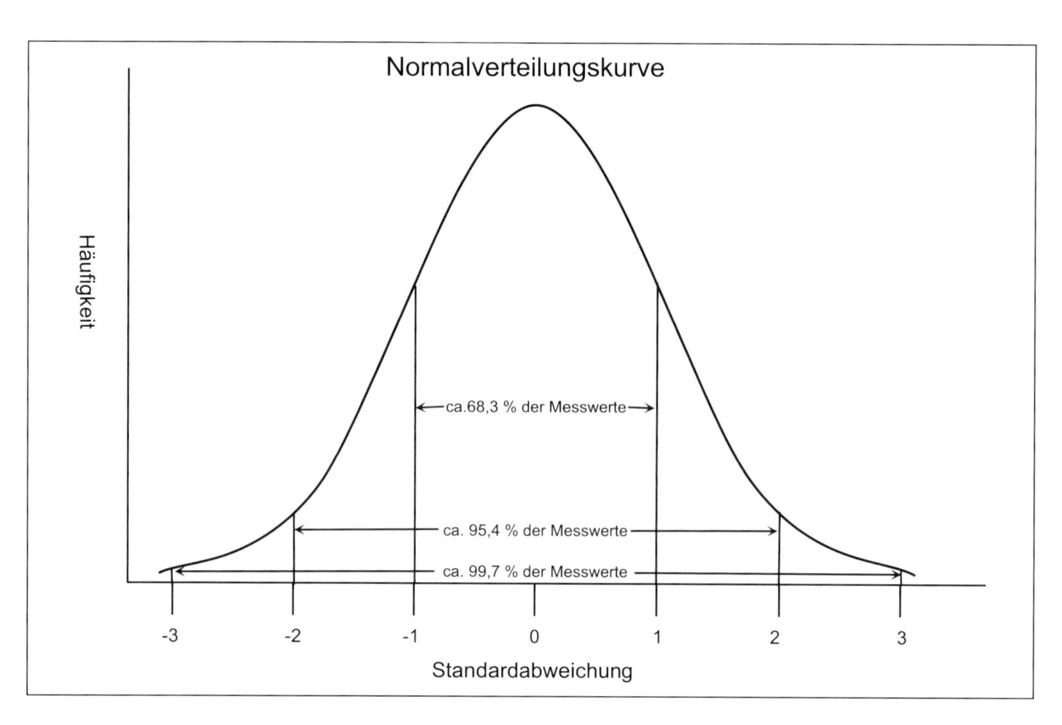

Abb. 10-10: Normalverteilung. Grafische Darstellung einer Normalverteilung inklusive der Bereiche, in denen x% der Messwerte einer Untersuchung liegen – unter der Annahme, dass eben diese normalverteilt sind.

Ob Daten normalverteilt vorliegen oder vielmehr Abweichungen von der Normalverteilung, kann man – sicher – nur mittels Test prüfen. Eine Beurteilung des Datenmaterials über eine grafische Häufigkeitsverteilung oder aufgrund von Erfahrungswerten vergleichbaren Datenmaterials in der Vergangenheit ist ebenfalls statthaft, aber mit eingeschränkter Sicherheit verbunden. Zur Überprüfung der Art der Häufigkeitsverteilung *einer* Stichprobe wird diese mit einer angenommenen, Verteilung einer theoretischen Grundgesamtheit verglichen. Es geht hierbei im engeren Sinne um die Frage, ob die Verteilung in der Stichprobe gegen eine bestimmte Verteilung spricht. Je nach Test wird der Vergleich direkt über die Einzelwerte vollzogen oder über deskriptive Maßzahlen, wie Mittelwert und Streuung. Es handelt sich hierbei um so genannte **Anpassungstests**, in denen lediglich *eine* Stichprobe getestet wird. Zum Vergleich zweier und mehrerer Stichproben kommen **Unterschiedstests** zum Einsatz. Bei der Benutzung einiger Tests wird nach **einseitiger** oder **zweiseitiger Fragestellung** gefragt (Abb. 10-11). Diese richtet sich nach dem vermuteten Testresultat. Ist eine bestimmte Richtung des Unterschiedes anzunehmen, wird man sich für eine einseitige Testvariante entscheiden – ist die Richtung des Unterschiedes offen ist eine zweiseitige Testvariante zu wählen. Eine bestimmte Richtung könnte konkret heißen: Ist zu erwarten, dass der Mittelwert der Untersuchungsstichprobe größer oder kleiner ist, als der, der Kontrollgruppe? Ist hierüber keine Vorhersage zu treffen, handelt es sich um eine zweiseitige Fragestellung. Wenn sich jedoch aus dem speziellen Untersuchungsfall eine wahrscheinliche Richtung des Unterschiedes ergibt, so ist dies eine einseitige Fragestellung. Für die Durchführung eines solchen Tests ist dieser Punkt wichtig, weil sich die kritische Schwelle des Absolutwertes der zu berechnenden Prüfgröße mit der Fragestellung ändert (Abb. 10-11).

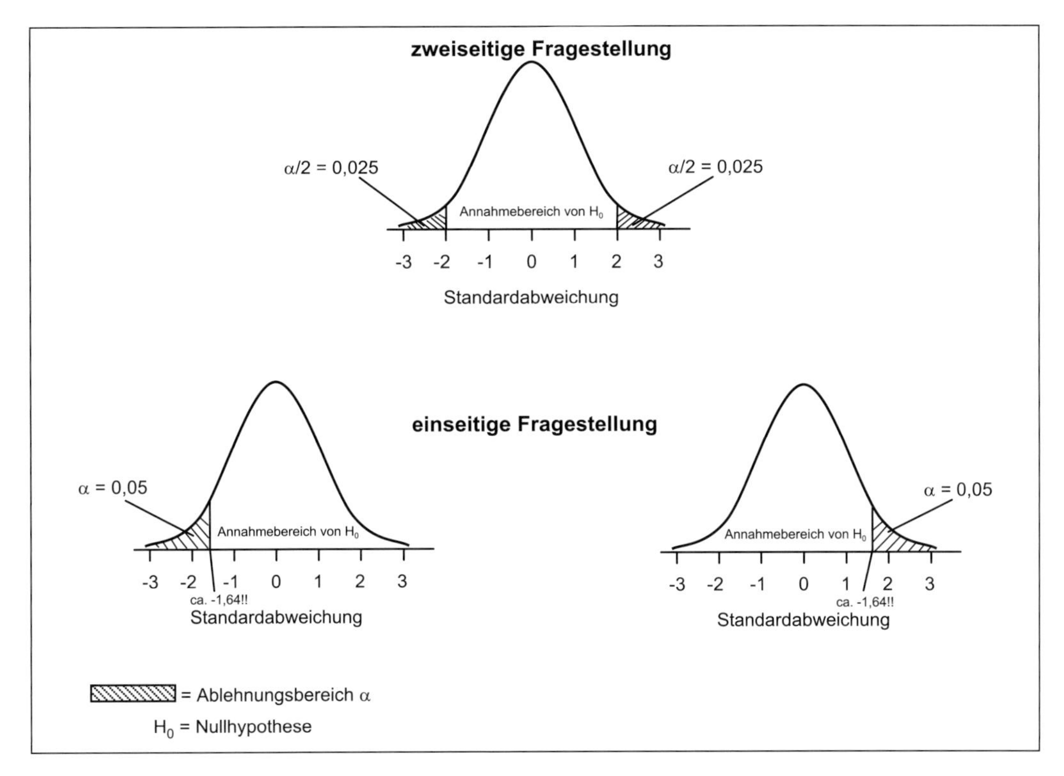

Abb. 10-11: Graphische Darstellung des Unterschiedes einseitiger und zweiseitiger Fragestellungen am Beispiel einer Normalverteilung und einem gewählten Signifikanzniveau von α = 5%. Bei zweiseitiger Fragestellung kann im vornherein keine Vermutung über die Richtung eines evtl. Unterschiedes getroffen werden. Daher werden die Fehlerprozente durch zwei dividiert ([α/2] = 0,025). Im Gegensatz dazu kann bei einseitiger Fragestellung eine Richtung des Unterschiedes theoretisch abgeleitet werden, sodass die gesamten Fehlerprozente (α = 0,05) an einem Ende der Verteilung liegen. Aus der Abbildung geht hervor, dass der Betrag des Ablehnungsbereiches (auch: *kritischer Wert*) der Prüfgröße u. a. davon abhängig ist, ob es sich um eine einseitige (hier: ca. 1,64) oder zweiseitige Fragestellung (hier: ca. 2,0) handelt. Lapidar ausgedrückt: Dadurch, dass der Ablehnungsbereich – also der Bereich, in dem H_0 abgelehnt wird – bei einseitiger Fragestellung größer ist, gerät man früher in denselben. Folge: Man ermittelt hier also eher Signifikanzen, als bei zweiseitiger Fragestellung – für den Experimentator zwar ein angenehmer Nebeneffekt, aber die Verwendung eines einseitigen Tests ist eben nur zulässig, wenn eine Richtung eines Unterschiedes **vor!** der Untersuchung abzusehen ist.

Steht man vor dem Problem, nicht-normalverteilte Daten gemessen zu haben, aber unbedingt einen parametrischen Test anwenden zu wollen – sei es, dass für diese spezielle Problemstellung bislang kein nicht-parametrischer Test existiert oder dass man zwanghaft zu parametrischen Tests neigt – gibt es einen Ausweg, und der führt zur „Transformation“. Mittels Transformation kann man Datensets eine andere Verteilungsform verpassen, u. a. kann man sie auch einer Normalverteilung annähern. Bei einer Transformation werden sämtliche Messwerte der gleichen mathematischen Operation unterzogen mit der Folge, dass die mittels transformierter Daten errechneten Korrelationen und Signifikanzen auch für die zugrunde liegenden Originaldaten gelten. Linksschiefe Verteilungen können z. B. mittels Potenztransformation – rechtsschiefe Verteilungen mittels logarithmischer Transformation oder reziproker Transformation einer Normalverteilung angenähert werden. Nach erfolgter Transformation ist die approximative Normalverteilung zu überprüfen, z. B. mittels Kolmogorov-Smirnov-Anpassungstest. Selbstverständlich sind solche „Hilfsmittel“

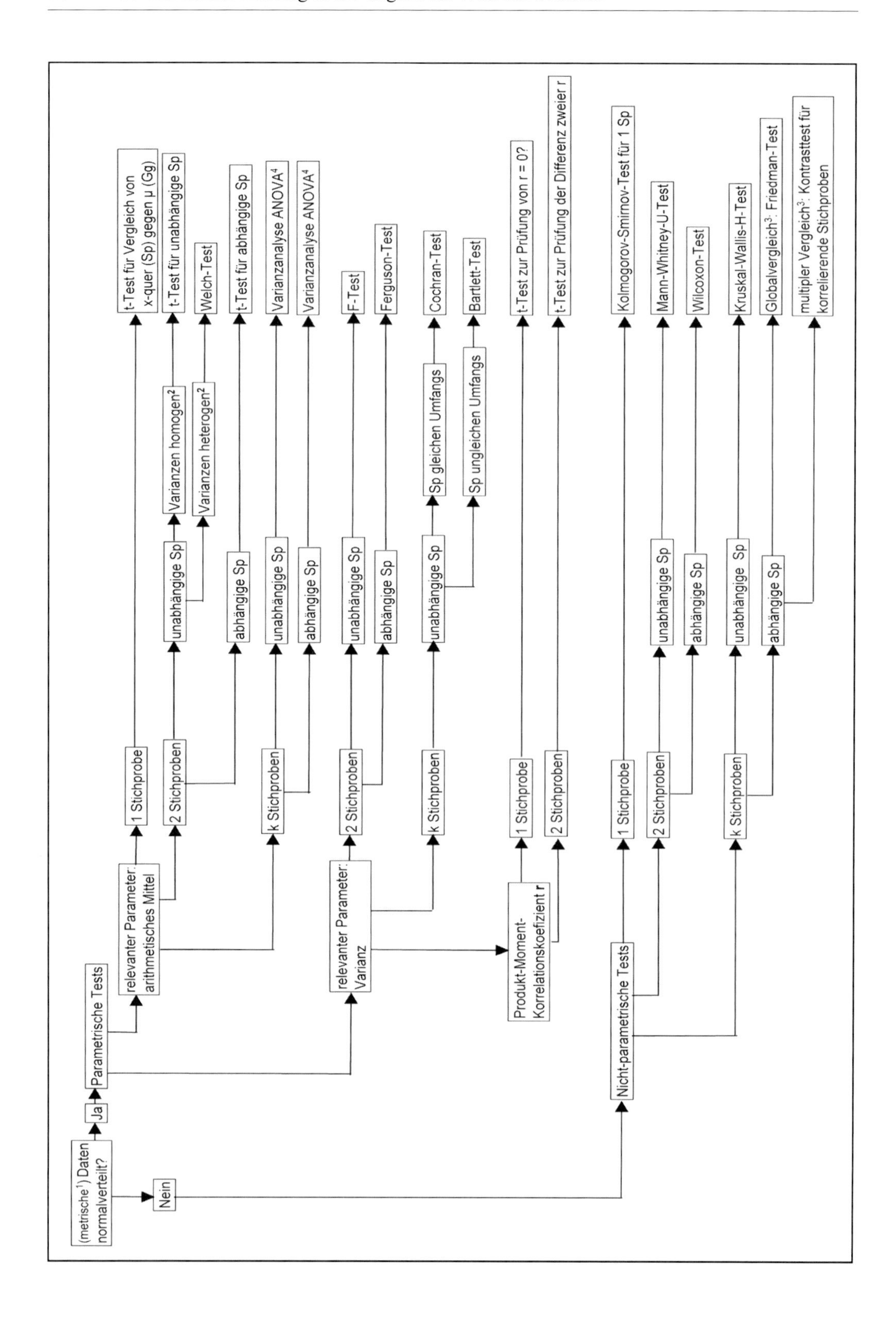
(metrische[1]) Daten normalverteilt?
Ja
Nein
Parametrische Tests
relevanter Parameter: arithmetisches Mittel
relevanter Parameter: Varianz
Produkt-Moment-Korrelationskoefizient r
Nicht-parametrische Tests
1 Stichprobe
2 Stichproben
k Stichproben
2 Stichproben
k Stichproben
1 Stichprobe
2 Stichproben
1 Stichprobe
2 Stichproben
k Stichproben
unabhängige Sp
abhängige Sp
Varianzen homogen[2]
Varianzen heterogen[2]
Sp gleichen Umfangs
Sp ungleichen Umfangs
t-Test für Vergleich von x-quer (Sp) gegen μ (Gg)
t-Test für unabhängige Sp
Welch-Test
t-Test für abhängige Sp
Varianzanalyse ANOVA[4]
Varianzanalyse ANOVA[4]
F-Test
Ferguson-Test
Cochran-Test
Bartlett-Test
t-Test zur Prüfung von r = 0?
t-Test zur Prüfung der Differenz zweier r
Kolmogorov-Smirnov-Test für 1 Sp
Mann-Whitney-U-Test
Wilcoxon-Test
Kruskal-Wallis-H-Test
Globalvergleich[3]: Friedman-Test
multipler Vergleich[3]: Kontrasttest für korrelierende Stichproben

im Falle einer Anwendung in entsprechenden Veröffentlichungen anzugeben. Mathematische Details dazu sind entsprechender Fachliteratur zu entnehmen.

Tipp: Bitte treffen Sie zu Beginn der Auswertung (selbstverständlich nach Berücksichtigung von Verteilungsform, Stichprobenumfang usw.) die Entscheidung: parametrisch oder nicht-parametrisch – und bleiben Sie dann konsequent. Peinlich wird's wenn Sie ihre Daten nicht-parametrisch auswerten (z. B. mittels Mann-Whitney-U-Test oder Wilcoxon-Test) und ihre Daten dann parametrisch (z. B. als arithmetisches Mittel und Standardabweichung) „reporten" – oder eben anders herum.

Das folgende Diagramm bietet eine kleine Auswahl von Signifikanztests (Abb. 10-12). Der Experimentator kann hieraus systematisch entsprechend dem Charakter seiner Daten einen adäquaten Test aussuchen. Berücksichtigt wurden hier vor allem Tests, die metrische Daten voraussetzen, da diese Art von Daten in der biologischen Forschung die größte Rolle spielt. Bei jedem Test wird eine Prüfgröße berechnet, von deren Zahlenwert abhängt, ob die Nullhypothese angenommen oder abgewiesen wird. Innerhalb einiger Tests sind Variationen zu beachten, die insbesondere die jeweils vorliegenden Stichprobenumfänge berücksichtigen.

Mit diesen wenigen Worten wurde das Thema „Statistik" lediglich angeschnitten. Ein wichtiger Aspekt, die grafische Darstellung von Untersuchungsdaten, musste in diesem Rahmen gänzlich unberücksichtigt bleiben. Spätestens wenn Sie ihre eigenen Untersuchungsergebnisse auswerten wollen, werden Sie nicht darum herum kommen, sich eingehender mit dem Thema „Statistik" zu beschäftigen. Folgende Fachliteratur sei dazu empfohlen.

Literatur

Bock J: Bestimmung des Stichprobenumfang. R. Oldenbourg Verlag 1997

Clauß G, Finze FR, Partzsch L: Statistik für Soziologen, Pädagogen, Psychologen und Mediziner. Verlag H. Deutsch, Frankfurt am Main 1994

Fleiss JL: The Design and Analysis of Clinical Experiments. John Wiley & Sons: New York 1999

Köhler W, Schachtel G, Voleske P: Biostatistik; 2. Auflage. Springer: Heidelberg, 1996

Lorenz RJ: Grundbegriffe der Biometrie; 4. Auflage. Spektrum Akademischer Verlag 1996

Renner D, Exner H: Medizinische Biometrie; 10. Auflage. Thieme: Stuttgart 1998

Sachs L: Angewandte Statistik. Anwendung statistischer Methoden. 10. Auflage. Springer-Verlag Berlin Heidelberg 2002

Siegel S: Nichtparametrische statistische Methoden. 5. Auflage. Verlag D. Klotz: Eschborn 2001

Trampisch HJ, Windeler J: Medizinische Statistik. Springer: Heidelberg, 1997

Wooding WM: Planning Pharmaceutical Clinical Trials, Basic Statistical Principles. John Wiley & Sons: New York, 1993

Woolson RF: Statistical Methods for the Analysis of Biomedical Data. John Wiley & Sons: New York, 1987

Abb. 10-12: (Kleine) Auswahl an Signifikanztests.

Diese Auswahl ist einerseits der Versuch ein wenig Licht ins Dickicht der statistischen Signifikanztests zu bringen – sie soll aber vor allem Lust auf mehr machen. Dies ist erforderlich, denn die vor Ihnen liegende Auswahl ist wirklich nur minimaler Natur. Es existieren unzählige Tests und derer Abwandlungen für alle möglichen speziellen Testsituationen. Es sei hier nochmals darauf hingewiesen, dass dieses kurze Kapitel **nicht** die Lektüre eines ausgewiesenen Statistik-Lehrbuches ersetzen kann (Sp: Stichprobe; Gg: Grundgesamtheit).

1. Metrischen Daten stammen aus einer Intervall – oder Verhältnisskala (s. 10.2.1).

2. Weisen verschiedene Stichproben gleiche Varianzen auf, nennt man diese homogene Varianzen.

3. Bei einem Globalvergleich wird getestet, ob überhaupt ein Unterschied zwischen den Stichproben besteht. Wird im Zuge des Globalvergleichs von k Stichproben ein Unterschied festgestellt, erfolgt eine Ablehnung der Nullhypothese H_0. Daraufhin erfolgt ein multipler Vergleich, dahin zielend, welche Stichproben sich unterscheiden.

4. engl.: Analysis of variance

11 Naturwissenschaft vs. Übernatürliches

Sie sind überrascht, den Begriff „übernatürlich" in einem naturwissenschaftlichen Methodenbuch zu lesen? Glauben Sie uns, das ist gar nicht so weit hergeholt. Aber lassen Sie uns am Anfang beginnen.

Welcher angehende Naturwissenschaftler oder Mediziner hat denn nicht diesen Werdegang gewählt, um sein Bedürfnis und Streben nach rationalen Erklärungen zu befriedigen? Die Verlockungen des Geldes dürften hierzulande wohl kaum den Ausschlag bei der Berufswahl gegeben haben. Mit tiefem Bedauern müssen wir an dieser Stelle Ihre Hoffnungen auf ein rationales, planbares Leben voller logischer Erklärungen enttäuschen – na ja, zumindest ein wenig dämpfen. Das Unheil – namentlich der Aberglaube – naht langsam, aber für viele von uns fast unausweichlich. Oft beginnt es damit, dass eine lange etablierte und vom Prinzip recht einfache Methode plötzlich nicht mehr funktioniert. Zunächst versucht man sich als „vorbildlicher" Naturwissenschaftler natürlich mit einer rationalen Erklärung wie z. B. miese Reagenzien, falsche Konzentrationen, Pipettierfehler, Hefeweizen am Vorabend (sollte man in Zeiten der Zellkultivierung tunlichst vermeiden!) und, und, und…

Doch nach diversen fehlgeschlagenen Verbesserungsversuchen – natürlich jeweils mit frisch angesetzten Lösungen – gehen einem die rationalen Erklärungsversuche langsam aus. Heimlich, still und leise schleichen sich dann die ersten irrationalen Gedanken ins Hirn ein: Wieso passiert immer mir so etwas? Wofür soll ich bloß bestraft werden? Hab' ich den Geburtstag der Schwiegermutter vergessen? Oder war gar das Kaninchen, das meiner Antikörper wegen ableben musste, stolze Mutter vieler süßer Nager-Babys?… Die Liste solch quälender Fragen ließe sich wohl endlos fortführen.

Klagt man dann während der Kaffeepause den lieben Arbeitskollegen sein Leid, stellt sich häufig heraus, dass man mit seinen Problemen gar nicht so alleine dasteht. Plötzlich wollen alle seit dem besagten Zeitpunkt unvorhergesehene Probleme bei ihren Versuchen festgestellt haben. Wie es nun mal so ist, wenn viele Menschen – auch die Subpopulation „Naturwissenschaftler" – auf einem Haufen sitzen: Es wird viel gesponnen und fantasiert. Im Rausch der Fantastereien wird dann fix mal der Begriff „negative Schwingungen" geboren. Allerspätestens jetzt hat Sie der Glauben an übernatürliche Phänomene fest in seinem Würgegriff. Aber meist kommt es noch besser. Da diese „negativen Schwingungen" für die experimentellen Fehlschläge verantwortlich gemacht werden, schleppt man sein gesamtes Equipment in ein möglichst weit entferntes Labor, um diesen Schwingungen ein Schnippchen zu schlagen. Und – oh Wunder! – jetzt klappt's wieder bestens. Und das versuchen Sie jetzt mal rational zu erklären.

Sollten Sie gewisse Regelmäßigkeiten oder sogar rationale Erklärungen für diese irrationalen Phänomene entdecken, lassen Sie es Ihre Naturwissenschaftlerkollegen bitte wissen. Sie würden der ganzen naturwissenschaftlichen Branche einen unschätzbaren Dienst erweisen, und ein Paper in einem Journal mit „ganz viel Impact" wäre dafür sicher auch drin.

Tipp! Wenn Ihre Versuche super laufen und alles bestens funktioniert, gehen Sie niemals in Urlaub! Ein altes ungeschriebenes Gesetz besagt: Alles, was vor dem Urlaub wunderbar funktioniert hat, wird nach dem Urlaub mit ziemlicher Sicherheit in die Hose gehen.

Anhang 1: CD-Antigene

CD	alternativer Name	Zellen	Funktion
CD1a CD1b CD1c CD1d CD1e	R4 R1 M241, R7 R3 R4	T-, B-Zellen, dendritische Zellen, Makrophagen (teilweise erst nach Stimulation), Epithelzellen (nur CD1d)	ähnlich MHC-I-Molekül, nicht-Peptid-Antigen Präsentation, Lymphocyten-Aktivierung und Entwicklung
CD2	E-rosette R, T11, LFA-2	T-, NK-Zellen	Rezeptor für CD15, CD48, CD58, CD59; Adhäsion, Signaltransduktion
CD3	T3	T-Zellen	Assoziiert mit TCR, notwendig für die Oberflächenexpression und die Signalübertragung durch den T-Zell-Rezeptorkomplex
CD4	L3T4, W3/25	T-Zellen, Monocyten, Makrophagen	Co-Rezeptor für MHC-II-Moleküle, bindet Ick mit cytoplasmatischer Domäne, Rezeptor für gp120 von HIV-1 und HIV-2
CD5	T1, Tp67, Leu-1	T-, B-Zellen	co-stimulatorisches Molekül, Rezeptor für CD72 und gp35-37
CD6	T12	T-, B-Zellen	Adhäsionsmolekül, bindet an CD166
CD7	gp40	T-, NK-Zellen, pluripotente hämatopoetische Zellen	unbekannt, bindet bei Quervernetzung mit cytoplasmatischer Domäne die PI-3-Kinase, Marker für Leukämien pluripotenter Stammzellen
CD8α CD8β	Leu2, T8 CD8, Leu2, Lyt3	T-Zellen T-, NK-Zellen	Co-Rezeptor für MHC-I-Moleküle, bindet Ick mit intrazellulärer Domäne
CD9	p24, DRAP-1, MRP-1	T-, B-Zellen, Monocyten, Eosinophile, Basophile, Thrombocyten, Endothel-, Epithelzellen	Aktivierung von Thrombocyten, Zelladhäsion und Zellmigration
CD10	CALLA, NEP, gp100	B- und T-Vorläuferzellen, Knochenmarkszellen, Epithelzellen	Zink-Metalloprotease, reguliert Wachstum und Proliferation von B-Zellen
CD11a CD11b CD11c	LFA-1a Mac-1a p150:95a	T-, B-, NK-Zellen, Monocyten, Makrophagen, Granulocyten, dendritische Zellen (CD11b, CD11c)	intrazelluläre Adhäsion, co-stimulatorische Funktion, Bindung an ICAM-1,2,3 (CD11a), ICAM-1 und Fibrinogen (CD11b, CD11c)
CDw12	p90-120	NK-Zellen, Monocyten, Granulocyten	unbekannt

CD	alternativer Name	Zellen	Funktion
CD13	APN, Gp150	myelomonocytische Zellen, Granulocyten, Endothel-, Epithelzellen	Zink-Metalloprotease, Rezeptor für Coronaviren
CD14	LPS-R	myelomonocytische Zellen, Granulocyten	Rezeptor für Lipopolysaccharide
CD15 CD15s CD15u CD15su	X-Hapten, Lewis X Sialyl Lewis X 3′ sulpho Lewis X 6 sulphosialyl Lewis X	Neutrophile, Eosinophile, Monocyten, Lymphocyten (CD15s, CD15u, CD15su) und Endothelzellen (CD15s, CD15u, CD15su)	wichtig für Kohlenhydrat-Kohlenhydrat-Interaktionen, Zelladhäsion
CD16 CD16b	FcγRIIIa FcγRIIIb	NK-Zellen, Neutrophile, Makrophagen, T-Zellen (nur CD16b), Endothelzellen (nur CD16b)	niedrigaffiner IgG-Rezeptor, vermittelt Phagocytose und antikörperabhängige zellvermittelte Cytotoxizität, Funktion von CD16b ist unbekannt
CDw17	–	B-, T-Zellen, Monocyten, dendritische Zellen, Neutrophile, Basophile, Thrombocyten, Endothel-, Epithelzellen	Oberflächen Glykosphingolipid, spielt möglicherweise bei der Phagocytose eine Rolle
CD18	Integrinβ2	Leukocyten	Adhäsion, bindet an CD11a, b, c
CD19	B4	B-Zellen, dendritische Zellen	Corezeptor für B-Zellen, Signaltransduktion, reguliert Entwicklung, Differenzierung und Aktivierung von B-Zellen
CD20	B1, Bp35	B-Zellen	Oligomere bilden Ca^{2+}-Kanal, reguliert Aktivierung und Proliferation von B-Zellen
CD21	CR2, EBV-R, C3dR	B-Zellen, follikuläre dendritische Zellen, Epithelzellen	Rezeptor für Komplementkomponenten C3bi, C3dg, C3d, Rezeptor für EBV, Signaltransduktionskomplex mit CD19 und CD81
CD22	BL-CAM, Lyb8	B-Zellen	Signalmolekül, Adhäsion von B-Zellen an T-Zellen und Monocyten
CD23	FcεRII, B6, BLAST-2	B-Zellen	niedrigaffiner IgE-Rezeptor, reguliert IgE-Synthese, Ligand für CD19-CD21-CD81-Corezeptor
CD24	BBA-1, HSA	B-Zellen, Granulocyten, Epithelzellen	Reguliert die Aktivität von Integrinen, Co-Stimulation von T-Zellen
CD25	Tac Antigen, IL-2Rα	Lymphocyten	α-Kette des IL-2 Rezeptors
CD26	DPP IV	Lymphocyten, Epithelzellen	wirkt co-stimulierend bei der T-Zell Aktivierung

CD	alternativer Name	Zellen	Funktion
CD27	T14, S152	Lymphocyten	kann bei B- und T-Zellen co-stimulatorisch wirken
CD28	Tp44, T44	T-Zellen	wirkt mit CD3 co-stimulierend auf T-Zellen, bindet CD80, CD86
CD29	Platelet GPIIa, β-1 Integrin	Leukocyten, Thrombocyten, Epithel, Endothelzellen	Embryonalentwicklung, Entwicklung hämatopoetischer Stammzellen
CD30	Ber-H2, Ki-1	aktivierte Lymphocyten	bindet CD30L, verstärkt Proliferation bei Quervernetzung
CD31	PECAM-1, Endocam	Lymphocyten, Monocyten, Granulocyten, Thrombocyten, Endothelzellen	Adhäsionsmolekül mit Signalfunktion, vermittelt Leukocyten-Endothel-, bzw. Endothel-Endothel-Wechselwirkungen
CD32	FcγRII	B-Zellen, Monocyten, Granulocyten, Thrombocyten	niedrigaffiner Fc-Rezeptor für Ig- bzw. Immunkomplexe, reguliert B-Zell-Funktion
CD33	P67	myeloide Vorläuferzellen, Monocyten, Granulocyten	unbekannt
CD34	gp 105-120	hämatopoetische Vorläuferzellen, Endothelzellen	Ligand für L-Selektin, Zelladhäsion
CD35	CR1, C3b/ C4b-Rezeptor	T-, B-Zellen, Monocyten, Granulocyten, dendritische Zellen, Erythrocyten	Komplementrezeptor 1, bindet C3b und C4b, vermittelt Phagocytose
CD36	GpIIIb, GPIV	dendritische Zellen, Monocyten, Endothelzellen, Erythrocyten	Adhäsion von Thrombocyten, beteiligt an Erkennung und Phagocytose apoptotischer Zellen
CD37	gp52-40	T-, B-Zellen, Granulocyten, Monocyten	Signaltransduktion
CD38	T10, ADP-Ribosylcyclase	Lymphocyten, Monocyten, Plasmazellen	NAD-Glykohydrolase, Zellaktivierung, Zellproliferation
CD39	–	Lymphocyten, dendritische Zellen, Makrophagen, Endothel-, Epithelzellen	evtl. Schutz von Zellen vor Lyseeffekt durch extrazelluläres ATP
CD40	Bp50	B-, NK-Zellen, dendritische Zellen, Makrophagen, Endothel-, Epithelzellen	Rezeptor für CD40L, fördert Wachstum und Differenzierung von B-Zellen sowie Isotypwechsel, fördert Cytokinproduktion bei Makrophagen und dendritischen Zellen
CD41	GPIIb, aIIb Integrin	Thrombocyten	komplexiert mit CD61, Thrombocyten Aktivierung
CD42a CD42b CD42c CD42d	GPIX GPIbα GPIbβ GPV	Thrombocyten	bilden Komplex der den von-Willebrand-Faktor und Thrombin bindet

CD	alternativer Name	Zellen	Funktion
CD43	Sialophorin, Leukosialin	Leukocyten (außer B-Zellen), Thrombocyten	Anti-Adhäsionsmolekül
CD44	Pgp-1, H-CAM, ECMRII	Leukocyten, Erythrocyten, Endothel-, Epithelzellen	Adhäsionsmolekül
CD44R	CD44v, CD44v9	Epithelzellen, aktivierte Monocyten	Adhäsionsmolekül
CD45 CD45R0 CD45RA CD45RB CD45RC	LCA, T200 UCHL-1 – – –	alle hämatopoetischen Zellen Untergruppen hämatopoet. Zellen exprimieren unterschiedliche Isotypen, naive T-Zellen (CD45RA), memory T-Zellen (CD45R0 wenige auch CD45RA)	Tyrosinphosphatase, erhöht Signal übermittlung durch TCR, BCR Isoform von CD45, die nicht das A-, B-, C-Exon enthält Isoform von CD45 mit A-Exon Isoform von CD45 mit B-Exon Isoform von CD45 mit C-Exon
CD46	MCP	Lymphocyten, Monocyten, Granulocyten, Thrombocyten, Endothel-, Epithelzellen	Co-Faktor für Spaltung von C3b und C4b durch Faktor I
CD47 CD47R	gp42,IAP,OA3 MEM-133	alle Zellen	Adhäsionsmolekül
CD48	Blast-1, Hu lym3	T-, B-, NK-Zellen, Monocyten	Adhäsionsmolekül
CD49a CD49b CD49c CD49d CD49e CD49f	VLA-1 VLA-2 VLA-3 VLA-4 VLA-5 VLA-6	T-Zellen: a,b,d,e,f; B-Zellen: b,c,d; NK-Zellen: a,b,d,e; dendritische Zellen: d,e; Monocyten: b,c,d,e,f; Thrombocyten: b,f; Endothelzellen: b,c,d,e,f; Epithelzellen: a,b,e,f	Adhäsionsmolekül
CD50	ICAM-3	Leukocyten, Endothelzellen	co-stimulatorisches Molekül, bindet CD11a und CD18
CD51	Vitronectinrezeptor	Thrombocyten, Endothelzellen	Adhäsion, Signaltransduktion, spielt Rolle bei Apoptose
CD52	CAMPATH-1, HE5	Lymphocyten, Monocyten, Epithelzellen, Mastzellen	reduziert die Oberflächenexpression von CD4/CD8, induziert regulatorische T-Zellen
CD53	MRC OX44	Leukocyten, Endothelzellen	Signaltransduktion, Aktivierung von B-Zellen
CD54	ICAM-1	T-, B-Zellen, Monocyten, Endothelzellen	Adhäsionsmolekül, bindet an CD11a/CD18 und CD11b/CD18, Rezeptor für Rhinoviren
CD55	DAF	alle Zellen	bindet C3b, spaltet C3/C5-Konvertase
CD56	NKH-1, NCAM, Leu-19	NK-, T-Zellen	Zelladhäsionsmolekül
CD57	HNK1, Leu-7	NK-Zellen	Oligosaccharid, Zell-Zell-Adhäsion

CD	alternativer Name	Zellen	Funktion
CD58	LFA-3	alle Zellen	vermittelt Zell-Zell-Adhäsion, bindet CD2
CD59	H19, 1F5Ag	T-, NK-Zellen, Monocyten, Granulocyten, Erythrocyten	bindet die Komplementkomponenten C8 und C9, verhindert die Zusammensetzung des MAC
CD60a CD60b CD60c	GD3 9-0-Acetyl GD3 7-0-Acetyl GD3	Untergruppen von T-Zellen, B-Zellen, Monocyten, Thrombocyten, Granulocyten	Marker für einige maligne Melanome, T-Zell-Aktivierung (CD60c), CD60a spielt eine Rolle bei der Apoptose
CD62E	ELAM-1, L-Selektin	Endothelzellen	Entlangrollen von Leukocyten am Endothel
CD62L	LAM-1, L-Selektin	Leukocyten	bindet CD34, Entlangrollen am Endothel
CD62P	PADGEM, P-Selektin	Thrombocyt., Endothelz.	Entlangrollen von Thrombocyt. am Endothel
CD63	LIMP, MLA1, gp55	Thrombocyten, Monocyten, Granulocyten, Endothelzellen, plasmacytoide dendritische Zellen	Granulamembranprotein
CD64	FcRI	Monocyten, dendritische Zellen, Makrophagen	hochaffiner IgG-Rezeptor, Rezeptor-vermittelte Endocytose von IgG-Antigen-Komplexen
CD65 CD65s	VIM-2	myelomonocytische Zellen, Granulocyten	unbekannt
CD66a CD66b CD66c CD66d CD66e CD66f	BGP-1 ehemals CD67 NCA CGM1 CEA PSG	Granulocyten (CD66a,b,c,d) Epithelzellen (CD66a,c,e,f)	Adhäsionsmoleküle, Aktivierung von Granulocyten, Rezeptor für *Neisseria gonorrhea*
CD68	Makrosialin, gp110	Lymphocyten, Monocyten, Neutrophile, Basophile	evtl. Rezeptorfunktion
CD69	AIM, gp34/28, MLR3, EA 1	aktivierte Lympho-, Granulo-, Mono-, Thrombocyten	Lymphocyten-, Monocyten-, Thrombocytenaktivierung
CD70	Ki-24	aktivierte T- und B-Zellen	Co-Stimulation von T- und B-Zellen, Ligand für CD27
CD71	T9, Transferrin Rezeptor	proliferierende Zellen	Transferrinrezeptor, beteiligt an der Eisenaufnahme während der Proliferation
CD72	Lyb-2, Ly-32.2, Ly-19.2	B-Zellen, dendritische Zellen	spielt Rolle bei der Runterregulierung der BCR-Signale
CD73	Ecto-5-Nucleotidase	Untergruppen von T-, B-Zellen, dendritische Zellen, Endothel-, Epithelzellen	Ecto-5′-Nucleotidase, dephosphoryliert AMP, kann co-stimulatorisch bei der T-Zell-Aktivierung wirken

CD	alternativer Name	Zellen	Funktion
CD74	Invariant chain	MHC-II-positive Zellen, B-Zellen, Monocyten, Makrophagen, Endothel-, Epithelzellen	MHC-II-invariante Kette
CD75 CD75s	früher CDw75 und CDw76	B-Zellen, einige T-Zellen, Monocyten, Erythrocyten	Ligand von CD22, B-Zell-Adhäsion, beteiligt an CD95-vermittelter Apoptose
CD77	Pk-Antigen, BLA, CTH, Gb3	B-Zellen, Endothel-, Epithelzellen	Kreuzvernetzung löst Apoptose aus
CD79a CD79b	Ig α, MB1 Ig β, BCR	B-Zellen	Teil des BCR
CD80	B7.1, BB1	Untergruppe von B-Zellen, aktivierte T-Zellen, dendritische Zellen, Monocyten/Makrophagen	Ligand von CD28 und CTLA-4, Co-Regulation
CD81	TAPA-1	Lymphocyten, Eosinophile, dendritische Zellen, Monocyten/ Makrophagen, Endothel-, Epithelzellen	gehört zum CD19/CD21/Leu-13 Signaltransduktionskomplex
CD82	R2, KAI1, IA4, C33, 4F9	Leukocyten, Thrombocyten, Endothel-, Epithelzellen	Signaltransduktion
CD83	HB15	B-Zellen, dendritische Zellen	Reifemarker für dendritische Zellen, Regulation der T-, B-Zellentwicklung
CD84	–	T-, B-Zellen, Monocyten	unbekannt, evtl. Signaltransduktion
CD85 a–m	–	Monocyten, dendritische Zellen, Granulocyten	Aktivierung bzw. Unterdrückung NK-Zell-vermittelter Cytotoxizität
CD86	B7.2, B70	aktivierte T-, B-Zellen, Monocyten, dendritische Zellen, Endothelzellen	Co-Regulator der T-Zell-Aktivierung
CD87	uPAR	T-, NK-Zellen, Monocyten/ Makrophagen, dendritische Zellen, Granulocyten, Endothelzellen	Urokinase-Plasminogenaktivator-Rezeptor
CD88	C5aR	dendritische Zellen, Makrophagen, Granulocyten, Endothel-, Epithelzellen	Rezeptor für C5a, Aktivierung von Granulocyten
CD89	FcαR	Monocyten/Makrophagen, Granulocyten	IgA-Rezeptor, induziert Phagocytose, Degranulation, *respiratory burst*
CD90	Thy-1	$CD34^+$-Prothymocyten, Endothelzellen	unklar
CD91	ALPHA2M-R, LRP	Monocyten/Makrophagen, Epithelzellen	α_2-Makroglobulinrezeptor, vermittelt Endocytose

CD	alternativer Name	Zellen	Funktion
CD92	–	T-, B-Zellen, Monocyten/Makrophagen, Granulocyten, Endothel-, Epithelzellen	unbekannt
CD93	–	Monocyten, Granulocyten, Endothel-, Epithelzellen	reguliert Phagocytose, Zelladhäsion
CD94	Kp43	einige T-, NK-Zellen	bildet mit anderen Lektinen inhibitorische bzw. aktivierende HLA-I-Rezeptoren
CD95	APO-1, FAS, TNFRSF6	Lymphocyten, Monocyten, Granulocyten	bindet FAS-Ligand, induziert Apoptose
CD96	TACTILE	aktivierte T-, NK-Zellen	Adhäsion während der Spätphase der Immunantwort
CD97	–	aktivierte Lymphocyten, Monocyten, dendritische Zellen, Granulocyten	bindet CD55
CD98	4F2, FRP-1, RL-388	Leukocyten, Thrombocyten Endothel-, Epithelzellen	evtl. Aminosäuretransporter
CD99	MIC2, E2	Lympho-, Mono-, Erythro-, Thrombocyten, Endothel-, Epithelzellen	beeinflusst T-Zell-Adhäsion, induziert Apoptose bei doppelt-positiven Thymocyten
CD100	SEMA4D	Leukocyten	Co-Stimulation bei T-Zellen
CD101	IGSF2, P126, V7	aktivierte T-Zellen, Monocyten, dendritische Zellen, Granulocyten	co-stimulatorisches Molekül
CD102	ICAM-2	Lymphocyten, Monocyten, Thrombocyten, Endothelzellen	liefert co-stimulatorisches Signal bei der Immunantwort
CD103	HML-1	aktivierte T-Zellen	α_E-Integrin
CD104	β4-Integrin, TSP-180	$CD4^-/CD8^-$-Thymocyten, Epithel-, Endothelzellen	spielt wichtige Rolle bei der Adhäsion des Epithels an die Basalmembran
CD105	Endoglin	einige Knochenmarkszellen, Monocyten/Makrophagen, Endothelzellen	regulatorische Komponente des TGF-β-Rezeptorkomplexes
CD106	VCAM-1, INCAM-110	aktivierte Endothelzellen, follikuläre dendritische Zellen, einige Gewebsmakrophagen	Ligand für VLA-4, Adhäsion und Transmigration von Leukocyten, wirkt co-stimulatorisch bei der T-Zell-Proliferation
CD107a CD107b	LAMP-1 LAMP-2	aktivierte Neutrophile, aktivierte Thrombocyten, aktivierte Endothelzellen, aktivierte T-Zellen (nur CD107a)	spielt evtl. Rolle bei der Zelladhäsion, stark metastasische Tumorzellen exprimieren mehr LAMP-Moleküle an ihrer Oberfläche als schwach metastasische Tumorzellen

CD	alternativer Name	Zellen	Funktion
CD108	SEMA7A, JMH	T-, B-Zellen, Erythrocyten	JMH-Blutgruppenantigen
CD109	8A3, 7D1, E123	aktivierte T-Zellen, aktivierte Thrombocyten, Epithel-, Endothelzellen	Regulation des TGF-β Signals
CD110	TPO-R, MPL, C-MPL	Megakaryocyten, Thrombocyten	TPO-Rezeptor, Ligandbindung bewirkt Schutz vor Apoptose
CD111	HveC, Nectin1, PRR 1, PVRL1	Monocyten, Granulocyten, Erythrocyten, Endothel, Epithel	interzelluläres Adhäsionsmolekül
CD112	HveB, Nectin2, PRR 2, PVRL2	B-Zellen, Monocyten, Granulocyten, Thrombocyten, Endothel-, Epithelzellen	Adhäsionsrezeptor, beteiligt an der Zell-Zell-Verbreitung von Viren
CDw113	PVRL3, Nectin3		Adhäsionsmolekül
CD114	G-CSFR, CSF3R, HG-CSFR	myeloide Stammzellen, Monocyten, Granulocyten, Endothelzellen	G-CSF-Rezeptor, reguliert Proliferation und Differenzierung von myeloiden Zellen
CD115	CSF-1R, M-CSFR, c-fms	Monocyten, Makrophagen	M-CSF-Rezeptor
CD116	GM-CSFRα	Monocyten, dendritische Zellen, Makrophagen, Granulocyten	α-Kette des GM-CSF-Rezeptors
CD117	c-KIT, SCRF	hämatopoetische Vorläuferzellen	SCF-Rezeptor, Tyrosin-Kinase
CD118	LIFR		Signaltransduktion
CDw119	IFN-αR	Leukocyten,Thrombocyten, Endothel-, Epithelzellen	IFN-γ-Rezeptor
CD120a CD120b	TNFRI, p55 TNFRII, p75	hämatopoetische und nicht-hämatopoetische Zellen	TNF-Rezeptor
CD121a CD121b	IL-1R Typ I IL-1R Typ II	T-, B-Zellen, Epithelzellen, Makrophagen (nur b), Monocyten (nur b), Granulocyten (nur b)	Rezeptor für IL-1α und IL-1β, CD121b spielt Rolle bei der Negativregulation des IL-1-Signals
CD122	IL2Rβ	Lymphocyten, Monocyten	beteiligt an der IL-2- und IL-15-vermittelten Signalübertragung
CD123	IL-3Rα	Knochenmarkstammzellen, Monocyten, Granulocyten, dendritische Zellen, Endothelzellen	α-Kette des IL-3-Rezeptors
CD124	IL-4R	aktivierte T-, B-Zellen, Monocyten, Granulocyten	IL-4-Rezeptor
CD125	IL-5Rα	aktivierte B-Zellen, Eosinophile, Basophile	α-Kette des IL-5-Rezeptors

CD	alternativer Name	Zellen	Funktion
CD126	IL-6R	T-Zellen, aktivierte B-Zellen, Monocyten, Hepatocyten	IL-6-Rezeptor, assoziiert mit CD130
CD127	IL-7Rα	Vorläuferzellen im Knochenmark, T-Zellen, B-Zellen	IL-7-Rezeptor
CD130	gp130, IL-6Rβ	Lympho-, Mono-,Granulo-, Thrombocyten, Endothelzellen	wird für die Signalübertragung durch IL-6, IL-11, LIF, Oncostatin M, Cardiotrophin-1 benötigt
CD131	*common beta subunit*	myeloide Vorläuferzellen, Monocyten, Granulocyten	gemeinsame Untereinheit des IL-3-, IL-5- und GM-CSF-Rezeptors
CD132	IL-2Rγ	Lymphocyten, Monocyten, Neutrophile, Thrombocyten	gemeinsame Untereinheit des IL-2-, IL-4-, IL-7-, IL-9-, IL-15-Rezeptors
CD133	AC133	hämatopoetische Stamm- und Vorläuferzellen, Endothel-, Epithelzellen	an der Organisation der Plasmamembran beteiligt
CD134	OX40	aktivierte T-Zellen	OX40-Rezeptor, Zelladhäsion, Co-Stimulation
CD135	FLK2, STK1, Flt3	Vorläuferzellen, Monocyten/ Makrophagen	Rezeptor-Tyrosin-Kinase, co-stimulatorisches Molekül
CDw136	MSP-R, RON	Monocyten/Makrophagen, Epithelzellen	Chemotaxis, Zellwachstum und Differenzierung, Phagocytose
CDw137	4-1BB, ILA	aktivierte T-Zellen, B-Zellen, Monocyten, einige Epithelzellen	Rezeptor für 4-1BB Ligand, co-stimulatorisches Molekül
CD138	Syndecan-1	Plasmazellen, Epithelzellen	bindet Kollagen Typ I
CD139	–	B-Zellen, Vorläuferzellen, Monocyten, dendritische Zellen, Granulocyten, Erythrocyten	unbekannt
CD140a CD140b	PDGFRα PDGFRβ	a: Thrombocyten b: Mono-,Granulocyten, Endothelzellen	PDGF-Rezeptor
CD141	Thrombomodulin	Vorläuferzellen, Mono-, Granulo-, Thrombocyten, Endothelzellen	Co-Faktor bei der Thrombin-vermittelten Aktivierung von Protein C
CD142	Gewebefaktor	verschiedene Endothel- und Epithelzellen	Initiationsfaktor der Blutgerinnung
CD143	ACE	einige T-Zellen und verschiedene nichthämatopoetische Zellen	spaltet Angiotensin, Dipeptidylpeptidase
CD144	Cadherin-5	Endothelzellen	Permeabilität, Wachstum, Migration des Endothels
CDw145	–	Endothelzellen	unbekannt

CD	alternativer Name	Zellen	Funktion
CD146	MUC-18, S-ENDO	aktivierte T-Zellen, Endothelzellen	evtl. Adhäsion
CD147	Neurothelin, OX-47	Leukocyten, Erythrocyten, Thrombocyten, Endothelzellen	evtl. Adhäsion, Regulation der T-Zell-Funktion
CD148	HPTPn, DEP-1, p260	T-Zellen, Mono-, Granulo-, Thrombocyten, dendritische Zellen, Endothelzellen	beteiligt an der Kontaktinhibition des Zellwachstums
CD150	SLAM-1, IPO-3	T-, B-Zellen, dendritische Zellen, Endothelzellen	assoziiert mit dem intrazellulären Adapterprotein SAP
CD151	PETA-3	Megakaryocyten, Thrombocyten, Endothel-, Epithelzellen	transmembrane Signalübertragung
CD152	CTLA-4	aktivierte T-, B-Zellen	Ligand von CD80/CD86, Negativregulation der T-Zell-Aktivierung
CD153	CD30L	T-Zellen, aktivierte Monocyten/Makrophagen, Granulocyten	Co-Stimulation von T-Zellen
CD154	CD40L, TRAP-1, gp39, T-BAH	aktivierte $CD4^{+}$-T-Zellen	induziert Proliferation, Aktivierung von B-Zellen
CD155	PVR	Monocyten/Makrophagen	Rezeptor für Polioviren, evtl. Interaktion mit CD44
CD156a CD156b CDw156c	ADAM 8 ADAM 17 ADAM10	Monocyten/Makrophagen, Neutrophile nur b: T-Zellen, dendritische Zellen c: Leukocyten	a: evtl beteiligt an Extravasation von Leukocyten b, c: spaltet Transmembranform von TNF-α
CD157	Mo5, BST-1	Monocyten, follikuläre dendritische Zellen, einige Knochenmarkszellen, Granulocyten, Endothelzellen	Schwestermolekül von CD38 mit gleicher Aktivität und Verteilung
CD158 a–k CD158z	–	T-, NK-Zellen	hemmt bzw. aktiviert Cytotoxizität von NK-Zellen
CD159a CD159c	NKG2A NKG2C	$CD8^{+}$-T-, NK-Zellen NK-Zellen, cytotoxische T-Zellen	a: Negativregulation der Aktivierung von NK- und T-Zellen c: Rezeptor zur Erkennung von HLA-E
CD160	BY55, NK 1, NK 28	T-, NK-Zellen	Kreuzvernetzung erzeugt co-stimulatorische Signale in $CD8^{+}$-T-Zellen
CD161	NKR-P1A	T-, NK-Zellen	reguliert Cytotoxizität von NK-Zellen

CD	alternativer Name	Zellen	Funktion
CD162 CD162R	PSGL-1 PENS	CD162: T-, B-Zellen, Monocyten, Granulocyten; CD162R: NK-Zellen	CD162: vermittelt Entlangrollen von Leukocyten CD162R: posttranslational modifiziertes CD162
CD163	M130, GHI/61, RM3/1	aktivierte Monocyten, Gewebsmakrophagen	Rezeptor für Haptoglobin-Hämoglobin-Komplex
CD164	MGC-24, MUC-24	T-, B-Zellen, Vorläuferzellen, Monocyten/Makrophagen, Epithelzellen	erleichtert Adhäsion $CD34^+$-Zellen an Stroma, Negativregulation der Proliferation $CD34^+/CD38^-$-Vorläuferzellen
CD165	Ad2, gp37	Epithelzellen, Monocyten/ Makrophagen, Thrombocyten	Adhäsion von Thymocyten an Thymusepithel
CD166	ALCAM, KG-CAM	aktivierte T-Zellen, B-Zellen,aktivierte Monocyten/ Makrophagen, Endothel-, Epithelzellen	Ligand für CD6, Adhäsionsmolekül
CD167a	DDR1	B-Zellen, dendritische Zellen, Epithelzellen	Adhäsionsmolekül
CD168	RHAMM	Vorläuferzellen, Monocyten/ Makrophagen, dendritische Zellen	beteiligt an der Adhäsion früher Thymocytenvorläuferzellen
CD169	Sialoadhesin	dendritische Zellen, Monocyten/Makrophagen	vermittelt Zell-Zell- und Zell-Matrix-Interaktionen
CD170	Siglec-5	dendritische Zellen, Monocyten/Makrophagen, Granulocyten	Adhäsionsmolekül
CD171	N-CAM, L1	T-, B-, dendritische Zellen, Monocyten/Makrophagen, Endothelzellen	beteiligt an Zelladhäsion, wirkt costimulatorisch bei Lymphocyten
CD172a CD172b CD172g	SIRP-1a SIRPbeta SIRPgamma	Monocyten, dendritische Zellen, Granulocyten	a: Adhäsionsmolekül, bindet CD47 b: Negativregulation von Signalprozessen
CD173	Blutgruppe H Typ II	Erythrocyten, Endothelzellen, hämatopoetische Stammzellen	Vorstufe des A- und B-Antigens, evtl. beteiligt am Verbleib hämatopoetischer Stammzellen im Knochenmark
CD174	Lewis Y	hämatopoetische Stammzellen, Epithelzellen	evtl. beteiligt am Verbleib hämatopoetischer Stammzellen im Knochenmark
CD175 CD175s	Tn Sialyl-Tn (s-Tn)	Vorläuferzellen, Epithelzellen, B-Zellen (nur CD175s)	Vorstufen der Blutgruppen AB0- und des TF-Antigens
CD176	TF-Antigen	Erythrocyten, Vorläuferzellen, Endothel-, Epithelzellen	ist an der Koagulationskaskade beteiligt, bindet Faktor VII

CD	alternativer Name	Zellen	Funktion
CD177	NB 1, HNA-2a, PRV-1	Granulocyten	bindet Adhäsionsmoleküle, ist an der Transmigration von Neutrophilen beteiligt
CD178	Fas Ligand	aktivierte T-Zellen, NK-Zellen, Granulocyten, Endothel-, Epithelzellen	bindet Fas, induziert Apoptose
CD179a CD179b	VpreB λ5, 14.1	Cytoplasma von Pro-B-Zellen und Oberfläche von Pre-B-Zellen	Komponente des Pre-B-Zell-Rezeptorkomplexes
CD180	RP105/Bgp95	B-Zellen, dendritische Zellen, Monocyten/Makrophagen	evtl. Regulation des LPS-Signals in B-Zellen, Ligation induziert B-Zell-Proliferation
CD181	IL-8RA, CXCR1, CD128a	T-, NK-Zellen, Mono-, Granulo-, Thrombocyten, Endothelzellen	IL-8-Rezeptor
CD182	IL-8RB, CXCR2, CD128b	T-, NK-Zellen, Mono-, Granulo-, Thrombocyten, Endothelzellen	IL-8-Rezeptor
CD183	CXCR3	B-Zellen, T-Zellen, Monocyten/Makrophagen, dendritische Zellen	Chemokinrezeptor, bindet CXCL4, CXCL9, CXCL10, CXCL11
CD184	CXCR4	hämatopoetische Vorläuferzellen, T-, B-Zellen, Monocyten/Makrophagen, Granulocyten, Thrombocyten, dendritische Zellen, Epithel-, Endothelzellen	Chemokinrezeptor, bindet CXCL12, Co-Stimulation von B-Zellen, induziert Apoptose, beteiligt am Eindringen von HIV-1
CD185	CXCR5	B-Zellen	Chemokinrezeptor, bindet CXCL13, Aktivierung von B-Zellen
CDw186	CXCR6	aktivierte T-Zellen, NK-Zellen	Chemokinrezeptor für CXCL16
CD191	CCR1	hämatopoetische Zellen	Chemokinrezeptor, bindet CCL3, CCL5, CCL7, CCL14, CCL15, CCL16,CCL23 beeinflusst Stammzellproliferation
CD192	CCR2	T-Zellen, Monocyten, dendritische Zellen, Basophile	Chemokinrezeptor, bindet CCL2, CCL7, CCL8, CCL12, CCL13, CCL16
CD193	CCR3	Eosinophile, Neutrophile, Monocyten	Chemokinrezeptor, bindet CCL5, CCL7, CCL8, CCL11, CCL13, CCL15, CCL24, CCL26, CCL28
CD195	CCR5	T-Zellen, Monocyten/Makrophagen, Granulocyten, dendritische Zellen	Chemokinrezeptor, bindet CCL3, CCL4, CCL5, CCL8, CCL14, reguliert Chemotaxis und Migration durch das Endothel von Lymphocyten

CD	alternativer Name	Zellen	Funktion
CD196	CCR6	T-Zellen, B-Zellen, dendritische Zellen	Chemokinrezeptor, bindet CCL20
CDw197	CCR7, EBI1, BLR2	Leukocyten, dendritische Zellen, naive T-Zellen	Chemokinrezeptor, bindet CCL19, CCL21, vermittelt den Verbleib bzw. die Migration in lymphoide Organe
CDw198	CCR8	Monocyten, Neutrophile, T-Zellen	Chemokinrezeptor, bindet CCL1
CDw199	CCR9	Thymocyten; Makrophagen, dendritische Zellen, intraepitheliale Lymphocyten, IgA^{+} Plasmazellen	Chemokinrezeptor, bindet CCL25
CD200	OX2	B-Zellen, dendritische Zellen, Endothelzellen	evtl. Regulation der Aktivität myeloider Zellen
CD201	EPCR	Endothelzellen	beteiligt an der Protein-C-Aktivierung
CD202b	TEK/Tie2	Endothelzellen	beteilgt an der Gefäßentwicklung
CD203c	PDNP3, B10, E-NPP3, PDIb	Basophile, Mastzellen und deren Vorstufen	Ektoenzym, beteilgt an der Beseitigung extrazellulärer Nukleotide
CD204	MSR	Monocyten/Makrophagen	Erkennung und Eliminierung pathogener Mikroorganismen
CD205	DEC-205	T-, B-Zellen, $CD11c^{+}$ dendritische Zellen	Rezeptor für mannosylierte Antigene
CD206	MMR	dendritische Zellen, Monocyten/Makrophagen	vermittelt Endocytose von Glykokonjugaten
CD207	Langerin	dendritische Zellen, Monocyten/Makrophagen	Endocytoserezeptor mit Mannosespezifität
CD208	DC-LAMP	dendritische Zellen	evtl. beteiligt an der Bindung von Peptiden an MHC-II
CD209	DC-SIGN	dendritische Zellen	Regulation der T-Zell-Proliferation
CDw210	CK	B-Zellen	IL-10-Rezeptor
CD212	CK	aktivierte T-Zellen, NK-Zellen	IL-12-Rezeptor
CD213a1 CD213a2	CK	Monocyten/Makrophagen, Endothelzellen, Eosinophile	IL-13-Rezeptor
CDw217	CK	T-, B-Zellen, Granulocyten, Monocyten/Makrophagen	IL-17-Rezeptor
CDw218a CDw218b	IL-18Rα IL18Rβ	Leukocyten	IL-18 Rezeptor

CD	alternativer Name	Zellen	Funktion
CD220	Insulin R	T-, B-Zellen, Monocyten/Makrophagen, Erythrocyten	bindet Insulin
CD221	IGF1 R	Leukocyten	bindet Insulin
CD222	M6P/IGFII-R	Leukocyten, Erythrocyten	beteiligt am Transport neusynthetisierter Säurehydrolasemoleküle zu den Lysosomen
CD223	LAG-3	aktivierte T- und NK-Zellen	interagiert mit MHC-II-Molekülen
CD224	GGT	T-, B-Zellen, Monocyten/Makrophagen, Epithelzellen	Ektoenzym, bewahrt den intrazellulären Glutathionspiegel
CD225	Leu13	Lymphocyten, Endothelzellen	Interferon-induzierbares Protein, evtl. beteiligt an Zell-Zell-Interaktionen
CD226	DNAM-1, PTA1	Lymphocyten, Monocyten/ Makrophagen, Thrombocyten	Adhäsionsmolekül
CD227	MUC1	aktivierte T-Zellen, B-Zellen, dendritische Zellen, aktivierte Monocyten/Makrophagen, Epithelzellen	beteiligt am Schutz der Zelloberfläche, an der Adhäsion und an der Migration
CD228	p97, gp95, MT	Endothelzellen, Vorläuferzellen	-
CD229	Ly9	Lymphocyten	Signaltransduktion
CD230	Prion Protein	Lymphocyten, Monocyten/ Makrophagen, dendritische Zellen	Isoform PrPsc kommt bei TSE vor
CD231	TALLA-1/A15, TALLA	Endothelzellen	unbekannt
CD232	VESP-R	B-, NK-Zellen, Monocyten/ Makrophagen, Granulocyten	CD108-Rezeptor
CD233	Band 3/AE1	Erythrocyten	Träger des Diego Blutgruppensystems, wichtig für die endgültige Differenzierung
CD234	DARC	Erythrocyten, Endothel-, Epithelzellen	Träger des Duffy Blutgruppensystems, bindet CXCL8, CCL2, CCL5, MGSA
CD235a CD235 ab	Glykophorin A Glykophorin AB	Erythrocyten	A: spezifisch für Blutgruppen M und N AB: spezifisch für Blutgruppen S, s, N (GlyB, GlyA s. CD235a)
CD236 CD236R	Glykophorin C und D Glycophorin C	Erythrocyten	Träger der Gerbich Blutgruppe vermittelt Invasion durch P. *falciparum*
CD238	Kell	Erythrocyten	Zn^{2+}-Metalloprotease

CD	alternativer Name	Zellen	Funktion
CD239	Lu/B-CAM	Erythrocyten, Endothel-, Epithelzellen	Laminin-Retzeptor, Erythrocyten-Differenzierung
CD240CE CD240D CD240DCE	–	Erythrocyten	Rh-Blutgruppensystem, evtl. beteiligt am Ammoniumexport
CD241	RhAG/Rh50	Erythrocyten	fördert Ammoniumexport
CD242	ICAM-4/LW	Erythrocyten, Endothelzellen	LW-Blutgruppensystem, interagiert mit VLA-4
CD243	MDR-1	Vorläuferzellen	-
CD244	2B4, P38, NAIL	T-, NK-Zellen, Monocyten/ Makrophagen, Basophile	Interaktion mit CD48 verstärkt Zytokinproduktion und cytotoxisches Potenzial von NK-Zellen
CD245	p220/240	T-, B-Zellen, Monocyten/Makrophagen, Granulocyten, Thrombocyten	Signaltransduktion und Co-Stimulation von T- und NK-Zellen
CD246	ALK	Endothelzellen	beteiligt an Proliferation und Apoptose
CD247	Zeta-Kette	T-, NK-Zellen	essenzielle Signaluntereinheit des Aktivierungsrezeptors auf T-, NK-Zellen
CD248	TEM1, Endosialin	Tumor Endothelzellen, Fibroblasten	Evtl. beteilgt am Gewebe-„remodelling“
CD249	Aminopeptidase A	Epithelzellen	reguliert Wachstum und Proliferation früher B-Zelllinien
CD252	OX40L	HTLV-1 positive Zellen, dendritische Zellen	stimuliert T-Zellproliferation und Cytokinsynthese
CD253	TRAIL	weit verbreitet	induziert Apoptose
CD254	TRANCE, RANKL	Aktivierte T-Zellen, Osteoblasten	reguliert Interaktionen zwischen T-Zellen und dendritischen Zellen, Knochenmetabolismus
CD256	APRIL	Monocyten, Makrophagen, Tumorzellen	Regulation von Tumorwachstum
CD257	BLYS, BAFF	Monocyten, Makrophagen, T-Zellen, dendritische Zellen	Stimulation von T-Zellfunktionen
CD258	LIGHT	aktivierte T-Zellen	stimuliert T-Zellproliferation, aktiviert NFκB
CD261	TRAIL-R1	aktivierte T-Zellen	Rezeptor für TRAIL, vermittelt Apoptose
CD262	TRAIL-R2	Lymphocyten, Tumorzellen	Rezeptor für TRAIL, vermittelt Apoptose

CD	alternativer Name	Zellen	Funktion
CD263	TRAIL-R3	Lymphocyten	Rezeptor für TRAIL, schützt vor TRAIL-vermittelter Apoptose
CD264	TRAIL-R4	Leukocyten	Rezeptor für TRAIL, schützt vor TRAIL-vermittelter Apoptose
CD265	TRANCE-R, RANK	ubiquitär verbreitet	Regulation von Interaktionen zwischen T-Zellen und dendritischen Zellen, Rezeptor für TRANCE/RANKL
CD266	TWEAK-R, Fn14	Vorläuferzellen, Expression in Geweben, keine Expression auf Lymphocyten	verstärkt die Proliferation von Endothelzellen, Rezeptor für TWEAK/TNFSF12
CD267	TACI	B-Zellen, aktivierte T-Zellen	Rezeptor für APRIL und BLYS, Aktivierung von NFAT, NFκB, AP-1
CD268	BAFFR	B-Zellen, T-Zellen	verstärkt das Überleben von B-Zellen und B-Zellantworten
CD269	BCMA	B-Zellen	verstärkt das Überleben von B-Zellen, aktiviert NFκB und JNK
CD271	NGFR, p75	Monocyten, dendritische Zellen, NK-Zellen	Rezeptor für NGF, BDNF, NT-3, NT-4
CD272	BTLA	$CD4^+$ und $CD8^+$ T-Zellen	Inhibiert T-Zellaktivierung, bindet HVEM
CD273	B7DC, PDL2	dendritische Zellen, Makrophagen, B-Zellen, Epithelzellen	Kostimulation von T-Zellen
CD274	B7H1, PDL1	aktivierte T-, B-Zellen, dendritische Zellen, Monocyten, Keratinocyten, Epithelzellen	Kostimulation von T-Zellen
CD275	B7H2, ICOSL	aktivierte Monocyten, dendritische Zellen, Endothelzellen	Ligand für ICOS, Kostimulation
CD276	B7H3	Epithelzellen, dendritische Zellen, Monocyten, aktivierte T-Zellen	Kostimulation von T-Zellen
CD277	BT3.1	T-Zellen, B-Zellen, NK-Zellen, Monocyten, dendritische Zellen, Endothelzellen	Rezeptor wohl nur auf T-Zellen und hämatopoetischen Zelllinien
CD278	ICOS	aktivierte T-Zellen	verstärkt T-Zellantworten
CD279	PD1	Aktivierte T-Zellen, aktivierte B-Zellen, myeloide Zellen	Kostimulation von T-Zellen
CD280	ENDO180	Fibroblasten, Endothelzellen, Makrophagen	Bindet Kollagen

CD	alternativer Name	Zellen	Funktion
CD281	TLR1	Leukocyten	beteiligt an Immunantworten des angeborenen Immunsystems
CD282	TLR2	Monocyten	vermittelt Immunantwort gegen Lipoproteine und bakterielle Zellwandbestandteile
CD283	TLR3	CD11c⁺ dendritische Zellen	beteiligt an Immunantworten des angeborenen Immunsystems, erkennt möglicherweise ds-RNA
CD284	TLR4	T-Zellen, Monocyten, Makrophagen, dendritische Zellen	vermittelt Immunantworten gegen LPS
CD289	TLR9	Monocyten, dendritische Zellen	erkennt nicht-methylierte CpG-Motive in bakterieller DNA
CD292	BMPR1A	Muskelzellen	Rezeptor für BMP-2, BMP-4
CDw293	BMPR1B	Chondrozyten	Rezeptor für BMPS/OP-1
CD294	CRTH2	Th2-Zellen, Basophile, Eosinophile	Rezeptor für PGD2
CD295	LeptinR		Leptinrezeptor, vermittelt Signalübertragung durch den JAK2/STAT3- und ERK/FOS-Weg
CD296	ART1	Monocyten, Neutrophile	ADP-Ribosyltransferase
CD297	ART4	Erythrocyten, Monocyten	ADP-Ribosyltransferase
CD298	–	Leukocyten	nicht-katalytische β-3-Untereinheit der Na^+/K^+-ATPase
CD299	DCSIGN-related	Endothelzellen, dendritische Zellen, Makrophagen	Vermittelt die Phagocytose von Pathogenen
CD300a	CMRF35H	NK-Zellen, T-Zellen, B-Zellen, dendritische Zellen, Mastzellen, Granulocyten, Monocyten	vermindert die cytolytische Aktivität von NK-Zellen
CD300c	CMRF35A	T-Zellen, Monocyten, Neutrophile	-
CD301	MGL, CLECSF14		bindet Tumorantigene
CD302	DCL1	Monocyten, Makrophagen, dendritische Zellen, Granulocyten	Lectin-Rezeptor, beteilgt an Endocytose/Phagocytose und wahrscheinlich auch an Zelladhäsion und –migration.
CD303	BDCA2	Plasmacytoide dendritische Zellen	beteiligt an Antigenbindung, -prozessierung
CD304	BDCA4, Neuropilin 1	dendritische Zellen, Hepatocyten	bindet Mitglieder der Semaphorin-Familie

CD	alternativer Name	Zellen	Funktion
CD305	LAIR1	T-Zellen, NK-Zellen, B-Zellen, Monocyten, Makrophagen, dendritische Zellen, Basophile, Thymocyten	Inhibitorischer Rezeptor, bindet Kollagen
CD306	LAIR2	T-Zellen, NK-Zellen, B-Zellen, Monocyten	Antagonisiert die Funktion von LAIR-1
CD307	IRTA2	B-Zellen	-
CD309	VEGFR2, KDR	Hämatopoetische Stammzellen, Endothelzellen	Rezeptor für VEGF, VEGFC
CD312	EMR2	Monocyten, Makrophagen, Basophile, Neutrophile	Zelladhäsion
CD314	NKG2D	NK-Zellen, γ/δT-Zellen, $CD8^{+}$ T-Zellen	Rezeptor für MICA, MICB, ULBP1, ULBP2, ULBP3, ULBP4
CD315	CD9P1		interagiert mit CD9, CD63, CD81, CD82, CD151
CD316	EWI2	dendritische Zellen, B-Zellen, T-Zellen, NK-Zellen	Bindet HSPA8
CD317	BST2	B-Zellen, Th1-Zellen	möglicherweise am pre-B-Zellwachstum beteiligt
CD318	CDCP1	$CD34^{+}$ Stamm-/Vorläuferzellen	-
CD319	CRACC	NK-Zellen, aktivierte B-Zellen	NK-Zellaktivierung, reguliert B-Zellproliferation
CD320	8D6A		
CD321	JAM1	Basophile, Epithelzellen	Zell-Zell-Interaktionen
CD322	JAM2	Endothel, Basophile	möglicherweise beteiligt an der Migration von Lymphocyten in sekundäre Lymphorgane
CD324	E-Cadherin	Epithel, dendritische Zellen	Zelladhäsion
CDw325	N-Cadherin		Zelladhäsion
CD326	Ep-CAM	Epithelzellen	evtl. Rezeptor für Wachstumsfaktoren
CDw327	siglec6	B-Zellen, Plazenta	beteiligt an neuronalen Erkennungsmechanismen
CDw328	siglec7	NK-Zellen, Granulocyten, Monocyten	Adhäsionsmolekül, Regulation des TCR-Signals
CDw329	siglec9	Neutrophile, Monocyten, B-Zellen, NK-Zellen, wenige T-Zellen	Regulation des TCR-Signals, reguliert Apoptose von Neutrophilen

CD	alternativer Name	Zellen	Funktion
CD331	FGFR1		Rezeptor für basisches FGF
CD332	FGFR2		Rezeptor für saure und basische FGFs
CD333	FGFR3	Epithelzellen (Isoform 1), Fibroblasten (Isoform 1 und 2)	Rezeptor für saure und basische FGFs (vornehmlich FGF1)
CD334	FGFR4		Rezeptor für saure FGFs (FGF19)
CD335	NKp46	NK-Zellen	Cytotoxizitäts-aktivierender NK-Rezeptor
CD336	NKp44	NK-Zellen, γ/δ-T-Zellen	Cytotoxizitäts-aktivierender NK-Rezeptor
CD337	NKp30	NK-Zellen	Cytotoxizitäts-aktivierender NK-Rezeptor
CDw338	ABCG2, BCRP	u.a. Subpopulation von Stammzellen	Xenobiotika-Transporter
CD339	Jagged-1	Epithelzellen	Ligand für Notch-Rezeptoren
CD340	Her-2/erbB2	weit verbreitet	Dimerisiert mit EGFR und unterbindet dessen Internalisierung
CD349	Frizzled-9	Mesenchymale Stammzellen, ZNS	Rezeptor für Wnt-2 und Wnt-8

Anhang 2: Cytokine

Cytokin	Rezeptoren	produzierende Zellen	Funktion
IL-1α	CD121a, CD121b	Makrophagen, Epithelzellen	Aktivierung von T-Zellen und Makrophagen, Fieber
IL-1β	CD121a, CD121b	Makrophagen, Epithelzellen	Aktivierung von T-Zellen und Makrophagen, Fieber
IL-2	CD25, CD122, CD132	T-Zellen	T-Zellproliferation
IL-3	CD123, βc	T-Zellen, Epithelzellen	Hämatopoese
IL-4	CD124, CD132	T-Zellen, Mastzellen, Basophile, Eosinophile	B-Zellaktivierung, IgE-Isotypwechsel, induziert Differenzierung zu Th2-Zellen
IL-5	CD125, βc	T-Zellen, Mastzellen	Wachstum, Differenzierung und Überleben von Eosinophilen
IL-6	CD126, CD130	T-Zellen, Makrophagen, Endothelzellen	Wachstum und Differenzierung von T- und B-Zellen, Fieber, akute Phase Protein
IL-7	CD127, CD132	viele, außer T-Zellen	Wachstum von Pre-B- und Pre-T-Zellen
IL-9	IL-9R, CD132	T-Zellen	verstärkt Mastzellaktivität, stimuliert Th2-Mechanismen
IL-10	IL-10Rα, IL-20Rβc	T-Zellen, Makrophagen, EBV^{+} B-Zellen	Immunsupprimierend, induziert u.a. regulatorische T-Zellen
IL-11	IL-11R, CD130	Stroma-Fibroblasten	Hämatopoese
IL-12	IL-12Rβ1c, IL-12Rβ2	Makrophagen, dendritische Zellen	aktiviert NK-Zellen, induziert CD4 T-Zelldifferenzierung zu Th1 Zellen
IL-13	IL-13R, CD132	T-Zellen	B-Zellwachstum und –differenzierung, inhibiert Th1-Zellen und Cytokinproduktion von Makrophagen
IL-14 (HMW-BCGF)		T-Zellen	Wachstumsfaktor für B-Zellen, inhibiert Immunglobulinsekretion
IL-15	IL-15R, CD122, CD132	viele, außer T-Zellen	stimuliert Wachstum von T-Zellen und NK-Zellen, verlängert das Überleben von Memory CD8 T-Zellen

Cytokin	Rezeptoren	produzierende Zellen	Funktion
IL-16	CD4	T-Zellen, Mastzellen, Eosinophile	wirkt chemotaktisch auf CD4 T-Zellen, Monocyten und Eosinophile, wirkt anti-apoptotisch auf IL-2-stimulierte T-Zellen
IL-17A, B, C, D, E (IL-25), F	IL-17R, IL17RH1, IL-17RL, IL-17RD, IL-17RE	bestimmte CD4 T-Zellen, sogenannte Th17-Zellen	IL-17A, F: induziert die Rekrutierung von Neutrophilen, IL-17E: induziert Th2-Cytokine und Eosinophilie
IL-18	CDw218a, CDw218b	aktivierte Makrophagen, Kupffer-Zellen	induziert IFN-γ-Produktion von T-Zellen und NK-Zellen
IL-19	IL-20Rα, IL-20Rβc	Monocyten	induziert IL-6- und TNF-α-Produktion in Monocyten
IL-20	IL-20Rα, IL-20Rβc; IL-22Rαc, IL-20Rβc	Monocyten	stimuliert Keratinocytenproliferation und TNF-α-Produktion
IL-21	IL-21R, CD132	Th2-Zellen	induziert Proliferation von B-Zellen, T-Zellen und NK-Zellen
IL-22	IL-22Rαc, IL-10Rβc	T-Zellen, NK-Zellen	induziert akute Phase Proteine
IL-23	IL-12Rβ1c, IL-23R	dendritische Zellen	induziert Proliferation von Memory T-Zellen, verstärkt IFN-γ-Produktion
IL-24	IL-22Rαc, IL-20Rβc; IL-20Rα, IL-20Rβc	Monocyten, T-Zellen	inhibiert Tumorwachstum
IL-25 (IL-17E)	siehe IL-17E		
IL-26 (AK 155)	IL-20Rα, IL-10Rβc	T-Zellen, NK-Zellen	
IL-27	WSX-1 (TCCR), CD130	Monocyten, Makrophagen, dendritische Zellen	induziert IL-12R auf T-Zellen
IL-28A, B	IL-28Rαc, IL-10Rβc	Makrophagen, dendritische Zellen	antivirale Eigenschaften
IL-29	IL-28Rαc, IL-10Rβc	Makrophagen, dendritische Zellen	antivirale Eigenschaften
IL-30 (IL-27p28)	WSX-1(TCCR)	Monocyten, Makrophagen, dendritische Zellen	28 kD Untereinheit von IL-27
IL-31	IL-31Rα, OSMR	Th2-Zellen	Regulation von Th2-Immunantworten
IL-32 (NK transcript 4)		Akt. NK-Zellen, T-Zellen, Epithelzellen	wirkt pro-inflammatorisch durch Induktion von IL-1β und IL-6. Induziert die Entwicklung von Monocyten zu Makrophagen

Cytokin	Rezeptoren	produzierende Zellen	Funktion
IL-33	ST2, IL1RAcP	Epithelzellen, Fibroblasten, dendritische Zellen, akt. Makrophagen	induziert Th2-Immunantworten: induziert IL-4, IL-5, IL-13 aktiviert Mastzellen
IL-35 (Heterodimer aus Ebi3 und IL-12α)		regulatorische T-Zellen	wirkt immunsupprimierend. Supprimiert Th17-Zellen
IFN-α	CDw119	Leukocyten, dendritische Zellen	antivirale Aktivität, verstärkt Expression von MHC I-Molekülen
IFN-β	CDw119	Fibroblasten	antivirale Aktivität, verstärkt Expression von MHC I-Molekülen
IFN-γ	IFNGR2	T-Zellen, NK-Zellen	aktiviert Makrophagen, verstärkt Expression von MHC-Molekülen, supprimiert Th2-Zellen
TGF-β	TGF-βR	Chondrocyten, Monocyten, T-Zellen	inhibiert Zellwachstum, wirkt anti-inflammatorisch
TNF-α	CD120a, CD120b	Makrophagen, NK-Zellen, T-Zellen	Entzündung, Endothelaktivierung
TNF-β	CD120a, CD120b	T-Zellen, B-Zellen	Zelltod, Endothelaktivierung
G-CSF	CD114	Fibroblasten, Monocyten	stimuliert Entwicklung und Differenzierung von Neutrophilen
GM-CSF	CD116, βc	Makrophagen, T-Zellen	stimuliert Entwicklung und Differenzierung von myelomonocytischen Zellen und dendritischen Zellen
M-CSF	CD115	Monocyten, Granulocyten, Endothelzellen, Fibroblasten	beeinflusst die Differenzierung, das Wachstum und das Überleben von Monocyten
CD27L	CD27	T-Zellen	stimuliert T-Zellproliferation
CD30L	CD30	T-Zellen	stimuliert T- und B-Zellproliferation
CD40L	CD40	T-Zellen, Mastzellen	B-Zellaktivierung, Isotypwechsel
CDw137L (4-1BBL)	CDw137 (4-1BB)	T-Zellen	Kostimulation von T- und B-Zellen
CD178L (FasL)	CD95	T-Zellen	Apoptose
CD253 (TRAIL)	CD261, CD262, CD263, CD264	T-Zellen, Monocyten	Apoptose
CD256 (APRIL)	CD269 (BCMA)	dendritische Zellen	B-Zellproliferation

Cytokin	Rezeptoren	produzierende Zellen	Funktion
CD257 (BlyS, BAFF)	CD267 (TACI), CD269 (BCMA)	Makrophagen, dendritische Zellen	B-Zellproliferation
CD258 (LIGHT)	Herpesvirus Entry Mediator (HVEM)	aktivierte T-Zellen	Aktivierung dendritischer Zellen
Epo	EpoR	Hepatocyten, Nierenzellen	stimuliert Erythrocytenvorläufer
LIF (leukemia inhibitory factor)	CD118, CD130	Knochenmarkstroma, Fibroblasten	wirkt auf embryonale Stammzellen
Lymphotoxin-β (LT-β)	LTβR, HVEM	T-Zellen, B-Zellen	Entwicklung der Lymphknoten
Oncostatin M (OSM)	OSMR, CD130	T-Zellen, Makrophagen	inhibiert Melanomwachstum, stimuliert Kaposi's Sarcoma Zellen
OPG-L (RANK-L)	OPG (RANK)	Osteoblasten, T-Zellen	stimuliert Osteoclasten
TWEAK	CD266 (TWEAKR)	Monocyten	Angiogenese

Anhang 3: Chemokine

Chemokin	alternativer Name	Rezeptor	Zielzellen
CCL 1	I-309	CCR 8 (CDw198)	Neutrophile, T-Zellen
CCL 2	MCP-1	CCR 2 (CD192)	T-Zellen, Monocyten, Basophile
CCL 3	MIP-1α	CCR 1 (CD191), CCR 5 (CD195)	Monocyten, Makrophagen, T-Zellen (Th1 > Th2), NK Zellen, Basophile, dendritische Zellen, Knochenmarkszellen
CCL 4	MIP-1β	CCR 5 (CD195)	Monocyten, Makrophagen, T-Zellen (Th1 > Th2), NK Zellen, Basophile, dendritische Zellen, Knochenmarkszellen
CCL 5	RANTES	CCR 1 (CD191), CCR 3 (CD193), CCR 5 (CD195)	Monocyten, Makrophagen, T-Zellen (Memory T-Zellen > T-Zellen; Th1 > Th2), NK Zellen, Basophile, dendritische Zellen, Eosinophile
CCL 6 (nur Maus)	C10	CCR1	Monocyten
CCL 7	MCP-3	CCR 1 (CD191), CCR 2 (CD192), CCR 3 (CD193)	T-Zellen, Monocyten, Eosinophile, Basophile, dendritische Zellen
CCL 8	MCP-2	CCR 2 (CD192), CCR 3 (CD193), CCR 5 (CD195)	T-Zellen, Monocyten, Eosinophile, Basophile
CCL 9 (nur Maus)	MRP-2/MIP-1γ	CCR1	T-Zellen, Monocyten
CCL 11	Eotaxin	CCR 3 (CD193)	Eosinophile
CCL 12 (nur Maus)	MCP-5	CCR 2 (CD192)	Eosinophile, T-Zellen, Monocyten
CCL 13	MCP-4	CCR 2 (CD192), CCR 3 (CD193)	T-Zellen, Monocyten, dendritische Zellen, Eosinophile, Basophile
CCL 14	HCC-1	CCR 1 (CD191), CCR 5 (CD195)	Monocyten
CCL 15	MIP-5/HCC-2	CCR 1 (CD191), CCR 3 (CD193)	T-Zellen, Monocyten, dendritische Zellen
CCL 16	HCC-4	CCR 1 (CD191), CCR 2 (CD192)	Monocyten

Chemokin	alternativer Name	Rezeptor	Zielzellen
CCL 17	TARC	CCR 4	T-Zellen, Thymocyten, dendritische Zellen, NK-Zellen
CCL 18	PARC/DC-CK1/MIP-4	unbekannt	T-Zellen
CCL 19	MIP-3β	CCR 7 (CDw197)	naive T-Zellen, B-Zellen, dendritische Zellen
CCL 20	MIP-3α	CCR 6 (CD196)	T-Zellen, aktivierte B-Zellen, dendritische Zellen, Knochenmarkszellen
CCL 21	6Ckine/SLC	CCR 7 (CDw197)	naive T-Zellen, B-Zellen, dendritische Zellen
CCL 22	MDC	CCR 4	dendritische Zellen, NK-Zellen, T-Zellen, Thymocyten
CCL 23	MPIF-1	CCR 1 (CD191)	Monocyten, T-Zellen
CCL 24	Eotaxin-2/MPIF-2	CCR 3 (CD193)	Eosinophile, Basophile
CCL 25	TECK	CCR 9 (CDw199)	Makrophagen, dendritische Zellen, Thymocyten, intraepitheliale Lymphocyten, IgA+ Plasmazellen
CCL 26	Eotaxin-3	CCR 3 (CD193)	Eosinophile, Basophile
CCL 27	CTACK	CCR 10	T-Zellen
CCL 28	MEC	CCR 3 (CD193), CCR 10	T-Zellen, Eosinophile
CXCL 1	GROα	CXCR 2 (CD181) >> CXCR 1 (CD182)	Neutrophile
CXCL 2	GROβ	CXCR 1 (CD181), CXCR 2 (CD182)	Neutrophile
CXCL 3	GROγ	CXCR 1 (CD181), CXCR 2 (CD182)	Neutrophile
CXCL 4	PF4	CXCR 3 (CD183, alternative Spliceform)	Fibroblasten, Monocyten, akt. T-Zellen
CXCL 5	ENA-78	CXCR 1 (CD181), CXCR 2 (CD182)	Neutrophile
CXCL 6	GCP-2	CXCR 1 (CD181), CXCR 2 (CD182)	Neutrophile
CXCL 7	NAP-2, PBP, CTAP-III, β-TG	CXCR 1 (CD181), CXCR 2 (CD182)	Fibroblasten, Neutrophile
CXCL 8	IL-8	CXCR 1 (CD181), CXCR 2 (CD182)	Neutrophile, Basophile, T-Zellen
CXCL 9	Mig	CXCR 3 (CD183)	aktivierte T-Zellen (Th1 > Th2)

Chemokin	alternativer Name	Rezeptor	Zielzellen
CXCL 10	IP-10	CXCR 3 (CD183)	aktivierte T-Zellen (Th1 > Th2)
CXCL 11	I-TAC	CXCR 3 (CD183)	aktivierte T-Zellen (Th1 > Th2)
CXCL 12	SDF-1α/β	CXCR 4 (CD184)	$CD34^{+}$ Knochenmarkszellen, Lymphocyten-Vorläufer, T-Zellen, B-Zellen, Plasmazellen, dendritische Zellen
CXCL 13	BLC/BCA-1	CXCR 5 (CD185)	naive B-Zellen, aktivierte CD4 T-Zellen
CXCL 14	BRAK/bolekine	unbekannt	T-Zellen, NK-Zellen, Monocyten, unreife myeloide dendritische Zellen
CXCL 15 (nur Maus)	Lungkine/WECHE	unbekannt	Neutrophile
CXCL 16	SR-PSOX	CXCR 6 (CD186)	aktivierte T-Zellen, NK-Zellen
XCL 1	Lymphotactin-α	XCR 1	T-Zellen, NK-Zellen
XCL 2	Lymphotactin-β/SCM-1β	XCR 1	T-Zellen, NK-Zellen
CX3CL 1	Fractalkine	CX3CR 1	T-Zellen, Monocyten
DMC	-	-	Monocyten, unreife myeloide dendritische Zellen

Glossar

ACD — Antikoagulanz, bestehend aus Acidum citricum purum 2,5 %, Dextrose 2,34 % und Natrium citricum 2,16 %.

Adjuvans — Die Immunogenität erhöhende Substanz. Wird bei der Herstellung von Antikörpern, also bei der Immunisierung der entsprechenden Tiere, zusammen mit dem Antigen appliziert, um die Immunantwort zu verstärken und/oder zu verlängern (z. B. Freund's Adjuvans aus abgetöteten Tuberkelbakterien, Paraffinöl und Emulgator).

Affinität — Maß für die (monovalente) Bindungsenergie zwischen Epitop und Paratop. Sie stellt einen Teilbetrag der Avidität dar.

Agglutination — Durch Antigen-Antikörper-Reaktionen hervorgerufene Verklumpung partikulärer Antigene (z. B. Zellen, Bakterien, Vieren). Diese kommt zustande, wenn Antikörper (in diesem Fall Agglutinine genannt) an antigene Strukturen der Partikel binden und diese daraufhin netzartig verbinden.

Allergen — Immunogene, die – meist IgE-vermittelt – allergische Reaktionen auslösen (z. B. Pollen, Tierhaare, Staub, Nahrungs- und Arzneimittel).

Ampholyt — Amphotere Substanz, d. h. sie kann sowohl basisch als auch sauer wirken (z. B. Metallhydroxide, Aminosäuren).

Antigen — Substanz, die vom Immunsystem als fremd erkannt wird und meist eine Immunreaktion auslöst. Die Bezeichnung Antigen leitet sich von der Eigenschaft ab, die Bildung von Antikörpern auszulösen, die gegen genau diese Antigene gerichtet sind (*anti*body *gen*erator). Ist die Folge eine Immunität, wirkt das Antigen immunogen. Als Antigen wirken insbesondere Proteine, aber auch andere hochmolekulare Substanzen wie z. B. Polysaccharide, Nucleinsäuren und viele synthetische Verbindungen.

Antigen-Demaskierung — Durch geeignete Behandlung (z. B. Hitze, Enzyme, Mikrowellen) erreichte Wiederherstellung der Immunreaktivität von Antigenen, die vorher z. B. durch Fixierungs- und/oder Einbettungsmaßnahmen beeinträchtigt wurden (auch antigen-retrieval).

Antikoagulanzien — Gerinnungshemmende Substanzen, mit denen Blutproben versetzt werden, zwecks Verhinderung der Blutgerinnung.

Antikörper, bispezifischer — Ein künstlich hergestellter Antikörper, der zwei unterschiedliche variable Antikörperregionen besitzt und damit in der Lage ist, zwei verschiedene Antigene gleichzeitig zu erkennen. Dies kann beispielsweise ein bispezifischer Diabody oder ein bispezifisches $F(ab')_2$-Fragment sein.

Antikörper, anti-idiotypische — Antikörper, deren Spezifität gegen die Paratope, genauer gegen den Idiotyp, anderer Antikörper gerichtet ist.

Antikörper, monoklonal — Aus Plasmazellen eines *einzigen* B-Zell-Klons stammende, monospezifische (also gegen ein *einziges* Epitop eines Antigens gerichtete) Antikörper.

Antikörper, polyklonal	Aus Plasmazellen *verschiedener* B-Zell-Klone stammende, antigenspezifische (also gegen *unterschiedliche* Epitope eines Antigens gerichtete) Antikörper.
Antiserum	Antikörper-enthaltendes Serum
Apoenzym	Proteinkomponente des Holoenzyms
Apoptose	Die Apoptose ist ein genetisch gesteuertes Selbstmordprogramm von Zellen (programmierter Zelltod). Sie ermöglicht dem Organismus die gezielte Eliminierung nicht mehr benötigter bzw. entarteter Zellen, ohne die Freisetzung gewebsschädigender cytoplasmatischer Substanzen (Ggs. Nekrose).
Ascites	Flüssigkeit in der Bauchhöhle
Autofluoreszenz	Die Eigenfluoreszenz biologischen Materials, im engeren Sinne von Zellen, die durch deren natürlichen Gehalt an fluoreszierenden Stoffen, wie z. B. Riboflavine, verursacht wird. Der Grad an A. nimmt mit steigernder Zellgröße und Cytoplasmamenge zu. So autofluoreszieren in einer Leukocytenpopulation z. B. Granulocyten und Monocyten stärker als Lymphocyten.
Autoimmunopathie	Krankheitsbild, deren Ursachen in der Aktivität von Autoantikörper oder Autoimmunzellen gegen körpereigene Antigene begründet liegen.
Autolyse	Die Selbstverdauung (Autodigestion) abgestorbener/absterbender Zellen durch die aus Lysosomen frei werdenden Enzyme, ohne Einfluss von evtl. mikrobiellen Kontaminationen.
Avidität	Maß für die Gesamt-Bindungsenergie zwischen Antikörper und Antigen. Sie setzt sich zusammen aus der spezifischen Affinität, evtl. Multivalenzen sowie Fc-Assoziationen zwischen antigengebundenen IgG.
Bead	engl.: Kügelchen, Perle; In unterschiedlichsten Methoden verwendete Mikropartikel von definierter Größe (z. B. aus Glas, Polystyrol oder ferromagnetischem Material).
bleaching	Das Ausbleichen von Fluorochromen
Blutkörperchen	Umfasst Erythrocyten, Leukocyten sowie Thrombocyten, einschließlich deren Vorstufen und pathologischen Formen.
Blutplasma	Der flüssige, durch Zentrifugation von Blutkörperchen befreite, Anteil des antikoagulierten Blutes. Im Gegensatz zum Blutserum enthält das Blutplasma noch Fibrinogen sowie alle weiteren Komponenten des Gerinnungssystems.
Blutserum	Der flüssige Anteil von geronnenem Vollblut, gewonnen durch Sedimentation des Blutgerinnsels. Es enthält kein Fibrinogen mehr, da dieses bei der Gerinnung verbraucht wurde.
Brefeldin A	Transporthemmendes Ionophor des Pilzes *Penicillium brefeldianum*. Inhibiert den Transport neu synthetisierter Proteine vom Endoplasmatischen Retikulum in den Golgi-Apparat. Weiterhin ist der Austausch zwischen Endosomen und Lysosomen beeinträchtigt. Wird z. B. häufig in Untersuchungen zur Proteinbiosynthese und Sezernierung verwendet (s. auch Monensin).
buffy coat	Leukocytenkonzentrat

capping	In der Immunologie das Aggregieren oder Zusammenziehen von zellulären Oberflächenstrukturen, wie z. B. Rezeptoren an einem Pol der Zelloberfläche. Kann durch Zugabe von NaN_3 zum Puffer sowie durch Handling der Zellen bei 4°C minimiert werden. In der Molekularbiologie wird im Zuge der mRNA-Reifung an das 5'-Ende der mRNA eine zusätzliche Basensequenz angehängt, was ebenfalls als „capping" bezeichnet wird.
CBMC	cord blood mononuclear cells; MNCs, die aus Nabelschnurblut gewonnen wurden (engl.: umbilical cord – Nabelschnur).
CD-Nomenklatur	cluster of differentiation; ein Nomenklatur-System für zelluläre Antigene bzw. für die sie erkennenden Antikörper. Zu einem Cluster werden Antikörper zusammengefasst, die die gleiche Antigenspezifität aufweisen (Anhang 1).
Chromogen	Die Vorstufe eines Farbstoffs, die erst nach einer bestimmten Reaktion zum eigentlichen Farbstoff wird. In immunologischen Methoden werden die löslichen Chromogene auf das nachzuweisende, enzymmarkierte Antigen gegeben. Nach Katalyse, z. B. durch Peroxidase oder alkalischer Phosphatasepräzipitiert das unlösliche, charakteristisch gefärbte Reaktionsprodukt im Bereich des Antigens. Verschiedene Chromogene sind in Tabelle 6-3 dargestellt.
Coenzym	Besser als „Cosubstrat" bezeichnete, nicht-proteinöse Verbindung, die temporär an das Apoenzym gebunden ist und zur katalytischen Wirksamkeit des Holoenzyms beiträgt.
Cytokine	Zusammenfassende Bezeichnung für eine Gruppe von *in vivo* kurzlebigen Polypeptiden, die die Proliferation und Funktion der jeweiligen Zielzellen beeinflussen. Enger gefasst gilt die Bezeichnung lediglich für Faktoren, die von Immunzellen gebildet werden und auf Immunzellen wirken, so werden z. B. Charakter, Stärke und Dauer von Immunantworten über die Sezernierung von Cytokinen reguliert. Zelluläre Cytokin-Konzentrationen liegen ungefähr im Bereich von 10 – 10 000 Molekülen pro Zelle.
Cytospin	Methode des Aufbringens von Zellen auf Objektträger mittels geeigneter „Cyto-Zentrifuge".
dative Bindung	Kovalente Bindung, bei der beide Elektronen des Elektronenpaares von *einem* der Bindungspartner gestellt werden; auch koordinative oder Donor-Akzeptor-Bindung genannt.
Derivat	Abkömmling einer Grundsubstanz
Derivatisierung	Chemische Modifizierung von Substanzen, z. B. durch Einführung von neuen molekularen Komponenten.
Detergenzien	Natürliche oder synthetische organische Substanzen, die die Oberflächenspannung von Wasser und anderen Flüssigkeiten herabsetzen und damit z. B. die Emulgierung oder die Benetzung von Oberflächen erleichtern. Man unterscheidet ionische von nicht-ionischen Detergenzien. Neben dem ionischen SDS kommen vor allem folgende nicht-ionische Detergenzien zum Einsatz: Tween 20 (Poly(oxyethylen)$_x$-Sorbitan-Monolaurat)), Triton X-100 (Octylphenolpoly(ethylenglycolether)$_x$), Nonidet P40 (4-Nonylphenolpolyethylenglykol).

Diabody	Durch die Kopplung zweier single chain Antikörper über einen Linker entstandener, neuer Antikörper. Die beiden Antigenbindestellen können dabei die selbe Spezifität, aber auch unterschiedliche Spezifitäten (bispezifischer Diabody) aufweisen.
EDTA	Ethylendiaminotetraacetat, ein Chelatbildner – dient als Ionenfänger in Lösungen; die Bezeichnung Chelat (gr.: Krebsschere) geht auf die Strukturformel von EDTA zurück.
Einbettung	In der Histologie und Cytologie das Einbringen von entwässerten und fixierten Proben (z. B. Gewebe, Zellen) in geeignete Einbettmedien (z. B. Paraffin, Epoxidharze, Methaacrylate) zur Erzielung der erforderlichen Festigkeit für Mikrotomschnitte bzw. Ultramikrotomschnitte (< 100 nm).
Endothel-Zellen	Plattenförmige Zellspezies, die das Gefäßlumen auskleidende Deck-Epithel bildet. Dieses stellt die Trennschicht zwischen Blut und Gefäßmuskulatur dar und gewährleistet den Wasser- und Stoffaustausch mit dem umgebenden Gewebe. Endothelzellen sind über Oberflächenstrukturen und die Sezernierung löslicher Faktoren wesentlich an der Regulation des Blutdrucks, der Blutgerinnung, des Blutflusses sowie an Reparatur- und immunologischen Prozessen beteiligt.
Endocytose	Zelluläre Stoffaufnahme durch lokale Einstülpung der Zellmembran; schließt Pino- u. Phagocytose ein. Gegenteil: Exocytose.
Energie-Resonanz-Transfer	Phänomen, das auftritt, wenn zwei fluoreszierende Moleküle in räumliche Nähe zueinander kommen und die Emissionswellenlänge des ersten Moleküls der Absorptionswellenlänge des zweiten entspricht. In einer solchen Konstellation kann das Fluoreszenzsignal des ersten Moleküls vom zweiten fast vollständig absorbiert werden, wodurch letzteres angeregt wird. Das Phänomen wird in unterschiedlichen Methoden genutzt: Einsatz von Tandemkonjugaten bei durchflusscytometrischen Analysen, Detektionsarten bei Phagocytose Assays und real time quantitative PCR (s. auch Quenchen).
Epitop	Der antikörperbindende Bereich eines Antigens; auch antigene Determinante genannt.
Epitop-Demaskierung	s. Antigen-Demaskierung
Expression	Uneinheitlich verwendet – im Allgemeinen wird darunter die Synthese eines funktionellen Proteins verstanden. Es schließt die Genexpression, also die Transkription sowie die anschließende Translation reifer mRNA-Sequenzen zu Proteinen (Proteinbiosynthese) ein. Weiter gefasst versteht man darunter auch die Merkmalsausprägung des Genotyps zum Phänotyp eines Organismus.
Fab-Fragment	Bei der Papain-Behandlung von IgG entstehendes, monovalentes Fragment, das ein Paratop, aber nicht mehr den Fc-Teil aufweist. Antigenspezifische Fab- bzw. $F(ab')_2$-Fragmente sind teilweise kommerziell verfügbar und können z. B. als Primärantikörper-Ersatz zum Antigennachweis verwendet werden. Dadurch, dass ihnen der Fc-Teil fehlt ist bei deren Verwendung mit weniger unspezifischem Hintergrund zu rechnen.
$F(ab')_2$-Fragment	Bei der Pepsin-Behandlung von IgG entstehendes bivalentes Fragment, das die beiden Paratope, aber nicht mehr den Fc-Teil aufweist.

falsifizieren	Das Widerlegen oder Beweisen der Falschheit von Hypothesen.
Fc-Fragment	Der konstante Teil der schweren Polypeptidketten von Antikörpern, der die Effektorfunktion (z. B. Komplement-Aktivierung und Makrophagen-Bindung an Pathogene, die von IgG opsonisiert sind) inne hat. „c" steht hier für crystallisable, also kristallisierbar. Antikörper binden mit ihrem Fc-Teil an entsprechende Fc-Rezeptoren, die von verschiedenen Zellspecies auf ihrer Oberfläche exprimiert werden, z. B. Monocyten und Makrophagen. Dieser Umstand ist häufig die Ursache für unspezifischen Hintergrund. Nützlich kann der Fc-Teil für Markierungsmaßnahmen sein, so lässt er sich z. B. mit Protein A labeln.
Fibroblasten	Faser- oder Bindegewebsbildungszellen, die sich zu den verschiedensten Bindegewebszellen differenzieren können z. B. Adipocyten, Chondrocyten, Osteocyten oder Fibrocyten.
Fixierung	Die Konservierung/Strukturstabilisierung von Zellen, Geweben, Organen, Mikroorganismen usw. in möglichst lebensähnlichem Zustand, durch Einlegen in geeignete Fixative, Erhitzung, Trocknung u. a.
Fluorochrome	Moleküle, die Licht bestimmter Wellenlänge absorbieren und anschließend Licht größerer Wellenlänge und damit geringerer Energie emittieren.
F/P-Quotient	Das Mengenverhältnis von Fluorochrom zu Protein bei der Konjugation von Antikörpern. Es hat sich gezeigt, dass Konjugate mit hohem F/P-Quotient (> 6) häufig zu verstärkter unspezifischer Bindung tendieren.
Gegenfärbung	In der *in situ*-Immunlokalisation neben der eigentlichen Immunfärbung eingesetzte zweite Färbung, die der besseren Kontrastierung des Hintergrundes dient.
Glykoside	Verbindungen, bei denen die C_1-Hydroxylgruppe von Monosacchariden glykosidisch mit anderen Gruppen (z. B. $-OH$, $-SH$, $-NH_2$) verbunden ist.Innerhalb der Glykoside unterscheidet man ausschließlich aus Monosac-chariden bestehende Holoside von Heterosiden, die außerdem einen Nicht-Kohlenhydrat-Anteil, als Aglykon oder Genin bezeichnet, beinhalten.
Granularität	Merkmal von Zellen oder Partikeln, das bei durchflusscytometrischen Analysen durch das Orthogonalstreulicht erfasst bzw. gemessen wird. Die Granularität beruht auf den Grenzen von Kompartimenten unterschiedlicher Brechungsindizes analog dem Bild der Dunkelfeldmikroskopie. Der Grad der Granularität ergibt sich z. B. aus der zellspezifischen Membranbeschaffenheit und Anzahl an intrazellulären Granula.
Hämatologie	Teilgebiet der Inneren Medizin, das sich mit der Physiologie und Pathologie des Blutes beschäftigt.
Hapten	Niedermolekulare Verbindung, die zwar ein Epitop aufweist, jedoch ohne Bindung an einen Carrier nicht immunogen wirkt.
Histamin	Durch enzymatische Decarboxylierung von Histidin entstehendes biogenes Amin, das als Gewebshormon in Haut, Lunge, Leber, Milz, quergestreifter Muskulatur und in der Schleimhaut von Magen und Darm sowie zellulär in den basophilen Granulocyten und den Mastzellen vorkommt; weiter verbreitet in Bienengift, im Speicheldrüsensekret stechender Insekten, in Brennnesseln, Spinat und Mutterkorn.

Histon	DNA-assoziierte, basische Proteine des Zellkerns. Da sie mit DNA komplexieren, sind sie in Form von Nucleosomen am Aufbau der Chromosomen beteiligt.
HLA	human leucocyte antigen; System von humanen Gewebsantigenen, die bei zahlreichen Erkrankungen eine Rolle spielen und deshalb zur Diagnostik herangezogen werden.
Homöostase	Bezeichnet die Selbstregulation bzw. die Aufrechterhaltung des dynamischen Gleichgewichtszustandes (gr. homo – gleich; stasis – stand) eines biologischen Systems, z. B. eines Organismus.
Hämostaseologie	Gerinnungsdiagnostik
Holoenzym	Komplettes Enzym, bestehend aus Apoenzym und Coenzym bzw. prosthetischer Gruppe.
Hydratation	Bezeichnet in wässrigen Lösungen die Anlagerung von Wassermolekülen an Ionen oder Moleküle. Z. B. sind Proteine – bedingt durch Ausbildung von Hydrathüllen – in wässriger Lösung kolloid-dispers gelöst (auch als Hydration oder Hydratisierung bekannt).
Hyperimmunisierung	Bei der Herstellung von Antikörpern das wiederholte Applizieren des Antigens mit dem Ziel einer Erhöhung des Aktivierungszustandes der aktiv erworbenen Immunität des Tieres.
Idiotypie	Im Gegensatz zur Isotypie, die Variation in den variablen Regionen eines Antikörpermoleküls, die die Paratope bilden. Diese hypervariablen Bereiche – inklusive zusätzlicher Aminosäuren – determinieren den Idiotyp eines Antikörpers.
Immersion	In der Histologie die Durchtränkung von Gewebe mit einer Flüssigkeit
Immuncytochemie	*In situ*-Immunlokalisierung auf zellulärer bzw. subzellulärer Ebene
Immundetektion	Der Nachweis von Antigenen über antigenspezifische Antikörper
Immunfluoreszenztechnik	Zusammenfassende Bezeichnung für Techniken, bei denen Fluorochrom-markierte Antikörper zur Detektion von Molekülen oder Strukturen, die Zellen oder sonstige Zielobjekte charakterisieren, verwendet werden. Grob unterschieden werden direkte (Primärantikörper ist bereits markiert) und indirekte (Markierung an Sekundär- oder Tertiärreagenzien) Techniken.
Immunglobuline	Glykoproteine, die nach Immunisierung in Plasmazellen des Organismus produziert werden.
Immunhistochemie	*In situ*-Immunlokalisierung in und/oder auf Zellen im Gewebeverband
Immuno-Blot	Western-Blot, bei dem die nachzuweisenden Substanzen immunchemisch detektiert werden.
immunogen	Die Eigenschaft, Immunreaktionen auszulösen.
Immunologie	Lehre von der Immunität und ihrer Erscheinungsformen
inclusion bodies	Teilweise von Membranen umgebene intrazelluläre Aggregate überexprimierter Proteine, deren einzelne Proteinmoleküle häufig inkorrekt prozessiert bzw. gefaltet sind. Infolge dessen weisen sie oft verminderte oder keine biologische Aktivität auf.
inert	reaktionsträge (auch: indifferent)

in situ-Immun-lokalisation	Nachweis immunologisch reaktiver Strukturen *in situ*, also in bzw. auf Zellen und Geweben mit immunhistochemischen/immuncytochemischen Methoden.
Internalisierung	Das „Einziehen", z. B. eines membranständigen Rezeptors, in das Zellinnere
Isoelektrischer Punkt	Der pH, bei dem Ampholyte, wie z. B. Aminosäuren und Proteine nach außen ungeladen erscheinen, weil ihre basischen und sauren Gruppen in gleichem Maße dissoziiert vorliegen. Da ihre Nettoladung dann gleich 0 ist, ist bei Erreichen des isoelektrischen Punktes die Ausbildung einer Hydrathülle am wenigsten ausgeprägt, womit auch die Löslichkeit des betreffenden Moleküls ein Minimum erreicht. Weiterhin findet bei entsprechendem pH keine Ionenwanderung im elektrischen Feld mehr statt.
Isoenzym	Enzyme, die die gleiche katalytische Wirksamkeit aufweisen, sich aber in anderen Eigenschaften, wie z. B. Proteinstruktur oder isoelektrischer Punkt, unterscheiden. Dadurch kann man sie immunchemisch oder biochemisch auftrennen.
Isotypie	Im Gegensatz zur Idiotypie, die Ig-klassenabhängigen Variationen in den konstanten Teilen von Antikörpermolekülen. Die jeweiligen Haupt- und Subklassen, innerhalb der Gruppe der Immunglobuline, nennt man Isotypen.
Isotypkontrolle	In sämtlichen immunologischen Nachweismethoden deren Basis die Antikörper-Antigen-Bindung ist, eingesetzte isotypspezifische Negativkontrolle. Kontrolliert wird damit die Neigung zur unspezifischen Bindung der Isotypgruppe (IgG_1usw.), aus dem der Test-Antikörper bzw. das Test-Antikörperkonjugat stammt. Isotypkontrollen sind Antikörper, die gegen Antigene gerichtet sind, die weder in der zu testenden Spezies vorkommen noch dort induziert werden können. So werden beispielsweise anti-human-Isotypkontrollantikörper oft gegen Schimmelpilz-Antigene generiert. Wenn ein solcher „anti-Schimmel-AK" dann im Experiment auf humanen MNCs bindet und dadurch ein Signal verursacht, wird dies als unspezifisches Signal interpretiert. Dieses unspezifische Signal muss dann vom Gesamtsignal subtrahiert werden – was übrig bleibt kann als spezifisches Signal gedeutet werden. Ursachen können z. B. in Bindungen über Fc-Rezeptoren oder in den wenig fassbaren physikalisch-chemischen Eigenschaften eines mAK-Konjugates liegen. Bei der Verwendung muss darauf geachtet werden, dass der Isotyp sowie das Label der Isotypkontrolle dem eingesetzten Test-mAK entsprechen. Es nützt also beispielsweise nichts, wenn Sie ihr Antigen mit einem IgG_1-PE-Konjugat nachweisen möchten und als Isotypkontrolle einen IgG_{2b}-FITC mitlaufen lassen. Dieses Verfahren mittels Isotypkontrollen ist nicht ganz unumstritten: Erstens verhalten sich nicht sämtliche Antikörper eines Isotyps gleich – dies ist jedoch die gedankliche Basis desVerfahrens. Zweitens ist das Handling je nach Methode und Antikörper schwierig, denn nicht immer sind die unspezifischen und spezifischen Signale eindeutig voneinander trennbar.
Kolloid	Eine Dispersion von Teilchen mit einem Durchmesser von 1 – 100 nm in einem Dispersionsmittel. Bei eingeschränkter Beweglichkeit der Teilchen liegt ein Kolloid als Gel vor, ansonsten als Sol.

Komplement	Das Komplement besteht aus mindestens 20 unterschiedlichen Plasmaproteinen, die als multifunktionelles System (Komplementsystem) agieren. Sie spielen eine wichtige Rolle in der Immunabwehr. Ihre Aktivierung erfolgt in einer streng festgelegten Reihenfolge (Komplementkaskade).
Kreuzreaktivität	Eigenschaft von Antikörpern, zusätzlich an andere Antigene zu binden, als an die, für sie spezifischen. Zustande kommt dieses Phänomen wenn z. B.unterschiedliche Antigene ein relevantes Epitop gemeinsam aufweisen. Bei niedrigaffinen Antikörpern genügt oft schon eine Epitopähnlichkeit. Als weitere Ursache für auftretende Kreuzreaktionen haben sich Antigen-Modifikationen, z. B. durch Fixative und Einbettungmaterialien erwiesen – ebenso aber auch die entsprechenden Demaskierungsmaßnahmen.
laminar	ohne Mischbewegungen/Turbulenzen (Gegensatz: turbulent)
Leukotriene	In Leukocyten enthaltene Mediatoren. Chemische Derivate der Arachidonsäure mit drei konjugierten Doppelbindungen, die im Lipoxygenase-Weg durch enzymatische Oxidation aus Arachidonsäure gebildet werden. Spielen als Vermittler bei Allergien und entzündlichen Erkrankungen eine Rolle und ähneln in ihrer Wirkung dem Histamin.
Lymphoblast	Ein, aufgrund seines Kontaktes mit seinem spezifischen Antigen bzw. einem Mitogen, morphologisch vergrößerter Lymphocyt mit erhöhter RNA- und Proteinbiosyntheserate.
Metachromasie	Phänomen in der Lichtmikroskopie, bei dem der Farbton der angefärbten Materialien, vom Farbton des verwendeten Farbstoffes abweicht.
MNC	s. PBMC
Monensin	Von *Streptomyces cinnamonensis* produziertes Ionophor. Intrazellulär inhibiert Monensin den Transport neu synthetisierter **Proteine** vom Endoplasmatischen Retikulum in den Golgi-Apparat (s. auch Brefeldin A).
Mitogen	Substanz, die Zellen zur Mitose stimuliert und damit zur Proliferation anregt, z. B. Phytohämagglutinin (PHA), Concanavalin A (ConA), Pokeweed-Mitogen (PWM) als Phyto-Mitogene sowie bakterielle Lipopolysaccharide (LPS).
Molalität	Konzentration eines Stoffes in mol pro kg Lösungsmittel [mol/kg]
Molarität	Stoffmengenkonzentration c einer Lösung in mol pro Liter [mol/l]
monoklonal	von einem einzigen Plasmazellklon abstammend bzw. produziert (Ggs.: polyklonal)
myeloid	dem Knochenmark entstammend
Nekrose	Einer Metabolismusstörung folgender, lokaler Gewebs- bzw. Zelltod in Folge von z. B. örtlichem Sauerstoffmangel oder chemischer (z. B. bakterieller Gifte), physikalischer (Wärme, Kälte, Strahleneinwirkung) sowie traumatischer Ursachen.
neoplastisch	sich (bösartig) neubildend, in der Wachstumsregulation gestört (z. B. Tumorzellen)

Normalität	Die Normalität (Äquivalentkonzentration) ist die Stoffmengenkonzentration c bezogen auf Äquivalente, d. h. die Anzahl der Mole von reagierenden Teilchen pro Liter Lösung. Eine Normallösung ist eine Lösung, deren Konzentration als Äquivalentkonzentration angegeben wird. Bsp.: Eine 1 normale H_2SO_4-Lösung ist 0,5 molar.
Normalserum	Serum von nicht-immunisierten Tieren
Opsonine	Körpereigene, der Opsonisierung dienende, Stoffe. Dazu gehören z. B. Antikörper sowie Faktoren des Komplementsystems und Fibronectin.
Opsonisierung	Die Bindung von Opsoninen an körperfremde Stoffe/Partikel (z. B. Bakterien, Pilze). Durch Opsonisierung von Pathogenen wird deren Phagocytose durch z. B. Makrophagen oder neutrophile Granulocyten begünstigt bzw. ermöglicht und so z. B. die Infektionsabwehr unterstützt. (griech.: opson = Speise, Zukost).
Osmolalität	Konzentration osmotisch wirksamer Teilchen pro 1 kg Lösungsmittel [osm/kg]
Osmolarität	Konzentration osmotisch wirksamer Teilchen pro 1 Liter Lösungsmittel [osm/l]. Bsp.: 1 mol/l Glucose-Lösung = 1 osm/l (keine Dissoziation), 1mol/l NaCl-Lösung $\approx$2 osm/l (Dissoziation).
Papain	hydrolysierende SH-Proteinase aus dem Milchsaft der Papaya-Pflanze (*Carica papaya*); trennt IgG-Moleküle in 2 Fab-Teile und 1 Fc-Teil.
Paratop	Der antigenbindende Bereich eines Antikörpers
patching	Die Quervernetzung und Verklumpung von Zelloberflächenstrukturen. Dem „patching" folgt häufig ein „capping" der aggregierten Strukturen.
PBL	Diese Bezeichnung wird uneinheitlich benutzt. PBL wird in der Literatur für „peripheral blood lymphocytes", aber auch für „peripheral blood leucocytes" verwendet, wobei letztere Bezeichnung auch Monocyten und Granulocyten einschließt (siehe auch PBMC).
PBMC	Peripheral blood mononuclear cells; mononukleäre Zellen (MNCs) aus dem peripheren Blut, wobei „peripher" den herzfernen Blutkreislauf bezeichnet. Gewöhnlich sind damit Lymphocyten und Monocyten gemeint (zur Abgrenzung zu PMNC polynukleären u. polymorphkernigen Granulocyten). Auch oft zur Abgrenzung gegenüber CBMC verwendet.
Pepsin	An Peptidbindungen angreifende saure Proteinase (Peptidyl-Peptidhydrolase) aus dem Magensaft; IgG-Moleküle werden in 1 Fc- und 1 bivalentes $F(ab')_2$-Fragment gespalten.
Perfusion	In der Histologie die Durchströmung von z. B. Organen mit einer Flüssigkeit (z. B. Fixativ)
Permeabilität	In der Biologie die Eigenschaft poröser Gebilde, insbesondere Membranen (z. B. Zell-, Basalmembran, Endothel), Substanzen hindurch treten zu lassen. Durchlässigkeit und Wanderungsgeschwindigkeit sind abhängig von Poren- und Teilchengröße.
Phagocytose	Endocytotische Aufnahme partikulärer Stoffe in die Zelle
Pinocytose	Endocytotische Aufnahme flüssiger Stoffe in die Zelle
PMNC	polymorphkernige und polynukleäre Granulocyten

polyklonal	von verschiedenen Plasmazellen abstammend bzw. produziert (Ggs.: monoklonal)
Präanalytik	Sämtliche Prozesse, die vor der eigentlichen Laboranalyse ablaufen, also Gewinnung, Transport, Aufbewahrung und Vorbereitung des Untersuchungsmaterials.
Proliferation	Vermehrung durch mitotische Teilung
prosthetische Gruppe	An das Apoenzym permanent gebundenes Coenzym (Co-Faktor).
Quenchen	Das Inhibieren oder Abstoppen von Reaktionen oder – im weitesten Sinne – von „chemisch-physikalischen Phänomenen". Bei enzymatischen Reaktionen kann die Zugabe von Substrat oder Endprodukt im Überschuss die Katalyse inhibieren. Ebenso ist es möglich Emissionen von Fluorochromenin Systemen zu quenchen, die nach dem Energie-Resonanz-Transfer-Prinzip arbeiten. Dazu gibt man dem Ansatz eine Substanz zu, den sog. Quencher. Dessen Absorptionsbereich entspricht der Emissionswellenlänge des zu quenchenden Fluorochroms. Die Emission wird vom nicht-fluoreszierenden Quencher verschluckt, sodass sie nicht mehr messbar ist. Dieses Prinzip wird z. B. in Phagocytose Assays sowie in der real time quantitative PCR genutzt.
RCF	engl.: relative centrifugal force, s. RZB
RZB	Relative Zentrifugalbeschleunigung; wird angegeben im Vielfachen der Erdbeschleunigung g.
scFv	Kurzbezeichnung für „single chain fragment variable", also einem single chain Antikörper. Dieser besteht nur noch aus einer variablen leichten (V_L) und einer variablen schweren Kette (V_H), die über einen Linker miteinander verbunden sind.
Serologie	Teilgebiet der Immunologie bzw. Hämatologie, das sich mit den physiologischen und pathologischen Immuneigenschaften des Blutserums beschäftigt.
shedding	Das Abgeben von zellulären Oberflächenstrukturen, z. B. Rezeptoren, ins Medium. Kann durch Handling der Zellen bei 4°C und durch Zugabe von Natriumazid minimiert werden.
Silanisierung	Die durch die Behandlung mit z. B. APES (3-Aminopropyltriethoxysilan) erreichte „klebeaktive" Beschichtung von Objektträgern zur Erhöhung ihrer adhäsiven Eigenschaften, z. B. gegenüber Zellen und Gewebeschnitten.
Tonoplast	Die abgrenzende Membran zwischen Cytoplasma und Vakuole in einer Pflanzenzelle
Tracer	Markierendes Radionukild, z. B. beim RIA.
Tyrode-Lösung	physiologische Salz-Lösung mit (%) 0,8 NaCl, 0,02 KCl, 0,02 $CaCl_2$, 0,01 $MgCl_2$, 0,005 NaH_2PO_4, 0,1 Glucose, 0,1 $NaHCO_3$.
verifizieren	Das Bestätigen der Wahrheit/Richtigkeit von Hypothesen.
Viabilität	„Lebenstüchtigkeit" von Organismen. Wird häufig als der Prozentsatz an lebenden Zellen einer Zellsuspension verstanden (auch: Vitalität).

Register

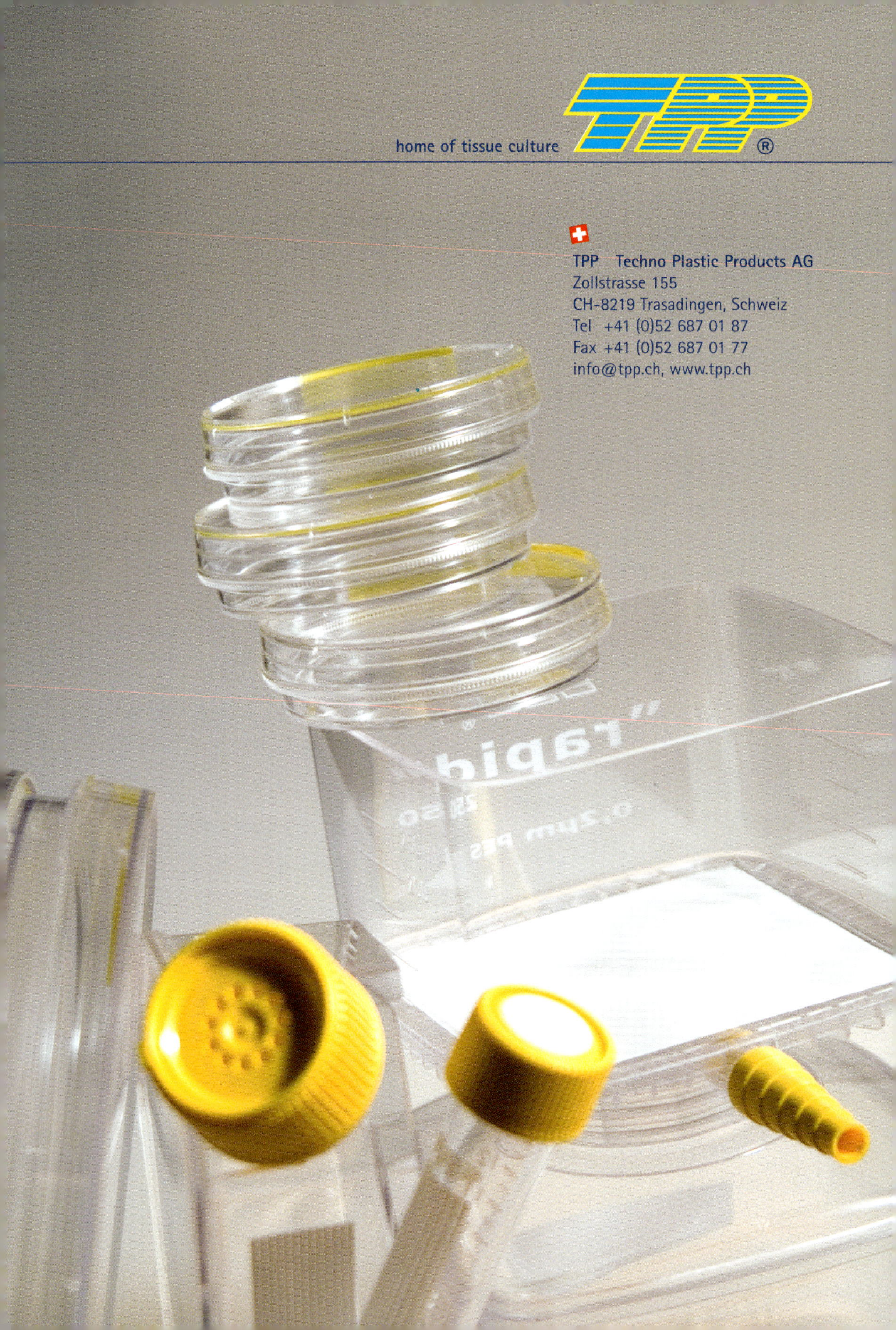

TPP
home of tissue culture
TPP Techno Plastic Products AG
Zollstrasse 155
CH-8219 Trasadingen, Schweiz
Tel +41 (0)52 687 01 87
Fax +41 (0)52 687 01 77
info@tpp.ch, www.tpp.ch